普通高等教育"十一五"国家级规划教材
新工科暨卓越工程师教育培养计划电子信息类专业系列教材

丛书顾问/郝　跃

DIANLU LILUN

电路理论（第三版）

■ 主　编/涂玲英　王东剑　贺章擎
■ 副主编/郭星锋　黄元峰　周冬婉
■ 主　审/付　波

華中科技大學出版社
http://www.hustp.com
中国·武汉

内容提要

本书为普通高等教育“十一五”国家级规划教材《电路理论》(第二版)的再版。全书立足于高等教育对人才培养的新要求，以学生学习成果为导向，以教学效果持续改进为指导思想，在教材中引入Matlab、Multisim仿真软件，增加工程应用案例，融入大量的数字化教学资源，致力于培养学生创新意识及实际解决复杂工程问题的能力。

本书共分为12章，主要内容包括：电路模型及电路定律；电路等效变换；电路一般分析方法；电路定理；动态电路时域分析；正弦稳态电路分析；电路频率特性；含耦合电感电路；三相电路；非正弦周期电流电路分析；线性动态电路的复频域分析；二端口网络。学习难度从入门到提高，便于读者循序渐进地学习和掌握。

本书可作为高等学校自动化类、电气工程类、电子信息类等相关专业本科生教材，也可供相关工程技术人员参考使用。

图书在版编目(CIP)数据

电路理论/涂玲英，王东剑，贺章擎主编. —3版. —武汉：华中科技大学出版社，2021.11(2024.1重印)
ISBN 978-7-5680-7587-9

Ⅰ.①电… Ⅱ.①涂… ②王… ③贺… Ⅲ.①电路理论 Ⅳ.①TM13

中国版本图书馆CIP数据核字(2021)第199695号

电路理论(第三版)
Dianlu Lilun (Di-san Ban)

涂玲英 王东剑 贺章擎 主编

策划编辑：王红梅
责任编辑：王红梅
封面设计：秦 茹
责任校对：刘 竣
责任监印：周治超
出版发行：华中科技大学出版社(中国·武汉) 电话：(027)81321913
武汉市东湖新技术开发区华工科技园 邮编：430223
录 排：武汉市洪山区佳年华文印部
印 刷：武汉开心印印刷有限公司
开 本：787mm×1092mm 1/16
印 张：20.25
字 数：490千字
版 次：2024年1月第3版第3次印刷
定 价：58.00元

第三版前言

高校教材建设是专业课程建设的重要组成部分，2018 年 9 月，全国教育大会上习近平主席就“培养什么人”“怎样培养人”“为谁培养人”的问题作了深刻指示，强调教育是民族振兴、社会进步的重要基石，是功在当代、利在千秋的德政工程，对提高人民综合素质、促进人的全面发展、增强中华民族创新创造活力、实现中华民族伟大复兴具有决定性意义。

随着新工科建设与推进，传统教材理论讲授多、应用动手实践少的单一模式已落后于新工科对于专业课程建设的要求。随着教学手段的多样化，教材建设也要适应新形势下的新目标、新要求。

目前，电路理论课程建设已取得很大发展，具有了慕课平台、省级金课、虚拟仿真实验、翻转课堂等多种形式，使得学生的学习形式、学习方式及效果发生了很大的变化。本书编写试图从课程性质与课程目标定位、课程内容与教学要求、基本概念、系统分析与综合等问题入手，合理设计各章节知识点，提升本书的科学性和前瞻性，结合线上线下教学，建设立体化教材。总之，希望通过本次再版，使教材的内容更有助于培养学生的创新意识、实践动手解决复杂工程问题的能力、自主学习的能力、团队协作与沟通的意识与能力。

“电路理论”是电气工程及其自动化、电子信息工程、通信工程以及电子科学与技术专业的一门重要的大类基础课程。“电路理论”课程理论严密、逻辑性强，有广阔的工程背景。它是以分析电路中的电磁现象，研究电路的基本原理及电路的分析方法为主要内容的课程。本课程的学习，对树立学生严肃认真的科学作风和理论联系实际的工程观点，培养学生的科学思维能力、分析计算能力、实验研究能力和科学归纳能力都有重要的作用。本课程要求学生掌握电路的基本理论知识、电路的基本分析方法和初步的实验技能，为学习后续课程准备必要的电路知识。

本书第二版出版已有十余年，此次再版基于 2010 年 6 月教育部试点实施的“卓越工程师教育培养计划”(简称卓越计划)，卓越计划具有企业深度参与培养过程的要求，学校按照国家工程认证通用标准和行业标准培养工程人才，强化培养学生工程能力和创新能力的要求和特点；基于 2016 年 6 月在吉隆坡召开的国际工程联盟大会上，全票通过了我国加入《华盛顿协议》的转正申请，这标志着我国高等工程教育质量在国际上得到认可，加快了我国工程教育国际化步伐；基于 2017 年 2 月 18 日教育部在复旦大学召开“综合性高校工程教育发展战略研讨会”，第一次公开提出“新工科”概念，并发布了有关新工科的十点共识，即“复旦共识”，初步提出了新工科的内涵特征、新工科建设与发展的路径选择等内容；基于《教育部关于一流本科课程建设的实施意见》[教高(2019)

8号]推动教师精品在线开放课程，打造具有高阶性、创新性、挑战度的"金课"；基于2020年5月28号教育部关于印发《高等学校课程思政建设指导纲要》的通知，通过"课程思政"示范课程建设，全面提升教师育人意识，强化教师教书育人主体责任，推动教师在教学活动中坚持知识传授与价值引领相统一、显性教育与隐形教育相统一，充分发掘各类课程和教学方法中蕴涵的思想政治教育资源，进一步完善课程育人机制，构建课程育人新体系。本书的第三版是在这样的背景下编写的。

正是基于以上背景要求，此次教材改编我们将以学生学习成果为导向，持续改进为指导思想，贯穿于学生成长的各个环节，强调教育产出的质量。确定此次《电路理论(第三版)》改编的主要新增内容有：(1) 在每章后面增加了自测小练习，着力培养学生自主学习、团队协作与沟通的意识和能力等；(2) 在教材中引入 Matlab、Multisim 仿真软件知识，着力培养学生将数学和现代计算工具应用于解决复杂电路分析及设计的能力；(3) 章节后面增加工程案例，启发学生创新性思维，能识别和判断电子系统中的关键环节和参数，能对相关工程问题进行表达及系统分析运用工程知识解决复杂系统问题；(4) 章节后面增加课外资料阅读，介绍了电路领域具有代表性的科学家的典型事例，激励学生勤勉探究、发奋爱国的情怀，通过在教材中融入思政教育元素，全面提升教师育人意识，强化教师教书育人主体责任，构建课程育人新体系；(5) 构建立体化教学体系，充分利用网络教学，同步在超星学习通及中国大学慕课上建课，学生通过扫码进课程学习。

本书共分为12章，第1章重点讲电路的基本概念、基本元件及基尔霍夫定律，将第二版第1章入端电阻的求解及等效的概念内容放在第2章中，重点突出等效的概念，为后面戴维宁定理理解打基础。第3章电路的一般分析方法，是在第二版第2章的基础上增加了各种类型电路的回路法和节点分析方法，便于学生根据电路不同类型选择合适的分析方法。第5章动态电路时域分析是将第二版的第8章一阶电路和第9章二阶电路合并成动态电路重新编写并强调了冲激信号和阶跃信号的概念，为后面的复频域的分析打基础。第6章在第二版第4章正弦交流电路基础上删掉谐振内容重新编写，并将电路谐振内容划归到第7章电路频率特性并增补新的内容，有助于读者系统理解低通、高通及谐振的概念。第10章非正弦周期电流电路在第二版第7章基础上删掉了低通、高通滤波电路，以免和第7章内容重复。第11章线性动态电路复频域分析是在第二版第10章基础上增加部分内容进行了合理取舍，使内容逻辑性更强。删除了第二版的第12章电路方程的矩阵形式，删除第13章磁路与铁芯线圈电路。学习难度从入门到提高，便于读者循序渐进地学习和掌握。

本书第三版由湖北工业大学涂玲英任第一主编，负责制定编写提纲及全书修改、统稿工作，湖北工业大学付波教授主审，并在本书编写过程中提出不少建设性的意见。参与本次教材修订的还有湖北工业大学王东剑、贺章擎、周冬婉、张小华，武汉工程大学的黄元峰、郭星锋。具体分工为：第1章由涂玲英编写，第2章由王东剑编写，第3章由周冬婉编写，第4章由郭星锋、涂玲英编写，第5章由王东剑编写，第6章由郭星锋、王东剑编写，第7章由王东剑编写，第8章由黄元峰、王东剑编写，第9章由周冬婉、贺章擎编写，第10章由黄元峰、涂玲英编写，第11章由涂玲英编写，第12章由涂玲英、贺章擎编写。全书数字教学资源由湖北工业大学张小华、王慧、童静、韦琳编写，湖北工业大学杨雪健、黄周、詹云峰、王超、鲁栋协助补充了部分文献查阅和应用分析案例内容。本书为读者提供全部习题解答，见正文末二维码中内容。需要特别指出的是，本书第三版内容中仍然包含第一版和第二版诸多参编者的辛勤劳动成果。本书编写再版过程中还得到湖北工业大学电气与电子工程学院领导和老师们的支持。在出版之际，请允许我向所有对于本书编写、修改、出版提供过帮助与支持的领导、老师们表示衷心的感谢！

由于编者水平有限，书中难免有不足，恳请广大读者和师生进一步批评和建议。

编　者

2021 年 10 月

第二版前言

“电路理论”课程是电气信息类学科的专业基础课，也是相关专业的硕士研究生入学考试科目，因此该课程在相关专业的本科教学中具有重要的地位。

本书初版于2006年，后重印了三次，并很快售罄。为了适应高等教育改革的需要，进一步提高本科教学质量，我们应华中科技大学出版社的要求对书稿做了修改。

与第一版相比较，第二版在内容上进行了扩充与调整，主要的变动如下。

（1）对第3章“电路定理”进行了重新编写，具体修改的地方有：

① 结合具体事例引出叠加定理，使该定理更加容易理解与掌握，增加了叠加定理对含受控源电路的分析；

② 增加了替代定理的证明；

③ 增加了戴维宁和诺顿定理的证明，并对等效电阻的求法进行了详细说明；

④ 增加了最大功率传输定理，对负载获得最大功率的条件及最大功率的计算进行了详细的推导说明；

⑤ 对特勒根定理一节内容的部分例题进行了更换；

⑥ 增加了互易定理三种形式的典型算例。

（2）将第12章“网络图论与状态方程”一章，更名为“电路方程的矩阵形式”，并进行了重新编写，具体修改的地方有：

① 以示例的形式对关联矩阵、回路矩阵、割集矩阵进行了详细描述；

② 对节点电压方程的矩阵形式增加了含受控源及互感情况的详细分析；

③ 对回路电流方程的矩阵形式增加了含受控源及互感情况的详细分析；

④ 对状态方程一节，增加了特有树列写状态方程的方法。

（3）对全书符号进行了统一，如含源一端口表示为$\mathrm{N_S}$，无源一端口表示为$\mathrm{N_0}$，无源电阻网络表示为$\mathrm{N_R}$，戴维宁等效电阻表示为R_{eq}等。

在第二版编写过程中，我们按照重基础、重思想方法、重结构和衔接、重实际应用、重利于教学的原则组织、编写教学内容，并注重各章节之间的联系；对论述的每一个问题都列举了典型例题，帮助读者深入掌握教学内容，以达到举一反三的目的。在例题分析中着重讲清解题思路、步骤和方法，注重读者知识面的扩展和能力培养。

第二版每章后习题与第一版相同，仍可与第一版《电路理论》的配套参考书《电路理论学习与考研指导》配套使用。同时，我们更新了与第二版相配套的教学光盘。

参加修改工作的有：湖北工业大学的邹玲老师和武汉工程大学的罗明、黄元峰老师。具体分工为：罗明编写第3章，黄元峰编写第12章，邹玲负责第3章和第12章的审稿。

本书在某些方面所做的变动，以及书中不尽如人意之处恳请读者批评指正。一些教师与学生对此书提出了若干修改意见，在此一并致谢！

编 者

2009 年 5 月

第一版前言

"电路理论"是各类高等学校电类专业的核心课程，是新世纪高等学校信息技术学科和电气工程学科学生必备的知识基础，是相关学科与工程的理论与应用基础，是新兴边缘学科的发展基础。电路理论既是电气信息学科专业基础课程平台中的一门重要课程，也是学习后续专业课程及今后开展工作的技术基础。

无论是强电专业还是弱电专业，大量问题都涉及电路知识，电路理论为研究和解决这些问题提供了重要的理论和方法。通过本课程的学习，学生可以掌握电路理论的基本定律（理）与各种分析、计算方法及初步的实验技能，增强应用基础知识解决工程实际问题的能力，并在今后工作中受益。

为了发展并完善教学体系与内容的改进，应用现代教育技术提升教学水平，拓宽电气信息学科学生的专业口径和培养需求，促进电路理论与相关学科交叉、融合并与工程实践的发展相结合，本教材以下七个方面作为教材编写的基础：

（1）基于"双网络大电路平台"系统的教学改革思想；

（2）基于获得湖北省优秀教学成果奖的"双网络大电路平台"系统；

（3）基于被评为2005年湖北省高等院校精品课程的电路理论课程；

（4）基于20多年的"电路理论"教学经验和讲义的良好使用和改进；

（5）基于建设立体化教材系统的思路；

（6）基于多所高校同类学科共同合作、整合优势、资源共享的理念；

（7）基于本教材成功申报普通高等院校"十一五"国家级规划教材。

为此，湖北工业大学、中南民族大学、长江大学及武汉工程大学等组建了本教材的编写团队。每位参编教师根据自己学校的实际教学改革经验，并参考了国内外相关资料，经过多次集体讨论，对本教材在内容上的立意和创新点达成以下共识：

建立本课程及平台网站与学生间的"亲和力"；

传承并拓展学生数学、物理的基本能力；

努力构建与学生主动学习相适应的教学体系，增强学生的自学能力；

突出全书基本定律（理）和基本分析方法主线，提高学生的分析能力；

增长学生知识面，激发学习兴趣，构建工程观点与知识的应用能力；

加强和充实学生分析、解决实际问题的综合能力。

随着教学工作由以教师为中心向以学生为中心转变，需要编写一种由主教材和各种辅助教材组成的全方位立体化教材系统以供学生使用。本教材以"双网络大电路平台"为基础，建设了"电路理论"网络课程及网站 http://202.114.176.30/html/bkjx/jp.htm 以作为支撑平台。以人机交互方式实现的习题库集成在子系统"在线答疑"中。

教材配套光盘包含了学习指导、电子教案、典型例题精解、知识点、动画等几个部分，其中，学习指导包含了每章的教学目的、要求以及重难点提示，用于学生课前预习和教师在讲授每章知识点之前的系统介绍；电子教案包含每章的主要内容、全部电路图和公式，便于教师利用这些素材进行课堂教学和学生的课后自主学习；典型例题精解可帮助教师完成两个学时的课堂习题课；一些重要的和比较难以理解的知识点则制成了动画，让学生更加形象和深刻地理解所学知识。本教材提供的教学学时数为 48～120 学时，使用本教材的教师可自主选择章节及相关知识点进行讲授，标有“*”号的章节为选学内容，是为学有余力的学生编写的。本教材还将 Matlab 直接在相关章节进行了应用，这在国内教材上尚属首次，也算是一个初步的尝试。

本书由湖北工业大学邹玲和武汉工程大学姚齐国担任主编，分别负责全书上、下部的统稿和最后的校订工作。参加编写的有中南民族大学的刘松龄、张志俊，长江大学的金波，武汉工程大学的罗明，湖北工业大学的韦琳、王东剑、童静、周冬婉和黄石理工学院的邱霞。

具体分工为：邹玲编写第 1、4 章；张志俊编写第 2、7 章；邱霞编写第 3、13 章；罗明编写第 5、6 章；刘松龄编写第 8、9 章；金波编写第 10 章；韦琳编写第 11 章；姚齐国编写第 12 章；王东剑编写附录。周冬婉、童静参加了部分习题的编写工作。教材中的配套光盘由湖北工业大学童静、王东剑、周冬婉、刘琍、韦琳、王慧、王超制作完成。

本书在编写过程中，参阅了以往其他版本的同类教材和相关的文献资料等，在此对相关作者表示衷心的感谢。

由于编者的水平有限，书中有不妥或错误之处在所难免，敬请广大读者批评指正。

编　者

2006 年 6 月

目录

1

电路模型及电路定律

本章介绍电路的基本概念、电路模型、电压和电流的参考方向、线性电阻、独立电源和受控源等电路元件、电路的三种基本工作状态。电路中，电压、电流之间的关系受两类约束，一类是由元件自身特性形成的元件约束，即元件的伏安关系；一类是由元件间连接形成的不同电路结构的几何约束（或拓扑约束），这些约束由基尔霍夫电压定律（KVL）、基尔霍夫电流定律（KCL）来描述。基尔霍夫定律是电路分析的基本定律，这两类约束关系揭示了电路中电磁变化的基本规律，是分析电路的基本理论依据。本章学习可为后面各章电路分析奠定必要的基础。

1.1 电路的基本概念

电是一种广泛应用的能量形式及携带信息的载体，在日常生活、工农业生产及科技领域应用极为广泛，如在电力系统中，通过大规模发电、输电，将电能进行转换，保障工农业生产及日常生活需求；如在通信领域，通过对电信号进行分析加工处理，得到我们需要的各种信息。

1.1.1 电路的组成部分和作用

电路是为了某种需要，由电气器件按一定方式用导线连接起来的电流通路，由电源（或信号源）、负载和中间环节三部分组成，用来实现人们所需要的功能。电源是产生电能的装置，如蓄电池、发电机等。负载是取用电能并将电能转换成其他形式能量的装置，如电动机、照明灯、电扇等。中间环节是连接电源和负载的部分，包括连接导线、控制开关和保护装置等，主要起传输、控制和分配电能的作用。

实际应用中，电路形式多种多样，有跨越几个城市的大型电路，有小到集成电路芯片上集成的成千上万的复杂电路。电路按其作用来分，可分为两类：一类是实现能量的传输与转换，如电力系统，这类电路电压较高，电流和功率较大，习惯上常称为“强电”电路；这类电路主要考虑在电能的输送和转换中，电路的能量损耗尽可能小、效率尽可能高。另一类是实现信号的传递和处理，如扩音机电路，天线接收从空中传来的载有声音信息的无线电波作为信号源，通过选频、放大、滤波等处理，最后由扬声器播出声音。这类电路由于电压低，电流和功率较小，习惯上常称为“弱电”电路；对这类电路主要考虑信号在传递过程中保证信号失真尽可能地小。

1.1.2 电路模型

工程上运行的实际电路往往很复杂,构成实际电路的电气器件的电磁性也很复杂,如电阻器、电容器、电感线圈、电动机、运算放大器及电源设备等,在实际运行中其电磁性是复杂多变的,要在数学上精确描述这些现象是有一定困难的。为了便于对实际电路进行分析和用数学表达式进行描述,将实际电路的电气器件在一定条件下按其主要的电磁性质加以理想化,即在一定条件下抓住其主要的电磁性质,忽略次要因素,从而得到一系列理想元件。主要理想元件有电阻元件、电容元件、电感元件和电源元件等,表 1-1 中列出部分常用电路元件的符号。

表 1-1 部分常用电路元件符号

电阻元件符号	电感元件符号	电容元件符号
理想电压源符号 + −	理想电流源符号	实际电压源符号 + −
实际电流源符号	受控电流源符号	受控电压源符号 + −

需要注意的是:

(1) 不同的实际电路部件,只要具有相同的主要电磁性能,在一定条件下可用同一个模型表示。

(2) 同一个实际电路部件在不同的应用条件下,它的模型也可以有不同的形式。

如图 1-1 所示的是实际电感元件在不同应用条件下的三种模型。

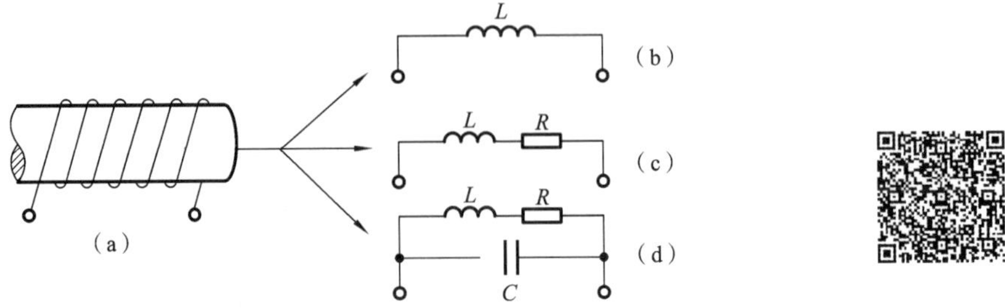

图 1-1 实际电感元件三种模型

由理想元件所组成的电路，称为实际电路的电路模型。也就是说，电路模型是为了某种需要由一些理想元件连接而构成的整体，是实际电路的一种近似，对一个实际电路建立电路模型可以给分析和研究电路问题带来很大方便。电路模型是判断实际电路电气性能和指导电路设计的重要依据。图 1-2(a)所示的简单实际电路，由电池、灯泡、开关和导线组成，其电路模型如图 1-2(b)所示。图中，电池为理想电压源 u_S 和电阻 R_S 串联而成的实际电压源模型，是提供电能的电源；灯泡是用电装置，也称为负载，用电阻元件 R 表示；连接的导线用线段表示，不计损耗，与开关一起构成连接电源与负载、传输电能的中间环节。

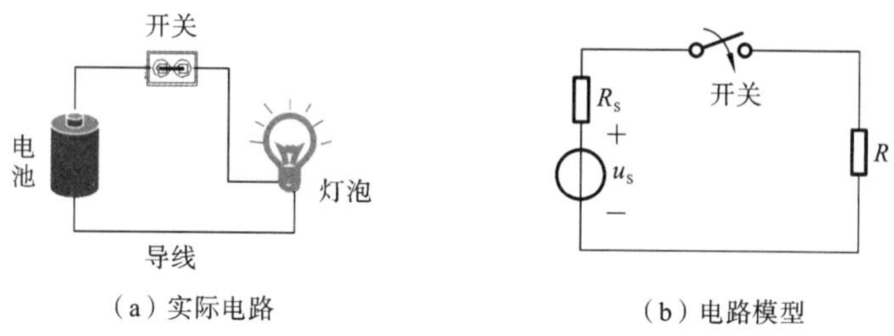

图 1-2 简单实际电路及模型

1.1.3 基本物理量及电压和电流的参考方向

电路的基本物理量有电流 i、电压 u、电动势 E、电位 φ、电荷 q、磁通 Φ，电功率 p 和电能 W 也是电路的重要物理量。在电路分析中，由于电压、电流的实际方向可能未知，因此有必要设置电压、电流的参考方向。注意：电压和电流的方向，有实际方向和参考方向之分，要加以区别。

1. 电流

电流：在电场力的作用下电路中带电粒子有规则的定向运动形成电流，用 i 表示，其大小等于单位时间内通过导体横截面的电荷量，即

$$i=\frac{\mathrm{d}q}{\mathrm{d}t} \tag{1-1}$$

电流的实际方向：规定正电荷移动的方向或负电荷移动的反方向为电流实际方向。

电流的单位：单位是安培(库仑/秒)，简称“安”，用符号“A”表示；另外，还有毫安(mA)、微安(μA)等单位，它们的换算关系如下：

$$1\ \mathrm{A}=10^3\ \mathrm{mA}=10^6\ \mu\mathrm{A}$$

若电流的大小和方向都不随时间的变化而变化，称为直流电流；若电流的大小和方向都随时间的变化而变化，则称为交流电流，习惯上规定正电荷移动的方向为电流的实际方向。

电流的参考方向：在分析简单电路时，实际方向很容易知道，但在分析复杂电路时很难确定电流的实际方向，这就要求事先假定一个电流方向，称为电流的参考方向(也有的称正方向)，用带箭头的线段表示。可见，在参考方向选定后，电流就有正负之分了。如图 1-3 所示，选定了电流参考方向后，当电流的实际方向与所选定的电流参考方向一致时，则电流为正值($i>0$)(图中实线箭头表示电流参考方向，虚线箭头表示电流实际方向)，如图 1-3(a)所示；当电流的实际方向与所选定的电流参考方向相反时，则

电流为负值($i<0$),如图 1-3(b)所示。

图 1-3　电流参考方向

注意:分析与计算电路时,一定要在电路中标出电流的参考方向,不标电流参考方向计算电流正负是没有意义的。

电流参考方向,除了用箭头表示,也可以用双下标表示。图 1-3(a)中,可用 i_{ab} 表示电流参考方向由 a 端指向 b 端;图 1-3(b)中,可用 i_{ba} 表示电流参考方向由 b 端指向 a 端,且 $i_{ab}=-i_{ba}$。

2. 电压和电动势

电压:是描述电场力对电荷做功的物理量,用 u 表示。a、b 两点之间的电压用 u_{ab} 表示,在数值上等于电场力将单位正电荷从 a 点移到 b 点所做的功。

电动势:是用来表示电源移动电荷做功的物理量。电源的电动势 E_{ba},在数值上等于电源把单位正电荷从电源的负极 b(低电位)经由电源内部移到电源的正极 a(高电位)所做的功。

在国际单位制中,电压和电动势的单位都是伏特,简称“伏”,用符号“V”表示;另外,还有千伏(kV)、毫伏(mV)和微伏(μV)等单位,它们的换算关系如下:

$$1\ \text{V}=10^3\ \text{mV}=10^6\ \mu\text{V},\quad 1\ \text{kV}=10^3\ \text{V}$$

电压参考方向:电压的实际方向规定为由高电位(“+”极性)端指向低电位(“-”极性)端,即为电位降低的方向。电源电动势的实际方向规定为在电池内部由低电位(“-”极性)端指向高电位(“+”极性)端,即为电位升高的方向。和电流一样,在较为复杂的电路中,往往也无法先确定它们的实际方向(或者极性)。因此,在电路图上也需要标出电压和电动势的参考方向。用“+”极性表示高电位、“-”极性表示低电位,则电压的参考方向指的是从“+”端指向“-”端;如图 1-4 所示;也可以用双下标表示,如 u_{ab},指的是参考方向是从 a 端指向 b 端。

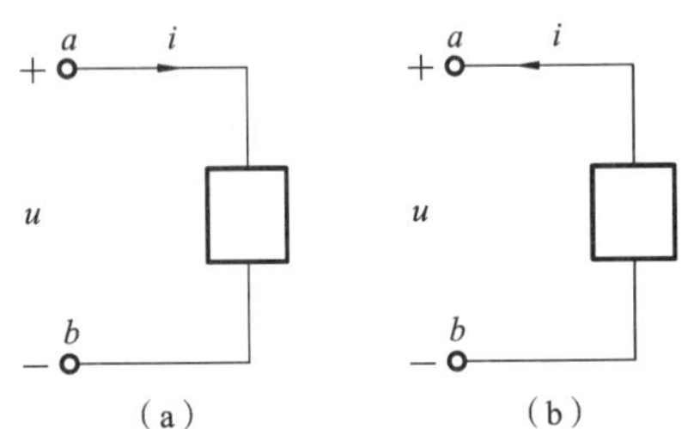

图 1-4　电压和电流参考方向的关系

和电流定义参考方向的方式一样,若电压参考方向与实际方向一致,其值为正;若电压参考方向与实际方向相反,则其值为负,同样也有 $u_{ab}=-u_{ba}$。

关联参考方向:在分析电路时,元件上电压和电流参考方向是可以任意选择的,如果假设电流的参考方向与电压的参考方向一致时,这样设定的参考方向称为相关联参考方向,如图 1-4(a)所示元件上电流与电压为关联参考方向。如果假设电流的参考方向与电压的参考方向不一致时,这样设定的参考方向称为非关联参考方向,如图 1-4(b)所示元件上电流与电压为非关联参考方向。

3. 电位

在分析和计算电路时,特别是在电子技术中,常用“电位”的概念,即将电路中的某一点选作参考点，并规定其电位为零，于是电路中其他任何一点与参考点之间的电压便是该点的电位，记为 φ_A，单位是 V(伏)。参考点在电路图中用接地符号“⊥”表示。所谓“接地”，表示该点电位为零。

电路电位有以下结论：

(1) 某点的电位就是单位正电荷在该点所具有的电能。电位是一个相对物理量，它与参考点的选定有关，没有选定参考点，讨论电位就没有意义；

(2) 电位是相对的，同一个电路中，选定的参考点不同时，同一点的电位就有可能不同；当参考点选定后，电路中任一点的电位即为定值；

(3) 电压是绝对的，电路中任意两点间的电位差即为两点间的电压；任意两点间的电压与参考点的选择无关，其大小也与选择路径无关。

【例 1.1】 电路如图 1-5 所示，求 A、B、C、D 各点的电位。

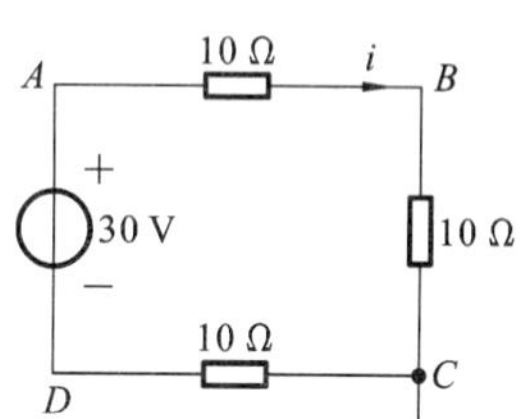

图 1-5　例 1.1 电路

解　若选 C 点作参考点，设其电位为 0，$\varphi_C=0$，有

$$i=\frac{30}{10+10+10}\ \text{A}=\frac{30}{30}\ \text{A}=1\ \text{A}$$

则其他各点电位为

$$\varphi_A=\varphi_{AC}=20\ \text{V},\quad \varphi_B=\varphi_{BC}=10\ \text{V},\quad \varphi_D=\varphi_{DC}=-10\ \text{V}$$

若选 D 点作参考点，设其电位为 0，$\varphi_D=0$，则其他各点电位为

$$\varphi_A=\varphi_{AD}=30\ \text{V},\quad \varphi_B=\varphi_{BD}=20\ \text{V},\quad \varphi_C=\varphi_{CD}=10\ \text{V}$$

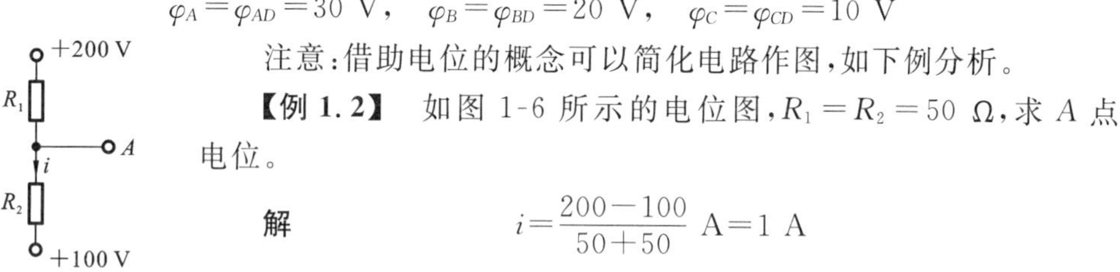

注意：借助电位的概念可以简化电路作图，如下例分析。

【例 1.2】 如图 1-6 所示的电位图，$R_1=R_2=50\ \Omega$，求 A 点电位。

解

$$i=\frac{200-100}{50+50}\ \text{A}=1\ \text{A}$$

$$\varphi_A=(1\times 50+100)\ \text{V}=150\ \text{V}$$

图 1-6　例 1.2 电路

1.2　电阻元件

电阻元件是表征电路中电器设备电能消耗的理想二端元件，用 R 表示；在国际单位制中，电阻的单位为欧姆，简称“欧”，用符号“Ω”表示。当电路两端的电压是 1 V，通过的电流为 1 A 时，则该段电路的电阻为 1 Ω。电阻的单位还有千欧(kΩ)或兆欧(MΩ)，它们的换算关系如下：

$$1\ \text{M}\Omega=10^3\ \text{k}\Omega=10^6\ \Omega$$

1.2.1　线性电阻与欧姆定律

电阻元件上，电压和电流之间的关系称为伏安关系，如果电阻元件的伏安特性曲线在 u-i 平面上是一条通过坐标原点的直线，则称为线性电阻，简称为电阻。当电阻上电压与电流取关联参考方向时，如图 1-7(a)所示，其欧姆定律表达式为

$$u=Ri \tag{1-2}$$

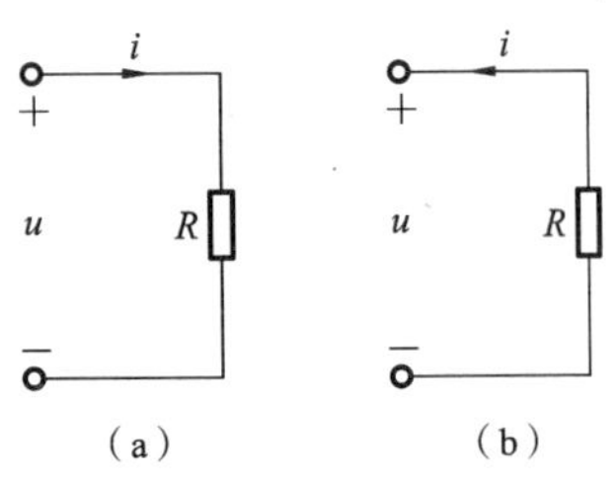

图 1-7　欧姆定律

欧姆定律是分析电路的基本定律之一，该定律表明流过线性电阻的电流与电阻两端的电压成正比。在电压 u 一定的情况下，电阻 R 越大，则电流越小。可见，电阻具有对电流起阻碍作用的物理性质。

当电阻上电压与电流取非关联参考方向时，如图1-7(b)所示，其欧姆定律表达式为

$$u=-Ri \tag{1-3}$$

因此，由于电阻元件的端电压和电流的参考方向取的不同，在欧姆定律的表达式中有正、负号之分。

由以上分析可知，欧姆定律的表达式中包含了两套正负号，一是表达式前面的正负号，由 u 与 i 的参考方向是否关联一致决定；另外，电压 u 和电流 i 本身的值还有正负之分，这是由电压或电流的参考方向和实际方向是否一致决定。所以在使用欧姆定律进行计算时，必须注意这一点。如图 1-8 所示电路中，图 1-8(a)和图 1-8(d)中的电压和电流是关联参考方向，其欧姆定律表达式 $u=Ri$；图 1-8(b)和图 1-8(c)中的电压和电流是非关联参考方向，其欧姆定律表达式 $u=-Ri$。

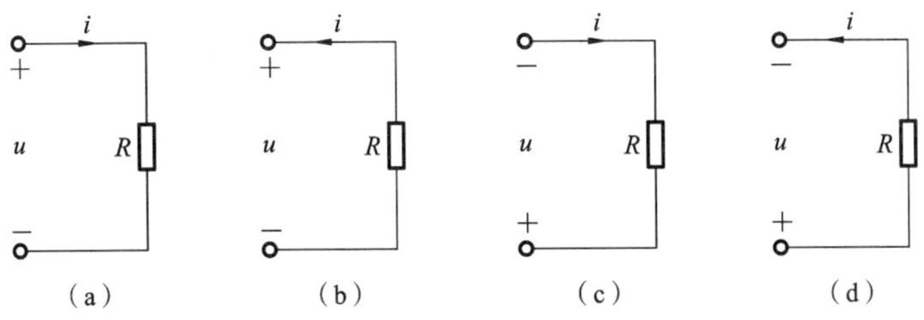

图 1-8　欧姆定律的四种情况

注意：由元件上电流、电压之间的关系形成的约束关系为元件约束关系，是由元件性质决定的。本章介绍线性电阻的元件约束关系；电感、电容上的元件约束关系将在相应章节介绍。

【例 1.3】　已知 $R=2\ \Omega$，$u=4\ \text{V}$，应用欧姆定律对图 1-8(a)、图 1-8(b)所示电路求电流 i。

解　(a)
$$u=Ri,\quad i=\frac{u}{R}=\frac{4}{2}\ \text{A}=2\ \text{A}$$

(b)
$$u=-Ri,\quad i=-\frac{u}{R}=-\frac{4}{2}\ \text{A}=-2\ \text{A}$$

1.2.2　电功率与电能

在电路分析和计算中，往往需要计算电能量和电功率，电气设备在单位时间内消耗(实际是转换)的电能称为电功率，简称功率，用符号“p”表示，$p=ui$。

在直流电路中，如果 u 与 i 取关联参考方向，则

$$p=ui \tag{1-4}$$

如果 u 与 i 取非关联参考方向，则

$$p=-ui \tag{1-5}$$

可见，功率有正负之分。功率的正负表示元件在电路中的作用不同。功率为正值，表明

该元件是负载(如电阻),在电路中吸收功率(即将电能转换成其他形式的能量);功率为负值,表明该元件为电源,在电路中发出功率(即将其他形式的能量转换成电能)。

在同一个电路中,电源发出的总功率和电路吸收的总功率在数值上是相等的,这就是电路的功率平衡,即

$$p_{发} = p_{吸} \tag{1-6}$$

在国际单位制中,功率的单位是瓦特(焦耳/秒),简称“瓦”,用符号“W”表示;另外,还有千瓦(kW)、毫瓦(mW)等功率单位,其换算关系为

$$1\ \text{kW} = 10^3\ \text{W},\quad 1\ \text{W} = 10^3\ \text{mW}$$

在 t 时间内消耗的电能为

$$W = pt \tag{1-7}$$

W 的单位是焦[耳](J)。工程上电能的计量单位为千瓦·小时(kW·h),1 千瓦·小时即 1 度电,1 度电与焦的换算关系为

$$1\ \text{kW}\cdot\text{h} = 3.6\times10^6\ \text{J}$$

电阻消耗的电能全部转化为热能,是不可逆的能量转换过程。

【例 1.4】 如图 1-9 所示电路,各元件的电压、电流参考方向如图所示。已知 $u=4$ V,$i_1=-5$ A,$i_2=4$ A,$i_3=-9$ A。求各元件的功率大小,并判断该元件是电源还是负载;验证电路功率平衡。

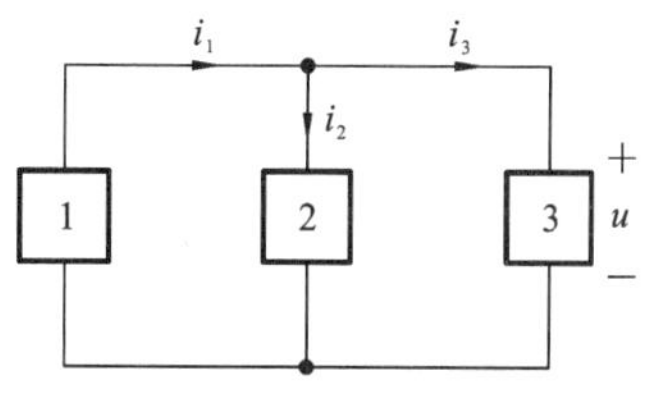

图 1-9　例 1.4 电路

解　1 号元件:电压、电流为非关联参考方向,有

$p_1 = -ui_1 = -4\times(-5)$ W

$=20$ W(1 号元件为负载,消耗功率)

2 号元件:电压、电流为关联参考方向,有

$$p_2 = ui_2 = 4\times4\ \text{W} = 16\ \text{W}(2\ 号元件为负载,消耗功率)$$

3 号元件:电压、电流为关联参考方向,有

$$p_3 = ui_3 = 4\times(-9)\ \text{W} = -36\ \text{W}(3\ 号元件为电源,产生功率)$$

$$p_1 + p_2 + p_3 = 0(功率平衡)$$

1.3　独立电源

独立电源是从实际电源抽象得到的理想化的电路元件模型,包括独立电压源和独立电流源,简称电压源和电流源。它是任何电路中都不可缺少的重要组成部分,是电路中电能的来源。

1.3.1　电压源模型

1. 理想电压源

如果电源的端电压是一个定值,不随外接电路变化而变化,但电流的大小随外接电路变化而变化,这样的电源称为理想电压源或恒压源。

理想电压源的符号如图 1-10(a)所示,图中 u_S 为理想电压源的端电压,是时间函数;当电压源为直流电源时 u_S 为常数,它的伏安特性曲线是一条与横轴平行的直线,如图 1-10(b)所示。

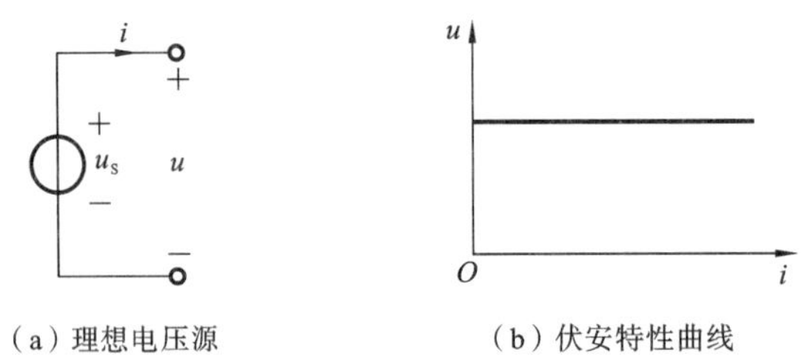

(a) 理想电压源　　(b) 伏安特性曲线

图 1-10　理想电压源的符号及伏安特性曲线

2. 实际电压源

一个实际电压源,可看成是理想电压源和内阻 R_S 串联的电路模型,如图 1-11(a)所示,当外接负载电阻 R_L 变化时,电源的输出电压会发生变化,其电源端电压与电流的伏安关系式为

$$u=u_S-iR_S \tag{1-8}$$

伏安特性曲线如图 1-11(b)所示。

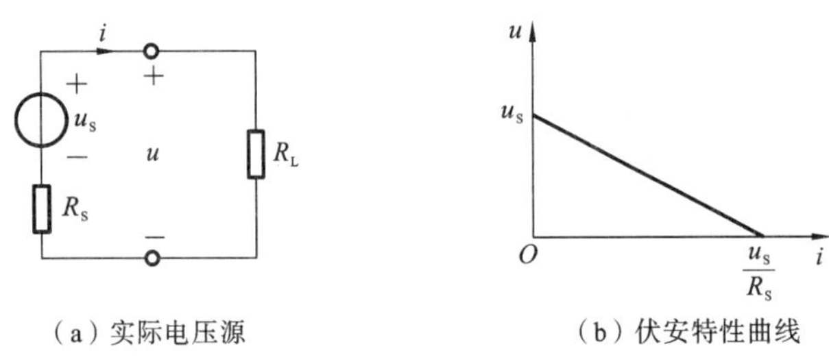

(a) 实际电压源　　(b) 伏安特性曲线

图 1-11　实际电压源的符号及伏安特性曲线

由伏安关系可知:当电压源开路时,$i=0$,开路端电压 $u_{OC}=u_S$;当电压源短路时,$u=0$,短路电流 $i_{SC}=\frac{u_S}{R_S}$(注意:在实际操作中是不允许电源短路的)。

1.3.2 电源有载工作、开路与短路

1. 电源有载工作

如图 1-11(a)所示电路,电源连接上负载电阻 R_L 组成闭合回路,这种情形就是电源有载工作。电源输出的电流即为流经负载的电流,其大小为

$$i=\frac{u_S}{R_S+R_L} \tag{1-9}$$

当 u_S、R_S 一定时,电流 i 的大小由负载电阻 R_L 决定。R_L 越小,则电流 i 越大。

电源端电压 u 等于负载电阻两端的电压,即

$$u=iR=u_S-iR_S \tag{1-10}$$

式(1-10)表明,在有载工作状态时,由于电源内阻有压降,因而电压 u 总是小于 u_S。当 u_S 和 R_S 一定时,u 随着电流 i 的增加而下降。如图 1-11 所示电源的伏安特性曲线,其斜率与电源内阻 R_S 有关。当 $R_S \ll R_L$ 时,则 $u\approx u_S$,即输出电压 u 近似等于电源端电压 u_S,该电压源近似为一个理想电压源。也就是说,当电流(负载)变动时,电源的端电压变动不大,这说明电源带负载能力强。

式(1-10)各项乘以电流 i,可得功率平衡式

$$iu=i^2R=u_Si-i^2R_S \tag{1-11}$$

$$p=p_S-\Delta p \tag{1-12}$$

式中:p_S 为电源发出的功率;Δp 为电源内阻上损耗的功率;p 为负载消耗的功率。上式表明电源发出的功率除了提供给负载外,还有一部分消耗在内阻上,因此,希望电源内阻越小越好。

2. 电源开路

当图 1-11(a)中电源处于开路状态时,也就是空载状态;此时外电路的电阻对电源来说等于无穷大,因此电路中电流为零。这时电源的端电压称为开路电压 $u_{OC}=u_S$。

电路开路时,$i=0$,$u=u_{OC}$,$p=0$,表明此时电路不工作,没有输出电流。

3. 电源短路

如图 1-11(a)所示,当电源的两端由于某种原因而连接在一起时,称为电源短路;电路短路时,外电路的电阻可视为零,这时电路中的电流为短路电流,用 i_{SC} 表示。

电路短路时,主要特征可用下列各式表示:

$$u=0,\quad i=i_{SC}=\frac{u_S}{R_S},\quad p_S=\Delta p=i^2R_S,\quad p=0$$

由上述可知,电源被短路时的电流 i_{SC} 很大,电源产生的功率 p_S 全部消耗在内阻上,易造成电源过热而损坏。此时负载上没有电流,负载的功率 $p=0$。

短路通常是一种严重事故,应尽力避免。通常采取的保护措施是在电路中接入熔断器(俗称保险丝)或自动断路器,以便在发生短路时迅速将故障电路断开。

1.3.3 电流源模型

1. 理想电流源

如果电源的电流是一个定值,而其两端的电压是任意的,电压 u 的大小随外电路的变化而变化,这样的电源称为理想电流源或恒流源。理想电流源的符号如图 1-12(a)所示,它的伏安关系曲线是一条与纵轴平行的直线,如图 1-12(b)所示。

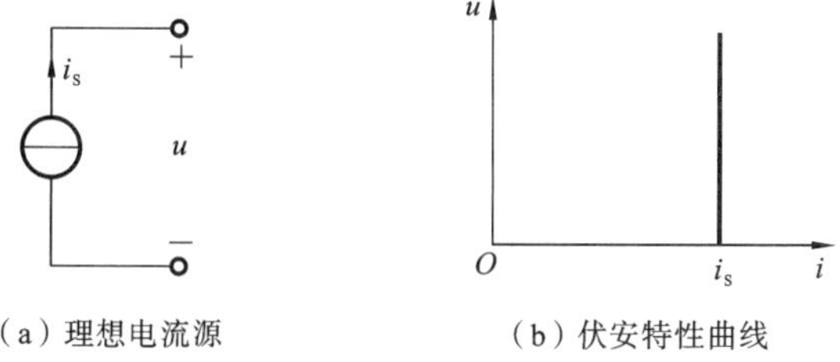

(a) 理想电流源　　(b) 伏安特性曲线

图 1-12 理想电流源的符号及伏安特性曲线

2. 实际电流源

一个实际电流源,可看成是理想电流源和内阻 R_S 并联的电路模型,如图 1-13(a)所示,当外接负载电阻 R_L 变化时,电源的输出电压会发生变化,它的伏安特性曲线如图 1-13(b)所示。

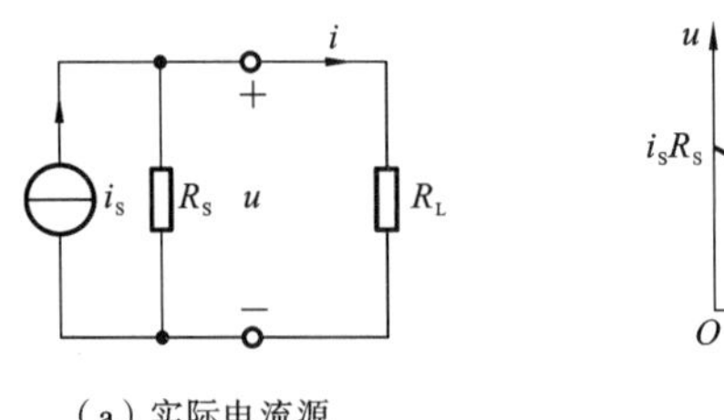

(a) 实际电流源

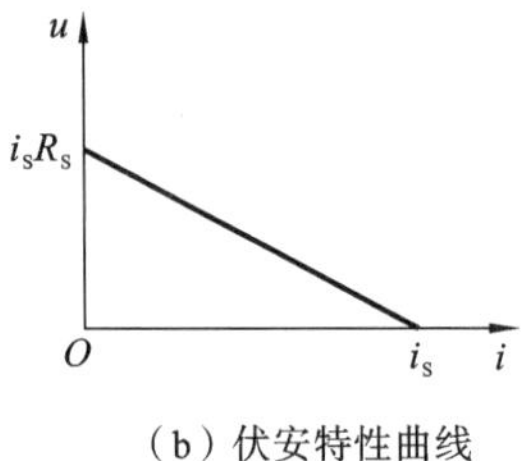

(b) 伏安特性曲线

图 1-13 实际电流源的符号及伏安特性曲线

$$i=i_S-\frac{u}{R_S} \tag{1-13}$$

由伏安关系可知：当电流源开路时，$i=0$，$u=u_{OC}=i_SR_S$；当电流源短路时，$u=0$，$i_{SC}=i_S$。

当 $R_S\to\infty$(相当于 R_S 支路断开)时，$i=i_S$，这时的电流源为理想电流源。理想电流源实际上是不存在的，如果一个电流源的内阻远大于负载电阻，即 $R_S\gg R_L$ 时，则 $i=i_S$，该电流源近似为一个理想电流源。

1.4 受控源

独立电源元件是只有两个端钮的二端元件，下面介绍的受控源与独立电源不同，是非独立电源的双口元件。受控源的激励与独立电源不一样，后者是独立的，前者是受电路某部分电压或电流控制。受控源可以用来表示实际的电子器件，如双极型晶体管电路的集电极电流受基极电流的控制，可以用受控源来表示。

所谓受控源，即大小、方向受电路中其他地方的电压或电流控制的电源。这种电源有两个控制端钮(又称输入端)、两个受控端钮(又称输出端)。按输入、输出端所呈现的性能，受控源可分为四类：电压控制型的电压源(VCVS)，如图 1-14(a)所示；电流控制型电压源(CCVS)，如图 1-14(b)所示；电压控制型的电流源(VCCS)，如图 1-14(c)所示；电流控制型的电流源(CCCS)，如图 1-14(d)所示。为了与独立电源区分，用菱形表示电源部分，其中 u_1 和 i_1 表示控制电压和控制电流。μ、γ、g、α 分别表示有关控制系

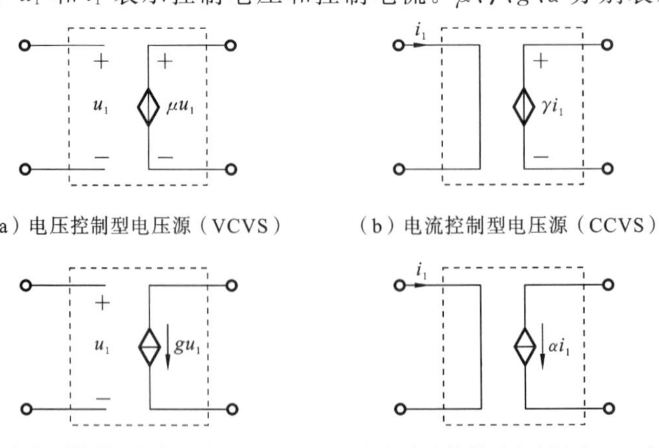

(a) 电压控制型电压源(VCVS)

(b) 电流控制型电压源(CCVS)

(c) 电压控制型电流源(VCCS)

(d) 电流控制型电流源(CCCS)

图 1-14 四种形式的受控源

数，其中 μ 和 α 无量纲，γ 是电阻的量纲(Ω)，g 为电导的量纲(S)。

注意：图 1-14 中，把受控源看成具有 4 个端子的双口电路模型，受控电压源或受控电流源在输出端钮，而输入端钮是开路或短路状态，分别对应控制量是开路电压或短路电流。但在一般分析电路时，不一定需要专门标出控制量所在的端子。

【例 1.5】 如图 1-15 所示的电路是电压控制电压源(VCVS)，求端口 u。

解 先求控制电压

$$u_1=1\times 3\ \text{V}=3\ \text{V}$$

则
$$u=2u_1=2\times 3\ \text{V}=6\ \text{V}$$

图 1-15 例 1.5 受控源电路

1.5 基尔霍夫定律

基尔霍夫定律是反映电路整体规律的定理，是对电路进行分析和计算的基本定律，它分为基尔霍夫电流定律和电压定律。基尔霍夫电流定律反映电路中节点处电荷守恒，基尔霍夫电压定律反映电路中回路电压守恒。这两个定律表达式只受电路元件间连接的几何结构约束，称之为拓扑约束。

为方便讲解这两个定律，先介绍几个基本概念。

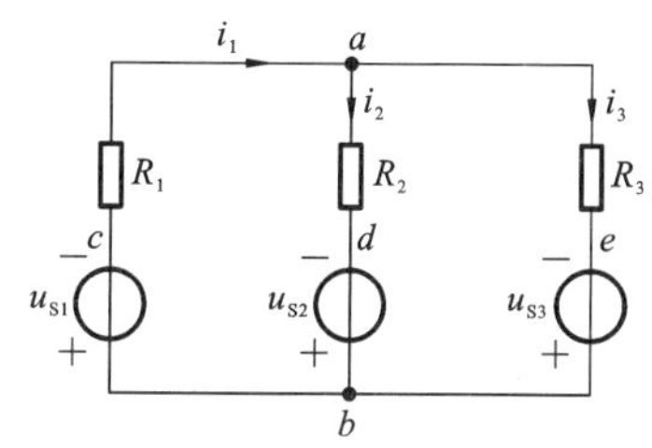

图 1-16 支路和节点

支路：电路中的每一分支称为支路；一条支路流过同一电流，称为支路电流。图 1-16 所示电路中有三条支路，相应的支路电流为 i_1、i_2 和 i_3。

节点：电路中三条或三条以上支路的交点称为节点，图 1-16 所示电路中有 a 和 b 两个节点。

回路：电路中由一条或多条支路组成的闭合路径称为回路，图 1-16 所示电路中有 $acbda$、$adbea$ 和 $acbea$ 三个回路。

网孔：网孔是内部不含支路的特殊回路，图 1-16 所示电路中有 $acbda$、$adbea$ 两个网孔。

1.5.1 基尔霍夫电流定律(KCL)

基尔霍夫电流定律用来确定电路中任意一个节点上各支路电流之间的关系。由于电流的连续性，电路中任一节点处电荷不能滞留。因此，该定律指出：在任一瞬时，流入电路中任一节点的电流之和等于流出该节点的电流之和。

在图 1-16 所示电路中，对节点 a 有

$$i_1=i_2+i_3 \tag{1-14}$$

或将上式改写成

$$i_1-i_2-i_3=0 \tag{1-15}$$

即
$$\sum i=0 \tag{1-16}$$

也就是说，在任一瞬时、任一个节点上电流的代数和恒等于零。如果规定参考方向

指向节点(流入)的电流取正号,则离开节点(流出)的电流就取负号。

基尔霍夫电流定律不仅适用于电路中的节点,还可推广应用于电路中任何一个假定的闭合面,即在任一瞬时,流入电路中任一闭合面的电流的代数和恒等于零。

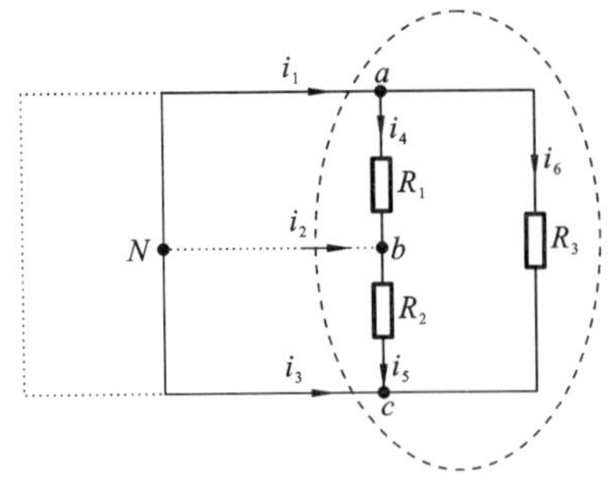

图 1-17　KCL 的推广

验证如下:在图 1-17 所示的电路中,基尔霍夫电流定律分别对 a、b、c 三个节点列写电流方程:

$$i_1-i_4-i_6=0$$

$$i_2+i_4-i_5=0$$

$$i_3+i_5+i_6=0$$

上列三式相加,得

$$i_1+i_2+i_3=0 \tag{1-17}$$

可见,在任一瞬时,通过电路中任一闭合面的电流的代数和也恒等于零。

【例 1.6】 如图 1-18 所示电路,已知 $i_1=-0.5\ \mu A$,$i_2=0.6\ \mu A$,$i_4=0.2\ \mu A$。试求 i_3、i_5 和 i_6 的值。

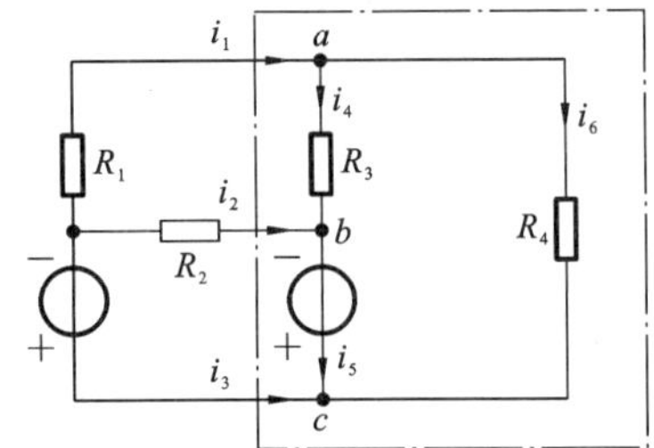

图 1-18　例 1.6 电路

解　应用基尔霍夫电流定律推广 $i_1+i_2+i_3=0$,得

$$i_3=-i_1-i_2=-0.1\ \mu A$$

应用基尔霍夫电流定律 $i_1-i_4-i_6=0$,得

$$i_6=i_1-i_4=-0.7\ \mu A$$

应用基尔霍夫电流定律 $i_3+i_5+i_6=0$,得

$$i_5=-i_6-i_3=0.8\ \mu A$$

1.5.2　基尔霍夫电压定律(KVL)

基尔霍夫电压定律用来确定回路中各段电压之间的关系。基尔霍夫电压定律指出:在任一瞬间,从回路中任意一点出发,沿回路绕行一周(可顺时针绕也可逆时针绕)回到原点时,则在这个方向上的电位降之和应等于电位升之和。

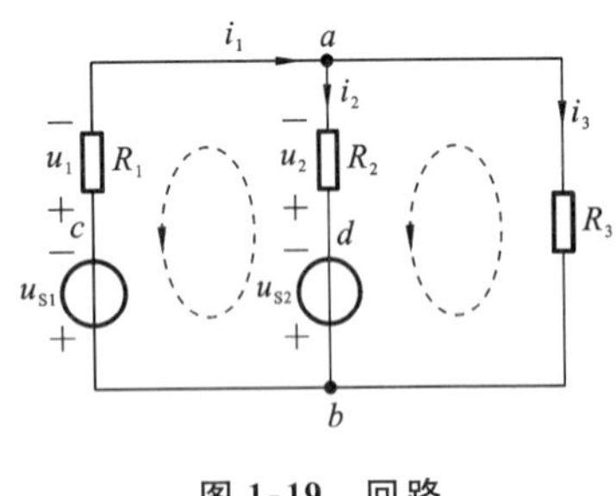

图 1-19　回路

以图 1-19 所示的回路 $acbda$ 为例,图中电压、电流和电源端电压参考方向均已标出。从 a 点出发,按照虚线所示方向逆时针绕行一周,根据基尔霍夫电压定律可列出

$$u_{S1}+u_1=u_{S2}+u_2 \tag{1-17}$$

将上式改写成

$$-u_{S1}-u_1+u_{S2}+u_2=0$$

即

$$\sum u=0 \tag{1-18}$$

因此,基尔霍夫电压定律还可表达为:在任一瞬间,从回路中任意一点出发,沿任意闭合回路绕行一周,则回路中各段电压的代数和恒等于零(各段电压参考方向和绕行方向一致的,公式中电压符号前取正,不一致的取负)。

基尔霍夫电压定律不仅适用于电路中的闭合回路,而且还可推广应用于部分电路。

例如,对图 1-20 所示电路,可假设闭合回路 $acba$,并列出 KVL 方程:

$$u_1+u_S-u_{ab}=0$$

$$u_{ab}=u_1+u_S$$

由欧姆定律知

$$u_1=-iR$$

故

$$u_{ab}=u_S-iR$$

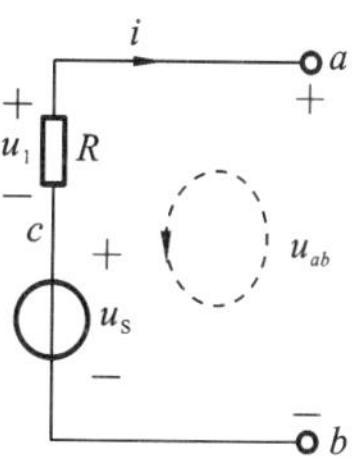

图 1-20 KVL 推广

注意:不论是应用基尔霍夫电压定律和电流定律,还是应用欧姆定律列方程时,定律中的电压、电流方向指的都是参考方向,因此在运用这些定律时,首先要在电路图上标出电流、电压参考方向。因为所列方程中各项前的"+""−"号是由它的参考方向决定的。如果参考方向选得相反,则会相差一个"−"号。

【例 1.7】 如图 1-21 所示部分电路,已知 $u_{AB}=-5$ V,$u_{BC}=6$ V,$u_{CD}=-3$ V。试求 u_{AD},u_{AC}。

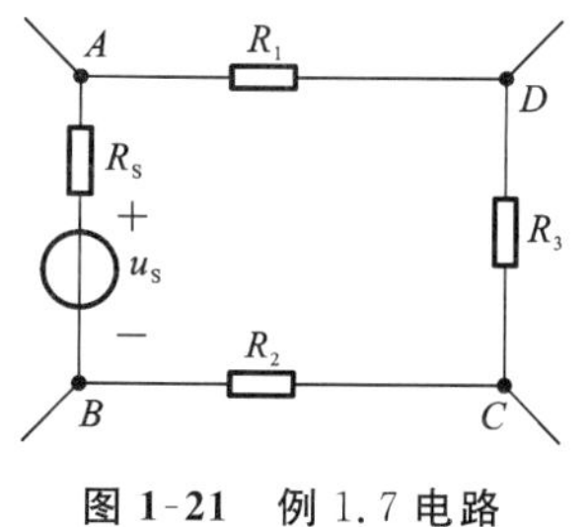

图 1-21 例 1.7 电路

解 根据基尔霍夫电压定律可列出

$$u_{AB}+u_{BC}+u_{CD}-u_{AD}=0$$

$$-5+6-3-u_{AD}=0$$

可得

$$u_{AD}=-2\ \text{V}$$

基尔霍夫电压定律推广可列出

$$u_{AB}+u_{BC}-u_{AC}=0$$

可得

$$u_{AC}=u_{AB}+u_{BC}=1\ \text{V}$$

本章小结

本章介绍电路基本物理量、电路组成及电路模型,重点介绍电流、电压、电位和功率等常用物理量来描述电路中发生的电磁现象和能量转变的过程。在电路分析中,由于电路复杂,实际电流、电压方向难以判断,为了分析电路方便,引入参考方向的概念,掌握各物理量及其参考方向的概念是十分重要的。参考方向是人为选定的一个假设方向,通过求解得到的电压、电流的正负值可最终确定电路中各元件或各支路电压、电流的实际方向。

介绍线性电阻元件上电压和电流关系满足欧姆定律,在运用欧姆定律时一定要注意电压、电流的参考方向是否关联一致,当电阻上电压与电流取关联参考方向时,其欧姆定律表达式为 $u=Ri$;当电阻上电压与电流取非关联参考方向时,其欧姆定律表达式为 $u=-Ri$。

介绍电路中电压源和电流源,电压源有理想电压源和实际电压源,理想电压源的端电压不随外接负载的变化而变化,即恒压不恒流。实际电压源可以看成理想电压源和内阻的串联形式,其输出电压随负载的变化而变化。电流源也有理想电流源和实际电流源,理想电流源的电流不随外接负载的变化而变化,即恒流不恒压。实际电流源可以看成理想电流源和内阻的并联形式,其输出电流随负载的变化而变化。这些都是独立电源。

除了独立电源外,应用较多的还有受控源,受控源是非独立电源,受控源与独立电源最本质的区别在于它们不能独立地给电路提供能量,即受控源的电压或电流是电路中其他部分的电压或电流的函数。本章介绍了四种受控源,即电压控制型电压源(VCVS)、电流控制型电压源(CCVS)、电压控制型电流源(VCCS)、电流控制型电流源(CCCS)。

重点介绍了基尔霍夫电流定律(KCL)和基尔霍夫电压定律(KVL)。KCL 定律体现了电路电荷守恒性,电路中任一个节点上的电流流入、流出是平衡的;KVL 定律体现了电路能量守恒性,在电路任一个回路中的电位升和电位降是平衡的。基尔霍夫定律是反映电路整体规律的基本定律。

分析任何电路的基本依据都是电路的两类约束,即元件约束和拓扑约束。正确应用这两类约束将为后面复杂电路分析打下基础。

自测练习题

1. 思考题

(1) 什么是电流的实际方向?电路分析时,为什么要设定参考方向?

(2) 节点处每个支路上电流参考方向可以任意设定吗?是否需要有流入、有流出的方向设置?

(3) 运用欧姆定律需要注意哪些事项?

(4) 什么是理想电压源?它与实际电压源的区别是什么?

(5) 受控源与独立电源的区别是什么?

(6) 运用 KCL、KVL 定律时需注意哪些事项?

2. 填空题

(1) 如图 1-22 所示电路,i=( )。

(2) 如图 1-23 所示电路,已知 $i_1=1$ A,则 i_2=( )。

(3) 如图 1-24 所示电路,已知 $R=2\ \Omega$,$i=-3+2e^{-2t}$ A,则 u_{ab}=( )。

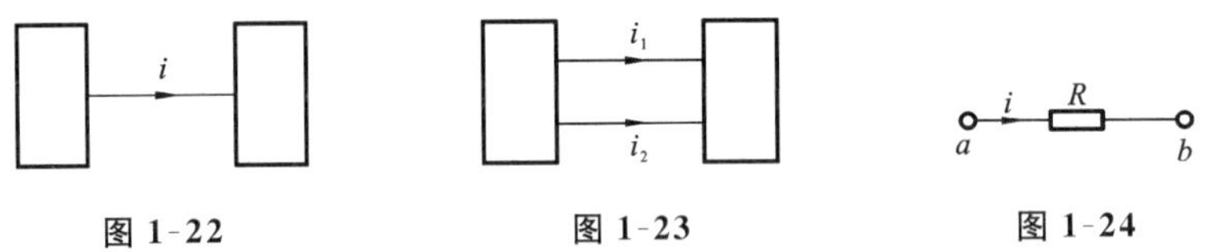

图 1-22　　图 1-23　　图 1-24

(4) 如图 1-25 所示四个电路,$u=2$,$i=-3$ A,负载指的是( )。

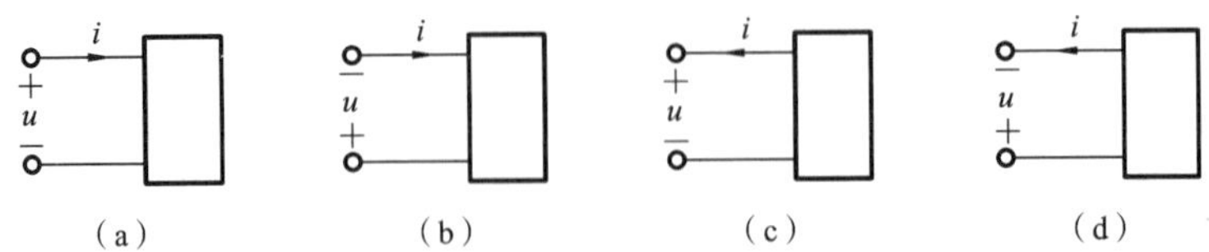

图 1-25

(5) 如图 1-26 所示电路,电流源两端电压 u=( )。

(6) 如图 1-27 所示电路,a 点电位为( )。

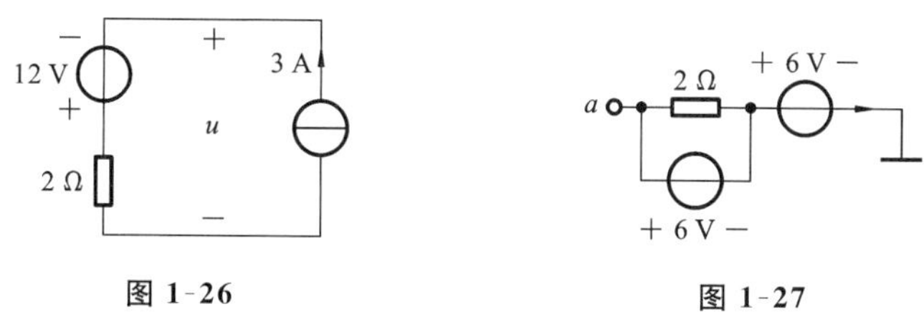

图 1-26　　图 1-27

(7) 如图 1-28 所示电路，已知 $i=1$ A，则 $u_{ab}=$(　　)。

(8) 如图 1-29 所示电路，$u=$(　　)。

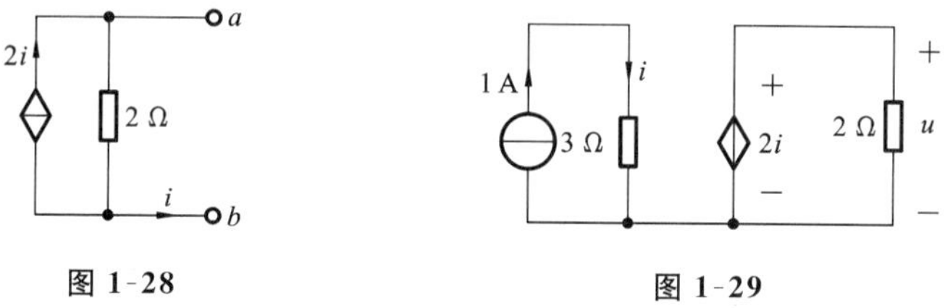

图 1-28　　图 1-29

习　　题

1-1　如图 1-30 所示电路，计算各二端电路的功率，并分别指明是吸收还是发出功率。

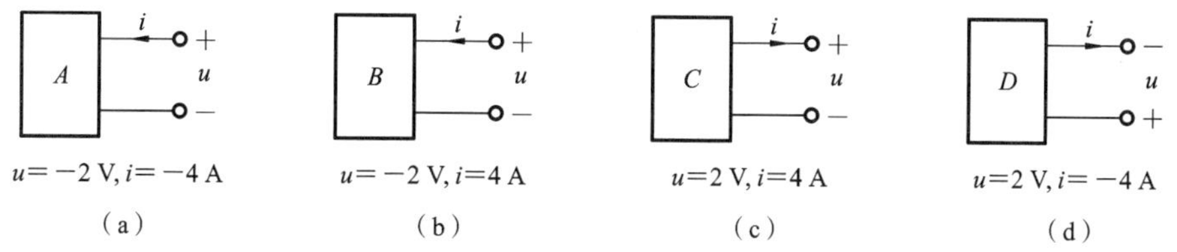

图 1-30　题 1-1 电路

1-2　如图 1-31 所示电路，已知 $u_S=12$ V，$u=8$ V，$R_S=2$ Ω，计算下列四种情况下的电流 i。

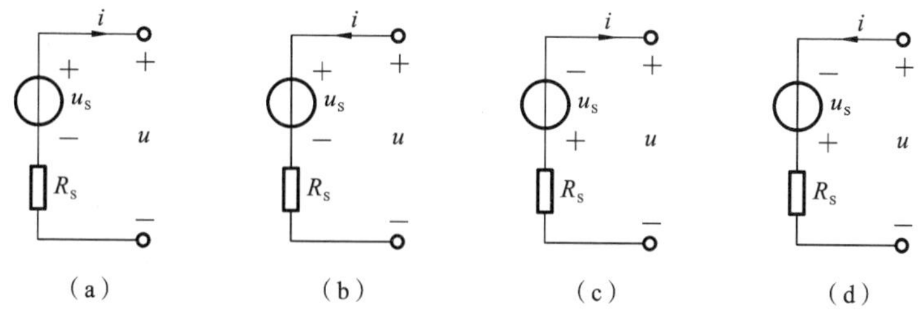

图 1-31　题 1-2 电路

1-3　如图 1-32 所示电路，已知 $i_1=-3$ A，$i_2=5$ A，$i_4=3$ A，$i_5=2$ A，利用 KCL 定律求电流 i_6。

1-4　电路如图 1-33 所示，已知 $i_1=2$ A，$i_3=-3$ A，$u_1=10$ V，$u_2=-5$ V，求 u_3，i_4，计算各元件功率；指出哪些元件发出功率、哪些元件吸收功率；并验证功率平衡。

1-5　求图 1-34 所示电压源、电流源及电阻的功率，并指出哪个元件发出功率，哪个元件吸收功率。

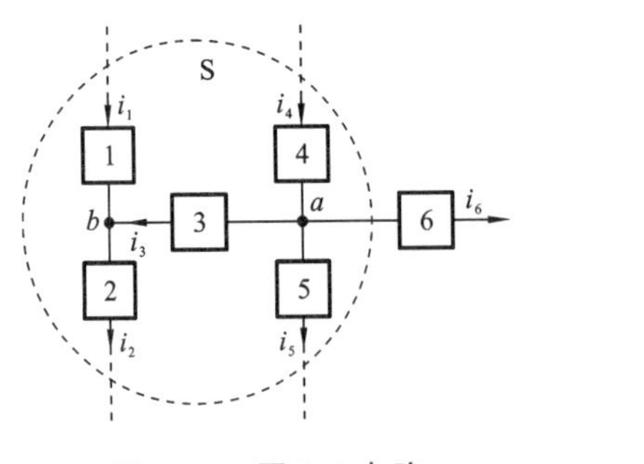

图 1-32　题 1-3 电路

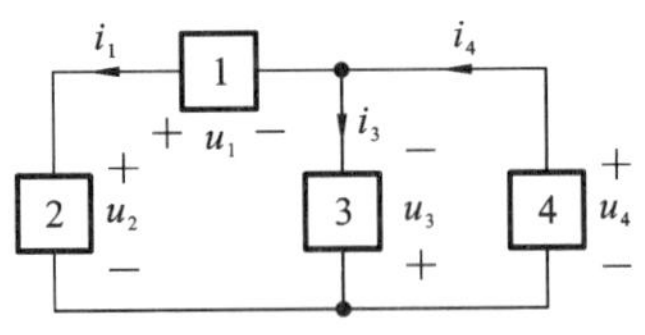

图 1-33　题 1-4 电路

1-6　电路如图 1-35 所示，求 9 V 电压源上电流、6 A 电流源两端电压，并指出哪个电源是吸收功率。

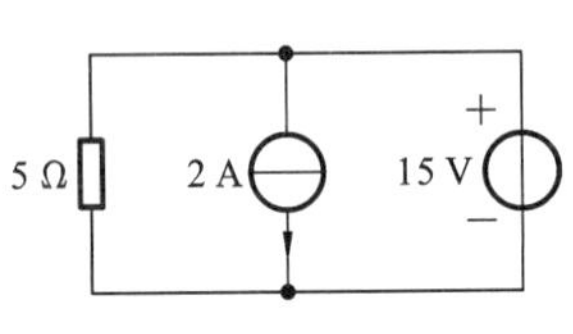

图 1-34　题 1-5 电路

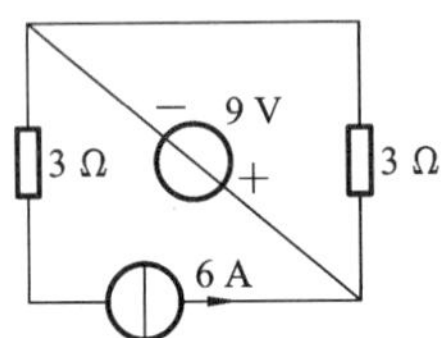

图 1-35　题 1-6 电路

1-7　求图 1-36 所示电路中电压或者电流。

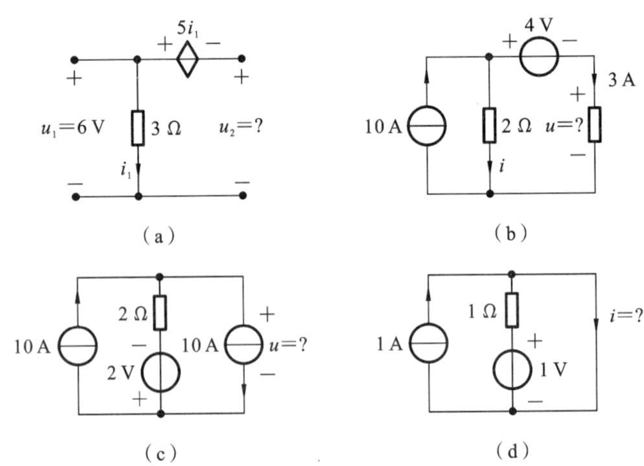

图 1-36　题 1-7 电路

1-8　试求图 1-37(a)所示电路中电流 i_1、图 1-37(b)所示电路中开路电压 u。

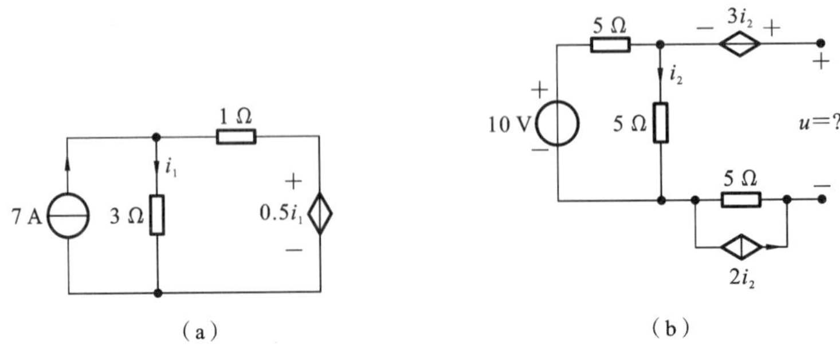

图 1-37　题 1-8 电路

1-9　如图 1-38 所示电路，求 2 Ω 电阻上电压 u。

1-10　如图 1-39 所示电路，已知 $i_1=2$ A，$r=0.5$ Ω，求 i_S。

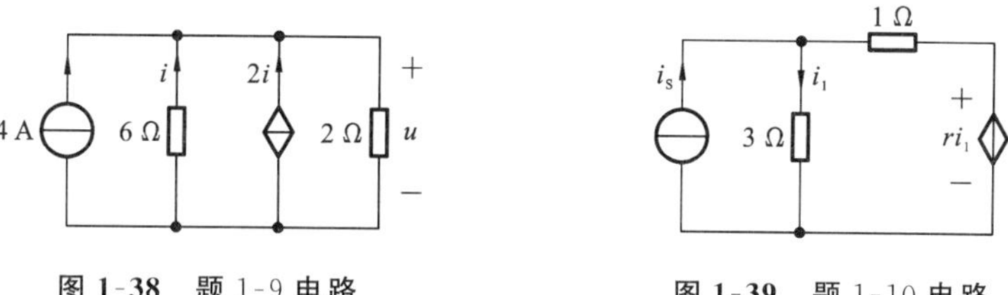

图 1-38　题 1-9 电路　　**图 1-39**　题 1-10 电路

1-11　求图 1-40 所示电路中的开路电压 u_{OC}。

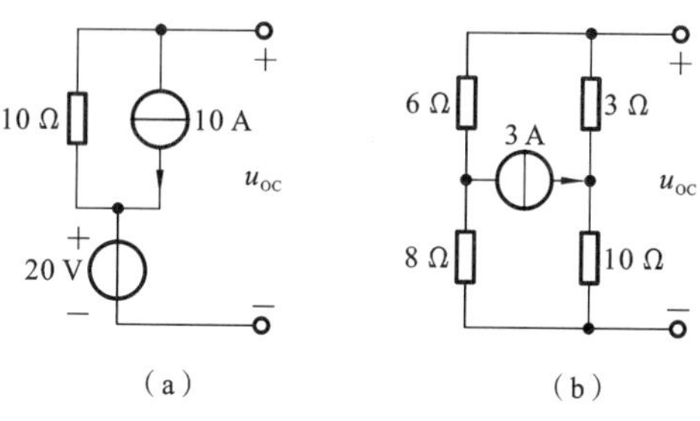

图 1-40　题 1-11 电路

1-12　电路如图 1-41 所示，求 A 点的电位。

1-13　电路如图 1-42 所示，求开关 S 合上和打开两种情况下 A 点的电位。

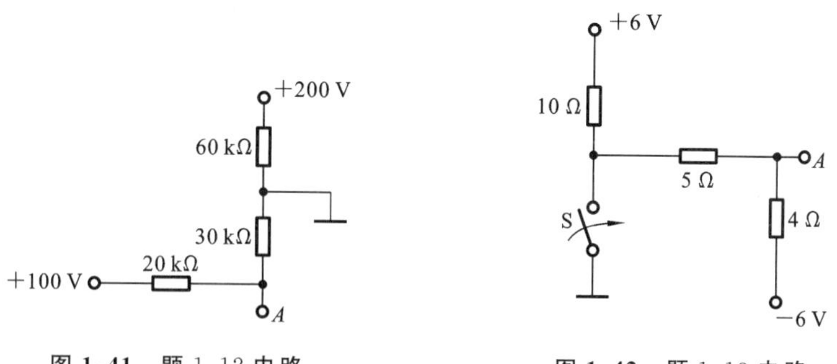

图 1-41　题 1-12 电路　　**图 1-42**　题 1-13 电路

1-14　电路如图 1-43 所示，已知 $i=2$ A，求电压 u 及网络 N 吸收的功率 P_N。

1-15　电路如图 1-44 所示，求电流 i_1、i_2。

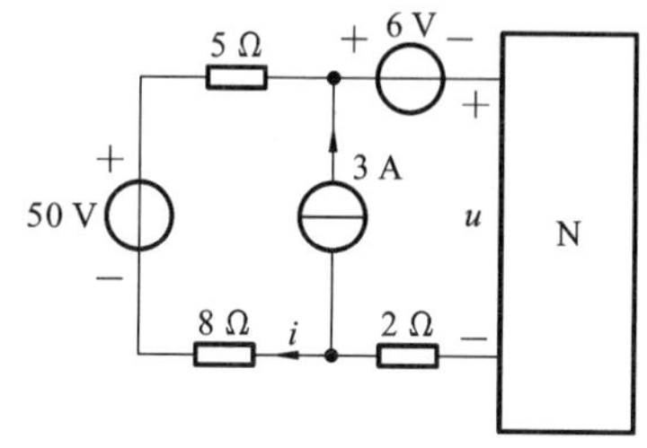

图 1-43　题 1-14 电路

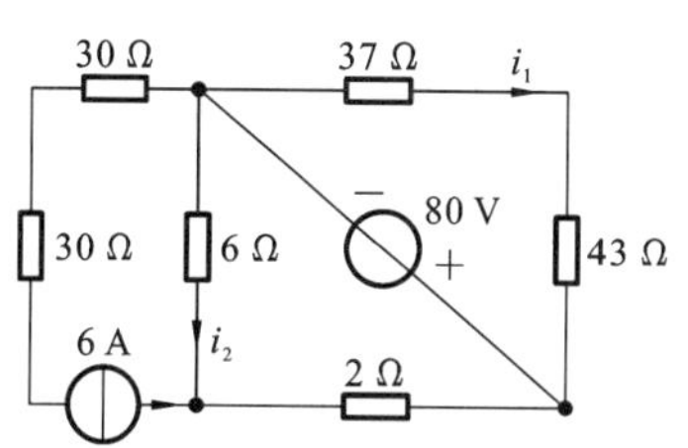

图 1-44　题 1-15 电路

课外阅读资料

三位著名科学家简介

1. 基尔霍夫生平简介

古斯塔夫·罗伯特·基尔霍夫(Gustav Robert Kirchhoff,1824—1887),德国物理学家。他出生于普鲁士的柯尼斯堡(现加里宁格勒),1847年于柯尼斯堡大学毕业后到柏林大学任教。1854年由化学家本生推荐任海德堡大学教授,1875年被柏林大学应聘为理论物理教授,直到逝世。19世纪40年代的欧洲,电气技术迅猛发展,电路越来越复杂。许多电学家试图用已有的物理学公式求解一些有三条乃至三条以上支路形成的节点电网,但都未取得令人满意的结果。1845年,年仅21岁的他还是个学生,在柯尼斯堡大学课堂上,详细介绍了他发表的第一篇论文,提出了稳恒电路网络中电流、电压、电阻关系的两条电路定律,即著名的基尔霍夫电流定律(KCL)和基尔霍夫电压定律(KVL),解决了电器设计中电路方面的难题。后来又研究了电路中电的流动和分布,从而阐明了电路中两点间的电势差和静电学的电势这两个物理量在量纲和单位上的一致,使基尔霍夫电路定律具有更广泛的意义。直到现在,基尔霍夫电路定律仍旧是解决复杂电路问题的重要工具。基尔霍夫被称为"电路求解大师"。基尔霍夫敢于挑战电磁学未知领域,不仅在于他对电荷守恒定律、欧姆定律及电压闭环定理等物理学理论的熟练掌握,而且显示出他不同寻常的数学归纳和逻辑思维能力。

古斯塔夫·罗伯特·基尔霍夫

光谱分析法的诞生与多学科研究有关。基尔霍夫与德国一位化学家罗伯特·威廉·本生(Robert Wilhelm Bunsen,1811—1899)有着深厚的友谊,他们的性格迥异,本生沉默寡言,生活刻板,除了科学之外对什么都没有兴趣。基尔霍夫却热情奔放,非常健谈,爱读诗,爱唱歌。奇怪的是,科学却把他们紧紧地连在一起。光谱分析的基本原理属于物理学范畴,如何应用光谱原理来分析化学元素,则是属于化学范畴。在海德堡大学期间,两人紧密配合,互相协作,取长补短。最终,经过无数次实验,创立了光谱分析法(把各种元素放在本生灯上烧灼,发出波长一定的一些明线光谱,由此可以极灵敏地判断这种元素的存在),从而发现了铯、铷等多种元素。光谱分析法开创了化学和分析化学的新纪元,在化学史上有着超乎寻常的意义,被称为"化学家神奇的眼睛"。

基尔霍夫研究灯焰烧灼食盐的实验还得出了关于热辐射的定律。根据热平衡理论导出,任何物体对电磁辐射的发射本领和吸收本领的比值与物体特性无关,是波长和温度的普适函数,即与吸收系数成正比。并由此判断:太阳光谱的暗线是太阳大气中元素吸收的结果。这给太阳和恒星成分分析提供了一种重要的方法,天体物理由于应用光谱分析方法而进入了新阶段。1862年他又进一步得出绝对黑体的概念。他的热辐射定律和绝对黑体概念是开辟20世纪物理学新纪元的关键之一。1900年M.普朗克的量子论就发轫于此。

此外，在光的衍射问题上，基尔霍夫对光学、电磁学、数学历史及其发展现状的熟悉和有效运用，使其发现了光学、电磁学、数学学科交叉点的基尔霍夫衍射积分。

纵观基尔霍夫的一生，我们看到一个伟大物理学家对科学的执着追求，他的科学成就涉猎了物理、化学、光学、数学等多个领域。如今，应用多学科交叉融合的方法和思路依然是创新性科学研究的主要趋势，树立多学科视野和团队协作精神可以让我们的科研之路走得更宽更远。

2. 傅立叶生平简介

让·巴普蒂斯·约瑟夫·傅立叶(Baron Jean Baptiste Joseph Fourier，1768—1830)，法国欧塞尔人，著名数学家、物理学家。

让·巴普蒂斯·约瑟夫·傅立叶

傅立叶生于法国中部欧塞尔(Auxerre)一个裁缝家庭，9岁时沦为孤儿，被当地一主教收养。1780年起就读于地方军校，1795年任巴黎综合工科大学助教，1798年随拿破仑军队远征埃及，受到拿破仑器重，回国后于1801年被任命为伊泽尔省格伦诺布尔地方长官。

傅立叶早在1807年就写成关于热传导的基本论文《热的传播》，向巴黎科学院呈交，但经拉格朗日、拉普拉斯和勒让德审阅后被科学院拒绝，1811年又提交了经修改的论文，该文获科学院大奖，却未正式发表。傅立叶在论文中推导出著名的热传导方程，并在求解该方程时发现解函数可以由三角函数构成的级数形式表示，从而提出任一函数都可以展成三角函数的无穷级数。傅立叶分析等理论均由此创始。傅立叶由于对传热理论的贡献于1817年当选为巴黎科学院院士。

1822年，傅立叶出版了专著《热的解析理论》。这部经典著作将欧拉、伯努利等人在一些特殊情形下应用的三角级数方法发展成内容丰富的一般理论，三角级数后来就以傅立叶的名字命名。傅立叶应用三角级数求解热传导方程，为了处理无穷区域的热传导问题又导出了当前所称的“傅立叶积分”，这一切都极大地推动了偏微分方程边值问题的研究。然而傅立叶的工作意义远不止此，它迫使人们对函数概念作修正、推广，特别是引起了对不连续函数的探讨；三角级数收敛性问题更刺激了集合论的诞生。因此，《热的解析理论》影响了整个19世纪分析严格化的进程。傅立叶1822年成为科学院终身秘书。

在电子学中，傅立叶级数是一种频域分析工具，可以理解成一种复杂的周期信号分解成直流项、基波(角频率为ω)和各次谐波(角频率为$n\omega$)之和，也就是级数中的各项。随着n的增大，各次谐波的能量逐渐衰减，所以一般工程上从级数中取前n项和就可以很好地接近原周期波形。对于非周期信号，因其不满足狄利赫利条件，无法用傅立叶级数展开，这时引入频谱密度分析方法，认为非周期信号是周期无限大的周期信号，再利用欧拉公式和极限的知识，将傅立叶级数的展开式变成傅立叶积分公式。所以，傅立叶级数和傅立叶变换都是通过观察信号的频率成分进行频域分析的方法，有了这种傅立叶分析方法后,就可将原来难以处理的时域信号转换成易于分析的频域信号,在频域中对信号进行分析、加工、处理。

进入 20 世纪以来,人们认识到,在通信与控制系统的理论研究和实际应用之中,采用频域的分析方法,较经典的时域方法有许多突出的优点。随着计算机、数字集成电路技术的发展,傅立叶分析法得到广泛应用,它不仅应用于电气控制工程领域,如电力系统中基于傅立叶变换的谐波测量是当今应用最多也是最广泛的一种方法。而且在通信工程及各种线性系统分析等相关物理和工程技术领域方面也得到普遍的应用。如在图像处理技术方面的应用,傅立叶分析法广泛应用于图像变换、图像编码域压缩、图像分割、图像重建。傅立叶变换是数字图像处理技术的基础,其通过在时空域和频率域来回切换图像,对图像的信息进行提取和分析,简化了分析及计算。傅立叶分析法已经成为信号分析与系统不可缺少的重要工具。

傅立叶分析方法的建立经历了一段漫长的历史,它是许多前辈科学家在求知的道路上不畏艰辛不懈追求的结果,也是前辈科学家智慧的结晶。这些科学成果固然重要,但是不断实践、勇于探索、坚持不懈的科学精神才是最宝贵的、最值得我们学习的。

3. 拉普拉斯生平简介

皮埃尔-西蒙·拉普拉斯(Pierre-Simon Laplace,1749—1827)是法国数学家、天文学家,法国科学院院士。他是天体力学的主要奠基人、天体演化学的创立者之一,还是分析概率论的创始人,因此可以说他是应用数学的先驱。拉普拉斯在研究天体问题的过程中,创造和发展了许多数学的方法,以他的名字命名的拉普拉斯变换、拉普拉斯定理和拉普拉斯方程,在科学技术的各个领域有着广泛的应用。

皮埃尔-西蒙·拉普拉斯

拉普拉斯 1749 年 3 月 23 日生于法国西北部卡尔瓦多斯的博蒙昂诺日,父亲是一个农场主,他从青年时期就显示出卓越的数学才能,18 岁时离家赴巴黎,决定从事数学工作。于是带着一封推荐信去找当时法国著名学者达朗贝尔,但被后者拒绝接见。拉普拉斯没有放弃,就寄去一篇力学方面的论文给达朗贝尔。这篇论文出色至极,以至于达朗贝尔高兴得要当他的教父,并推荐拉普拉斯到军事学校教书。这是他一生从事数学事业的开端。

拉普拉斯通过对科学的不断求知与探索,在 21 岁完成第一篇数学论文《曲线的极大和极小研究》。其中除了对极值问题进行综合评述以外,还对当时已成名的 J. L. 拉格朗日(Lagrange)做出的有关结果提出某些改进。此后 3 年内共完成 13 篇论文,课题涉及当时数学、天文学的最新领域,如极值问题、差分方程、循环级数、机会对策、微分方程的奇异解、行星轨道倾角的变化、月球运动理论、卫星对行星运动的摄动、行星的牛顿运动理论等。虽然在 1773 年以前只刊出 4 篇,但全都向巴黎科学院提出报告,逐渐受到科学界重视。

长期以来,科学家一直受太阳系如何形成等问题的困扰,就连著名科学家牛顿都难以回答,最后只能求助于神学。拉普拉斯对宇宙形成问题进行了详细研究,写下了《宇宙体系论》和《天体力学》两本书。1796 年他的著作《宇宙体系论》问世,书中提出了对后来有重大影响的关于行星起源的星云假说。康德的星云说是从哲学角度提出的，而拉普拉斯则从数学、力学角度充实了星云说，因此，人们常常把他们两人的星云说称为“康德-拉普拉斯星云说”。星云学说带来了宇宙观点变革，它指出宇宙是在自然界自身运动中发展产生的，将上帝驱逐出宇宙。当拿破仑问拉普拉斯为什么他的学说中没有上帝时，拉普拉斯自豪地说：“我不需要那个假设”。这成为当时无神论者藐视上帝的名言。

1812 年他发表了重要的《概率分析理论》一书，该书总结了当时整个概率论的研究，论述了概率在选举审判调查、气象等方面的应用，导入“拉普拉斯变换”等。晚年的拉普拉斯担任英国伦敦皇家学会和德国格丁根皇家学会会员，并且是俄国、丹麦、瑞士、普鲁士、意大利等国的科学院院士，拥有广泛的国际声誉。1827 年 3 月 5 日，拉普拉斯因病卒于巴黎，享年 78 岁。留下了最后的遗言——“我们知道的是很微小的；我们不知道的是无限的。”冲着这句谦卑的遗言，让我们永远记住这位伟大的科学家吧！

2

电路等效变换

本章介绍电路等效变换的概念及其应用。首先给出单口网络及其等效的定义，接着分别对无源单口网络和含源单口网络进行等效变换，最后讨论了含受控源电路的等效变换与输入电阻。

电路等效变换的目的是为了简化电路，需要注意的是，等效只是对外电路等效，对内电路并不等效。

2.1 电路的等效变换概念

对电路进行分析和计算时，可以把电路的某一部分化简，即用一个较为简单的电路来代替原电路，而电路的其余部分电压和电流均保持不变，这就是电路"等效变换"的概念。在实际电路的分析中等效变换的概念极为重要。

2.1.1 一端口网络

任意电路有两个引出端且两端上的电流为同一电流时，这样的两个引出端构成电路的一个端口，称为一端口网络或单口网络，如图 2-1 所示的 a、b 端口。端口上的 u 和 i 分别称为端口电压和端口电流。端口电压和端口电流构成端口的伏安关系，也称为该一端口网络的外部特性。

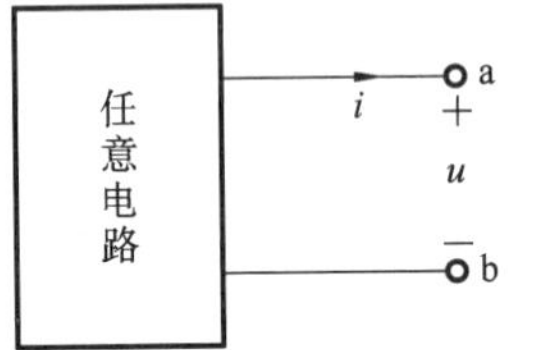

图 2-1 一端口网络的定义

当一端口网络中包含独立源时，称为含源一端口网络；反之，当一端口网络中不含有独立源时，称为无源一端口网络。

2.1.2 等效及等效变换

N_1 和 N_2 是两个内部结构和元件数值均不同的一端口网络，如图 2-2 所示。若这两个一端口网络的伏安关系完全相同，则称 N_1 和 N_2 对端口 ab 上的伏安关系互为等效电路，简称等效电路。

在保持端口伏安关系不变的条件下，把 N_1 变换为 N_2，或者反之，称为电路的等效变换。

【例 2.1】 图 2-3(a)、(b)、(c)所示三个电路是否等效？

解 (a) $u_1=2i_1+3\times(i_1+4)=5i_1+12$

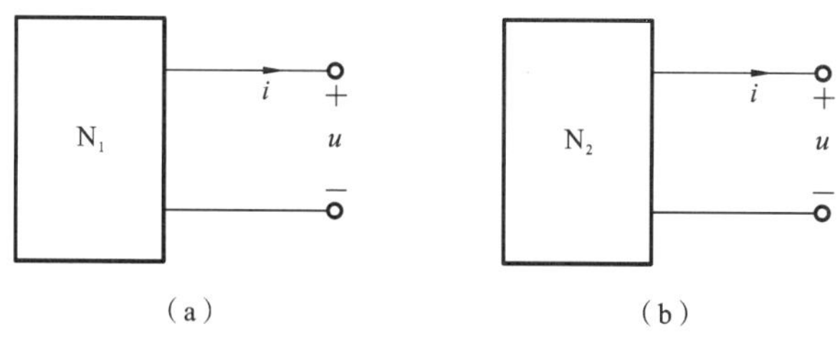

图 2-2　等效电路的概念

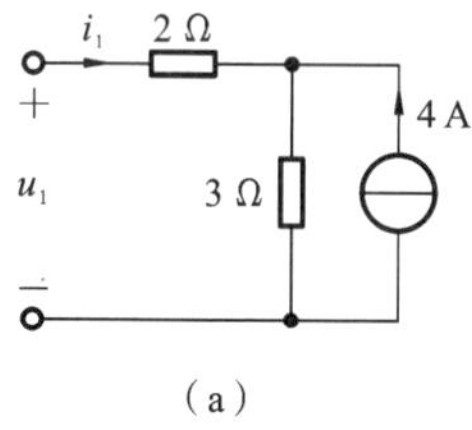

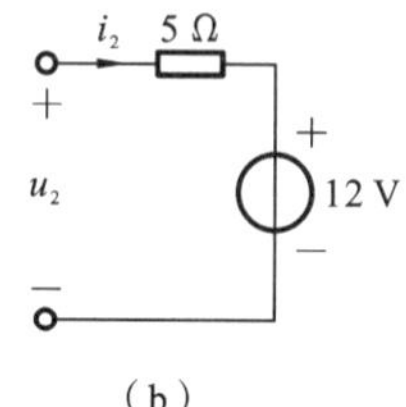

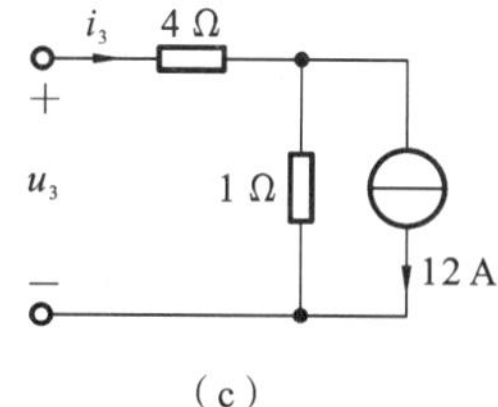

图 2-3　例 2.1 图

(b) $u_2=5i_2+12$

(c) $u_3=4i_3+1\times(i_3-12)=5i_3-12$

可见图 2-3(a)和图 2-3(b)所示电路的端口具有相同的电压、电流关系，故图 2-3(a)和图 2-3(b)所示电路等效。

2.2　无源一端口网络的等效变换

线性电阻组成的电路构成一种无源一端口网络，利用基尔霍夫定律和元件伏安特性可以进行电路的等效变换关系的推导。

2.2.1　电阻串并联等效

1. 电阻的串联

把多个电阻依次连接起来，构成电阻的串联，如图 2-4(a)所示。

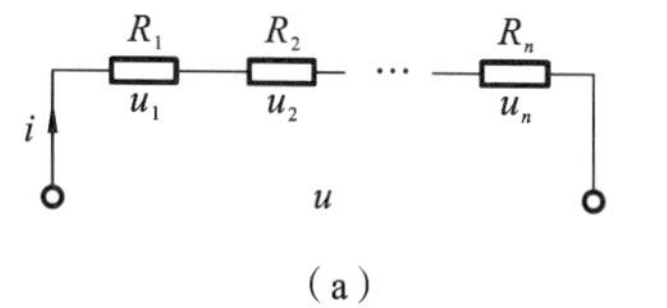

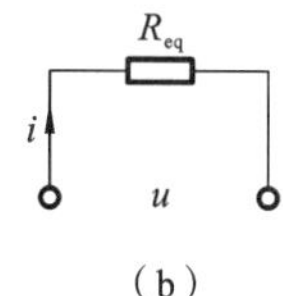

图 2-4　电阻的串联及其等效

由基尔霍夫电流定律(KCL)可得，串联电路中流过各电阻的是同一电流；由基尔霍夫电压定律(KVL)可得，端口电压为各电阻电压之和。代入电阻元件满足的欧姆定律，可得

$$u=R_1i+R_2i+\cdots+R_ni=(R_1+R_2+\cdots+R_n)i=R_{eq}i$$

R_{eq}为串联电路的总电阻，等于各分电阻之和，有

$$R_{eq}=R_1+R_2+\cdots+R_n=\sum_{k=1}^{n}R_k \tag{2-1}$$

图 2-4(a)所示串联电路的等效电路如图 2-4(b)所示。电阻串联时,各电阻上的电压为

$$u_k = R_k i = R_k \frac{u}{R_{\mathrm{eq}}} = \frac{R_k}{R_{\mathrm{eq}}} u \tag{2-2}$$

可见,每个串联电阻的电压与其电阻值成正比,式(2-2)称为分压公式。电压与电阻成正比,因此串联电阻电路可用做分压电路,实验室常用的电位器就是一个典型的分压电路。同理,可以导出每个串联电阻的功率与其电阻值成正比。

2. 电阻的并联

把多个电阻两端分别相接,构成电阻的并联,如图 2-5(a)所示。

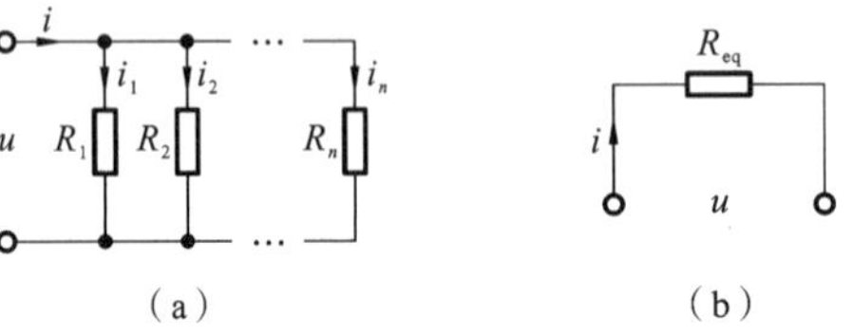

图 2-5　电阻的并联及其等效

由基尔霍夫电压定律(KVL)可得,并联电路中各电阻的电压相等;由基尔霍夫电流定律(KCL)可得,端口电流为各电阻电流之和。代入电阻元件满足的欧姆定律,可得

$$i = i_1 + i_2 + \cdots + i_n = \frac{u}{R_1} + \frac{u}{R_2} + \cdots + \frac{u}{R_n} = (G_1 + G_2 + \cdots + G_n)u = G_{\mathrm{eq}} u$$

G_{eq}为并联电路的总电导,等于各分电导之和,有

$$G_{\mathrm{eq}} = G_1 + G_2 + \cdots + G_n = \sum_{k=1}^{n} G_k \tag{2-3}$$

图 2-5(a)所示并联电路的等效电路如图 2-5(b)所示,显然,

$$R_{\mathrm{eq}} = \frac{1}{G_{\mathrm{eq}}} < R_k$$

并联电路的等效电阻小于任一个并联的电阻。电阻并联时,各电阻上的电流为

$$i_k = G_k u = G_k \frac{i}{G_{\mathrm{eq}}} = \frac{G_k}{G_{\mathrm{eq}}} i \tag{2-4}$$

可见,每个并联电阻的电流与其电导值成正比,式(2-4)称为分流公式。

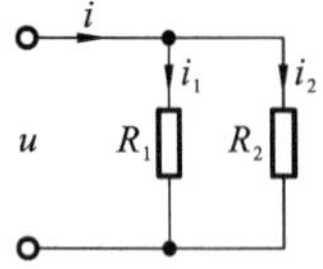

图 2-6　两个电阻的并联

以两个电阻并联电路为例,如图 2-6 所示。其中 R_1 上流过的电流 i_1 为

$$i_1 = \frac{G_1}{G_1 + G_2} i = \frac{R_2}{R_1 + R_2} i$$

R_2 上流过的电流 i_2 为

$$i_2 = i - i_1 = \frac{R_1}{R_1 + R_2} i$$

两个并联电阻的电流与其电阻值成反比。同理,可以导出每个并联电阻的功率与其电阻值成反比。电阻串、并联公式总结如表 2-1 所示。

3. 电阻的混联

当电路中的电阻既有串联又有并联时,称为电阻的串并联或混联。

表 2-1　电阻串、并联公式

名　称		电　路　图	公　式
两个电阻元件串联和并联公式	串联		$R=R_1+R_2$ $u=u_1+u_2$ $P=i^2R=P_1+P_2$
	并联		$i=i_1+i_2$ $R=\dfrac{R_1R_2}{R_1+R_2}$ $G=G_1+G_2\left(G=\dfrac{1}{R}\right)$ $P=Gu^2=P_1+P_2$
推广到 N 个电阻元件串联和并联公式及等效	串联		$R=R_1+R_2+\cdots+R_N$ $u=u_1+u_2+\cdots+u_N$ $P=P_1+P_2+\cdots+P_N=i^2R$
	并联		$G=G_1+G_2+\cdots+G_N$ $i=i_1+i_2+\cdots+i_N$ $P=P_1+P_2+\cdots+P_N=Gu^2$
分压公式	串联		$u_1=\dfrac{R_1}{R_1+R_2}u=\dfrac{R_1}{R}u$ $u_2=\dfrac{R_2}{R_1+R_2}u=\dfrac{R_2}{R}u$
分流公式	并联		$i_1=\dfrac{R_2}{R_1+R_2}i=\dfrac{G_1}{G_1+G_2}i$ $i_2=\dfrac{R_1}{R_1+R_2}i=\dfrac{G_2}{G_1+G_2}i$

【例 2.2】 求图 2-7 所示电路中 A、B 端口的等效电阻 R_{AB}。

解　由电阻串联和并联公式可得

$$R_{AB}=[(3+9)//4+6//3]\ \Omega=\left[\frac{12\times4}{12+4}+\frac{6\times3}{6+3}\right]\ \Omega=5\ \Omega$$

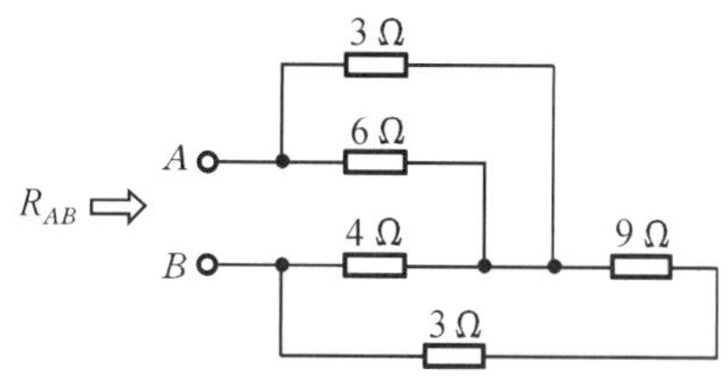

图 2-7　例 2.2 电路图

2.2.2 电阻的桥形连接及其等效变换

电阻的连接方式除了串、并联之外，还有一种特殊的连接方式——桥形连接，这样连接的电路也称为桥式电路，如图 2-8(a)所示。由图 2-8(a)可见，图中五个电阻 R 既不是串联也不是并联，因此无法采用串、并联等效的方法进行化简。

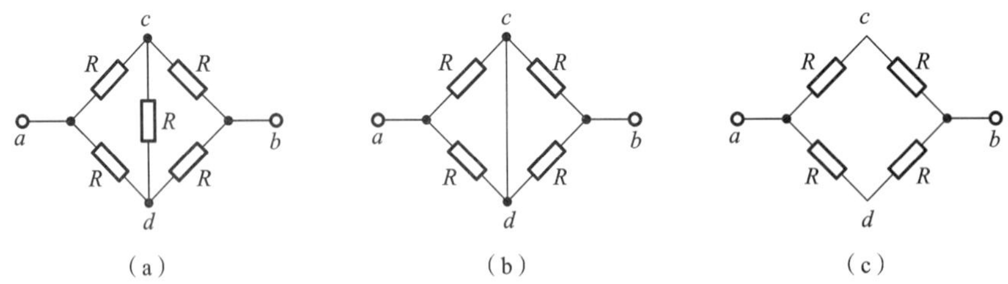

图 2-8 桥形连接电路及其等效电路

假设在 a、b 端加入一个电压源，可以得出 c 点和 d 点等电位，因此可以用一根导线将 c、d 端连接起来，如图 2-8(b)所示。将中间的电阻支路做短路处理，可得等效电阻

$$R_{ab}=R/\!/R+R/\!/R=R$$

又因为 c 点和 d 点等电位，c、d 端之间的电阻上没有电流，可以将中间支路当作开路处理，如图 2-8(c)所示。可得等效电阻

$$R_{ab}=(R+R)/\!/(R+R)=R$$

这种桥形连接的电路，也可以采用阻值不同的电阻组成，如图 2-9 所示。可以证明，当满足条件 $R_1R_3=R_2R_4$ 时，c 点和 d 点等电位，这种电路称为平衡电桥。对于平衡电桥，同样可以采用中间支路短路和开路的方式处理。

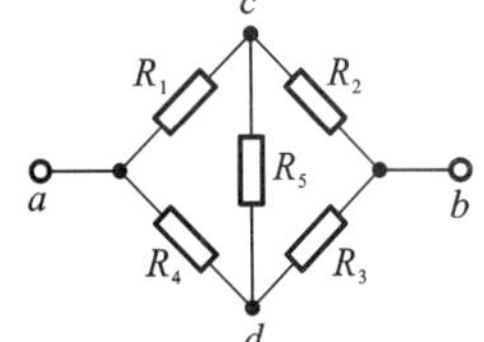

图 2-9 桥形连接电路

2.2.3 星形(Y)、三角形(△)连接及其等效变换

如果桥式电路不满足平衡条件，就不能做短路或开路处理求得等效电阻。观察桥式电路，可以发现其中三个电阻分别构成了星形(以下简称 Y 形)和三角形(以下简称△形)连接，如图 2-10 所示。如果可以对 Y 形和△形电路进行等效变换，就可以直接使用串、并联等效公式进行分析。

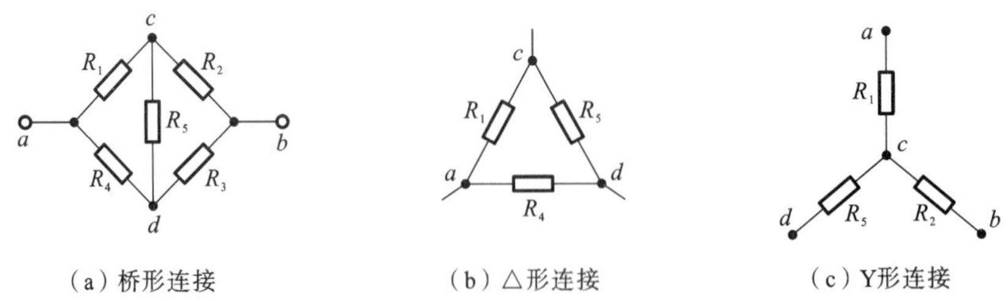

图 2-10 桥形连接和 Y 形、△形连接一

为了方便 Y 形和△形连接等效变换条件的推导，将图 2-10(a)所示电路转化为图 2-11(a)、图 2-11(b)所示电路。依据电路等效变换的定义，为了使得由两个网络的三端流出(或流入)的电流分别对应相等，三端相互间的电压也分别对应相等，可以得到 Y 形和△形连接的等效变换条件：当任意对对应端开路时，其余一对对应端口的等效电阻

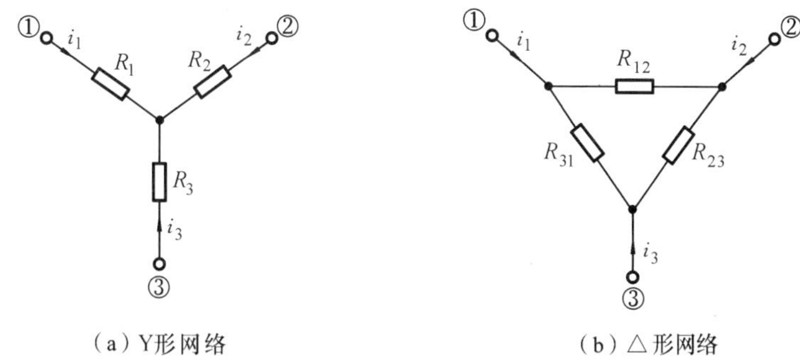

(a) Y形网络　　(b) △形网络

图 2-11　桥形连接和 Y 形、△形连接二

必须相等。

根据等效条件列写方程，当③端开路时，Y 形、△形电路的①端和②端等效电阻相等。当③端、①端、②端分别开路时的等效方程为

$$R_1+R_2=\frac{R_{12}(R_{23}+R_{31})}{R_{12}+R_{23}+R_{31}}(\text{③端开路}) \tag{2-5}$$

$$R_2+R_3=\frac{R_{23}(R_{31}+R_{12})}{R_{12}+R_{23}+R_{31}}(\text{①端开路}) \tag{2-6}$$

$$R_3+R_1=\frac{R_{31}(R_{23}+R_{12})}{R_{12}+R_{23}+R_{31}}(\text{②端开路}) \tag{2-7}$$

由式(2-5)+式(2-7)−式(2-6)得

$$R_1=\frac{R_{12}R_{31}}{R_{12}+R_{23}+R_{31}} \tag{2-8}$$

同理，可推导出根据△形连接的电阻确定 Y 形连接电阻的公式，有

$$R_2=\frac{R_{23}R_{12}}{R_{12}+R_{23}+R_{31}} \tag{2-9}$$

$$R_3=\frac{R_{31}R_{23}}{R_{12}+R_{23}+R_{31}} \tag{2-10}$$

将式(2-8)、式(2-9)和式(2-10)两两相乘，再相加可得

$$R_1R_2+R_2R_3+R_3R_1=\frac{R_{12}R_{23}R_{31}}{R_{12}+R_{23}+R_{31}} \tag{2-11}$$

再将式(2-11)分别除以式(2-8)、式(2-9)和式(2-10)，得到根据 Y 形连接的电阻确定△形连接电阻的公式如下

$$R_{12}=\frac{R_1R_2+R_2R_3+R_3R_1}{R_3} \tag{2-12}$$

$$R_{23}=\frac{R_1R_2+R_2R_3+R_3R_1}{R_1} \tag{2-13}$$

$$R_{31}=\frac{R_1R_2+R_2R_3+R_3R_1}{R_2} \tag{2-14}$$

若△形和 Y 形连接的三个电阻均相等(对称)，则有 $R_{\triangle}=3R_{Y}$。

【例 2.3】 求图 2-12 所示电路中 A、B 端口的等效电阻 R。

解　先将图 2-12(a)所示电路转化成图 2-12(b)所示电路。若 $R_{12}=R_{23}=R_{31}=R_{\triangle}$，可以计算得出：

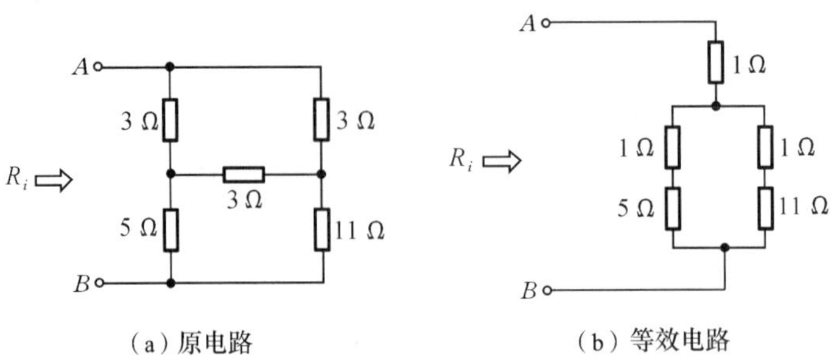

图 2-12　例 2.3 电路图

$$R_1=R_2=R_3=R_Y=R_\triangle/3$$

这里，$R_\triangle=3\ \Omega$，所以 $R_Y=R_\triangle/3=1\ \Omega$，故等效电阻 R_i 为

$$R_i=\left[1+\frac{(1+5)\times(1+11)}{(1+5)+(1+11)}\right]\Omega=\left(1+\frac{6\times12}{6+12}\right)\Omega=5\ \Omega$$

2.3　含源一端口网络的等效变换

若一端口网络中除了电阻元件，还有独立源元件，则构成含源一端口网络。利用电路等效的定义，同样可以对含源一端口网络进行等效变换。

2.3.1　电压源、电流源的串联和并联

1. 理想电压源的串联

理想电压源的串联如图 2-13(a)所示，根据 KVL 可得

$$u_S=u_{S1}+u_{S2}=\sum u_{Sk} \tag{2-15}$$

因此图 2-13(a)所示电路可等效为图 2-13(b)所示电路。同理，N 个电压源串联可以用一个电压源等效，等效电压等于串联电压源电压的代数和，即

$$u_S=\sum_{k=1}^{N}u_{Sk} \tag{2-16}$$

注意：此处的代数和表示当 u_{Sk} 方向与 u_S 一致时，其前面取正号，否则取负号。

2. 理想电压源的并联

理想电压源的并联如图 2-14(a)所示。根据 KVL 可知，电压源的并联是有条件的，只有电压数值相等且极性相同的电压源才能并联。多个电压源并联时，对外等效为

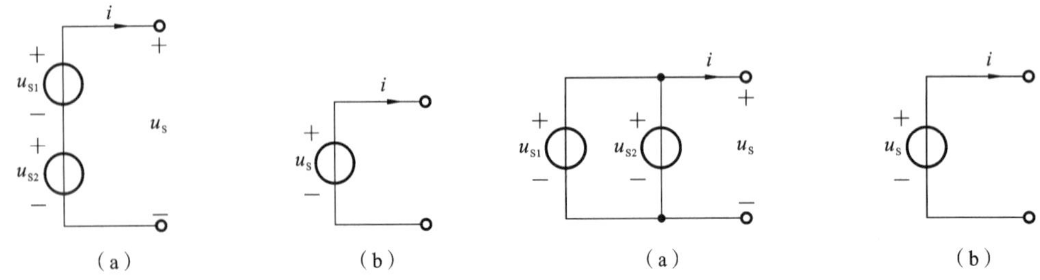

图 2-13　理想电压源的串联　　**图 2-14　理想电压源的并联**

其中一个电压源，如图 2-14(b)所示，即

$$u_S=u_{S1}=u_{S2}=u_{Sk} \tag{2-17}$$

注意：电压源并联后，每个电压源中的电流分配是不确定的。

3. 理想电压源与支路的串联

理想电压源与支路的串联如图 2-15(a)所示，根据 KVL 可得

$$u=u_{S1}+R_1i+u_{S2}+R_2i=(u_{S1}+u_{S2})+(R_1+R_2)i=u_S+Ri$$

由一端口网络等效的定义，可得图 2-15(a)所示电路与图 2-15(b)所示电路等效。等效关系为

$$u_S=u_{S1}+u_{S2},\quad R=R_1+R_2$$

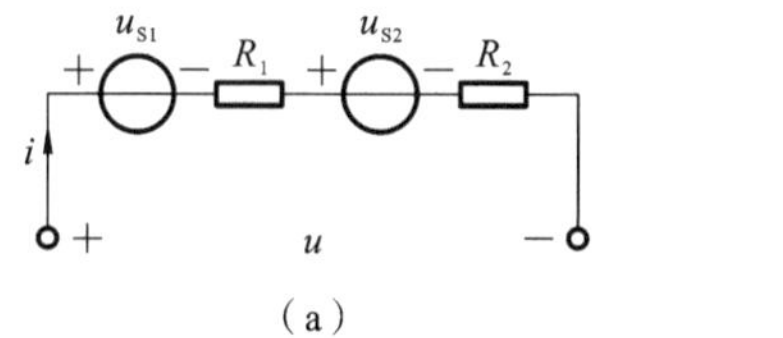

图 2-15 理想电压源与支路的串联

4. 理想电压源与支路的并联

理想电压源与支路并联，如图 2-16(a)所示。根据 KVL 可得，无论该支路是由什么元件组成，都不会影响端口电压，因此分析对外电路时，可以把并联支路做开路处理，只保留电压源，如图 2-16(b)所示。

注意：等效是对外电路而言，在被等效电路内部，电压源流过的电流并不相等。图 2-16(a)中电压源流过的电流受并联支路的影响。

5. 理想电流源的并联

理想电流源的并联如图 2-17(a)所示，根据 KCL 可得

$$i_S=i_{S1}+i_{S2}=\sum i_{Sk} \tag{2-18}$$

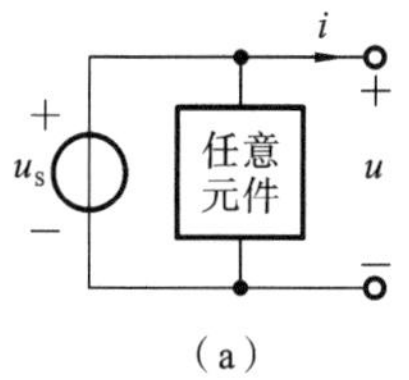

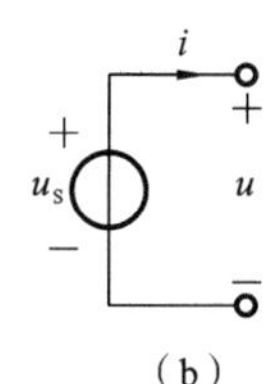

图 2-16 理想电压源与支路的并联

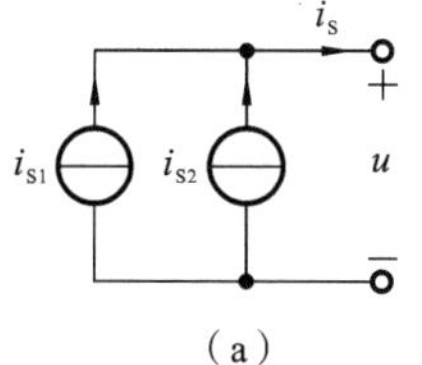

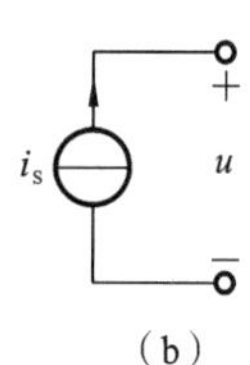

图 2-17 理想电流源的并联

因此，图 2-17(a)所示电路可以等效为图2-17(b)所示电路。同理，N 个电流源并联可以用一个电流源等效，等效电流等于并联电流源电流的代数和，即

$$i_S=\sum_{k=1}^{N} i_{Sk} \tag{2-19}$$

注意：此处的代数和表示当 i_{Sk} 方向与 i_S 一致时，其前面取正号，否则取负号。

6. 理想电流源的串联

根据 KCL 可知，电流源的数值相等且极性相同时可以串联。理想电流源的串联如

图 2-18(a)所示，可以等效为图 2-18(b)所示电路，$i_S=i_{S1}=i_{S2}$。

图 2-18 理想电流源的串联

7. 理想电流源与支路的并联

理想电流源与支路的并联如图 2-19(a)所示，根据 KCL 可得

$$\begin{aligned} i &= i_{S1}-\frac{u}{R_1}+i_{S2}-\frac{u}{R_2} \\ &=(i_{S1}+i_{S2})-\left(\frac{1}{R_1}+\frac{1}{R_2}\right)u=i_S-\frac{u}{R} \end{aligned}$$

由一端口网络等效的定义，可得图 2-19(a)所示电路与图 2-19(b)所示电路等效。等效关系为

$$i_S=i_{S1}+i_{S2},\quad R=R_1 /\!/ R_2=\frac{R_1R_2}{R_1+R_2}$$

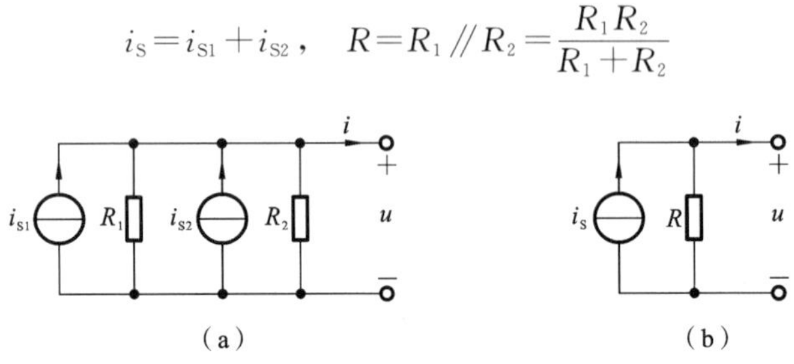

图 2-19 理想电流源与支路的并联

8. 理想电流源与支路的串联

理想电流源与支路串联，如图 2-20(a)所示。根据 KCL，可得无论该支路是由什么元件组成，都不会影响端口电流，因此分析对外电路时，可以把串联支路做短路处理，只保留电流源，如图 2-20(b)所示。

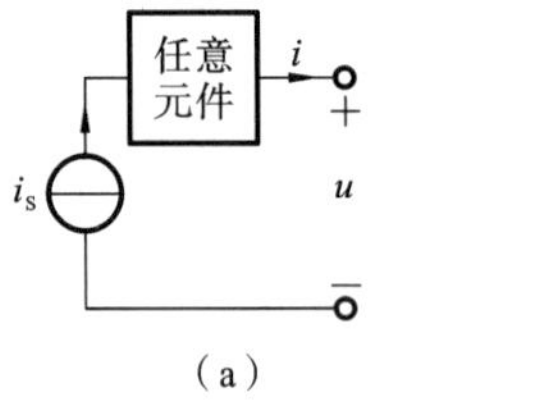

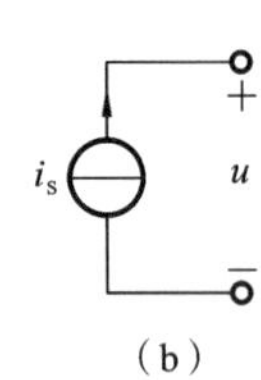

图 2-20 理想电流源与支路的串联

注意：等效是对外电路而言，在被等效电路内部，电流源两端的电压并不相等。图 2-20(a)中电流源两端的电压受串联支路的影响。

2.3.2 实际电压源、实际电流源的等效变换

实际电压源如图 2-21(a)所示，实际电流源如图 2-21(b)所示，它们之间也可以进行等效变换。

在端口电压、电流取非关联参考方向时，图 2-21(a)所示电路的电压、电流关系分别为

$$u=u_S-R_i i \tag{2-20}$$

$$i=\frac{u_S}{R_i}-\frac{u}{R_i} \tag{2-21}$$

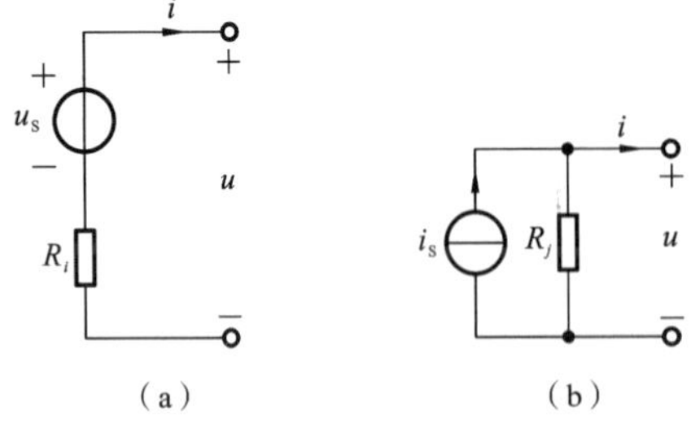

图 2-21 实际电压源与实际电流源

图 2-21(b)所示电路的电压、电流关系分别为

$$i=i_S-\frac{u}{R_j} \tag{2-22}$$

$$u=R_j i_S-R_j i \tag{2-23}$$

由电路等效的定义可知,实际电压源和实际电流源的等效需满足如下条件

$$i_S=\frac{u_S}{R_i},\quad R_j=R_i(\text{由电压源变换为电流源}) \tag{2-24}$$

$$u_S=R_j i_S,\quad R_i=R_j(\text{由电流源变换为电压源}) \tag{2-25}$$

电流源的参考方向由电压源的"−"极性指向"+"极性时,式(2-24)和式(2-25)成立。这种等效是相对外接的电路而言,对电压源和电流源内部电路是不等效的。

【例 2.4】 试求图 2-22(a)所示电路中的电压 u。

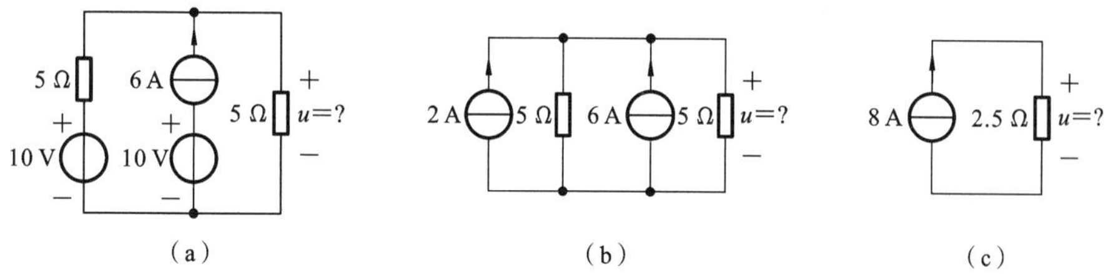

图 2-22 例 2.4 图

解 对图 2-22(a)所示电路进行等效变换,注意到 10 V 电压源与 6 A 电流源串联,可做短路处理,10 V 电压源与 5 Ω 电阻串联可等效为 2 A 电流源与 5 Ω 电阻并联,可得图 2-22(b)所示电路。再由电流源与支路并联,可等效得到图 2-22(c)所示电路。最后,由欧姆定律可得

$$u=8\times2.5\ \text{V}=20\ \text{V}$$

可见,通过含源一端口网络的等效变换,可以将较复杂的电路转化为较简单的电路,方便问题求解。

2.4 含受控源一端口网络的等效

当电路中含有受控源时,同样可以根据一端口网络等效的定义、利用端口的伏安关系进行等效变换。

此外,受控电压源与电阻的串联和受控电流源与电阻的并联同样可以进行等效变换。等效变换的条件和实际电压源、实际电流源的等效变换是一样的。

【例 2.5】 试把图 2-23(a)所示电路等效变换成一个电压源和一个电阻的串联。

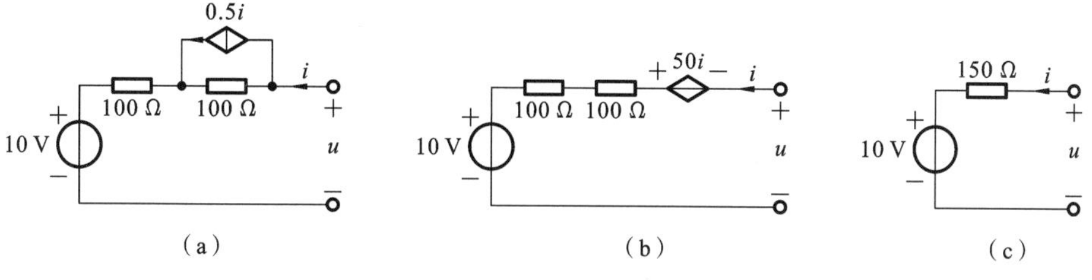

图 2-23 例 2.5 图

解 将 $0.5i$ 受控电流源与 100 Ω 电阻并联等效为 $50i$ 受控电压源与 100 Ω 电阻串联,得图 2-23(b)所示等效电路。由 KVL 得端口的伏安关系为

$$u=-50i+100i+100i+10=150i+10$$

由一端口网络等效的定义可得,图 2-23(a)所示电路可以与图 2-23(c)所示电路等效,即等效为 10 V 电压源与 150 Ω 电阻的串联电路。

例 2.5 中,等效电路中的 150 Ω 电阻称为该一端口网络的等效电阻。

对无源一端口网络,其内部由电阻和受控源组成,不含有任何独立源,此时等效电阻也常称为输入电阻 R_i。无源一端口网络的输入电阻 R_i 定义为端口电压与端口电流的比值,即

$$R_i=\frac{u}{i} \tag{2-26}$$

因此,端口的输入电阻可以采用电压电流比的方法来求解,即在端口施加电压源,然后求出端口电流;或在端口施加电流源,然后求出端口电压。再根据式(2-26)求出输入电阻 R_i。这种方法也常称为外加源法。

此种方法也常用于实验室中电阻器的电阻值测量。

【例 2.6】 求图 2-24(a)所示电路的输入电阻 R_i。

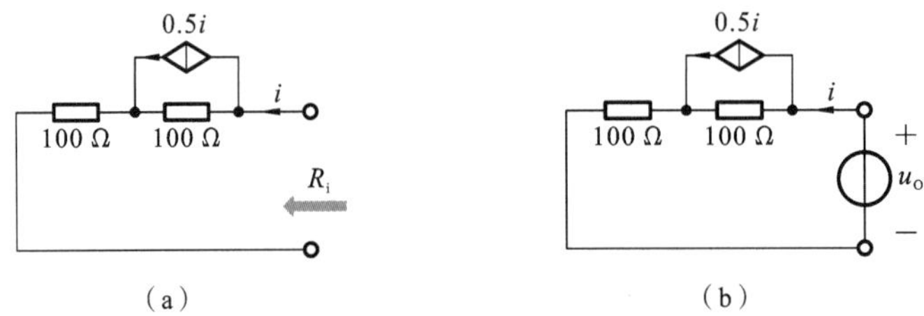

图 2-24　例 2.6 图

解　电路为无源一端口网络,采用外加源法求解输入电阻。如图 2-24(b)所示,在端口上施加电压源 u_O,由 KVL 可得

$$u_O=100\times(i-0.5i)+100i=150i$$

因此,输入电阻为

$$R_i=\frac{u_O}{i}=\frac{150i}{i}=150\ \Omega$$

比较例 2.5 和例 2.6 可以看出,一端口网络的输入电阻与独立电源没有关系。因此,当一端口网络中含有独立源时,可以先把独立源置零,即理想电压源短路($u_S=0$),理想电流源开路($i_S=0$),然后再使用外加源法来求解输入电阻。读者可以自行尝试使用外加源法求解例 2.5 中电路的输入电阻。

当电路中存在受控源时,在一定的参数条件下,输入电阻可能是零,也有可能是负值。

此外,在第 4 章电路定理的学习中,我们还将学习另外一种求解含源一端口网络的输入电阻的方法(开路电压/短路电流法),从而进一步探讨电路的等效变换。

本章小结

电路等效变换的概念在电路分析求解中非常重要,电路的等效变换可以简化电路分析。深刻理解等效变换的概念和熟练运用等效变换的方法化简电路是本章的重点。正确理解等效变换的条件和目的是难点。需要注意两个电路等效是指二者的端口特性相同,而不涉及二者内部特性。

电阻的串、并联是电阻之间的主要连接方式,一个仅由电阻组成的无源一端口网

络，可以用一个等效电阻来等效变换。串联电阻的等效电阻为各个串联电阻之和。各个电阻上的电压值和消耗的功率与电阻值成正比。并联电导的等效电导为各个并联电导之和。各个电导上的电压值和消耗的功率与电导值成正比。

电阻的Y形和△形连接属于多端子电路，利用等效变换的定义，可以进行Y-△形变换。在使用变换公式时，注意正确连接各对应端子。

理想电压源、理想电流源的串、并联也可以进行等效变换。

N个电压源串联，可以用一个等效电压源来等效变换，等效电压源的电压等于各个串联电压源电压的代数和。只有当电压源电压相等且极性一致时，电压源才能并联。电压源与任意元件的并联可以等效为此电压源。

N个电流源并联，可以用一个等效电流源来等效变换，等效电流源的电流等于各个并联电流源电流的代数和。只有当电流源电流相等且极性一致时，电流源才能串联。电流源与任意元件的串联可以等效为此电流源。

实际电压源和实际电流源在满足端口伏安关系的条件下可以进行等效变换。变换时需注意同时满足数值关系和方向要求。

当一端口网络含有受控源时，可以和含有理想电源的电路一样等效变换。无源一端口网络的输入电阻定义为该端口的电压与电流比值，可以使用外加源法求解输入电阻。

自测练习题

1. 思考题

(1) 什么是一端口网络？

(2) 什么是一端口网络的等效与等效变换？一端口网络的等效是对等效部分还是外电路适用？

(3) 电阻串联时电压如何分配？电阻并联时电流如何分配？

(4) 为什么理想电压源和任意支路的并联可以等效为这个理想电压源？

(5) 为什么理想电压源和任意支路的串联可以等效为这个理想电流源？

(6) 实际电压源与实际电流源等效变换的条件是什么？

(7) 如何使用外加源法求解含受控源的一端口网络的输入电阻？

2. 填空题

(1) 图2-25所示电路中一端口网络的端口伏安关系是(　　)。

(2) 欲使图2-26所示电路中的$\frac{i_1}{i}=\frac{1}{4}$，则$R_1$和$R_2$的关系为(　　)。

(3) 图2-27所示电路端口的等效电阻为(　　)。

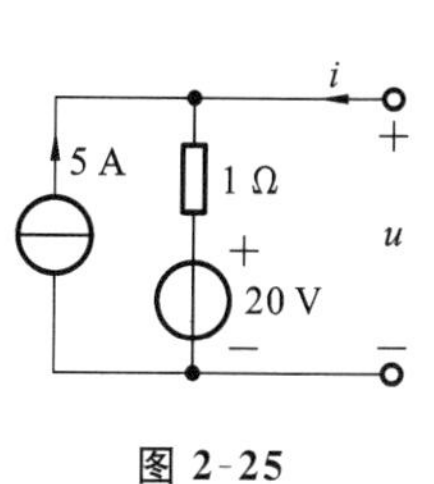

图 2-25

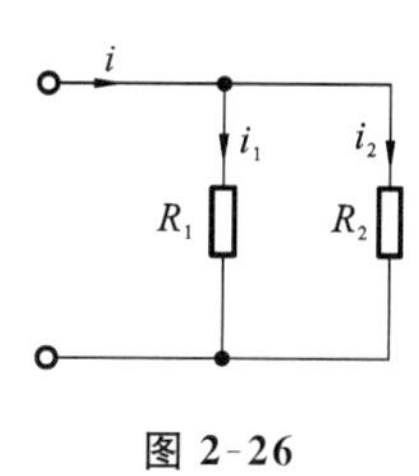

图 2-26

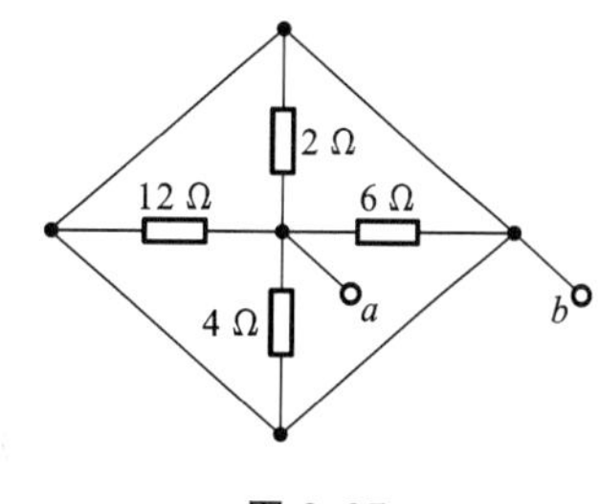

图 2-27

(4) 如图 2-28 所示电路,开关 S 由断开到闭合,电压 u 和电流 i(　　)。(提示:增大、减小或不变)

(5) 如图 2-29 所示电路,一端口网络的输入电阻 R_{ab} 为(　　)。

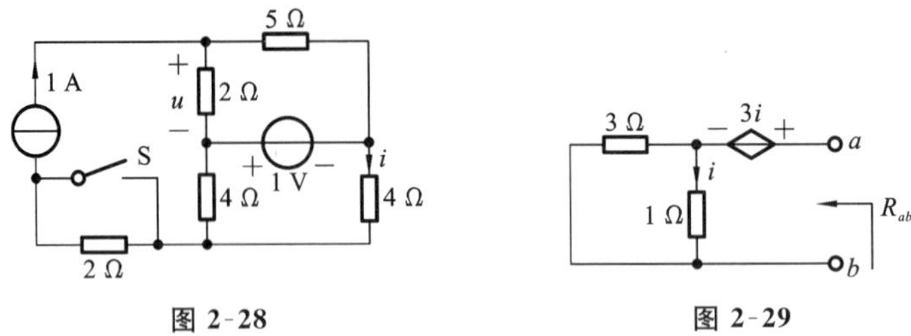

图 2-28　　　　图 2-29

习　　题

2-1　如图 2-30 所示电路由可变电阻和两个电阻组成分压电路,可变电阻的阻值为 $R_3=300\ \text{k}\Omega$,电阻 $R_1=300\ \text{k}\Omega$,$R_2=150\ \text{k}\Omega$,电压 $u_i=15\ \text{V}$,求输出电压 u_o 的变化范围。

2-2　电路如图 2-31 所示,试求电流 i_1、i_4 和电压 u_4。

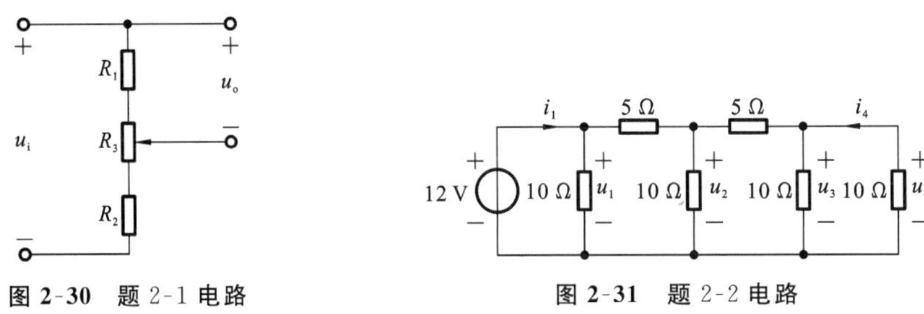

图 2-30　题 2-1 电路　　　　**图 2-31**　题 2-2 电路

2-3　求图 2-32 所示电路中 A、B 端口的等效电阻 R_{AB}。

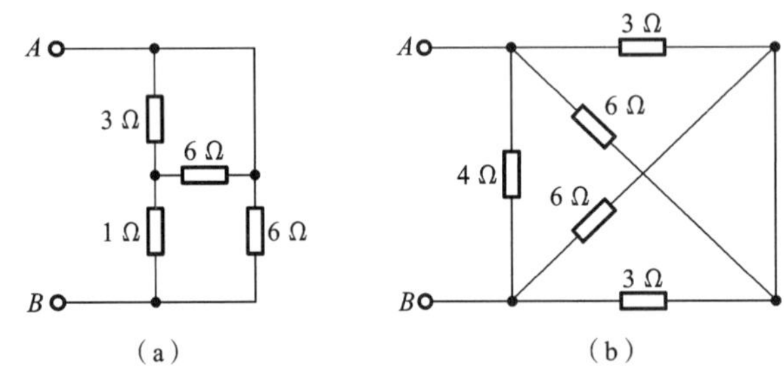

图 2-32　题 2-3 电路

2-4　求图 2-33 所示电路中 a、b 端口的等效电阻 R_{ab}。

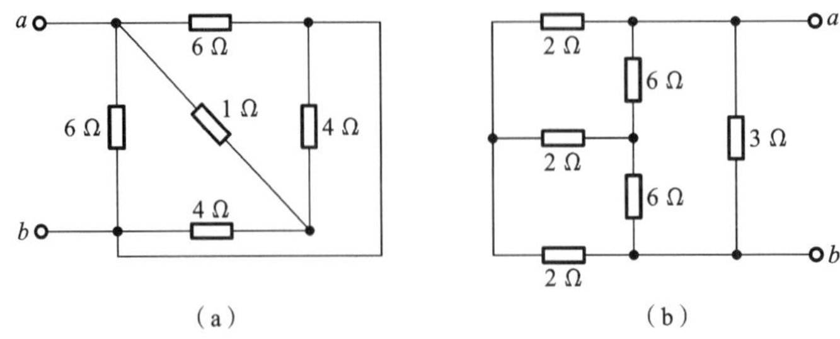

图 2-33　题 2-4 电路

2-5 求图 2-34 所示电路的电流 i。

2-6 求图 2-35 所示电路的电流 i 和电压 u_{AB}。

2-7 求图 2-36 所示电路中电流源和电压源的功率。

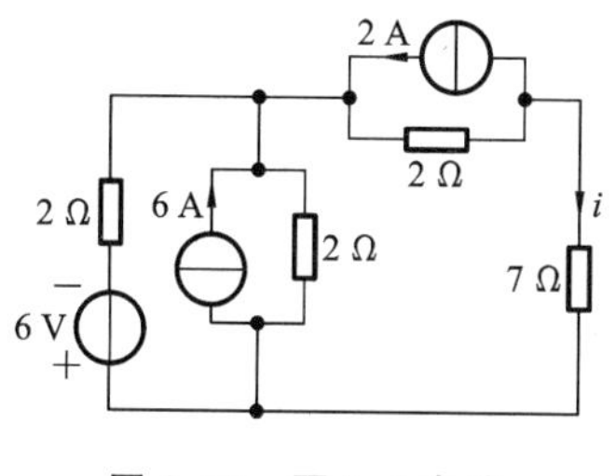

图 2-34 题 2-5 电路

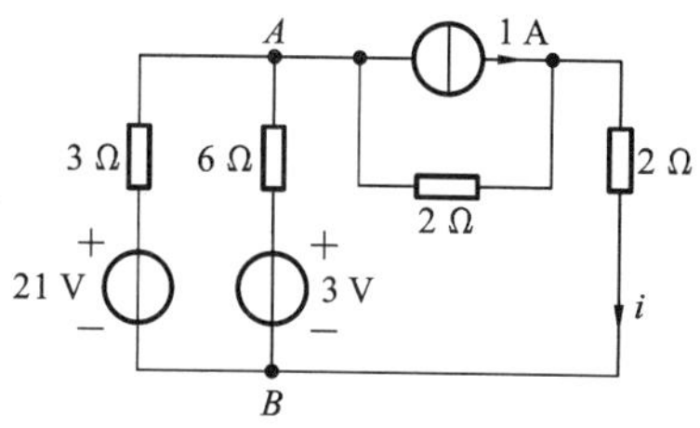

图 2-35 题 2-6 电路

2-8 图 2-37 所示电路中，$R_1=R_2=2\ \Omega$，$R_3=R_4=1\ \Omega$，试用电路的等效变换求电压比$\frac{u_o}{u_S}$。

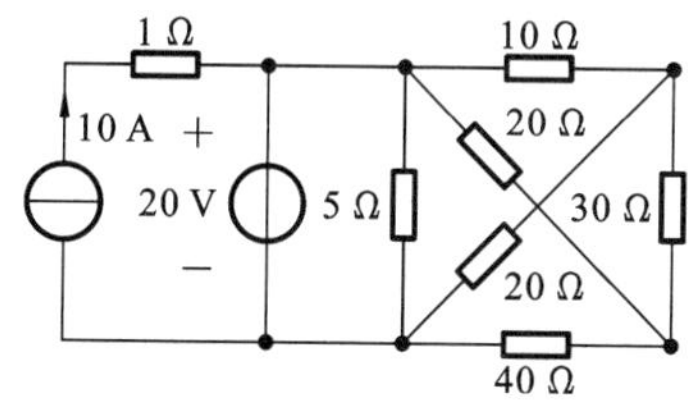

图 2-36 题 2-7 电路

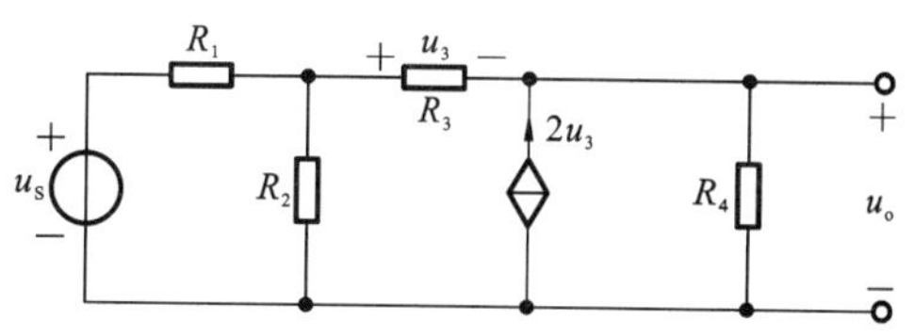

图 2-37 题 2-8 电路

2-9 试把图 2-38 所示电路变换成一个电压源和一个电阻的串联。

2-10 求图 2-39 所示电路的输入电阻。

2-11 求图 2-40 所示电路输入电阻 R_{AB} 和 R_{CD}。

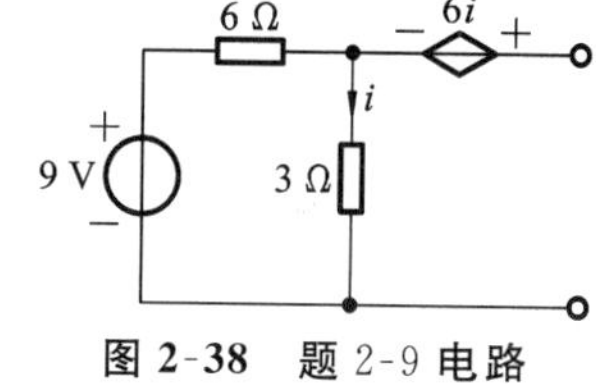

图 2-38 题 2-9 电路

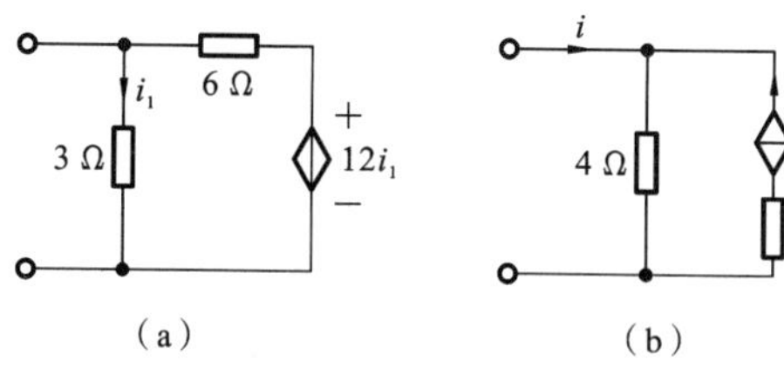

图 2-39 题 2-10 电路

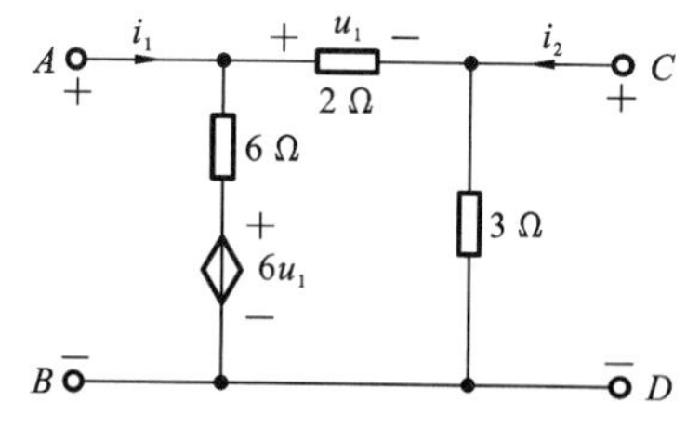

图 2-40 题 2-11 电路

应用分析案例

惠斯通电桥测量电路

在实际工程应用中，经常需要测量各种物理量，尤其是各种自动化设备需要根据物理量的变化自动做出相应的动作，而电路一般并不能直接测量这些物理量，如位置、温度、光照强度、变形程度等,此时需要使用相应的传感器将不能直接测量的物理量转换为可以测量的物理量,再使用合适的电路进行测量并计算得到最终想知道的物理量的值。

例如,一种常用的位移传感器如图 2-41 所示,它能够将位置的变化转换为电阻值的变化。图中左端和上端金属端子接上导线,就是一个滑动电阻器。假设其阻值为 R_x,R_x 会随滑动端位置的变化而变化。若该传感器装在某个机械中,当机械运作时,上面的滑动端不断移动,导致 R_x 不断变化,电路检测到这种变化,并根据 R_x 相对于总电阻的比例计算出滑动端当前位置,从而可以根据滑动端所在位置做出相应动作,这样机械可以在程序的控制下自动完成复杂的加工工艺。

普通情况下,可以使用简单的分压电路检测 R_x 的值,电路原理如图 2-42 所示。

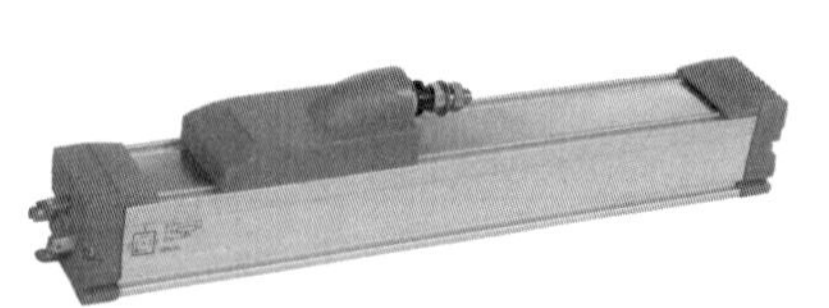

图 2-41 位移传感器

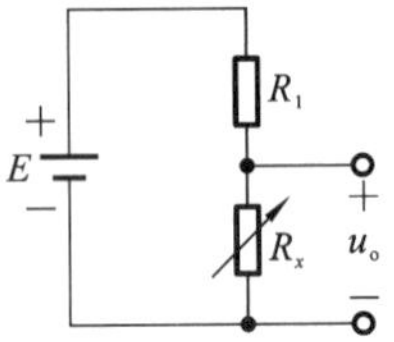

图 2-42 滑动电阻器

若 E 和 R_1 已知,则 $u_o=E\times\frac{R_x}{R_x+R_1}$。理论上,测量得 u_o 即可计算出 R_x。

然而,实际电路并非如此理想。比如电池供电的电路中电源 E 会随着电池电量的减少慢慢下降,市电供电的电路中电源 E 中可能有干扰串入,则计算得到的 R_x 会相应地包含有 E 的变化或者干扰,导致测量不准。惠斯通电桥电路可以解决上述问题。

惠斯通电桥是由英国发明家克里斯蒂在 1833 年发明的,但是由于惠斯通第一个用它来测量电阻,所以人们习惯上就把这种电桥称为惠斯通电桥。

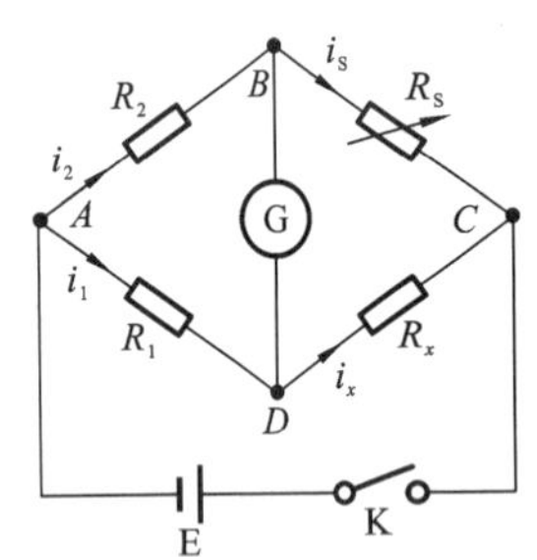

图 2-43 惠斯通电桥测量位移电路

惠斯通电桥测量位移电路如图 2-43 所示,R_x 为传感器的电阻值,R_1、R_2 和 R_S 为电桥的另外 3 个桥臂,在 R_x 变化的过程中电路通过某种方式自动调整 R_S 的值,使电桥平衡。由 2.2.2 小节可知,电桥平衡时 $R_2/R_S=R_1/R_x$,根据已知的 R_1、R_2 和 R_S 的值可以计算出 R_x 的值。

由于 R_x 的计算公式中不包含 E,使用电桥平衡的方式测量 R_x 的值可以消除电源 E 可能存在的不精确、不稳定问题,从而获得更高精度、更稳定的测量值。

当把组成桥式电路的电阻换成各种传感器时,可以用来将相应的非电量,如温度、压力、应力、速度、位移等变换为电量,而后进行测量,这种方法称为非电量测量法。非电量测量系统一般包括传感器、测量电路、测录装置等。传感器是完成非电量变成电信号的器件。测量电路的作用是将传感器输出的电信号进行处理,使之更适合于显示、记录和存储。由于采用惠斯通电桥。非电量电测方法具有控制方便、灵敏度高、反应速度快、能进行动态测量和自动记录等优点,故得到非常广泛的应用。

3

电路的一般分析法

本章将介绍更具一般性的电路系统分析方法，这些方法更适合对网络的分析求解，在不改变电路结构的前提下，选择一组合适的电路变量（电流或电压），根据 KCL 方程和 KVL 方程以及元件的 VCR 方程，建立变量的独立方程组，通过求解电路方程组，从而得到所需的响应。

通过前面两章学习，我们已经掌握了反映电路整体规律的基本定律，即基尔霍夫电流定律（KCL）、基尔霍夫电压定律（KVL）；学会了用等效变换的方法对由少数几个元件组成的简单电路进行分析并求解。然而，在工程实际中，有的复杂电路可能会由成百上千个元件连接、组合而成，这时候等效法也不太有效。像这样的复杂电路，常常用“网络”来描述。本书中所说的网络，指的就是电路，更确切地说是复杂的电路。

在学习本章电路分析的一般方法之前，首先介绍电路拓扑图的一些基本概念，然后具体介绍电路分析的几个一般性方法：支路电流法、回路电流法、节点电压法，最后介绍用 Matlab 辅助分析电路的方法。

3.1 电路的图

3.1.1 图的基本知识

考虑一个网络，它由若干个二端元件连接构成，可以对每一个节点列写 KCL 方程，对每一个回路列写 KVL 方程。由于 KCL、KVL 只与网络的支路电流、支路电压有关，而与元件的性质无关，因此只要网络的结构不变，即元件的连接方式不变，任意改变元件的特性或更换元件，所列写出的 KCL、KVL 方程都是相同的。

如果将上述网络中的每一个元件用一根线段来代替，每一个节点用一个点代替，这样，网络便抽象成为一个图形，称为网络的拓扑图，简称图。

在如图 3-1 所示的两个例子中，利用以上抽象方法可以得到两个网络的拓扑图。

3.1.2 KCL 的独立方程数

关于独立 KCL 方程，还可以这样来理解。如图 3-2 所示，它有 4 个节点，各节点、

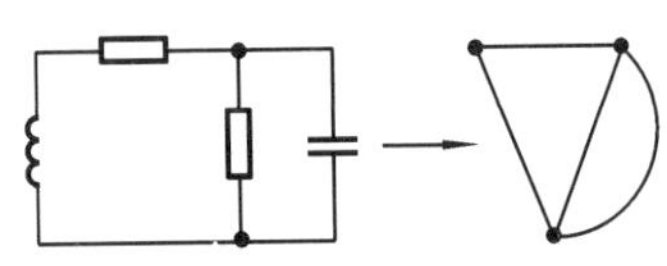

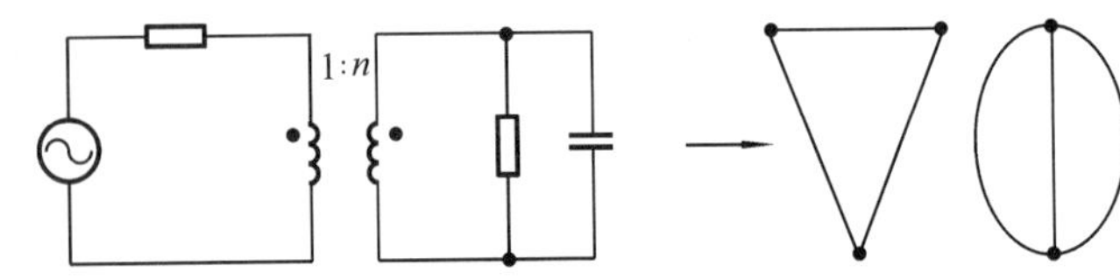

(a) 简单电路的拓扑图　　(b) 含磁耦合电路的拓扑图

图 3-1　网络的拓扑图示例

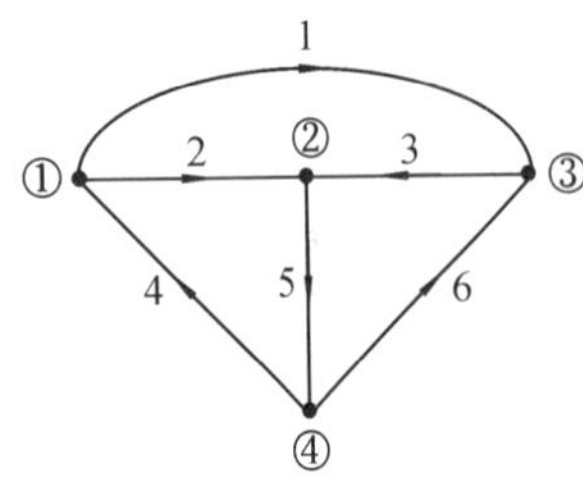

图 3-2　理解独立节点

支路的编号及电流参考方向都标在图中，分别对 4 个节点列写 KCL 方程，得到

节点①　$i_1+i_2-i_4=0$　(3-1a)

节点②　$-i_2-i_3+i_5=0$　(3-1b)

节点③　$-i_1+i_3-i_6=0$　(3-1c)

节点④　$i_4-i_5+i_6=0$　(3-1d)

如果把以上 4 个方程的两边分别加起来，得到的结果是方程的两边都为零，那么这 4 个方程线性相关，即它们是非独立的。

可以知道，其中的每一个方程都可以从其他 3 个方程推导出来，也就是说它没有新的信息出现。

同理，分析其中的任意 3 个方程，会发现 3 个方程互相独立，因此这 3 个独立方程对应的节点称为独立节点。

由此可知，n 个节点的网络，只有$(n-1)$个节点可以列写独立的 KCL 方程，即有$(n-1)$个独立节点，第 n 个方程中不会出现新的信息，因而与其他$(n-1)$个方程线性相关。

总之，具有 n 个节点的网络，有$(n-1)$个独立节点，可以列写出$(n-1)$个独立的 KCL 方程。

3.1.3　KVL 的独立方程数

回路的定义为：从某一个节点出发，沿着一系列由支路和节点组成的路径，每一支路和节点不重复，又回到出发节点，这样形成的一条闭合路径称为回路。

具有 n 个节点、b 条支路的电路，需要对回路列写的 KVL 独立方程数为$(b-n+1)$。

【例 3.1】　列写如图 3-3(a)所示电路的独立电压方程组。

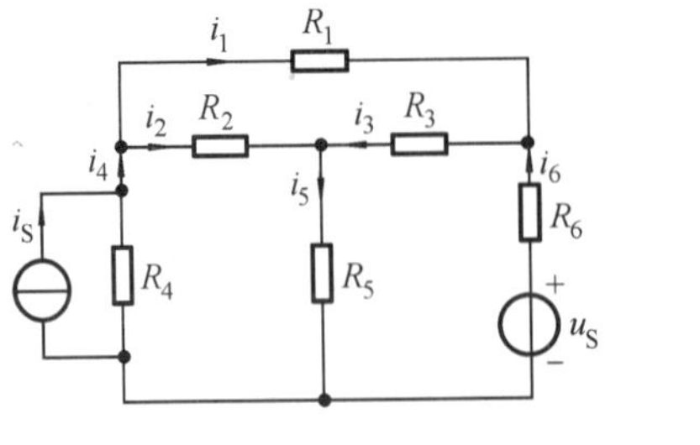

(a) 电路及其标示

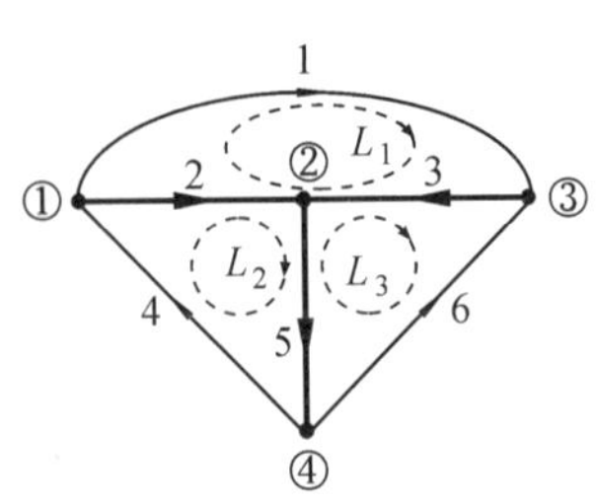

(b) 拓扑图及其标示

图 3-3　例 3.1 图

解 将该电路抽象为拓扑图，如图 3-3(b)所示，图中用虚线表示回路，回路绕行方向为顺时针方向，回路编号如图 3-3(b)所示。再对每一个回路按照列写 KVL 方程的方法写出方程组，即

回路 L_1 $$u_1+u_3-u_2=0 \tag{3-2a}$$

回路 L_2 $$u_2+u_5+u_4=0 \tag{3-2b}$$

回路 L_3 $$-u_3-u_5-u_6=0 \tag{3-2c}$$

这样得到的方程组便是所求的结果。

按照上面的方法列写出其他结果的独立电压方程组。

总之，具有 n 个节点、b 条支路的网络，有 $(b-n+1)$ 个独立回路，可以列写出 $(b-n+1)$ 个独立的 KVL 方程。

3.2 支路电流法

3.2.1 2b 方程

网络的支路电流之间受 KCL 方程约束，支路电压之间受 KVL 方程约束，每条支路的电压和电流之间受该支路的伏安特性 VCR 方程约束。可以列写 $(n-1)$ 个 KCL 独立电流方程、$(b-n+1)$ 个 KVL 独立电压方程；b 个支路还可以列写 b 个相互无关的 VCR 方程，这样共有 2b 个方程，它们都是彼此独立、线性无关的。联立 2b 个独立的方程式，可解出 2b 个未知量，这种方法称为 2b 法。

如果用 2b 法分析电路，当支路数较大时，如 $b=10$，联立 20 个方程求解，求解并不容易。下面介绍减少方程的数量，从而提高求解效率的方法，首先介绍支路电流法。

3.2.2 支路电流法的分析

在前面提到的 2b 个未知量中，每条支路，哪怕是几个元件串、并联的典型支路，它的支路电压和电流之间是一个简单的一阶线性关系(VCR)，相互转换非常容易。例如，单电阻支路的电压、电流关系为

$$u=Ri,\quad i=\frac{1}{R}u$$

独立电压源与电阻的串联支路的电压、电流关系为

$$u=Ri+u_S,\quad i=\frac{1}{R}u-\frac{u_S}{R}$$

如果将支路电压表示成支路电流，先不考虑电压量，待求出电流后再来计算电压就轻而易举了。这样便只剩下 b 个支路电流为未知量。

以图 3-4 所示电路来说明。

由电路的拓扑图 3-4(b)可知，节点数 $n=5$，支路数 $b=9$；可以列写 $(n-1=4)$ 个独立 KCL 方程。对节点①～④列写 KCL 方程，有

节点① $$i_1+i_2+i_3-i_6=0 \tag{3-3a}$$

节点② $$-i_3+i_4+i_7=0 \tag{3-3b}$$

节点③ $$-i_2-i_4-i_5+i_8=0 \tag{3-3c}$$

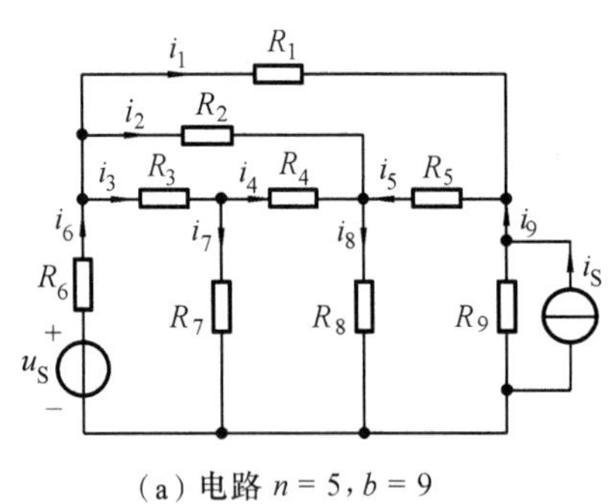

(a) 电路 $n=5, b=9$

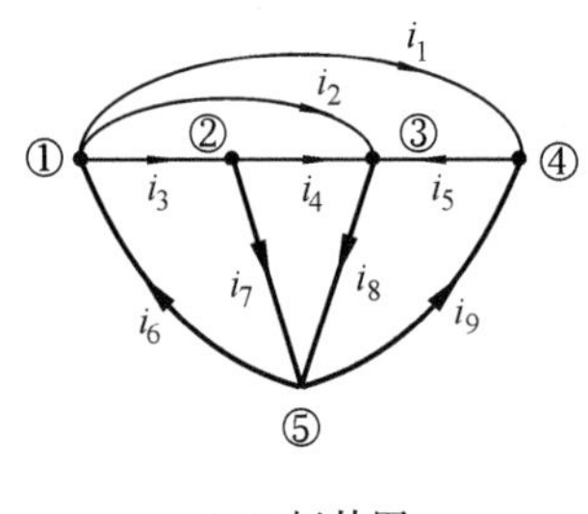

(b) 拓扑图

图 3-4 支路电流法的分析

节点④ $$-i_1+i_5-i_9=0 \tag{3-3d}$$

还要设法再建立($b-n+1=5$)个 KVL 方程,它们是 5 个回路中各支路间的电压关系。选取 5 个回路 $L_1 \sim L_5$ 列 KVL 独立方程,回路分别为:L_1 由 R_1、R_9、R_6、u_S 构成;L_2 由 R_2、R_8、R_6、u_S 构成;L_3 由 R_3、R_7、R_6、u_S 构成;L_4 由 R_4、R_7、R_8 构成;L_5 由 R_5、R_8、R_9 构成,因此有

回路 L_1 $$u_1+u_6-u_9=0 \tag{3-4a}$$

回路 L_2 $$u_2+u_6+u_8=0 \tag{3-4b}$$

回路 L_3 $$u_3+u_6+u_7=0 \tag{3-4c}$$

回路 L_4 $$u_4-u_7+u_8=0 \tag{3-4d}$$

回路 L_5 $$u_5+u_8+u_9=0 \tag{3-4e}$$

可知 9 个支路的 VCR 方程如下

支路 1 $$u_1=R_1 i_1 \tag{3-5a}$$

支路 2 $$u_2=R_2 i_2 \tag{3-5b}$$

支路 3 $$u_3=R_3 i_3 \tag{3-5c}$$

支路 4 $$u_4=R_4 i_4 \tag{3-5d}$$

支路 5 $$u_5=R_5 i_5 \tag{3-5e}$$

支路 6 $$u_6=R_6 i_6-u_S \tag{3-5f}$$

支路 7 $$u_7=R_7 i_7 \tag{3-5g}$$

支路 8 $$u_8=R_8 i_8 \tag{3-5h}$$

支路 9 $$u_9=R_9 i_9-R_9 i_S \tag{3-5i}$$

将 9 个 VCR 方程代入到 5 个 KVL 方程中,可得

回路 L_1 $$R_1 i_1+R_6 i_6-R_9 i_9=u_S-R_9 i_S \tag{3-6a}$$

回路 L_2 $$R_2 i_2+R_6 i_6+R_8 i_8=u_S \tag{3-6b}$$

回路 L_3 $$R_3 i_3+R_6 i_6+R_7 i_7=u_S \tag{3-6c}$$

回路 L_4 $$R_4 i_4-R_7 i_7+R_8 i_8=0 \tag{3-6d}$$

回路 L_5 $$R_5 i_5+R_8 i_8+R_9 i_9=R_9 i_S \tag{3-6e}$$

式(3-6)确立了 5 个新的方程关系。

综上可知,式(3-3)的 KCL 方程和式(3-6)的 KVL 方程共 9 个方程,建立了 9 个支路电流间的关系,可以求解出 9 个支路电流。

像这种以 b 个支路电流为未知量，通过对 $(n-1)$ 个节点列写 KCL 方程，对 $(b-n+1)$ 个回路列写 KVL 方程，来求解未知量的方法就是支路电流法。

3.2.3　用支路电流法分析电路的一般步骤

总结上面的分析过程，用支路电流法求解全部支路电流的一般步骤如下。

(1) 准备：对所求电路的各支路标示合适的电流参考方向。

(2) 列写 KCL 方程：任意选定 $(n-1)$ 个不同节点作为独立节点，对每个独立节点列写 KCL 方程。

(3) 列写 KVL 方程：任意选定 $(b-n+1)$ 个回路，正确标示回路的绕行方向，对每个回路列写 KVL 方程；列写时注意用支路电流来表示支路电压。

(4) 求解：联立方程求解，得到各支路电流。

下面通过例题来说明支路电流法的具体做法，并对特殊情况进行分析。

【例 3.2】 电路如图 3-5(a)所示，$u_{S1}=16\ \text{V}$，$u_{S2}=3\ \text{V}$。求各支路电流。

解　按求解的一般步骤，首先在图上表示出各支路电流，选定合适的电流参考方向，如图 3-5(b)所示。

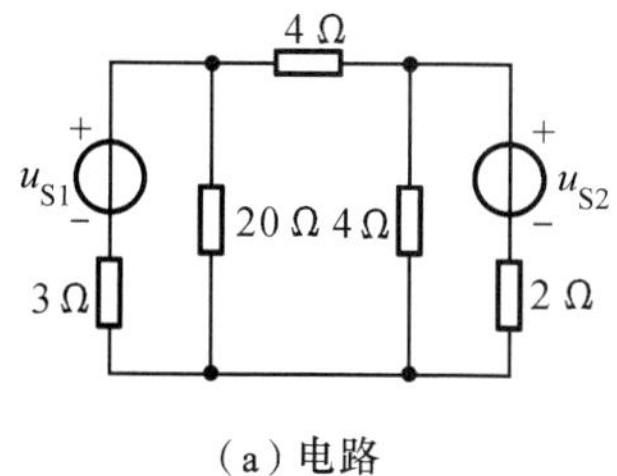

(a) 电路

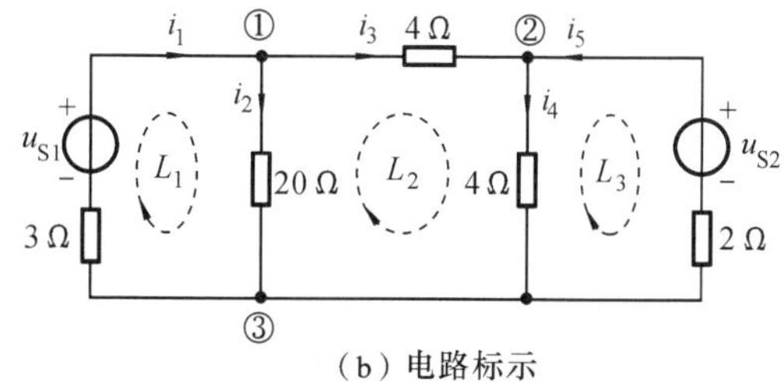

(b) 电路标示

图 3-5　例 3.2 图

首先选取节点，选图 3-5(b)中节点①、②为独立节点，列写 KCL 方程，并注意电流流出节点取“+”，流入节点取“−”，有

节点①　$$-i_1+i_2+i_3=0 \tag{3-7a}$$

节点②　$$-i_3+i_4-i_5=0 \tag{3-7b}$$

其次选取回路，图中选取 3 个网孔，标示回路的绕行方向，如图 3-5(b)中虚线所示，列写 3 个回路的 KVL 方程。设各支路电压与电流参考方向一致，并注意支路电压方向与回路绕行方向一致的取“+”，方向相反的取“−”，有

回路 L_1　$$u_1+u_2=u_{S1} \tag{3-8a}$$

回路 L_2　$$-u_2+u_3+u_4=0 \tag{3-8b}$$

回路 L_3　$$-u_4-u_5=-u_{S2} \tag{3-8c}$$

将支路电压表示为支路电流，重写上面的三个方程，有

回路 L_1　$$3i_1+20i_2=u_{S1} \tag{3-9a}$$

回路 L_2　$$-20i_2+4i_3+4i_4=0 \tag{3-9b}$$

回路 L_3　$$4i_4+2i_5=u_{S2} \tag{3-9c}$$

联立式(3-7)和式(3-9)的 5 个方程，解出各支路电流，得

$$i_1=2\ \text{A},\quad i_2=0.5\ \text{A},\quad i_3=1.5\ \text{A},\quad i_4=1\ \text{A},\quad i_5=-0.5\ \text{A}$$

3.3 回路电流法

上一节介绍的支路电流法需要列写 b 个方程，方程数与支路数一样多。当支路数 b 较大时，此方法还是不够简便，求解方程组比较困难。

在 n 个节点、b 条支路的网络中，选择 $(b-n+1)$ 个独立回路，列写 $(b-n+1)$ 个 KVL 的独立方程，比支路电流法的方程数要少得多，解算效率会提高。

3.3.1 回路电流

先来理解回路电流的含义。将图 3-5(a)所示的电路重绘于图 3-6(a)中。所选回路如图 3-6(b)所示，有

$$i_2=i_1-i_3 \tag{3-10a}$$

$$i_4=i_3+i_5 \tag{3-10b}$$

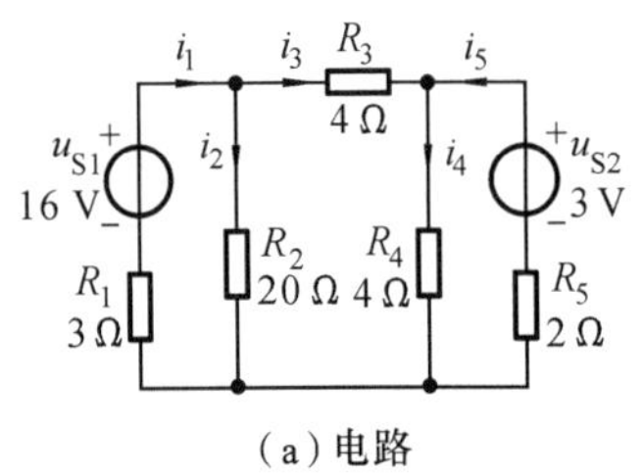

(a) 电路

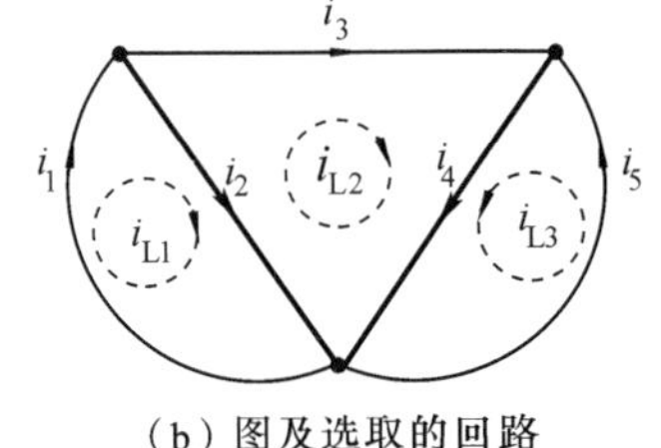

(b) 图及选取的回路

图 3-6 理解回路电流

观察回路 1：可以假想电流 i_1 沿着该回路闭合流动，形成一个闭合电流 $i_{L1}=i_1$。

观察回路 2：一样可以假想电流 i_3 沿着该回路闭合流动，形成闭合电流 $i_{L2}=i_3$。

观察回路 3：同样还可以假想电流 i_5 沿着该回路闭合流动，形成闭合电流 $i_{L3}=i_5$。

这种假想的沿回路闭合流动的电流 i_{L1}，i_{L2}，i_{L3}，称为回路电流。将式(3-10)改写成

$$i_2=i_{L1}-i_{L2} \tag{3-11a}$$

$$i_4=i_{L2}+i_{L3} \tag{3-11b}$$

这样，全部的支路电流都可以用回路电流来表示。

式(3-11a)表明：两个回路电流 i_{L1}、i_{L2} 流过同一条支路，方向相反，产生相减作用，结果形成支路电流 i_2。

式(3-11b)表明：两个回路电流 i_{L2}、i_{L3} 流过同一条支路，方向一致，产生相加作用，结果形成支路电流 i_4。

经过上面的分析可知，假想回路电流是合理的。如果求解出回路电流，那么电路中每条支路的电流都可以由回路电流求出。

3.3.2 回路电流法

在 n 个节点、b 条支路的网络中，有 $(b-n+1)$ 个独立 KVL 方程。

以回路电流为未知量，根据 KVL 列写回路方程，求解出未知量，这种方法就是回路电流法。用回路电流法可以进一步求解出全部的支路电压。下面对图 3-6(a)所示的电路用回路电流法来分析。

将电路重绘于图 3-7 中，同样选择一组独立回路，确定回路电流的参考方向，并作为回路的绕行方向，标示于图中。

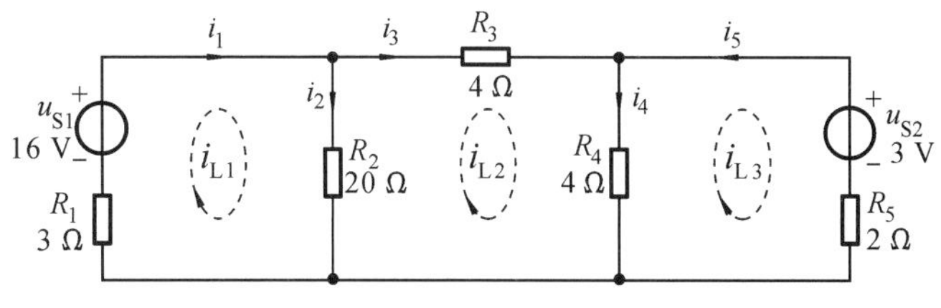

图 3-7 电路

这里约定：如不作特别说明，回路电流参考方向为顺时针方向，回路绕行方向与它一致。

对于回路 1：支路 1 的电压为 $u_1=R_1i_1-u_{S1}=R_1i_{L1}-u_{S1}$，从下向上，与回路绕行方向一致；支路 2 电压为 $u_2=R_2i_2=R_2(i_{L1}-i_{L2})$，从上向下，与回路绕行方向一致。对回路 1 列写 KVL 方程，有 $u_1+u_2=0$，即

回路 1 $$R_1i_{L1}-u_{S1}+R_2(i_{L1}-i_{L2})=0 \tag{3-12a}$$

回路 2 $$-R_2(i_{L1}-i_{L2})+R_3i_{L2}+R_4(i_{L2}-i_{L3})=0 \tag{3-12b}$$

回路 3 $$-R_4(i_{L2}-i_{L3})+R_5i_{L3}+u_{S2}=0 \tag{3-12c}$$

式(3-12)便是回路电流方程，联立后可求解出回路电流 i_{L1}、i_{L2}、i_{L3}。将式(3-12)进行整理，得

回路 1 $$(R_1+R_2)i_{L1}-R_2i_{L2}=u_{S1} \tag{3-13a}$$

回路 2 $$-R_2i_{L1}+(R_2+R_3+R_4)i_{L2}-R_4i_{L3}=0 \tag{3-13b}$$

回路 3 $$-R_4i_{L2}+(R_4+R_5)i_{L3}=-u_{S2} \tag{3-13c}$$

再做如下替换

$$R_{11}=R_1+R_2,\quad R_{22}=R_2+R_3+R_4$$

$$R_{33}=R_4+R_5,\quad R_{12}=R_{21}=R_2$$

$$R_{13}=R_{31}=0,\quad R_{23}=R_{32}=R_4$$

式(3-13)可进一步写成

回路 1 $$R_{11}i_{L1}-R_{12}i_{L2}-R_{13}i_{L3}=u_{S1} \tag{3-14a}$$

回路 2 $$-R_{21}i_{L1}+R_{22}i_{L2}-R_{23}i_{L3}=0 \tag{3-14b}$$

回路 3 $$-R_{31}i_{L1}-R_{32}i_{L2}+R_{33}i_{L3}=-u_{S2} \tag{3-14c}$$

上面的方程式很有规律，下面来进一步说明。

式(3-14a)中，R_{11} 是回路 1 中所有电阻之和，称为自己回路的电阻——自阻，$R_{11}i_{L1}$ 则是自己回路的回路电流 i_{L1} 流过自阻 R_{11} 产生的压降。

R_{12} 是回路 1、回路 2 之间的共有电阻，称为两个回路间的互电阻——互阻，$R_{12}i_{L2}$ 是回路 2 的回路电流 i_{L2} 流过互阻 R_{12} 在自己回路产生的压降。由于 i_{L2} 和 i_{L1} 方向相反，$R_{12}i_{L2}$ 前加一个“－”，表示抵消自阻电压的大小。

R_{12} 上其实有两个回路电流(i_{L1} 和 i_{L2})流过，电流之和就是支路电流 i_2，它的电压被拆分为两部分来表示，其一是 $R_{11}i_{L1}$ 的一部分，其二是 $R_{12}i_{L2}$。

回路 1、回路 3 之间没有共有电阻，或者说回路 1、回路 3 之间的互阻为 0，即 $R_{13}=0$。

式(3-14b)和式(3-14c),都可以像式(3-14a)一样来理解。R_{22}、R_{33}分别是回路2、回路3的自阻;R_{21}、R_{23}、R_{31}、R_{32}都是互阻。显然$R_{12}=R_{21}$,$R_{13}=R_{31}$,$R_{23}=R_{32}$。

式(3-14)中,互阻电压前都有一个"-",原因是所选择的回路电流方向,使流过互阻的两个回路电流方向都是相反的。当一个互阻上的两个回路电流方向一致时,这个互阻上的电压应该是正的。

式(3-14)的左边可以理解为回路中所有电阻上的总的电压降,该电压降应由电源来提供。如式(3-14a)的左边是回路自阻和互阻上的总的电压降,由电压源u_{S1}提供电压。

再看式(3-14)的右边,都是电源的电压。所以式(3-14)的右边是回路中所有电源的总的电压升(电压源的电流应从"+"端流出),与左边的电压降平衡。

于是,当电源方向与回路方向一致(如回路3的u_{S2})时,取"-";相反(如回路的u_{S1}时,则取"+")。

在理解式(3-14)的含义后,对照图3-7所示的电路,很快可以写出回路电流方程,即

回路1　$$(3+20)i_{L1}-20i_{L2}=16 \tag{3-15a}$$

回路2　$$-20i_{L1}+(20+4+4)i_{L2}-4i_{L3}=0 \tag{3-15b}$$

回路3　$$-4i_{L2}+(4+2)i_{L3}=-3 \tag{3-15c}$$

联立后求解出回路电流为

$$i_{L1}=2\ \text{A},\quad i_{L2}=1.5\ \text{A},\quad i_{L3}=0.5\ \text{A}$$

求出所有支路电流分别为

$$\begin{gathered}i_1=i_{L1}=2\ \text{A}\\ i_2=i_{L1}-i_{L2}=0.5\ \text{A}\\ i_3=i_{L2}=1.5\ \text{A}\\ i_4=i_{L2}-i_{L3}=1\ \text{A}\\ i_5=-i_{L3}=-0.5\ \text{A}\end{gathered}$$

3.3.3　用回路电流法分析电路的一般步骤

按照上面的分析,对于n个节点、b条支路的网络,独立方程数为$(b-n+1)$个,式(3-14)可写成如下的回路电流方程的一般形式,即

$$\begin{gathered}R_{11}i_{L1}\pm R_{12}i_{L2}\pm R_{13}i_{L3}\pm\cdots\pm R_{1L}i_{LL}=u_{SL1}\\ R_{21}i_{L1}\pm R_{22}i_{L2}\pm R_{23}i_{L3}\pm\cdots\pm R_{2L}i_{LL}=u_{SL2}\\ R_{31}i_{L1}\pm R_{32}i_{L2}\pm R_{33}i_{L3}\pm\cdots\pm R_{3L}i_{LL}=u_{SL3}\\ \vdots\\ R_{L1}i_{L1}\pm R_{L2}i_{L2}\pm R_{L3}i_{L3}\pm\cdots\pm R_{LL},i_{LL}=u_{SLL}\end{gathered} \tag{3-16}$$

式(3-16)中,下标相同的电阻是各回路的自阻,如R_{11}、R_{22}、R_{33}等,其大小为回路所有电阻之和;下标不同的电阻是回路间的互阻,如R_{12}、R_{21}、R_{13}等,互阻斜对称即$R_{XY}=R_{YX}$,所有电阻均为正值,自阻电压均为正。

式中"±"号的取法:当经过互阻的回路电流方向一致时取"+",否则取"-";方程右边为回路中电源电压总和,电压方向与回路方向一致时取"-",否则取"+"。

回路电流法求解回路电流及全部支路电流的一般步骤如下。

(1) 准备：首先对所求电路选择一组合适的回路，然后标示各回路电流的参考方向，将该方向作为回路的绕行方向。

(2) 列方程：按回路电流方程的一般形式——式(2-22)列写方程，注意"±"号的取法，即方程右边电源符号的取法。

(3) 求回路电流：联立方程求解，得到各回路电流。

(4) 求支路电流：观察支路电流与回路电流的关系，算出各支路电流。

3.3.4　网孔电流法

在上面的分析过程中，如果全部应用网孔作为所选回路，回路电流即是网孔电流，这时的回路电流法又称为网孔电流法。需要说明的是，由于只有平面电路才有网孔的概念，网孔电流法只适用于平面电路，而回路电流法没有此限制。

下面通过例题来说明网孔电流法，并对特殊情况进行说明。

【例 3.3】　电路如图 3-8(a)所示，求解各支路电流。

解　电路中的电压源 u_{S2} 是无伴电压源，表明与电压源串联的电阻为零，列方程时并没有障碍。

电路中有电流源 i_S，它与电阻 R_5 并联。首先进行电源等效变换，使之成为电压源与电阻串联支路，如图 3-8(b)所示。在图 3-8 中标示网孔电流，计算各网孔自阻、互阻及网孔电源总电压升，即

$$R_{11}=R_1+R_2+R_4=35\ \Omega,\quad R_{22}=R_2+R_3=16\ \Omega$$
$$R_{33}=R_4+R_5+R_6=80\ \Omega,\quad R_{44}=R_6+R_7=56\ \Omega$$
$$R_{12}=R_{21}=R_2=10\ \Omega,\quad R_{13}=R_{31}=R_4=20\ \Omega$$
$$R_{14}=R_{41}=0\ \Omega,\quad R_{23}=R_{32}=0\ \Omega$$
$$R_{24}=R_{42}=0\ \Omega,\quad R_{34}=R_{43}=R_6=40\ \Omega$$
$$u_{SL1}=u_{S1}=25\ \text{V},\quad u_{SL2}=u_{S2}=4\ \text{V}$$
$$u_{SL3}=20i_S=40\ \text{V},\quad u_{SL4}=-4\ \text{V}$$

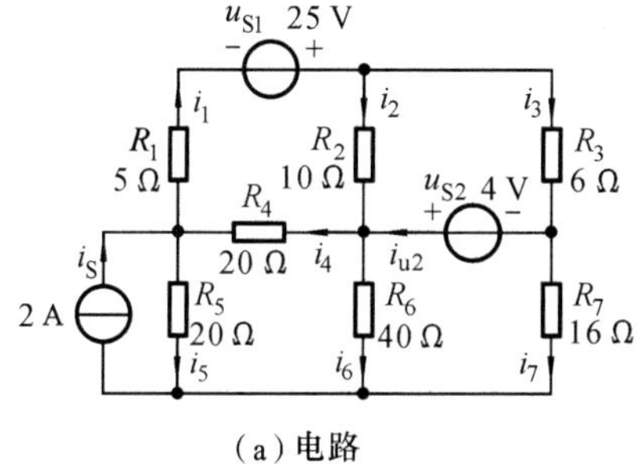

(a) 电路

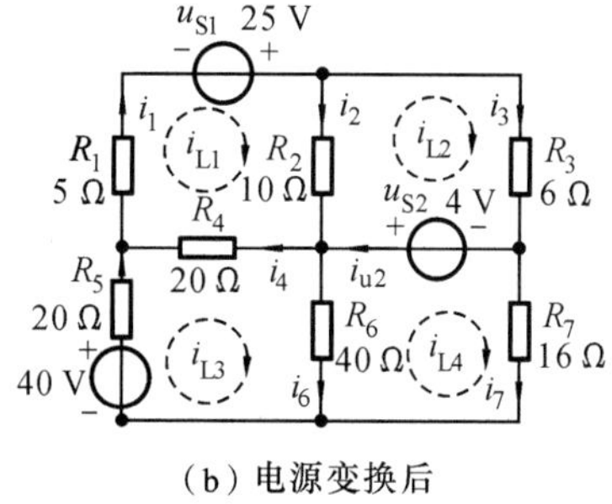

(b) 电源变换后

图 3-8　例 3.3 图

根据一般形式——式(3-16)写出网孔电流方程，有

网孔 1　$$35i_{L1}-10i_{L2}-20i_{L3}=25 \tag{3-17a}$$

网孔 2　$$-10i_{L1}+16i_{L2}=4 \tag{3-17b}$$

网孔 3　$$-20i_{L1}+80i_{L3}-40i_{L4}=40 \tag{3-17c}$$

网孔 4　$$-40i_{L3}+56i_{L4}=-4 \tag{3-17d}$$

联立方程计算出网孔电流,得

$$i_{L1}=2\ \text{A},\quad i_{L2}=1.5\ \text{A},\quad i_{L3}=1.5\ \text{A},\quad i_{L4}=1\ \text{A}$$

再计算各支路电流,得

$$i_1=i_{L1}=2\ \text{A},\quad i_2=i_{L1}-i_{L2}=0.5\ \text{A}$$
$$i_3=i_{L2}=1.5\ \text{A},\quad i_4=i_{L1}-i_{L3}=0.5\ \text{A}$$
$$i_5=i_S-i_{L3}=0.5\ \text{A},\quad i_6=i_{L3}-i_{L4}=0.5\ \text{A}$$
$$i_7=i_{L4}=1\ \text{A},\quad i_{u2}=i_{L2}-i_{L4}=0.5\ \text{A}$$

3.3.5 含理想电流源支路的回路电流法

如果碰到电路中含有理想电流源,如图 3-9 所示,这时电流源的端电压未知,怎样来列写方程呢?

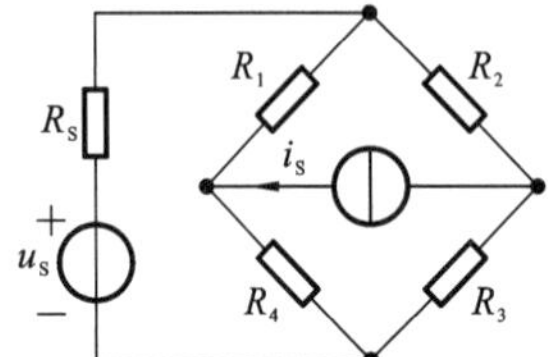

(a) 含理想电流源支路的电路

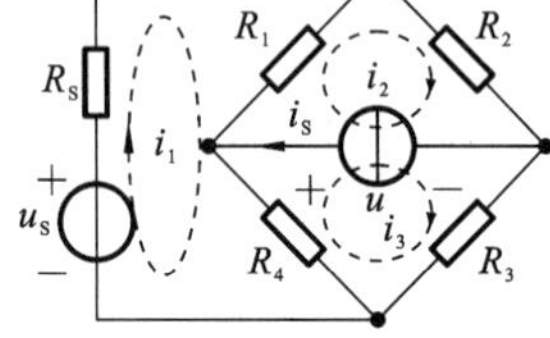

(b) 含理想电流源支路的电路

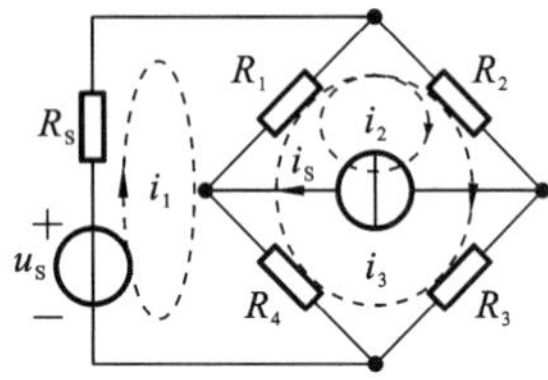

(c) 含理想电流源支路的电路

图 3-9 含理想电流源的电路

方法 1:如图 3-9(b)所示,引入电流源电压,增加回路电流和电流源电流的关系方程,列出网孔方程:

$$\begin{cases}(R_S+R_1+R_4)i_1-R_1i_2-R_4i_3=u_S\\-R_1i_1+(R_1+R_2)i_2=u\\-R_4i_1+(R_3+R_4)i_3=-u\end{cases}$$

增补方程为 $i_S=i_2-i_3$

方法 2:如图 3-9(c)所示,恰当选取回路,使理想电流源支路仅仅属于一个回路,这样可以减少方程个数,$i_2=i_S$ 为已知电流,减少一个方程,有

$$\begin{cases}(R_S+R_1+R_4)i_1-R_1i_2-(R_1+R_4)i_3=u_S\\-(R_1+R_4)i_1+(R_1+R_2)i_2+(R_1+R_2+R_3+R_4)i_3=0\end{cases}$$

使用回路电流法分析电路时,还可以灵活应用电源的等效变换,来简化电路的分析和方程的列写,如图 3-10 所示。

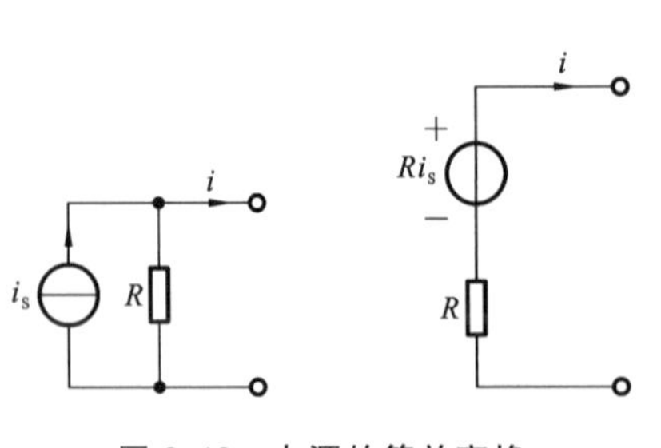

图 3-10 电源的等效变换

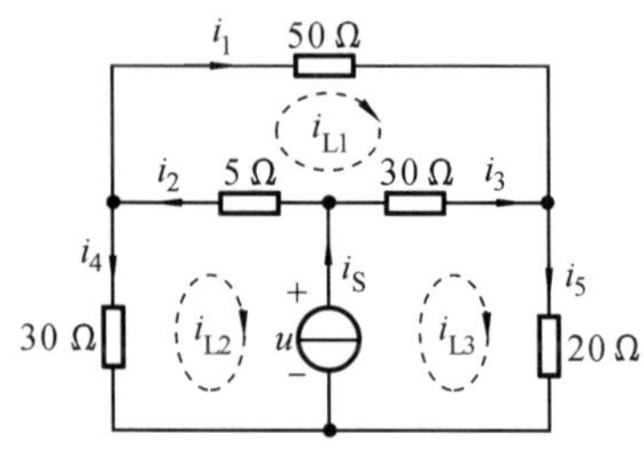

图 3-11 例 3.4 图

【例 3.4】 电路如图 3-11 所示,$i_S=3$ A。求各支路电流,并求电流源 i_S 的电压 u。

解 电路中的电流源 i_S 是无伴电流源，不能像上例一样进行电源等效变换，可以增加电流源的电压 u 为未知变量，并作为电源电压看待，列写方程时放在方程的右边。由于电流源支路的电流是已知的，使回路电流的关系多了一个，即增加了一个方程。

在图 3-11 中选取三个回路，标示回路电流参考方向，直接写出回路电流方程，有

回路 1 $$(50+30+5)i_{L1}-5i_{L2}-30i_{L3}=0 \tag{3-18a}$$

回路 2 $$-5i_{L1}+(5+30)i_{L2}=-u \tag{3-18b}$$

回路 3 $$-30i_{L1}+(30+20)i_{L3}=u \tag{3-18c}$$

回路电流与无伴电流源的关系为

$$i_S=i_{L3}-i_{L2}=3$$

联立 4 个方程解出回路电流及电压分别为

$$i_{L1}=0.4\ \text{A},\quad i_{L2}=-1.6\ \text{A},\quad i_{L3}=1.4\ \text{A},\quad u=58\ \text{V}$$

再计算各支路电流，得

$$i_1=i_{L1}=0.4\ \text{A},\quad i_2=i_{L1}-i_{L2}=2\ \text{A}$$

$$i_3=i_{L3}-i_{L1}=1\ \text{A},\quad i_4=-i_{L2}=1.6\ \text{A},\quad i_5=i_{L3}=1.4\ \text{A}$$

3.3.6 含受控源支路的回路电流法

如果碰到电路中含有受控源的情况，如图 3-12 所示，如何处理受控源支路呢？对含有受控电源支路的电路，可先把受控源看作独立电源列方程，再将控制量用回路电流表示，如图 3-12 所示。

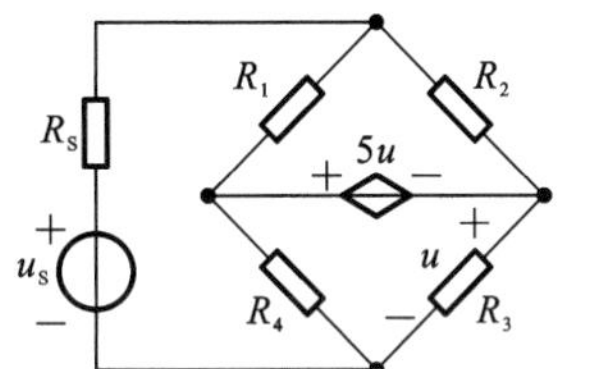

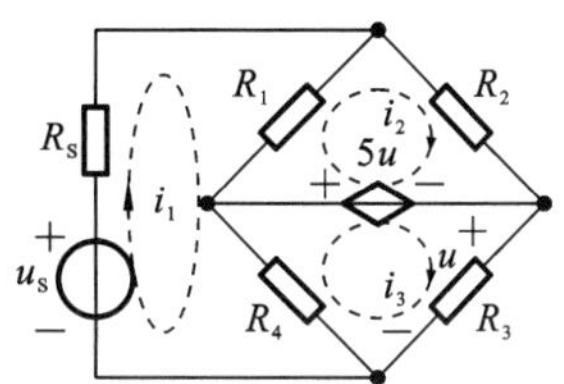

图 3-12 含受控源的电路

可列写电路的回路电流方程为

$$\begin{cases}(R_S+R_1+R_4)i_1-R_1i_2-R_4i_3=u_S\\-R_1i_1+(R_1+R_2)i_2=5u\\-R_4i_1+(R_3+R_4)i_3=-5u\end{cases}$$

增补方程为 $$u=R_3i_3$$

【例 3.5】 电路如图 3-13(a)所示，u_S 已知，a、b 是常数。试列写回路电流方程。

解 电路中有一个电压控制的电流源，一个电流控制的无伴电流源。对于含有受控电源的电路，用回路电流法分析时，步骤如下：

(1) 控制量不论是电压还是电流，都用回路电流来表示；

(2) 受控电压源可看作独立电压源，直接参与列写方程；

(3) 有伴的受控电流源等效变换为受控电压源；

(4) 无伴受控电流源同例 3.4 一样处理，增加未知电压变量 u。

在图 3-13(b)中标示所选回路、参考方向，直接列写回路电流方程，有

回路 1 $$R_1i_{L1}=-u_S+u \tag{3-19a}$$

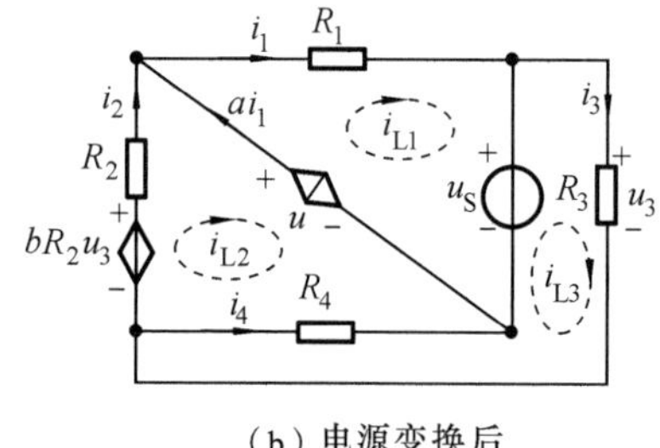

(a) 电路 (b) 电源变换后

图 3-13 例 3.5 图

回路 2 $$(R_2+R_4)i_{L2}-R_4i_{L3}=-u+bR_2u_3 \tag{3-19b}$$

回路 3 $$-R_4i_{L2}+(R_3+R_4)i_{L3}=u_S \tag{3-19c}$$

其中 $$u_3=R_3i_{L3}$$

回路电流与无伴电流源的关系为

$$i_{L1}-i_{L2}=ai_1=ai_{L1} \tag{3-19d}$$

将以上四个方程整理,得

$$R_1i_{L1}=-u_S+u$$

$$(R_2+R_4)i_{L2}-(R_4+bR_2R_3)i_{L3}=-u$$

$$-R_4i_{L2}+(R_3+R_4)i_{L3}=u_S$$

$$(1-a)i_{L1}-i_{L2}=0$$

其中,i_{L1}、i_{L2}、i_{L3}及 u 为待求未知量。

3.4 节点电压法

节点分析法是以节点电压为未知量来计算的,也称节点电压法,并以列写 KCL 方程为写节点方程的依据。

3.4.1 支路电流与节点电压

如图 3-14 所示电路,有 4 个节点,其中 3 个是独立节点。

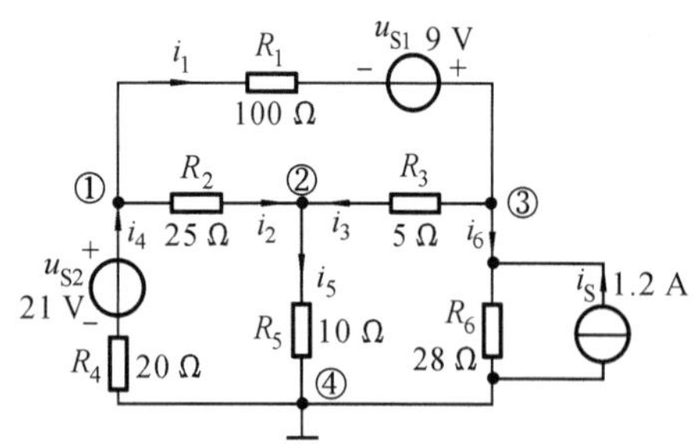

图 3-14 理解节点电压

任意选择一个节点作为参考点,假设它的电位等于零,如选节点④为参考点,在图 3-14 上做一个"⊥"的标志,节点电位 $u_{N4}=0$ V。其他节点①、节点②、节点③是 3 个独立节点,它们到"⊥"之间的电压(也就是它们的电位)记为 u_{N1}、u_{N2}、u_{N3}。

4 个节点的电压都做了假设,由于每条支路必定连接在两个节点之间,所以每条支路的电压(与支路电流关联参考方向),即是节点之间的电位差,都可以用这些节点电压来表示,即

支路 1 $$u_1=u_{N1}-u_{N3} \tag{3-20a}$$

支路 2 $$u_2=u_{N1}-u_{N2} \tag{3-20b}$$

支路 3 $$u_3=u_{N3}-u_{N2} \tag{3-20c}$$

支路 4 $$u_4=-u_{N1} \tag{3-20d}$$

支路 5 $$u_5=u_{N2} \tag{3-20e}$$

支路 6 $$u_6=u_{N3} \tag{3-20f}$$

支路 VCR 方程，将各支路电流表示为节点电压之间的关系。式(3-20)可变换为

支路 1 $$i_1=\frac{u_1+u_{S1}}{R_1}=\frac{u_{N1}-u_{N3}+u_{S1}}{R_1} \tag{3-21a}$$

支路 2 $$i_2=\frac{u_2}{R_2}=\frac{u_{N1}-u_{N2}}{R_2} \tag{3-21b}$$

支路 3 $$i_3=\frac{u_3}{R_3}=\frac{u_{N3}-u_{N2}}{R_3} \tag{3-21c}$$

支路 4 $$i_4=\frac{u_4+u_{S2}}{R_4}=\frac{-u_{N1}+u_{S2}}{R_4} \tag{3-21d}$$

支路 5 $$i_5=\frac{u_5}{R_5}=\frac{u_{N2}}{R_5} \tag{3-21e}$$

支路 6 $$i_6=\frac{u_6}{R_6}-i_S=\frac{u_{N3}}{R_6}-i_S \tag{3-21f}$$

3.4.2 节点电压法分析

接着上面分析，对节点①、节点②、节点③分别列写 KCL 方程，有

节点① $$i_1+i_2-i_4=0 \tag{3-22a}$$

节点② $$-i_2-i_3+i_5=0 \tag{3-22b}$$

节点③ $$-i_1+i_3+i_6=0 \tag{3-22c}$$

再将式(3-21)的支路电流代入式(3-22)，并进行规范化整理，合并节点电压同类项，将电源量放在右边，得

节点① $$\left(\frac{1}{R_1}+\frac{1}{R_2}+\frac{1}{R_4}\right)u_{N1}-\frac{1}{R_2}u_{N2}-\frac{1}{R_1}u_{N3}=-\frac{u_{S1}}{R_1}+\frac{u_{S2}}{R_4} \tag{3-23a}$$

节点② $$-\frac{1}{R_2}u_{N1}+\left(\frac{1}{R_2}+\frac{1}{R_3}+\frac{1}{R_5}\right)u_{N2}-\frac{1}{R_3}u_{N3}=0 \tag{3-23b}$$

节点③ $$-\frac{1}{R_1}u_{N1}-\frac{1}{R_3}u_{N2}+\left(\frac{1}{R_1}+\frac{1}{R_3}+\frac{1}{R_6}\right)u_{N3}=i_S+\frac{u_{S1}}{R_1} \tag{3-23c}$$

用以上的方程组，可以计算出 3 个节点电压，进而得到支路电压和电流。

像这样以节点电压为未知量，对独立节点列写 KCL 方程求解未知量的方法就是节点电压法。

与回路电流法相似，式(3-23)的节点电压方程也很有规律，可做如下的替换：

$$G_{11}=\frac{1}{R_1}+\frac{1}{R_2}+\frac{1}{R_4},\quad G_{22}=\frac{1}{R_2}+\frac{1}{R_3}+\frac{1}{R_5}$$

$$G_{33}=\frac{1}{R_1}+\frac{1}{R_3}+\frac{1}{R_6},\quad G_{12}=G_{21}=\frac{1}{R_2}$$

$$G_{13}=G_{31}=\frac{1}{R_1},\quad G_{23}=G_{32}=\frac{1}{R_3}$$

$$i_{SN1}=-\frac{u_{S1}}{R_1}+\frac{u_{S2}}{R_4},\quad i_{SN2}=0,\quad i_{SN3}=-i_S+\frac{u_{S1}}{R_1}$$

式(3-23)可进一步写成

节点① $$G_{11}u_{N1}-G_{12}u_{N2}-G_{13}u_{N3}=i_{SN1} \tag{3-24a}$$

节点② $$-G_{21}u_{N1}+G_{22}u_{N2}-G_{23}u_{N3}=i_{SN2} \tag{3-24b}$$

节点③ $$-G_{31}u_{N1}-G_{32}u_{N2}+G_{33}u_{N3}=i_{SN3} \tag{3-24c}$$

观察电路和式(3-24)可得到如下结论。

G_{11}是与节点①相关的所有支路的电导之和,称为自己节点的电导——自导;$G_{11}u_{N1}$则是在自己的节点电压作用下经过自导流出节点的电流。G_{12}是节点①、节点②之间的共有电导,称为两个节点间的互导;$G_{11}u_{N2}$是在节点②的电压作用下,经过互导G_{12}流入节点①的电流。由于互导电流(进入节点)与自导上的电流(流出节点)方向相反,故互导电流$G_{11}u_{N2}$前加一个"-"。

类似地,G_{13}是节点①、节点③之间的互导,$G_{11}u_{N3}$是在节点③的电压作用下,经过互导G_{13}流入节点①的电流。互导电流与自导电流方向相反,故应在$G_{11}u_{N3}$前加"-"。

式(3-24b)、式(3-24c)的含义与式(3-24a)一样。

G_{22}、G_{33}是节点②、节点③的自导;G_{21}、G_{23}、G_{31}、G_{32}都是互导。显然$G_{12}=G_{21}$,$G_{13}=G_{31}$,$G_{23}=G_{32}$。

在方程式的右边,当电源流出的电流方向指向节点时,该电流取"+";当电源流出的电流方向背离节点时,该电流取"-"。

若不是电流源,而是电压源时,则要将电压源等效变换为电流源,如式(3-23a)、式(3-23c)中的$\frac{u_{S1}}{R_1}$,$\frac{u_{S2}}{R_4}$。

理解了式(3-24)的含义后,对照图3-14所示的电路,只用观察就可以很快写出节点电压方程,即

节点① $$\left(\frac{1}{100}+\frac{1}{25}+\frac{1}{20}\right)u_{N1}-\frac{1}{25}u_{N2}-\frac{1}{100}u_{N3}=-\frac{9}{100}+\frac{21}{20} \tag{3-25a}$$

节点② $$-\frac{1}{25}u_{N1}+\left(\frac{1}{25}+\frac{1}{5}+\frac{1}{10}\right)u_{N2}-\frac{1}{5}u_{N3}=0 \tag{3-25b}$$

节点③ $$-\frac{1}{100}u_{N1}-\frac{1}{5}u_{N2}+\left(\frac{1}{100}+\frac{1}{5}+\frac{1}{28}\right)u_{N3}=1.2+\frac{9}{100} \tag{3-25c}$$

联立求解出节点电压为

$$u_{N1}=15\ \text{V},\quad u_{N2}=10\ \text{V},\quad u_{N3}=14\ \text{V}$$

再求出所有支路电流为

$$i_1=\frac{u_{N1}-u_{N3}+u_{S2}}{R_1}=\frac{15-14+9}{100}\ \text{A}=0.1\ \text{A},\quad i_2=\frac{u_{N1}-u_{N2}}{R_2}=\frac{15-10}{25}\ \text{A}=0.2\ \text{A}$$

$$i_3=\frac{u_{N3}-u_{N2}}{R_3}=\frac{14-10}{5}\ \text{A}=0.8\ \text{A},\quad i_4=\frac{-u_{N1}+u_{S2}}{R_4}=\frac{-15+21}{20}\ \text{A}=0.3\ \text{A}$$

$$i_5=\frac{u_{N2}}{R_5}=\frac{10}{10}\ \text{A}=1\ \text{A},\quad i_6=\frac{u_{N3}}{R_6}-i_S=\left(\frac{14}{28}-1.2\right)\ \text{A}=-0.7\ \text{A}$$

3.4.3 用节点电压法分析电路的一般步骤

按照上面的分析,n个节点、b条支路的电路网络中,独立节点数为$(n-1)$,式(3-24)可写成如下的节点电压方程一般形式

$$
\begin{aligned}
G_{11}u_{N1}-G_{12}u_{N2}-G_{13}u_{N3}-\cdots-G_{1(n-1)}u_{N(n-1)}&=i_{SN1}\\
-G_{21}u_{N1}+G_{22}u_{N2}-G_{23}u_{N3}-\cdots-G_{2(n-1)}u_{N(n-1)}&=i_{SN2}\\
-G_{31}u_{N1}+G_{32}u_{N2}+G_{33}u_{N3}-\cdots-G_{3(n-1)}u_{N(n-1)}&=i_{SN3}\\
&\vdots\\
-G_{(n-1)1}u_{N1}-G_{(n-1)2}u_{N2}-G_{(n-1)3}u_{N3}-\cdots+G_{(n-1)(n-1)}u_{N(n-1)}&=i_{SN(n-1)}
\end{aligned}
\tag{3-26}
$$

式(3-26)中，下标相同的电导是各节点的自导，如 G_{11}、G_{22}、G_{33} 等，大小为对应节点所有电导之和；下标不同的电导是节点间的互导，如 G_{12}、G_{21}、G_{13} 等，互导斜对称，即 $G_{XY}=G_{YX}$，所有电导均为正值。自导电流均为正值，互导电流均为负值。

式(3-26)右边为电源电流流入节点的电流总和，电源电流流向节点时取“+”号，反之取“−”号。

节点电压法分析电路的一般步骤如下。

(1) 准备：对所求电路选择一个节点为参考点，其他节点对参考点的电压就是该节点的节点电压，标示各节点编号。

(2) 列方程：按节点电压方程的一般形式式(3-26)列写方程。

注意：互导前为“−”号，式(3-26)右边电源若是使电流流入节点则取“+”号，流出取“−”号。

(3) 求节点电压：联立方程求解，得到各节点电压。

(4) 求其他参数：支路电压通过节点电压计算出来，支路电流通过支路电压算出。

下面通过例题来说明节点电压法的应用，并对特殊情况进行分析。

【例 3.6】 电路如图 3-15 所示，列出电路的节点电压方程。

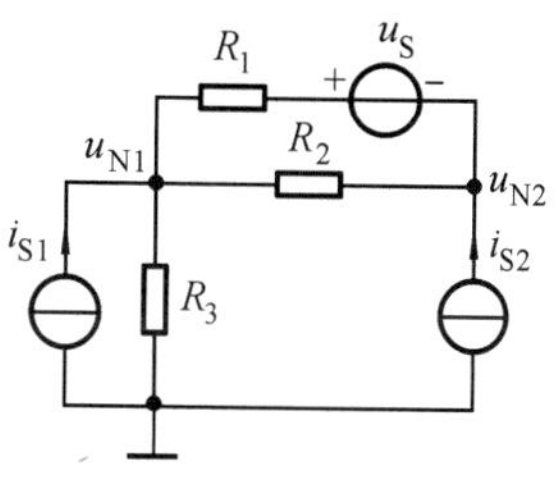

图 3-15 例 3.6 图

解 选择参考节点，对其他节点编号，设定节点电压 u_{N1}，u_{N2}。

电路中的电流源 i_{S2} 是无伴电流源，表明与电流源并联的电阻为无穷大，也就是电导为零，列方程时无须特别处理。

电路中有电压源 u_S，它与电阻 R_1 串联，应先进行电源等效变换，成为电流源 $\left(\frac{u_{S2}}{R_1}\right)$ 与电阻 R_1 并联支路(图 3-15 上未画出)。

计算自导、互导及各节点流入的电源电流，有

$$G_{11}=\frac{1}{R_1}+\frac{1}{R_2}+\frac{1}{R_3},\quad G_{22}=\frac{1}{R_1}+\frac{1}{R_2},\quad G_{12}=G_{21}=\frac{1}{R_1}+\frac{1}{R_2}$$

$$i_{SN1}=i_{S1}+\frac{u_S}{R_1},\quad i_{SN2}=-\frac{u_S}{R_1}+i_{S2}$$

根据一般形式式(3-26)列写节点电压方程，即

节点① $$G_{11}u_{N1}-G_{12}u_{N2}=i_{SN1} \tag{3-27a}$$

节点② $$-G_{12}u_{N1}+G_{22}u_{N2}=i_{SN2} \tag{3-27b}$$

3.4.4 含理想电压源支路的节点电压法

当我们碰到电路中含有理想电压源支路时，该如何处理呢？可以以电压源电流为

变量，增补节点电压与电压源间的关系。例如，图 3-16 所示的电路中，可以假设流过电压源的电流为 i_S，把它也作为电流源电流，按照一般步骤列写 3 个节点方程，然后找到节点电压和电压源间的关系，增补一个方程，$u_S=u_1-u_3$，这样就组成四元一次方程组，可以解出 4 个未知量。

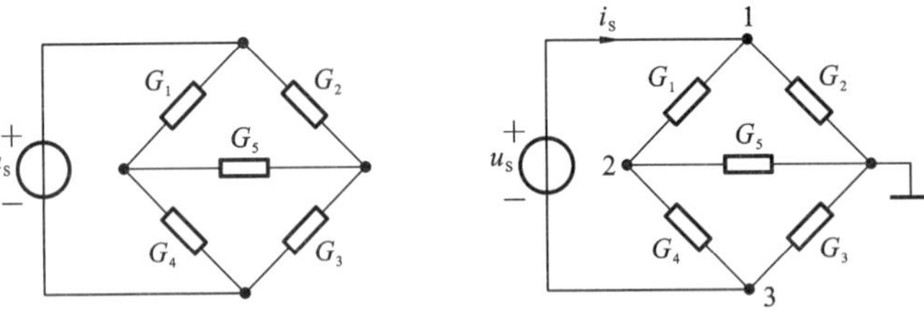

图 3-16　含理想电压源支路的电路

列写电路的节点电压方程如下

$$\begin{cases}(G_1+G_2)u_1-G_1u_2=i_S\\-G_1u_1+(G_1+G_4+G_5)u_2-G_4u_3=0\\-G_4u_2+(G_3+G_4)u_3=-i_S\end{cases}$$

增补方程为

$$u_S=u_1-u_3$$

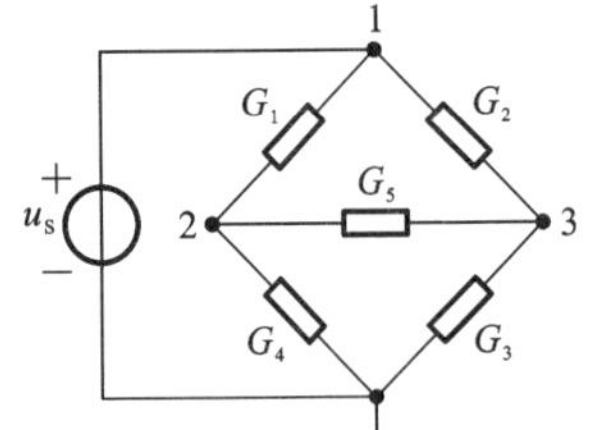

图 3-17　改变图 3-16 中电路的参考节点

还有另外一种思路来分析该电路，通过观察发现，电压源正好处在节点 1 和节点 3 之间，如果我们重新选择节点 3 为参考节点，那么节点电压 u_1 就正好等于已知的电压 u_S，这样，不仅避免了增加变量，并且还可以减少一个变量，只需要列出两个方程，如图 3-17 所示。

选择合适的参考点列方程如下

$$\begin{cases}u_1=u_S\\-G_1u_1+(G_1+G_4+G_5)u_2-G_5u_3=0\\-G_2u_1-G_5u_2+(G_2+G_3+G_5)u_3=0\end{cases}$$

【例 3.7】　电路如图 3-18 所示，求各支路电流。

解　电路中 10 V 电压源是无伴电压源，与它串联的电阻为零，不能像上例那样进行电源等效变换为电流源。

增加无伴电压源的电流 i_2 为未知变量，并把电源作为电流源看待，列写方程时把电流 i_2 放在方程的右边。由于无伴电压源在两个节点之间，因此两个节点电压与电压源之间有一个关系，即增加了一个方程。

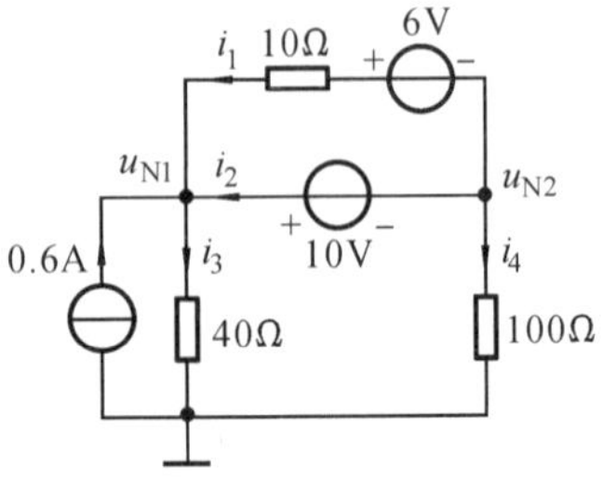

图 3-18　例 3.7 图

在图 3-18 中选取参考节点，选定节点电压 u_{N1}，u_{N2}，直接写出节点电压方程，即

节点①　$$\left(\frac{1}{10}+\frac{1}{40}\right)u_{N1}-\frac{1}{10}u_{N2}=\frac{6}{10}+i_2+0.6 \tag{3-28a}$$

节点②　$$-\frac{1}{10}u_{N1}+\left(\frac{1}{10}+\frac{1}{100}\right)u_{N2}=-\frac{6}{10}-i_2 \tag{3-28b}$$

节点电压与无伴电压源的关系为

$$u_{N1}-u_{N2}=10\ \text{V} \tag{3-28c}$$

联立 3 个方程，解出节点电压和电流 i_2 为

$$u_{N1}=20\ \text{V},\quad u_{N2}=10\ \text{V},\quad i_2=0.3\ \text{A}$$

计算各支路电流，得

$$i_1=\frac{u_{N2}-u_{N1}+6}{10}=\frac{10-20+6}{10}\ \text{A}=-0.4\ \text{A}$$

$$i_3=\frac{u_{N1}}{40}=\frac{20}{40}\ \text{A}=0.5\ \text{A},\quad i_4=\frac{u_{N2}}{100}=\frac{10}{100}\ \text{A}=0.1\ \text{A}$$

3.4.5 含受控源支路的节点电压法

对于含受控源支路的电路，可先把受控源看作独立电源列方程，再将控制量用节点电压表示。在图 3-19 所示的电路中，我们把受控电流源看作普通电流源，gu_2 作为流入节点 2 的电流源的电流，列写方程如下

$$\begin{cases}\left(\dfrac{1}{R_1}+\dfrac{1}{R_2}\right)u_{N1}-\dfrac{1}{R_2}u_{N2}=i_S\\ -\dfrac{1}{R_2}u_{N1}+\left(\dfrac{1}{R_2}+\dfrac{1}{R_3}\right)u_{N2}=gu_2\end{cases}$$

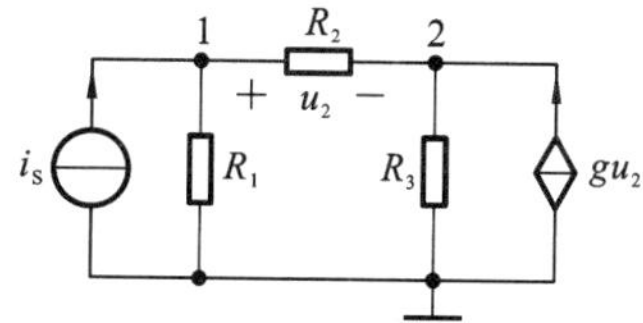

图 3-19 含受控源支路的电路

那么同样的，增加了一个未知量需要增补一个方程，可以从电路中观察到，未知量 u_2 是节点 1 和节点 2 之间的电压，因此，增补方程为 $u_2=u_{N1}-u_{N2}$。

【例 3.8】 电路如图 3-20 所示，请列写电路的节点电压方程。

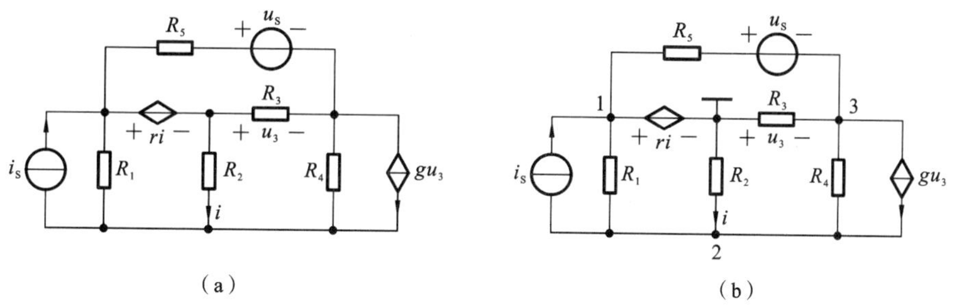

图 3-20 例 3.8 图

解 设参考节点如图 3-20(b)所示，把受控源当作独立源列方程

$$\begin{cases}u_{N1}=ri\\ -\dfrac{1}{R_1}u_{N1}+\left(\dfrac{1}{R_1}+\dfrac{1}{R_2}+\dfrac{1}{R_4}\right)u_{N2}-\dfrac{1}{R_4}u_{N3}=-i_S+gu_3\\ -\dfrac{1}{R_5}u_{N1}-\dfrac{1}{R_4}u_{N2}+\left(\dfrac{1}{R_4}+\dfrac{1}{R_3}+\dfrac{1}{R_5}\right)u_{N3}=-gu_3-\dfrac{u_S}{R_5}\end{cases}$$

增补方程为

$$u_3=-u_{N3},\quad i=-\frac{u_{N2}}{R_2}$$

【例 3.9】 电路如图 3-21 所示，列写节点电压方程，计算图中三个电源的功率。

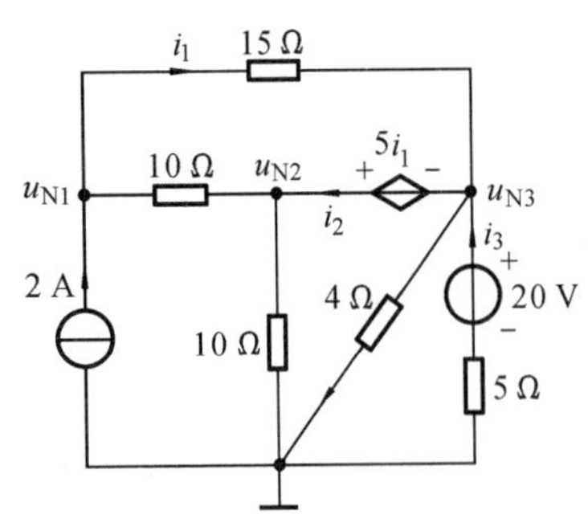

图 3-21　例 3.9 图

解　电路中含有一个电流控制的受控电压源。用节点电压法分析包含受控电源电路时,应注意如下事项。

(1) 受控电源的控制量不论是电压还是电流,都用节点电压来表示。

(2) 受控电流源看作独立电流源,直接参与列写方程。

(3) 有伴的受控电压源等效变换为受控电流源。

(4) 无伴受控电压源可像例 3.9 一样处理:增加电流作为未知变量,并增加一个方程。

本例中增加电流 i_2 为未知量。如图 3-21 选取参考节点,设定节点电压,直接写出节点电压方程,即

节点①　$$\left(\frac{1}{15}+\frac{1}{10}\right)u_{N1}-\frac{1}{10}u_{N2}-\frac{1}{15}u_{N3}=2 \tag{3-29a}$$

节点②　$$-\frac{1}{10}u_{N1}+\left(\frac{1}{10}+\frac{1}{10}\right)u_{N2}=i_2 \tag{3-29b}$$

节点③　$$-\frac{1}{15}u_{N1}+\left(\frac{1}{15}+\frac{1}{4}+\frac{1}{5}\right)u_{N3}=-i_2+\frac{20}{5} \tag{3-29c}$$

另外　$$u_{N2}-u_{N3}=5i_1=5\times\frac{u_{N1}-u_{N3}}{15}=\frac{u_{N1}-u_{N3}}{3}$$

即　$$u_{N1}-3u_{N2}+2u_{N3}=0 \tag{3-29d}$$

联立四个方程解得

$$u_{N1}=25\ \text{V},\quad u_{N2}=15\ \text{V},\quad u_{N3}=10\ \text{V},\quad i_2=0.5\ \text{A}$$

从而可以求得　$$i_3=\frac{20-u_{N3}}{5}=2\ \text{A}$$

电流源的功率为

$$P_{电流源}=-u_{N1}\times 2=-50\ \text{W}(发出)$$

电压源的功率为

$$P_{电压源}=-20\times i_3=-40\ \text{W}(发出)$$

受控源的功率为

$$P_{受控源}=-5i_1\times i_2=-5\,\frac{u_{N1}-u_{N3}}{15}\times 0.5=-2.5\ \text{W}(发出)$$

【例 3.10】　电路如图 3-22 所示,用节点电压法求解 u_S 和 i。

解　注意:与电流源串接的电阻不参与列方程!设参考节点如图 3-22(b)所示,其他节点顺序标出如下

$$\begin{cases} u_1=-100\ \text{V} \\ u_2=110\ \text{V} \\ -\frac{1}{2}u_2+\left(\frac{1}{2}+\frac{1}{2}\right)u_3=20\ \text{A} \end{cases} \Rightarrow u_3=20\ \text{V}+55\ \text{V}=75\ \text{V}$$

由 KVL 方程知

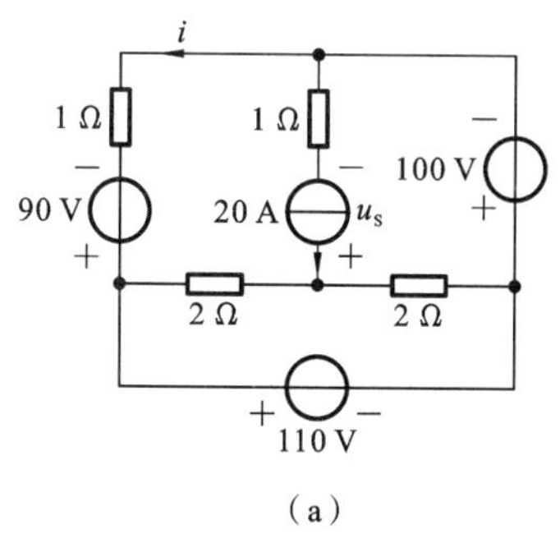

(a)

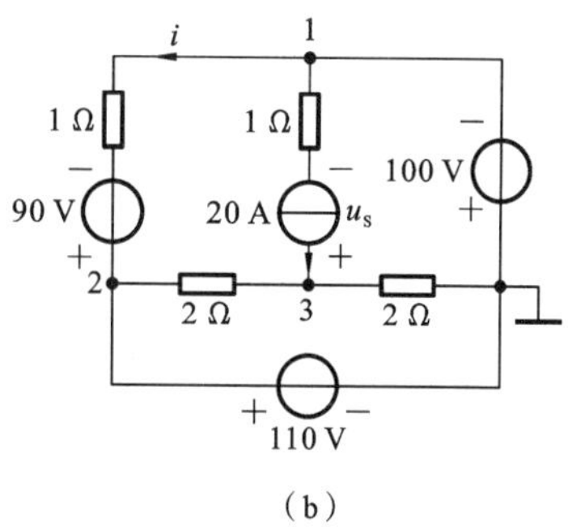

(b)

图 3-22　例 3.10 **图**

$$u_3-u_1=u_S-20,\quad \Rightarrow u_S=195\ \text{V}$$

同理

$$u_2-u_1=90-i,\quad \Rightarrow i=-120\ \text{A}$$

3.5　Matlab 计算

电路的一般分析法，可用来指导建立电路方程，但电路方程的求解却是一项烦琐的工作。Matlab 具有强大的数学方程求解功能，借助 Matlab，可以极大地提高电路分析的效率。用 Matlab 计算电路参数示例如下。

【例 3.11】　用 Matlab 重新计算例 3.4 的电路。电路重绘于图 3-23 中，$i_S=3$ A。求回路电流、电流源电压 u，并计算电源的功率。

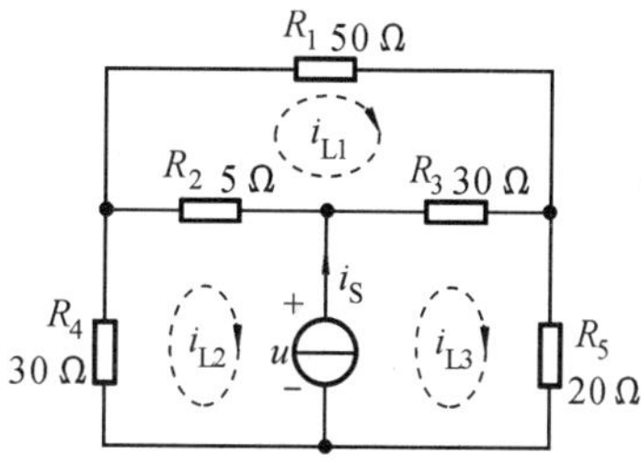

图 3-23　Matlab **重新计算例** 3.4

解　列写回路电流方程组如下

$$\begin{cases}(R_1+R_2+R_3)i_{L1}-R_2i_{L2}-R_3i_{L3}=0\\-R_2i_{L1}+(R_2+R_4)i_{L2}+u=0\\-R_3i_{L1}+(R_3+R_5)i_{L3}-u=0\\-i_{L2}+i_{L3}=i_S\end{cases}$$

将方程组改写为矩阵形式，即

$$\begin{bmatrix}R_1+R_2+R_3 & -R_2 & -R_3 & 0\\-R_2 & R_2+R_4 & 0 & 1\\-R_3 & 0 & R_3+R_5 & -1\\0 & -1 & 1 & 0\end{bmatrix}\begin{bmatrix}i_{L1}\\i_{L2}\\i_{L3}\\u\end{bmatrix}=\begin{bmatrix}0\\0\\0\\i_S\end{bmatrix}$$

求解方程组及回路电流、电源电压 u、电源功率的 Matlab 程序如下。

```
r1=50,r2=5;r3=30;r4=30,r5=20;is=3;            % 元件赋值
a=[r1+r2+r3,-r2,-r3,0;-r2,r2+r4,0,1;
-r3,0,r3+r5,-1;0,-1,1,0]                      % 构造矩阵 A
b=[0;0;0;is]                                  % 构造矩阵 B
x=a,b                                         % 计算矩阵 X
p=-x(4)*is                                    % 计算功率
```

在 Matlab 命令窗运行程序，显示结果为

a=

85	−5	−30	0
−5	35	0	1
−30	0	50	−1
0	−1	1	0

b=	X=	P=
0	0.4000	−174
0	−1.6000	
0	1.4000	
3	58.0000	

即回路电流 $i_{L1}=0.4$ A,$i_{L2}=-1.6$ A,$i_{L3}=1.4$ A;电源电压 $u=58$ V;电源功率 $P=-174$ W(发出)。

【例 3.12】 电路如图 3-24 所示,试分析电阻 R_3 取多大值时,可以获得最大功率?最大功率是多少?

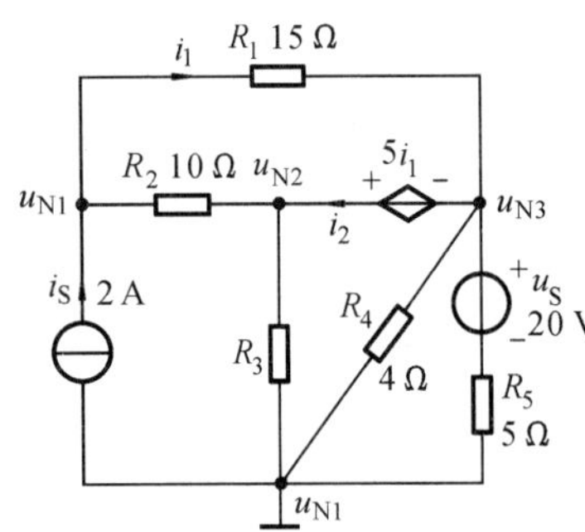

图 3-24 例 3.12 图

解 本例的分析可参见例题 3.9,下面直接给出节点电压方程为

$$\begin{cases}\left(\dfrac{1}{R_1}+\dfrac{1}{R_2}\right)u_{N1}-\dfrac{1}{R_2}u_{N2}-\dfrac{1}{R_1}u_{N3}=i_S\\ -\dfrac{1}{R_2}u_{N1}+\left(\dfrac{1}{R_2}+\dfrac{1}{R_3}\right)u_{N2}-i_2=0\\ -\dfrac{1}{R_1}u_{N1}+\left(\dfrac{1}{R_1}+\dfrac{1}{R_4}+\dfrac{1}{R_5}\right)u_{N3}+i_2=\dfrac{u_S}{R_5}\\ \dfrac{5}{R_1}u_{N1}-u_{N2}+\left(1-\dfrac{5}{R_1}\right)u_{N3}=0\end{cases}$$

将方程组改写为矩阵形式,有

$$\begin{bmatrix}\dfrac{1}{R_1}+\dfrac{1}{R_2} & -\dfrac{1}{R_2} & -\dfrac{1}{R_1} & 0\\ -\dfrac{1}{R_2} & \dfrac{1}{R_2}+\dfrac{1}{R_3} & 0 & -1\\ -\dfrac{1}{R_1} & 0 & \dfrac{1}{R_1}+\dfrac{1}{R_4}+\dfrac{1}{R_5} & 1\\ \dfrac{5}{R_1} & -1 & 1-\dfrac{5}{R_1} & 0\end{bmatrix}\begin{bmatrix}u_{N1}\\ u_{N2}\\ u_{N3}\\ i_2\end{bmatrix}=\begin{bmatrix}i_S\\ 0\\ \dfrac{u_S}{R_5}\\ 0\end{bmatrix}$$

下面用 Matlab 来求解。电阻 R_3 功率为 $P=\dfrac{u_{N2}^2}{R_3}$。

```
r1=15;r2=10;r4=4;r5=5;is=2;us=20;             % 元件赋值
g1=1/r1;g2=1/r2;g4=1/r4;g5=1/r5               % 计算电导
r3=0.01:0.01:6;                               % 构造 R3 的取值区间
    for k=1:length(r3)                        % 重复计算
g3=1/r3(k);                                   % R3 的电导
a=[g1+ g2,-g2,-g1,0;-g2,g2+ g3,0,-1;
```

```
    -g1,0,g1+ g4+ g5,1;5 * g1,-1,1-5 * g1,0];
b=[is;0;us * g5;0]                          % 构造矩阵 A、B
    x= a,b;                                 % 计算矩阵 X
p(k)=g3 * x(2)^2.                           % 计算功率
end
plot(r3,p);                                 % 画功率 p 与 R3 的关系曲线
[pmax,k]=max(p).                            % 查找功率最大值
r3(k)                                       % 最大功率对应的 R3 值
```

程序运行结果如图 3-25 所示，屏幕显示结果为

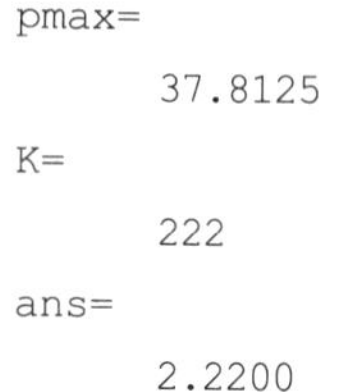

```
pmax=
      37.8125
K=
      222
ans=
      2.2200
```

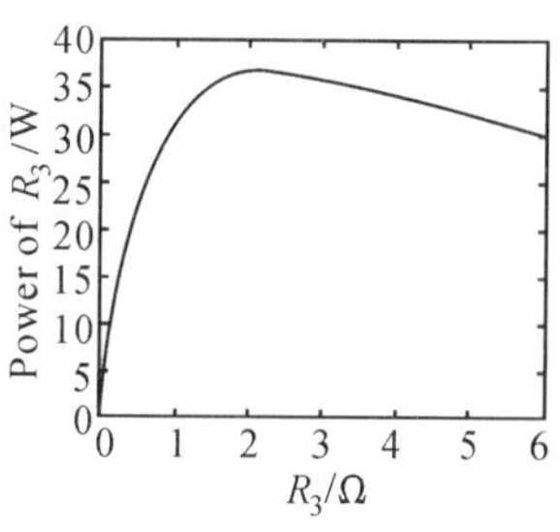

图 3-25　例 3.12 图

即 $R_3=2.22\ \Omega$ 时，电阻获得最大功率，最大功率为 37.8125 W。

本章小结

（1）电路一般分析方法是对给定的电路结构及元件参数的电路选择合适的电路变量，依据 KCL、KVL 建立电路方程求解电路变量，再按元件的伏安关系求待求量的分析方法，对于线性电阻电路，它是一组线性代数方程。通常有支路电流法、回路电流法（含网孔法）、节点电压法。

（2）支路电流法：n 个节点、b 条支路的电路中，有$(n-1)$个独立节点和$(b-n+1)$个独立回路。以 b 个支路的电流为待求未知量，分别对$(n-1)$个独立节点列写 KCL 电流方程，对$(b-n+1)$个独立回路列写 KVL 电压方程，解出 b 个电流未知量。

（3）回路电流法：选择$(b-n+1)$个回路电流为待求未知量，根据基尔霍夫定律，对$(b-n+1)$个独立回路列写 KVL 电压方程，从而解出回路电流的方法，支路电流可以由回路电流求出。

回路电流方程的形式具有规律性，易于列写。列写方程时，注意自电阻为正，互电阻可以是正、也可以是负，正、负由流过该电阻的回路电流方向是否一致来决定。方程的左边表示回路的电压降，方程的右边是回路中电压源的代数和，表示回路的电压升；电压源与回路绕行方向一致时，该电源电压取负，反之取正。

如果电路是平面电路，则可以选取网孔作为独立回路。

如果电路中存在无伴电流源，则需要增加该电流源的电压为未知量，并将它作为电压源电压看待。同时增加一个方程，该方程是无伴电流源与回路电流的关系。

电路中如果存在受控电源，则将受控电源作为独立电源看待，同时将控制量用回路电流来表示。

（4）节点电压法：首先选择 1 个节点为参考节点，其他$(n-1)$个节点到参考节点的电压是节点电压。将$(n-1)$个节点电压作为待求未知量，根据基尔霍夫定律，对$(n$

－1)个独立节点列写 KCL 电流方程，从而解出节点电压，支路电压也可以由节点电压求出。

节点电压方程也有规律性。列写时，自电导为正，互电导为负。如果电路中存在无伴电压源，则需要增加该电压源的电流为未知量，并将它作为电流源看待，同时增加一个方程。电路中如果存在受控电源，将受控电源作为独立电源看待，同时将控制量用节点电压来表示。

自测练习题

1. 思考题

(1) 在列写电路的网孔方程时，若电路中含理想电流源支路，应如何处理？还应该注意什么问题？

(2) 在列写电路的节点方程时，若电路中含理想电压源支路，应如何处理？还应该注意什么问题？

(3) 具体电路中如何选择独立回路？

(4) 列写回路电流方程时，无并联电导的理想电流源可以当作电压源处理吗？

2. 填空题

(1) 图 3-26 所示电路中，用支路电流法求 i=(　　)。

(2) 图 3-27 所示电路中，节点电压 u_{n2}=(　　)。

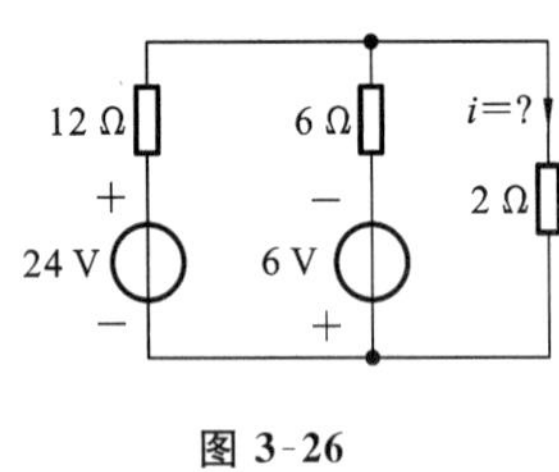

图 3-26

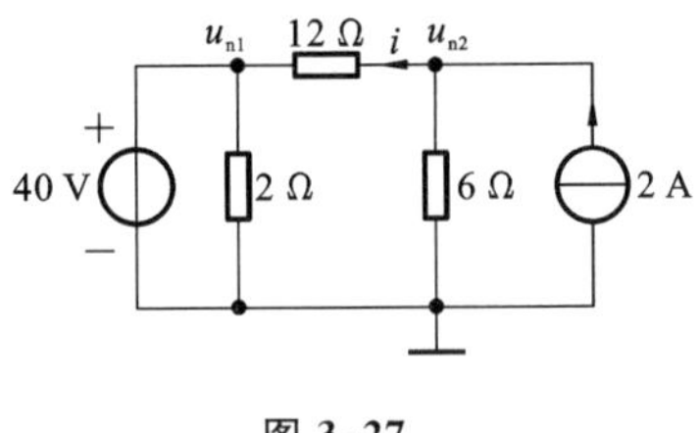

图 3-27

习　　题

3-1　图 3-28 所示网络拓扑图中，可以列写的 KCL、KVL 独立方程数各为多少？试分析说明。

3-2　试用支路电流法求图 3-29 所示电路中各支路的电流。

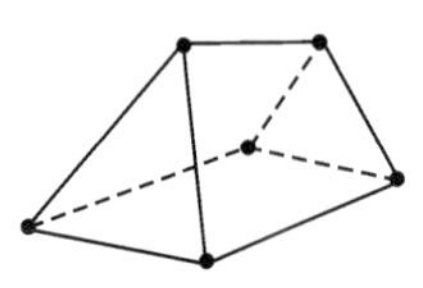

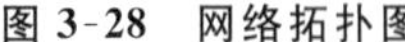

图 3-28　网络拓扑图

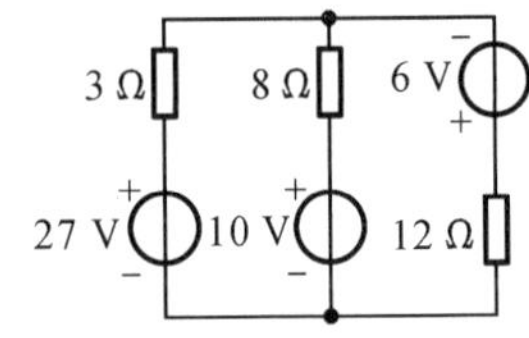

图 3-29　题 3-2 电路

3-3　用支路电流法求图 3-30 所示电路中各支路的电流，并验证功率平衡关系。

3-4 试对图 3-31 所示电路列写回路电流方程，列出各支路电流与回路电流的关系。

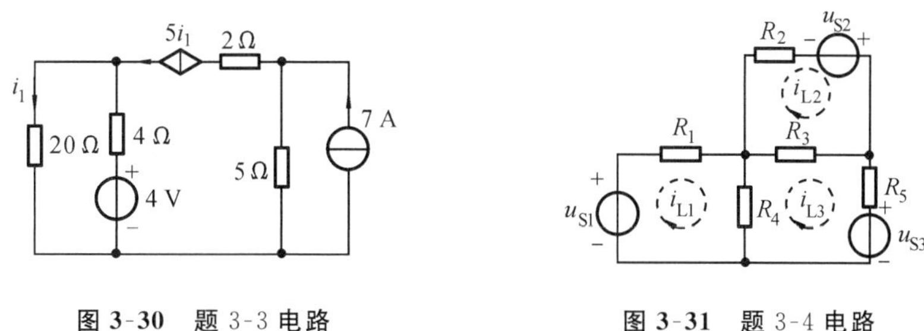

图 3-30 题 3-3 电路 **图 3-31** 题 3-4 电路

3-5 用回路电流法分析图 3-32 所示各电路的功率平衡。

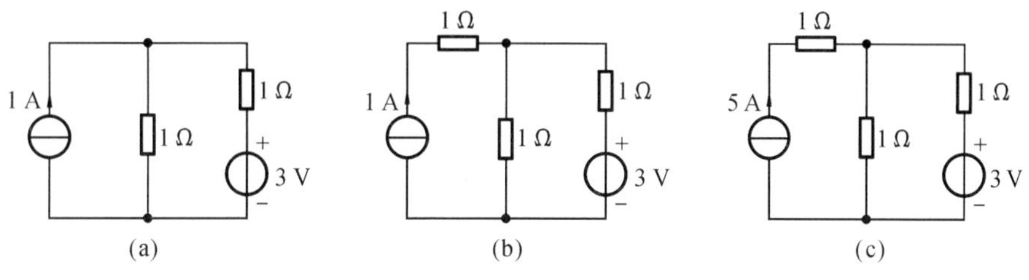

图 3-32 题 3-5 电路

3-6 用回路电流法求图 3-33 所示电路中流过 2 Ω 电阻的电流 i。

3-7 已知回路电流方程列写如下，试画出一种可能的电路结构，标出电路元件参数，并验证之。

$$\begin{cases}8i_{L1}-2i_{L2}-5i_{L3}=20\\-2i_{L1}+9i_{L2}-3i_{L3}=20\\3i_{L1}+5i_{L2}-14i_{L3}=30\end{cases}$$

3-8 用回路电流法求图 3-34 所示电路中的电流 i。

3-9 用回路电流法求图 3-35 所示电路中受控电压源的功率。

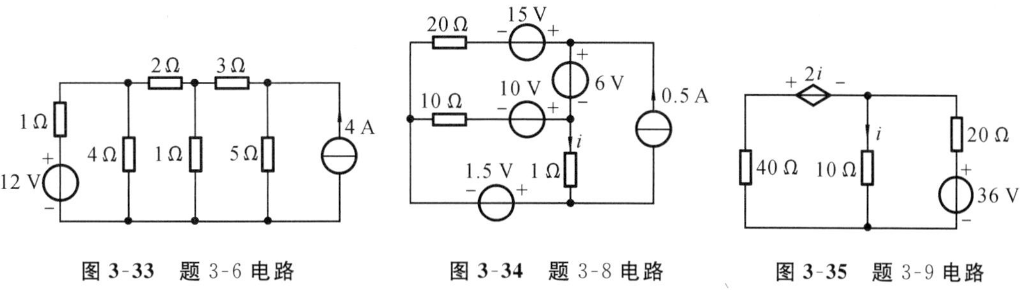

图 3-33 题 3-6 电路 **图 3-34** 题 3-8 电路 **图 3-35** 题 3-9 电路

3-10 用回路电流法求图 3-36 所示电路中电流源的电压。

3-11 用回路电流法求图 3-37 所示电路中受控电压源的电流，受控电流源的电压。

3-12 用节点电压法求图 3-38 所示电路中的电流 i。

3-13 用节点电压法求图 3-39 所示电路中的电流 i。

3-14 用节点电压法求图 3-40 所示电路中的电压 u。

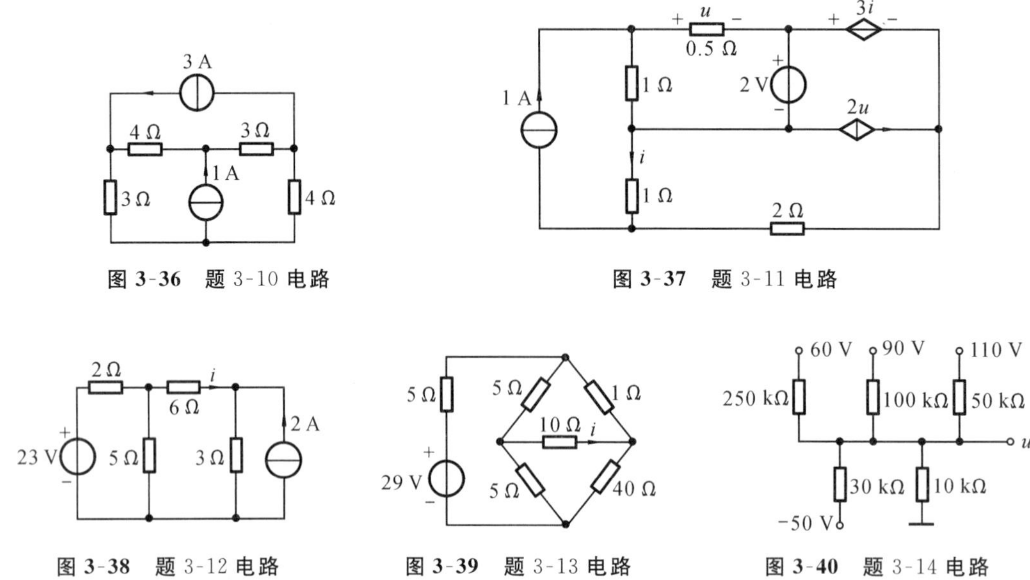

图 3-36　题 3-10 电路

图 3-37　题 3-11 电路

图 3-38　题 3-12 电路

图 3-39　题 3-13 电路

图 3-40　题 3-14 电路

应用分析案例

节点法在电力系统潮流计算中的应用

对于由电阻和独立电压源组成的电路网络，可以应用节点的 KCL 方程、回路的 KVL 方程，以及元件的欧姆定律构成联立方程组，其解即为电路中的所有电流和电压。从理论上讲，这种方法完全解决了电路的基本分析问题。但在实践中，即使对于一个小的电路网络，也需要大量的方程。在数字计算机出现之前，工程师们手工求解联立方程组，需要借助一些原始的机械计算机器，此时减少方程式数量的技术或技巧被高度重视和使用。

20 世纪 50 年代末，几乎所有电路资料都提出了回路法和节点法。因为在大多数电路中，回路分析法与某些电路定理相结合可以有效地解决早期的电气工程问题。随着具有极间电容的多元真空管的发明，提出了使用节点法的一些令人信服的理由。

自 20 世纪 60 年代以来，许多数字计算机软件程序(SPICE 现在是最流行的)为模拟电子电路而开发。这些软件包使用节点法而不是回路法，主要是因为计算机很容易识别一个节点，但很难识别一系列回路。

对于由电流源激励的电阻电路，列写节点方程很简单。而对于含有独立和非独立电压源的电路，列写节点方程时会遇到一些困难。20 世纪 70 年代中期，在传统节点法的基础上，IBM 的一个研究小组提出了改进的节点分析技术(MNA)。用 MNA 方法，即使在有独立电压源和所有类型的非独立电压源存在时，也可以系统地建立网络方程。

例如，节点法在电力系统潮流计算中的应用，如图 3-41 所示为部分电力系统网络，该图有 9 个节点，其等效电路网络图如图 3-42 所示。

以零电位点作为计算节点电压的参考点，根据节点法，可以写出 9 个独立节点电压方程为

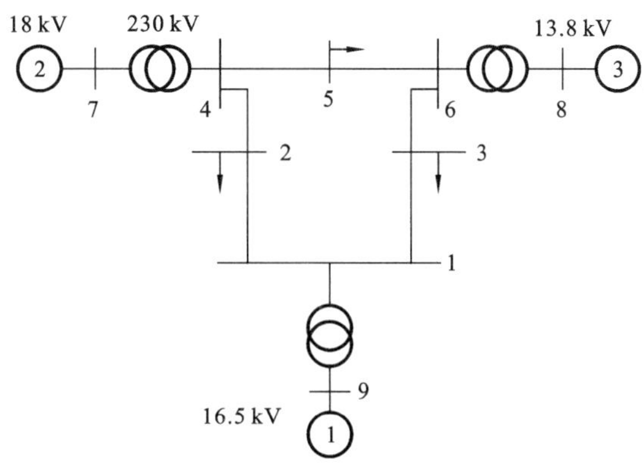

图 3-41 9 节点电力网络图

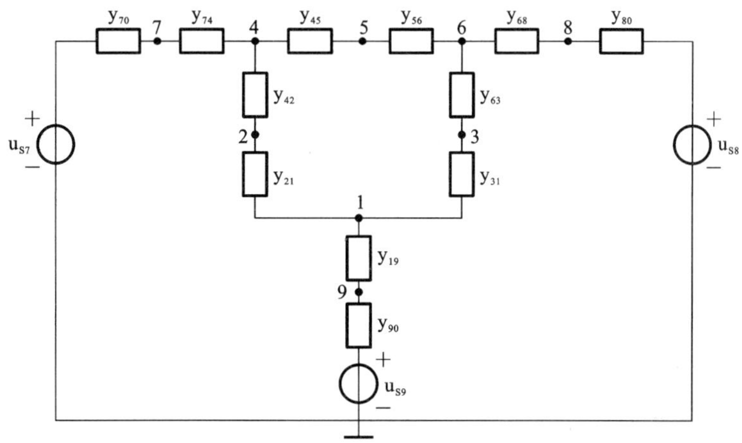

图 3-42 等效电路网络图

$$\begin{cases}Y_{11}\dot{U}_1+Y_{12}\dot{U}_2+Y_{13}\dot{U}_3+Y_{19}\dot{U}_9=0\\Y_{21}\dot{U}_1+Y_{22}\dot{U}_2+Y_{24}\dot{U}_4=0\\Y_{31}\dot{U}_1+Y_{33}\dot{U}_3+Y_{36}\dot{U}_6=0\\Y_{42}\dot{U}_2+Y_{44}\dot{U}_4+Y_{45}\dot{U}_5+Y_{47}\dot{U}_7=0\\Y_{54}\dot{U}_4+Y_{55}\dot{U}_5+Y_{56}\dot{U}_6=0\\Y_{63}\dot{U}_3+Y_{65}\dot{U}_5+Y_{66}\dot{U}_6+Y_{68}\dot{U}_8=0\\Y_{74}\dot{U}_4+Y_{77}\dot{U}_7=\dot{U}_{S7}y_{70}\\Y_{86}\dot{U}_6+Y_{88}\dot{U}_8=\dot{U}_{S8}y_{80}\\Y_{91}\dot{U}_1+Y_{99}\dot{U}_9=\dot{U}_{S9}y_{90}\end{cases}$$

式中，$Y_{11}=y_{21}+y_{31}+y_{19}$，$Y_{22}=y_{21}+y_{42}$，$Y_{33}=y_{31}+y_{63}$，$Y_{44}=y_{42}+y_{45}+y_{74}$，$Y_{55}=y_{45}+y_{56}$，$Y_{66}=y_{56}+y_{63}+y_{68}$，$Y_{77}=y_{70}+y_{74}$，$Y_{88}=y_{68}+y_{80}$，$Y_{99}=y_{19}+y_{90}$；$Y_{12}=Y_{21}=-y_{21}$，$Y_{13}=Y_{31}=-y_{31}$，$Y_{19}=Y_{91}=-y_{91}$，$Y_{24}=Y_{42}=-y_{42}$，$Y_{36}=Y_{63}=-y_{63}$，$Y_{45}=Y_{54}=-y_{45}$，$Y_{47}=Y_{74}=-y_{74}$，$Y_{56}=Y_{65}=-y_{56}$，$Y_{68}=Y_{86}=-y_{68}$。

注意：由于是正弦交流量，在列写方程时不再写直流电路中的电导 G，而写成对应正弦交流电路中导纳 Y 更具备一般性。电压也写成相量形式，相关概念将在第 6 章介绍。

以上 9 个方程也可写成矩阵形式

$$\begin{bmatrix} Y_{11} & Y_{12} & Y_{13} & 0 & 0 & 0 & 0 & 0 & Y_{19} \\ Y_{21} & Y_{22} & 0 & Y_{24} & 0 & 0 & 0 & 0 & 0 \\ Y_{31} & 0 & Y_{33} & 0 & 0 & Y_{36} & 0 & 0 & 0 \\ 0 & Y_{42} & 0 & Y_{44} & Y_{45} & 0 & Y_{47} & 0 & 0 \\ 0 & 0 & 0 & Y_{54} & Y_{55} & Y_{56} & 0 & 0 & 0 \\ 0 & 0 & Y_{63} & 0 & Y_{65} & Y_{66} & 0 & Y_{68} & 0 \\ 0 & 0 & 0 & Y_{74} & 0 & 0 & Y_{77} & 0 & 0 \\ 0 & 0 & 0 & 0 & 0 & Y_{86} & 0 & Y_{88} & 0 \\ Y_{91} & 0 & 0 & 0 & 0 & 0 & 0 & 0 & Y_{99} \end{bmatrix} \begin{bmatrix} \dot{U}_1 \\ \dot{U}_2 \\ \dot{U}_3 \\ \dot{U}_4 \\ \dot{U}_5 \\ \dot{U}_6 \\ \dot{U}_7 \\ \dot{U}_8 \\ \dot{U}_9 \end{bmatrix} = \begin{bmatrix} 0 \\ 0 \\ 0 \\ 0 \\ 0 \\ 0 \\ \dot{U}_{s7} y_{70} \\ \dot{U}_{s8} y_{80} \\ \dot{U}_{s9} y_{90} \end{bmatrix}$$

或缩记为

$$\boldsymbol{YU}=\boldsymbol{I}$$

矩阵 $\boldsymbol{Y}$ 为节点导纳矩阵,$\boldsymbol{I}$ 为注入节点电流。

节点法在潮流计算中得到了充分的应用。在潮流计算的过程中,用节点功率和电压表示节点电流(相关知识将在第 6 章正弦交流电路中介绍)。

$$\overset{*}{S}_i=\overset{*}{\dot{U}}_i\dot{I}_i=P_i+jQ_i$$

根据给定的 $\hat{P}_i$、$\hat{Q}_i$、$\hat{U}_i$ 列写潮流方程

$$\begin{cases} \hat{P}_i-P_i=0 \\ \hat{Q}_i-Q_i=0 \\ \hat{U}_i-U_i=0 \end{cases}$$

n 个节点的电力系统的潮流方程的一般形式是

$$\hat{P}_i+j\hat{Q}_i=\dot{U}_i\sum_{j=1}^{n}\overset{*}{Y}_{ij}\overset{*}{U}_j \quad (i=0,1,2,\cdots,n)$$

节点电压可用直角坐标与极坐标进行表示,同时将导纳矩阵元素用直角坐标和极坐标进行表示。对于潮流方程的线性方程组 $F(X)=0$,存在多种求解方式。直角坐标系、极坐标系下方程不一样,依实际化简决定。

4

电路定理

为了更加有效地实现复杂电路问题的求解，本章将重点介绍几种常用的电路定理，主要包括叠加定理、戴维宁定理、诺顿定理、最大功率传输定理、特勒根定理及互易定理。另外，本章还简要介绍了对偶电路的基本概念。这些定律和分析方法，不仅适用于直流电路，还适用于交流电路、电子电路等，是电路分析的重要组成部分。

4.1 叠加定理

叠加定理是反映线性电路特性的重要定理，它描述了多电源线性电路中某一支路电压（或电流）与各电源间的线性求和关系，是分析线性电路的基础。

4.1.1 叠加定理及其证明

叠加定理 在多电源的线性电路中，任一支路电流（或电压）都是电路中各独立电源单独作用时在该支路产生的电流（或电压）的叠加。

叠加定理中各独立电源单独作用包含两层含义：① 某一电源单独作用时，电路中的其他电源全做置零处理（电压源置零用短路替代，电流源置零用开路替代）；② 除了电源做置零处理，某一电源单独作用时电路中的其他结构及参数需与原电路保持一致。为了更加直观地理解叠加定理并对其正确性进行验证，我们以图 4-1 所示的简单线性电路为例进行分析说明。

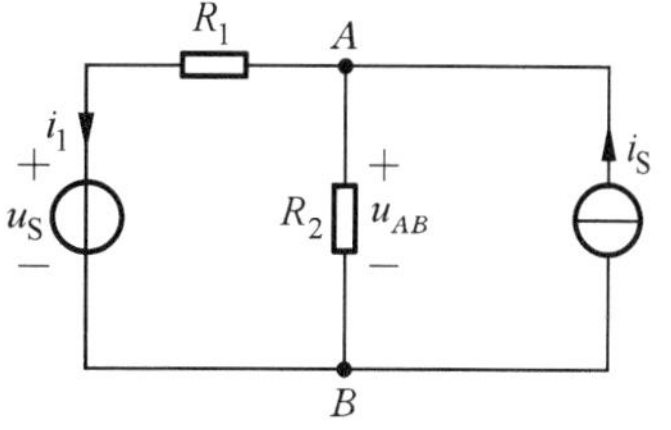

图 4-1 叠加定理示例

对于图 4-1 所示电路，假设电压源、电流源及各电阻值均已知，我们选择节点 B 为参考节点，利用节点电压法计算电压 u_{AB} 及电流 i_1，整理可得

$$u_{AB}=\frac{R_2}{R_1+R_2}u_S+\frac{R_1R_2}{R_1+R_2}i_S \tag{4-1}$$

$$i_1=\frac{u_{AB}-u_S}{R_1}=-\frac{u_S}{R_1+R_2}+\frac{R_2}{R_1+R_2}i_S \tag{4-2}$$

观察式(4-1)、式(4-2)可知，电压 u_{AB} 及电流 i_1 都是电压源 u_S 与电流源 i_S 的线性组合，

且系数为常数。

下面利用叠加定理计算图 4-1 中电压源与电流源分别单独作用时的电压 u_{AB} 及电流 i_1,并将电源各自作用的结果叠加,通过与式(4-1)和式(4-2)结果的对比来验证叠加定理的正确性。

当电压源 u_S 单独作用时,应使电流源置零。令 $i_S=0$,即将电流源所在支路开路,这时图 4-1 所示电路将变换为图 4-2(a)所示电路,易得

$$u'_{AB}=\frac{R_2}{R_1+R_2}u_S,\quad i'_1=\frac{-u_S}{R_1+R_2}$$

当电流源 i_S 单独作用时,应使电压源置零。令 $u_S=0$,即将电压源所在支路短路,这时图 4-1 所示电路将变换为图 4-2(b)所示电路,易得

$$u''_{AB}=\frac{R_1R_2}{R_1+R_2}i_S,\quad i''_1=\frac{R_2}{R_1+R_2}i_S$$

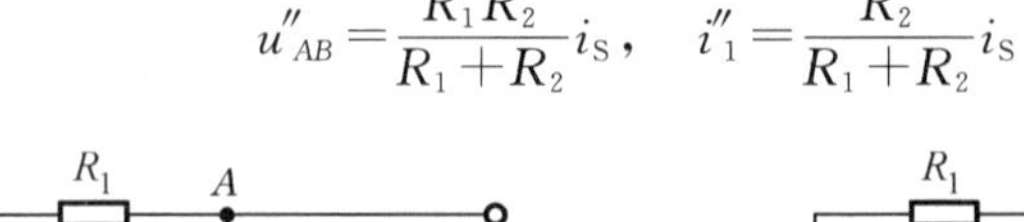

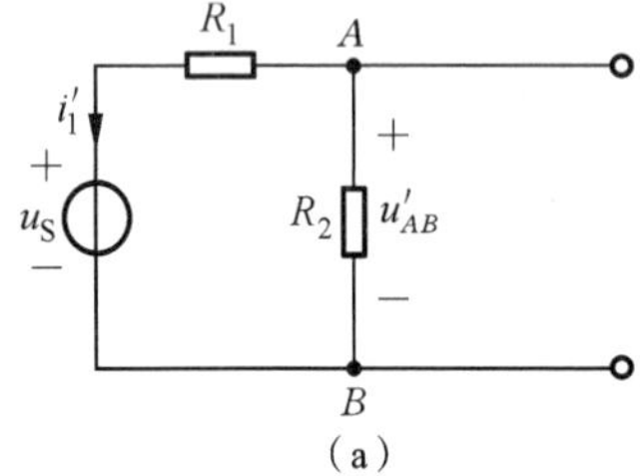

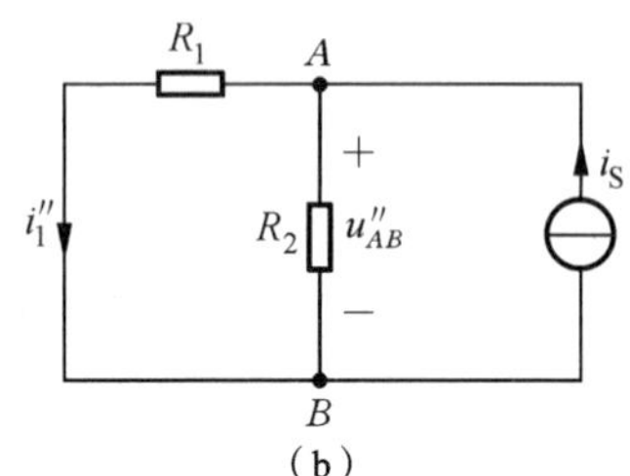

图 4-2　电源单独作用电路

将上述电源单独作用的结果进行叠加可得

$$u'_{AB}+u''_{AB}=\frac{R_2}{R_1+R_2}u_S+\frac{R_1R_2}{R_1+R_2}i_S=u$$

$$i'_1+i''_1=-\frac{1}{R_1+R_2}u_S+\frac{R_2}{R_1+R_2}i_S=i$$

由此可见,利用叠加定理对图 4-1 中物理量求得的结果与节点电压法求得的结果一致。图 4-1 中支路电流(或电压)是每个电源单独作用结果的叠加,验证了叠加定理的正确性。

做进一步推广,对于一个含有 n 个独立电源的线性电路,其任一支路的电压(或电流)y 都是电路中所有电源 q_j 作用的线性组合,即

$$y=k_1q_1+k_2q_2+\cdots+k_nq_n=\sum k_jq_j \tag{4-3}$$

式(4-3)中,常数 k_j 为电源 q_j 单独作用时的比例系数,它是由电路参数和电路结构决定的常量,可以是正值或者负值。任何线性电路都有式(4-3)这种特性,它具有普遍性,我们称式(4-3)为叠加定理的数学表达式。

4.1.2　叠加定理应用注意事项

(1) 叠加定理只适用于线性电路中电流、电压的计算,对非线性电路不适用,对线性电路中的功率计算也不适用。

(2) 各独立电源单独作用时,其余独立电源置零(电压源所在处用短路替代,电流源所在处用开路替代)。

(3) 叠加时各分电路中的电压和电流其参考方向与原电路相同的,在求代数和时

取正号；与原电路不相同的，在求代数和时取负号。

(4) 叠加的方式是任意的，可以一次使一个独立电源单独作用，也可以一次使几个独立电源同时作用，叠加方式的选择取决于分析计算问题简便与否。

(5) 当电路中存在受控源时，叠加定理仍然适用。但不能把受控源看成独立源来计算其在电路引起的响应，此时应把受控源作为一般元件，与电路中所有电阻一样不予更动，保留在各独立源单独作用下的各分电路中。控制量同样与原始电路保持一致。

【例 4.1】 电路如图 4-3(a)所示，试求电压源的电流 I 和电流源的电压 U。

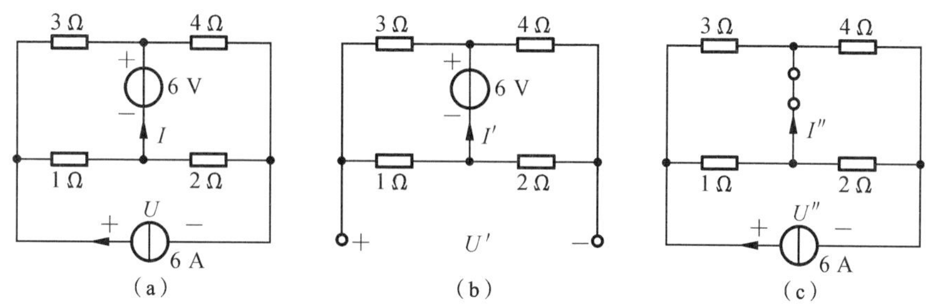

图 4-3 例 4.1 图

解 利用叠加定理求解该问题过程如下。

6 V 电压源单独作用时，6 A 电流源用开路代替，电路如图 4-3(b)所示。此时电压源中的电流为 I'，电流源两端的电压为 U'，可得

$$I'=\left(\frac{6}{3+1}+\frac{6}{4+2}\right)\ \text{A}=2.5\ \text{A}$$

$$U'=\left(\frac{6}{3+1}\times 1-\frac{6}{4+2}\times 2\right)\ \text{V}=-0.5\ \text{V}$$

6 A 电流源单独作用时，6 V 电压源用短路代替，电路如图 4-3(c)所示。此时电压源中的电流为 I''，电流源两端的电压为 U''，可得

$$I''=\left(6\times\frac{2}{4+2}-6\times\frac{1}{3+1}\right)\ \text{A}=0.5\ \text{A}$$

$$U''=6\times\left(\frac{1\times 3}{1+3}+\frac{4\times 2}{4+2}\right)\ \text{V}=12.5\ \text{V}$$

将上述电源单独作用的结果叠加求和，可得

$$I=I'+I''=(2.5+0.5)\ \text{A}=3\ \text{A}$$

$$U=U'+U''=(-0.5+12.5)\ \text{V}=12\ \text{V}$$

【例 4.2】 电路如图 4-4(a)所示，试用叠加定理求 U 和 I。

解 当某线性电路中存在的电源个数较多，而且部分电路结构和元件参数具有一定的对称性时，利用叠加定理可以将其中几个独立电源作为一组而不限于每次只考虑单个电源的单独作用，从而简化电路的计算。对于图 4-4(a)所示结构对称电路，可以考虑将电压源分为一组，电流源分为一组，并将 2 A 电流源分解为两个 1 A 的电流源。电源分组作用下的电路图分别如图 4-4(b)、图 4-4(c)、图 4-4(d)所示。

在图 4-4(b)中，将 2 个电流源开路后，根据基尔霍夫电压定理得

$$I'=\frac{(5-5)\ \text{V}}{(10+10)\ \Omega}=0\ \text{A}$$

$$U'=10\ \Omega\times 0\ \text{A}=0\ \text{V}$$

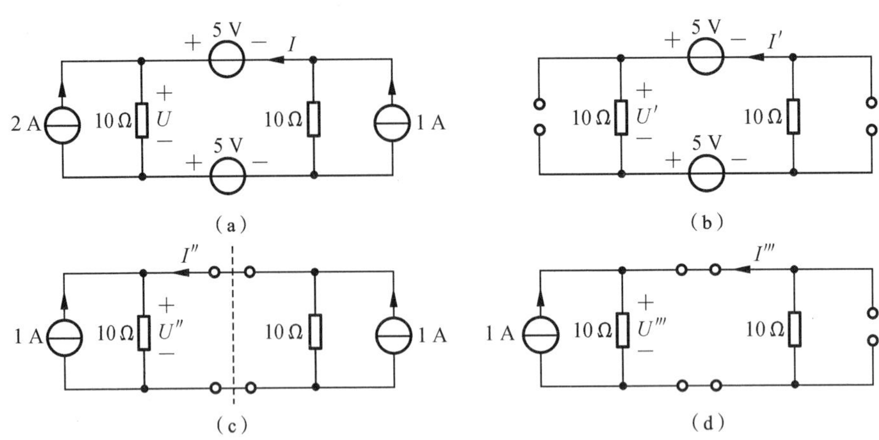

图 4-4　例 4.2 图

在图 4-4(c)中,因电路依图中虚线左右结构对称,利用基尔霍夫定理易得 $I''=0$,此时

$$U''=1\ \text{A}\times 10\ \Omega=10\ \text{V}$$

在图 4-4(d)中,根据并联分流可得

$$I'''=-\frac{10\ \Omega}{(10+10)\ \Omega}\times 1\ \text{A}=-0.5\ \text{A}$$

$$U'''=1\ \text{A}\times 5\ \Omega=5\ \text{V}$$

因此,根据叠加定理求得电流和电压分别为

$$I=I'+I''+I'''=(0+0-0.5)\ \text{A}=-0.5\ \text{A}$$

$$U=U'+U''+U'''=(0+10+5)\ \text{V}=15\ \text{V}$$

【例 4.3】 图 4-5 所示电路是一有源线性电阻电路,已知(1) 当 $U_{S1}=0$ V,$U_{S2}=0$ V 时 $U=1$ V;(2) 当 $U_{S1}=1$ V,$U_{S2}=0$ V 时 $U=2$ V;(3) 当 $U_{S1}=0$ V,$U_{S2}=1$ V 时 $U=-1$ V。试给出 U_{S1} 和 U_{S2} 为任意值时电压 U 的表达式。

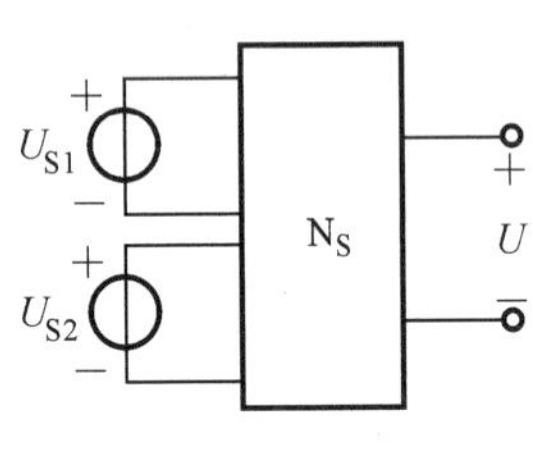

图 4-5　例 4.3 图

解　从题目条件(1)中可知,在 U_{S1} 和 U_{S2} 同为 0 的情况下 U 取值非 0,说明网络 N_S 是一个含有独立电源的线性网络。根据叠加定理相关概念,利用式(4-3)可得

$$U=K_1U_{S1}+K_2U_{S2}+b$$

将 3 组已知条件分别代入上述表达式得如下方程:

$$\begin{cases}1=K_1\times 0+K_2\times 0+b\\2=K_1\times 1+K_2\times 0+b\\-1=K_1\times 0+K_2\times 1+b\end{cases}$$

解得　$K_1=1,\quad K_2=-2,\quad b=1$

所以,当 U_{S1} 和 U_{S2} 为任意值时电压 U 的表达式为

$$U=U_{S1}-2U_{S2}+1$$

【例 4.4】 求图 4-6(a)所示电路中的电流 I 和电压 U。

解　本题利用叠加定理求解,需注意该电路中含有受控源,其处理方式与电阻元件相同。

10 V 电压源单独作用时,5 A 电流源所在位置用开路替代,变换后的电路如图 4-6(b)所示,利用基尔霍夫定理有

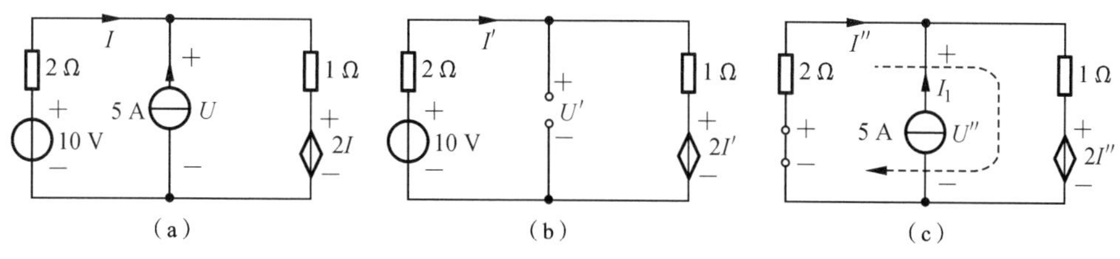

图 4-6 例 4.4 图

$$(2+1)I'+2I'=10$$

得 $$I'=2\ \text{A},\quad U'=-2I'+10=-4+10=6\ \text{V}$$

5 A 电流源单独作用时，10 V 电压源所在位置用短路替代，变换后的电路如图 4-6(c)所示，根据节点电压法有

$$U''\left(\frac{1}{2}+\frac{1}{1}\right)=5+\frac{2I''}{1},\quad I''=-\frac{U''}{2}$$

解得 $$I''=-1\ \text{A},\quad U''=2\ \text{V}$$

所以 $$I=I'+I''=(2-1)\ \text{A}=1\ \text{A}$$

$$U=U'+U''=(6+2)\ \text{V}=8\ \text{V}$$

4.1.3 齐性定理

齐性定理 当某一线性电路中所有电源取值都同时增大或缩小 k 倍（k 为实常数）时，对应支路的电压和电流也同时增大或缩小 k 倍。

由叠加定理可知，在线性电路中，任一处的电压（或电流）都是电路中所有电源共同作用的线性组合，见式(4-3)。当等式(4-3)左右两端同乘以系数 k，等式仍然成立。齐性定理得证。

【例 4.5】 如图 4-7 所示电路，试用齐性定理求各支路电流。

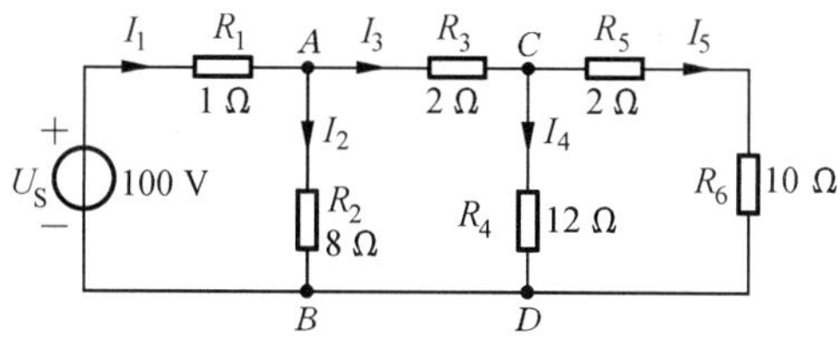

图 4-7 例 4.5 图

解 求解本题利用倒推法，先设定最右边支路的电流为某一常数，向左推出各支路的电流数值，并求得此种情况下所需的电源电压 U'_S 及倍数 U_S/U'_S，最后根据齐性定理求出各支路电流的实际值。

本例中，先设电流 I_5 为

$$I'_5=1\ \text{A}$$

则有 $$U'_{CD}=(R_5+R_6)I'_5=(2+10)\ \Omega\times1\ \text{A}=12\ \text{V}$$

$$I'_3=I'_4+I'_5=(1+1)\ \text{A}=2\ \text{A}$$

$$U'_{AB}=R_3I'_3+R_4I'_4=(2\times2+12)\ \text{V}=16\ \text{V}$$

$$I'_2=\frac{U'_{AB}}{R_2}=\frac{16}{8}\ \text{A}=2\ \text{A}$$

$$I'_1=I'_2+I'_3=(2+2)\ \text{A}=4\ \text{A}$$
$$U'_S=R_1I'_1+R_2I'_2=(1\times4+8\times2)\ \text{V}=20\ \text{V}$$

已知 $U_S=100$ V 比假设电压扩大 $k=\frac{100}{20}=5$ 倍,根据齐性定理,各支路的实际电流也要扩大同样倍数,所以

$$I_1=5I'_1=20\ \text{A},\quad I_2=5I'_2=10\ \text{A}$$
$$I_3=5I'_3=10\ \text{A},\quad I_4=5I'_4=5\ \text{A},\quad I_5=5I'_5=5\ \text{A}$$

4.2 替代定理

叠加定理只适用于线性电路,本节介绍的替代定理具有更加广泛的应用,可以推广到非线性电路。

4.2.1 替代定理及其证明

替代定理 在任何线性电路或非线性电路中,若某支路电压 u_k 和电流 i_k 已知,且该支路内不含有其他支路中受控电源的控制量,则无论该支路是由什么元件组成的,都可以用以下任何一个元件替代:电压等于 u_k 的理想电压源;电流等于 i_k 的理想电流源;阻值为 u_k/i_k 的电阻元件。替代以后该电路中全部电压和电流均保持不变。

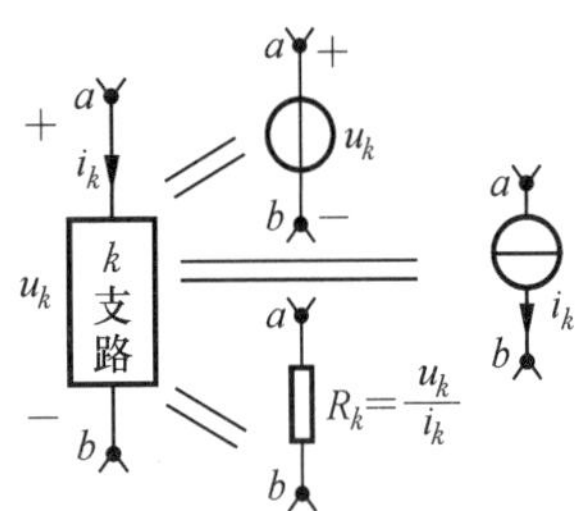

图 4-8 替代定理示意图

替代定理的示意图如图 4-8 所示。

推论 如果第 k 条支路的电压 $u_k=0$,那么该支路可用短路替代;如果第 k 条支路的电流 $i_k=0$,那么该支路可用断路替代。

下面以图 4-9(a)所示电路为例验证替代定理的正确性。若把虚线框内的部分视为一条支路,根据基尔霍夫定理可得该支路的电压、电流分别为

$$I_2=\frac{E_1-E_2}{R_1+R_2}=\frac{-12}{6}\ \text{A}=-2\ \text{A}$$

$$U_2=R_2I_2+E_2=(-8+16)\ \text{V}=8\ \text{V}$$

另外,流经 R_1 的电流及 R_1 两端的端电压为

$$I_1=I_2=-2\ \text{A},\quad U_1=R_1I_1=-4\ \text{V}$$

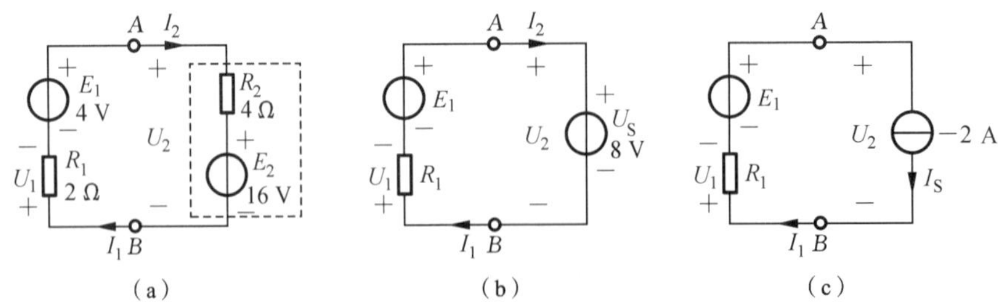

图 4-9 替代定理正确性验证

(1) 将虚线框内的部分用电压为 $U_S=8$ V 的电压源替代,如图 4-9(b)所示,求得

$$I_1=\frac{E_1-U_S}{R_1}=\frac{4-8}{2}\ \text{A}=-2\ \text{A},\quad U_1=R_1I_1=-4\ \text{V}$$

$$I_2=I_1=-2\ \text{A},\quad U_2=U_S=8\ \text{V}$$

显然，与原电路的结果完全相同。

(2) 将虚线框内的部分用电流为 $I_S=-2$ A 的电流源替代，如图 4-9(c)所示，求得

$$I_1=-2\ \text{A},\quad U_1=R_1I_1=-4\ \text{V}$$

$$I_2=-2\ \text{A},\quad U_2=E_1-U_1=[4-(-4)]\ \text{V}=8\ \text{V}$$

与原电路的结果亦完全相同。

从上述求解过程可以发现，利用替代定理对已知电压、电流的支路进行元件替换后，新电路与原电路结构完全相同，除替换支路外的电路元件类型及参数也完全相同，因此替换前后两个电路的 KCL 和 KVL 约束方程完全相同。同时，被替换支路的电压、电流受原电路约束与原电路保持一致，则约束方程的求解必然相同。

4.2.2 应用替代定理的注意事项

应用替代定理时应注意以下几点。

(1) 替代定理对线性、非线性、时变、时不变电路均适用。

(2) 当电路中含有受控源、耦合电感等耦合元件时，耦合元件及其控制量所在的支路，一般不能应用替代定理。因为替代后该支路的控制量可能不复存在，而增加电路分析的难度。

(3) "替代"与"等效变化"概念不同。"替代"是用固定的三种形式替换对应的支路，替换支路外的电路拓扑结构和元件参数都不能改变；而"等效变换"是两个对外电路具有相同伏安关系的部分电路间的相互转换，与外电路的拓扑结构和元件参数无关。

(4) 如果某支路的电压 u 和电流 i(电压电流为关联参考方向)均已知，则该支路可用电阻 $R=u/i$ 的电阻替代。

【例 4.6】 如图 4-10(a)所示电路，若要使 $I_X=\frac{1}{8}I$，试求 R_X。

解 若将电流 I 视为已知常数，用替代定理可将图 4-10(a)所示电路转化为图 4-10(b)所示电路，对图 4-10(b)所示电路用叠加定理进行求解，如图 4-10(c)所示。可得

$$U'=\frac{1}{2.5}I\times1-\frac{1.5}{2.5}I\times0.5=0.1I=0.8I_X$$

$$U''=-\frac{1.5}{2.5}\times\frac{1}{8}I=-0.075I=-0.6I_X$$

$$U=U'+U''=(0.8-0.6)I_X=0.2I_X$$

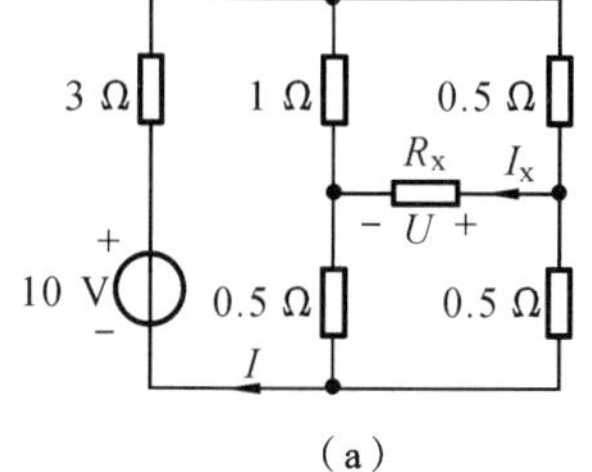

(a)

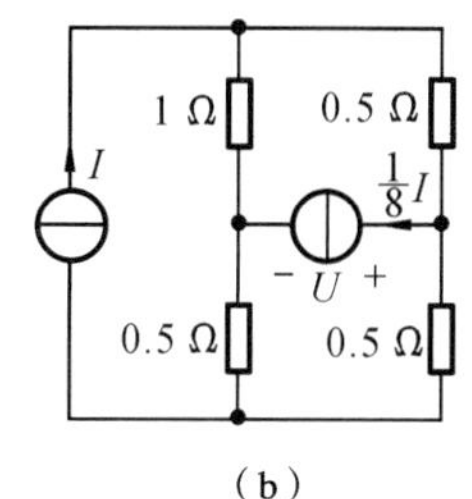

(b)

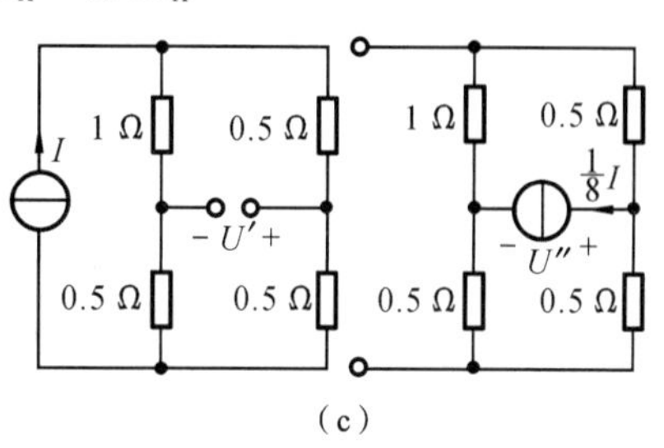

(c)

图 4-10 例 4.6 图

对于图 4-10(a),根据欧姆定律

$$R_X=\frac{U}{I_X}=\frac{0.2I_X}{I_X}=0.2\ \Omega$$

【例 4.7】 如图 4-11(a)所示电路,试求 I_1。

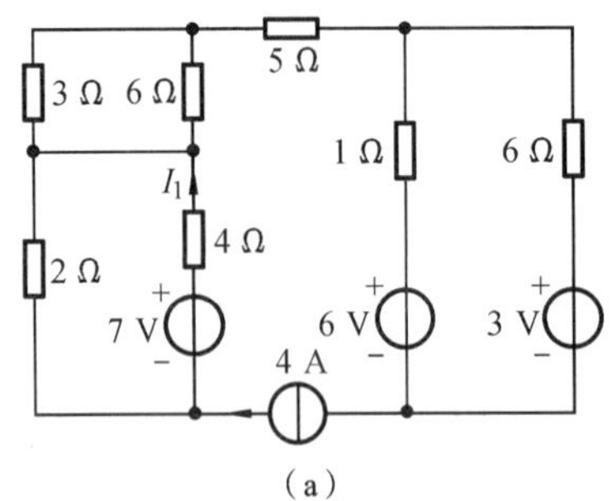

(a)

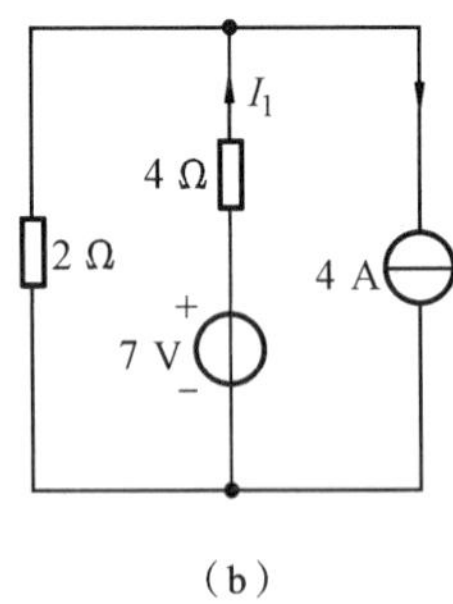

(b)

图 4-11 例 4.7 **图**

解 由串联支路电流相同可知,图 4-11(a)右半部分电路的支路电流均为 4 A,利用替代定理将该部分电路用电流源代替,换边后的电路如图 4-11(b)所示。根据叠加定理,得

$$I_1=\left(\frac{7}{6}+\frac{2\times4}{2+4}\right)\ \text{A}=\frac{15}{6}\ \text{A}=2.5\ \text{A}$$

4.3 戴维宁定理和诺顿定理

戴维宁定理和诺顿定理作为等效电路变换方法,能够有效求解复杂的电路问题,在电路分析中占有非常重要的地位。本节讨论戴维宁定理和诺顿定理的应用对象,变换后的电路模型特点,以及这两种方法的区别和联系。

4.3.1 戴维宁定理及其证明

一端口网络:通过一对接线端钮与外电路连接的电路部分称为一端口网络。

无源一端口网络:如果一端口网络内部仅含有电阻和受控源而不含有独立电源,则称为无源一端口网络,并标注字符 N_0。

有源一端口网络:如果一端口网络内部不仅含有电阻和受控源,还含有独立电源,则称为有源一端口网络,并标注字符 N_S。

戴维宁定理:任何一个线性有源一端口网络 N_S,如图 4-12(a)所示,对外电路而言,它可以用一个电压源和电阻的串联组合电路来进行等效,如图 4-12(d)所示。

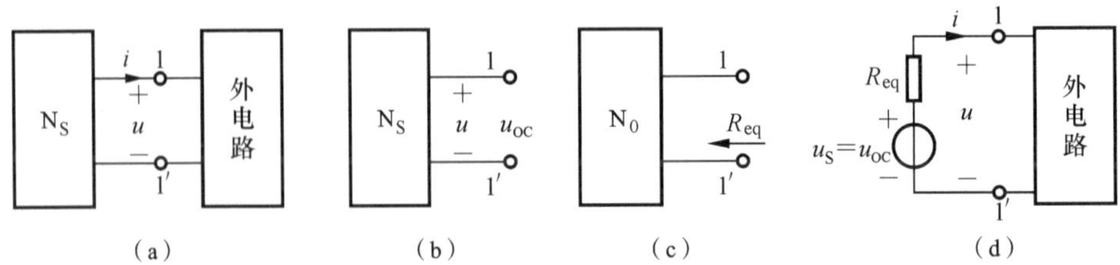

图 4-12 戴维宁定理说明

戴维宁等效电路中电压源的电压 u_S 等于该有源一端口网络处的开路电压 u_{OC}，如图 4-12(b)所示，而且开路电压的参考方向确定了戴维宁电路中电压源的参考方向，即电压源电压的参考方向与开路电压的参考方向相同，如图 4-12(d)所示。等效电阻 R_{eq} 等于该有源一端口网络 N_S 中独立电源为零时，对应的无源一端口网络 N_0 的等效电阻 R_{eq}，如图 4-12(c)所示。

有源一端口网络用戴维宁定理等效变换后，不影响对外电路的分析计算，即等效变换前后外电路中的电压 u、电流 i 保持不变，如图 4-12(d)所示。

当有源一端口网络内部含有受控源时，应用戴维宁定理要注意：受控源的控制量可以是该有源一端口网络内部的电压或电流，也可以是该有源一端口网络端口处的电压或者电流，但不允许有源一端口网络内部的电压或者电流是外电路中受控源的控制量。

戴维宁定理可用替代定理和叠加定理证明。若某一 N_S 接入外电路后端口电压为 u，电流为 i。根据替代定理，外电路可用一个电流为 i 大小的电流源替代，且不影响有源一端口网络的工作状态，电路如图 4-13(a)所示。

根据叠加定理，图 4-13(a)中电压 u 等于 N_S 内部独立电源作用产生的电压 u'（见图 4-12(b)）与电流源 i_S 单独作用时产生的电压 u''（见图 4-13(c)）之和，即

$$u=u'+u''$$

由图 4-13(b)可见，u' 就是 N_S 的端口开路电压 u_{OC}。图 4-13(c)中，N_S 内部电源置零得到无源一端口网络 N_0，用等效电阻 R_{eq} 表示，得

$$u''=-R_{eq}i_S=-R_{eq}i$$

所以

$$u=u'+u''=u_{OC}-R_{eq}i \tag{4-4}$$

显然，式(4-4)中电压、电流的数学表达式正是实际电压源模型的对外伏安关系的表示形式，因此构建的等效电路如图 4-13(d)所示，戴维宁定理得证。

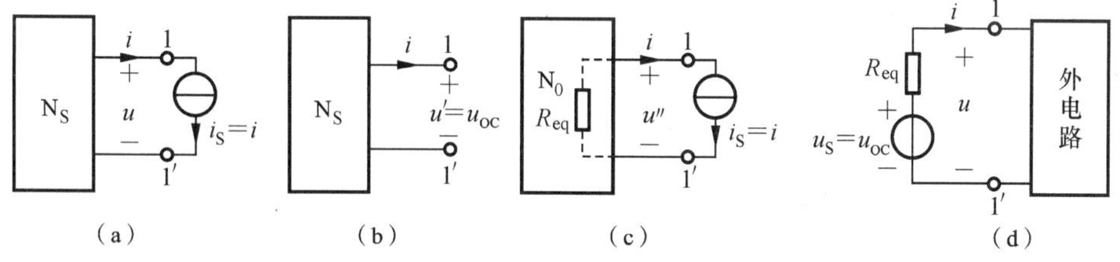

图 4-13　戴维宁定理的证明

4.3.2　戴维宁定理的应用

应用戴维宁定理的关键是求出有源一端口网络的开路电压和等效电阻。计算开路电压 u_{OC}，可应用前面章节中相关的电路分析方法进行求解，如等效变化法、节点电压法、回路电流法等。

计算等效电阻的方法有以下四种。

1) 电阻串、并联等效法

有源一端口网络 N_S 的结构已知，而且不含有受控源时，令 N_S 内部所有独立电源为零（即电压源用短路替代，电流源用开路替代）成为无源网络 N_0，直接利用电阻的串联、并联以及 Y-△等效变换化简求得。

2)加压求流法

对于结构复杂或含有受控源的有源一端口网络 N_S 而言,其内部独立电源置零成为无源一端口网络 N_0,如图 4-14(a)所示,难以简单利用电阻的串并联等效等方式求解内阻 R_{eq}。若在图 4-14(b)所示电路两端外加电压源 u_S,如图 4-14(c)所示,则在外加电压源的作用下,端口必然会有电流 i 流过,由图 4-14(c)可以看出,电压 u_S、电流 i 及电阻 R_{eq} 之间满足欧姆定律(其中端口电压电流取关联参考方向)。因此,可得等效电阻

$$R_{eq}=\frac{u_S}{i} \tag{4-5}$$

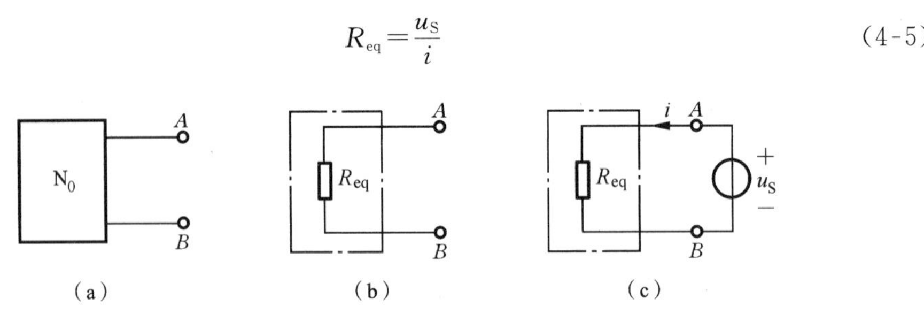

图 4-14 加压求流法

3)加流求压法

与加压求流法原理类似,对某一无源一端口网络 N_0,如图 4-15(a)所示,它总是可以用一个电阻来等效,如图 4-15(b)所示。若在该端口两端加上一个电流源,且端口电压与电流取关联参考方向,如图 4-15(c)所示,可得

$$R_{eq}=\frac{u}{i_S} \tag{4-6}$$

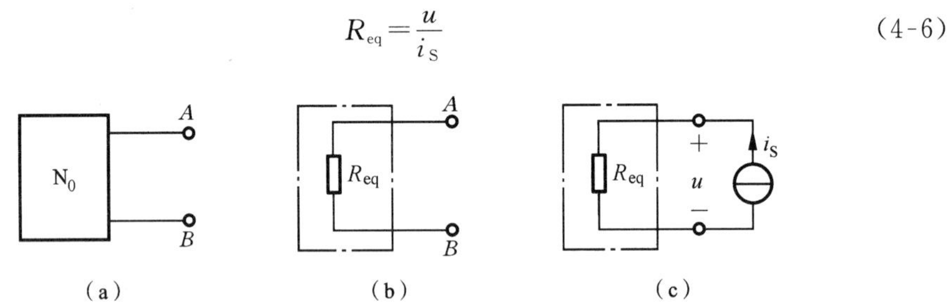

图 4-15 加流求压法

4)开路电压、短路电流法

某一有源一端口网络,如图 4-16(a)所示。利用戴维宁定理,可将其等效为一个理想电压源与等效内阻的串联,如图 4-16(b)所示。当端口 AB 两端开路时,开路电压 $u_{AB}=u_{OC}$;若将图 4-16(b)中 A、B 两点短路,如图 4-16(c)所示,则可得短路电流 i_{SC},即

$$i_{SC}=\frac{u_{OC}}{R_{eq}}$$

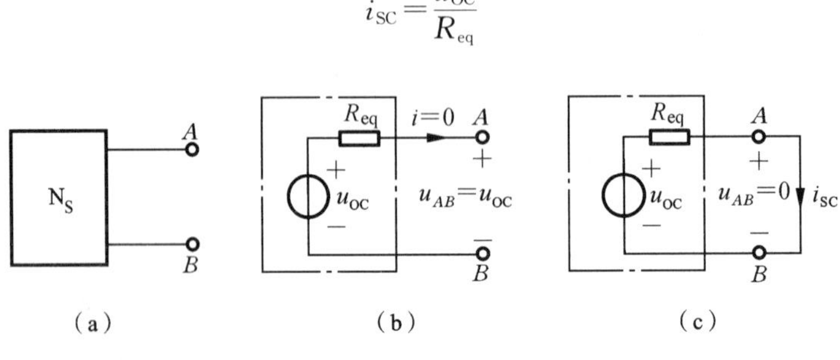

图 4-16 开路电压、短路电流法

由此可得等效电阻

$$R_{eq}=\frac{u_{OC}}{i_{SC}} \tag{4-7}$$

在使用此方法求解等效电阻时，注意 u_{OC} 和 i_{SC} 对外电路而言取关联参考方向。

【例 4.8】 用戴维宁定理计算图 4-17 所示电路的支路电流 I_3，已知 $E_1=140$ V，$E_2=90$ V，$R_1=20\ \Omega$，$R_2=5\ \Omega$，$R_3=6\ \Omega$。

解 将图 4-17 中除支路 I_3 以外的有源一端口网络进行戴维宁定理等效计算，其等效电路如图 4-18 所示。其中，开路电压 U_{OC} 可由图 4-19(a)求得

$$I=\frac{E_1-E_2}{R_1+R_2}=\frac{140-90}{20+5}\ \text{A}=2\ \text{A}$$

$$U_{OC}=E_1-R_1I=(140-20\times2)\ \text{V}=100\ \text{V}$$

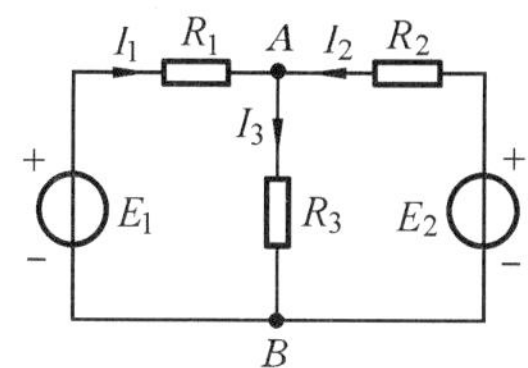

图 4-17 例 4.8 图

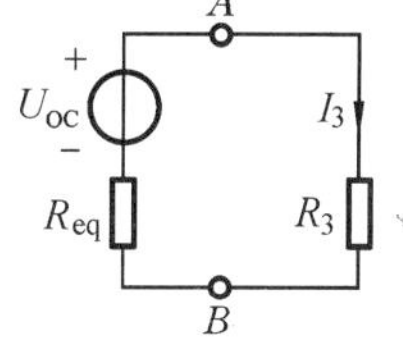

图 4-18 原电路的戴维宁等效电路

等效电源的内阻 R_{eq} 可由图 4-19(b)求得。对 A、B 两端而言，R_1 和 R_2 为并联，因此

$$R_{eq}=\frac{R_1R_2}{R_1+R_2}=\frac{20\times5}{20+5}\ \Omega=4\ \Omega$$

将 U_{OC} 和 R_{eq} 代入图 4-18 中，可得

$$I_3=\frac{U_{OC}}{R_{eq}+R_3}=\frac{100}{4+6}\ \text{A}=10\ \text{A}$$

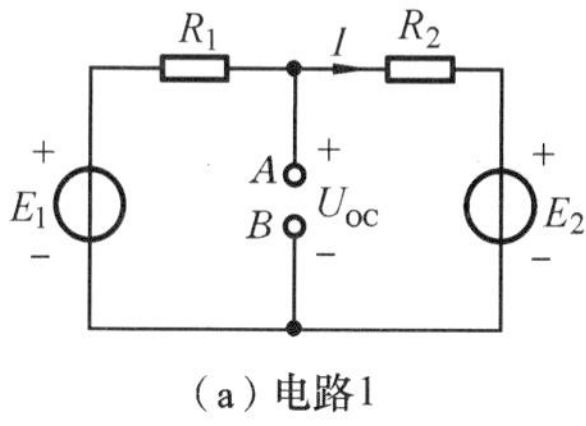

(a) 电路1

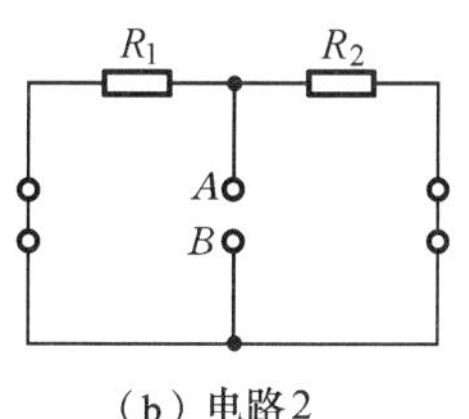

(b) 电路2

图 4-19 计算开路电压和内阻的电路

【例 4.9】 试用戴维宁定理求图 4-20 所示电路中通过 10 Ω 电阻的电流 I。

解 利用戴维宁定理将 10 Ω 电阻所在支路以外的有源一端口网络进行等效化简。

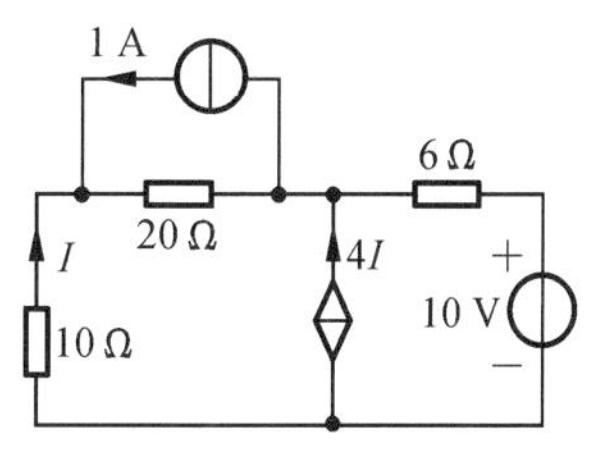

图 4-20 例 4.9 图

首先，将 10 Ω 电阻从电路中移去，求开路电压。由于端口开路，$I=0$，受控电流源的电流 $4I=0$，受控源所在支路开路。1 A 电流源与 20 Ω 电阻的并联组合等效变化为电压源与电阻的串联组合，电路如图 4-21(a)所示。

$$U_{OC}=(20+10)\ \text{V}=30\ \text{V}$$

由于已求得开路电压，因此选择开路电压、短路电流法求解等效内阻。电路如图

4-21(b)所示,列回路电压方程

$$20I_1+6\times(I_1+4I_1)=-10-20$$

得 $I_1=\frac{-30}{50}\ \text{A}=-0.6\ \text{A}$, $I_{SC}=-I_1=0.6\ \text{A}$, $R_{eq}=\frac{U_{OC}}{I_{SC}}=\frac{30}{0.6}\ \Omega=50\ \Omega$

将 10 Ω 电阻支路接入,得

$$I=-\frac{30}{50+10}\ \text{A}=-0.5\ \text{A}$$

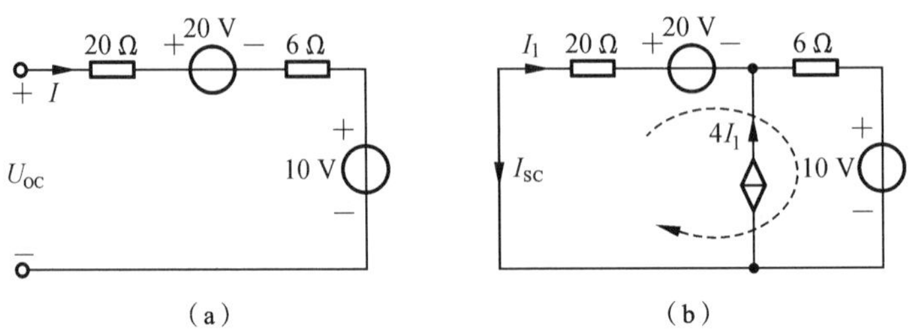

图 4-21 图 4-20 开路电压、等效内阻求解电路

4.3.3 诺顿定理及其证明

诺顿定理 任何一个线性有源一端口网络 N_S,如图 4-22(a)所示,对外电路而言,它可以用一个电流源和电阻的并联组合电路来进行等效,如图 4-22(b)所示。

诺顿定理等效后的电流源电流 i_{SC} 等于有源一端口电路 N_S 的端口短路电流,如图 4-22(c)所示;其并联电阻 R_{eq} 等于有源一端口电路 N_S 内部所有对电源置零后对应无源一端口电路 N_0 的端口等效电阻,如图 4-22(d)所示。

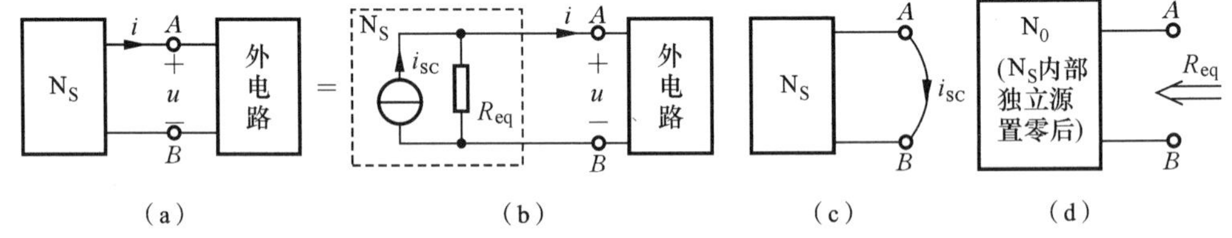

图 4-22 诺顿定理说明

诺顿定理的证明非常简单。由戴维宁定理可知,任一有源线性一端口网络可以等效为一个理想电压源与内阻的串联,根据实际电源两种类型间的相互转换,戴维宁定理等效的结果可以进一步转化为理想电流源与内阻的并联,即诺顿等效电路。因此,诺顿定理可看作戴维宁定理的另一种形式。

一般而言,有源线性一端口网络的戴维宁等效电路和诺顿等效电路都存在。但当有源一端口内部含受控源时,其等效电阻有可能为零,这时戴维宁等效电路成为理想电压源,其诺顿等效电路将不存在。同理,如果等效电阻为无穷大,这时诺顿等效电路成为理想电流源,其戴维宁等效电路就不存在。

4.3.4 诺顿定理的应用

虽然诺顿定理与戴维宁定理存在形式上的相互转换关系,然而在分析实际电路中,诺顿等效电路的求解不需要借助戴维宁定理。诺顿定理中的等效电流源电流可借助前面章节中相关的电路分析方法，如等效变化法、节点电压法、回路电流法等进行求解；诺顿定理的等效电阻则可借助 4.3.2 节中等效内阻的 4 种求解方法进行求解。

4.3.5 戴维宁定理与诺顿定理的关系

戴维宁定理和诺顿定理给出了如何将一个有源线性一端口网络等效成为一个实际电源模型的方法，故这两个定理也统称为等效电源定理。其中，戴维宁定理将有源一端口网络等效成理想电压源与内阻的串联，诺顿定理将有源一端口网络等效成理想电流源与内阻的并联。根据电源等效变换理论，戴维宁定理与诺顿定理的等效模型在形式上能够相互转换。但是，对于某些特殊结构和参数的有源一端口网络，其戴维宁等效电路和诺顿等效电路不一定同时存在。对于两种定理的实际应用问题，应该按照定理本身给出的求解方法对等效模型进行分析计算。

【例 4.10】 用诺顿定理计算例 4.8 中图 4-17 所示电路的支路电流 I_3。

解 图 4-17 所示电路可以化简为图 4-23 所示的等效电路，等效电源的电流 I_S 可由图 4-24 所示计算电路求得

$$I_S=\frac{E_1}{R_1}+\frac{E_2}{R_2}=\left(\frac{140}{20}+\frac{90}{5}\right)\text{A}=25\ \text{A}$$

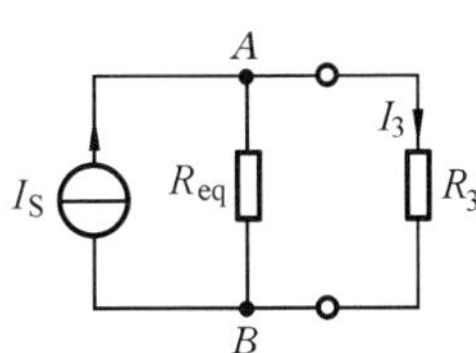

图 4-23 图 4-17 所示电路的等效电路

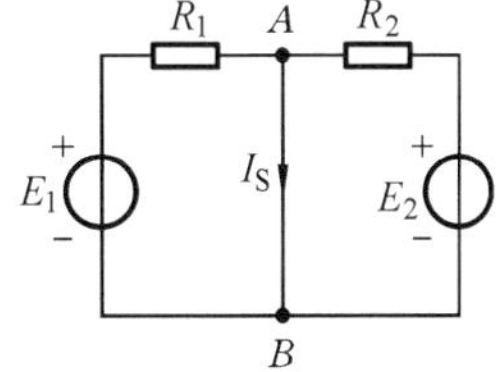

图 4-24 I_S 计算电路

等效电源的内阻与例 4.8 中求解方法相同，可得

$$R_{eq}=\frac{R_1R_2}{R_1+R_2}=4\ \Omega$$

所以

$$I_3=\frac{R_{eq}}{R_{eq}+R_3}I_S=\frac{4}{4+6}\times 25\ \text{A}=10\ \text{A}$$

【例 4.11】 求图 4-25 所示电路的诺顿等效电路。

解 将端口 1—1′短路，如图 4-26(a)所示。含独立电源支路电流

$$I'_{SC}=I_1=\frac{10}{2}\ \text{A}=5\ \text{A}$$

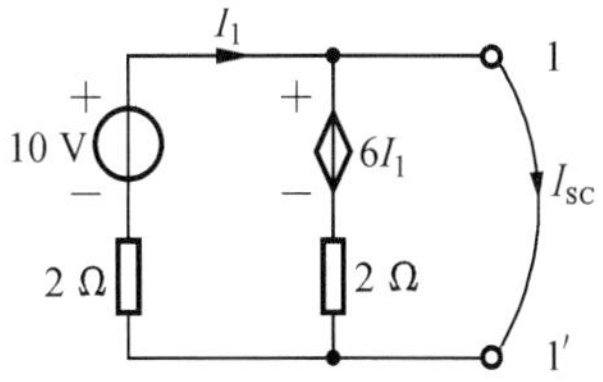

图 4-25 例 4.11 图 1

含受控源支路电流

$$I''_{SC}=\frac{6I_1}{2}=\frac{6\times 5}{2}\ \text{A}=15\ \text{A}$$

依 KCL $I_{SC}=I'_{SC}+I''_{SC}=(5+15)\ \text{A}=20\ \text{A}$

用加压求流法求解等效内阻 R_{eq}，电路如图 4-26(b)所示，利用节点电压法可得

$$U=\frac{I+\frac{6I_1}{2}}{\frac{1}{2}+\frac{1}{2}},\quad I_1=-\frac{U}{2}$$

故
$$R_{eq}=\frac{U}{I}=0.4\ \Omega$$

因此，所得诺顿等效电路如图 4-26(c)所示。

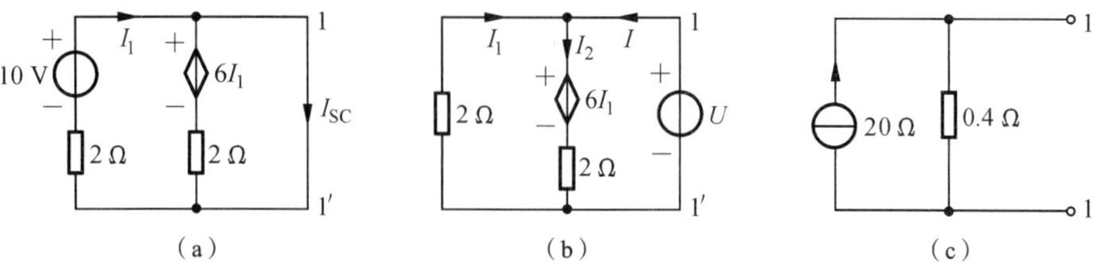

图 4-26　例 4.11 图 2

4.4　最大功率传输定理

电路分析中，除了分析电压、电流这两个物理量，在某些情况下，还需要对元件的功率进行讨论。最大功率传输定理解决了负载为何值时功率最大这个常见的工程问题。

最大功率传输定理：如图 4-27(a)所示电路，N_S 为有源一端口网络，R_L 为负载元件，利用戴维宁定理将 N_S 进行等效变化后的等效电路如图 4-27(b)所示，则当 $R_L=R_{eq}$ 时，负载取得最大功率 $P_{Lmax}=\frac{u_{OC}^2}{4R_{eq}}=\frac{u_{OC}^2}{4R_L}$。

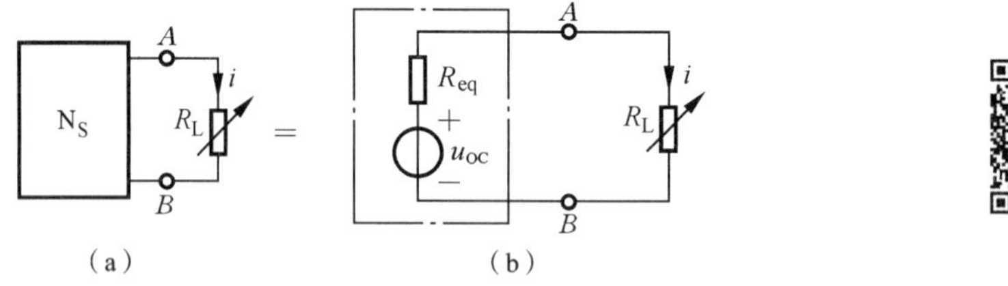

图 4-27　戴维宁等效电路最大功率传输定理

从图 4-27(b)中可得
$$P=R_L\left(\frac{u_{OC}}{R_{eq}+R_L}\right)^2$$
由数学知识可知，欲使 R_L 获得最大功率，需对 P 求导，且使
$$P'=u_{OC}^2\frac{(R_{eq}+R_L)^2-2R_L(R_{eq}+R_L)}{(R_{eq}+R_L)^4}=0$$

因此，当 $R_L=R_{eq}$ 时，负载 R_L 才能获得最大功率，这就是负载获得最大功率的条件，也称最大功率匹配条件。此时，功率为 $P_{Lmax}=\frac{u_{OC}^2}{4R_{eq}}=\frac{u_{OC}^2}{4R_L}$。

若将图 4-27(a)中有源一端口网络利用诺顿定理等效为一个理想电流源 i_{SC} 与等效内阻 R_{eq} 的并联，按上述过程同理可推得当 $R_L=R_{eq}$ 时，负载 R_L 可获得最大功率，但此时 $P_{Lmax}=\frac{1}{4}R_{eq}i_{SC}^2=\frac{1}{4}R_Li_{SC}^2$。

在使用最大功率传输定理时要注意，对于含受控源的有源线性网络 N_S，其戴维宁等效电阻 R_{eq} 可能为零或负值，这种情况下不再适用最大功率传输定理。

【例 4.12】 如图 4-28(a)所示电路，求当 R 为多大时能获得最大功率？此最大功率是多少？

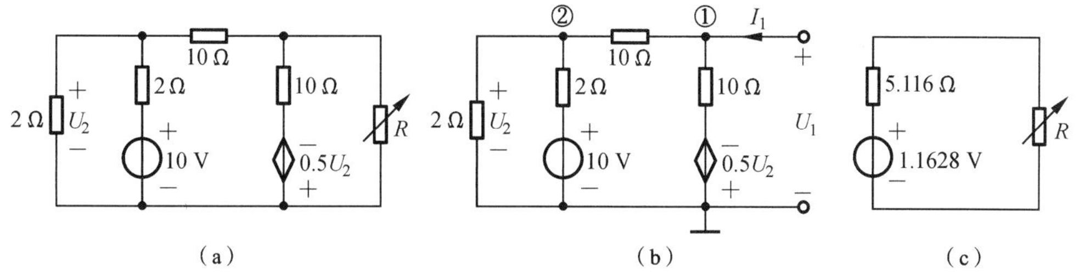

图 4-28 例 4.12 图

解 去掉 R 所在支路，将剩下电路用戴维宁定理进行等效变化后的等效电路如图 4-28(b)所示，通过直接求出端口伏安关系来获得电阻 R 的值。设在端口处外加电压 U_1，列节点方程得

$$(0.1+0.1)U_1-0.1U_2=I_1+\frac{(-0.5U_2)}{10}$$

$$-0.1U_1+(0.5+0.5+0.1)U_2=\frac{10}{2}$$

解得 $$U_1=5.12I_1+1.16$$

则等效电源电压和等效电阻分别为

$$U_{OC}=1.16\ \text{V}$$

$$R_{eq}=5.12\ \Omega$$

做出等效电路如图 4-28(c)所示，可见当 $R=R_{eq}=5.12\ \Omega$ 时可获得最大功率，即

$$P_{max}=\frac{U_{OC}^2}{4R_{eq}}=\frac{1.16^2}{4\times5.12}\ \text{W}=0.066\ \text{W}$$

4.5 特勒根定理

特勒根定理是电路分析理论中最重要的理论之一，其应用对象与元件性质无关，因此适用于许多电路，无论该电路是否包含非线性元件、是否稳恒电路。它实质上是基尔霍夫定理的更深层次的体现。

特勒根定理 1：任何时刻，一个具有 n 个节点和 b 条支路的集总电路，在支路电流和电压取关联参考方向下，满足

$$\sum_{k=1}^{b}u_ki_k=0$$

其中，u_k 为第 k 条支路的电压，i_k 为第 k 条支路的电流，则 u_ki_k 为第 k 条支路的瞬时功率。由特勒根定理可知，任意时刻任何一个电路的全部支路吸收的功率之和恒等于零，故特勒根定理又称为功率守恒定律。

对于图 4-29(a)所示的电路，令节点④为参考节点，u_{N1}，u_{N2}，u_{N3} 分别表示节点①、②、③的节点电压，利用 KVL 可得各支路电压与节点电压之间的关系为

$$u_1=u_{N1},\quad u_2=u_{N2}-u_{N1},\quad u_3=u_{N_2}$$

$$u_4=u_{N2}-u_{N3},\quad u_5=u_{N3}$$

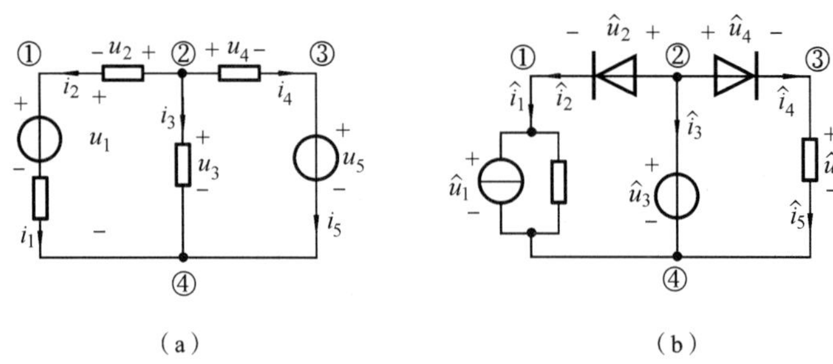

图 4-29 示例电路

对节点①、②、③应用 KCL,得各节点电流关系式

$$\begin{cases} i_1 - i_2 = 0 \\ i_2 + i_3 + i_4 = 0 \\ -i_4 + i_5 = 0 \end{cases}$$

故
$$\begin{aligned} \sum_{k=1}^{5} u_k i_k &= u_1 i_1 + u_2 i_2 + u_3 i_3 + u_4 i_4 + u_5 i_5 \\ &= u_{N1} i_1 + (u_{N2} - u_{N1}) i_2 + u_{N2} i_3 + (u_{N2} - u_{N3}) i_4 + u_{N3} i_5 \\ &= u_{N1}(i_1 - i_2) + u_{N2}(i_2 + i_3 + i_4) + u_{N3}(i_5 - i_4) = 0 \end{aligned}$$

上式可以推广到任何一个具有 n 个节点和 b 条支路的电路,即

$$\sum_{k=1}^{b} u_k i_k = 0$$

特勒根定理 2:任何时刻,对于两个具有 n 个节点和 b 条支路的集总电路,当它们具有相同的图,但由内容不同的支路构成,在支路电流和电压取关联参考方向下,满足

$$\sum_{k=1}^{b} u_k \hat{i}_k = 0, \quad \sum_{k=1}^{b} \hat{u}_k i_k = 0$$

其中,$i_1, i_2, \cdots, i_b$ 及 $u_1, u_2, \cdots, u_b$ 和 $\hat{i}_1, \hat{i}_2, \cdots, \hat{i}_b$ 及 $\hat{u}_1, \hat{u}_2, \cdots, \hat{u}_b$ 分别表示两个电路中 b 条支路的电流和电压。

特勒根定理 2 是特勒根定理 1 的推广,条件是这两个电路必须具有相同的拓扑结构,如图 4-29(a)、(b)所示。特勒根定理 2 的证明请同学自行完成。

【例 4.13】 如图 4-30 所示的无源电路 N_R 内仅含线性电阻元件,当 11′端接电压源 u_{S1}、22′端短路时,电路如图 4-30(a)所示,测得 $i_1=6\ \text{A}$,$i_2=1.2\ \text{A}$。若将 11′端接 1.5 Ω 电阻、22′端接电压源 $\hat{u}_{S2}$,电路如图 4-30(b)所示,欲使 $\hat{i}_1=8\ \text{A}$,$\hat{u}_{S2}$应为多少伏?

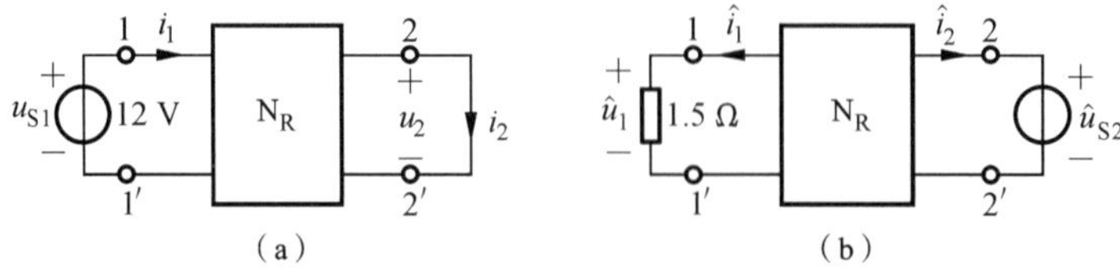

图 4-30 例 4.13 图

解 两个电路图拓扑结构相同,依特勒根定理 2,有

$$\sum_{k=1}^{b} \hat{u}_k i_k = \hat{u}_1 i_1 + \hat{u}_2 i_2 + \sum_{k=3}^{b} \hat{u}_k i_k = \hat{u}_1 i_1 + \hat{u}_2 i_2 + \sum_{k=3}^{b} \hat{i}_k \hat{R}_k i_k = 0$$

$$\sum_{k=1}^{b} u_k \hat{i}_k = u_1\hat{i}_1 + u_2\hat{i}_2 + \sum_{k=3}^{b} u_k \hat{i}_k = u_1\hat{i}_1 + u_2\hat{i}_2 + \sum_{k=3}^{b} i_k R_k \hat{i}_k = 0$$

而
$$R_k = \hat{R}_k$$

所以
$$\hat{u}_1 i_1 + \hat{u}_2 i_2 = u_1\hat{i}_1 + u_2\hat{i}_2$$

代入数据，即

$$-1.5\times8\times6+\hat{u}_{S2}\times1.2=12\times8+0\times\hat{i}_2$$

解得
$$\hat{u}_{S2}=140\ \text{V}$$

注意：当两个电路以同一个有向图做参考，u_k 和 $\hat{i}_k$ 的参考方向与有向图对应支路方向都相同或都相反时，$u_k\hat{i}_k$ 前取"＋"号，否则取"－"号，而 $\hat{u}_k i_k$ 前的符号取法与上述相似。

【例 4.14】 如图 4-31 所示电路，当 $R_1=R_2=2\ \Omega$，$U_S=8$ V 时，$I_1=2$ A，$U_2=2$ V；则当 $R_1=1.4\ \Omega$，$R_2=0.8\ \Omega$，$U_S=9$ V，$I_1=3$ A 时，求此时的 U_2。

解　把两种情况看成是结构相同、参数不同的两个电路，根据特勒根定理，有

$$u_1\hat{i}_1+u_2\hat{i}_2=\hat{u}_1 i_1+\hat{u}_2 i_2$$

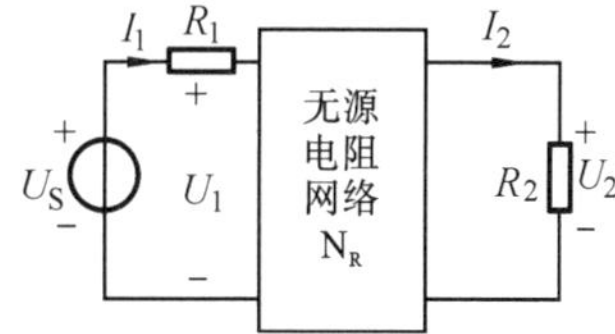

图 4-31　例 4.14 图

情况 1 中，根据已知条件可得

$$U_1=U_S-I_1R_1=(8-2\times2)\ \text{V}=4\ \text{V}$$

$$I_1=2\ \text{A},\quad U_2=2\ \text{V}$$

$$I_2=U_2/R_2=1\ \text{A}$$

情况 2 中，根据已知条件可得

$$\hat{U}_1=9-3\times1.4=4.8\ \text{V},\quad \hat{I}_1=3\ \text{A},\quad \hat{U}_2(\text{待求}),\quad \hat{I}_2=\hat{U}_2/R_2=(5/4)\hat{U}_2$$

故
$$-4\times3+2\times5/4\hat{U}_2=-4.8\times2+\hat{U}_2\times1$$

得
$$\hat{U}_2=2.4/1.5\ \text{V}=1.6\ \text{V}$$

即此时
$$U_2=1.6\ \text{V}$$

4.6　互易定理

互易定理是线性电路的一个重要定理。所谓互易性是指某一网络在输入端（激励）与输出端（响应）互换位置后，同一激励所产生的响应并不改变。具有互易性的网络称为互易网络。互易定理是对电路的这种性质所进行的概括，它包含三种基本形式。

4.6.1　互易定理及其证明

互易定理形式 1　在图 4-32(a)、(b)所示电路中，N_R 为只由电阻组成的线性无源电阻电路，有

$$\frac{i_2}{u_{S1}}=\frac{\hat{i}_1}{u_{S2}}$$

图 4-32(a)与图 4-32(b)所示电路拓扑结构相同，根据特勒根定理 2 可知

$$u_1\hat{i}_1+u_2\hat{i}_2=\hat{u}_1 i_1+\hat{u}_2 i_2$$

且图中
$$u_1=u_{S1},\quad u_2=0,\quad \hat{u}_1=0,\quad \hat{u}_2=u_{S2}$$

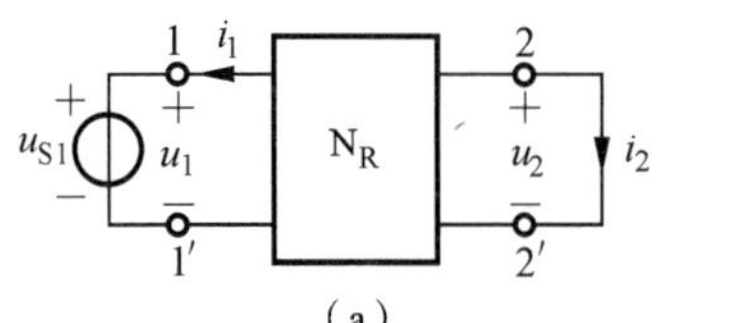

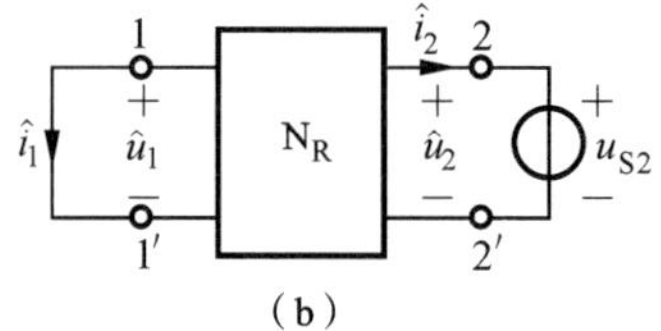

图 4-32 互易定理形式 1

故
$$u_{S1}\hat{i}_1+0\times\hat{i}_2=0\times i_1+u_{S2}i_2$$
$$\frac{i_2}{u_{S1}}=\frac{\hat{i}_1}{u_{S2}}$$

对于不含受控源的单一激励的线性电阻电路,互易激励(电压源)与响应(电流)的位置,其响应与激励的比值不变。当激励 $u_{S1}=u_{S2}$ 时,$i_2=\hat{i}_1$。

互易定理形式 2 在图 4-33(a)、图 4-33(b)所示电路中,N_R 为只有电阻组成的线性无源电阻电路,有

$$\frac{u_2}{i_{S1}}=\frac{\hat{u}_1}{i_{S2}}$$

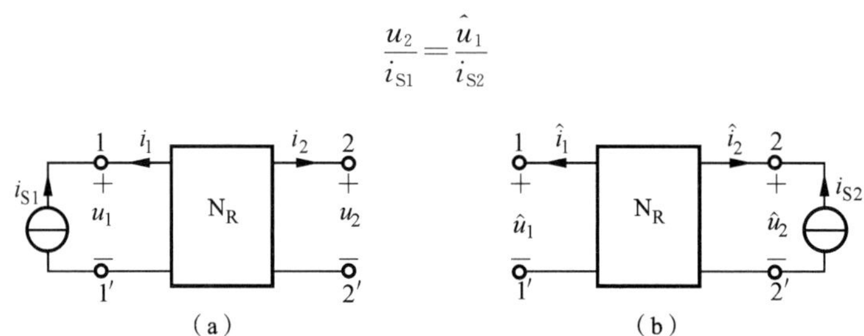

图 4-33 互易定理形式 2

图 4-33(a)、图 4-33(b)所示电路拓扑结构相同,根据特勒根定理 2 可知

$$u_1\hat{i}_1+u_2\hat{i}_2=\hat{u}_1 i_1+\hat{u}_2 i_2$$

且图中
$$\hat{i}_1=0,\quad i_2=0,\quad i_1=-i_{S1},\quad \hat{i}_2=-i_{S2}$$

故
$$u_2(-i_{S2})=\hat{u}_1(-i_{S1})$$
$$\frac{u_2}{i_{S1}}=\frac{\hat{u}_1}{i_{S2}}$$

对于不含受控源的单一激励的线性电阻电路,互易激励(电流源)与响应(电压)的位置,其响应与激励的比值不变。当激励 $i_{S1}=i_{S2}$ 时,$u_2=\hat{u}_1$。

互易定理形式 3 在图 4-34(a)、图 4-34(b)所示电路中,N_R 为只由电阻组成的线性无源电阻电路,有

$$\frac{i_2}{i_S}=\frac{\hat{u}_1}{u_S}$$

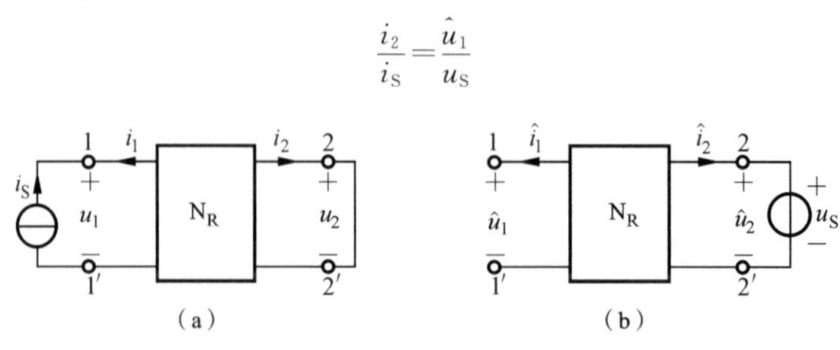

图 4-34 互易定理形式 3

图 4-34(a)、图 4-34(b)所示电路拓扑结构相同,根据特勒根定理 2 可知

$$u_1\hat{i}_1+u_2\hat{i}_2=\hat{u}_1 i_1+\hat{u}_2 i_2$$

且图中 $$\hat{i}_1=0,\quad u_2=0,\quad i_1=-i_S,\quad \hat{u}_2=u_S$$

故 $$\hat{u}_1(-i_S)+u_S i_2=0$$

$$\frac{i_2}{i_S}=\frac{\hat{u}_1}{u_S}$$

对于不含受控源的单一激励的线性电阻电路，互易激励与响应的位置，且把电流源激励换为电压源激励，把原电流响应改为电压响应，则互换位置后响应与激励的比值保持不变。当 $u_S=i_S$ 时，$\hat{u}_1=i_2$。

4.6.2 应用互易定理的注意事项

应用互易定理时，须注意以下几点：

(1) 互易前后应保持网络的拓扑结构不变；

(2) 互易定理只适用于线性电阻网络为单一电源激励的情况；

(3) 含有受控源的网络，互易定理一般不成立；

(4) 互易前后端口处的激励和响应的参考方向保持一致(要么都关联，要么都非关联)。对于形式 1 和形式 2，若互易的两条支路互易前后激励和相应的参考方向一致，则相同激励产生的响应相同；参考方向不一致时，相同激励产生的响应应差一个负号。对于形式 3，若互易的两支路互易前后激励和响应的参考方向不一致，则相同数值产生的响应数值相同；参考方向一致时，相同数值的激励产生的响应数值上差一个负号。

【例 4.15】 对于图 4-35(a)所示的电路，求电流 I。

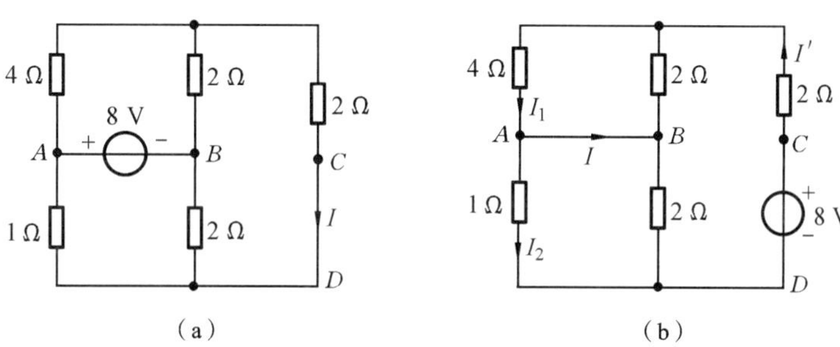

图 4-35 例 4.15 图

解 利用互易定理形式 1，将图 4-35(a)所示电路转变为图 4-35(b)所示电路，则有

$$I'=\frac{8}{2+4/\!/2+1/\!/2}=\frac{8}{4}\ \text{A}=2\ \text{A}$$

$$I_1=\frac{I'\times 2}{(4+2)}=\frac{2}{3}\ \text{A},\quad I_2=\frac{I'\times 2}{(1+2)}=\frac{4}{3}\ \text{A}$$

故 $$I=I_1-I_2=-\frac{2}{3}\ \text{A}$$

【例 4.16】 对于图 4-36 所示的电路，求图 4-36(a)中的电流 I，图 4-36(b)中的电压 U。

解 利用互易定理形式 1，将图 4-36(a)所示电路转变为图 4-36(c)所示电路；利用互易定理形式 2，将图 4-36(b)所示电路转变为图 4-36(d)所示电路，可得

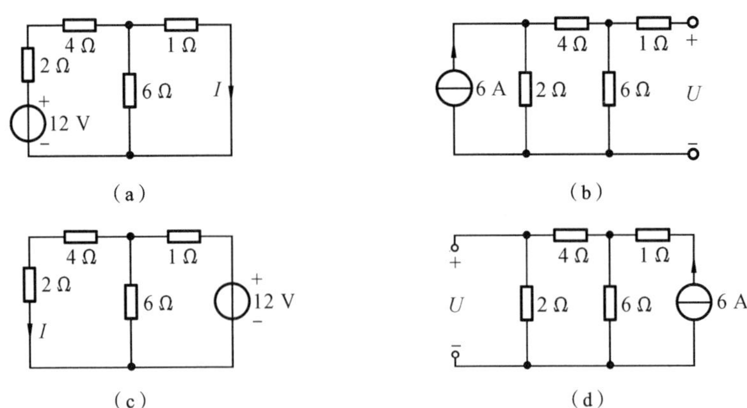

图 4-36　例 4.16 图

$$I=\frac{12}{1+6/\!/6}\times\frac{1}{2}\ \text{A}=1.5\ \text{A}$$

$$U=3\times 2\ \text{V}=6\ \text{V}$$

【例 4.17】　图 4-37 所示的无源电路 N_R(指方框内部)仅由电阻组成。对图 4-37(a)所示电路有 $I_2=0.5$ A,求图 4-37(b)中的电压 U_1。

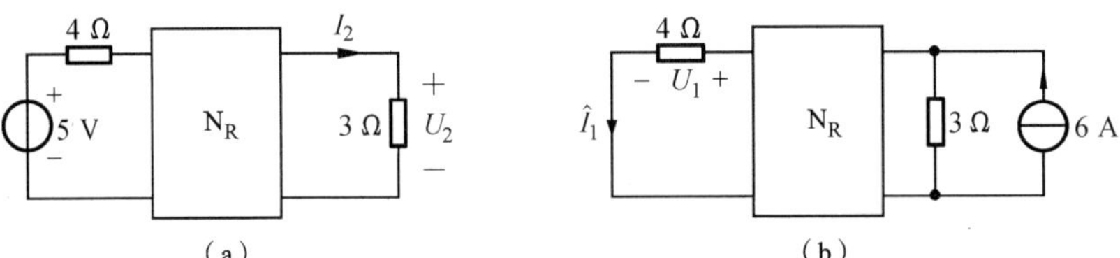

图 4-37　例 4.17 图

解　如图 4-37(a)所示电路,有

$$U_2=3I_2=1.5\ \text{V}$$

根据互易定理形式 3,可得

$$\frac{1.5}{5}=\frac{\hat{I}_1}{6}$$

因此

$$\hat{I}_1=1.8\ \text{A}$$

$$U_1=4\times\hat{I}_1=4\times 1.8\ \text{V}=7.2\ \text{V}$$

4.7　对偶原理

对偶原理在电路理论中占有重要地位。电路元件的特性、电路方程及其解答都可以通过对它们的对偶元件、对偶方程的研究而获得。电路的对偶性,存在于电路变量、电路元件、电路定律、电路结构和电路方程之间的一一对应中。

例如,电阻的伏安关系式为 $u=Ri$,而电导的伏安关系式为 $i=Gu$。若将这两个关系式中 u、i 互换,R、G 互换,则这两个关系式即可彼此转换。

再例如,电感元件的伏安关系式为 $u=L\frac{\mathrm{d}i}{\mathrm{d}t}$,而电容元件的伏安关系式 $i=C\frac{\mathrm{d}u}{\mathrm{d}t}$,若

将这两个关系式中的 u、i 互换，L、C 互换，则这两个关系式即可彼此转换。

又例如，图 4-38(a)、(b)所示电路，图 4-38(a)中节点电压方程为

$$\begin{cases}(G_1+G_3)u_{N1}-G_3u_{N2}=i_{S1}\\-G_3u_{N1}+(G_2+G_3)u_{N2}=-i_{S2}\end{cases}\tag{4-8}$$

图 4-38(b)中网孔电流方程为

$$\begin{cases}(R_1+R_3)i_{L1}-R_3i_{L2}=u_{S1}\\-R_3i_{L1}+(R_2+R_3)i_{L2}=-u_{S2}\end{cases}\tag{4-9}$$

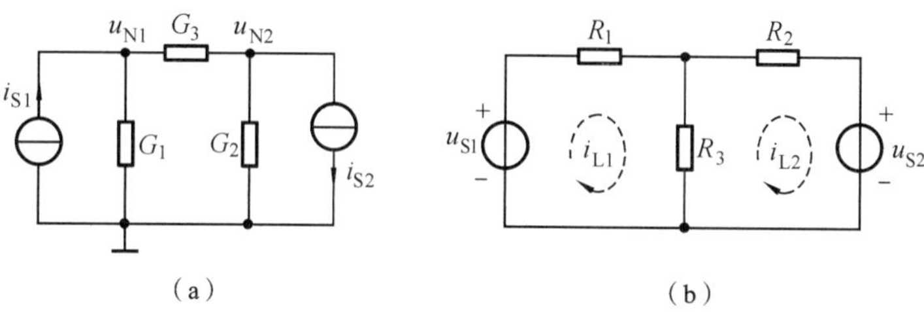

图 4-38　对偶电路

观察式(4-8)和式(4-9)不难看出，这两组方程具有完全相同的形式。如果 G 和 R 互换，i_S 和 u_S 互换，节点电压 u_N 和网孔电流 i_L 互换，则上述两组方程即可彼此转换。而且，如果 G 和 R 互换，i_S 和 u_S 互换，电路串联和并联互换，节点电压 u_N 和网孔电流 i_L 互换，则图 4-38(a)和图 4-38(b)即可相互转换。

这些可以相互转换的元素称为对偶元素，如电阻 R 和电导 G、电压和电流、电感和电容、串联和并联。电路中某些元素之间的关系(或方程)，用它们的对偶元素对应地置换后，所得的新关系(或新方程)也一定成立。这个新关系(或新方程)与原有关系(或方程)互为对偶，这就是对偶原理。如果两个平面电路，其中一个的网孔电流方程组(或节点电压方程组)，由对偶元素对应地置换后，可以转换为另一个电路的节点电压方程组(网孔电流方程组)，那么这两个电路便互为对偶，或称为对偶电路。

根据对偶原理，如果导出了一个电路的某一个关系式和结论，就等于解决了与之对偶的另一个电路的关系式和结论。但是必须指出，两个电路互为对偶，并不是指这两个电路等效，“对偶”和“等效”是两个完全不同的概念，不可混淆。

本章小结

本章介绍了几种常见的电路定理，这些定理的应用将贯穿于后续整个课程的学习过程。

叠加定理：在线性电阻电路中，任一电压或电流都是电路中各个独立电源单独作用时，在该处所产生的电压或电流的叠加。其中，电压源置零用短路替代，电流源置零用开路替代。

替代定理：在一个线性或非线性的电路中，若第 k 条支路的电压 u_k 和电流 i_k 为已知，则这条支路总能够由以下任何一个元件去替代：电压值为 u_k 的理想电压源或电流值为 i_k 的理想电流源或电阻值为 $R=u_k/i_k$ 的线性电阻元件，且替代后电路中的电压和电流均将保持不变。

戴维宁定理:任一个有源一端口线性网络都可以用一个电压为 u_S 的理想电压源和一个内阻为 R_{eq} 的串联结构进行等效替代。

诺顿定理:任何一个有源一端口线性网络都可以用一个电流为 i_S 的理想电流源和一个内阻 R_{eq} 的并联结构来等效替代。

戴维宁定理和诺顿定理是分析线性网络的重要定理,在电路计算时,常常会遇到只需求电路某一支路电流和电压情况,就需对有源一端口网络进行化简,使得电路更容易求得所需的结果。

最大功率传输定理:一有源端口网络 N_S 外接负载 R_L,若利用戴维宁定理对 N_S 进行等效,则当 $R_L=R_{eq}$ 时,负载取得最大功率 $P_{Lmax}=\frac{u_{OC}^2}{4R_{eq}}=\frac{u_{OC}^2}{4R_L}$。

特勒根定理 1:又称功率守恒定律,对于任意具有 n 个节点和 b 条支路的集中参数电路,在各支路电压、电流取关联参考方向时,满足电路中各支路电压和对应的支路电流乘积的代数和等于零。

特勒根定理 2:两个由不同元件组成,但拓扑结构完全相同的集中参数电路,各支路电压、电流取关联参考方向时,满足其中一电路中各支路电压和另一电路对应的支路电流乘积的代数和等于零。

互易定理:对一个仅含线性电阻的二端口电路,其中一个端口加激励源,一个端口作响应端口,在只有一个激励源的情况下,当激励与响应互换位置时,响应与激励的比值保持不变。

对偶定理:在对偶电路中,某些元素之间的关系(或方程)可以通过对偶元素的互换而相互转换。对偶原理是电路分析中出现的大量相似性的归纳和总结 。根据对偶原理,如果在某电路中导出某一关系式和结论,就等于解决了和它对偶的另一个电路中的关系式和结论。

自测练习题

1. 思考题

(1) 什么是叠加定理? 用叠加定理时需要注意什么?

(2) 为什么叠加定理只适用于线性电路的电压和电流的计算,不适用于非线性电路的电压和电流的计算,也不适用于线性电路的功率计算?

(3) 在应用叠加定理时,对独立电源及受控源处理时怎么分别区别对待?

(4) 戴维宁定理的两个等效参数和诺顿定理的两个等效参数有什么关系?

(5) 求解端口等效电阻的方法有哪几种?

(6) 简述最大功率传输定理,负载电阻在什么条件下获得最大功率?

(7) 使用互易定理需要注意哪些事项?

(8) 运用外加电源法和开路电压、短路电流法求戴维宁等效电阻时,对原网络内部电源的处理是否相同? 为什么?

2. 填空题

(1) 有源二端口网络的开路电压为 32 V,短路电流为 16 A,则该端口等效电阻值为(　　)。

(2) 线性有源二端口网络的端口 VCR 为 $u=2+3i$，则该端口可等效为一个(　　)元件。

(3) 某有源二端口网络两端开路电压为 12 V，短路电流为 2 A。当此二端口网络两端接 6 Ω 电阻时其上电流为(　　)。

(4) 电路如图 4-39 所示，端口等效电阻 $R_0=$(　　)。

(5) 电路如图 4-40 所示，求其开路电压 $u_{OC}=$(　　)。

(6) 电路如图 4-41 所示，其短路电流 $i_{SC}=$(　　)。

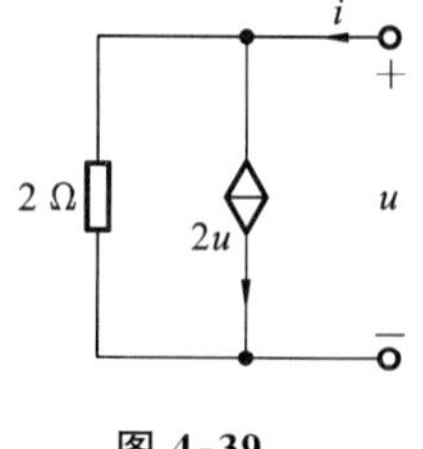

图 4-39

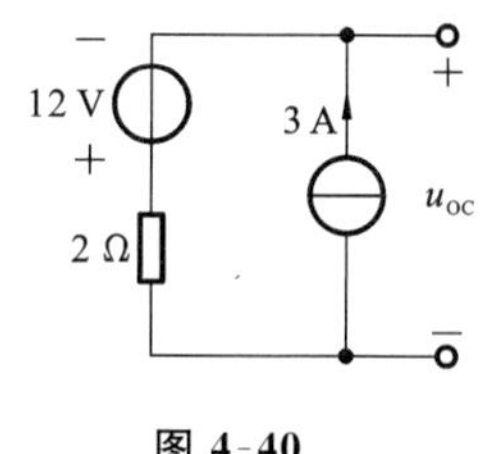

图 4-40

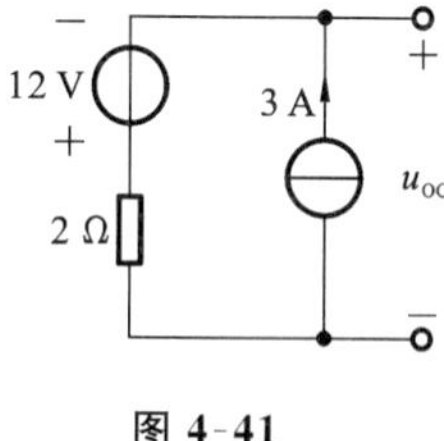

图 4-41

(7) 如图 4-42 所示，线性有源二端口网络的端口 VCR 为 $u=10+5i$，则该端口接上电阻后的最大输出功率为(　　)。

(8) 电路如图 4-43 所示，电流 $i_x=$(　　)。

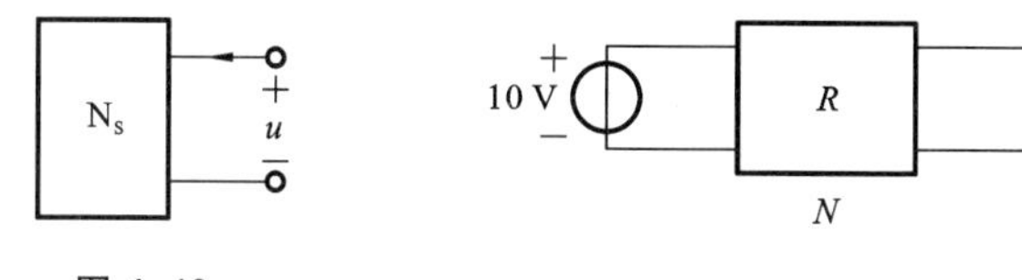

图 4-42

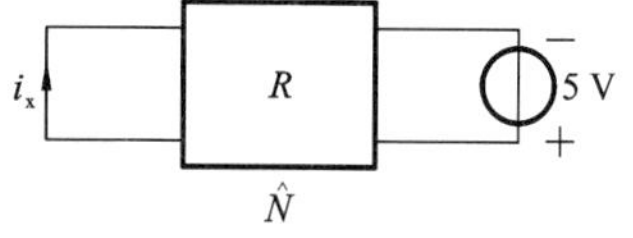

图 4-43

习　　题

4-1　试用叠加定理求图 4-44 所示电路中的电压 u。

4-2　试用叠加定理求图 4-45 所示电路中的电流 i 和电压 u。

4-3　用叠加定理求图 4-46 所示电路的电流 I。

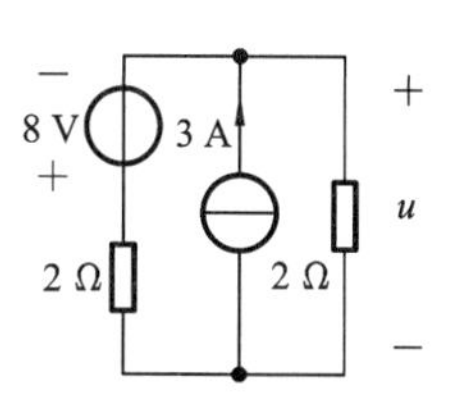

图 4-44　题 4-1 电路

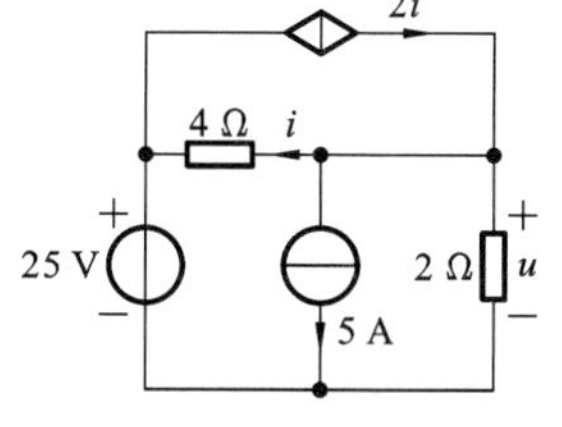

图 4-45　题 4-2 电路

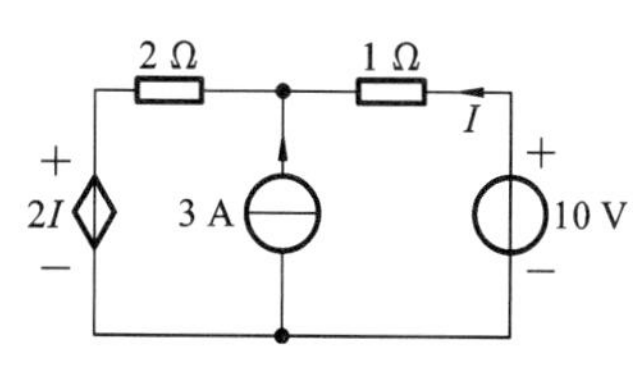

图 4-46　题 4-3 电路

4-4　含受控源电路如图 4-47 所示，其中 $r=2$ Ω。试用叠加定理求 i、u。

4-5　如图 4-48 所示电路，已知 $u_{ab}=0$，利用替代定理求电阻 R。

4-6　如图 4-49 所示线性电阻网络的输入为 u_1、u_2、u_3，输出为 u_0，测试数据如下表所示，单位为 V。(1) 求该网络输出与输入的关系；(2) 三次测量如下表所示，当输入 $u_1=10$ V，$u_2=2.5$ V，$u_3=5$ V 时，求输出电压 u_0。

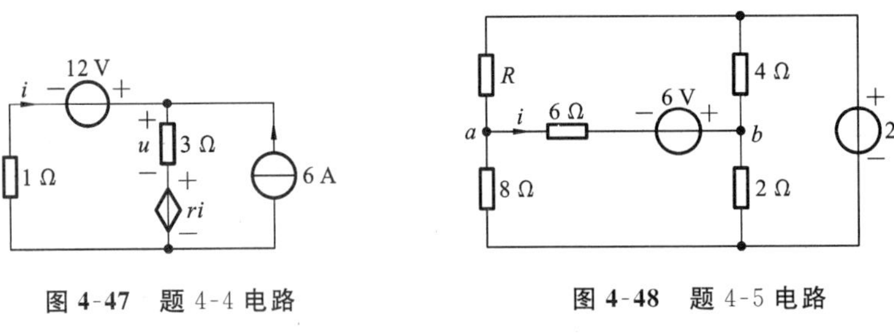

图 4-47 题 4-4 电路　　图 4-48 题 4-5 电路

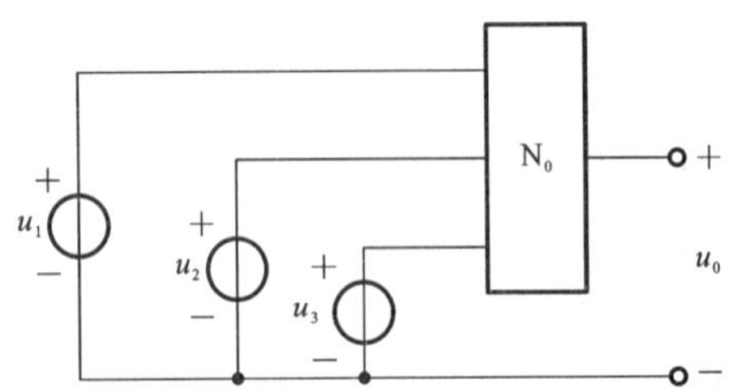

测试	u_1	u_2	u_3	u_0
1	0	0	5	1
2	0	5	5	4
3	5	5	5	6

图 4-49 题 4-6 电路

4-7 如图 4-50 所示电路 N_S 为有源线性电阻网络,$R=1\ \Omega$。当 $i_S=1$ A 时,电阻上功率 $P_R=4$ W;当 $i_S=2$ A 时,电阻上功率 $P_R=9$ W。试求当 $i_S=0$ A 时电阻 R 上的功率。

4-8 如图 4-51 所示电路,试用戴维宁定理求电路中的电流 i。

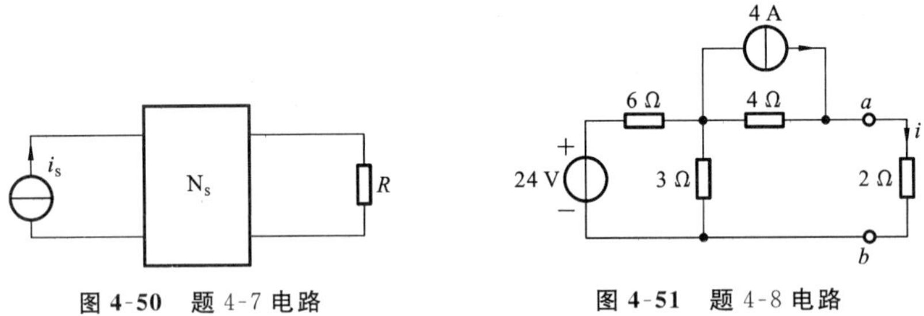

图 4-50 题 4-7 电路　　图 4-51 题 4-8 电路

4-9 求图 4-52(a)、(b)所示二端口网络的戴维宁等效电路。

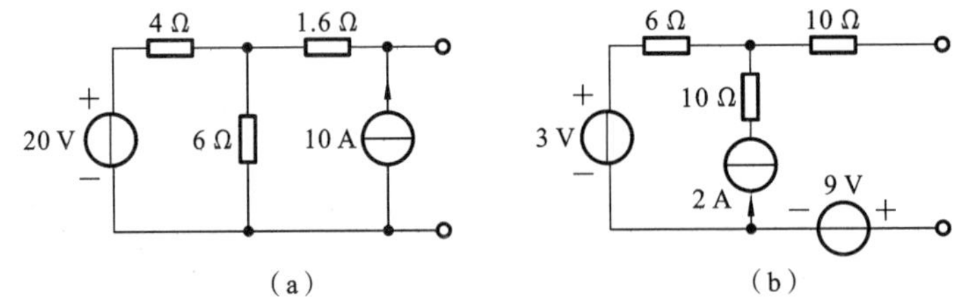

图 4-52 题 4-9 电路

4-10 用戴维宁定理求图 4-53 所示电路中 2 Ω 电阻上的电流。

4-11 (1) 求图 4-54(a)所示电路的戴维宁等效电路;(2) 求图 4-54(b)所示电路的诺顿等效电路。

4-12 如图 4-55 所示电路,求该一端口网络的戴维宁等效电路。

4-13 求图 4-56 所示一端口网络的开路电压及短路电流,并画出其戴维宁等效电路。

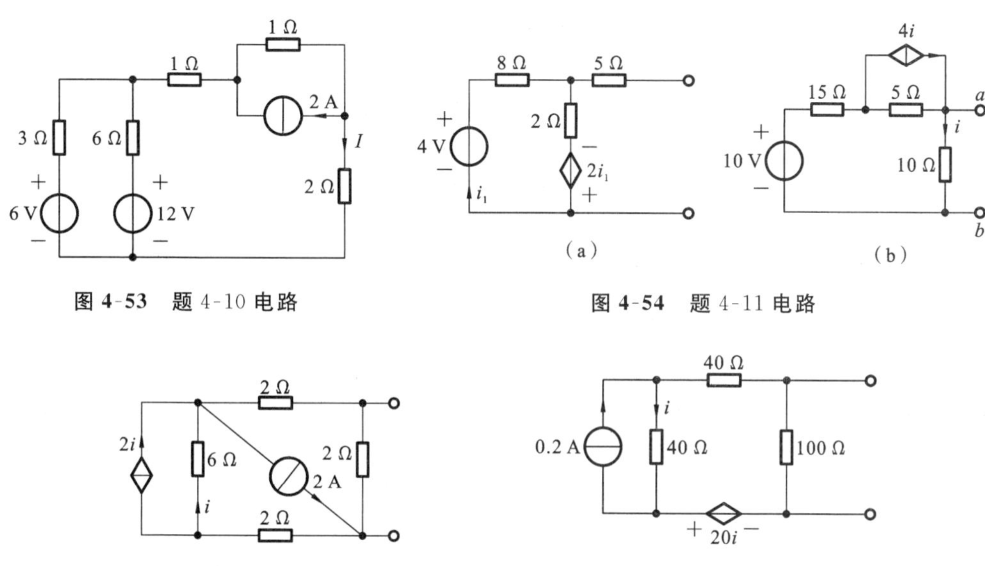

图 4-53 题 4-10 电路　　图 4-54 题 4-11 电路

图 4-55 题 4-12 电路　　图 4-56 题 4-13 电路

4-14 求图 4-57 所示一端口网络的短路电流，并分析此二端口网络可等效成什么形式的电路？

4-15 如图 4-58 所示，N 为无源的线性网络，当 S_1 闭合、S_2 断开时，电流 $i=2$ A；当 S_1 断开、S_2 闭合时，电流 $i=3$ A，问 S_1、S_2 均闭合时，电流 i 为多少？

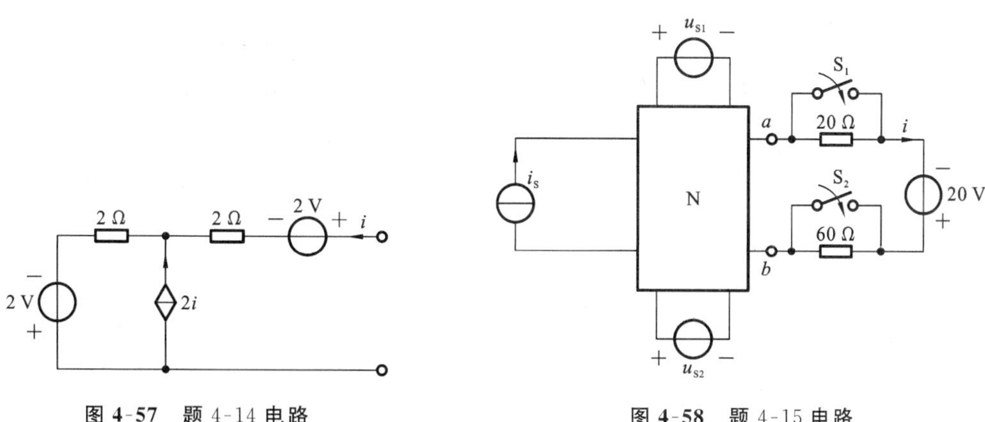

图 4-57 题 4-14 电路　　图 4-58 题 4-15 电路

4-16 用戴维宁定理求图 4-59 所示电路中 3 Ω 电阻上的电压 u。

4-17 如图 4-60 所示电路，求当开关 S 断开和闭合两种情况的电流 I。

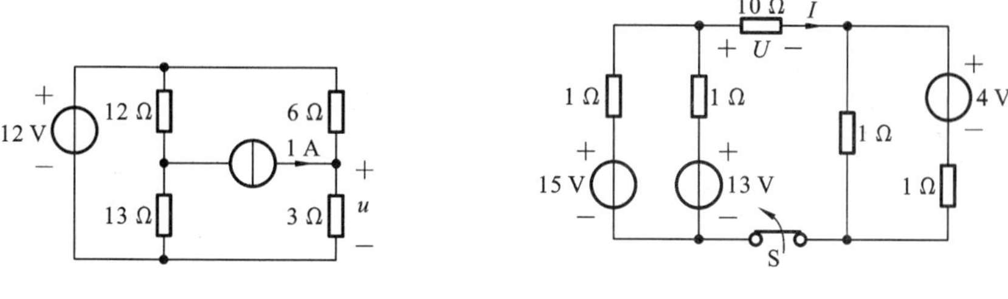

图 4-59 题 4-16 电路　　图 4-60 题 4-17 电路

4-18 电路如图 4-61 所示，R 为何值时可获得最大功率？并求出其最大功率。

4-19 电路如图 4-62 所示,R_L 取何值时可获得最大功率,并求最大功率 P_{max}。

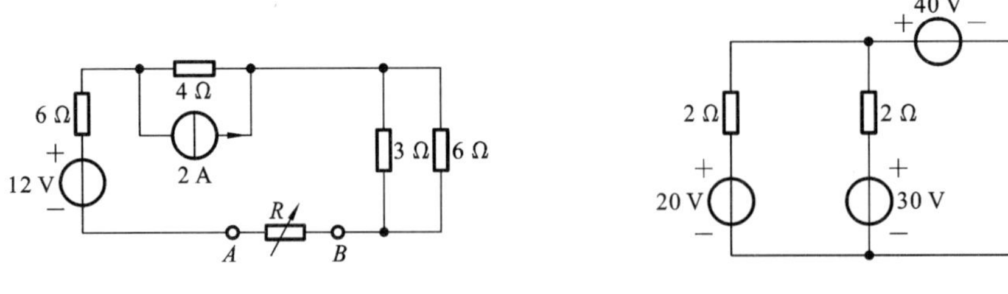

图 4-61 题 4-18 电路　　**图 4-62** 题 4-19 电路

4-20 电路如图 4-63 所示,(1) 求 ab 端的戴维宁等效电路;(2) 当负载电阻 R_L 为何值时能够获得最大功率,该最大功率为多少?(3) 当 $R_L=30\ \Omega$ 时电压 u 的值将是多少?

4-21 如图 4-64 所示,N 为线性电阻二端口网络,已知当 $i_S=4$ A 时,ab 端接电阻 $R_L=4\ \Omega$ 时,电流 $i_L=8$ A,R_L 短路时,其短路电流为 16 A;当 $i_S=5$ A,$R_L=6\ \Omega$ 时,求电流 i_L 为多少?

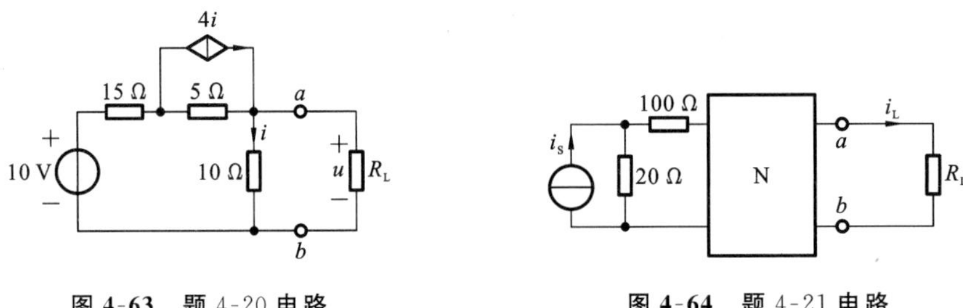

图 4-63 题 4-20 电路　　**图 4-64** 题 4-21 电路

4-22 如图 4-65(a)所示互易二端口的输入电压为 10 V 时,输入端电流为 5 A,而输出端的短路电流为 1 A。如把电压源移到输出端如图 4-65(b)所示,同时在输入端接 2 Ω 电阻,求 2 Ω 电阻的电压 u。

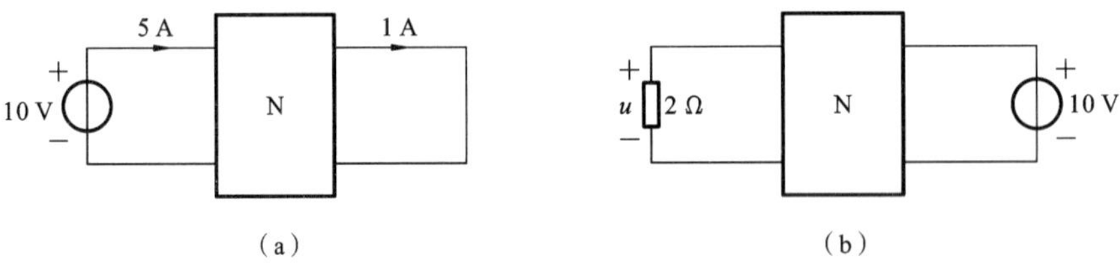

图 4-65 题 4-22 电路

4-23 如图 4-66 所示,N 为电阻网络,在图 4-66(a)中 $i=0.5$ A,求图 4-66(b)中电压 u_1 为多少?

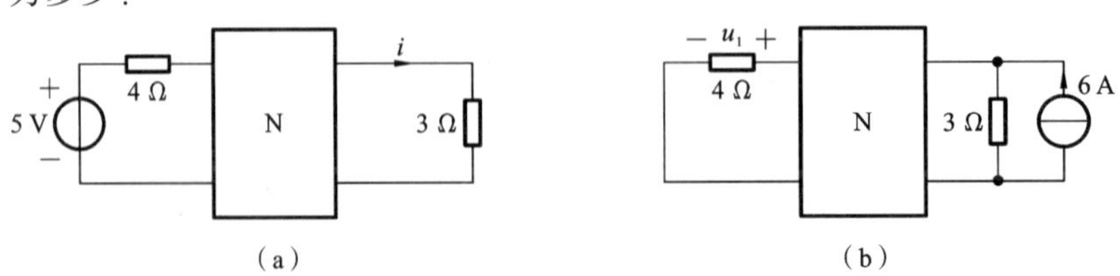

图 4-66 题 4-23 电路

应用分析案例

叠加定理在三极管放大电路中的应用

半导体三极管主要用途之一是利用它的电流放大作用组成各种放大电路，三极管实物图如图 4-67 所示。三极管放大作用是指，在三极管输入端输入一个幅度较小的信号（这个信号可以是电压或电流），三极管可以按照输入信号的变化规律将其转为幅度较大的信号。三极管的放大作用用途很广，譬如可以将话筒输出的微弱音频信号放大后驱动喇叭工作，可以将红外遥控信号放大后驱动风扇电机工作。话筒放大电路基本原理图如图 4-68 所示。

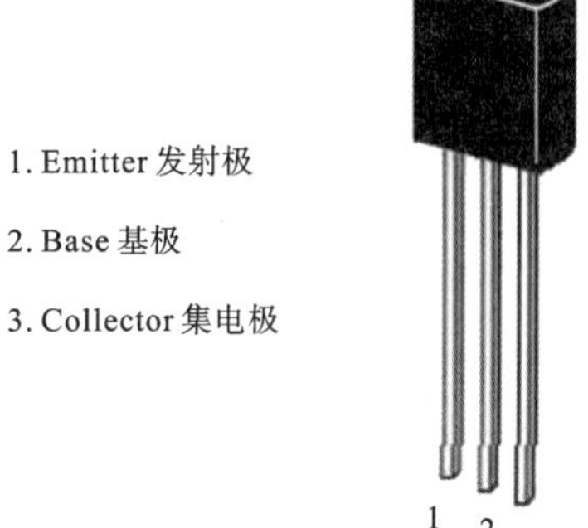

图 4-67 三极管实物

实际应用中的三极管放大电路结构复杂，既有直流工作电源又有输入信号源，导致整个电路里交直流并存，电流、电压的分布十分复杂，直接进行相关电路参数的计算非常不便。利用叠加定理则会使电路的分析和计算变得简单、清晰。

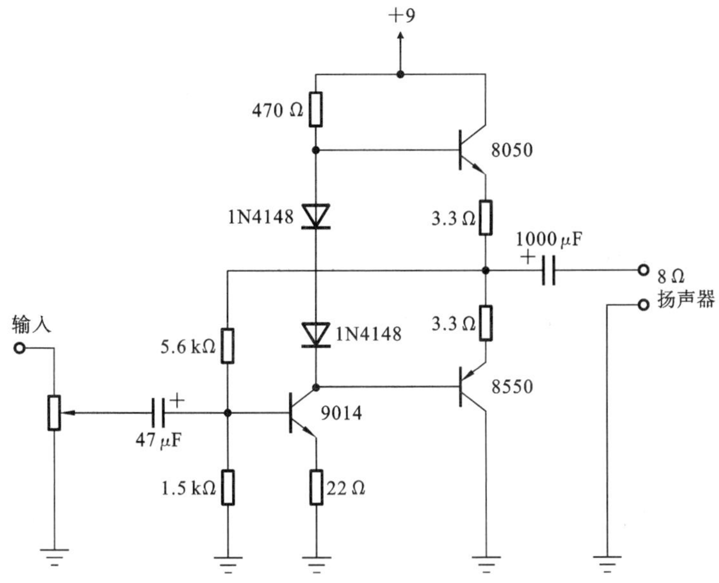

图 4-68 话筒放大电路原理图

图 4-69 所示的为一典型的三极管放大电路，该电路含有一个直流电源和一个信号源，根据叠加定理，当只有直流电源作用时，交流电压信号源用导线短接，考虑到电容的隔直流，两个电容断开，得到三极管的直流通路，如图 4-70 所示。图 4-70 中 $V_{CC}=V_{BB}$。当输入信号 $v_i=0$ 时，放大电路的工作状态称为静态或直流工作状态，电路中的几个电压与电流关系如下：

$$I_{BQ}=\frac{V_{BB}-V_{BEQ}}{R_b}$$

$$I_{CQ}=\beta I_{BQ}+I_{CEO}\approx\beta I_{BQ}$$

$$V_{CEQ}=V_{CC}-I_{CQ}R_c$$

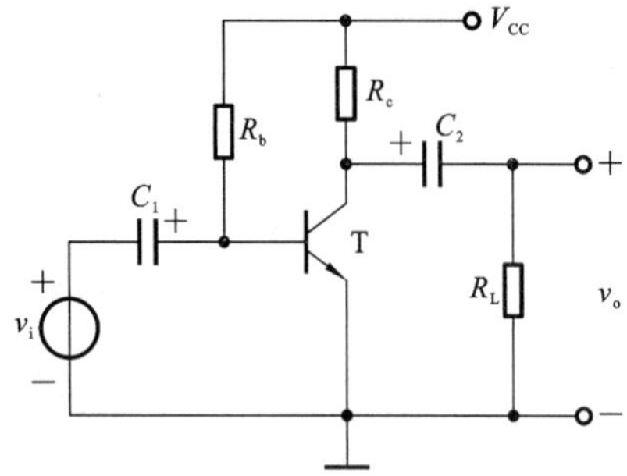

图 4-69 三极管共射放大电路

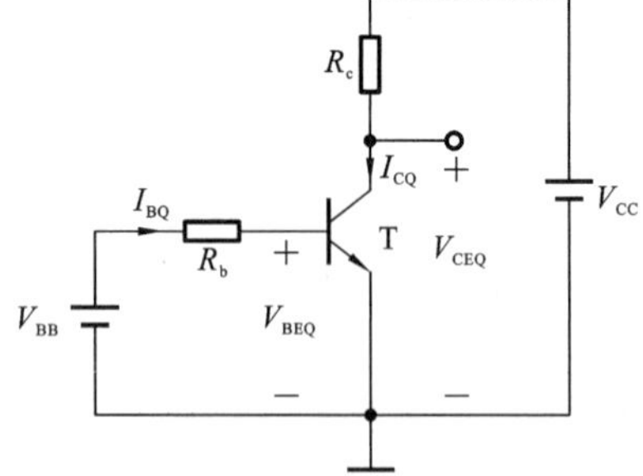

图 4-70 三极管直流通路

输入信号电压 v_I 后，电路将处在动态工作情况。此时，三极管中的电流及电压都将在静态值的基础上随输入信号作相应的变化。为了分析交流信号的大小，根据叠加定理，将直流电源电压置零，即把直流电源用导线短接，得到交流通路，如图 4-71 所示。在实际分析中，先画出图 4-71 对应的微变等效电路，如图 4-72 所示，由图得到相关的交流电压、电流。

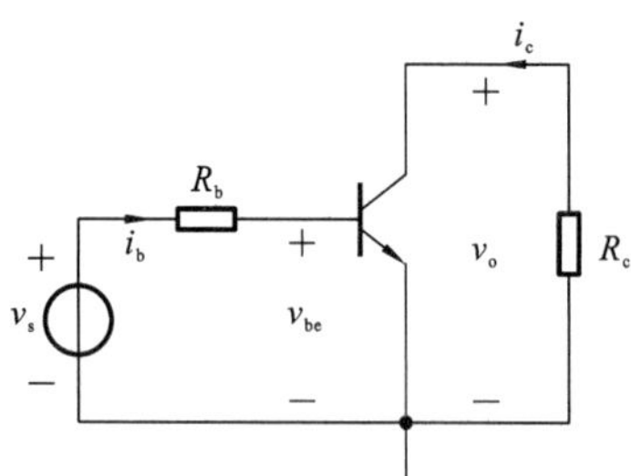

图 4-71 三极管交流电路

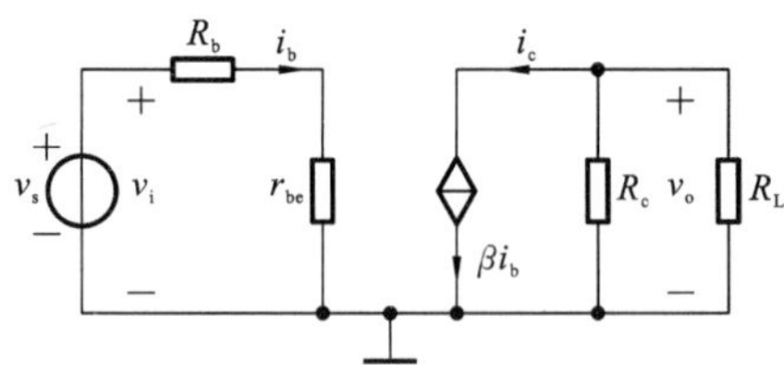

图 4-72 微变等效电路

$$r_{be}\approx 200\ \Omega+(1+\beta)\frac{26(\text{mV})}{I_{EQ}(\text{mA})},\quad v_i=i_b\cdot(R_b+r_{be})$$

$$i_c=\beta\cdot i_b,\quad v_o=-i_c\cdot(R_c/\!/R_L)$$

三极管放大电路中的总电流和总电压就是在直流通路和交流通路中计算出的相关对应电压、电流的叠加。从上述分析过程可以看出，叠加定理的应用让三极管放大电路的计算更加简单，也便于对电路相关参数进行分析。

5

动态电路时域分析

本章首先介绍常用的动态元件——电感元件和电容元件，接着介绍动态元件组成的一阶和二阶线性定常电路，并采用经典的时域分析法进行研究。通过线性非齐次微分方程的解，介绍零输入响应、零状态响应和全响应的概念。给出阶跃函数和冲激函数的定义，及其引入的意义，并介绍如何求阶跃响应和冲激响应。

不同于电阻元件，电容和电感是动态元件，又称为储能元件或记忆元件。从是否含有储能元件的角度，电路可以分为两大类：电阻性电路和动态电路。在前面四章内容中，我们学习了电阻性电路的组成及各种分析方法。电阻性电路工作时，各支路电流、电压变量都是保持恒定不变的，这种工作状态称为稳定状态（简称稳态）。如果在电阻性电路中增加动态元件，就构成动态电路。与电阻性电路不同，动态电路在发生换路之后，各支路电流、电压变量会随时间变化而变化，出现过渡过程，称为暂态。动态电路的暂态是本章研究的重点。

不论是哪种电路，电路中的各支路电流和电压都分别受 KCL 和 KVL 的约束，由于构成电路元件的性质不同，相应的 VCR 也不相同，因而描述电路的数学模型也不相同。电阻性电路是用代数方程来描述的，动态电路则是用微分方程描述。凡是用一阶微分方程来描述的电路，通称为一阶动态电路，简称一阶电路；用 n 阶微分方程来描述的电路，就通称为 n 阶（动态）电路。通过研究微分方程的解可以得到动态电路的暂态响应。

5.1 储能元件

5.1.1 电感元件

1. 电感线圈

当导线中通有电流时，周围即有磁场，通常把导线绕成线圈形式，以增强线圈内部的磁场，称为电感器或电感线圈，如图 5-1 所示。线圈存储磁场能量，因此电感线圈是一种存储磁能的实际器件。如果忽略其导线所消耗的能量，突出电感线圈的主要电磁性能，那么实际电感线圈的理想线性电感元件的模型如图 5-2 所示。

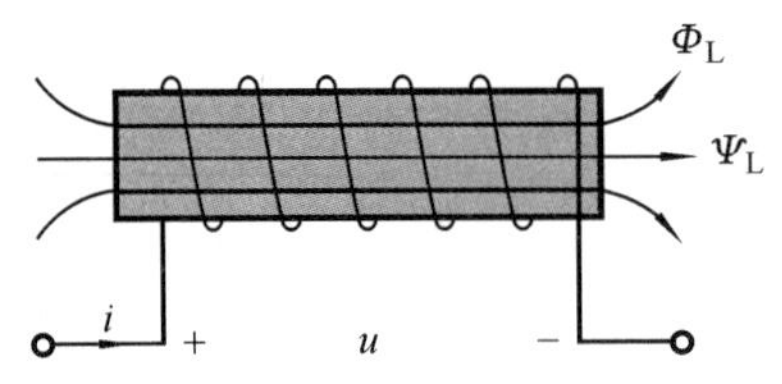

图 5-1 电感线圈

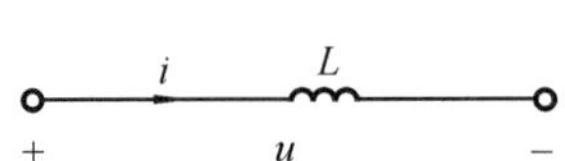

图 5-2 线性电感元件的图形符号

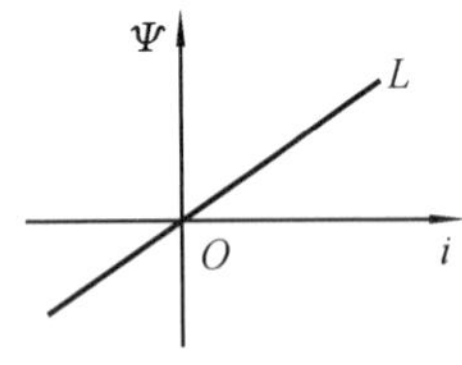

图 5-3 线性电感元件韦安特性

2. 线性电感元件

线性电感元件韦安特性可用通过坐标原点的直线表示，如图 5-3 所示。在磁通链 Ψ 的参考方向与电流 i 的参考方向之间满足右手螺旋这种关联参考方向时，任何时刻线性电感元件的自感磁通链 Ψ 与元件中电流 i 有以下关系：

$$L=\frac{\Psi}{i} \tag{5-1}$$

线性电感元件的自感(电感)L 是一个与自感磁通链 Ψ 和电流 i 无关的正实常数。

电感元件的符号 L 既表示电感元件，也表示这个元件的参数。电感的单位为亨利(H)，一般常用毫亨(mH)、微亨(μH)。

$$\Psi= N\Phi$$

式中：Φ 是自感磁通，单位为 Wb；N 为线圈匝数。

1）电感的电压电流微分关系

当通过电感的电流 i 发生变化时，根据韦安特性，磁通链 Ψ 也相应发生变化，依电磁感应定律，有

$$u=-e=\frac{\mathrm{d}\Psi}{\mathrm{d}t}$$

式中：e 为感应电动势。

电感两端出现了(感应)电压 u，把式(5-1)代入以上电压方程，得

$$u=L\frac{\mathrm{d}i}{\mathrm{d}t} \tag{5-2}$$

即为电感元件的 VCR 微分式。

注意：

(1) 任意时刻电感上的电压与该时刻电流的变化率成正比。

(2) 当通过电感的电流 i 是常量(直流电流)，即电流 i 不随时间变化而变化时，磁通链也不发生变化，这时虽有电流但电压为零($u=0$)，所以电感元件在直流电路中相当于短路。

(3) 如果电感的电压为有限值，因为 $u=L\frac{\mathrm{d}i}{\mathrm{d}t}$，即$\frac{\mathrm{d}i}{\mathrm{d}t}$也为有限值，那么电感电流 i 不发生跳变(突变)。

(4) 只有在 u、i 取关联参考方向时，式(5-2)才成立。

2）电感元件 VCR 积分式

对式(5-2)两边同时取积分，得电感元件 VCR 积分式，即

$$i(t)=\frac{1}{L}\int_{-\infty}^{t}u(\xi)\mathrm{d}\xi=\frac{1}{L}\int_{-\infty}^{t_0}u(\xi)\mathrm{d}\xi+\frac{1}{L}\int_{t_0}^{t}u(\xi)\mathrm{d}\xi=i(t_0)+\frac{1}{L}\int_{t_0}^{t}u(\xi)\mathrm{d}\xi \tag{5-3}$$

式(5-3)表明在某一时刻 t 的电流 $i(t)$ 不仅与初始时间 t_0 以前全部电压历史有关(电压在 $t<t_0$ 以前对电流 $i(t)$ 产生作用反映在初始值 $i(t_0)$ 中),而且与 $t-t_0$ 之间电压有关,即电流 $i(t)$ 取决于从$(-\infty,t)$区间所有时刻的电压值。也就是说,某一时刻 t 的电流 $i(t)$ 与 t 时刻以前电压的全部历史有关,所以电感电流有"记忆"电压的作用,故称电感元件是一种"记忆元件"。

3) 电感的功率与能量

当电感电压 u 和电流 i 取关联参考方向时,电感元件吸收的功率为

$$p(t)=u(t)i(t)=Li(t)\frac{\mathrm{d}i}{\mathrm{d}t} \tag{5-4}$$

计算出电感的功率有正、负值,表明电感元件既能吸收能量也能放出能量,故是一种储能元件,同时它不会放出多于它吸收的能量,故是一种无源元件。

如果 $i>0,\frac{\mathrm{d}i}{\mathrm{d}t}>0$,则有 $p>0$;如果 $i>0,\frac{\mathrm{d}i}{\mathrm{d}t}<0$,则有 $p<0$。

从 $t\to t_0$ 期间电感元件吸收的电能为

$$\begin{aligned}W_{\mathrm{L}}(t)&=\int_{t_0}^{t}u(\xi)i(\xi)\mathrm{d}\xi=\int_{t_0}^{t}Li(\xi)\frac{\mathrm{d}i(\xi)}{\mathrm{d}\xi}\mathrm{d}\xi\\&=L\int_{i(t_0)}^{i(t)}i(\xi)\mathrm{d}i(\xi)=\frac{1}{2}Li^2(t)-\frac{1}{2}Li^2(t_0)\end{aligned}$$

这就是线性电感元件在任一时刻 t 的磁场能量表达式。如果 $i(t_0)=0$,则电感的磁场能量表达式可简化为

$$W_{\mathrm{L}}(t)=\frac{1}{2}Li^2(t) \tag{5-5}$$

表明电感在某一时刻的磁场能量与该时刻的电流值的平方成正比。

4) 线性电感元件串、并联公式

在不同的串、并联情况下,计算等效电感的并联分流公式如下。

(1) N 个电感元件串联的等效电感为

$$L=L_1+L_2+\cdots+L_N \tag{5-6}$$

(2) N 个电感元件并联的等效电感为

$$\frac{1}{L}=\frac{1}{L_1}+\frac{1}{L_2}+\cdots+\frac{1}{L_N} \tag{5-7}$$

(3) 两个电感元件并联,其等效电感为

$$L=\frac{L_1L_2}{L_1+L_2} \tag{5-8}$$

(4) 两个无初始电流(即 $i_1(t_0)=i_2(t_0)=0$)的电感元件并联分流公式为

$$i_1(t)=\frac{L_2}{L_1+L_2}i(t),\quad i_2(t)=\frac{L_1}{L_1+L_2}i(t) \tag{5-9}$$

5.1.2 电容元件

1. 电容器

把两片金属极板用介质(如空气、电解质等)隔开就构成一个简单的电容器。由于

介质不导电,因此当在极板上外加电源后,两极板分别聚集等量的异性电荷,在介质中就建立了电场。撤走外电源后,极板上的电荷仍能依靠电场力作用互相吸引,而又被介质所隔,不能中和,这时电荷可长久地聚集。因此,电容是一种聚集电荷的实际电路元件,电荷的聚集过程也就是电场的建立过程。在这个过程中,外力所做的功应等于电容器中所存储的电场能量。实际电容器还应该考虑介质损耗和漏电流。如忽略这些因素的影响,则可用理想电容元件作为其模型。下面主要讨论线性电容元件。

2. 线性电容元件

线性电容元件的图形符号如图 5-4 所示。

电容元件的库伏特性如图 5-5 所示,是通过坐标原点的直线。在关联参考方向下,任一时刻正极板的电荷 q 与其两端的电压 u 的关系为

$$q=Cu \tag{5-10}$$

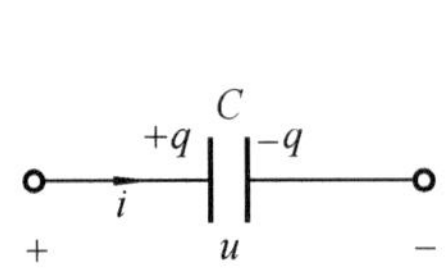

图 5-4 线性电容元件的图形符号

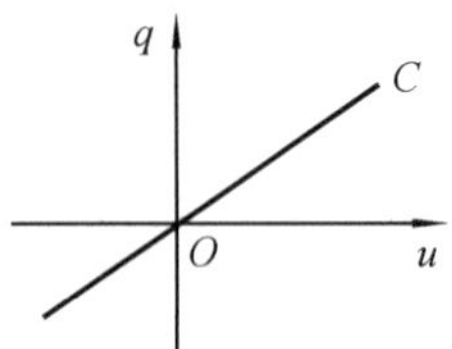

图 5-5 线性电容元件的库伏特性

线性元件的电容 C 是一个与电荷 q 和电压 u 无关的正实常数。电路中 C 既表示电容元件,也表示这个元件的参数。电容的单位为法拉(F),一般常用微法(μF)和皮法(pF)。

1) 电容的电压电流微分关系

当电容两端电压变化时,其所储电荷也随之而变,电容元件极板上电荷的增减,标志着电容元件的充电、放电过程,导致引线上有传导电流 $i=\frac{\mathrm{d}q}{\mathrm{d}t}$存在。根据麦克斯韦的全电流定理,对电流的概念加以扩充后,引入位移电流 $i_\mathrm{D}=\frac{\partial D}{\partial t}$的概念,位移电流是由极板介质间随时间变化而变化的电场所产生的,这两种电流大小相等,且方向相同,可保持电容电路中电流的连续性。

设 u、i 取关联方向,有 $i=\frac{\mathrm{d}q}{\mathrm{d}t}$,$q=Cu$,由此可得

$$i=C\frac{\mathrm{d}u}{\mathrm{d}t} \tag{5-11}$$

式(5-11)为线性电容元件的 VCR 微分式。

电流与电压间存在着导数关系的元件,称为动态元件。电容元件 C 和电感元件 L 都是动态元件。

注意:

(1) 任一时刻,电容上的电流与该时刻电压的变化率成正比。

(2) 当通过电容的电压 u 是常量(直流),即电压 u 不随时间变化而变化时,虽有电压但并没有电流($i=0$),所以电容元件在直流电路中相当于开路。

(3) 如果电路中电容的电流为有限值,而 $i=C\frac{\mathrm{d}u}{\mathrm{d}t}$,即$\frac{\mathrm{d}u}{\mathrm{d}t}$也为有限值,那么电容电压

u 不发生跳变(突变)。

(4) 只有在 u、i 取关联参考方向下,式(5-11)才成立。

(5) 在一定的条件下,电容电压和电感电流都不发生跳变,这是以后分析动态电路的一个很有用的概念,称为换路定理。

2) 电容元件电压电流 VCR 积分式

对式(5-11)两边同时取积分,得电容元件 VCR 积分式,即

$$u(t) = u(t_0) + \frac{1}{C}\int_{t_0}^{t} i(\xi)\mathrm{d}\xi \tag{5-12}$$

由式(5-12)可以看出,与电感元件一样,电容元件也是一种"记忆元件",电容电压有"记忆"电流的作用。

3) 电容的功率与能量

取 u、i 关联参考方向时,电容吸收的功率为

$$p = u(t)i(t) = Cu\frac{\mathrm{d}u}{\mathrm{d}t} \tag{5-13}$$

电容元件的功率也有正、负值,表明电容元件既能吸收能量,也能释放能量,且释放能量不会多于吸收的能量,故它也是一种储能的无源元件。从 $t \to t_0$ 期间,电容元件吸收的电能为

$$W_{\mathrm{C}}(t) = \frac{1}{2}Cu^2(t) - \frac{1}{2}Cu^2(t_0) \tag{5-14}$$

如果 $u(t_0) = 0$,则电容的电能为

$$W_{\mathrm{C}}(t) = \frac{1}{2}Cu^2(t) \tag{5-15}$$

式(5-15)表明电容在某一时刻的电能与该时刻的电压值的平方成正比。

4) 电容元件串、并联公式

在不同串、并联情况下,计算等效电容的公式及串联分压公式如下。

(1) N 个电容元件串联的等效电容为

$$\frac{1}{C} = \frac{1}{C_1} + \frac{1}{C_2} + \cdots + \frac{1}{C_N}$$

(2) N 个电容元件并联的等效电容为

$$C = C_1 + C_2 + \cdots + C_N$$

(3) 两个无初始电压(即 $u_1(t_0) = u_2(t_0) = 0$)的电容元件串联分压公式为

$$u_1(t) = \frac{C_2}{C_1 + C_2}u(t), \quad u_2(t) = \frac{C_1}{C_1 + C_2}u(t)$$

(4) 两个无初始电流(即 $i_1(t_0) = i_2(t_0) = 0$)的电容元件并联分流公式为

$$i_1(t) = \frac{C_1}{C_1 + C_2}i(t), \quad i_2(t) = \frac{C_2}{C_1 + C_2}i(t)$$

5.2　一阶电路的基本概念

从电路结构上看,一阶电路通常只含有一个或等效为一个的动态元件。典型的一阶电路有一阶 RL 电路和一阶 RC 电路。

实际的一阶电路可能包含多个电阻和动态元件。分析时,通常将含源的电阻部分、动态元件分别看成一个单口网络,利用戴维宁定理或诺顿定理可以将含源的电阻网络简化,把电路等效为典型的一阶电路形式,如图 5-6 所示。

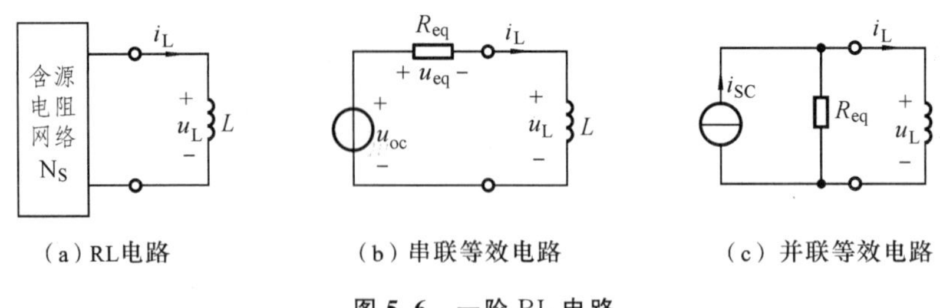

图 5-6 一阶 RL 电路

相比电阻性电路,一阶电路会出现一些新的有趣的响应。

观察图 5-7 所示的电阻性电路,当开关接在 A 端时,电阻电压 $u=0$,若在 $t=0$ 时刻将开关转到 B 端,此时 u 马上跳变为电源电压 u_S。电路从一个稳定状态到另一个稳定状态时,没有中间的过渡过程,也称为过渡期为零。

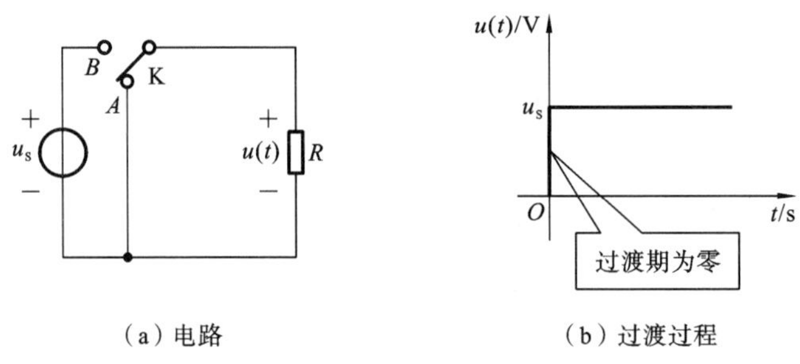

图 5-7 电阻电路

如果在这个电路中加入电容元件,如图 5-8 所示,再来观察开关动作带来的电路变化。显然,当开关接在 A 端时,电容电压 $u=0$,若在 $t=0$ 时刻将开关转到 B 端,电源电压对电容充电。电容电压以一定规律逐渐增加至电源电压。电路从一个稳态到另一个稳态中间存在过渡过程。如果再把开关转回 A 端,电容将开始放电,电路再次进入过渡过程。

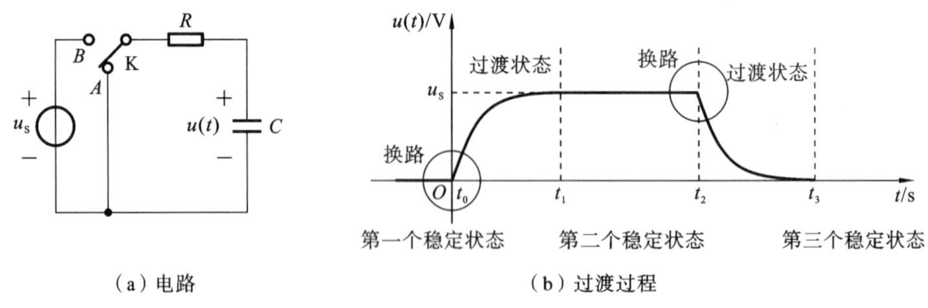

图 5-8 一阶 RC 电路

对比这两个电路,可以看出,电容的加入给电路的响应带来了变化,所以动态元件是一阶电路产生过渡过程的内在原因。每次开关动作都会引起电路结构和状态的变化,我们称为换路。换路后电路的能量状态随之变化。由于能量的储存和释放都需要一定的时间来完成，因而换路开启一个新的过渡过程，可以看作是一阶电路产生过渡过程的外在原因。

5.2.1 一阶电路的微分方程

一阶电路是用一阶微分方程描述的电路。通过列写电路的一阶微分方程并求解，可以分析一阶电路的过渡过程的响应及其规律。

如图 5-9 所示的典型一阶 RC 电路，由 KVL 可得

$$u_S = Ri + u_C$$

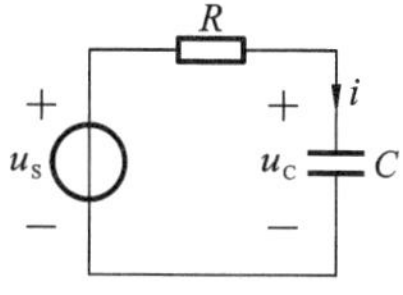

图 5-9 典型一阶 RC 电路

代入电容电压电流关系等式

$$i = C\frac{\mathrm{d}u_C}{\mathrm{d}t}$$

可得

$$u_S = RC\frac{\mathrm{d}u_C}{\mathrm{d}t} + u_C$$

整理后可得

$$\frac{\mathrm{d}u_C}{\mathrm{d}t} + \frac{1}{RC}u_C = \frac{1}{RC}u_S \tag{5-16}$$

同理，若以 i_C 为变量，可得方程

$$\frac{\mathrm{d}i_C}{\mathrm{d}t} + \frac{1}{RC}i_C = \frac{1}{R}\frac{\mathrm{d}u_S(t)}{\mathrm{d}t} \tag{5-17}$$

由对偶原理可以得到图 5-6 所示一阶 RL 电路的一阶微分方程

$$\frac{\mathrm{d}i_L}{\mathrm{d}t} + \frac{1}{GL}i_C = \frac{1}{GL}i_S \tag{5-18}$$

观察式(5-16)、式(5-17)和式(5-18)，可以发现一阶 RL 和 RC 电路的微分方程具有式(5-19)相同的形式，因此，接下来我们只需要分析求解这些方程的一般形式即可。

$$\frac{\mathrm{d}x(t)}{\mathrm{d}t} - \lambda x(t) = f(t) \tag{5-19}$$

需要注意的是，该方程在换路之后才适用于一阶电路的过渡过程。考虑到该微分方程的求解，我们可以设 t_0 时刻 $x(t_0)=x_0$，x_0 可以看作该方程求解的初始条件。

对比式(5-16)、式(5-17)、式(5-18)和式(5-19)，可以发现 $f(t)$ 表示电路的外加激励函数。λ 为常数，取决于电路中电阻、电感、电容的值。

5.2.2 一阶电路微分方程的求解

不同于高等数学中一阶微分方程的求解，这里将采用积分因子法来求解。

首先，把方程式(5-19)的两边同时乘以积分因子 $\mathrm{e}^{-\lambda t}$，得

$$\mathrm{e}^{-\lambda t}\frac{\mathrm{d}x(t)}{\mathrm{d}t} - \lambda \mathrm{e}^{-\lambda t}x(t) = \mathrm{e}^{-\lambda t}f(t)$$

依据求导运算的规则，方程左边可以看作

$$\mathrm{e}^{-\lambda t}\frac{\mathrm{d}x(t)}{\mathrm{d}t} - \lambda \mathrm{e}^{-\lambda t}x(t) = \frac{\mathrm{d}}{\mathrm{d}t}[\mathrm{e}^{-\lambda t}x(t)] = \mathrm{e}^{-\lambda t}f(t)$$

对该方程的左右两边同时对时间积分，考虑到方程的有效性，取积分限为换路瞬间 t_0 至所求时刻 t，有

$$\int_{t_0}^{t} \frac{\mathrm{d}}{\mathrm{d}\tau}[\mathrm{e}^{-\lambda\tau}x(\tau)]\mathrm{d}\tau = \int_{t_0}^{t} \mathrm{e}^{-\lambda\tau}f(\tau)\mathrm{d}\tau = \mathrm{e}^{-\lambda\tau}x(\tau)\Big|_{t_0}^{t} = \mathrm{e}^{-\lambda t}x(t) - \mathrm{e}^{-\lambda t_0}x(t_0)$$

整理后可得

$$\mathrm{e}^{-\lambda t}x(t) = \mathrm{e}^{-\lambda t_0}x(t_0) + \int_{t_0}^{t} \mathrm{e}^{-\lambda\tau}f(\tau)\mathrm{d}\tau$$

因此,一阶电路微分方程解的一般形式为

$$x(t) = \mathrm{e}^{\lambda(t-t_0)}x(t_0) + \int_{t_0}^{t} \mathrm{e}^{\lambda(t-\tau)}f(\tau)\mathrm{d}\tau \tag{5-20}$$

5.2.3 一阶电路的分类

观察一阶电路微分方程的解,可以发现它是由两项叠加来构成的。

其中第一项 $\mathrm{e}^{\lambda(t-t_0)}x(t_0)$是由电路的初始条件 $x(t_0)=x_0$ 产生的响应。在一阶电路中,初始条件为 t_0时刻电压、电流值。其中,电容电压或电感电流的初始值说明电容和电感存在初始储能,正是这些初始储能使得一阶电路产生了过渡过程的响应。

第二项 $\int_{t_0}^{t} \mathrm{e}^{\lambda(t-\tau)}f(\tau)\mathrm{d}\tau$ 是由于电路的外加激励 $f(t)$ 产生的响应。

因此我们可以根据一阶电路有无初始值和外加激励源对一阶电路的响应进行分类。

当换路之后,一阶电路外加激励为零,仅有动态元件初始储能产生响应时,我们称为零输入响应。这里的输入,可以理解为电路的激励为零,即没有外加激励。

动态元件初始能量为零,换路之后由外加激励作用产生的响应,称为零状态响应。这里的输入,指的是电容电压和电感电流初始值为零,即没有初始储能。

当换路之后电容电压和电感电流的初始状态不为零,同时又有外加激励源作用时,电路中产生的响应称为全响应。在后面的学习中,将会对一阶电路的三种响应分别进行探讨。

5.2.4 一阶电路的时间常数

对比由典型的一阶电路推导出来的电路方程和一阶微分方程的一般形式,我们可以确定式(5-21)中常数 λ 的取值。

对于 RC 电路,$\lambda=-\frac{1}{RC}$;对于 RL 电路,$\lambda=-\frac{1}{GL}=-\frac{R}{L}$。若令

$$\lambda=-\frac{1}{\tau}$$

则在 RC 电路中,$\tau=RC$。RL 电路中,$\tau=GL=L/R$。在国际单位制下,可以导出 τ 的单位与时间的单位相同,均为秒。因此,τ 常被称为一阶电路的时间常数。在后面的学习中,将进一步讨论时间常数 τ 对一阶电路响应的影响。

由此,一阶电路的响应也可以写成新的形式,有

$$x(t) = \mathrm{e}^{-\frac{t-t_0}{\tau}}x(t_0) + \int_{t_0}^{t} \mathrm{e}^{-\frac{t-\xi}{\tau}}f(\xi)\mathrm{d}\xi \tag{5-21}$$

5.3 一阶电路的初始条件

从上一节可以看出,求解描述动态电路的一阶微分方程,需要动态电

路的初始条件。

5.3.1 换路定律

对线性电容元件，在任意时刻关于它的变量之间存在如下关系

$$q(t)=q(t_0)+\int_{t_0}^{t}i_C(\tau)\mathrm{d}\tau$$

$$u_C(t)=u_C(t_0)+\frac{1}{C}\int_{t_0}^{t}i_C(\tau)\mathrm{d}\tau$$

把换路瞬间作为计时的起始时刻，令 $t_0=0_-$，$t=0_+$ 可得

$$q(0_+)=q(0_-)+\int_{0_-}^{0_+}i_C(\tau)\mathrm{d}t \tag{5-22}$$

$$u_C(0_+)=u_C(0_-)+\frac{1}{C}\int_{0_-}^{0_+}i_C(\tau)\mathrm{d}t \tag{5-23}$$

0_- 到 0_+ 的时间是电路换路的瞬间。

一般情况下，在此期间电容的电流 i_C 不可能为无穷大，应为一有限值，所以式(5-22)、式(5-23)中的积分项为零，据此可得

$$q(0_+)=q(0_-) \tag{5-24}$$

$$u_C(0_+)=u_C(0_-) \tag{5-25}$$

因此在换路前后，电容的电荷和电压均不发生跃变，具有连续性和记忆性，$u_C(0_+)$ 为 $t\geqslant0$ 时电容的初始条件。

在任意时刻，线性电感元件的磁通链与电压及电流的关系为

$$\psi(t)=\psi(t_0)+\int_{t_0}^{t}u_L(\tau)\mathrm{d}\tau$$

$$i_L(t)=i_L(t_0)+\frac{1}{L}\int_{t_0}^{t}u_L(\tau)\mathrm{d}\tau$$

令 $t_0=0_-$，$t=0_+$，可得

$$\psi(t)=\psi(t_0)+\int_{t_0}^{t}u_L(\tau)\mathrm{d}\tau \tag{5-26}$$

$$i_L(t)=i_L(t_0)+\frac{1}{L}\int_{t_0}^{t}u_L(\tau)\mathrm{d}\tau \tag{5-27}$$

在 0_- 到 0_+ 的瞬间，若电感的电压 u_L 为有限值，则式(5-26)、式(5-27)中的积分项将为零。由此可得

$$\psi(0_+)=\psi(0_-) \tag{5-28}$$

$$i_L(0_+)=i_L(0_-) \tag{5-29}$$

故在换路前后，电感的磁通链和电流均不发生跃变，具有连续性和记忆性。

式(5-24)、式(5-25)、式(5-28)、式(5-29)等统称为动态电路的换路定律。

5.3.2 初始条件的计算

可以采用下面的步骤进行初始条件的计算。

1）电容电压和电感电流的初始值

画出 $t=0_-$ 时的等效电路，求出此时刻的 $u_C(0_-)$ 或 $i_L(0_-)$，再根据换路定律可得 $u_C(0_+)$ 或 $i_L(0_+)$。电路在稳态时，电容、电感可分别作开路和短路处理。$u_C(0_+)$、

$i_L(0_+)$ 常被称为电路的独立初始条件。

2) 导出量的初始值

画出 $t=0_+$ 时的等效电路,其中将电容或电感分别用电压源 $u_C(0_+)$ 或电流源 $i_L(0_+)$ 等效,可求出在 $t=0_+$ 时电路中电阻的电压或电流、电容电流、电感电压等的初始值。它们称为电路的非独立初始条件,在换路时这些变量可以发生跃变,所以不能由这些变量在 $t=0_-$ 时的值来确定其在 $t=0_+$ 时的初始值。

【例 5.1】 如图 5-10(a)所示电路,$t=0$ 时换路,S 闭合前电路已达稳态,试求开关 S 闭合后电路的初始值 $u_C(0_+)$,$i_C(0_+)$,$u_L(0_+)$,$i_L(0_+)$。

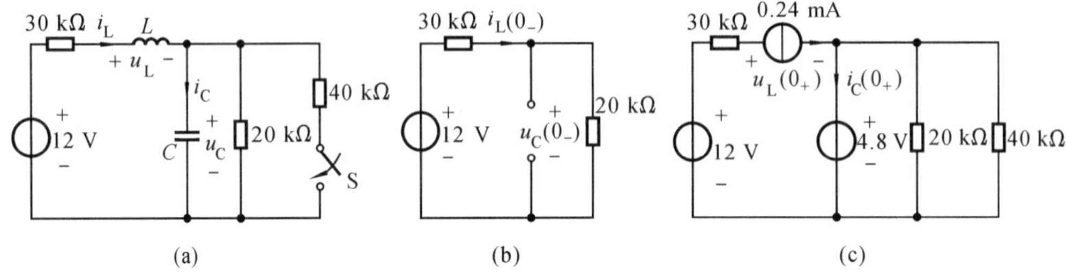

图 5-10 例 5-1 图

解 (1)求 $t=0_-$ 时的独立初始条件,画等效电路如图 5-10(b)所示。

$$i_L(0_-)=\frac{12}{30\times10^3+20\times10^3}\ \text{A}=0.24\ \text{mA}$$

$$u_C(0_-)=\frac{12}{30\times10^3+20\times10^3}\times20\times10^3\ \text{V}=4.8\ \text{V}$$

由换路定律可得

$$u_C(0_+)=u_C(0_-)=4.8\ \text{V},\quad i_L(0_+)=i_L(0_-)=0.24\ \text{mA}$$

(2) 求 $t=0_+$ 时的非独立初始条件,画等效电路如图 5-10(c)所示。由电阻电路的分析方法知

$$u_L(0_+)=(12-4.8-30\times10^3\times0.24\times10^{-3})\ \text{V}=0$$

$$i_C(0_+)=\left(0.24-\frac{4.8}{20}-\frac{4.8}{40}\right)\ \text{mA}=-0.12\ \text{mA}$$

5.4 一阶电路零输入响应

若动态电路换路后无外加电源激励,在动态元件的初始值作用下,电路中会产生响应,使支路变量不为零。这种在外加输入为零,仅由电路的非零初始条件所引起的响应称为零输入响应,其实质就是储能元件释放能量的过程。无源一阶 RL 和 RC 电路如图 5-11 所示。此时,电路的电容电压和电感电流初始值不为零。

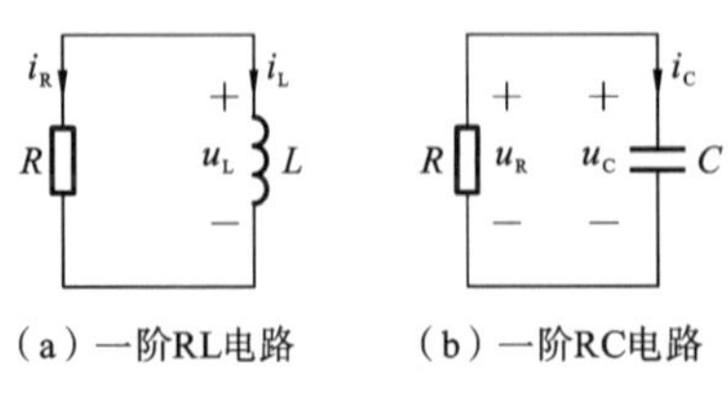

图 5-11 无源一阶 RL 和 RC 电路

当电路外加激励为零时,由一阶电路的全响应公式(5-22),可得一阶电路的零输入响应为

$$x(t)=\mathrm{e}^{-\frac{t-t_0}{\tau}}x(t_0)\quad(t\geqslant t_0)\qquad(5\text{-}30)$$

RC 电路中,时间常数 $\tau=RC$。RL 电路中,

时间常数 $\tau = GL = L/R$。

对于更一般的电路，那些包含多个电阻和受控源的电路，可以用电感或电容端口的戴维宁等效电阻来代替 R。

【例 5.2】 如图 5-12(a)所示电路，$t=0$ 时刻换路，开关 S 由 A 投向 B，在此之前电路已达稳态，求 $t \geqslant 0$ 时电感上的电流 i_L 和电压 u_L。已知 $R_1 = R_2 = 20\ \Omega, L = 1\ \text{H}, U_0 = 10\ \text{V}$。

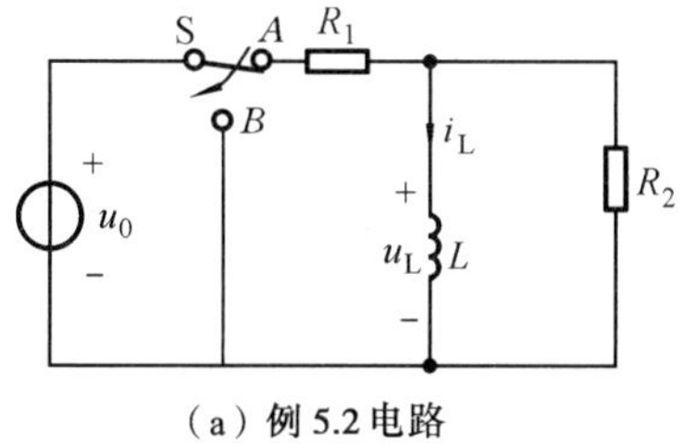

(a) 例 5.2 电路

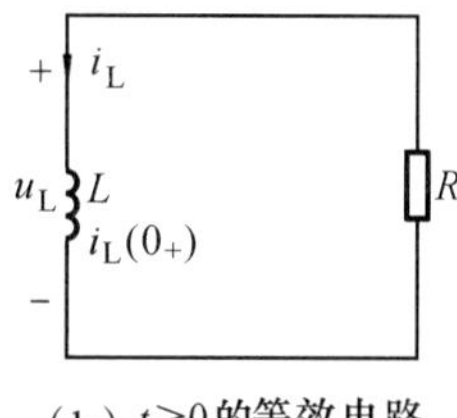

(b) $t \geqslant 0$ 的等效电路

图 5-12 例 5.2 图

解 $t=0_-$ 时，电感 L 看作短路，有

$$i_L(0_-) = \frac{u_0}{R_1} = \frac{10}{20}\ \text{A} = 0.5\ \text{A}$$

所以

$$i_L(0_+) = i_L(0_-) = 0.5\ \text{A}$$

图 5-4(b)所示的为 $t \geqslant 0$ 时的等效电路

$$\tau = \frac{L}{R_2} = \frac{1}{20}$$

所以

$$i_L = i_L(0_+)\text{e}^{-\frac{R_2}{L}t} = 0.5\text{e}^{-20t}\ \text{A} \quad (t \geqslant 0)$$

$$u_L = L\frac{\text{d}i_L}{\text{d}t} = -10\text{e}^{-20t}\ \text{V} \quad (t \geqslant 0)$$

零输入响应的衰减变化取决于电路时间常数 τ 的大小。表 5-1 列出了一阶 RL 电路经过不同时间之后电感电流的响应。可见，一阶 RL 电路的时间常数是电感电流下降为初始值的 36.8%所需要的时间。经过 3τ 时间，电感电流衰减到初始值的 5%左右。经过 5τ 时间，电感电流衰减到初始值的 0.67%。可以做出电感电流随时间变化的响应，如图 5-13 所示。因此，工程上认为，经过 $3\tau \sim 5\tau$，过渡过程结束。

表 5-1 一阶 RL 电路的电感电流响应

t	0	τ	2τ	3τ	4τ	5τ
$i_L = I_0\text{e}^{-\frac{t}{\tau}}$	I_0	$I_0\text{e}^{-1}$	$I_0\text{e}^{-2}$	$I_0\text{e}^{-3}$	$I_0\text{e}^{-4}$	$I_0\text{e}^{-5}$
	I_0	$0.368I_0$	$0.135I_0$	$0.0498I_0$	$0.0183I_0$	$0.00674I_0$

进一步，还可以得到不同时间常数的响应对比，如图 5-14 所示。显然，τ 大，意味着过渡过程时间长；反之，τ 小，意味着过渡过程时间短。读者可以结合电路响应和能量变化规律分析时间常数对过渡过程影响的原因。

对于所有这些例子，$\tau > 0$，响应是衰减指数，这是因为电阻作为热量耗散了最初储存在电感或电容器中的能量。当存在受控源时，等效电阻 R 可能为负，在这种情况下 $\tau < 0$。在这里负电阻向电路提供能量，无源响应将呈指数增长。

图 5-13 电感电流响应

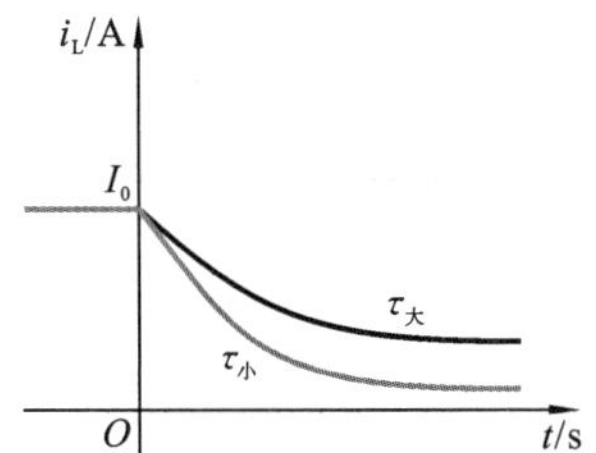

图 5-14 不同时间常数的响应对比

5.5 一阶电路零状态与全响应

若动态电路换路后有外加电源激励,且动态元件的电路的电容电压 $u_C(t_{0+})$ 和电感电流 $i_L(t_{0+})$ 初始值不为零,电路中会产生全响应。典型的含源一阶 RL 和 RC 电路如图 5-15 所示。

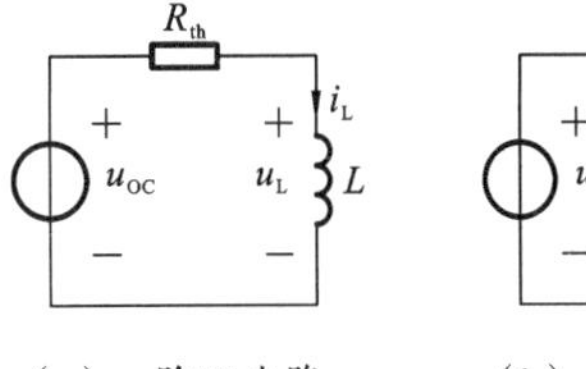

(a) 一阶RL电路 (b) 一阶RC电路

图 5-15 含源一阶 RL 和 RC 电路

由 KVL 和元件的 VCR,可以得到一阶电路的方程

$$\frac{di_L}{dt}=-\frac{R_{th}}{L}i_L+\frac{1}{L}u_{OC}$$

和

$$\frac{du_C}{dt}=-\frac{1}{R_{th}C}u_C+\frac{1}{R_{th}C}u_{OC}$$

这些方程具有相同的形式

$$\frac{dx(t)}{dt}=-\frac{1}{\tau}x(t)+F \tag{5-31}$$

对比式(5-19),可以看出当一阶电路的激励为直流电源时,$f(t)=F$,为一个由激励源决定的常数。由式(5-21)可得

$$\begin{aligned} x(t) &= e^{-\frac{t-t_0}{\tau}}x(t_{0+})+\int_{t_0}^{t}e^{-\frac{t-q}{\tau}}F\,dq \\ &= e^{-\frac{t-t_0}{\tau}}x(t_{0+})+F\tau(1-e^{-\frac{t-t_0}{\tau}}) \\ &= F\tau+[x(t_{0+})-F\tau]e^{-\frac{t-t_0}{\tau}} \end{aligned} \tag{5-32}$$

当一阶电路再次达到稳态时,可以设时间变量 $t\to\infty$,可得

$$x(\infty)=\lim_{t\to\infty}x(t)=\lim_{t\to\infty}\{F\tau+[x(t_{0+})-F\tau]e^{-\frac{t-t_0}{\tau}}\}=F\tau \tag{5-33}$$

因此,可得一阶电路的全响应

$$x(t)=x(\infty)+[x(t_{0+})-x(\infty)]e^{-\frac{t-t_0}{\tau}} \quad (t\geqslant t_0) \tag{5-34}$$

式(5-34)也被称为一阶电路的三要素公式。这种只要已知电路的三要素 $x(t_{0+})$、τ 和 $x(\infty)$,就能求解一阶电路全响应的方法称为三要素法。三要素法是一种求解一阶电路的简便方法,可用于求解电路中任一变量(状态和非状态)的零输入响应和直流作用下的零状态响应、全响应。

特别的,当换路之后的电路初始状态 $u_C(t_{0+})$ 或 $i_L(t_{0+})$ 为零时,仅由初始时刻施加于电路的外加输入作用引起的响应,称为零状态响应。

$$x(t)=x(\infty)(1-e^{-\frac{t-t_0}{\tau}}) \quad (t\geqslant t_0) \tag{5-35}$$

【例 5.3】 如图 5-16(a)所示电路，已知 $I_0=0.5\ \text{A}$，$R_1=10\ \Omega$，$R_2=20\ \Omega$，$C=0.1\ \text{F}$，求 $t\geqslant 0$ 时的零状态响应 u_C。

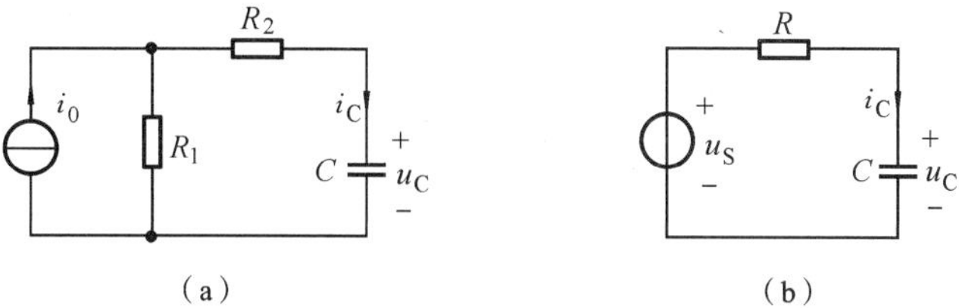

图 5-16 例 5.3 图

解 由戴维宁定理将电路等效成图 5-16(b)所示电路，其中

$$u_S=i_0R_1=0.5\times 10\ \text{V}=5\ \text{V},\quad R=R_1+R_2$$

$$u_C(\infty)=u_S=5\ \text{V}$$

$$\tau=RC=3\ \text{s}$$

$$u_C=5-5\text{e}^{-\frac{t}{3}}=5(1-\text{e}^{-\frac{t}{3}})\ \text{V}\quad (t\geqslant 0)$$

【例 5.4】 如图 5-17(a)所示电路，$u_0=10\ \text{V}$，$R_1=R_2=30\ \Omega$，$R_3=20\ \Omega$，$L=1\ \text{H}$。已知 $t=0$ 时开关 S 闭合，开关闭合前电路已达稳态，求开关闭合后各支路电流。

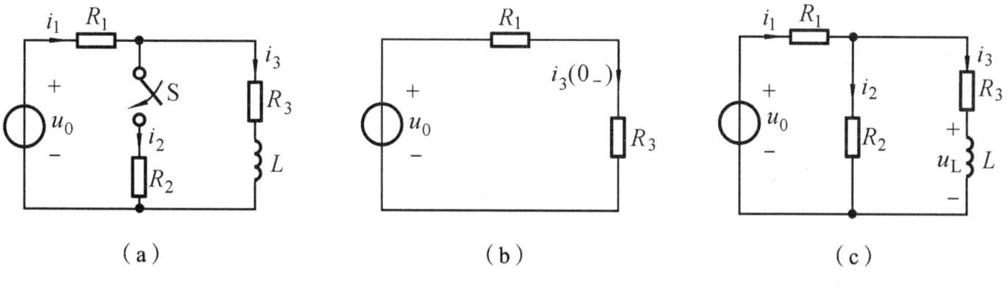

图 5-17 例 5.4 图

解 图 5-17(b)所示电路为图 5-17(a)所示电路在 $t=0_-$ 时的等效电路，电感电流的初始值为

$$i_3(0_+)=i_3(0_-)=\frac{u_0}{R_1+R_3}=\frac{10}{30+20}\ \text{A}=0.2\ \text{A}$$

而当 $t\geqslant 0_+$ 时的等效电路如图 5-17(c)所示，有

$$i_3(\infty)=\frac{u_0}{R_1+R_2//R_3}\times\frac{R_2}{R_2+R_3}=\frac{5}{35}\ \text{A}=0.143\ \text{A},\quad \tau=\frac{L}{R_{\text{eq}}}=\frac{L}{R_1//R_2+R_3}=\frac{1}{35}\ \text{s}$$

根据三要素法

$$i_3=i_3(\infty)+[i_3(0_+)-i_3(\infty)]\text{e}^{-\frac{t}{\tau}}=0.143+0.057\text{e}^{-35t}\ \text{A}\quad (t\geqslant 0)$$

在电路图 5-17(c)中，由 KVL、KCL 得

$$R_1i_1+R_2(i_1-i_3)=u_0$$

代入已求得的 i_3，整理可得

$$i_1=0.238+0.029\text{e}^{-35t}\ \text{A}\quad (t\geqslant 0)$$

所以

$$i_2=i_1-i_3=0.095-0.028\text{e}^{-35t}\ \text{A}\quad (t\geqslant 0)$$

此处 i_1 和 i_2 也可以直接通过三要素法求得，只不过在求解时需要注意，i_1 和 i_2 的初始值要在 0_+ 时刻的等效电路中求解。读者可以自行尝试。

【例 5.5】 如图 5-18(a)所示电路,已知 $u_C(0_-)=0$,$R_1=R_2=10\ \Omega$,$C=0.1\ \text{F}$,$I_0=1\ \text{A}$,在 $t=0$ 时 S_1 打开,在 $t=1$ s 时 S_2 闭合,求 $t\geqslant 0$ 的电容电压 u_C 的波形。

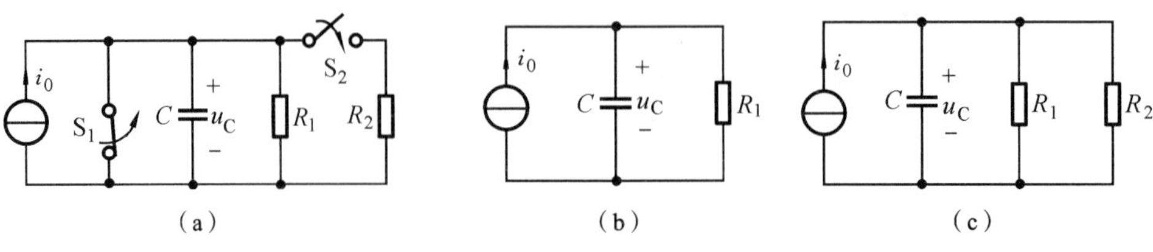

图 5-18　例 5.5 图

解　(1) 在 $t=0$ 时 S_1 打开,等效电路如图 5-18(b)所示,此时的响应为零状态响应,则

$$u_C(\infty)=R_1 i_0=10\ \text{V},\quad \tau_1=R_1C=1$$

所以
$$u_C=10(1-e^{-t})\ \text{V},\quad (0_+\leqslant t\leqslant 1_-)$$

(2) 图 5-18(c)所示电路是在 $t=1$ s 时 S_2 闭合的等效电路,此时所求响应为全响应,其初始值 $u_C(1_+)$ 和稳态值分别为

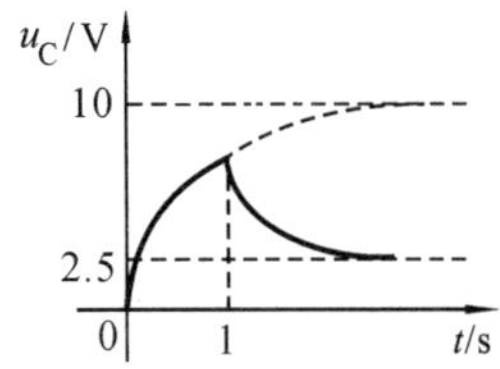

图 5-19　例 5.5 图的波形

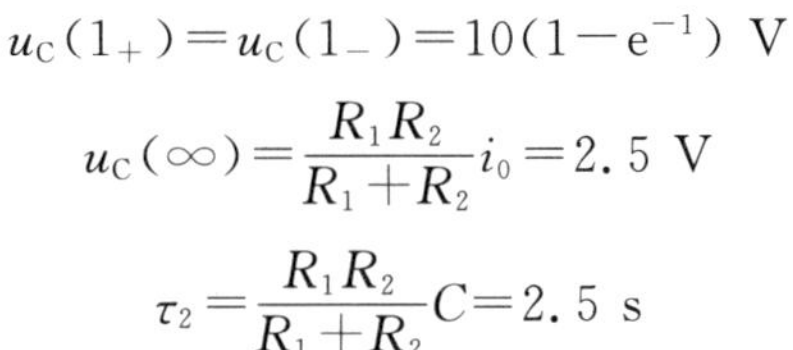

$$u_C(1_+)=u_C(1_-)=10(1-e^{-1})\ \text{V}$$

$$u_C(\infty)=\frac{R_1R_2}{R_1+R_2}i_0=2.5\ \text{V}$$

$$\tau_2=\frac{R_1R_2}{R_1+R_2}C=2.5\ \text{s}$$

所以
$$u_C(t)=2.5+[10(1-e^{-1})-2.5]e^{-\frac{t-1}{2.5}}\ \text{V}$$

电压 u_C 的变化波形如图 5-19 所示。

5.6　一阶电路的阶跃响应与冲激响应

当分析动态电路时,常引入奇异函数,以方便描述电路的激励和响应。

1. 阶跃函数

单位阶跃函数是一种奇异函数,用 $\varepsilon(t)$ 表示,其定义为

$$\varepsilon(t)=\begin{cases}0, & t<0\\ 1, & t\geqslant 0\end{cases}\tag{5-36}$$

波形如图 5-20(a)所示,在 $t=0$ 时刻函数值从 0 跃变到 1。若阶跃发生在 $t=t_0$ 处,则此时的函数称为延时单位阶跃函数,用 $\varepsilon(t-t_0)$ 表示,其定义式为

$$\varepsilon(t)=\begin{cases}0, & t<t_0\\ 1, & t\geqslant t_0\end{cases}\tag{5-37}$$

其波形如图 5-20(b)所示。

利用单位阶跃函数的特点,可以很方便地将有开关的电路用一个无开关的电路来等效表示。

如图 5-18(a)所示电路,在引入了 $\varepsilon(t)$ 后,可以简化为图 5-21 所示电路。而前面所求的零输入响应和零状态响应也无须在后面注明 $t\geqslant 0$,直接将响应乘以 $\varepsilon(t)$ 即可表示响应作用的时域。

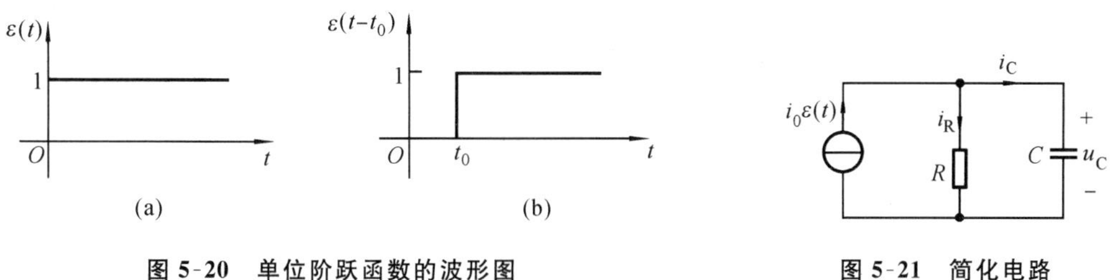

图 5-20　单位阶跃函数的波形图　　　　图 5-21　简化电路

2. 阶跃响应

电路在单位阶跃函数激励下产生的零状态响应称为单位阶跃响应，用 $s(t)$ 表示。若电路的输入是幅度为 A 的阶跃函数，由电路的零状态比例性可知此时的零状态响应为 $As(t)$。另外，线性定常电路还具有非时变的性质，在 $\varepsilon(t-t_0)$ 作用下的零状态响应为 $s(t-t_0)$。

3. 冲激函数

单位冲激函数也是一种奇异函数，用 $\delta(t)$ 表示，其定义为

$$\begin{cases}\delta(t)=0, \quad t\neq 0\\ \displaystyle\int_{-\infty}^{\infty}\delta(t)\mathrm{d}t=1\end{cases} \tag{5-38}$$

它是发生在 $t=0$ 时刻，作用时间趋近于零，幅度无穷大，冲激所围面积为 1，即冲激强度为 1 的一个奇异函数。在工程上，通过把一个面积为 1 的矩形脉冲的作用时间趋近于零，可近似得到 $\delta(t)$ 值。$\delta(t)$ 的波形如图 5-22(a) 所示，图 5-22(b) 所示的为发生在 $t=t_0$ 时刻，冲激强度为 A 的冲激函数 $A\delta(t)$。$\delta(t-t_0)$ 可用图 5-22(c) 所示波形表示。

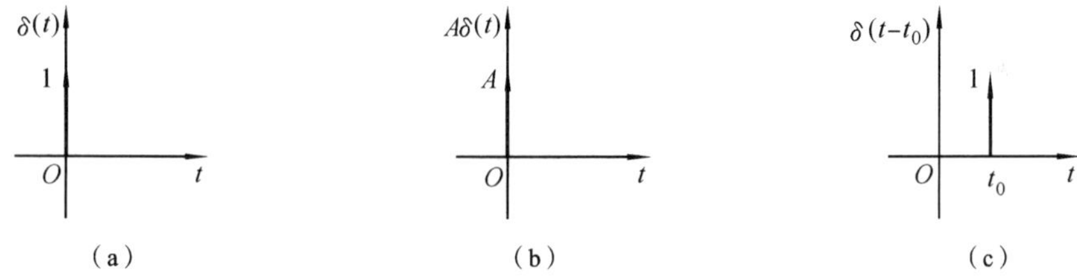

图 5-22　单位冲激函数的波形图

冲激函数具有如下性质。

(1) 由冲激函数和阶跃函数的定义，两奇异函数存在以下关系：

$$\delta(t)=\frac{\mathrm{d}\varepsilon(t)}{\mathrm{d}t}$$

(2) 冲激函数的筛选性质。

当 $t\neq 0$ 时，单位冲激函数为零，则对任意 $t=0$ 处连续的函数 $f(t)$ 有 $f(t)\delta(t)=f(0)\delta(t)$，故有

$$\int_{-\infty}^{\infty}f(t)\delta(t)\mathrm{d}t=f(0)\int_{-\infty}^{\infty}\delta(t)\mathrm{d}t=f(0)$$

由此可推导出，对任意一个在 $t=t_0$ 处连续的函数 $f(t)$ 有

$$\int_{-\infty}^{\infty}f(t)\delta(t-t_0)\mathrm{d}t=f(t_0)\int_{-\infty}^{\infty}\delta(t-t_0)\mathrm{d}t=f(t_0)$$

即冲激函数可以把一个函数在冲激发生那一时刻的值筛选出来。

4. 冲激响应

单位冲激函数 $\delta(t)$ 激励零状态电路所产生的响应称为单位冲激响应,用 $h(t)$ 表示。

使用时域法求解电路的冲激响应可以分为两步:先求冲激函数给动态元件带来的初始值;然后冲激消失,求由初始值引起的零输入响应。

在后面即将学习的电路复频域分析方法中,还可以利用拉普拉斯变换求解一阶电路的冲激响应。

5.7 二阶电路的基本概念

从电路结构上看,二阶电路通常只含有二个或等效为二个的动态元件,可以用二阶微分方程来描述。

为了更好地理解二阶电路的工作原理,可以从最简单的二阶电路——无源 LC 电路开始。如图 5-23 所示,开关 S 在 A 端保持很长时间后,转向 B 端,初始电压为 U_0 的电容将通过电感元件放电。

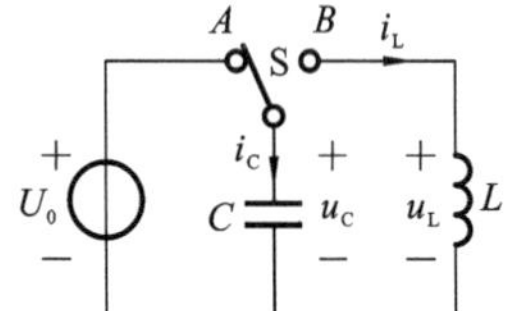

图 5-23 LC 电路

由电容和电感的 VCR 可以列写 LC 电路的方程,有

$$i_C = C\frac{du_C}{dt} = -i_L \tag{5-39}$$

$$u_L = L\frac{di_L}{dt} = u_C \tag{5-40}$$

将式(5-39)和式(5-40)互相代入,分别可以得到以 u_C 和 i_L 为变量的微分方程,

$$\frac{d^2u_C}{dt^2} = -\frac{1}{LC}u_C \tag{5-41}$$

$$\frac{d^2i_L}{dt^2} = -\frac{1}{LC}i_L \tag{5-42}$$

对比正弦函数和余弦函数的求导特点,可以设方程(5-41)和方程(5-42)的解为

$$u_C(t) = K_1\cos(\omega t + \theta_1) \tag{5-43}$$

$$i_L(t) = K_2\cos(\omega t + \theta_2) \tag{5-44}$$

将式(5-43)代入方程(5-41),可得

$$\frac{d^2u_C}{dt^2} = -K\omega^2\cos(\omega t + \theta) = -\omega^2 u_C$$

因此

$$\omega^2 = \frac{1}{LC},\quad \omega = \frac{1}{\sqrt{LC}}$$

K_1,K_2,θ_1 和 θ_2 为待定常数,需要通过方程和电路初始值求解。

$$u_C(0_+) = K\cos\theta = U_0$$

$$u'_C(0_+) = -\omega K\sin\theta = \frac{1}{C}i_C(0_+) = -\frac{1}{C}i_L(0_+) = 0$$

$$\theta = 0,\quad K = u_0$$

$$u_C(t) = u_0\cos\left(\frac{t}{\sqrt{LC}}\right) \tag{5-45}$$

同理可得

$$i_L(t) = u_0\sqrt{\frac{C}{L}}\sin\left(\frac{t}{\sqrt{LC}}\right) \tag{5-46}$$

利用 MULTISIM 软件对 LC 电路建模并分析响应波形，如图 5-24 所示。

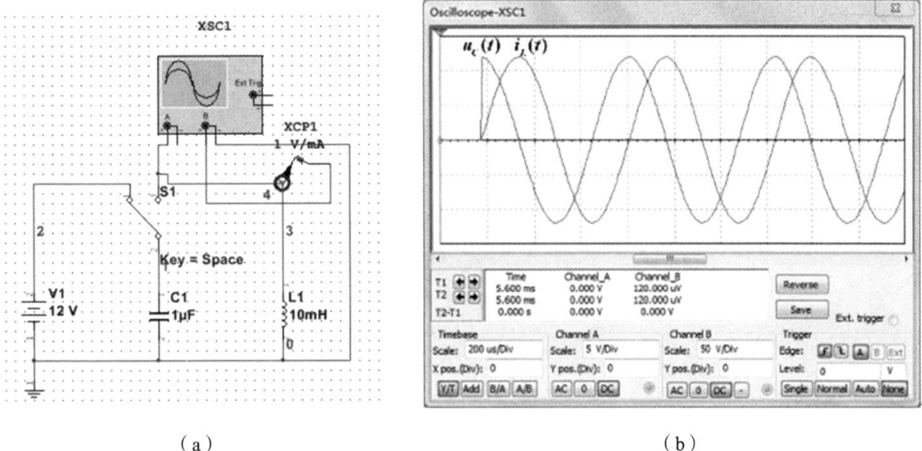

（a） （b）

图 5-24 LC **电路原理图与响应波形**

分析电容电压和电感电流的响应，可以得到如下结论。

（1）对于无源 LC 电路，电压和电流响应是角频率等于$\dfrac{1}{\sqrt{LC}}$的正弦波，由于正弦振荡的峰值振幅没有衰减，所以电路被称为无阻尼电路。

（2）频率 ω 仅取决于 L 和 C 的值，而振幅 K 和相位角 θ 取决于电容电压和电感电流的初始值。

（3）虽然储存在电容器中的能量 $W_C(t)$ 和储存在电感器中的能量 $W_L(t)$ 都随时间变化而变化，但它们的总和是恒定的。储存在电感器磁场中的能量和储存在电感器电场中的能量是持续交换的，这是由于电路中没有电阻元件消耗能量。

从理论上讲，产生正弦波形的最简单的电路是 LC 电路。这种电子电路是一种理想化的振荡器电路。振荡器电路在许多通信和仪器系统中发挥着重要的作用。

实际电路中，耗能元件电阻总是存在的，因而更一般的二阶电路是 RLC 电路。

5.8 二阶电路的零输入响应

当二阶电路中没有外加激励，仅由电容电压和电感电流初始值产生的响应为零输入响应。典型的无源二阶电路有二阶串联 RLC 电路和二阶并联 RLC 电路，如图 5-25 所示。

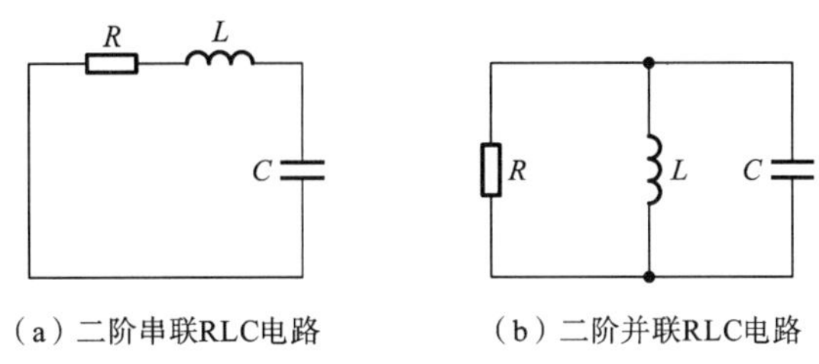

（a）二阶串联RLC电路 （b）二阶并联RLC电路

图 5-25 典型无源二阶电路

图 5-25(a)中,由 KVL 可得

$$u_R+u_L+u_C=0$$

若选择电容电压 u_C 为变量,代入电容和电感的 VCR,则

$$Ri_C+L\frac{di_C}{dt}+u_C=0$$

$$\frac{d^2u_C}{dt^2}+\frac{R}{L}\frac{du_C}{dt}+\frac{1}{LC}u_C=0 \tag{5-47}$$

若选择电感电流为 i_L 变量,代入电容和电感的 VCR,则

$$Ri_L+L\frac{di_L}{dt}+\frac{1}{C}\int_{-\infty}^{t}i_L(\xi)d\xi=0$$

$$\frac{d^2i_L}{dt^2}+\frac{R}{L}\frac{di_L}{dt}+\frac{1}{LC}i_L=0 \tag{5-48}$$

同理,在图 5-25(b)中,由 KCL 可得

$$i_R+i_L+i_C=0$$

若选择电感电流 i_L 为变量,代入电容和电感的 VCR,则

$$\frac{u_L}{R}+i_L+C\frac{du_L}{dt}=0$$

$$\frac{d^2i_L}{dt^2}+\frac{1}{RC}\frac{di_L}{dt}+\frac{1}{LC}i_L=0 \tag{5-49}$$

若选择电容电压 u_C 为变量,代入电容和电感的 VCR,则

$$\frac{u_C}{R}+\frac{1}{L}\int_{-\infty}^{t}u_C(\xi)d\xi+C\frac{du_C}{dt}=0$$

$$\frac{d^2u_C}{dt^2}+\frac{1}{RC}\frac{du_C}{dt}+\frac{1}{LC}u_C=0 \tag{5-50}$$

观察二阶微分方程(5-47)、方程(5-48)、方程(5-49)和方程(5-50),可以发现无论是串联还是并联的 RLC 电路的微分方程都具有相同的形式

$$\frac{d^2x}{dt^2}+b\frac{dx}{dt}+cx=0 \tag{5-51}$$

串联 RLC 电路中,$b=\frac{R}{L}=\frac{1}{GL}$,$c=\frac{1}{LC}$;并联 RLC 电路中,$b=\frac{1}{RC}$,$c=\frac{1}{LC}$。

对于二阶电路的微分方程,还需要电路变量的初始值才能确定待定常数,此处,可以设

$$u_C(0_+)=u_C(0_-)=u_0,\quad i(0_+)=i_L(0_-)=i_0 \tag{5-52}$$

接下来,讨论二阶微分方程解的一般形式,令 $x(t)=Ke^{st}$,代入式(5-51),得

$$K\frac{d^2e^{st}}{dt^2}+bK\frac{de^{st}}{dt}+cKe^{st}=Ke^{st}(s^2+bs+c)=0$$

其中 $s^2+bs+c=0$,称为二阶电路的特征方程,其解为二阶电路的特征根

$$s_1,s_2=\frac{-b\pm\sqrt{b^2-4c}}{2} \tag{5-53}$$

根据初等代数,二次方程(特征方程)依据判别式 $\Delta=b^2-4c$ 的取值是否大于、小于或等于零,可以有两个不同的实根、两个不同的共轭复根或两个重复(相等)根三种情况,需要分别讨论。

（1）$\Delta=b^2-4c>0$，特征方程有两个不相等的实数根，二阶微分方程解的一般形式为

$$x(t)=K_1\mathrm{e}^{s_1t}+K_2\mathrm{e}^{s_2t} \tag{5-54}$$

常数 K_1 和 K_2 取决于微分方程的初始条件，而初始条件取决于电路中的初始电压和电流。

$$x(0_+)=[K_1\mathrm{e}^{s_1t}+K_2\mathrm{e}^{s_2t}]\big|_{t=0_+}=K_1+K_2 \tag{5-55}$$

$$x'(0_+)=[K_1\mathrm{e}^{s_1t}+K_2\mathrm{e}^{s_2t}]'\big|_{t=0_+}=s_1K_1+s_2K_2 \tag{5-56}$$

联立式(5-55)和式(5-56)可以求得常数 K_1 和 K_2。

由于特征根 s_1 和 s_2 均为负数，无源二阶电路的响应会衰减至零，称为过阻尼响应(overdamped)。

依据判别式的条件，可知，串联 RLC 电路中有

$$b^2-4c=\frac{R^2}{L^2}-\frac{4}{LC}>0,\quad 即\ R>2\sqrt{\frac{L}{C}}$$

并联 RLC 电路中有

$$b^2-4c=\frac{1}{(RC)^2}-\frac{4}{LC}>0,\quad 即\ R>2\sqrt{\frac{C}{L}}$$

这是电路出现过阻尼响应的条件。可见，二阶电路的工作状态取决于电路本身的参数，与外加激励无关。

以一个串联 RLC 电路为例，设 $L=10\ \mathrm{mH}$，$C=1\ \mu\mathrm{F}$，$R=300\ \Omega$，可在 MULTISIM 软件中得到其相应波形，如图 5-26 所示。

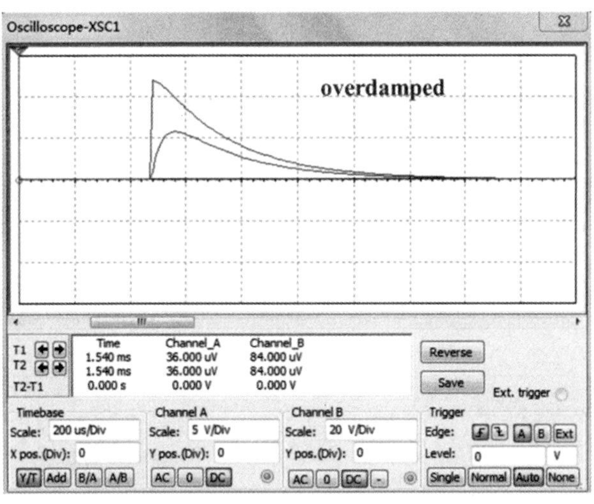

图 5-26　串联 RLC 电路的过阻尼响应

（2）$\Delta=b^2-4c<0$，特征方程有一对共轭的复数根：

$$s_1,s_2=\frac{-b\pm\sqrt{b^2-4c}}{2}=-\sigma\pm\mathrm{j}\omega_\mathrm{d}$$

其中，$\sigma=b/2$，$\omega_\mathrm{d}=\sqrt{4c-b^2}/2$。

二阶微分方程解的一般形式为

$$x(t)=\mathrm{e}^{-\sigma t}[A\cos(\omega_\mathrm{d}t)+B\sin(\omega_\mathrm{d}t)]=K\mathrm{e}^{-\sigma t}\cos(\omega_\mathrm{d}t+\theta) \tag{5-57}$$

其中，$K=\sqrt{A^2+B^2}$，$\theta=\arctan\dfrac{-B}{A}$。

常数 A 和 B 取决于微分方程的初始条件，而初始条件取决于电路中的初始电压和电流。

$$x(0_+)=\{\mathrm{e}^{-\sigma t}[A\cos(\omega_\mathrm{d}t)+B\sin(\omega_\mathrm{d}t)]\}|_{t=0_+}=A \tag{5-58}$$

$$\begin{aligned}x'(0_+)=&\{-\sigma\mathrm{e}^{-\sigma t}[A\cos(\omega_\mathrm{d}t)+B\sin(\omega_\mathrm{d}t)]\\&+\mathrm{e}^{-\sigma t}[-\omega_\mathrm{d}A\mathrm{sincos}(\omega_\mathrm{d}t)+\omega_\mathrm{d}B\cos(\omega_\mathrm{d}t)]\}|_{t=0_+}\\=&-\sigma A+\omega_\mathrm{d}B\end{aligned} \tag{5-59}$$

联立式(5-55)和式(5-56)可以求得常数 K_1 和 K_2。

由式(5-57)可知，无源二阶电路的响应式具有正弦函数的形式，产生的响应是一个逐渐衰减的振荡波形，称为欠阻尼响应(underdamped)。

依据判别式的条件，可知，串联 RLC 电路中有

$$b^2-4c=\frac{R^2}{L^2}-\frac{4}{LC}<0,\quad 即\ R<2\sqrt{\frac{L}{C}}$$

并联 RLC 电路中有

$$b^2-4c=\frac{1}{(RC)^2}-\frac{4}{LC}<0,\quad 即\ R<2\sqrt{\frac{C}{L}}$$

这是电路出现欠阻尼响应的条件。对比二阶电路的过阻尼响应条件，可以发现在串联 RLC 电路中，当 R 越大时，电路的响应衰减越快，这是因为电阻耗能越多的缘故。那么在并联电路中，该如何解释呢？

同样以一个串联 RLC 电路为例，设 $L=10\ \mathrm{mH}$，$C=1\ \mu\mathrm{F}$，$R=100\ \Omega$，可在 MULTISIM 软件中得到其相应波形，如图 5-27 所示。

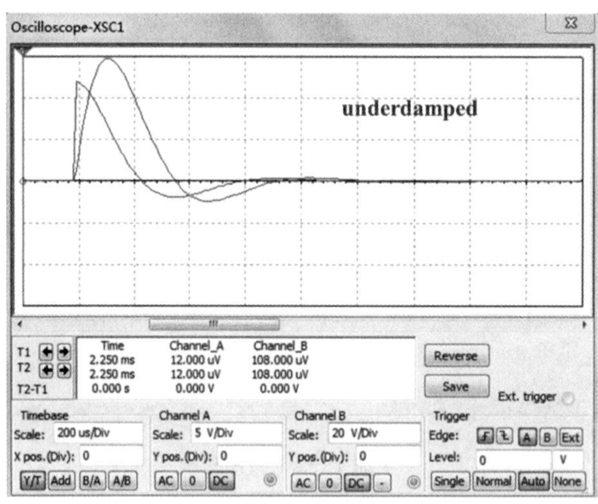

图 5-27　串联 RLC 电路的欠阻尼响应

(3) $\Delta=b^2-4c=0$，特征方程有两个相等的实数根，二阶微分方程解的一般形式为

$$x(t)=(K_1+K_2t)\mathrm{e}^{s_1t} \tag{5-60}$$

常数 K_1 和 K_2 取决于微分方程的初始条件，而初始条件取决于电路中的初始电压和电流。

$$x(0^+)=K_1 \tag{5-61}$$

$$x'(0^+)=s_1K_1+K_2 \tag{5-62}$$

联立式(5-61)和式(5-62)可以求得常数 K_1 和 K_2。

由于特征根 s_1 和 s_2 均为负数，无源二阶电路的响应会衰减至零，称为过阻尼响应。

依据判别式的条件，可知，串联 RLC 电路中有

$$b^2-4c=\frac{R^2}{L^2}-\frac{4}{LC}=0,\quad 即\ R=2\sqrt{\frac{L}{C}}$$

并联 RLC 电路中有

$$b^2-4c=\frac{1}{(RC)^2}-\frac{4}{LC}=0,\quad 即\ R=2\sqrt{\frac{C}{L}}$$

这种工作状态介于过阻尼和欠阻尼之间，称为临界阻尼状态(critically damped)。临界阻尼定义了过阻尼和欠阻尼之间的边界。这意味着，只要电路参数稍有变化，响应几乎总是会变为过阻尼或欠阻尼。

以一个串联 RLC 电路为例，设 $L=10\ \text{mH}$，$C=1\ \mu\text{F}$，$R=200\ \Omega$，可在 MULTISIM 软件中得到其相应波形，如图 5-28 所示。

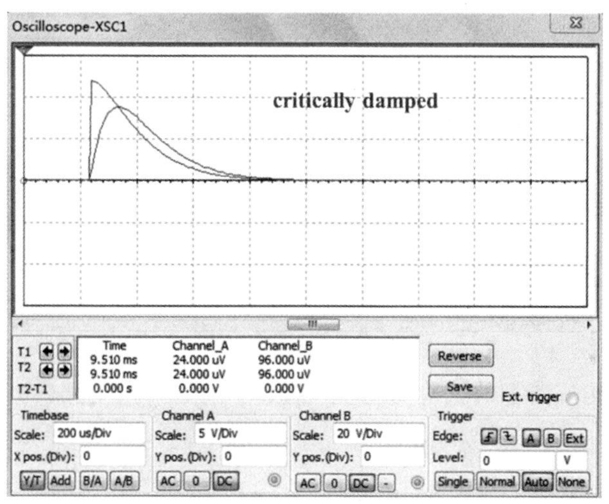

图 5-28 串联 RLC 电路的临界阻尼响应

“无阻尼”“欠阻尼”“过阻尼”和“临界阻尼”源于“阻尼”的直观概念。“无阻尼”二阶线性系统的无源响应，无论是电气的还是机械的，都具有恒定振幅的振荡响应(波形)。“阻尼”，由于系统元素消耗了能量，意味着系统能量的单调减少振荡幅度。在电路中，电阻产生阻尼效应。在机械系统中，摩擦引起阻尼。当阻尼刚好足以防止振荡，系统临界阻尼。较小的阻尼对应于欠阻尼情况，存在振荡但最终消失的地方。较大的阻尼对应于在过阻尼情况下，波形是非振荡的。

二阶电路时域法求解的一般步骤如下。

第一步，确定电路的微分方程模型(熟练之后，对于典型 RLC 串联和并联电路，此步骤可以省略)；

第二步，从微分方程模型出发，构造特征方程并用二次根公式求解特征根；

第三步，根据特征根的性质，确定解的一般形式，包含两个未知的参数；

第四步，利用电路的初始条件求出两个未知参数；

第五步,确定二阶电路的响应——电容电压 u_C 和电感电流 i_L。

【例 5.6】 如图 5-29 所示电路,换路前电路处于稳态。求 $t \geqslant 0$ 换路后电容的电压 u_C 和 i。已知:(1) $U_S=20\ V, R_S=13\ \Omega, R=7\ \Omega, L=1\ H, C=0.1\ F$;

(2) $U_S=20\ V, R_S=16\ \Omega, R=4\ \Omega, L=2\ H, C=0.1\ F$。

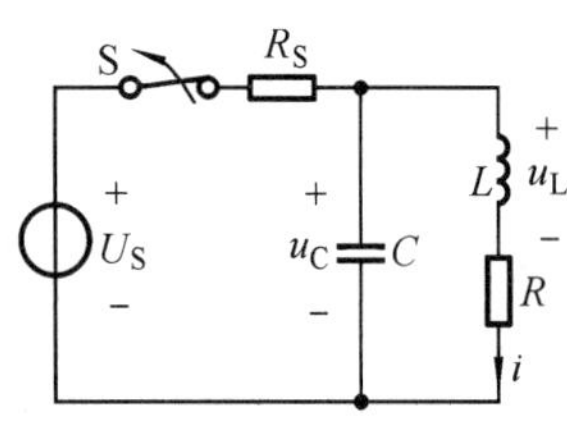

图 5-29 例 5.6 图

解 (1) 换路前电路已达稳态,则有

$$i_L(0_-)=\frac{U_S}{R_S+R}=\frac{20}{13+7}\ A=1\ A$$

$$u_C(0_-)=Ri_L(0_-)=7\ V$$

$t=0$ 时开关打开,构成典型的二阶 RLC 串联回路,直接列写二阶电路的特征方程

$$s^2+bs+c=s^2+\frac{7}{1}s+\frac{1}{1\times 0.1}=s^2+7s+10=0$$

特征根 $s_1=-2, s_2=-5$,方程解的一般形式为 $u_C=K_1e^{-2t}+K_2e^{-5t}$,为过阻尼响应。

$$u_C(0_+)=[K_1e^{s_1t}+K_2e^{s_2t}]\big|_{t=0_+}=K_1+K_2=7$$

$$u'_C(0_+)=\frac{i_C(0_+)}{C}=\frac{-i_L(0_+)}{C}=s_1K_1+s_2K_2=-2K_1-5K_2=-10$$

可得,$K_1=8.333, K_2=-1.333$,故

$$u_C=(8.333e^{-2t}-1.333e^{-5t})\varepsilon(t)\ V$$

$$i=-C\frac{du_C}{dt}=(1.667e^{-2t}-0.667e^{-5t})\varepsilon(t)\ A$$

(2) 换路前电路已达稳态,则有

$$i_L(0_+)=i_L(0_-)=\frac{U_S}{R_S+R}=\frac{20}{16+4}\ A=1\ A,\quad u_C(0_+)=u_C(0_-)=Ri_L(0_-)=4\ V$$

$t=0$ 时开关打开,构成典型的二阶 RLC 串联回路,列写二阶电路的特征方程

$$s^2+bs+c=s^2+\frac{4}{2}s+\frac{1}{2\times 0.1}=s^2+2s+5=0$$

特征根 $s_{1,2}=-1\pm j2$,方程解的一般形式为 $u_C=Ae^{-t}\cos 2t+Be^{-t}\sin 2t$,为欠阻尼响应。

$$u_C(0_+)=A=4$$

$$u'_C(0_+)=\frac{i_C(0_+)}{C}=\frac{-i_L(0_+)}{C}=-\sigma A+\omega_d B=-A+2B=-10$$

可得,$A=4, B=-3$,故

$$u_C=[5e^{-t}\sin(2t+126.87^\circ)]\varepsilon(t)\ V$$

$$i=-C\frac{du_C}{dt}=[1.12e^{-t}\sin(2t+63.42^\circ)]\varepsilon(t)\ A$$

5.9 二阶电路的全响应

上节研究了无源二阶线性网络。当存在独立源时,除了考虑输入影响的附加项外,网络微分方程类似于无源情况,如图 5-30 所示。

此时,二阶 RLC 电路的微分方程变为

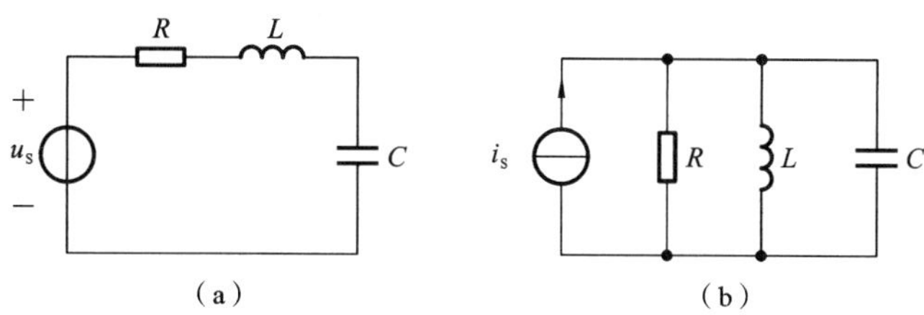

图 5-30 含源二阶 RLC 电路

$$\frac{d^2x}{dt^2}+b\frac{dx}{dt}+cx=f(x)=F \tag{5-63}$$

式中,F 代表由直流激励源产生的常数。二阶电路的微分方程变为非齐次方程,其解的一般形式为

$$x(t)=x_n(t)+X_F \tag{5-64}$$

其中,$x_n(t)$为对应的齐次二阶微分方程的通解,而 X_F 为非齐次二阶微分方程的特解。

对 $x_n(t)$的求解,第 5.7 节已经做过详细讨论。在实际电路中,当 $t\to\infty$时,无论是二阶电路的哪种响应,都有 $x_n(t)\to 0$,因此

$$t\to\infty,\quad x(t)=x_n(t)+X_F\to X_F$$

因此 $x(t)$趋向于 X_F。X_F 称为响应的最终值。

在方程(5-63)中,变量 $x(t)$代表电容电压或者电感电流。因此,X_F 要么是一个恒定的电容电压,要么是一个恒定的电感电流。如果电容电压恒定,则其电流为零,即为开路;同样,如果一个电感电流是恒定的,它的电压是零,即为短路。X_F 值可以通过分析所有电容器开路和所有电感器短路时产生的电阻网络得到,X_F 等于 $u_C(\infty)$或$i_L(\infty)$。

含源二阶 RLC 电路的响应同样可以分为三种。

(1) $\Delta=b^2-4c>0$,特征方程有两个不相等的实数根,产生的响应为过阻尼响应(overdamped)。二阶微分方程解的一般形式为

$$x(t)=K_1e^{s_1t}+K_2e^{s_2t}+X_F \tag{5-65}$$

常数 K_1和 K_2取决于微分方程的初始条件,而初始条件取决于电路中的初始电压和电流。

$$x(0_+)=[K_1e^{s_1t}+K_2e^{s_2t}]\big|_{t=0_+}=K_1+K_2+X_F \tag{5-66}$$

$$x'(0_+)=[K_1e^{s_1t}+K_2e^{s_2t}]'\big|_{t=0_+}=s_1K_1+s_2K_2 \tag{5-67}$$

联立式(5-66)和式(5-67)可以求得常数 K_1和 K_2。

依据判别式的条件,可知,串联 RLC 电路中有

$$b^2-4c=\frac{R^2}{L^2}-\frac{4}{LC}>0,\quad 即\ R>2\sqrt{\frac{L}{C}}$$

并联 RLC 电路中有

$$b^2-4c=\frac{1}{(RC)^2}-\frac{4}{LC}>0,\quad 即\ R>2\sqrt{\frac{C}{L}}$$

这是电路出现过阻尼响应的条件。可见,二阶电路的工作状态取决于电路本身的参数,与外加激励无关。这一结论与无源二阶电路是一致的。

(2) $\Delta=b^2-4c<0$,特征方程有一对共轭的复数根,产生的响应为欠阻尼响应(un-

derdamped),有

$$s_1, s_2 = \frac{-b \pm \sqrt{b^2-4c}}{2} = -\sigma \pm \mathrm{j}\omega_d$$

其中,$\sigma = b/2$,$\omega_d = \sqrt{4c-b^2}/2$。

二阶微分方程解的一般形式为

$$x(t) = \mathrm{e}^{-\sigma t}[A\cos(\omega_d t) + B\sin(\omega_d t)] + X_F = K\mathrm{e}^{-\sigma t}\cos(\omega_d t + \theta) + X_F \tag{5-68}$$

其中,$K = \sqrt{A^2+B^2}$,$\theta = \arctan\dfrac{-B}{A}$。

常数 A 和 B 取决于微分方程的初始条件,而初始条件取决于电路中的初始电压和电流。

$$x(0_+) = \{\mathrm{e}^{-\sigma t}[A\cos(\omega_d t) + B\sin(\omega_d t)]\}|_{t=0_+} = A + X_F \tag{5-69}$$

$$\begin{aligned} x'(0_+) &= \{-\sigma \mathrm{e}^{-\sigma t}[A\cos(\omega_d t) + B\sin(\omega_d t)] \\ &\quad + \mathrm{e}^{-\sigma t}[-\omega_d A\mathrm{sincos}(\omega_d t) + \omega_d B\cos(\omega_d t)]\}|_{t=0_+} \\ &= -\sigma A + \omega_d B \end{aligned} \tag{5-70}$$

联立式(5-69)和式(5-70)可以求得常数 A 和 B。

(3) $\Delta = b^2 - 4c = 0$,特征方程有两个相等的实数根,产生的响应为临界阻尼状态(critically damped)。二阶微分方程解的一般形式为

$$x(t) = (K_1 + K_2 t)\mathrm{e}^{s_1 t} \tag{5-71}$$

常数 K_1 和 K_2 取决于微分方程的初始条件,而初始条件取决于电路中的初始电压和电流。

$$x(0_+) = K_1 + X_F \tag{5-72}$$

$$x'(0_+) = s_1 K_1 + K_2 \tag{5-73}$$

联立式(5-72)和式(5-73)可以求得常数 K_1 和 K_2。

【例 5.7】 如图 5-31(a)所示电路,阶跃电流输入 $i_{in}(t) = \varepsilon(t)A$ 作用于并联 RLC 电路。初始条件为 $i_L(0)=0$ 和 $u_C(0)=0$。试在 R 分别取 500 Ω、25 Ω 和 20 Ω 三种不同情况下求解电感电流 $i_L(t)$。

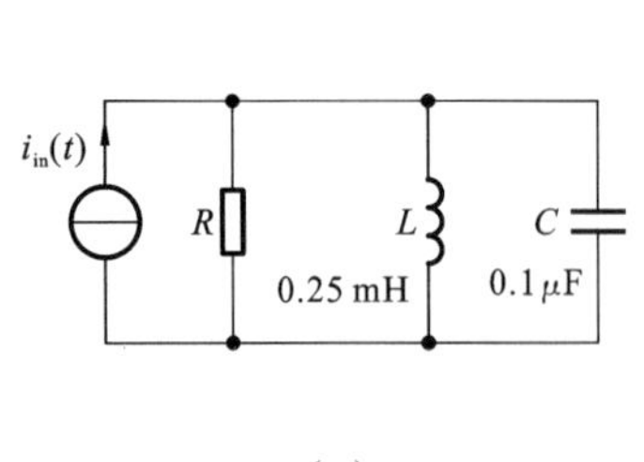

(a)

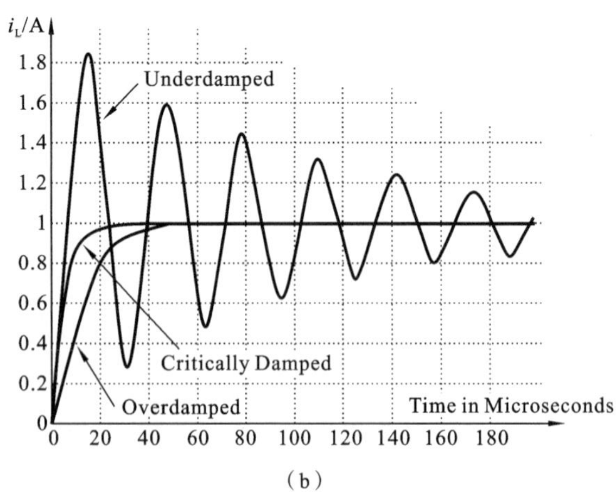

(b)

图 5-31　例 5.7 图

解　整理电路的初始条件和终态值,有

$$i_L(0)=0, \quad u_C(0)=0, \quad X_F = i_L(\infty) = 1\ \mathrm{A}$$

列写该并联 RLC 二阶电路的特征方程，有

$$s^2+\frac{1}{RC}s+\frac{1}{LC}=s^2+\frac{10^7}{R}s+4\times10^{10}=0$$

(1) $R=500\ \Omega$ 时，特征方程和特征根为

$$s^2+20000s+4\times10^{10}=0$$

$$s_{1,2}=-\sigma\pm j\omega_d=-1.0\times10^4\pm j1.9975\times10^5$$

欠阻尼响应

$$i_L(t)=e^{-\sigma t}[A\cos(\omega_d t)+B\sin(\omega_d t)]+X_F$$

代入初始值和终态值，有

$$i_L(0_+)=A+X_F=A+1=0,\quad 即\ A=-1$$

$$\frac{di_L(0_+)}{dt}=-\sigma A+\omega_d B=\frac{u_L(0_+)}{L}=\frac{u_C(0_+)}{L}=0,\quad 即\ B=\frac{\sigma A}{\omega_d}=-5.0063\times10^{-2}$$

二阶电路的响应为

$$i_L(t)=-e^{-10000t}[\cos(1.9975\times10^5 t)+5.0063\times10^{-2}\sin(1.9975\times10^5 t)]+1\ \text{A}\ (t\geqslant0)$$

(2) $R=25\ \Omega$ 时，特征方程和特征根为

$$s^2+4\times10^5 s+4\times10^{10}=0$$

$$s_{1,2}=-2.0\times10^5$$

临界阻尼响应

$$i_L(t)=(K_1+K_2t)e^{s_1t}+X_F$$

代入初始值和终态值，有

$$i_L(0_+)=K_1+X_F=K_1+1=0,\quad 即\ K_1=-1$$

$$\frac{di_L(0_+)}{dt}=s_1K_1+K_2=\frac{u_L(0_+)}{L}=\frac{u_C(0_+)}{L}=0,\quad 即\ K_2=-200000$$

二阶电路的响应为

$$i_L(t)=-(1+200000t)e^{-200000t}+1\ \text{A}\quad (t\geqslant0)$$

(3) $R=20\ \Omega$ 时，特征方程和特征根为

$$s^2+5\times10^5 s+4\times10^{10}=0$$

$$s_1=-1.0\times10^5,\quad s_2=-4.0\times10^5$$

过阻尼响应

$$i_L(t)=K_1e^{s_1t}+K_2e^{s_2t}+X_F$$

代入初始值和终态值，有

$$i_L(0_+)=K_1+K_2+X_F=K_1+K_2+1=0$$

$$\frac{di_L(0_+)}{dt}=s_1K_1+s_2K_2=\frac{u_L(0_+)}{L}=\frac{u_C(0_+)}{L}=0$$

故

$$K_1=-\frac{4}{3},\quad K_2=\frac{1}{3}$$

二阶电路的响应为

$$i_L(t)=-\frac{4}{3}e^{-100000t}+\frac{1}{3}e^{-400000t}+1\ \text{A}\quad (t\geqslant0)$$

三种不同情况下，并联 RLC 电路的响应波形如图 5-31(b)所示。

上例中，可以发现特征方程独立于电源值。这是常参数线性电路的一般性质。所

以,构造特征方程时可以在不失一般性的前提下将独立源置零,即独立的电压源变成短路和独立的电流源变成开路。通过这种操作,一些看似非串联/平行的电路会变成串联/并联电路。这使得我们可以很容易地列写特征方程,而不必显式地构造微分方程。

注意:本章介绍的二阶电路的时域分析方法,仅适用于典型的串联 RLC 电路和并联 RLC 电路。如果待求解的二阶电路不是这两种典型电路,需要依据实际电路列写二阶微分方程之后再按照上述方法求解,或者使用复频域分析法进行求解。

本章小结

电容元件和电感元件的电压-电流关系不是代数关系,而是微分或积分关系,因此称为动态元件。同时,电容元件和电感元件是储能元件,不消耗能量。电容元件储存电场能量,电感元件和耦合电感元件储存磁场能量。

电容元件的 VCR 满足 $i_{\mathrm{C}}=C\dfrac{\mathrm{d}u_{\mathrm{C}}}{\mathrm{d}t}$;电感元件的 VCR 满足 $u_{\mathrm{L}}=L\dfrac{\mathrm{d}i_{\mathrm{L}}}{\mathrm{d}t}$。

电容元件具有隔直流、通交流的特点;电感元件则具有隔交流、通直流的特点。

含储能元件的电路称为动态电路,只含有一个或等效一个动态元件,可以用一阶微分方程描述的电路称为一阶电路。

电路的零输入响应是指在外加激励为零,由储能元件的初始状态引起的响应,解的基本形式为指数形式,其变化规律取决于电路的时间常数 τ。基本一阶 RC、RL 电路的时间常数分别为 RC、L/R。一阶线性电路的零输入响应是初始状态的一个线性函数。

电路的零状态响应是指电路在零初始状态下,由外加激励作用引起的响应,函数形式取决于电路的外加激励和电路本身的固有性质。一阶线性电路的零状态响应是电路的外加激励的一个线性函数。

一阶线性电路的全响应是由电路的初始状态和外加激励同时作用于电路产生的,既可以分解为零输入响应和零状态响应之和,也可以分解为瞬态分量(自由响应)和稳态分量(强制响应)之和。

在直流电源作用下的一阶电路,求得任一变量的初始值、稳态值和电路的时间常数后,其全响应可以用三要素法快速求得,零输入响应和零状态响应是全响应的特殊情况。

能用二阶微分方程描述的动态电路称为二阶电路,线性定常二阶电路可以用线性非时变二阶微分方程来描述。

线性定常二阶电路的零输入响应实际上是在外加输入为零,由储能元件初始能量作用下的响应。按照方程特征根的不同性质可以将零输入响应分为过阻尼、临界阻尼和欠阻尼三种情况。在过阻尼和临界阻尼情况下,响应是非振荡放电;在欠阻尼情况下,响应是衰减振荡放电。

线性定常二阶电路的全响应实际上是在储能元件初始能量不为零,由外加输入作用下的响应。一般地,全响应由微分方程的齐次解和特解两部分构成。响应按照特征根的不同特性也可分为过阻尼、临界阻尼和欠阻尼三种情况。二阶电路的零状态响应是全响应的特殊情况。

自测练习题

1. 思考题

(1) 写出电容元件和电感元件的 VCR,并分别说明电容元件和电感元件的特性。

(2) 什么是一阶电路? 写出一阶电路微分方程的一般形式,并用积分因子法对方程求解,指出其中各项的物理意义。

(3) 什么是换路定律(continuity)? 换路定律的实质是什么?

(4) 什么是初始值? 如何确定一阶电路中的初始值?

(5) 一阶电路的响应可以分成哪几类? 它们有什么区别和联系?

(6) 什么是三要素法? 如何使用三要素法求解一阶电路?

(7) 什么是二阶电路? 典型的二阶电路有哪些结构?

(8) 二阶电路的响应有哪些类型? 这些响应是由什么因素决定的?

(9) 如何使用时域分析法求解二阶电路?

2. 填空题

(1) 流过 2 H 电感元件的电流为 $1.5t$ A,则 $t=2$ s 时,电感元件的储能为( )。

(2) 一阶电路的时间常数是零输入响应衰减到初始值的( )所需要的时间。时间常数 τ 是衡量电路过渡过程( )的物理量,它取决于电路( ),而与激励无关。

(3) 已知 $R=10\ \Omega, L=2$ H 的一阶电路,其时间常数( )。

(4) 一阶电路用三要素法(inspection method)进行暂态分析时,三要素指的是( ),( )和( )。

(5) 一阶 RC 电路的全响应为 $u_C(t)=10-6e^{-10t}$ V,初始状态不变而输入增加一倍,则全响应 $u_C(t)$为( )。

(6) 二阶电路电容电压的微分方程为$\frac{d^2u_C}{dt^2}+6\frac{du_C}{dt}+13u_C=0$,此电路属于( )阻尼状态。

(7) 电路如图 5-32 所示,二极管是理想的,电容初始电压为 u_0,电路中二极管此时能导通吗?

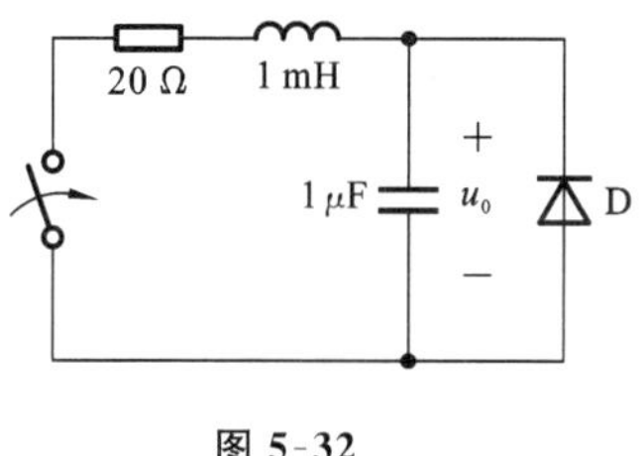

图 5-32

习　　题

5-1 图 5-33 所示的为一线性元件的电压、电流波形,判断该元件是什么元件? 它的电路参数是多少?

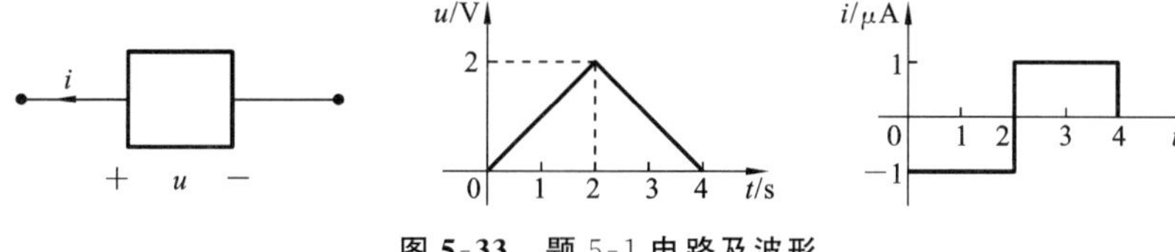

图 5-33 题 5-1 电路及波形

5-2 一个 1 F 的电容,已知电压为 $u=5t^2$,且在某一时刻的瞬时值为 20 V,该时刻电容的电流是多少,储能是多少?

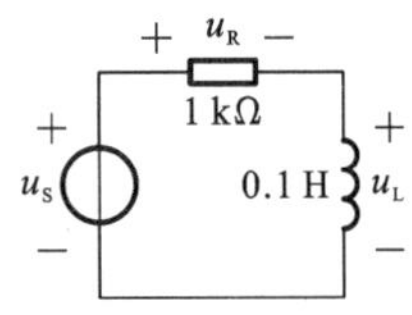

图 5-34　题 5-3 电路

5-3　电路如图 5-34 所示，若 $u_R(t)=\begin{cases}15(1-e^{-10^4 t}), & t\geqslant 0\\ 0, & t<0\end{cases}$，其中 u_R 单位为 V，t 的单位为 s。

(1) 求 $u_L(t)$；(2) 求电压源电压 $u_S(t)$。

5-4　电路如图 5-35 所示，简答：

(1) 各电路中是否会出现过渡过程(暂态过程)?

(2) 总结电路中出现过渡过程(暂态过程)的原因是什么。

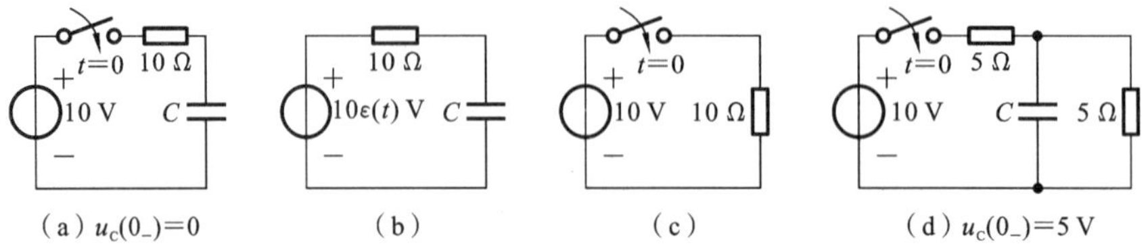

图 5-35　题 5-4 电路

5-5　电路如图 5-36 所示，开关闭合前电路已处于稳态，开关在 $t=0$ 时闭合，求电容中电流的初始值 $u_C(0_+)$ 和 $i_C(0_+)$。

5-6　电路如图 5-37 所示，开关打开前电路已处于稳态，在 $t=0$ 时开关 S 突然断开。求电感两端电压的初始值 $i_L(0_+)$ 和 $u_L(0_+)$。

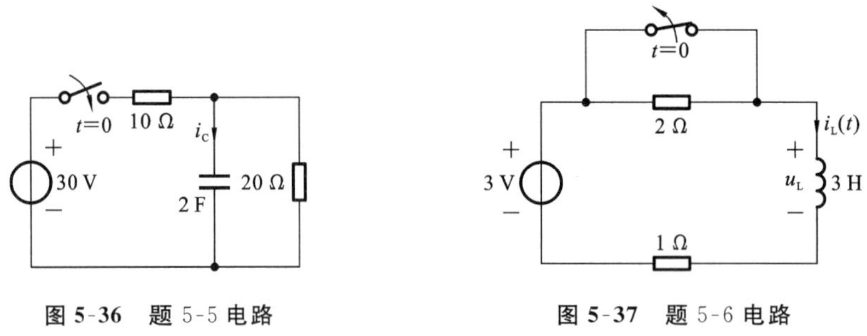

图 5-36　题 5-5 电路　　图 5-37　题 5-6 电路

5-7　电路如图 5-38 所示，开关闭合前电路已处于稳态，求开关闭合后 $u_C(0_+)$ 和 $u_C(\infty)$。

5-8　如图 5-39 所示，电路在换路之前已达稳态，试求开关闭合后，初始值 $i_L(0_+)$，$u_C(0_+)$，$u_L(0_+)$，$i_C(0_+)$。

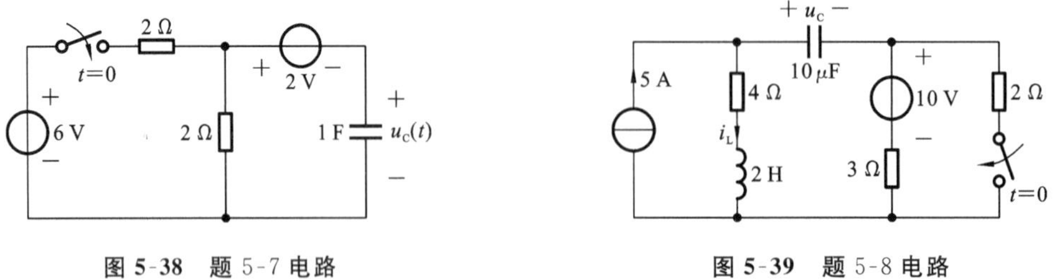

图 5-38　题 5-7 电路　　图 5-39　题 5-8 电路

5-9　求图 5-40 所示电路的时间常数。

5-10　求图 5-41 所示电路的时间常数。

5-11　在图 5-42 所示电路中，$u_C(0_-)=10$ V。(a) 若 $t=0.1$ s，$u_C(0.1)=10e^{-1}$

V,求 C;(b) 求 $u_C(t)$。

5-12 在图 5-43 所示电路中,$t=0$ 时刻开关 S 闭合。(1) 求 $u_C(0_+)$,$u_C(\infty)$,τ;(2) 画出 $t=0_+$ 时电路,求 $i_C(0_+)$;(3) 求 $t\geqslant 0$ 时 $u_C(t)$。

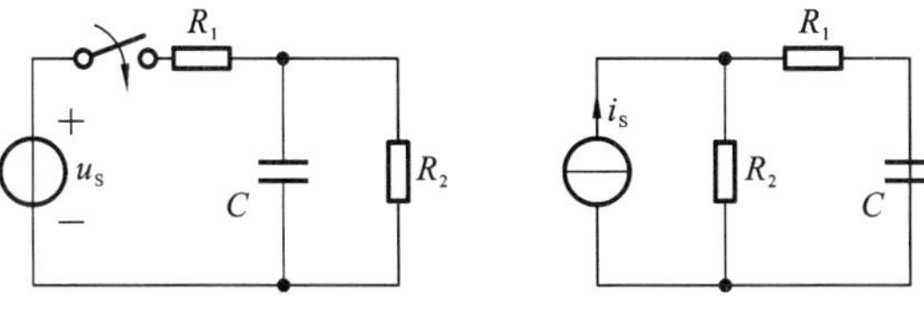

图 5-40 题 5-9 电路

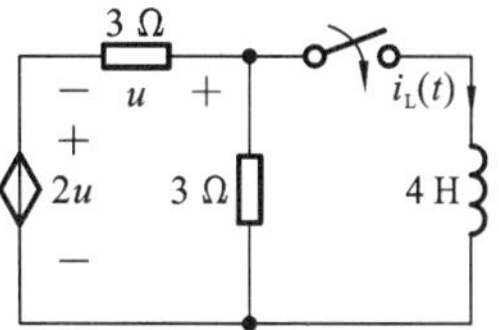

图 5-41 题 5-10 电路

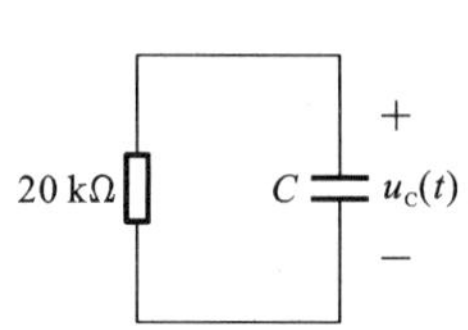

图 5-42 题 5-11 电路

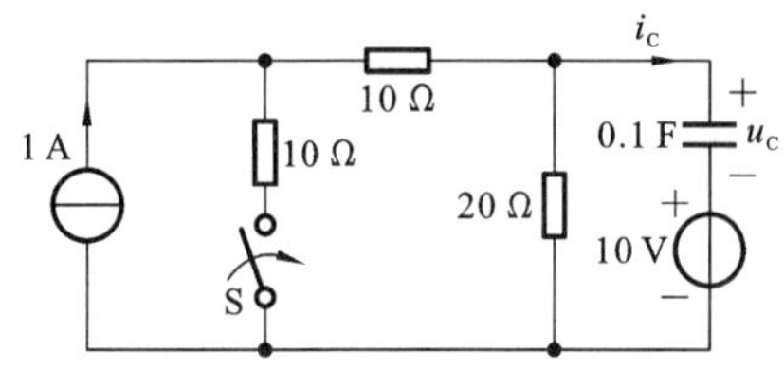

图 5-43 题 5-12 电路

5-13 在图 5-44 所示电路中,$t=0$ 时刻开关 S 打开。(1) 求 $i_L(0_+)$,$u_L(0_+)$和 $u_o(0_+)$;(2) 求 $t\geqslant 0$ 时 $u_o(t)$。

5-14 在图 5-45 所示电路中,$u_{in}(t)=-20\varepsilon(-t)+20\varepsilon(t)$ V。求 $u_C(0_-)$和 $t\geqslant 0$ 时 $u_C(t)$,并画出 $0\leqslant t\leqslant 40$ ms 时的 $u_C(t)$波形。

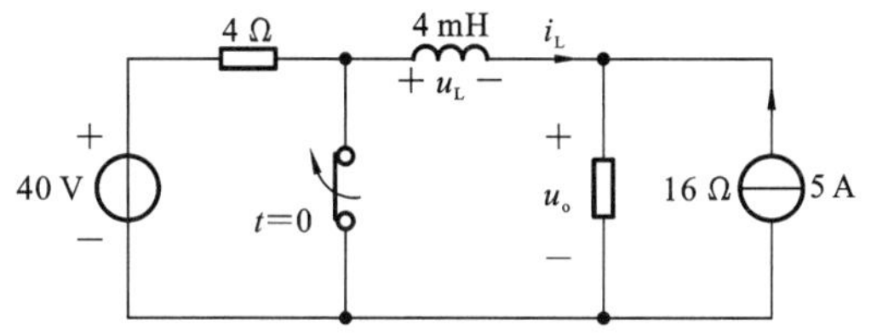

图 5-44 题 5-13 电路

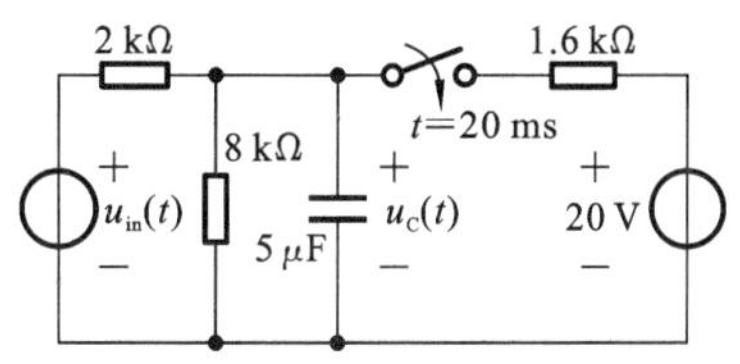

图 5-45 题 5-14 电路

5-15 RLC 串联电路如图 5-46 所示,若特征根为:

(1) $s_1=-1$、$s_2=-3$;

(2) $s_1=s_2=-2$;

(3) $s_1=-2+\mathrm{j}3$、$s_2=-2-\mathrm{j}3$;

(4) $s_1=\mathrm{j}2$、$s_2=-\mathrm{j}2$。

试写出各情况时零输入响应 $u_C(t)$的一般表达式。

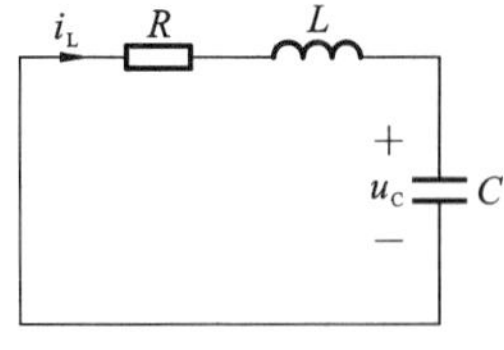

图 5-46 题 5-15 电路

5-16 在图 5-47 所示电路中,$t=0$ 时刻开关 S 由 A 端转向 B 端。(1)求 $t\geqslant 0$ 时$u_C(t)$;(2) 求 $i_L(0_+)$,$i_L(\infty)$和 $t\geqslant 0$ 时 $i_L(t)$。

5-17 电路如图 5-48 所示,$t=0$ 时刻开关 S 转向 b 端。求 $t\geqslant 0$ 时电容电压 u_C 和电感电流 i_L。

5-18 在图 5-48 所示电路中,求 $t\geqslant 0$ 时 $i_L(t)$。

5-19 如图 5-50 所示电路中,$t=0$ 时刻开关 S 打开。求 $t\geqslant 0$ 时 $i_L(t)$。

5-20 如图 5-51 所示电路中,电流 i 的响应可否产生振荡?

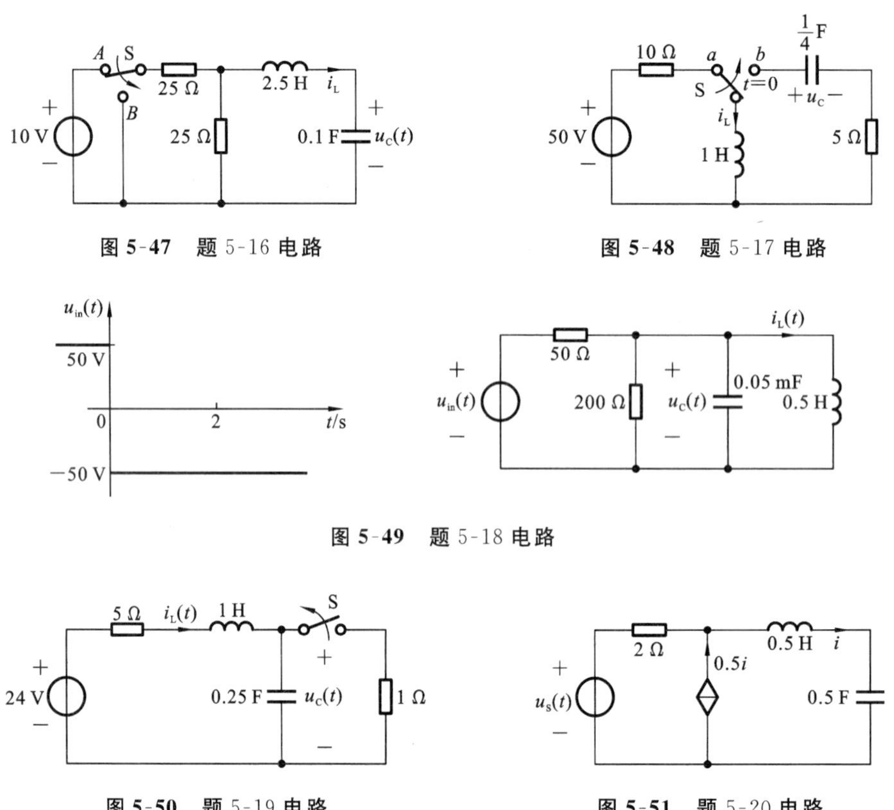

图 5-47 题 5-16 电路

图 5-48 题 5-17 电路

图 5-49 题 5-18 电路

图 5-50 题 5-19 电路

图 5-51 题 5-20 电路

应用分析案例

一阶电路的应用

动态电路的应用十分广泛，一阶动态电路常用来做直流电源的滤波、数字电路中的积分器、微分器、延时电路等。

一、RC 延迟电路

一阶 RC 电路可以提供不同的时间延迟，用作警示灯或感应灯延时关断以及各种电器的延时启动。

警示灯充有氖气，利用阴极辉光作信号指示，常用来维护道路安全，安装在警车、工程车、消防车、急救车等上面，或者用于机械、电力、机床、化工、电讯、船舶、冶金等电气控制电路中作控制信号连锁等。如图 5-52 所示的为常用警示灯外形图。

延迟电路原理如图 5-53 所示，由一阶 RC 电路以及一个与电容并联的氖光灯组成。氖光灯开路时不发光。当开关闭合时，电容器开始充电，当电容电压逐渐增大到一定值时，触发并联在 C 上的主电路，灯泡点亮，由于此时灯泡电阻较小，电容将通过灯泡放电，当电容电压下降到一定值时，灯泡再次开路，电容重新开始充电，反复充电—点亮—放电—灯灭—充电。

图 5-52　警示灯外形图

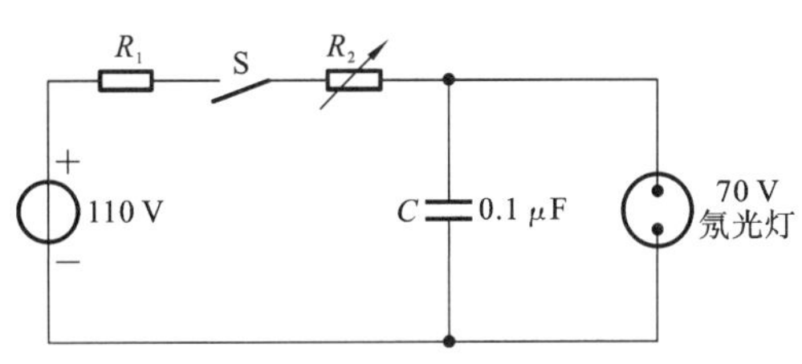

图 5-53　一阶 RC 延迟电路

这样利用一阶 RC 电路的电容器充放电过程，氖光灯呈现闪烁的效果，起到警示作用。通过调整 R_2 的阻值，可以得到不同的延迟时间的电路。

二、汽车启动电路

日常生活中常用的汽车启动电路的主要构成部分是一个典型的一阶 RL 电路。

汽油发动机的启动是由一对气隙电极组成的火花塞完成的，如图 5-54 所示的为常用火花塞。当火花塞的两个电极间产生几千伏特的高压时，电极气隙就会形成火花，从而点燃气缸中的油气混合物。显然仅通过供电电压 12 V 的汽车电池是无法达到的。

一阶 RL 电路中当开关断开时，电感电流快速变化，将引起高电压，从而在气隙中产生火花或电弧，通过火花塞，点燃气缸中的油气混合物，汽车的点火启动。

汽车点火电路原理如图 5-55 所示，其中 U_S 由汽车的蓄电池提供。设电感为零初始状态，当点火开关闭合时，流过电感器的电流为零状态响应

$$i_L(t)=\frac{U_S}{R}(1-e^{-\frac{t}{\tau}})$$

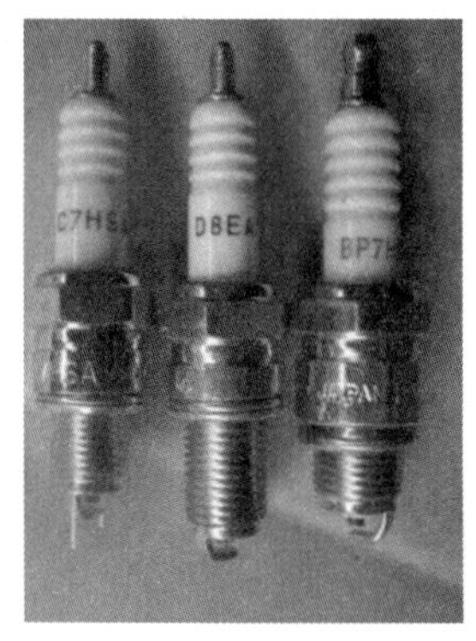

图 5-54　火花塞外形图

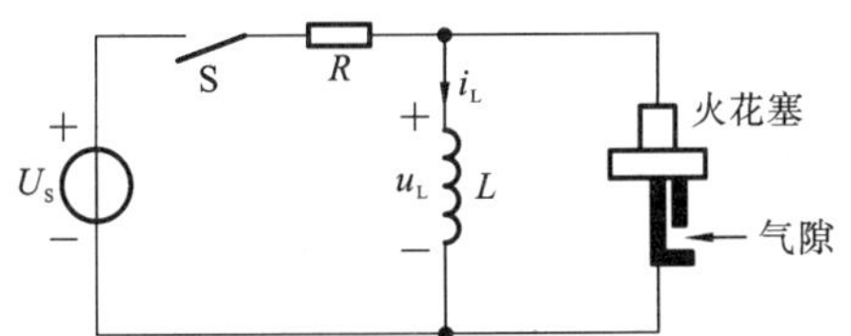

图 5-55　汽车点火等效电路

电感器的电流逐渐增大，当电路基本达到稳态后，开关再突然断开，由于电感电压为 $u_L=L\frac{di}{dt}$，电感器两端就会形成一个很高的电压。电火花会一直持续，直至电感中的储能完全耗散。

6

正弦稳态电路分析

本章是学习电子技术、电器和电机的理论基础，也是本课程的重点章节之一。本章主要内容包括：复数相关数学知识，正弦交流电路的相量表示法，KCL、KVL 及 VCR 的相量形式，复阻抗、复导纳等概念，正弦交流电路的分析计算，正弦交流电路的功率及功率因数的提高。正弦交流电路在日常生产和生活中随处可见，本章内容的学习有着重要的实际意义。

6.1　正弦交流电路基本概念

正弦信号在日常生活和生产实际中有着非常广泛的应用。其主要的原因是：第一，利用电子设备可以很方便地将交流电整流成直流电；第二，正弦交流电便于产生、转换和远距离安全传输，例如发电厂发出的交流电送入电力系统，再通过配电系统分到工厂、学校和千家万户；第三，从信号分析和计算角度看，正弦周期函数是最简单的周期函数，其他非正弦周期函数均可用傅立叶级数将其分解成直流分量及一系列不同频率的正弦分量的叠加。因此，正弦交流电路是研究整个交流电路的基础。

在电路中，如果电压或电流随时间的变化按正弦规律变化，我们称为正弦量，相应的电路称为正弦交流电路。规定用小写字母来表示正弦电流、正弦电压的瞬时值。另外，本书统一采用 sin 函数表示正弦量。

6.1.1　正弦量的三要素

如图 6-1(a)所示的一正弦交流电路支路，通过其上的交流电流波形如图 6-1(b)所示。显然，该电流的大小和方向都随时间的变化按正弦规律进行变化。根据数学知识可得，图 6-1(b)所示波形的正弦量表达式为

$$i(t)=I_{\mathrm{m}}\sin(\omega t+\varphi_{\mathrm{i}}) \tag{6-1}$$

由图 6-1(b)和式(6-1)可以看出，如果要完整地表示一个正弦量，需要确定幅值、角频率和初相位这三个特征物理量，它们分别表征正弦量的变化范围、变化速度和初始位置。因此，角频率、幅值和初相位称为确定正弦电量的三要素。

需要注意的是，在进行正弦交流电路分析时，与直流电路一样必须先设定电流和电压的参考方向。以图 6-1(a)和图 6-1(b)为例，当 i 的参考方向与实际方向一致时，i 为

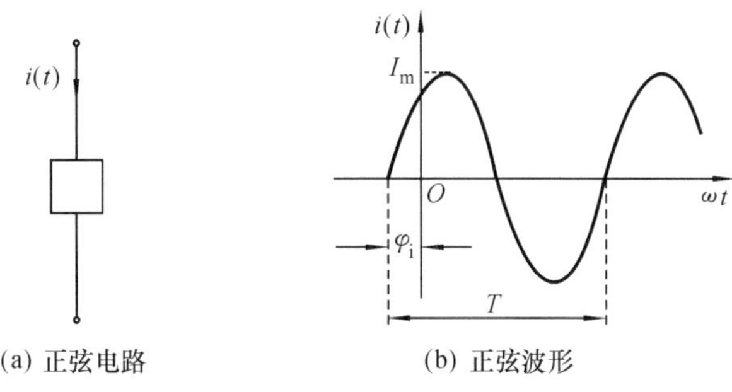

(a) 正弦电路　　(b) 正弦波形

图 6-1　正弦电流量

正值，对应正弦波形中的正半周；反之，当 i 的参考方向与实际方向相反时，i 是负值，对应正弦波形中的负半周。

1）幅值

对于一个确定的正弦量，其函数最大值为一个常数，它表示了正弦量在振荡过程中的最大幅度，即幅值。

正弦交流电路中，幅值用带有下标 m 的大写字母表示，如用 I_m 表示正弦电流瞬时值中所达到的最大值或幅值。

2）角频率

正弦量为周期变化的函数，其变化的速度用角频率 ω 表示，它是正弦量在单位时间内变化的角速度，即

$$\omega=\frac{2\pi}{T}=2\pi f \tag{6-2}$$

其中，T 代表正弦量的周期，f 代表正弦量的频率。式(6-2)反映了周期 T、频率 f 和角频率 ω 三者之间的转换关系。角频率的单位是弧度/秒(rad/s)，周期的单位是秒(s)，频率的单位是赫兹(Hz)。

我国和世界上大多数国家使用的工业频率(简称工频)为 50 Hz，有些国家(如美国、日本等)使用的工业频率为 60 Hz。信号电路中，把频率大于 200 kHz 的信号称为高频信号，把频率小于 200 kHz 的信号统称为低频信号。在日常生活中，又将 200 kHz 以下的信号进一步划分为高、中、低频段，把频率在 100 Hz～20 kHz 的信号称为中频信号。

3）初相位

通常将式(6-1)正弦量中的$(\omega t+\varphi_i)$称为正弦电量的相位角，简称相位。它反映了正弦电量随时间变化而变化的进程，对于每一确定的时刻，都有相对应的瞬时值。

时间 $t=0$ 时刻的相位 φ_i 称为初相位，它决定了计时起点($t=0$)时正弦电量的大小及变化的方向；计时起点不同，正弦电量的初相位也不同。初相位的单位是弧度(rad)或度(°)。因为正弦量为周期变化，所以规定其取值范围为 $|\varphi_i|\leqslant\pi$。

6.1.2 同频率正弦量的相位差

相位差反映了两个同频率正弦量随时间变化过程的先后次序。例如，给定正弦电压 $u(t)=U_m\sin(\omega t+\varphi_u)$和正弦电流 $i(t)=I_m\sin(\omega t+\varphi_i)$，则 u 和 i 的相位差表示为

$$\varphi=(\omega t+\varphi_u)-(\omega t+\varphi_i)=\varphi_u-\varphi_i \tag{6-3}$$

由式(6-3)可知，同频率的两个正弦电量的相位差 φ 就是它们的初相位之差。φ 值与计时起点和计时时刻无关。若 $\varphi_u>\varphi_i$，则 φ 角为正，u 比 i 先达到正的最大值，称 u 超前 i

一个相位角 φ；若 $\varphi_u<\varphi_i$，则 φ 角为负，称 u 滞后 i 一个相位角 φ；若 $\varphi_u=\varphi_i$，则 $\varphi=0$，称 u 与 i 同相位。另外，当 $\varphi=180°$，称为反相；当 $\varphi=90°$，称为正交。同频率正弦量的几种特殊相位关系如图 6-2 所示。

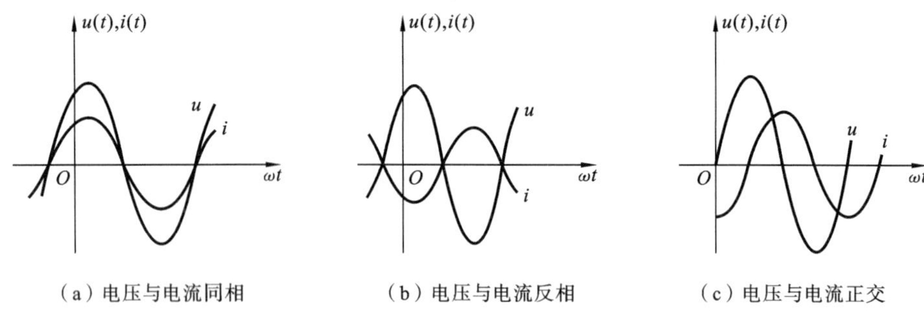

(a) 电压与电流同相　(b) 电压与电流反相　(c) 电压与电流正交

图 6-2　同频率相位关系

6.1.3　正弦量的有效值

周期性电流、电压的瞬时值随时间变化而变化，为了衡量其平均效果，工程上采用有效值来表示。

若正弦电流 i 在一个周期 T 内通过某一电阻 R 产生的热量与直流电流 I 在相同的时间和相同的电阻上产生的热量相等，那么这个直流电流 I 就是该正弦交流电流 i 的有效值，即

$$\int_0^T i^2 R\mathrm{d}t = I^2 RT$$

当 $i=I_m\sin\omega t$ 时，可得正弦电流 i 的有效值为

$$I=\sqrt{\frac{1}{T}\int_0^T i^2\mathrm{d}t}=\sqrt{\frac{1}{T}\int_0^T I_m^2\sin^2(\omega t+\varphi_i)\mathrm{d}t}$$

$$=\sqrt{\frac{1}{T}\int_0^T I_m^2\frac{1-\cos^2(\omega t+\varphi_i)}{2}\mathrm{d}t}=\frac{I_m}{\sqrt{2}}=0.707I_m \qquad (6\text{-}4)$$

同理，正弦电压和正弦电动势的有效值分别为

$$U=\frac{U_m}{\sqrt{2}}=0.707U_m \qquad (6\text{-}5)$$

$$E=\frac{E_m}{\sqrt{2}}=0.707E_m \qquad (6\text{-}6)$$

即正弦量的有效值等于其最大值的 $\frac{1}{\sqrt{2}}$(或 0.707)。

正弦交流量的有效值统一规定用大写字母 I、U、E 表示。对于正弦量而言，可以用有效值 I 取代 I_m 作为正弦量的一个要素。因此，正弦量也可以表示为

$$i(t)=I_m\sin(\omega t+\varphi_i)=\sqrt{2}I\sin(\omega t+\varphi_i)$$

需要注意的是，交流电器的额定值通常都是指它的有效值。例如，交流电压 220 V 或 380 V，都是表示正弦量有效值的大小。另外，利用交流仪器、仪表测得的数值也是正弦量的有效值读数。

【例 6.1】 已知交流电压 $u=U_m\sin\omega t$，其频率 $f=50$ Hz，有效值 $U=220$ V，试求其最大值 U_m 和在 $t=0.1$ s 时的瞬时值。

解 $$U_m=\sqrt{2}U=\sqrt{2}\times 220\ \text{V}=311\ \text{V}$$

当 $t=0.1$ s时

$$u=U_m\sin\omega t=311\sin(2\pi ft)=311\sin(10\pi)=0\ \text{V}$$

6.2 正弦交流电路相量分析法

已知频率、幅值及初相位三个基本要素，正弦量即随之确定，从而可以用三角函数形式和波形图进行表示。然而，这两种表达形式对于电路中正弦量的加、减、乘、除等运算来说都非常不便。因此，本节将介绍一种正弦量最简单有效的表示方法，即相量表示法。

相量表示法的基础是复数，其本质是用复数来表示正弦量。

6.2.1 复数及四则运算

1. 复数

对于复数，我们并不陌生。如复数 **A**，它的直角坐标式为

$$\mathbf{A}=a+\mathrm{j}b \tag{6-7}$$

式中：a、b 分别是复数 **A** 的实部和虚部；$\mathrm{j}=\sqrt{-1}$为虚数单位。在电路分析中，为区别电流的符号 i，虚数单位常用 j 表示。

根据数学知识，复数 **A** 的代数式为

$$\begin{cases}a=\mathrm{Re}[A]\\ b=\mathrm{Im}[A]\end{cases} \tag{6-8}$$

其中，Re[A]表示复数 **A** 的实部，Im[A]表示复数 **A** 的虚部。若已知一个复数的实部和虚部，那么这个复数便可确定。

复数可以在复平面上表示。如图 6-3 所示的直角坐标系中，以横轴为实轴，单位为+1；纵轴为虚轴，单位为+j。实轴与虚轴构成的平面称为复平面。这样，每一个复数在复平面上都可找到唯一的点与之对应，而复平面上每一点也都对应着唯一的复数，如复数 $\mathbf{A}=4+\mathrm{j}3$，所对应的点即为图 6-3 中的 A 点。

复数还可以用复平面上的一个矢量来表示。复数 $\mathbf{A}=a+\mathrm{j}b$ 可以用一个从原点 O 到点 P 的矢量来表示，如图 6-4 所示，这种矢量称为复矢量。复矢量的长度 r 为复数的复模，即

$$r=|A|=\sqrt{a^2+b^2} \tag{6-9}$$

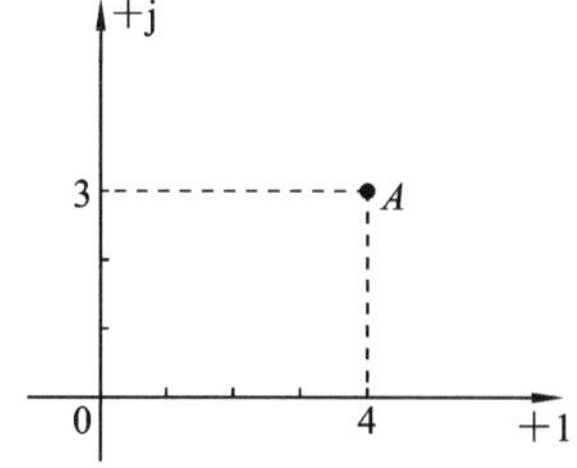

图 6-3 复数在复平面上的表示

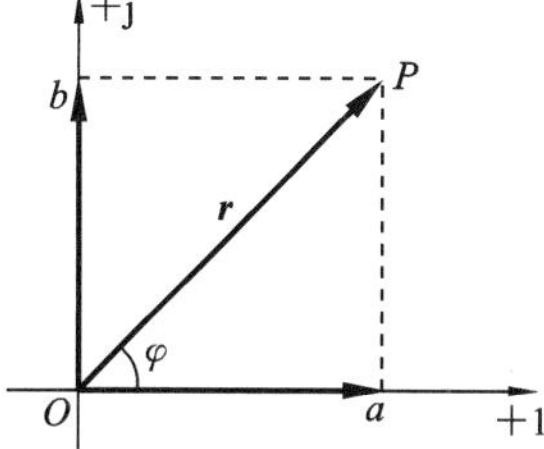

图 6-4 复数的矢量表示

复矢量与实轴正方向的夹角 φ 称为复数 **A** 的辐角，即

$$\varphi=\arctan\frac{b}{a}\quad(|\varphi|<\pi) \tag{6-10}$$

不难看出,复数 **A** 的复模 r 在实轴上的投影就是复数 **A** 的实部,在虚轴上的投影就是复数 **A** 的虚部,即

$$\begin{cases} a = r\cos\varphi \\ b = r\sin\varphi \end{cases} \tag{6-11}$$

2. 复数的四种形式

复数可以用如下四种方式表示。

(1) 复数的代数形式为

$$\boldsymbol{A} = a + \mathrm{j}b$$

(2) 复数的三角形式为

$$\boldsymbol{A} = r\cos\varphi + \mathrm{j}r\sin\varphi = r(\cos\varphi + \mathrm{j}\sin\varphi)$$

(3) 根据欧拉公式 $\mathrm{e}^{\mathrm{j}\varphi} = \cos\varphi + \mathrm{j}\sin\varphi$,复数 **A** 又可写成指数形式

$$\boldsymbol{A} = r\mathrm{e}^{\mathrm{j}\varphi}$$

(4) 复数的极坐标形式为

$$\boldsymbol{A} = |A| \angle\varphi$$

【例 6.2】 写出复数 $\boldsymbol{A}_1 = 4 - \mathrm{j}3$,$\boldsymbol{A}_2 = -3 + \mathrm{j}4$ 的极坐标式。

解 $\boldsymbol{A}_1$ 的复模为

$$r_1 = \sqrt{4^2 + (-3)^2} = 5$$

辐角为

$$\theta_1 = \arctan\left(-\frac{3}{4}\right) = -36.9°\text{(在第四象限)}$$

可得 A_1 的极坐标形式为

$$\boldsymbol{A}_1 = 5\angle(-36.9°)$$

A_2 的复模为

$$r_2 = \sqrt{(-3)^2 + 4^2} = 5$$

辐角为

$$\theta_2 = \arctan\left(-\frac{4}{3}\right) = 126.9°\text{(在第二象限)}$$

因此,A_2 的极坐标形式为

$$\boldsymbol{A}_2 = 5\angle 126.9°$$

3. 复数的四则运算

设有 2 个复数

$$\boldsymbol{A} = a_1 + \mathrm{j}a_2 = a\angle\varphi_a = a\mathrm{e}^{\mathrm{j}\varphi_a}$$

$$\boldsymbol{B} = b_1 + \mathrm{j}b_2 = b\angle\varphi_b = b\mathrm{e}^{\mathrm{j}\varphi_b}$$

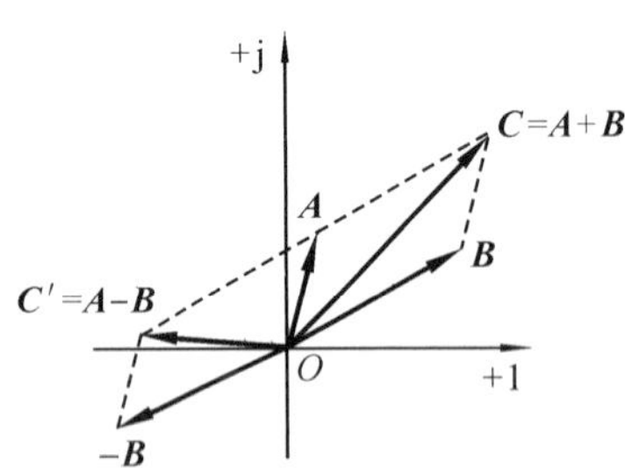

图 6-5 复数加、减运算图解法

(1) 复数的加、减运算:当两个复数进行加、减运算时,采用复数的代数形式比较方便,即把两个复数的实部和实部相加减,虚部和虚部相加减,即

$$\boldsymbol{C} = \boldsymbol{A} + \boldsymbol{B} = (a_1 + b_1) + \mathrm{j}(a_2 + b_2)$$

$$\boldsymbol{C}' = \boldsymbol{A} - \boldsymbol{B} = (a_1 - b_1) + \mathrm{j}(a_2 - b_2)$$

复数 **A** 和 **B** 的加减运算,也可以在复平面上用作图的方式实现,如图 6-5 所示。

(2) 复数的乘、除运算：当两个复数进行乘、除运算时，通常采用指数形式或极坐标形式。复数相乘时复模相乘，辐角相加；复数相除时复模相除，辐角相减，即

$$\boldsymbol{C}=\boldsymbol{A}\cdot\boldsymbol{B}=ab\angle(\varphi_a+\varphi_b)=ab\mathrm{e}^{\mathrm{j}(\varphi_a+\varphi_b)}$$

$$\boldsymbol{C}'=\frac{\boldsymbol{A}}{\boldsymbol{B}}=\frac{a\mathrm{e}^{\mathrm{j}\varphi_a}}{b\mathrm{e}^{\mathrm{j}\varphi_b}}=\frac{a}{b}\mathrm{e}^{\mathrm{j}(\varphi_a-\varphi_b)}$$

4. 旋转算子±j

若复数 $\boldsymbol{A}=r\mathrm{e}^{\mathrm{j}0^\circ}$， $\boldsymbol{C}=1\mathrm{e}^{\mathrm{j}90^\circ}$， $\boldsymbol{D}=1\mathrm{e}^{-\mathrm{j}90^\circ}$，则

$\boldsymbol{AC}=r\mathrm{e}^{\mathrm{j}(90^\circ+0^\circ)}=r\mathrm{e}^{\mathrm{j}90^\circ}$， $\boldsymbol{AD}=r\mathrm{e}^{-\mathrm{j}(90^\circ+0^\circ)}=r\mathrm{e}^{-\mathrm{j}90^\circ}$

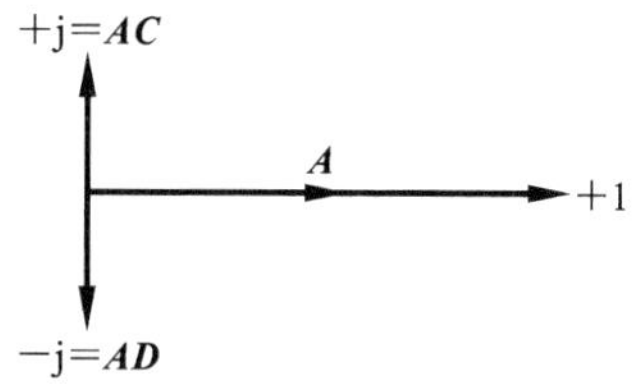

图 6-6 旋转因子

由图 6-6 可知，当复数的复模为 1，辐角为±90°时，这样的复数与其他任何复数相乘时不会改变相乘复数复模的大小，仅改变其辐角的大小，我们就把具有这样性质的复数称为“旋转算子”。

即 $\mathrm{e}^{\mathrm{j}90^\circ}=+\mathrm{j}$，称为正向旋转算子；$\mathrm{e}^{-\mathrm{j}90^\circ}=-\mathrm{j}$，称为反向旋转算子。

6.2.2 正弦电量的相量表示法

1. 正弦电量的相量表示

假设某正弦电压 $u=U_{\mathrm{m}}\sin(\omega t+\varphi_{\mathrm{u}})$，某复数 $U_{\mathrm{m}}=U_{\mathrm{m}}\mathrm{e}^{\mathrm{j}\varphi_{\mathrm{u}}}$。其中，复数的复模 U_{m} 取该正弦电压的幅值，辐角 φ_{u} 取该正弦电压的初相。

如图 6-7 所示，若令 U_{m} 以角速度 ω 沿逆时针方向旋转，则在任一时刻，该旋转量在纵轴上的投影等于该正弦电压在实平面上这一瞬间的瞬时值，即

$$U_{\mathrm{m}}\mathrm{e}^{\mathrm{j}(\omega t+\varphi_{\mathrm{u}})}=U_{\mathrm{m}}\mathrm{e}^{\mathrm{j}\varphi_{\mathrm{u}}}\mathrm{e}^{\mathrm{j}\omega t} \tag{6-12}$$

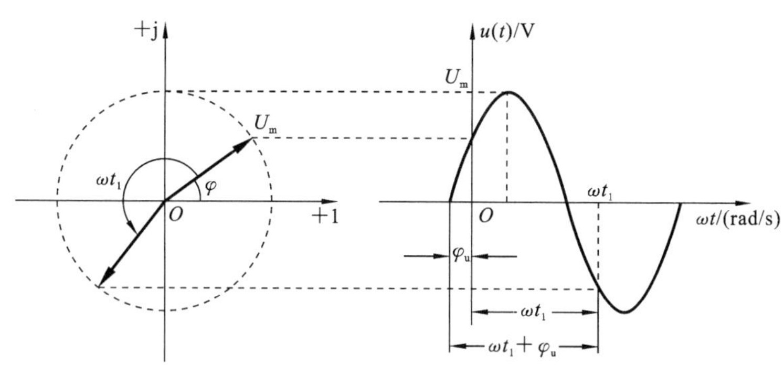

图 6-7 正弦量的相量及其对应的波形图

根据欧拉公式，有

$$U_{\mathrm{m}}\mathrm{e}^{\mathrm{j}(\omega t+\varphi_{\mathrm{u}})}=U_{\mathrm{m}}\cos(\omega t+\varphi_{\mathrm{u}})+\mathrm{j}U_{\mathrm{m}}\sin(\omega t+\varphi_{\mathrm{u}}) \tag{6-13}$$

比较式(6-12)和式(6-13)可知，式(6-13)中复数的虚部恰好就是假设的正弦电量 u，即

$$u=U_{\mathrm{m}}\sin(\omega t+\varphi_{\mathrm{u}})=\mathrm{Im}[U_{\mathrm{m}}\mathrm{e}^{\mathrm{j}(\omega t+\varphi_{\mathrm{u}})}] \tag{6-14}$$

由此可见，一个正弦量对应唯一的复数虚部，一个复数虚部又对应唯一一个复数，因此，一个正弦量对应唯一的复数。反之，一个复数也唯一对应一个正弦量。所以，一个正弦量可以用一个复数来表示。

对于线性正弦稳态电路而言，只要激励是正弦函数，响应也必然是同频率的正弦函数，这就是线性电路的正弦性质。因此，在分析稳态响应时，常常忽略正弦量三要素中

的频率量。基于这个结论，式(6-12)中的复数 $U_{\rm m}{\rm e}^{{\rm j}\varphi_{\rm u}}$ 与 $U_{\rm m}{\rm e}^{{\rm j}(\omega t+\varphi_{\rm u})}$ 存在一一对应的关系。由于 $U_{\rm m}{\rm e}^{{\rm j}(\omega t+\varphi_{\rm u})}$ 又与 $u=U_{\rm m}\sin(\omega t+\varphi_{\rm u})$ 之间存在一一对应关系，则 $U_{\rm m}{\rm e}^{{\rm j}\varphi_{\rm u}}$ 与 $u=U_{\rm m}\sin(\omega t+\varphi_{\rm u})$ 也存在着一一对应关系。复数 $U_{\rm m}{\rm e}^{{\rm j}\varphi_{\rm u}}$ 就是正弦量 u 的幅值相量。综上所述，这种能够表示正弦量的复数就称为该正弦量的幅值相量。它的复模等于所表示的正弦量的幅值，辐角等于正弦量的初相位。

相量是一种特殊的复数，它的定义限定于电路分析的内容中。为了与一般的复数相区别，规定相量用上方加“·”的大写字母表示。例如，正弦电流 $i=I_{\rm m}\sin(\omega t+\varphi_{\rm i})$ 的幅值相量为

$$\dot{I}_{\rm m}=I_{\rm m}{\rm e}^{{\rm j}\varphi_{\rm i}}=I_{\rm m}\angle\varphi_{\rm i}$$

正弦电量的大小一般用有效值来表示，因此用有效值表示相量的复模更为方便。用幅值作为复模的相量称为幅值相量，用有效值作为复模的相量称为有效值相量。有效值相量用表示正弦量有效值的字母上加“·”表示，则上述正弦电流的有效值相量为

$$\dot{I}=\frac{\dot{I}_{\rm m}}{\sqrt{2}}=\frac{I_{\rm m}\angle\varphi_{\rm i}}{\sqrt{2}}=I\angle\varphi_{\rm i}$$

使用相量表示正弦量时应注意以下几点。

(1) 在相量表达式中忽略了正弦电量三要素中的 ω 要素，这是因为在同一线性电路中，正弦激励和响应都是同频率的正弦量（功率除外），正弦量间的相位差是定值，因此在相量式中只需给出正弦量的幅值和初相位，而忽略了角频率 ω。

(2) 相量只是正弦量的一种表示形式，而不等于正弦量本身，即 $\dot{U}=U\angle\varphi_{\rm u}\neq U_{\rm m}\sin(\omega t+\varphi_{\rm u})$。正弦量是时间的实函数，具有明确的物理意义，而相量仅仅是一种复数形式。

(3) 给定一正弦量，可以写出唯一对应的相量形式。但是给定一个相量，只有在限定角频率的情况下，才能写出对应的唯一正弦量。

(4) 进行正弦电量运算时，在利用相量表示正弦量的情况下可以根据复数的运算（相量运算）规则方便地求出相应的相量结果，最后再根据相量与正弦量的一一对应关系，反推出求解的正弦量。

(5) 相量特指用复数表示的正弦电量，用复数表示的其他量不能称为相量。

(6) 正弦交流电路中，通常将初相位为 0 的相量称为参考相量，以便于不同相量间的分析计算。

(7) 本教材规定正弦量统一用 sin 函数表示。而其他教材中可能选择 cos 函数对正弦量进行表示。此时，同一正弦量分别用 sin 函数和 cos 函数进行表示时，它们所对应的相量幅值相同，相位相差 $\pi/2$。但是，无论哪种表示形式，在分析同一个电路模型时应保持一致，不能改变。

2. 正弦电量的相量图

对于一个或多个同频率的正弦量，根据其幅值或有效值相量，在同一个复平面上画出所有正弦量对应的矢量形式，这种几何表示图称为相量图。如正弦量 $i=60\sqrt{2}\sin(\omega t+45^\circ)$ A，它对应的电流有效值相量为 $\dot{I}=60\angle45^\circ$ A，其相量图如图 6-8 所示。

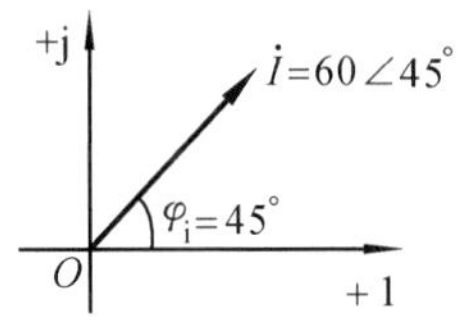

图 6-8　相量图举例

由图 6-8 可知，相量图能直观地反映出各正弦电量的大小、初相和相互间的相位关系。其中，相量图中矢量的长度代表正弦量的有效值(或幅值)，矢量与正实轴的夹角代表正弦量的初相角大小。

【例 6.3】 已知 $u_1=8\sqrt{2}\sin(\omega t+60^\circ)$ V，$u_2=6\sqrt{2}\sin(\omega t-30^\circ)$ V，求 $u=u_1+u_2$。

解　方法一，用相量式求解。由已知条件可写出和的有效值相量

$$\dot{U}_1=8\angle 60^\circ\ \text{V}=(4+\text{j}6.9)\ \text{V}$$

$$\dot{U}_2=6\angle(-30^\circ)\ \text{V}=(5.2-\text{j}3)\ \text{V}$$

$$\dot{U}=\dot{U}_1+\dot{U}_2=[(4+\text{j}6.9)+(5.2-\text{j}3)]\ \text{V}=(9.2+\text{j}3.9)\ \text{V}=10\angle 23.1^\circ\ \text{V}$$

$$u=10\sqrt{2}\sin(\omega t+23.1)\ \text{V}$$

方法二，用相量图求解。在复平面上，复数间的加、减运算满足平行四边形法则，那么表示正弦电量的相量之间的加、减运算也应满足该法则，因此还可用作图的方法——相量图法求出$\dot{U}=\dot{U}_1+\dot{U}_2$，其相量图如图 6-9 所示。根据总电压$\dot{U}$的长度 U 和它与实轴的夹角 φ 可写出 u 的瞬时值表达式为

$$u=\sqrt{2}U\sin(\omega t+\varphi)=10\sqrt{2}\sin(\omega t+23.1^\circ)\ \text{V}$$

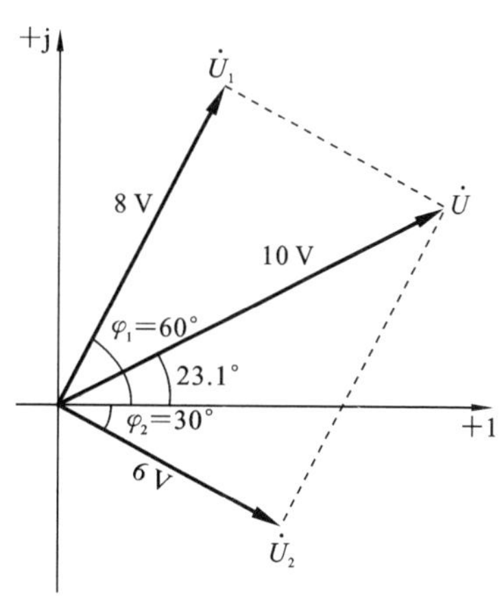

图 6-9　例 6.3 相量图

6.2.3　相量的运算

相量运算法是分析和计算正弦交流电路的数学工具。

1. 加减法运算

例如，正弦电压 $u_1=\sqrt{2}U_1\sin(\omega t+\varphi_1)$ 和 $u_2=\sqrt{2}U_2\sin(\omega t+\varphi_2)$，求解它们的电压之和 $u=u_1+u_2$。

将正弦电压 u_1、u_2 用对应的复数的虚部来表示，得

$$u_1=\sqrt{2}U_1\sin(\omega t+\varphi_1)=I_\text{m}\left[\sqrt{2}\dot{U}_1\text{e}^{\text{j}\omega t}\right]$$

$$u_2=\sqrt{2}U_2\sin(\omega t+\varphi_2)=I_\text{m}\left[\sqrt{2}\dot{U}_2\text{e}^{\text{j}\omega t}\right]$$

那么

$$u=u_1+u_2=I_\text{m}\left[\sqrt{2}(\dot{U}_1+\dot{U}_2)\text{e}^{\text{j}\omega t}\right]$$

令

$$u=I_\text{m}\left[\sqrt{2}\dot{U}\text{e}^{\text{j}\omega t}\right]$$

有

$$I_\text{m}\left[\sqrt{2}\dot{U}\text{e}^{\text{j}\omega t}\right]=I_\text{m}\left[\sqrt{2}(\dot{U}_1+\dot{U}_2)\text{e}^{\text{j}\omega t}\right]$$

上式在任何时间都成立，因此

$$\dot{U}=\dot{U}_1+\dot{U}_2$$

可见，正弦量 $u=u_1\pm u_2$ 的加、减运算，可以转化为相应的$\dot{U}=\dot{U}_1\pm\dot{U}_2$ 相量运算。这样就把时间域的正弦量三角函数运算，变换成复频域的相量运算。相量运算，即复数运算，通过相关数学知识得到所求相量后，只需经过反变换就可以得到所求正弦量的瞬时值表达式。

可将两个电压相量的加、减运算推广到多个电压相量的加、减运算，即

$$\dot{U}=\dot{U}_1\pm\dot{U}_2\pm\cdots \tag{6-15}$$

2. 微分、积分运算

假设一正弦电压 $u=\sqrt{2}U\sin(\omega t+\varphi_u)$，在时间域对 u 求导，可得

$$\frac{du}{dt}=\sqrt{2}U\omega\cos(\omega t+\varphi_u)=\sqrt{2}U\omega\sin\left(\omega t+\varphi_u+\frac{\pi}{2}\right)$$

显然，$\frac{du}{dt}$的结果同样为正弦量，其相量形式为

$$U\omega e^{j\left(\varphi_u+\frac{\pi}{2}\right)}=U\omega e^{j\varphi_u}e^{j\frac{\pi}{2}}=j\omega\dot{U}$$

上述过程表明：正弦量的导数是一个同频率的正弦量。正弦量导数$\frac{du}{dt}$对应的相量是正弦量 u 的对应相量$\dot{U}$乘以 $j\omega$。

例如，由电容元件的 VCR 关系可知

$$i_C=C\frac{du_C}{dt}$$

$\frac{du_C}{dt}$的相量是 u_C 的相量$\dot{U}_C$ 乘以 $j\omega$，故有

$$\dot{I}_C=j\omega C\dot{U}_C \tag{6-16}$$

下一节中我们还会对式(6-16)所示的电容元件 VCR 相量方程做进一步说明。

同样可以计算得到，正弦量的积分结果为同频率正弦量，其相量等于原正弦量 u 的相量$\dot{U}_C$ 除以 $j\omega$。例如，由电容元件的积分关系 $u_C=\frac{1}{C}\int i_C dt$，同样可以得出$\int i_C dt$ 的相量是$\frac{\dot{I}_C}{j\omega}$。

综上可得，一个正弦量对时间微分，用相量表示后，变成其对应相量乘以 $j\omega$。一个正弦量对时间积分，用相量表示后，就变成对应相量除以 $j\omega$。

3. 相量法的优点及应用范围

利用相量法进行正弦交流电路求解的优点主要包括：

(1) 把时域问题变为复数问题；

(2) 把微积分方程的运算变为复数方程运算；

(3) 相量形式下，可以把直流电路的分析方法直接用于交流电路。

应用相量法需要满足如下限定：

(1) 只能用于单一频率的正弦稳态电路的计算，如果是多频率正弦信号同时作用，需分别分析每个频率信号下的作用情况，再利用叠加定理进行求和；

(2) 只限定于正弦信号，其他非正弦信号可用傅立叶级数分解成多个正弦信号叠加，再分别对不同的频率信号用相量法计算；

(3) 相量法只适应于激励为同频率正弦量的非时变线性电路。

【例 6.4】 电路如图 6-10(a)所示，电容中通以正弦电流 $i_C=2\sin(t+30^\circ)$ A，$C=\frac{1}{2}$ F，试求 u_C 及其相量形式。

解 用相量法求解该题目，正弦电流 i_C 的相量形式为

$$\dot{I}_C=\sqrt{2}\angle 30^\circ$$

且
$$\omega=1\ \text{rad/s},\quad C=\frac{1}{2}\ \text{F},\quad \omega C=\frac{1}{2}\ \text{S},\quad \frac{1}{j\omega C}=-j2\ \Omega$$

由式(6-16)可知

$$\dot{U}_C=\frac{1}{j\omega C}\dot{I}_C=-2j\ \dot{I}_C$$

所以

$$\dot{U}_C=-2j\times\sqrt{2}\angle 30^\circ\ V=2\sqrt{2}\angle(-60^\circ)\ V$$

相量图如图 6-10(b)所示。再将相量还原成正弦量,可得

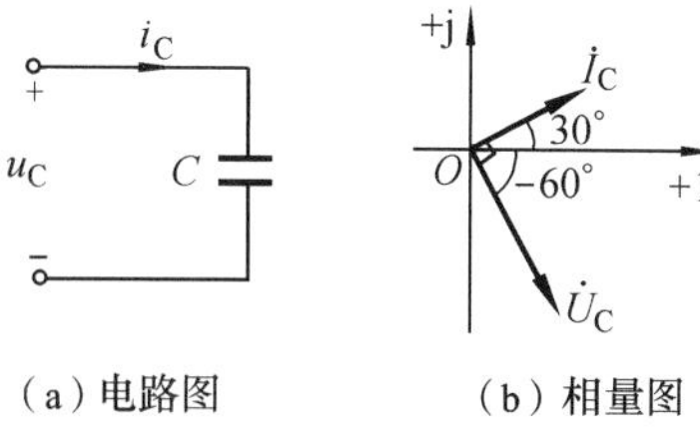

(a) 电路图　(b) 相量图

图 6-10　例 6.4 图

$$u_C=4\sin(t-60^\circ)\ V$$

6.3　电阻、电感、电容元件的 VCR 相量形式

电阻、电感或电容是电路中最常见的三种基本元件,掌握它们在相量形式下的伏安关系、功率消耗及能量转换关系是分析正弦电路的基础。

6.3.1　电阻元件的 VCR 相量式

1. 时域分析

图 6-11(a)所示的为一线性电阻构成的交流电路,其中正弦电流 $i=\sqrt{2}I\sin(\omega t+\varphi_i)$,且电压和电流取关联参考方向。根据欧姆定律可得电阻两端电压为

$$u=Ri=\sqrt{2}RI\sin(\omega t+\varphi_i)=\sqrt{2}U\sin(\omega t+\varphi_u)$$

由上式可得电压有效值与电流有效值关系,即

$$U=RI\quad 或\quad I=\frac{U}{R}\tag{6-17}$$

而且,电流和电压是同频率同相位的正弦电量。电阻元件在正弦交流电路中具有同相作用,即

$$\varphi_u=\varphi_i\tag{6-18}$$

电阻电路中电压和电流的波形图如图 6-11(b)所示。

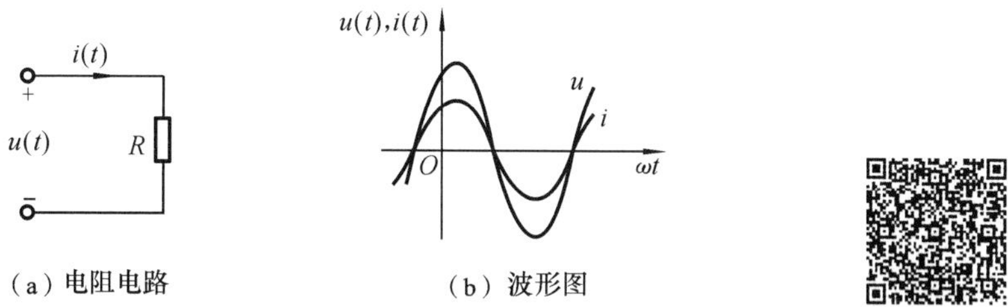

(a) 电阻电路　(b) 波形图

图 6-11　电阻元件的时域分析

结论:电阻 R 上的电压有效值等于电流有效值与 R 相乘之积,且 u 和 i 相位相同。

2. 相量分析

设电流相量 $\dot{I}=I\angle\varphi_i$,结合式(6-17)和式(6-18)可得

$$\dot{U}=U\angle\varphi_u=RI\angle\varphi_i$$

$$\dot{U}=R\dot{I}\quad 或\ \dot{I}=G\dot{U}\tag{6-19}$$

上式即电阻元件的 VCR 的相量形式。如图 6-12(a)表示电阻元件相量模型,图 6-12

(b)为电阻元件相量图。图中清晰表明,电阻元件电路中的$\dot{I}$和$\dot{U}$同相。

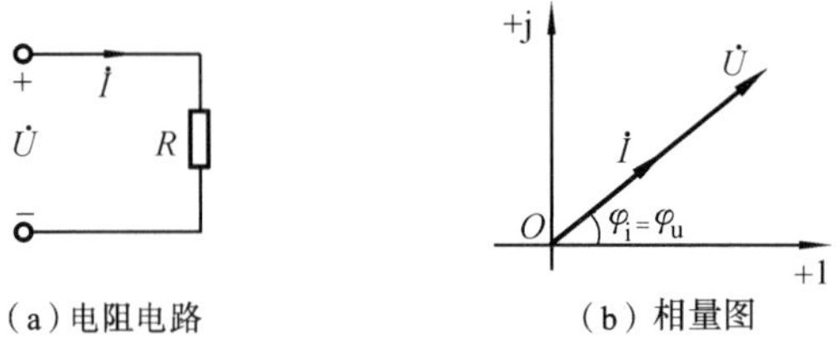

图 6-12 电阻元件的相量分析

6.3.2 电感元件的 VCR 相量式

1. 时域分析

图 6-13(a)所示的是一电感元件构成的交流电路,其中流过电感元件的正弦电流 $i=\sqrt{2}I\sin(\omega t+\varphi_i)$,且电压和电流取关联参考方向。根据电感元件 VCR 关系式,可得

$$u=L\frac{\mathrm{d}i_L}{\mathrm{d}t}=\sqrt{2}\omega LI\sin(\omega t+\varphi_i+90°)=\sqrt{2}U\sin(\omega t+\varphi_u)$$

由上式可得电感两端电压有效值与电流有效值关系,即

$$U=\omega LI \quad \text{或} \quad I=\frac{U}{\omega L} \tag{6-20}$$

而且,电感元件电压的相位超前电流相位 90°,即

$$\varphi_u=\varphi_i+90° \tag{6-21}$$

电感两端电压与电流的波形如图 6-13(b)所示。

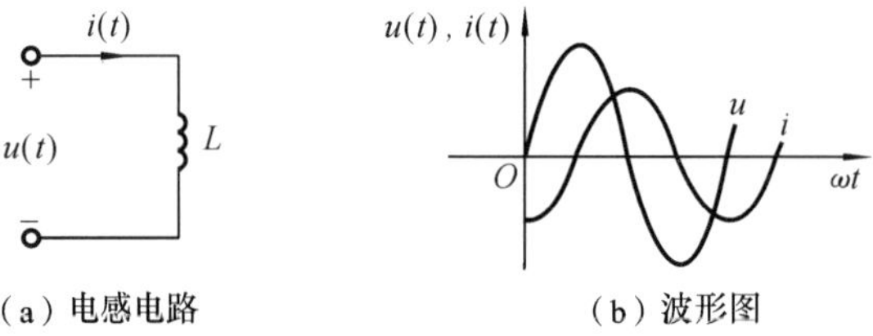

图 6-13 电感元件的时域分析

结论:电感 L 上的电压有效值等于电流有效值与 ωL 相乘之积,且电压相位超前电流相位 90°。

2. 相量分析

设电流相量$\dot{I}=I\angle\varphi_i$,结合式(6-20)和式(6-21)可得

$$\begin{gathered}\dot{U}=U\angle\varphi_u=\omega LI\angle\varphi_i+\frac{\pi}{2}=\omega L\angle 90°\times I\angle\varphi_i \\ \dot{U}=\mathrm{j}\omega L\dot{I} \quad \text{或} \quad \dot{I}=\frac{\dot{U}}{\mathrm{j}\omega L}=-\mathrm{j}\frac{1}{\omega L}\dot{U}\end{gathered} \tag{6-22}$$

式(6-22)即为电感元件 VCR 的相量形式。如图 6-14(a)所示的为电感元件相量模型,图 6-14(b)为电感元件相量图。图中清晰表明,电感元件电路中的电压相位超前电流相位 90°。

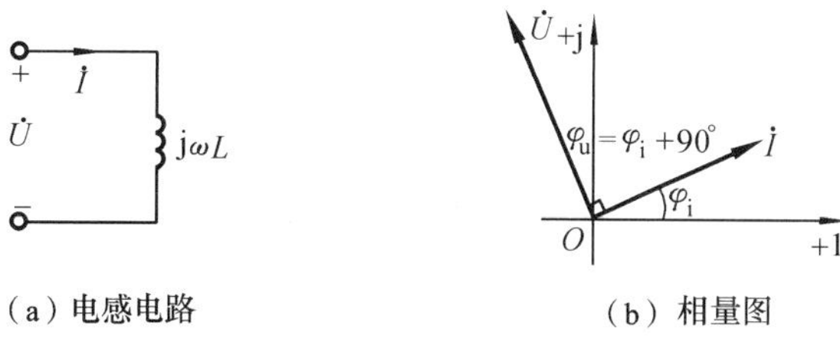

（a）电感电路　　　　　　（b）相量图

图 6-14　电感元件的相量分析

3. 感抗和感纳

因为 $U=\omega LI$，得 $I=\dfrac{U}{\omega L}$，显然 ωL 反映了电感对正弦电流的阻碍作用，ωL 称为感抗，单位为欧姆（Ω），用符号 X_L 表示。感抗的定义表达式为

$$X_L=\frac{U}{I}=\omega L=2\pi fL \tag{6-23}$$

感抗的物理意义如下。

（1）表示限制电流的能力。

（2）感抗和频率成正比，表示电感元件允许低频率信号通过的能力，如图 6-15 所示。

当 $\omega=0$（直流）时，$X_L=0$，电感元件相当于短路。

当 $\omega\to\infty$ 时，$X_L\to\infty$，电感元件相当于开路。

（3）感抗的存在使电流的相位落后电压的相位。

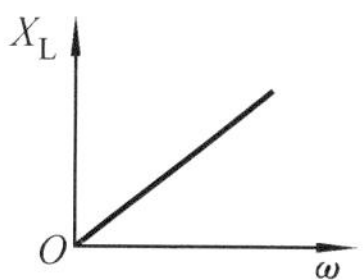

图 6-15　感抗和频率的关系

感抗的倒数 $\dfrac{1}{\omega L}$ 称为感纳，感纳表示电感元件对正弦电流的导电能力，单位为西门子（S），用符号 B_L 表示，所以感纳的定义表达式为

$$B_L=\frac{1}{X_L}=\frac{1}{\omega L} \tag{6-24}$$

【例 6.5】　已知电感元件电路的电压、电流取关联参考方向，$L=0.127$ H，$\dot{U}=220\angle 0°$ V，$f=50$ Hz，求：（1）X_L，B_L；（2）电流相量；（3）画相量图。

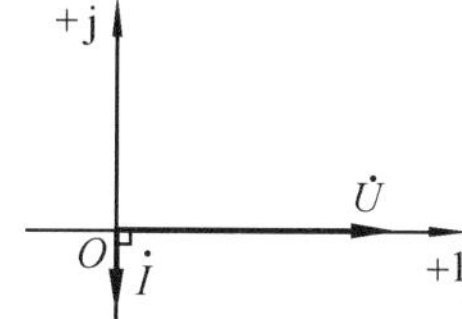

图 6-16　例 6.5 图

解　（1）$X_L=2\pi fL=40\ \Omega$，$B_L=\dfrac{1}{X_L}=0.025$ S

（2）$\dot{I}=\dfrac{\dot{U}}{\mathrm{j}\omega L}=\dfrac{220\angle 0°}{\mathrm{j}40}$ A$=5.5\angle(-90°)$ A

（3）相量图如图 6-16 所示。

6.3.3　电容元件的 VCR 相量式

1. 时域分析

图 6-17(a)所示的是一电容元件构成的交流电路，其中电容元件两端的正弦电压 $u=\sqrt{2}U\sin(\omega t+\varphi_u)$，且电压和电流取关联参考方向。根据电容元件 VCR 关系式，可得

$$i=C\frac{\mathrm{d}u}{\mathrm{d}t}=\sqrt{2}\omega CU\sin(\omega t+\varphi_u+90°)=\sqrt{2}I\sin(\omega t+\varphi_i)$$

由上式可得电容两端电压有效值与电流有效值关系，即

$$I=\omega CU \quad 或 \quad U=\frac{I}{\omega C} \tag{6-25}$$

而且,电容元件电压的相位滞后电流相位 90°,即

$$\varphi_u=\varphi_i-90° \tag{6-26}$$

电容两端电压与电流的波形如图 6-17(b)所示。

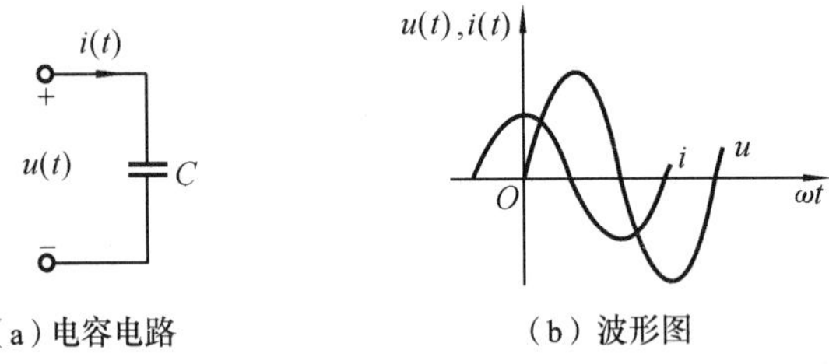

(a) 电容电路　　(b) 波形图

图 6-17　电容元件的时域分析

结论:电容 C 上的电流有效值等于电压有效值与 ωC 相乘之积,且电流相位超前电压相位 90°。

2. 相量分析

设电压相量 $u=\sqrt{2}U\sin(\omega t+\varphi_u)$,结合式(6-25)和式(6-26)可得

$$\begin{aligned}\dot{I}&=I\angle\varphi_i=\omega CU\angle\left(\varphi_u+\frac{\pi}{2}\right)=\omega C\angle\frac{\pi}{2}\times U\angle\varphi_u\\ \dot{I}&=\mathrm{j}\omega C\dot{U}\end{aligned} \tag{6-27}$$

式(6-27)即为电容元件 VCR 的相量形式。如图 6-18(a)所示的是电容元件相量模型,图 6-18(b)为电容元件相量图。图中清晰表明,电容元件电路中的电压相位滞后电流相位 90°。

3. 容抗和容纳

因为 $I=\omega CU=\frac{U}{1/(\omega C)}$,显然$\frac{1}{\omega C}$反映了电容对正弦电流的阻碍作用,$\frac{1}{\omega C}$称为容抗,单位为欧姆(Ω),用符号 X_C 表示。容抗的定义表达式为

$$X_C=\frac{U}{I}=\frac{1}{\omega C}=\frac{1}{2\pi fC} \tag{6-28}$$

容抗的物理意义如下。

(1) 表示限制电流的能力。

(2) 容抗和频率成反比,表示电容元件允许高频率信号通过的能力,如图 6-19 所示。

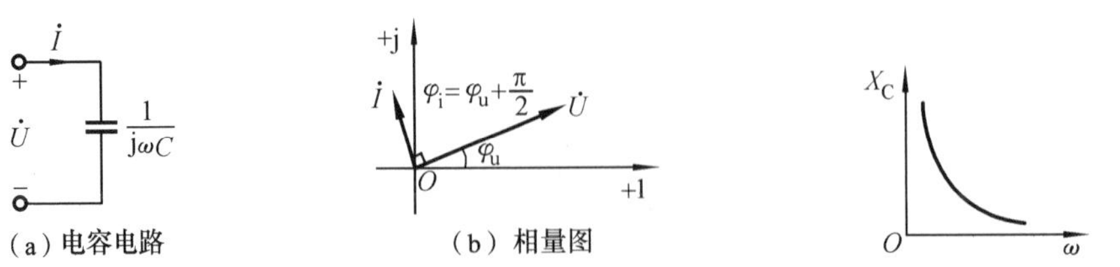

(a) 电容电路　　(b) 相量图

图 6-18　电容元件的相量分析

图 6-19　容抗和频率的关系

当 $\omega=0$(直流)时,$X_C\to\infty$,电容元件相当于开路,起到隔离直流的作用。

当 $\omega\to\infty$ 时，$X_C\to 0$，电容元件有旁路作用。

(3) 容抗的存在使电流的相位超前电压的相位。

容抗的倒数 ωC 称为容纳，容纳表示电容元件对正弦电流的导电能力，单位为西门子(S)，用符号 B_C 表示，所以容纳的定义表达式为

$$B_C=\omega C=\frac{1}{X_C} \tag{6-29}$$

【例 6.6】 已知电容元件电路的电压、电流取关联参考方向，$C=127\ \mu\text{F}$，$\dot{U}=220\angle 0^\circ\ \text{V}$，$\omega=314\ \text{rad/s}$，求：(1) X_C，B_C；(2) 电流相量 $\dot{I}$；(3) 画相量图。

解 (1) $X_C=\dfrac{1}{\omega C}=\dfrac{1}{314\times 127\times 10^{-6}}\ \Omega=25\ \Omega$

$$B_C=\frac{1}{X_C}=0.04\ \text{S}$$

(2) $\dot{I}=\text{j}\omega C\dot{U}=8.8\angle 90^\circ\ \text{A}$

(3) 相量图如图 6-20 所示。

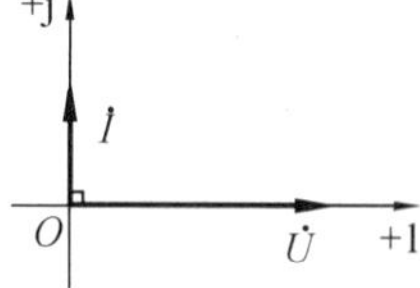

图 6-20　例 6.6 图

6.4　复阻抗与复导纳

6.4.1　复阻抗与复导纳的定义

1. 复阻抗

N_0 为一个含线性电阻、电感和电容等元件，但不含独立电源的一端口网络，如图 6-21(a)所示。当该端口外加角频率 ω 的正弦电压(或正弦电流)激励，使它处于稳定状态时，端口的电流(或电压)也为同频率的正弦量。从输入端口看进去的等效复阻抗定义表达式为

$$Z\triangleq\frac{\dot{U}}{\dot{I}}$$

复阻抗单位为欧姆(Ω)，如图 6-21(b)所示。

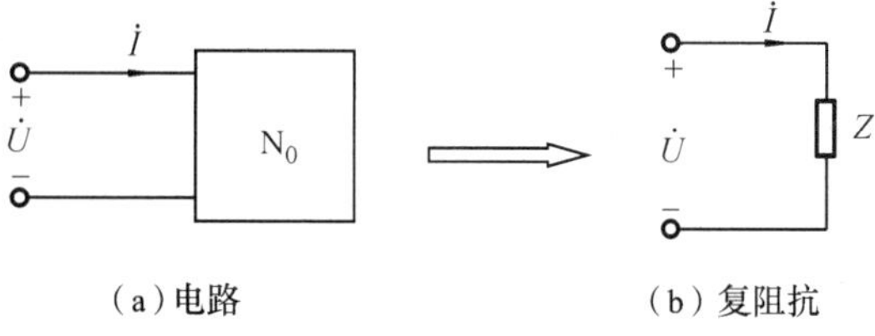

图 6-21　复阻抗定义

基于复阻抗的定义，三种电路元件的 VCR 相量形式可以进一步表示为

$$u_R=Ri_R\to\dot{U}_R=R\dot{I}_R=Z_R\dot{I}_R$$

$$u_L=L\frac{\text{d}i_L}{\text{d}t}\to\dot{U}_L=\text{j}\omega L\dot{I}_L=Z_L\dot{I}_L$$

$$u_C=\frac{1}{C}\int i_C\text{d}t\to\dot{U}_C=\frac{1}{\text{j}\omega C}\dot{I}_C=Z_C\dot{I}_C$$

式中：Z_R 为纯电阻，$Z_R\triangleq\dfrac{\dot{U}_R}{\dot{I}_R}=R$ 称为电阻元件的复阻抗；Z_L 为纯电感，$Z_L\triangleq\dfrac{\dot{U}_L}{\dot{I}_L}=\text{j}\omega L$

$=\mathrm{j}X_L$ 称为电感元件的复阻抗；Z_C 为纯电容，$Z_C \triangleq \dfrac{\dot{U}_C}{\dot{I}_C}=1/(\mathrm{j}\omega C)=-\mathrm{j}X_C$ 称为电容元件的复阻抗。

2. 复导纳

同样，从输入端口看进去的等效复导纳定义表达式为

$$Y \triangleq \frac{\dot{I}}{\dot{U}}$$

复导纳的单位为西门子(S)。

3. 基尔霍夫定律的相量形式

基尔霍夫电流定律的实质是电流的连续性原理。在交流电路中，任一瞬间电流总是连续的，因此，基尔霍夫电流定律也适用于交流电路的任一瞬间。任一瞬间流过电路节点(闭合面)的各电流瞬时值的代数和等于零，即

$$\sum i = 0$$

正弦交流电路中，各电流都是与电源同频率的正弦电量，把这些同频率的正弦电量用相量表示即得

$$\sum \dot{I} = 0 \tag{6-30}$$

式(6-30)就是相量形式的基尔霍夫电流定律(KCL)。

根据能量守恒定律，基尔霍夫电压定律也同样适用于交流电路的任一瞬间，即任一瞬间，电路的任一个回路中各段电压瞬时值的代数和等于零，即

$$\sum u = 0$$

在正弦交流电路中，各段电压都是同频率的正弦电量，所以表示一个回路中各段电压相量的代数和也等于零，即

$$\sum \dot{U} = 0 \tag{6-31}$$

式(6-31)就是相量形式的基尔霍夫电压定律(KVL)。

6.4.2 RLC 串联电路

在图 6-22(a)所示的 RLC 串联电路中，通过各元件的电流相同。如果电源电压 u 是正弦交流电量，则电流 i 和三个分电压 u_R、u_L、u_C 也都是同频率的正弦交流电量。根据基尔霍夫电压定律可得

$$u=u_R+u_L+u_C \tag{6-32}$$

其相量式为

$$\dot{U}=\dot{U}_R+\dot{U}_L+\dot{U}_C \tag{6-33}$$

把单一参数电路的电压和电流关系式

$$\dot{U}_R=R\dot{I}, \quad \dot{U}_L=\mathrm{j}X_L\dot{I}, \quad \dot{U}_C=-\mathrm{j}X_C\dot{I}$$

代入式(6-33)，则有

$$\dot{U}=R\dot{I}+\mathrm{j}X_L\dot{I}-\mathrm{j}X_C\dot{I}=[R+\mathrm{j}(X_L-X_C)]\dot{I}=(R+\mathrm{j}X)\dot{I}=Z\dot{I} \tag{6-34}$$

其中

$$Z=R+\mathrm{j}X=R+\mathrm{j}(X_L-X_C) \tag{6-35}$$

式(6-35)称为 RLC 串联电路的复阻抗，单位为欧姆(Ω)。Z 的本质是复数，它的

实部为电阻，反映了电路消耗能量的大小；虚部为感抗与容抗之差，反映了电路储能的大小。另外，$X=X_L-X_C$，称为电抗，单位为欧姆(Ω)。

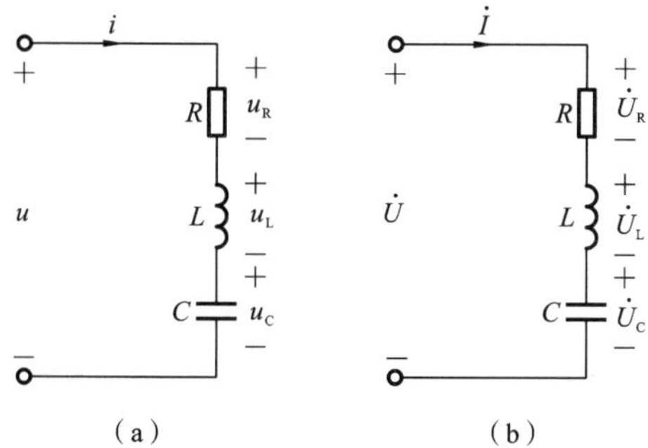

图 6-22　RLC 串联电路

复阻抗 Z 的复模用 $|Z|$ 来表示，单位是欧姆(Ω)。根据复数知识可得

$$|Z|=\sqrt{R^2+X^2}=\sqrt{R^2+(X_L-X_C)^2} \tag{6-36}$$

由式(6-35)可知，阻抗的辐角为

$$\varphi=\arctan\frac{X}{R}=\arctan\frac{X_L-X_C}{R} \tag{6-37}$$

阻抗的辐角大小反映了某一段电路的负载性质，而且它的大小完全由电路参数决定。

当 $X=X_L-X_C>0$ 时，阻抗角 φ 是正值，说明总电压超前电流，电路呈现电感性，如图 6-23(a)所示。

当 $X=X_L-X_C<0$ 时，阻抗角 φ 是负值，说明总电压滞后电流，电路呈现电容性，如图 6-23(b)所示。

当 $X=X_L-X_C=0$ 时，阻抗角 $\varphi=0$，说明总电压与电流同相位，电路呈现电阻性，这时电路发生了串联谐振，如图 6-23(c)所示。

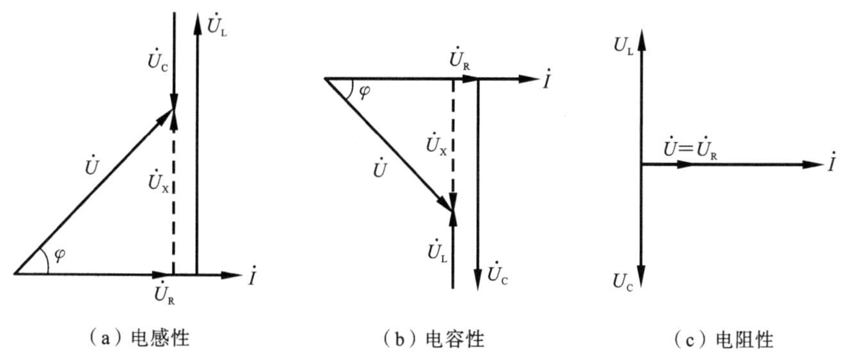

图 6-23　RLC 串联电路的相量图

另外，根据公式(6-34)，可以得到 RLC 串联复阻抗的定义表达式，即

$$Z=\frac{\dot{U}}{\dot{I}}=\frac{\dot{U}_R+\dot{U}_L+\dot{U}_C}{\dot{I}}=R+j\omega L+\frac{1}{j\omega C}=R+jX$$

根据复数的极坐标形式可得

$$Z=|Z|\angle\varphi=\frac{\dot{U}}{\dot{I}}=\frac{U\angle\varphi_u}{I\angle\varphi_i}$$

由上式可以看出,有效值的关系为

$$|Z|=\frac{U}{I} \tag{6-38}$$

相位关系为

$$\varphi=\varphi_u-\varphi_i \tag{6-39}$$

式(6-38)和式(6-39)说明,复阻抗既表达了电压与电流二者有效值之间的大小关系,也指出了二者之间的相位关系,因而全面反映了电路的正弦性质。因此,电路可由图6-24所示的等效电路模型进行表示。图中,jX 代表L 和C 串联的那部分,用符号"□"表示。

观察式(6-36)可知,电阻 R、电抗 X 和阻抗$|Z|$的关系可以构建一个直角三角形,称为阻抗三角形,如图 6-25 所示。

将图 6-25 中直角三角形每条边乘以 RLC 串联电路电流的有效值 I,则得到如图 6-26 所示的电压三角形。

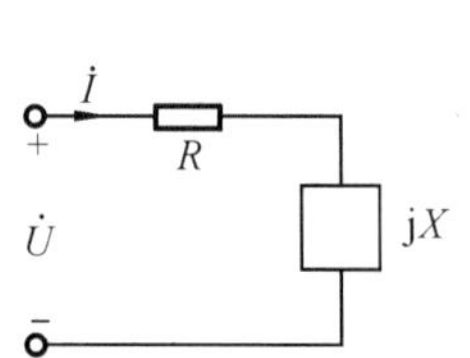

图 6-24 等效电路模型

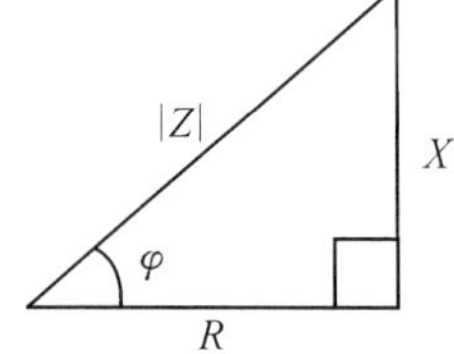

图 6-25 阻抗三角形

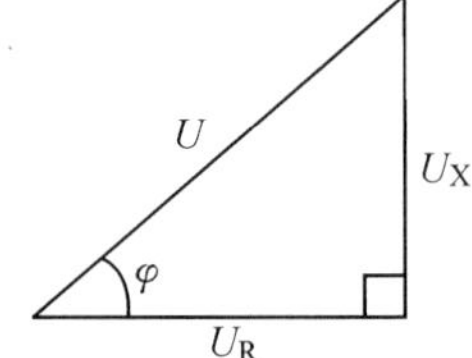

图 6-26 电压三角形

根据电压三角形三条边的关系,可得总电压的有效值

$$U=\sqrt{U_R^2+U_X^2}=\sqrt{(IR)^2+(IX)^2}=I\sqrt{R^2+X^2}=I|Z|\neq U_R+U_L+U_C \tag{6-40}$$

即在 RLC 串联电路中,电源电压的有效值等于电路中耗能元件电压有效值和储能元件电压有效值的勾股弦关系,而不等于各分支电压有效值之和。

另外,从图 6-25 中看出,阻抗角可以表示为

$$\varphi=\arctan\frac{U_X}{U_R}=\arctan\frac{IX}{IR}=\arctan\frac{X}{R} \tag{6-41}$$

【例 6.7】 在 RLC 串联电路中,设在工频下有:$I=10$ A,$U_R=80$ V,$U_L=180$ V,$U_C=120$ V。求:(1) 总电压U;(2) 电路参数 R、L、C;(3) 总电压与电流的相位差。

解 (1) 总电压U 为

$$U=\sqrt{U_R^2+(U_L-U_C)^2}=\sqrt{80^2+(180-120)^2}\ \text{V}=100\ \text{V}$$

(2) 由已知条件可得

$$R=\frac{U_R}{I}=\frac{80}{10}\ \Omega=8\ \Omega,\quad X_L=\frac{U_L}{I}=\frac{180}{10}\ \Omega=18\ \Omega$$

$$L=\frac{X_L}{\omega}=\frac{X_L}{2\pi f}=\frac{18}{2\times3.14\times50}\ \text{H}=57\ \text{mH},\quad X_C=\frac{U_C}{I}=\frac{120}{10}\ \Omega=12\ \Omega$$

$$C=\frac{1}{\omega X_C}=\frac{1}{2\times3.14\times50\times12}\ \text{F}=265\ \mu\text{F}$$

(3) 总电压与电流的相位差为

$$\varphi=\arctan\frac{U_L-U_C}{U_R}=\arctan\frac{X_L-X_C}{R}=\arctan\frac{18-12}{8}=36.9^\circ$$

6.4.3 RLC 并联交流电路

在图 6-27 所示的 RLC 并联电路中，由于输入电压同时加在三个元件所在的三条支路上，因此选择支路电压为参考相量，即$\dot{U}=U\angle 0°$ V，则各支路的电流分别为

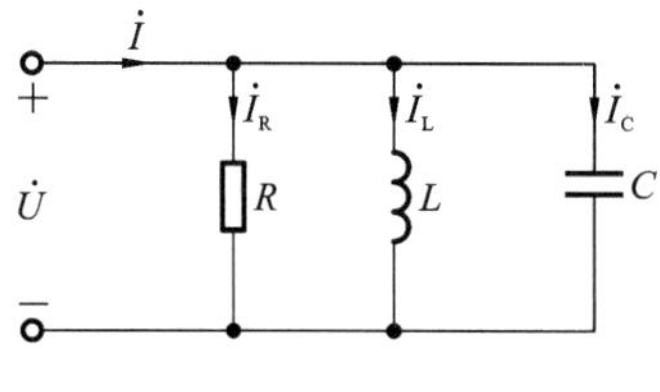

图 6-27 RLC 并联电路

$$\dot{I}_R=\frac{\dot{U}}{R},\quad \dot{I}_L=\frac{\dot{U}}{jX_L}=-j\frac{\dot{U}}{X_L},\quad \dot{I}_C=\frac{\dot{U}}{-jX_C}=j\frac{\dot{U}}{X_C}$$

根据基尔霍夫电流定律，有

$$\begin{aligned}\dot{I}&=\dot{I}_R+\dot{I}_L+\dot{I}_C=\frac{\dot{U}}{R}-j\frac{\dot{U}}{X_L}+j\frac{\dot{U}}{X_C}\\&=\dot{U}\left[\frac{1}{R}-j\left(\frac{1}{X_L}-\frac{1}{X_C}\right)\right]\end{aligned}\tag{6-42}$$

即

$$\dot{I}=\dot{U}Y$$

其中

$$Y=\frac{1}{R}+j\left(\frac{1}{X_C}-\frac{1}{X_L}\right)=G+j(B_C-B_L)=G+jB\tag{6-43}$$

Y 称为 RLC 并联电路的复导纳。$B=B_C-B_L$ 称为电纳，单位为西门子(S)。

复导纳 Y 的复模用$|Y|$来表示，根据复数知识可得

$$|Y|=\sqrt{\left(\frac{1}{R}\right)^2+\left(\frac{1}{X_C}-\frac{1}{X_L}\right)^2}=\sqrt{G^2+(B_C-B_L)^2}\tag{6-44}$$

由式(6-43)可知，Y 的辐角为

$$\varphi'=\arctan\frac{B}{G}=\arctan\frac{B_C-B_L}{G}\tag{6-45}$$

φ'的大小反映了某一段电路的负载性质，而且它的大小完全由电路参数决定。

当 $\omega C>\frac{1}{\omega L}$时，$B_C>B_L$，$\varphi'$为正，电路呈容性，电流超前电压一个 φ'角。

当 $\omega C<\frac{1}{\omega L}$时，$B_C<B_L$，$\varphi'$为负，电路呈感性，电流滞后电压一个 φ'角。

当 $\omega C=\frac{1}{\omega L}$时，$B_C=B_L$，$\varphi'$为 0，电路呈阻性，电流和电压相位相同。

另外，根据式(6-42)，可以得到 RLC 串联复阻抗的定义表达式，即

$$Y=\frac{\dot{I}}{\dot{U}}=\frac{\dot{I}_R+\dot{I}_L+\dot{I}_C}{\dot{U}}=G+\frac{1}{j\omega L}+j\omega C=G+jB$$

根据复数的极坐标形式可得

$$Y=|Y|\angle\varphi'=\frac{\dot{I}}{\dot{U}}=\frac{I\angle\varphi_i}{U\angle\varphi_u}$$

由上式可得，有效值的关系为

$$|Y|=\frac{I}{U}\tag{6-46}$$

相位关系为

$$\varphi'=\varphi_i-\varphi_u\tag{6-47}$$

式(6-46)和式(6-47)说明，复导纳既表达了电压与电流二者有效值之间的大小关系，也指出了二者之间的相位关系，因而全面反映了电路的正弦性质。因此，电路可由图6-28所示的等效电路模型表示。图中，jB 代表 L 和 C 并联的那部分，用符号“□”表示。

由式(6-44)可知,电导 G、电纳 B 和 $|Y|$ 的关系可以构建一个直角三角形,称为导纳三角形,如图 6-29 所示。

将图 6-28 中直角三角形每条边乘以 RLC 并联电路电压的有效值 U,则得到如图 6-30 所示的电流三角形。

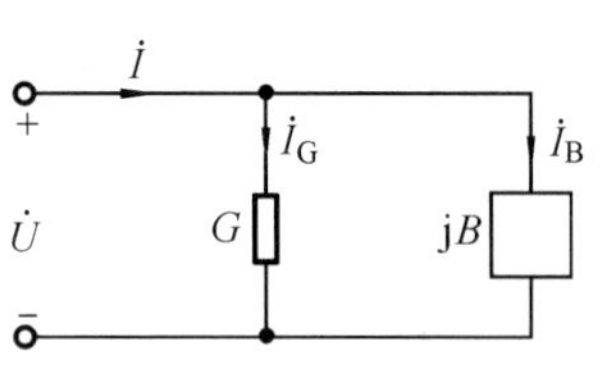

图 6-28 等效电路模型

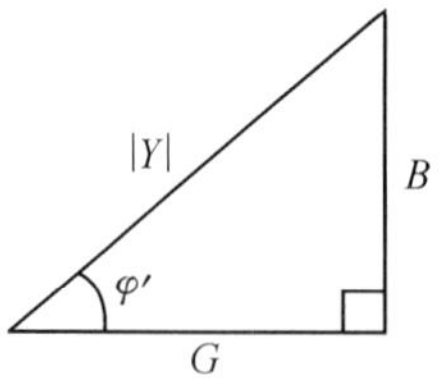

图 6-29 导纳三角形

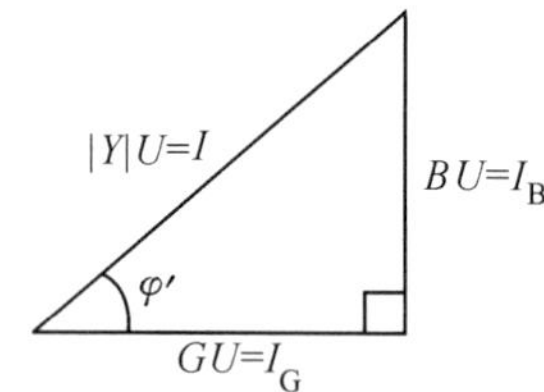

图 6-30 电流三角形

由电流三角形三条边的关系可知,电源对外输出的电流有效值为

$$I=\sqrt{I_{R}^{2}+(I_{L}-I_{C})^{2}}=U\sqrt{\left(\frac{1}{R}\right)^{2}+\left(\frac{1}{X_{L}}-\frac{1}{X_{C}}\right)^{2}}\neq I_{R}+I_{L}+I_{C} \tag{6-48}$$

即在 RLC 并联电路中,电源电流的有效值等于电路中耗能元件电流有效值和储能元件电流有效值的勾股弦关系,而不等于各分支电流有效值之和。

观察图 6-29 可得,电压与电流之间的相位差为

$$\varphi'=\arctan\frac{I_{C}-I_{L}}{I_{R}}=\arctan\frac{\dfrac{1}{X_{C}}-\dfrac{1}{X_{L}}}{\dfrac{1}{R}} \tag{6-49}$$

由上式可知,复导纳角再也不等于±90°,而是在−90°~+90°变化。

【例 6.8】 电路如图 6-31(a)所示,$R_1=30\ \Omega$,$L=0.127$ H,$R_2=80\ \Omega$,$C=53\ \mu$F,电压 $u=220\sqrt{2}\sin(314t+30°)$ V。求:(1) 电流相量 $\dot{I}_1$,$\dot{I}_2$,$\dot{I}$;(2) 画出电流和电压的相量图。

解 (1) 电压相量

$$\dot{U}=220\angle 30°\ \text{V},X_{L}=\omega L=314\times 0.127\ \Omega=40\ \Omega$$

$$X_{C}=\frac{1}{\omega C}=\frac{1}{314\times 53\times 10^{-6}}\ \Omega=60\ \Omega$$

支路复阻抗 $$Z_1=R_1+\mathrm{j}X_{L}=(30+\mathrm{j}40)\ \Omega=50\angle 53.13°\ \Omega$$

$$Z_2=R_2-\mathrm{j}X_{C}=(80-\mathrm{j}60)\ \Omega=100\angle(-36.87°)\ \Omega$$

支路电流 $$\dot{I}_1=\frac{\dot{U}}{Z_1}=\frac{220\angle 30°}{50\angle 53.13°}\ \text{A}=4.4\angle(-23.13°)\ \text{A}$$

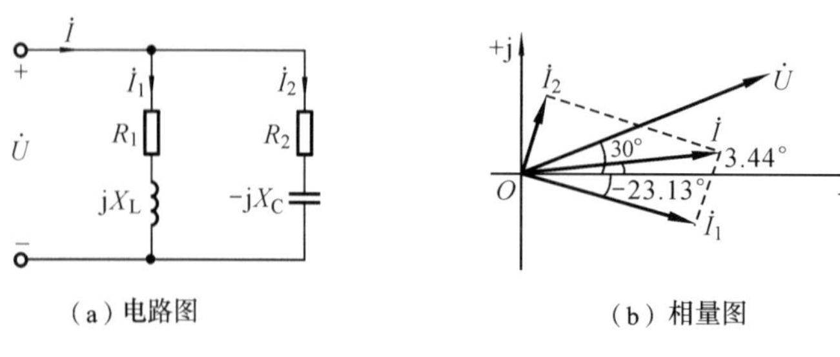

(a) 电路图 (b) 相量图

图 6-31 例 6.8 图

$$\dot{I}_2=\frac{\dot{U}}{Z_2}=\frac{220\angle 30^\circ}{100\angle(-36.87^\circ)}\ \text{A}=2.2\angle 66.87^\circ\ \text{A}$$

总电流
$$\dot{I}=\dot{I}_1+\dot{I}_2=[4.4\angle(-23.13^\circ)+2.2\angle 66.87^\circ]\ \text{A}$$
$$=(4.91+\text{j}0.295)\ \text{A}=4.92\angle 3.44^\circ\ \text{A}$$

(2) 电流和电压的相量图如图 6-31(b)所示。

6.4.4 阻抗与导纳的等效转换

如图 6-32 所示的一个线性无源一端口网络 N_0，对其进行正弦交流电路计算时，可以把该电路化简为图 6-33 所示的两种等效电路，图 6-33(a)所示的为其串联等效电路，图 6-33(b)所示的为其并联等效电路，它们之间存在相互等效变换关系。

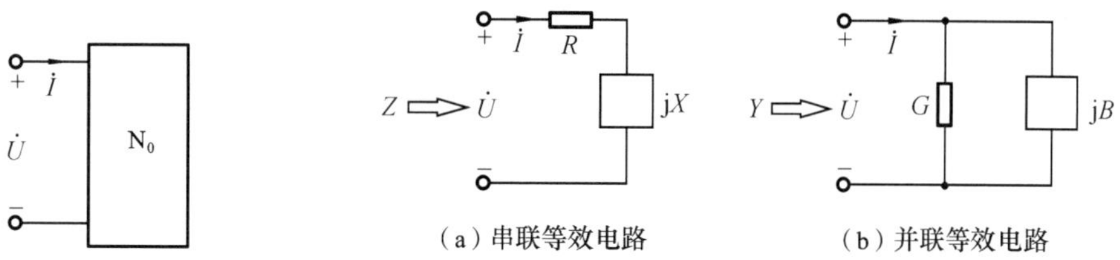

图 6-32 线性无源一端口网络　　图 6-33 图 6-31 的等效电路

1. 等效公式推导

要使图 6-32 的两个电路模型之间具有等效转换，首先需保证这两个电路中端口的电压$\dot{U}$和电流$\dot{I}$与原电路(见图 6-31)的电压$\dot{U}$和电流$\dot{I}$保持一致。

对于串联电路，有

$$Z=\frac{\dot{U}}{\dot{I}}=\frac{U}{I}\angle(\varphi_u-\varphi_i)=R+\text{j}X=|Z|\angle\varphi$$

对于并联电路，有

$$Y=\frac{\dot{I}}{\dot{U}}=\frac{I}{U}\angle(\varphi_i-\varphi_u)=G+\text{j}B=|Y|\angle\varphi'$$

因为
$$Z=\frac{\dot{U}}{\dot{I}},\quad Y=\frac{\dot{I}}{\dot{U}}$$

所以
$$Y=\frac{1}{Z} \tag{6-50}$$

将 Y 和 Z 用代数形式表示，并代入式(6-50)，得

$$Y=G+\text{j}B=\frac{1}{Z}=\frac{1}{R+\text{j}X}=\frac{R-\text{j}X}{(R+\text{j}X)(R-\text{j}X)}=\frac{R}{R^2+X^2}+\text{j}\frac{(-X)}{R^2+X^2}$$

有
$$G=\frac{R}{R^2+X^2},\quad B=\frac{-X}{R^2+X^2} \tag{6-51}$$

将 Y 和 Z 用极坐标形式表示，并代入式(6-50)，得

$$Y=\frac{1}{Z}=\frac{1}{|Z|\angle\varphi}=|Y|\angle\varphi'$$

有
$$|Y|=\frac{1}{|Z|},\quad \varphi'=-\varphi \tag{6-52}$$

2. 等效电路模型分析

用复阻抗 $Z=R+\text{j}X$ 表示图 6-32 所示电路时，分别画出 $X>0$ 和 $X<0$ 的等效电

路图,如图 6-34(a)、图 6-34(b)所示。

用复导纳 $Y=G+\mathrm{j}B$ 表示图 6-32 所示电路时,分别画出 $B>0$ 和 $B<0$ 的等效电路图,如图 6-35(a)、图 6-35(b)所示。

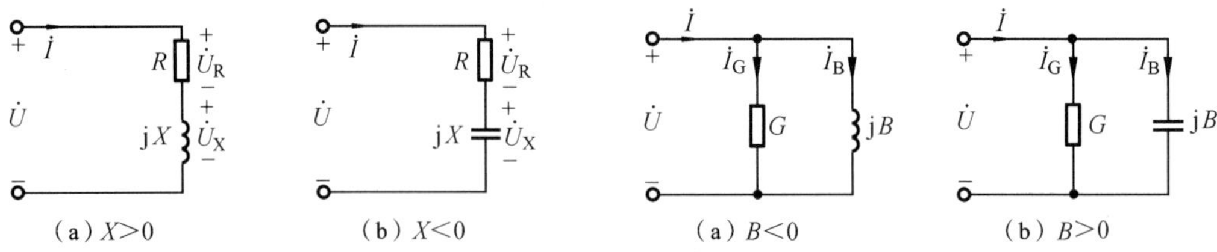

图 6-34　复阻抗等效电路图　　　　图 6-35　复导纳等效电路图

【例 6.9】　电路如图 6-36 所示,$\dot{U}=100\angle 30°$ V,$\dot{I}=40\angle(-6.9°)$ A。求:(1) 复阻抗 Z 和复导纳 Y;(2) 画出图 6-36 所示电路的等效电路图。

解
$$Z=\frac{\dot{U}}{\dot{I}}=2.5\angle 36.9°\ \Omega=(2+\mathrm{j}1.5)\ \Omega$$

等效电路图如图 6-37(a)所示。

$$Y=\frac{1}{Z}=\frac{1}{2.5\angle 36.9°}\ \mathrm{S}=(0.32-\mathrm{j}0.24)\ \mathrm{S}$$

等效电路图如图 6-37(b)所示。

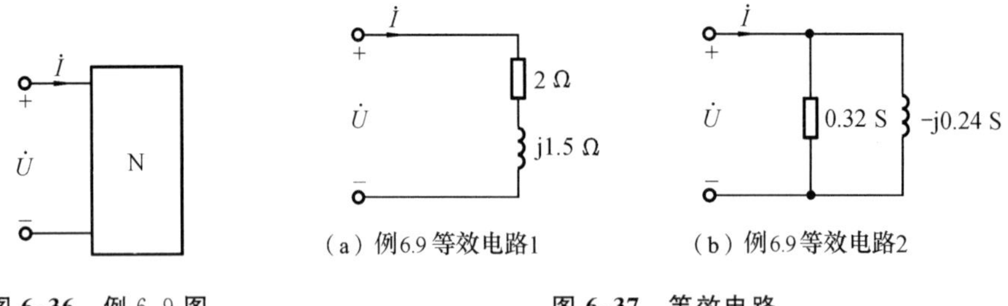

图 6-36　例 6.9 图　　　　图 6-37　等效电路

6.5　正弦交流电路的计算

对正弦交流电路进行计算时,通常先将时域形式的电路图改画为对应的相量形式的电路图,又称相量模型,即电路中的参数及元件伏安关系统一用相量形式表示;再依相量模型写出相量形式的复代数方程进行问题的分析求解。

6.5.1　简单正弦电路的计算

1. 阻抗串联

阻抗串联的基本原则为:串联同流,正比分压。

图 6-38(a)所示的是两个负载串联的交流电路,根据基尔霍夫电压定律(KVL)的相量形式,有

$$\dot{U}=\dot{U}_1+\dot{U}_2=\dot{I}Z_1+\dot{I}Z_2=\dot{I}(Z_1+Z_2)=\dot{I}Z \tag{6-53}$$

式中,Z 称为电路的等效阻抗,即串联电路的等效阻抗等于各串联阻抗的和,其等效电路如图 6-38(b)所示。

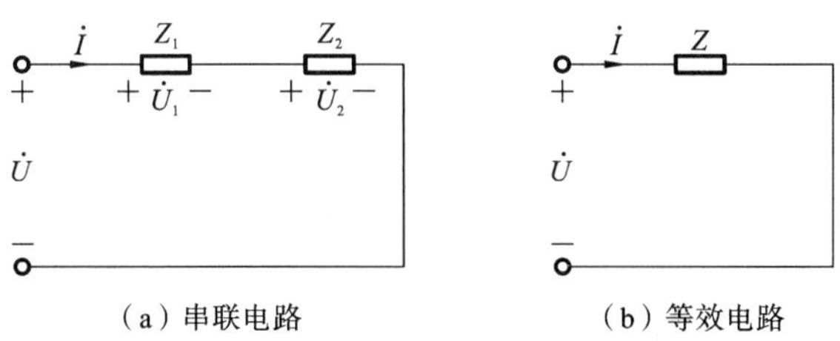

（a）串联电路　（b）等效电路

图 6-38　阻抗的串联

一般情况下，多个串联阻抗的等效表达式为

$$Z=\sum Z_K=\sum R_K+j\sum X_K=\sqrt{\left(\sum R_K\right)^2+\left(\sum X_K\right)^2}\angle\arctan\frac{\sum X_K}{\sum R_K}$$
$$=|Z|\angle\varphi \tag{6-54}$$

注意，式(6-54)中的 $\sum X_K$ 包括感抗 X_L 和容抗 X_C，感抗 X_L 取正值，容抗 X_C 取负值。

相应的分压公式为

$$\dot{U}_i=\frac{Z_i}{Z}\dot{U} \tag{6-55}$$

式中，$\dot{U}$、$\dot{U}_i$ 分别是电源总电压相量和第 i 条分支的电压相量。

2. 阻抗的并联

阻抗并联的基本原则为：并联同压，反比分流。

如图 6-39(a)所示的是两个负载并联的交流电路，根据基尔霍夫电流定律(KCL)的相量形式，有

$$\dot{I}=\dot{I}_1+\dot{I}_2=\frac{\dot{U}}{Z_1}+\frac{\dot{U}}{Z_2}=\dot{U}\left(\frac{1}{Z_1}+\frac{1}{Z_2}\right) \tag{6-56}$$

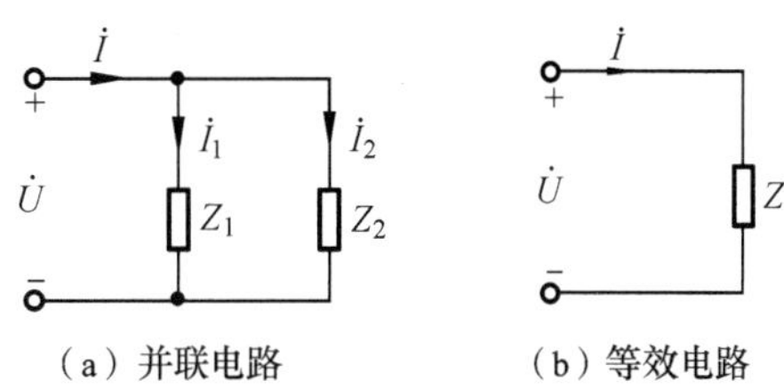

（a）并联电路　（b）等效电路

图 6-39　阻抗的并联

将式(6-56)中两个并联的阻抗用一个等效阻抗 Z 来代替，等效电路如图 6-39(b)所示。有

$$\frac{1}{Z}=\frac{1}{Z_1}+\frac{1}{Z_2} \tag{6-57}$$

或

$$Z=\frac{Z_1\times Z_2}{Z_1+Z_2} \tag{6-58}$$

一般情况下，多个并联阻抗的等效复阻抗与各并联支路复阻抗的关系，可用下式表示

$$\frac{1}{Z}=\sum\frac{1}{Z_K}=\frac{1}{\sum a_K}+j\frac{1}{\sum b_K} \tag{6-59}$$

相应的分流公式为

$$\dot{I}_1=\frac{Z_2}{Z_1+Z_2}\dot{I},\quad \dot{I}_2=\frac{Z_1}{Z_1+Z_2}\dot{I}$$

即

$$\dot{I}_i=\frac{Z}{Z_i}\dot{I} \tag{6-60}$$

【例 6.10】 在图 6-40 所示的正弦稳态电路的相量模型中,已知 $R_1=8\ \Omega$,$X_{C1}=6\ \Omega$,$R_2=3\ \Omega$,$X_{L2}=4\ \Omega$,$R_3=5\ \Omega$,$X_{L3}=10\ \Omega$。试求电路的输入阻抗 Z_{ab}。

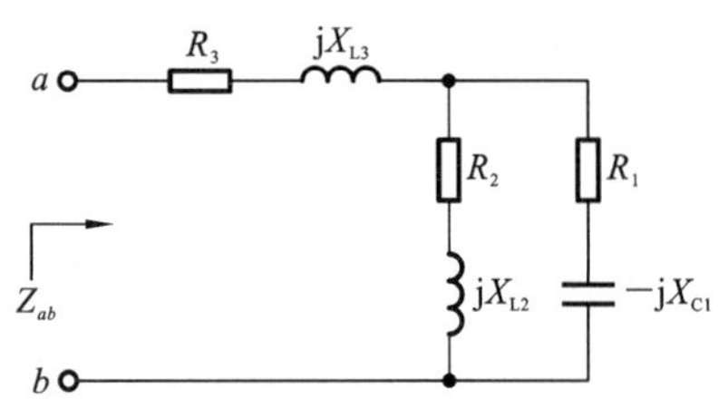

图 6-40 例 6.10 图

解 首先,求出各支路的阻抗

$$Z_1=R_1-jX_{C1}=(8-j6)\ \Omega$$

$$Z_2=R_2+jX_{L2}=(3+j4)\ \Omega$$

$$Z_3=R_3+jX_{L3}=(5+j10)\Omega$$

利用阻抗的串、并联关系,可得输入阻抗为

$$Z_{ab}=Z_3+\frac{Z_1Z_2}{Z_1+Z_2}=\left[5+j10+\frac{(8-j6)(3+j4)}{(8-j6)+(3+j4)}\right]\Omega=(9+j12)\Omega$$

6.5.2 复杂正弦电路的计算

1. 支路电流法、回路电流法和节点电压法的应用

1) 支路电流法的应用

【例 6.11】 电路如图 6-41 所示,$Z_1=Z_2=(0.1+j0.5)\ \Omega$,$Z_3=(5+j5)\ \Omega$,$\dot{U}_{S1}=230\angle0^\circ\ \text{V}$,$\dot{U}_{S2}=227\angle0^\circ\ \text{V}$,求$\dot{I}$的值。

解 应用支路电流法列写方程如下

$$\begin{cases}\dot{I}_1+\dot{I}_2=\dot{I}\\ Z_1\ \dot{I}_1-\dot{U}_{S1}=-\dot{U}_{S2}+Z_2\ \dot{I}_2\\ Z_2\ \dot{I}_2+Z_3\ \dot{I}=\dot{U}_{S2}\end{cases}$$

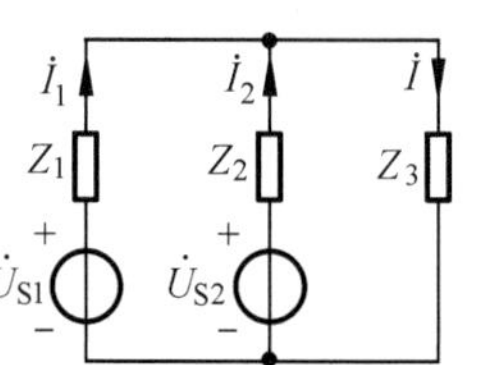

图 6-41 例 6.11 图

代入已知条件,联立求解方程,得

$$\dot{I}=31.2\angle(-46.1^\circ)\ \text{A}$$

2) 回路电流法的应用

【例 6.12】 电路如图 6-42 所示,求$\dot{I}_L$ 的值。

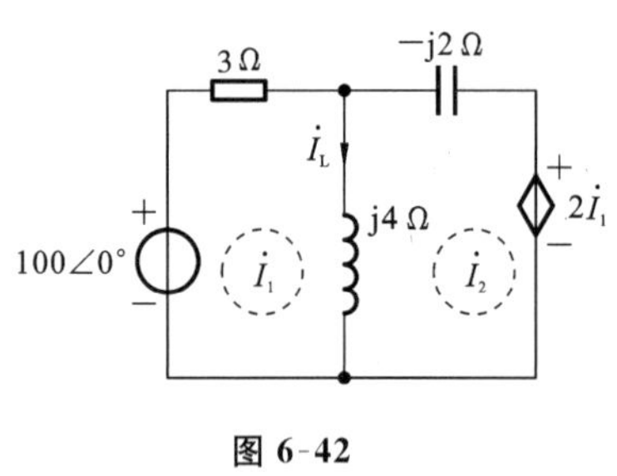

图 6-42

解 应用回路电流法列写方程如下

$$\begin{cases}(3+4j)\dot{I}_1-j4\ \dot{I}_2=100\angle0^\circ\\ -j4\ \dot{I}_1+(j4-j2)\dot{I}_2=-2\ \dot{I}_1\end{cases}$$

求得 $\dot{I}_1=12.4\angle29.8^\circ\ \text{A}=(10.8+j6.18)\ \text{A}$

$$\dot{I}_2=27.2\angle56.3^\circ\ \text{A}=(15.4+j23)\ \text{A}$$

$$\dot{I}_L=\dot{I}_1-\dot{I}_2=(-4.6-j16.82)\ \text{A}$$

$$=17.3\angle(-105.5^\circ)\ \text{A}$$

3) 节点电压法的应用

【例 6.13】 电路如图 6-43 所示,求$\dot{U}_1$ 和$\dot{U}_2$ 的值。

解 应用节点电压法列写方程如下

$$\begin{cases}(0.1+j0.1)\dot{U}_1-0.1\ \dot{U}_2=1\angle0^\circ\\ -0.1\ \dot{U}_1+(0.1-j0.1)\dot{U}_2=0.5\angle90^\circ\end{cases}$$

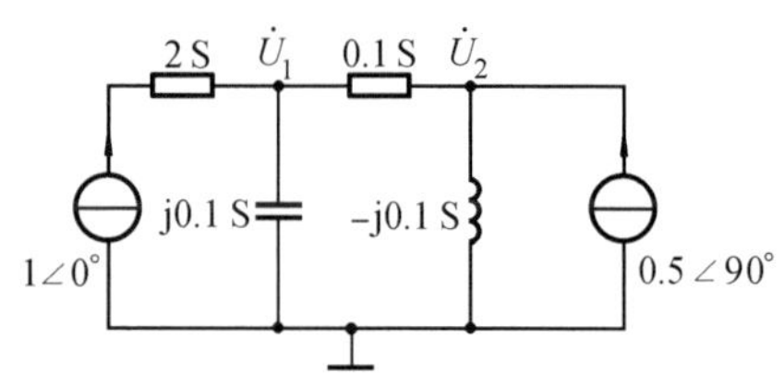

图 6-43 例 6.13 图

求解可得

$$\dot{U}_1=(10-j5)\ \text{V}=11.2\angle(-26.5^\circ)\ \text{V}$$

$$\dot{U}_2=7.07\angle45^\circ\ \text{V}$$

2. 电源等效变换的应用

【例 6.14】 电路如图 6-44(a)所示，已知 $R_1=60\ \Omega, R_2=100\ \Omega, X_1=80\ \Omega, X_2=100\ \Omega, X_3=80\ \Omega, X_4=100\ \Omega, X_5=50\ \Omega, U_1=U_2=200\ \text{V}$（$\dot{U}_2$ 超前$\dot{U}_1 36.9°$）。求：(1) 电流表的读数；(2) 该电流与$\dot{U}_1$ 的相位关系。

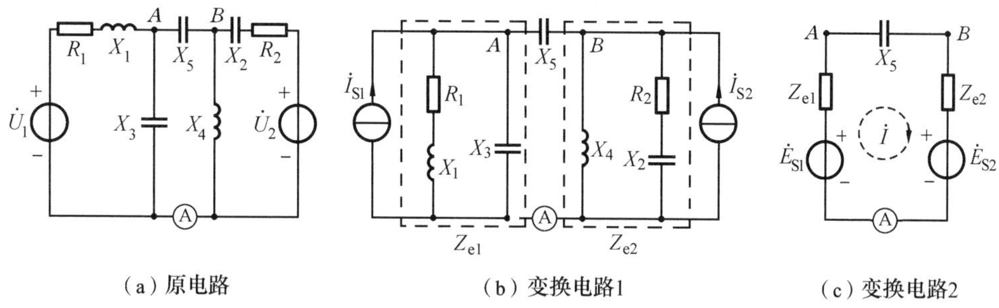

(a) 原电路　　(b) 变换电路1　　(c) 变换电路2

图 6-44　例 6.14 图

解　设$\dot{U}_1=200\angle 0°$，则

$$\dot{U}_2=200\angle 36.9°$$

依据电源等效变换，将图 6-44(a)所示电路变换成图 6-44(b)所示电路，再将图 6-44(b)电路变换成图 6-44(c)电路。对图 6-44(b)所示电路，有

$$\dot{I}_{S1}=\frac{\dot{U}_1}{R+jX_1}=2\angle(-53.1°)\ \text{A}$$

$$\dot{I}_{S2}=\frac{\dot{U}_2}{R_2-jX_2}=1.414\angle 81.9°\ \text{A}$$

对图 6-44(c)所示电路，有

$$Z_{e1}=\frac{(60+j80)(-j80)}{60+j80-j80}\ \Omega=133.33\angle(-36.9°)\ \Omega$$

$$Z_{e2}=\frac{(100-j100)j100}{100-j100+j100}\ \Omega=141.4\angle 45°\ \Omega$$

$$\dot{E}_{S1}=\dot{I}_{S1}Z_{e1}=-j266.67\ \text{V}$$

$$\dot{E}_{S2}=\dot{I}_{S2}Z_{e2}=200\angle 126.9°\ \text{V}$$

$$\dot{I}=\frac{\dot{E}_{S1}-\dot{E}_{S2}}{Z_{e1}+Z_{e2}-jX_5}=2.12\angle(-60.03°)\ \text{A}$$

所以，求得电流表的读数为 2.12 A，电流$\dot{I}$滞后电压 $\dot{U}_1 56.03°$。

3. 戴维宁定理的应用

【例 6.15】 电路如图 6-45(a)所示，$R_1=1\ \Omega, R_2=2\ \Omega, C=10^3\ \mu\text{F}, L=2\ \text{mH}, g=0.1\ \text{S}, \omega=10^3\ \text{rad/s}, \dot{U}=10\angle(-45°)\ \text{V}$。求：(1) 开路电压$\dot{U}_{ABO}$；(2) AB 端口等效输入阻抗 Z_{eq}；(3) 画出 AB 端口的戴维宁等效电路图。

解　求解过程与电阻电路类似。

(1) 求开路电压$\dot{U}_{ABO}$，首先在端口外加一个电流源$\dot{I}_{AB}$，如图 6-45(a)所示。列节点电压方程，节点 D 的方程为

$$\left(\frac{1}{R_1-jX_C}+\frac{1}{jX_L}+G_2\right)\dot{U}_{DB}-G_2\dot{U}_{AB}=\frac{\dot{U}}{R_1-jX_C}$$

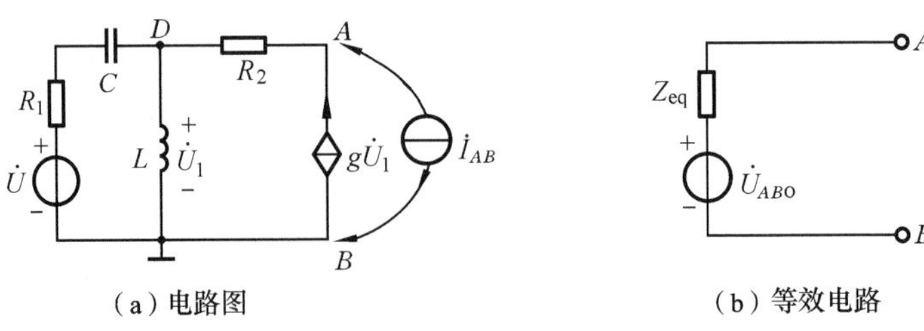

(a) 电路图　　　　(b) 等效电路

图 6-45　例 6.15 图

节点 A 的方程为

$$-G_2\dot{U}_{DB}+G_2\dot{U}_{AB}=-\dot{I}_{AB}+g\dot{U}_{DB}$$

其中 $$X_C=\frac{1}{\omega C}=\frac{1}{10^3\times10^3\times10^{-6}}\ \Omega=1\ \Omega,\quad G_2=\frac{1}{2}=0.5$$

$$X_L=\omega L=10^3\times2\times10^{-3}\ \Omega=2\ \Omega$$

则 $$\left(\frac{1}{1-\mathrm{j}}+\frac{1}{2\mathrm{j}}+0.5\right)\dot{U}_{DB}-0.5\dot{U}_{AB}=\frac{10\angle(-45^\circ)}{1-\mathrm{j}}$$

$$-(0.1+0.5)\dot{U}_{DB}+0.5\dot{U}_{AB}=-\dot{I}_{AB}$$

求得 $$\dot{U}_{AB}=15\sqrt{2}-5\dot{I}_{AB}=21.21-5\dot{I}_{AB}$$

因此 $$\dot{U}_{ABO}=21.21\ \mathrm{V}$$

(2) 求 AB 端口的等效输入阻抗 Z_{eq} 的值:

$$Z_{eq}=\frac{\dot{U}_{AB}}{-\dot{I}_{AB}}=5\ \Omega$$

(3) 画出 AB 端口等效电路图,如图 6-45(b)所示。

【例 6.16】 在图 6-46(a)所示电路中,L、C、ω 均为已知,若欲使 Z 变化时(但 $Z\neq0$),$\dot{U}$不变,电抗 X 应为何值?

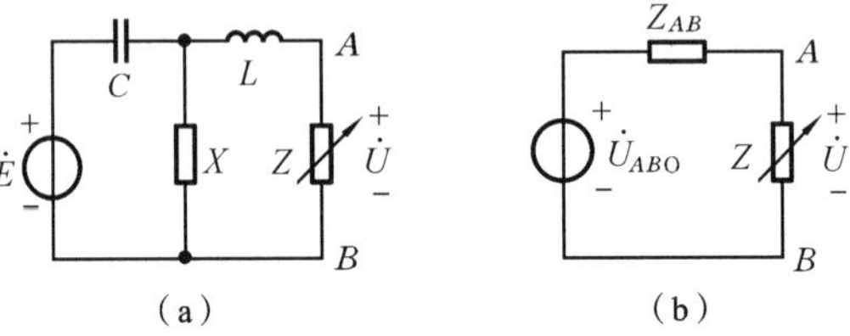

(a)　　　　(b)

图 6-46　例 6.16 图

解　当 X 确定后,其开路电压$\dot{U}_{ABO}$是确定的值,欲使 Z 变化时$\dot{U}$不变,则 AB 端口的等效输入端电阻 $Z_{AB}=0$,如图 6-46(b)所示。

$$\mathrm{j}X_L+\frac{\mathrm{j}X(-\mathrm{j}X_C)}{\mathrm{j}(X-X_C)}=0$$

$$-X_LX+X_LX_C+XX_C=0$$

故有 $$X=\frac{X_LX_C}{X_L-X_C}=\frac{\omega L}{\omega^2LC-1}$$

时,$\dot{U}$不变。

4. 相量作图法的应用

【例 6.17】 电路如图 6-47(a)所示,已知 $U_1=80\ \mathrm{V}$,$U_2=70\ \mathrm{V}$,$U=120\ \mathrm{V}$,$f=25$

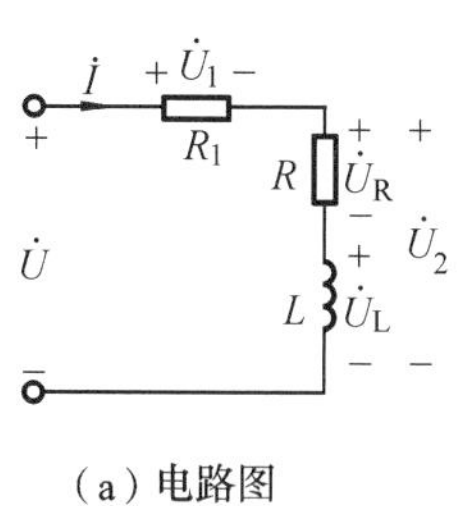

(a) 电路图

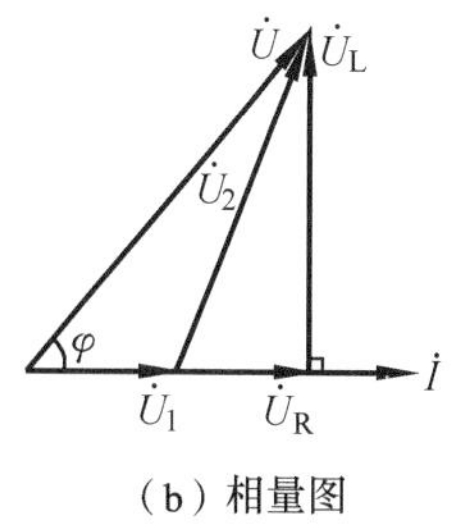

(b) 相量图

图 6-47　例 6.17 图

Hz，$I=1.4$ A，求 R，L 的值。

解　以$\dot{I}$为参考相量，则

$$\dot{I}=1.4\angle 0^\circ\ \text{A}$$

画出电压的相量图，如图 6-47(b)所示，由余弦公式得

$$\varphi=\arccos\left(\frac{U^2+U_1^2-U_2^2}{2UU_1}\right)=34.1^\circ$$

$$U_L=\omega LI=U\sin 34.1^\circ$$

所以
$$L=\frac{120\sin 34.1^\circ}{2\pi\times 25\times 1.4}\ \text{H}=0.306\ \text{H}$$

又因为
$$I(R_1+R)=U\cos\varphi$$

所以
$$R_1+R=\frac{120\cos 34.1^\circ}{1.4}\ \Omega=70.98\ \Omega$$

$$R=70.98-R_1=\left(70.98-\frac{80}{1.4}\right)\ \Omega=13.84\ \Omega$$

【例 6.18】　电路如图 6-48(a)所示，已知$\dot{U}=2\angle 0^\circ$，$f=200$ Hz，$R_1=4$ Ω，$C_2=0.01$ μF，$R_2=30$ kΩ，求$\dot{U}_{AB}$与$\dot{U}$二者相位差。

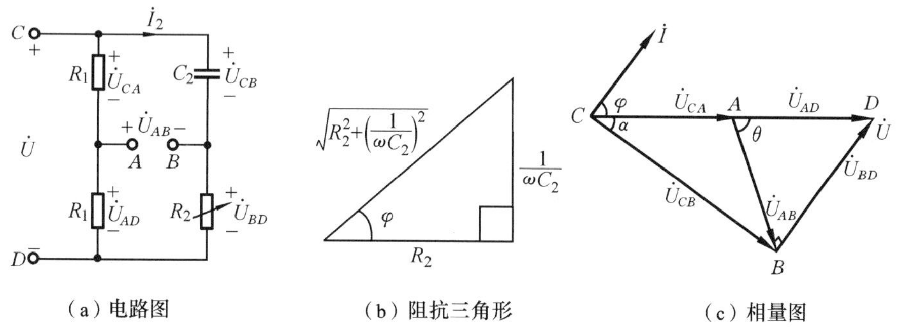

(a) 电路图　　(b) 阻抗三角形　　(c) 相量图

图 6-48　例 6.18 图

解　以$\dot{U}$作为参考相量，如图 6-48(c)所示，有

$$\dot{U}_{CA}=\dot{U}_{AD}=\frac{1}{2}\dot{U}$$

设$\dot{I}_2$在相位上超前电压$\dot{U}$一个 φ 角，采用阻抗三角形表示时，如图 6-48(b)所示，有

$$\varphi=\arctan\frac{1}{\omega R_2C_2}=69.5^\circ$$

$\dot{U}_{BD}$与$\dot{I}_2$同相,$\dot{U}_{CB}$滞后$\dot{I}_2$ 90°,并且$\dot{U}_{CB}+\dot{U}_{BD}=\dot{U}$。

连接 AB 两点,得相量$\dot{U}_{AB}$,设$\dot{U}_{AB}$与$\dot{U}$的相位差为θ。

$\triangle CBD$ 为直角三角形,由几何学可知:由直角三角形斜边中点 A 引向直角顶点 B 的直线$\overline{AB}$,其长度等于斜边$\overline{CD}$的一半,因而$\triangle CBA$ 是等腰三角形,设底角为 α。

$$\alpha=\frac{\theta}{2}=90°-\varphi$$

则有
$$\theta=2(90°-\varphi)=180°-2\times 69.5°=41°$$

6.6 正弦交流电路的功率

电路分析中,除了计算正弦交流电路的电压、电流以外,往往还会涉及功率的分析和计算。众所周知,电路的作用之一是将一定的功率输送到所需要的地方。例如,电力输电线就是将电功率输送到城市、农村、工厂和学校。接收电功率的装置是负载。而负载往往是一个无源一端口网络。因此,讨论无源一端口网络的功率具有重要的意义。

本节从分析无源一端口网络的瞬时功率出发,进一步分析有功功率、无功功率、视在功率、功率因数,以及各功率之间的相互关系。为了方便正弦电路中相量的计算,引入了复功率的概念。最后通过复功率的守恒,得出有功功率守恒和无功功率守恒。

6.6.1 瞬时功率

交流电路中,通过任一个无源一端口网络的电流及端口电压都是随时间变化而变化的,如图 6-49 所示。

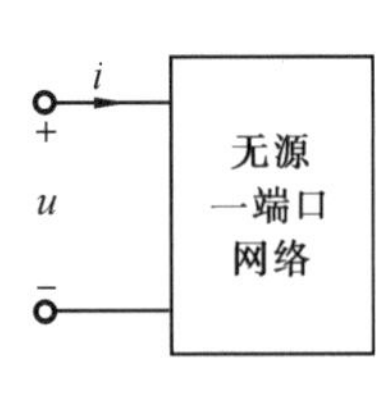

(a) 无源一端口网络

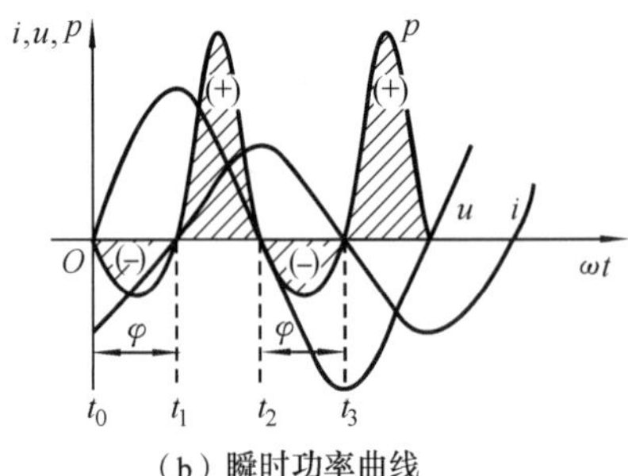

(b) 瞬时功率曲线

图 6-49 无源一端口网络的瞬时功率

设 $u=\sqrt{2}U\sin\omega t$,$i=\sqrt{2}I\sin(\omega t-\varphi)$,在 u、i 取关联参考方向下,由功率的定义可得该一端口网络的瞬时功率为

$$\begin{aligned} p&=ui=\sqrt{2}U\sin\omega t\times\sqrt{2}I\sin(\omega t-\varphi)=UI[\cos\varphi-\cos(2\omega t-\varphi)] \\ &=UI\cos\varphi-UI\cos(2\omega t-\varphi) \end{aligned} \tag{6-61}$$

此功率 p 称为瞬时功率,由式(6-61)可知,瞬时功率 p 由两部分组成:一部分为 $UI\cos\varphi$,它是与时间无关的恒定分量;另一部分为 $UI\cos(2\omega t-\varphi)$,它是时间的周期函数,角频率为 2ω。为了便于分析瞬时功率的变化情况,将 u、i、p 三者曲线画在一个坐标系中,如图 6-49(b)所示。从图中可以看出,p 在 t_0-t_1 区间,其值为负;在 t_1-t_2 区间,其值为正。p 值可正、可负,说明该无源一端口网络与电源之间存在着能量的往复交换,这是由于无源一端口网络中含有储能元件所致。

另外，从功率 p 的曲线所界定的正面积恒大于负面积来分析，说明该一端口网络是无源网络。在 $p>0$ 区段，能量由电源送入网络，除了一部分消耗在电阻上，还有一部分转化成储能元件的电磁能量；在 $p<0$ 区段，表明该一端口网络中的储能元件把存储的电磁能量返还给电源。

消耗在电阻上的能量用有功功率表示，储能元件与电源相互交换的能量用无功功率表示。下面将对有功功率和无功功率作详细介绍。

6.6.2 有功功率

正弦交流中研究平均功率更有意义，平均功率即为有功功率。平均功率是瞬时功率在一个周期内的平均值，用 P 表示，有

$$P=\frac{1}{T}\int_0^T p\mathrm{d}t=\frac{UI}{T}\int_0^T[\cos\varphi-\cos(2\omega t-\varphi)]\mathrm{d}t$$

$$P=UI\cos\varphi \tag{6-62}$$

式(6-62)说明正弦电流电路的有功功率不仅与电流、电压的有效值有关，而且与它们之间的相位差 φ 的余弦有关，此 $\cos\varphi$ 称为电路的功率因数。

功率因数不能为负数，如果为负，从式(6-62)可知，平均功率为负数，这意味着一端口网络平均的结果不是吸收功率，而是发出功率，这明显是不成立的。由此可得结论：一端网络的 $\cos\varphi$ 取值范围为 0～1。

另外，由第 6.4.2 节中阻抗三角形内容可知，如图 6-50(a)所示，$\cos\varphi=R/|Z|$，且 $U/|Z|=I$，则有

$$P=UI\cos\varphi=UI\frac{R}{|Z|}=I^2R \tag{6-63}$$

式(6-63)说明有功功率是在电阻 R 上所消耗的功率。

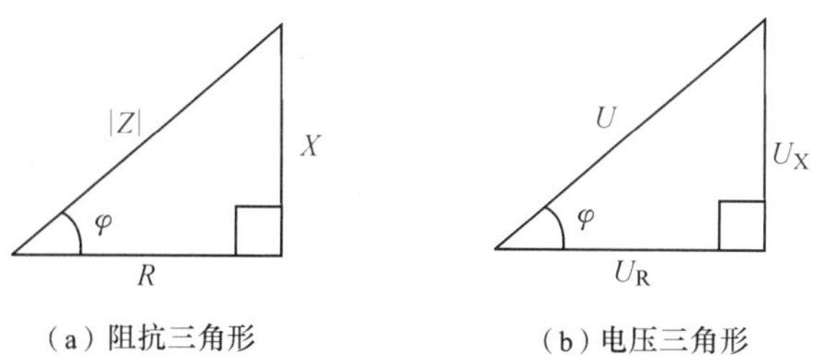

(a) 阻抗三角形 (b) 电压三角形

图 6-50 阻抗与电压三角形

再由电压三角形可知，如图 6-50(b)所示，$\cos\varphi=U_R/U$，则有

$$P=UI\frac{U_R}{U}=IU_R \tag{6-64}$$

式(6-64)说明，电阻 R 两端的电压有效值乘以电流有效值是有功功率，因此，又把电阻电压有效值 U_R 称为电压的有功分量或者有功电压。通常所说的功率均是指有功功率，它的单位为瓦特(W)，也常用千瓦(kW)表示，可以用瓦特表对有功功率进行测量。

6.6.3 无功功率

由有功功率的讨论可知，当电路用复阻抗 Z 表示时，电压分量 U_X 对有功功率无贡

献,而电压分量 U_R 没有反映电路储能元件与电源之间的能量交换的情况。因此,这里用无功功率表示电路的储能元件与电源之间所交换的那一部分能量,为此把电压分量 U_X 称为电压的无功分量或无功电压。

无功功率用 Q 表示,其定义是

$$Q=UI\sin\varphi \tag{6-65}$$

同样由电压三角形和阻抗三角形可知,$\sin\varphi=U_X/U=X/|Z|$,则有

$$Q=U_X I \tag{6-66}$$

$$Q=I^2 X \tag{6-67}$$

对于电感元件,其两端的电压相量$\dot{U}_L$ 超前电流相量$\dot{I}$ 90°,$\varphi=90°$,则

$$Q_L=U_L I\sin 90°=U_L I>0$$

所以称电感元件为无功功率的负载,它相当于吸收无功功率。

对于电容元件,其两端的电压相量$\dot{U}_C$ 滞后电流相量$\dot{I}$ 90°,$\varphi=-90°$,则

$$Q_C=U_C I\sin(-90°)=-U_L I<0$$

所以称电容元件为无功功率的电源,它相当于发出无功功率。

如前所述,无功功率是指电路中动态储能元件与电源间所交换的那一部分电磁能量。无功功率单位为伏安或乏(Var),可用无功功率表测量无功功率。

6.6.4 视在功率

仿照直流电路中的功率等于电流与电压相乘的关系,将正弦交流电路中电流有效值与电压有效值的乘积也可看成功率,称为视在功率,也称为表观功率。视在功率用 S 表示,单位为伏安(V·A),其表达式为

$$S=UI$$

许多电气设备上都标有额定电压和额定电流值,它们二者的乘积称为容量。显然,这也是视在功率,故视在功率往往是指电气设备的容量。

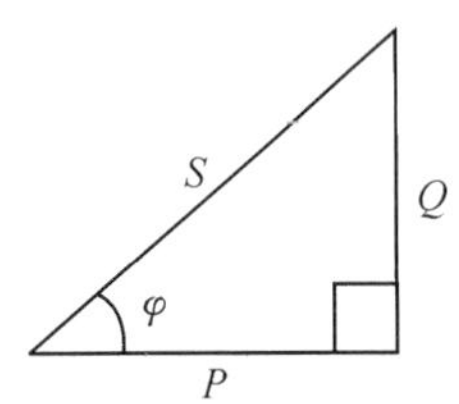

图 6-51 功率三角形

有功功率 P、无功功率 Q 和视在功率 S 有如下关系

$$P^2+Q^2=(UI\cos\varphi)^2+(UI\sin\varphi)^2=(UI)^2=S^2 \tag{6-68}$$

$$S=\sqrt{P^2+Q^2}$$

这说明,P、Q、S 三者之间满足直角三角形的关系式,此三角形称为电路的功率三角形,如图 6-51 所示。由功率三角形可知,

$$\tan\varphi=\frac{Q}{P} \quad 或 \quad Q=P\tan\varphi \tag{6-69}$$

6.6.5 复功率

1. 定义

以有功功率作实部,无功功率作虚部构成一个复数,同样具有功率的概念,称为复功率。若以 $\widetilde{S}$ 表示复功率,则有

$$\widetilde{S}=P+\mathrm{j}Q \tag{6-70}$$

下面讨论如何用相量计算复功率。

$$\widetilde{S}=P+\mathrm{j}Q=UI\cos\varphi+\mathrm{j}UI\sin\varphi=UI\angle\varphi$$

$$=UI\angle(\varphi_u-\varphi_i)=U\angle\varphi_u\times I\angle(-\varphi_i)=\dot{U}\overset{*}{I}$$

即
$$\widetilde{S}=\dot{U}\overset{*}{I} \tag{6-71}$$

式中，$\overset{*}{I}$ 表示$\dot{I}$的共轭复数，即复功率等于电压相量与电流相量之共轭复数之积。引入复功率的目的是直接应用相量法算出电压相量和电流相量，使三个功率的关系一目了然。

复功率概念适用于单个元件或任何一段电路计算。

2. 其他表示形式

复功率的其他表示形式有

$$\widetilde{S}=\dot{U}\overset{*}{I}=Z\dot{I}\overset{*}{I}=ZI^2 \tag{6-72}$$

$$\widetilde{S}=\dot{U}\overset{*}{I}=\dot{U}(\dot{U}Y)^*=Y^*U^2 \tag{6-73}$$

3. 功率守恒

电路中复功率是守恒的，以图 6-52 所示电路为例分析如下。

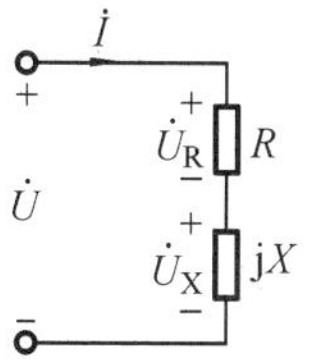

$$\widetilde{S}_R+\widetilde{S}_X=\dot{U}_R\overset{*}{I}+\dot{U}_X\overset{*}{I}=(\dot{U}_R+\dot{U}_X)\overset{*}{I}=\dot{U}\overset{*}{I}=\widetilde{S}$$

即
$$\widetilde{S}_R+\widetilde{S}_X=\widetilde{S}$$

图 6-52 功率守恒示例

等式左端是 R 和 X 两段电路吸收的复功率之和，它等于右端电源供给电路的复功率，即说明复功率守恒。等式两边实部相等，说明有功功率守恒；等式两边虚部相等，说明无功功率守恒。将以上结果推广到由 N 个复阻抗串联的电路，如图 6-53 所示，则有

$$\widetilde{S}=\widetilde{S}_1+\widetilde{S}_2+\cdots+\widetilde{S}_N \tag{6-74}$$

$$\begin{cases}P=P_1+P_2+\cdots+P_N, & Q=Q_1+Q_2+\cdots+Q_N\\ R=R_1+R_2+\cdots+R_N, & X=X_1+X_2+\cdots+X_N\end{cases} \tag{6-75}$$

需要注意的是，由于电压有效值之间不满足叠加关系，所以视在功率是不守恒的，即

$$S\neq S_1+S_2+\cdots+S_N$$

【例 6.19】 电路如图 6-53 所示，已知$\dot{I}_S=10\angle(-90°)$ A，$\dot{U}_S=10\angle90°$ V，$Y_1=1$ S，$Y_2=\mathrm{j}1$ S，$Y_3=-\mathrm{j}1$ S，$Y_4=\mathrm{j}1$ S，$g=1$ S，求独立电流源和独立电压源发出的复功率。

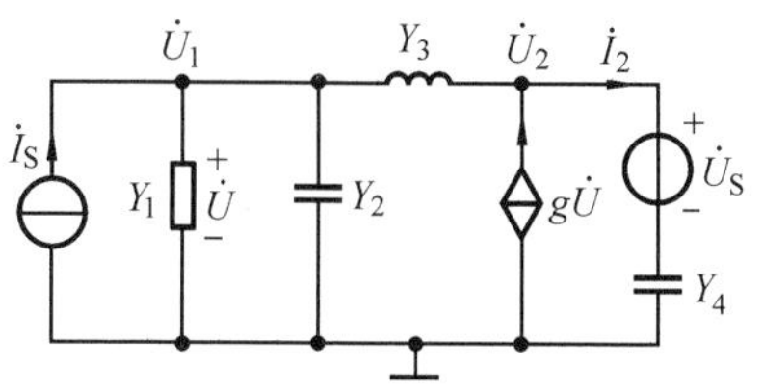

图 6-53 例 6.19 图

解 用节点法求解

$$\dot{U}_1=\dot{U}$$

$$(1+\mathrm{j}1-\mathrm{j}1)\dot{U}_1-(-\mathrm{j}1)\dot{U}_2=10\angle(-90°)$$

$$-(-\mathrm{j}1)\dot{U}_1+(\mathrm{j}1-\mathrm{j}1)\dot{U}_2=g\dot{U}+\mathrm{j}1\dot{U}_S$$

求得

$$\dot{U}_1=\dot{U}=(5+5\mathrm{j})\ \mathrm{V},\quad \dot{U}_2=(-15+5\mathrm{j})\ \mathrm{V}$$

$$\widetilde{S}_1=\dot{U}_1\overset{*}{I}_S=(-50+50\mathrm{j})\ \mathrm{V\cdot A}$$

$$\widetilde{S}_2=-\overset{*}{I}_2\dot{U}_S=-[(\dot{U}_2-\dot{U}_S)Y_4]^*\dot{U}_S=(150-\mathrm{j}50)\ \mathrm{V\cdot A}$$

6.6.6 功率及功率因数的提高

1. 提高功率因数的原因

在正弦交流电路中，负载消耗的有功功率 $P=UI\cos\varphi$，有功功率与功率因数 $\cos\varphi$ 有关，而较低的功率因数将产生下面两个方面的问题。

(1) 电源设备的容量不能充分利用。

由功率三角形可知 $P=S\cos\varphi$，视在功率 S 表示电源设备的容量，如果 $\cos\varphi=1$，则设备所能发出或传输的有功功率 $P=S$，此时，电源设备的容量得到了充分的利用。如果 $\cos\varphi<1$，则有功功率 $P<S$；$\cos\varphi$ 越小，则表示 P 也越小。因此，为了充分提高发电设备的利用率，就要提高功率因数的值。

(2) 功率因数低，电力输电线和电机绕组上的功率损耗大。

在电力输电线中，如果输电线路在一定的电压下，负载所需要的有功功率 P 也是一定的。由 $P=UI\cos\varphi$，有 $I=P/U\cos\varphi$。这时，电流 I 与功率因数 $\cos\varphi$ 成反比，在输电线路和电机绕组上的功率损耗 $P=I^2R=(P/U\cos\varphi)^2R$，如果功率因数下降，会引起无用损耗 P 成倍地增加。

综上所述，需提高功率因数。

2. 提高 $\cos\varphi$ 的措施

工业上广泛使用的是感性负载，由前面的分析可知电感元件是一个无功功率负载，由于该无功功率负载与电源之间存在无功功率的往返交换，使得功率因数降低。要提高功率因数，可以在感性负载两端并联一个无功功率电源，如并联电容器，如图 6-54 所示。这样，感性负载所需要的无功功率可以从无功功率电源获得部分或全部的补偿，这就是利用电感和电容之间磁场能量和电场能量直接交换，从而减轻了电源供给感性负载无功功率的负担。所以，把并联电容称为补偿电容。理论上把功率因数提高到 1，即为全补偿。但在实际中无法进行全补偿，因为一是增加了投资；二是当负载变动时会造成过补偿。过补偿的结果会使得感性的电路变成容性的电路，这时与全补偿相比，线路损耗反而会增大。因此，在电力系统中一般采用欠补偿，电路补偿后的功率因数一般不超过 0.9，而且在经济上也是合理的。

如图 6-55 所示，感性负载的电流相量 $\dot{I}_1$ 滞后电压相量 $\dot{U}$ 一个 φ_1 角，由于并联电容的电流向量 $\dot{I}_C$ 超前电压相量 $\dot{U}$ 90°，因此并联电容后线路上电流相量 $\dot{I}$ 滞后电压相量 $\dot{U}$ 一个 φ 角，显然 $\varphi<\varphi_1$，所以 $\cos\varphi>\cos\varphi_1$。

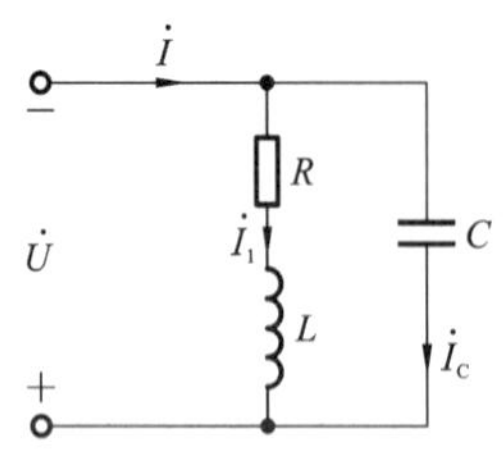

图 6-54 提高功率因数措施

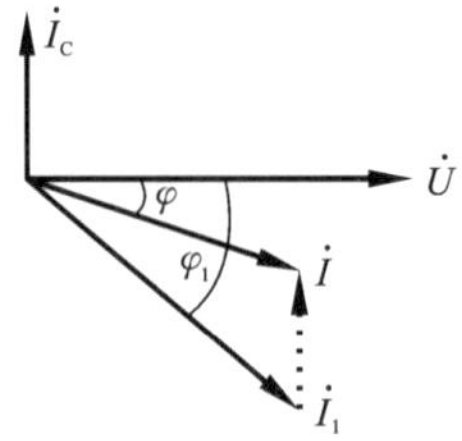

图 6-55 相量图分析

3. 补偿电容 C 的值

如图 6-56(a)、(b)与(c)分别对应电容的欠补偿、全补偿、过补偿三种情况。

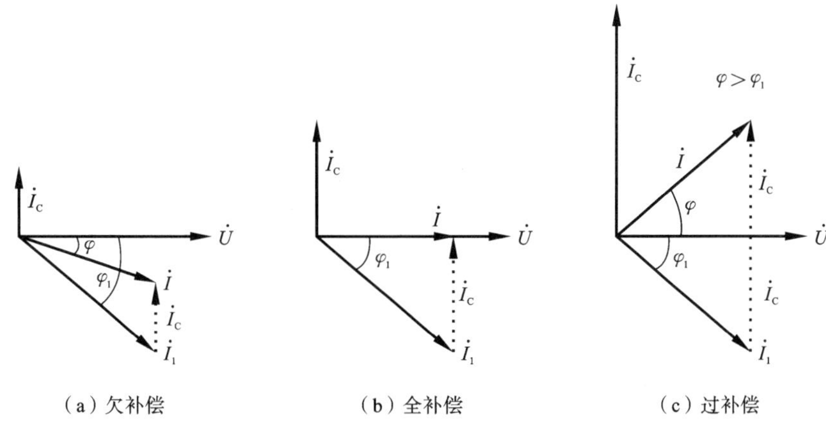

(a) 欠补偿 (b) 全补偿 (c) 过补偿

图 6-56 电容补偿相量图

以图 6-56(a)所示相量图为例,求解欠补偿电容 C 数值的过程如下。

由图 6-56(a)可知

$$I_C=I_1\sin\varphi_1-I\sin\varphi$$

将式(6-62)代入上式,可得

$$I_C=\frac{p}{U\cos\varphi_1}\sin\varphi_1-\frac{p}{U\cos\varphi}\sin\varphi=\frac{p}{U}(\tan\varphi_1-\tan\varphi)$$

又因为 $$I_C=\frac{U}{X_C}=U\omega C$$

可得 $$U\omega C=\frac{p}{U}(\tan\varphi_1-\tan\varphi)$$

所以 $$C=\frac{P}{\omega U^2}(\tan\varphi_1-\tan\varphi) \tag{6-76}$$

同理,可求得图 6-56(b)和图 6-56(c)所对应的电容 C 数值为

$$C=\frac{P}{\omega U^2}\tan\varphi_1 \quad (全补偿) \tag{6-77}$$

$$C=\frac{P}{\omega U^2}(\tan\varphi_1+\tan\varphi) \quad (过补偿) \tag{6-78}$$

由于实际生产中多采用欠补偿方式,对式(6-76)进一步分析可得

$$C\omega U^2=P\tan\varphi_1-P\tan\varphi\Rightarrow Q_C=Q_1-Q$$

上式说明:负载所需的无功功率 Q_1 除由电源提供一部分无功功率 Q 外,其余全部由并联电容"产生"的无功功率 Q_C 来补偿了。

【例 6.20】 有一电感性负载,其功率 $P=10$ kW,功率数 $\cos\varphi_1=0.6$,接在电压 220 V 的电源上,电源频率 $f=50$ Hz。(1) 如要将功率因数提高到 $\cos\varphi=0.95$,试求与负载并联的电容器的电容值和并联前后的线路电流;(2) 如要将功率因数从 0.95 再提高到 1,试问并联电容器的电容值还需增加多少?

解 (1) 有已知条件可得

$$\cos\varphi_1=0.6 \quad 即\ \varphi_1=53°, \quad \cos\varphi=0.95 \quad 即\ \varphi=18°$$

所以 $$C=\frac{P}{\omega U^2}(\tan\varphi_1-\tan\varphi)=\frac{10\times10^3}{2\pi\times50\times220^2}(\tan53°-\tan18°)=656\ \mu\text{F}$$

则并联前的电流为

$$I_1=\frac{P}{U\cos\varphi_1}=\frac{10\times10^3}{220\times0.6}\ \mathrm{A}=75.6\ \mathrm{A}$$

并联后的电流为

$$I_1=\frac{P}{U\cos\varphi}=\frac{10\times10^3}{220\times0.95}\ \mathrm{A}=47.8\ \mathrm{A}$$

(2) 有已知条件可得

$$\cos\varphi_1=0.95,\quad \varphi_1=18^\circ,\quad \cos\varphi=1,\quad \varphi=0^\circ$$

所以

$$C=\frac{P}{\omega U^2}(\tan\varphi_1-\tan\varphi)=\frac{10\times10^3}{2\pi\times50\times220^2}(\tan18^\circ-\tan0^\circ)=213.6\ \mu\mathrm{F}$$

6.6.7 正弦稳态电路中的最大功率传输定理

对于正弦稳态电路而言,最大功率传输定理同样用来研究负载获得最大功率的条件。根据戴维宁定理,有源线性一端口网络可以等效为电压源与电阻的串联,将其连接等效负载 Z_L 后构成如图 6-57 所示电路图。

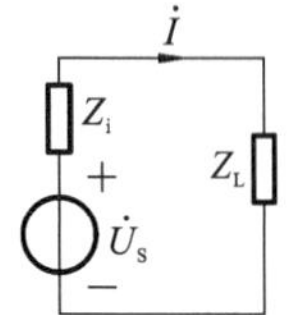

图 6-57 戴维宁等效电路

假设 $Z_i=R_i+jX_i$, $Z_L=R_L+jX_L$,由图 6-57 可得

$$\dot{I}=\frac{\dot{U}_S}{Z_i+Z_L},\quad I=\frac{U_S}{\sqrt{(R_i+R_L)^2+(X_i+X_L)^2}}$$

根据有功功率计算公式,得

$$P=R_LI^2=\frac{R_LU_S^2}{(R_i+R_L)^2+(X_i+X_L)^2}\tag{6-79}$$

若 $Z_L=R_L+jX_L$ 中实部和虚部可以任意改变,根据相关数学知识对上式分析可知,当 $R_L=R_i$,且 $X_L=-X_i$ 时,即 $Z_L=Z_i^*$ 时,负载 Z_L 上可以取得最大功率,且 $P_{max}=\frac{U_S^2}{4R_i}$,这就是正弦稳态电路中的最大功率传输定理。

需要注意的是,当负载 Z_L 中虚部恰好为 0,即负载为纯电阻结构时,最大传输功率条件不再如上所述。此时,式(6-79)中 $X_L=0$,根据数学知识中最大值求解方法,将式(6-79)对 R_L 进行求导,并令导数为 0,可得 $R_L=\sqrt{R_i^2+X_i^2}=|Z_i|$,即负载等于电源内阻的阻抗模时,负载获得最大功率。

【例 6.21】 电路如图 6-58(a)所示,求 Z_L 多大时能获得最大功率,并求最大功率。

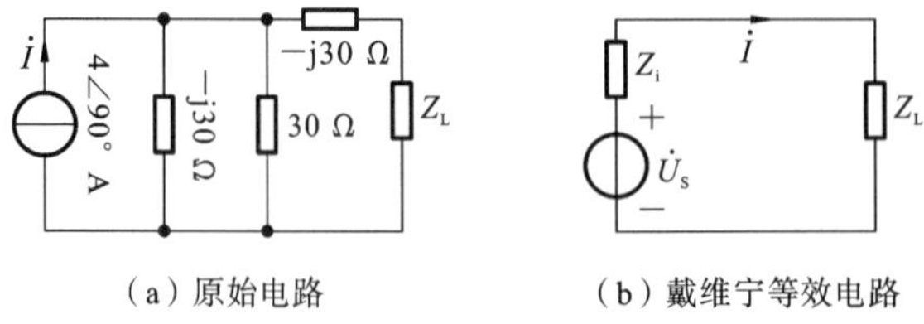

图 6-58 例 6.21 图

解 图 6-58(a)所示电路的戴维宁等效电路如图 6-58(b)所示。应用戴维宁定理可得

$$Z_i=[-j30+(-j30/\!/30)]\ \Omega=(15-j45)\ \Omega$$

$$\dot{U}_S=4j\times(-j30/\!/30)\ V=60\sqrt{2}\angle 45°\ V$$

根据最大功率传输定理,可得

$$Z_L=Z_i^*=(15+j45)\ \Omega$$

功率最大值为

$$P_{max}=\frac{(60\sqrt{2})^2}{4\times 15}\ W=120\ W$$

6.7 正弦电路的 Matlab 仿真实验

1. 实验目的

(1) 学习正弦交流电路的分析方法。

(2) 学习 Matlab 复数的运算方法。

2. 预习要求

(1) 复习有关正弦交流电路的相关概念。

(2) 了解 Matlab 有关相量图的绘制。

3. Matlab 仿真实验内容

(1) 实验一的电路如图 6-59 所示,设 $R_1=2\ \Omega$,$R_2=3\ \Omega$,$R_3=4\ \Omega$,$jX_L=j2$,$-jX_{C1}=-j3$,$-jX_{C2}=-j5$,$\dot{U}_{S1}=8\angle 0°\ V$,$\dot{U}_{S2}=6\angle 0°\ V$,$\dot{U}_{S3}=8\angle 0°\ V$,$\dot{U}_{S4}=15\angle 0°\ V$,求各支路的电流相量和电压相量。

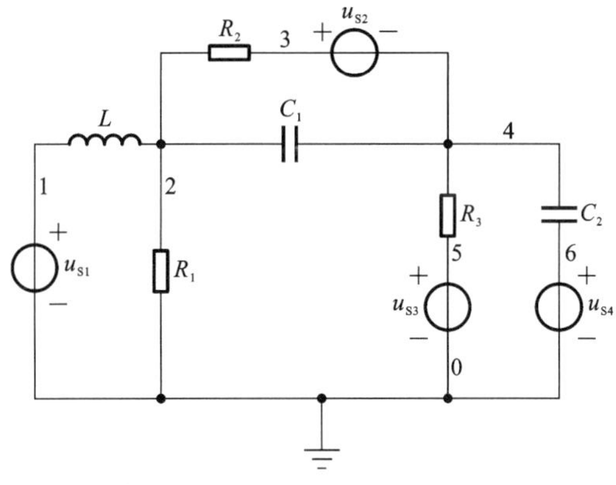

图 6-59 实验一的电路

问题分析:先将电压源和阻抗串联的支路变换为电流源和导纳并联的支路,再用节点电压法进行求解。

所编程序如下:

```
clear,format compact
R1=2;R2=3;R3=4;XL=2;XC1=3;XC2=5;                          % 已知元件输入
Us1=8*exp(1i*0*pi/180);Us2=6*exp(1i*0*pi/180);Us3=8*exp(1i*0*pi/180);
Us4=15*exp(1i*0*pi/180);
Y1=1/R1+1/(1i*XL);Y2=1/R2+1i/XC1;Y3=1/R3+1i/XC2;          % 已知导纳输入
Y11=Y1+Y2;Y12=-Y2;Y21=-Y2;Y22=Y2+Y3;                      % 导纳关系
```

```
I1=Us1/(1i*XL)+Us2/R2;I2=Us3/R3+Us4/(-1i*XC2)-Us2/R2;   %"电流源"输入
Y=[Y11,Y12;Y21,Y22];I=[I1;I2];                          %构造导纳矩阵、电流矩阵
U=Y\I;
ua=U(1),ub=U(2);
I1=Y1*ua,I2=Y2*(ub-ua),I3=Y3*ub;
I1R=ua/R1,I1L=(Us1-ua)/(1i*XL);
I2R=(ua-Us2)/R2,I2C=(ua-ub)/(-1i*XC1);
I3R=(ub-Us3)/R3,I3C=(ub-Us4)/(-1i*XC2);
```

程序执行结果如下:

```
ua=3.7232-1.2732i
ub=4.8135+2.1420i
I1=1.2250-2.4982i
I2=-0.7750+1.5018i
I3=0.7750+1.4982i
I1R=1.8616-0.6366i
I1L=0.6366-2.1384i
I2R=-0.7589-0.4244i
I2C=1.1384-0.3634i
I3R=-0.7966+0.5355i
I3C=-0.4284-2.0373i
```

(2) 实验二含互感的电路,已知 $R_1=4\ \Omega$,$R_2=R_3=2\ \Omega$,$X_{L1}=10\ \Omega$,$X_M=4\ \Omega$,$X_C=8\ \Omega$,$\dot{U}_S=10\angle 0^\circ\ \text{V}$,$\dot{I}_S=10\angle 0^\circ\ \text{A}$,求电压源、电流源发出的复功率。

问题分析:先将原电路的互感线圈解耦,得到等效阻抗电路,再将电路中的元件统一为导纳的形式,最后用节点电压法求解节点电压$\dot{U}_a$,$\dot{U}_b$,$\dot{U}_c$。根据节点电压$\dot{U}_a$,$\dot{U}_b$,$\dot{U}_c$,可求出原电路中流经电压源 U_S 的电流 I_{uS},电流源两端的电压 U_{iS}。

所编写的程序如下:

```
clear,format compact
R1=4;R2=2;R3=2;XL1=10;XL2=8;XM=4;XC=8;Us=10*exp(1i*0*pi/180);Is=10*exp
(1i*0*pi/180);                                    %已知元件输入
Y1=1/R1+1i/XC;Y2=1/(1i*XL1-1i*XM);Y3=1/(1i*XM);Y4=1/(R2+1i*XL2-1i*XM);Y5
=1/R3;                                            %构造导纳矩阵
Y11=Y1+Y2;Y12=-Y2;Y13=0;Y21=-Y2;Y22=Y2+Y3+ Y4;Y23=-Y4;Y31=0;Y32=-Y4;Y33=
Y4+Y5;
Y=[Y11,Y12,Y13;Y21,Y22,Y23;Y31,Y32,Y33];         %构造电流矩阵
I1=Us/R1;I2=0;I3=Is;
I=[I1;I2;I3];                                     %求解节点电压
U=Y\I;                                            %求解电压源、电流源发出的复
功率
Ius=I1-U(1)/R1;                                   %电压源复功率输出
Pus=Us*Ius'                                       %电流源复功率输出,电流源的
电压为 U(3)
Pis=U(3)*Is'
```

程序执行结果如下:

```
Pus=-4.0488-9.3830i
Pis=1.7506e+002+3.2391e+001i
```

本章小结

(1) 相量法的基础在于用相量表示正弦量，因此也称为符号法。正弦量与对应的相量之间是一一对应的一种变换关系，相量不等于正弦量。本章主要采用相量法分析正弦电路的稳态响应。

(2) 在正弦交流电路的分析中，先画出电路的相量模型，再将电路中各元件约束用 VCR 相量形式表示，同时电路约束也用 KCL、KVL 的相量形式表示。

KCL 定律的相量形式：$\sum \dot{I} = 0$。

KVL 定律的相量形式：$\sum \dot{U} = 0$。

电阻元件约束的相量形式：$\dot{U}=R\dot{I}$。

电感元件约束的相量形式：$\dot{U}=\mathrm{j}\omega L\dot{I}$。

电容元件约束的相量形式：$\dot{I}=\mathrm{j}\omega C\dot{U}$。

若用复阻抗或复导纳表示电压$\dot{U}$和电流$\dot{I}$关系，则有

$$\dot{U}=Z\dot{I} \quad 或 \quad \dot{I}=Y\dot{U}$$

列写电路方程时，与直流电路的相应方程形式一样，不同的只是把直流电路中的实数 U、I、R、G 换成相应的$\dot{U}$、$\dot{I}$、Z、Y，并将它们进行复数形式的运算。而且，在直流电路中讨论过的各种分析方法、定理和等效变换都适用于正弦交流电路中。分析方法有支路电流法、回路电流法及节点电压法；电路定理有叠加定理、戴维宁定理等；等效变换有电阻和电源的串联、并联及混联，电阻 Y-△等效变换、电源等效变换。

(3) 正弦稳态电路分析中，还有一种特有的相量图法。串联电路一般取电流为参考相量；并联电路一般取电压为参考相量。借助于五个直角三角形：阻抗三角形、导纳三角形、电流三角形、电压三角形和功率三角形，可以启发思维，并起到简化电路计算的作用。

(4) 在电路分析中，除了计算电压、电流以外，还要计算功率。本章讨论的功率如下。瞬时功率：$p=ui$。

有功功率：$P=UI\cos\varphi=UI\dfrac{R}{|Z|}=I^2R$。

无功功率：$Q=UI\sin\varphi=I^2X$。

视在功率：$S=UI=\sqrt{P^2+Q^2}$。

复功率：$\tilde{S}=\dot{U}\overset{*}{I}=P+\mathrm{j}Q$。

功率因数：$\cos\varphi=\dfrac{P}{S}$。

有功功率守恒：$P=P_1+P_2+\cdots+P_N$。

无功功率守恒：$Q=Q_1+Q_2+\cdots+Q_N$。

复功率守恒：$\tilde{S}=\tilde{S}_1+\tilde{S}_2+\cdots+\tilde{S}_N$。

视在功率不守恒：$S\neq S_1+S_2+\cdots+S_N$。

提高功率因数的措施,一般是在感性负载两端并联一个合适的电容。并联电容对负载本身的功率因数 $\cos\varphi$、有功功率 P 和端电压 U 都不会有影响,称该电容为补偿电容是因为它作为无功功率电源减轻了电源与感性负载之间的无功能量交换的负担。如果要将电路的功率因数从 $\cos\varphi_1$ 提高到 $\cos\varphi_2$,所需要并联的补偿电容值的计算公式为

$$C=\frac{P}{\omega U^2}(\tan\varphi_1-\tan\varphi)$$

自测练习题

1. 思考题

(1) 什么是正弦量的三要素?

(2) 为什么引入相量法?

(3) 正弦量与相量如何建立一一对应的关系?

(4) 常用 RLC 元件的 VCR 的相量形式是什么?

(5) 什么是感性电路? 什么是容性电路?

(6) 正弦交流电路的功率有哪些? 分别是如何定义的? 哪些满足功率守恒定理?

(7) 为什么要提高功率因数?

(8) 为什么感性负载并联电容可以提高功率因数? 串联电容可以吗?

2. 填空题

(1) 已知正弦电压 $u_S(t)=10\sin(314t-45°)$ V,其最大值为(　　),有效值为(　　),角频率为(　　),频率为(　　),周期为(　　),初相位为(　　)。

(2) 某元件上测得的电压和电流波形如图 6-62 所示,该元件为(　　)。

(3) 若 RL 串联电路中 $u=100\sqrt{2}\sin(\omega t+30°)$ V,$i=2\sqrt{2}\sin(\omega t-30°)$ A,则 R 和 X 分别为(　　)Ω 和(　　)Ω。

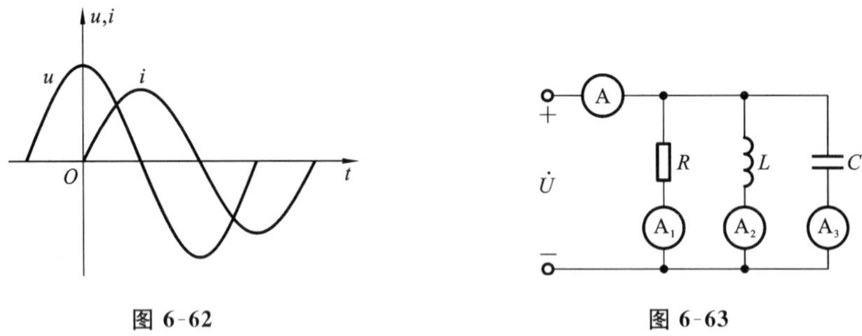

图 6-62　　图 6-63

(4) 已知 $R=X_L=X_C=10$ Ω,则三者串联后的等效阻抗模为(　　) Ω。

(5) 电路如图 6-63 所示,电流表的读数 $A_1=A_2=A_3=5$ A,则电流表的读数=(　　) A。

(6) 电流 $i(t)=10\sqrt{2}\sin\omega t$ A,它通过 5 Ω 电阻时消耗的有功功率为(　　)W。

(7) 日光灯管电路中并联电容器之后,提高了电路的功率因数,此时,日光灯消耗的有功功率将(　　)。(变大,变小或不变)

习　　题

6-1 写出下列各电压的相量。

(1) $u_1=5\sin(100\pi t+60°)$ V

(2) $u_2=8\sin(314t+45°)$ V

(3) $u_3=-4\sin(100\pi t+15°)$ V

6-2 已知 $i_1=4\cos t$ A，$i_2=3\sin t$ A，求 $i=i_1+i_2$。

6-3 计算下列 i_1，i_2 的相位差。

(1) $i_1=10\sin(100t+\frac{3}{4}\pi)$ A，$i_2=10\sin\left(100t-\frac{1}{2}\pi\right)$ A

(2) $i_1=10\sin(100t+30°)$ A，$i_2=10\cos(100t-15°)$ A

(3) $i_1=10\sin(100t+30°)$ A，$i_2=10\sin(200t+45°)$ A

(4) $i_1=5\sin(100t-30°)$ A，$i_2=-3\sin(100t+60°)$ A

6-4 电路如图 6-64 所示，$i_1=8\sin(1000t-90°)$ A，$i_2=10\sin(1000t-180°)$ A，$i_3=4\sin(1000t)$ A，求图中电流 i，并画出所有电流的相量图。

6-5 如图 6-65 所示电路，已知$\dot{I}_S=2\angle 0°$ A，求电压$\dot{U}$。

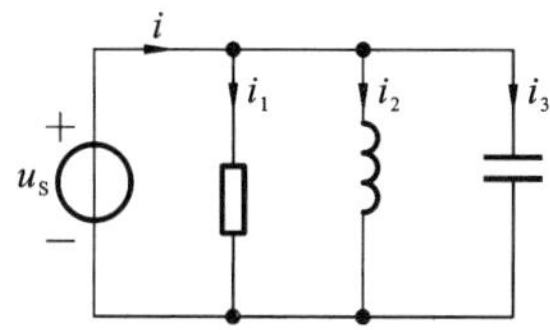

图 6-64　题 6-4 电路

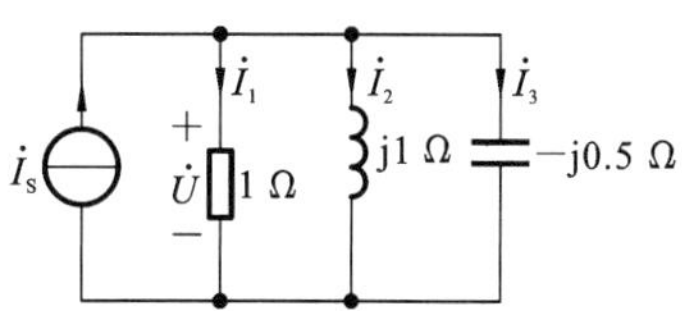

图 6-65　题 6-5 电路

6-6 如图 6-66 所示正弦稳态电路，求电流$\dot{I}$。

6-7 如图 6-67 所示电路，已知 $i(t)=5\sqrt{2}\sin(10^6t+43°)$ A，(1) 求各个相量，画出相量图；(2) 求 $u(t)$。

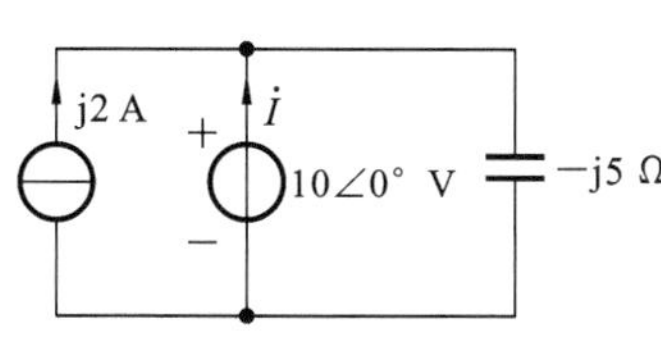

图 6-66　题 6-6 电路

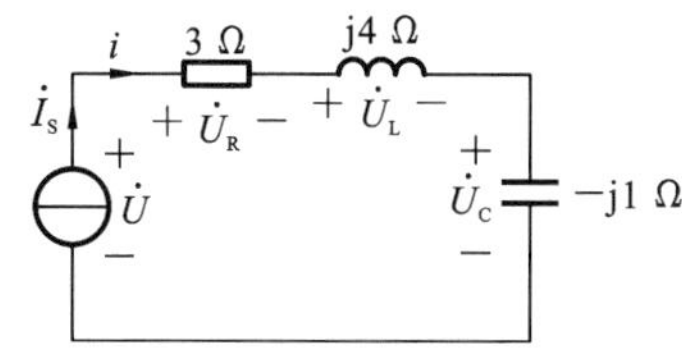

图 6-67　题 6-7 电路

6-8 某不含独立源的一端口网络，其端口电压 u 与电流 i 已知，分别求下列三种情况下的等效阻抗。

(1) $\begin{cases}u=200\sin(314t)\text{ V}\\ i=10\sin(314t)\text{ A}\end{cases}$　　(2) $\begin{cases}u=100\sin(2t+60°)\text{ V}\\ i=5\sin(2t-30°)\text{ A}\end{cases}$

(3) $\begin{cases}u=40\cos(100t+17°)\text{ V}\\ i=8\sin(100t+90°)\text{ A}\end{cases}$

6-9 求图 6-68 所示电路中各一端口网络的输入阻抗 Z。

6-10 如图 6-69 所示电路，已知 $I_1=3$ A，$I_2=4$ A，$U=12$ V，求端口电流 I 及

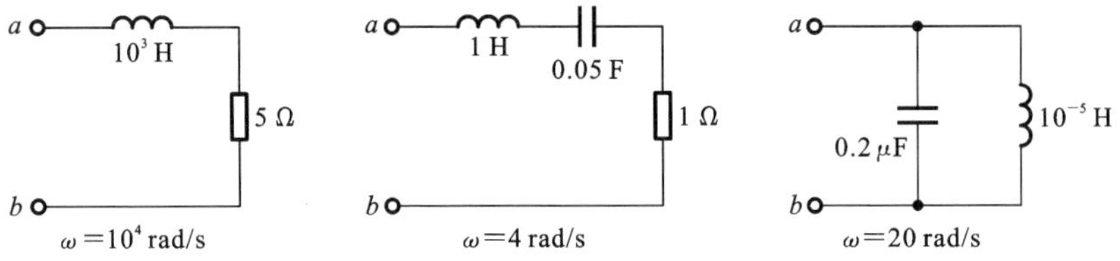

图 6-68 题 6-9 电路

R、X_C。

6-11 如图 6-70 所示电路中，$\dot{I}_1=\dot{I}_2=10$ A，求$\dot{I}$和$\dot{U}$。

6-12 如图 6-71 所示的正弦稳态电路，已知表 ⓋⅠ 的读数为 9 V，Ⓥ2 的读数为 17 V，电流表的读数为 2 A，求电压表 Ⓥ 的读数。

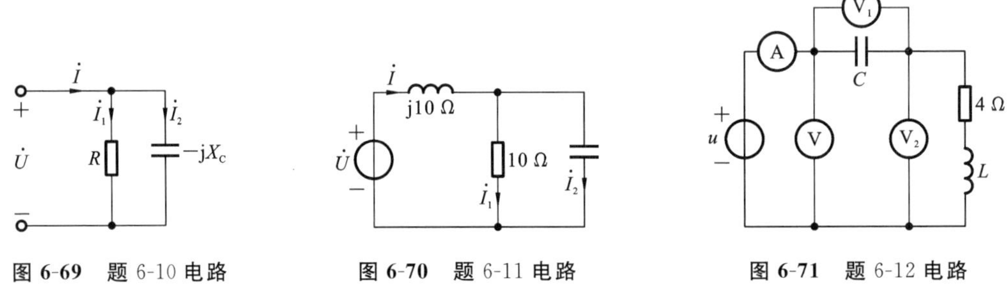

图 6-69 题 6-10 电路　　图 6-70 题 6-11 电路　　图 6-71 题 6-12 电路

6-13 求图 6-72 所示电路中的电流$\dot{I}$。

6-14 如图 6-73 所示 RLC 串联电路，已知端口处电压$\dot{U}=200\angle 60^\circ$ V，$\dot{I}=10\angle 30^\circ$ A。

求电路率因数 $\cos\varphi$、有功功率 P、无功功率 Q。

6-15 一正弦交流电路如图 6-74 所示，已知 $R_1=R_2=3$ Ω，$X_C=4$ Ω，$U_1=66$ V，求(1) 电路电流 I；(2) 有功功率 P，电压 U_2；(3) 电压 U。

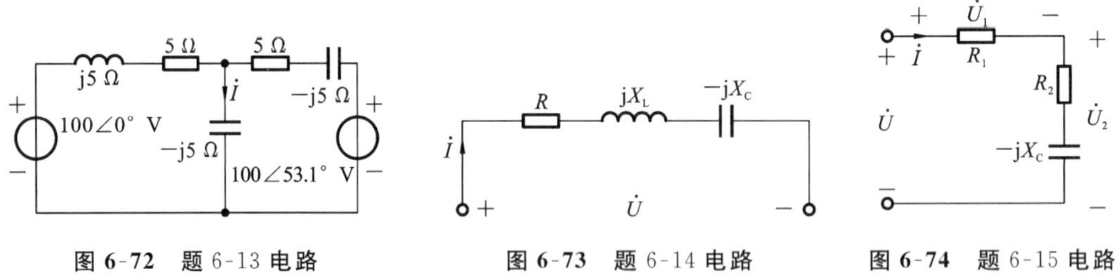

图 6-72 题 6-13 电路　　图 6-73 题 6-14 电路　　图 6-74 题 6-15 电路

6-16 电路如图 6-75 所示，已知 $R_1=R_2=50$ Ω；$L_1=0.2$ H；$L_2=0.1$ H；$C_1=5$ μF；$C_2=10$ μF；表Ⓐ读数为 0 A，电源电压 $U_S=200$ V。求(1) 电源频率 ω_0；(2) 端口处电流$\dot{I}_1$；(3) 电流$\dot{I}_2$。

6-17 如图 6-76 所示的电路中，已知 $R=2$ Ω，$R_1=1$ Ω，$X_C=1$ Ω，$X_L=2$ Ω，$\dot{U}_1=10\angle 0^\circ$ V。试求(1) 电路电流$\dot{I}$、$\dot{I}_1$、$\dot{I}_2$；(2) 整个电路的有功功率 P 及无功功率 Q。

6-18 如图 6-77 所示正弦交流电路，已知$\dot{I}_1=10\angle 0^\circ$ A，$R=X_C=10$ Ω，求：

(1) $\dot{I}$、$\dot{U}_C$、$\dot{U}$；(2) 整个电路的有功功率 P 及无功功率 Q。

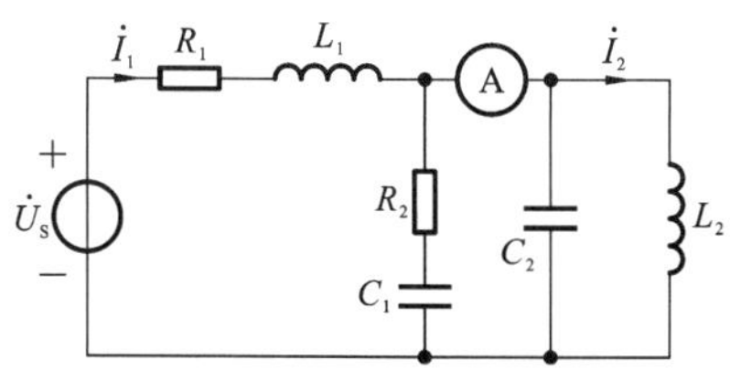

图 6-75 题 6-16 电路

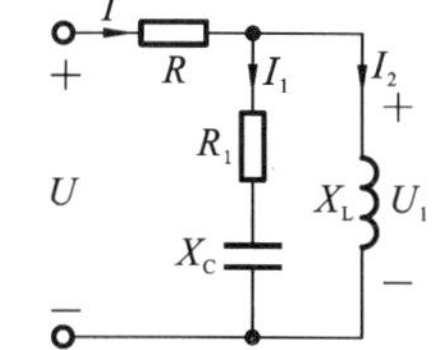

图 6-76 题 6-17 电路

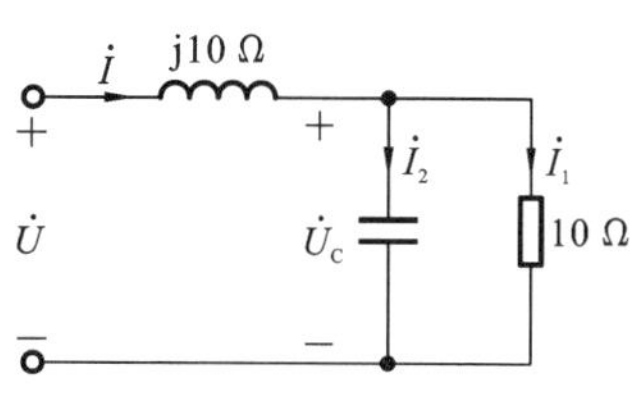

图 6-77 题 6-18 电路

6-19 如图 6-78 所示电路，两负载并联，Z_1 是感性负载，有功功率 $P_1=6$ kW，功率因数 $\cos\varphi_1=0.6$。Z_2 是容性负载，其有功功率为 $P_2=8$ kW，功率因数 $\cos\varphi_2=0.8$。求电路总的有功功率 P、无功率 Q 及功率因数 $\cos\varphi$。

6-20 如图 6-79 所示电路，$u=20\sin(10^3t+75°)$ V，$i=\sqrt{2}\sin(10^3t+30°)$ A，N_0 为无源一端口网络。求(1) N_0 的等效阻抗 Z_0；(2) N_0 吸收的有功功率 P_0、无功功率 Q_0 和复功率 $\tilde{S}_0$。

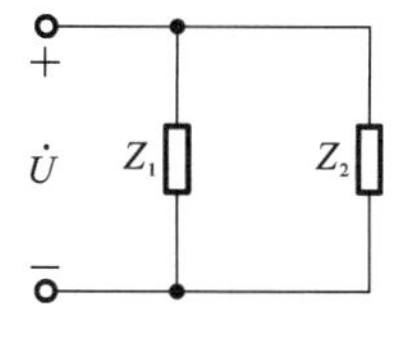

图 6-78 题 6-19 电路

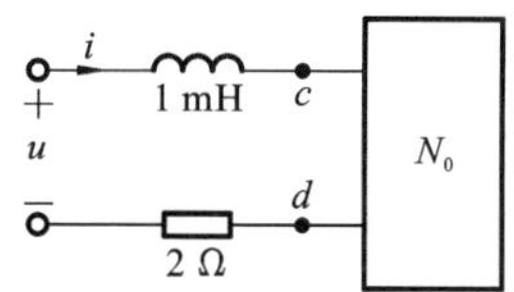

图 6-79 题 6-20 电路

6-21 如图 6-80 所示电路，端口电压 $u=100\sqrt{2}\sin(314t+30°)$ V，端口吸收平均功率 4330 W，其功率因素 $\cos\varphi=\frac{\sqrt{3}}{2}$（容性），求端口电流 i。

6-22 已知图 6-81 所示电路中，$\dot{U}_S=100\angle 90°$ V，$\dot{I}_S=5\angle 0°$ A，求 Z_L 可能获得的最大功率 P_{max}。

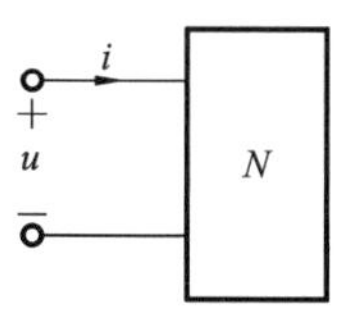

图 6-80 题 6-21 电路

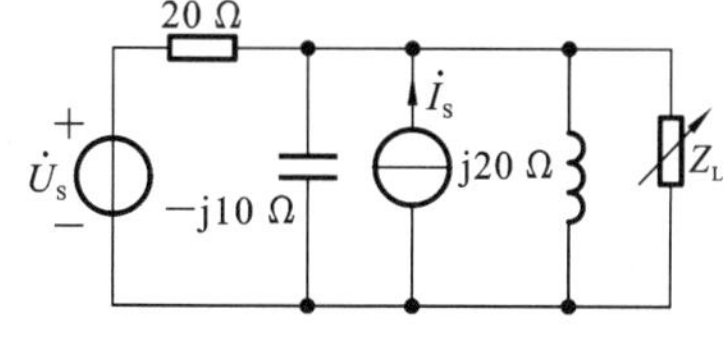

图 6-81 题 6-22 电路

应用分析案例

功率因数提高在电力系统中的应用

电力系统中的变压器、电动机、电焊机、空调、洗衣机、电冰箱、钠灯、日光灯等电气设备投入运行后，不仅要从电力网中吸收有功功率做功，而且还要吸收无功功率形成磁场，导致电力用户的自然功率因数一般都比较低。功率因数过低，电网能量得不到充分利用，电能损耗也会增大。

下面分别以独立电源供电系统和日光灯电路为例,说明提高功率因数的效果。

1. 独立电源供电系统

独立电源供电系统是指由单一电源直接接负载的系统。这里以三相交流电源接异步电动机负载系统做案例分析。在 Simulink 下的仿真电路如图 6-82 所示。其中,电动机选择异步电动机模块,参数采用现有模型"3969 W(5.4HP),400 V,50 Hz,1340 r/rain",三相电源采用 220 V,50 Hz,相位互差 120°的 3 个电压源通过星型连接得到。补偿电容采用阻值很小的 RC 串联支路代替。没有补偿之前,电机的功率因数为 0.6476,补偿 10 μF 的电容之后的功率因数提高到 0.755,单项无功功率降低为 1328 W,当补偿 30.96480 μF 的电容之后的功率因数进一步提高,单项无功功率进一步降低。

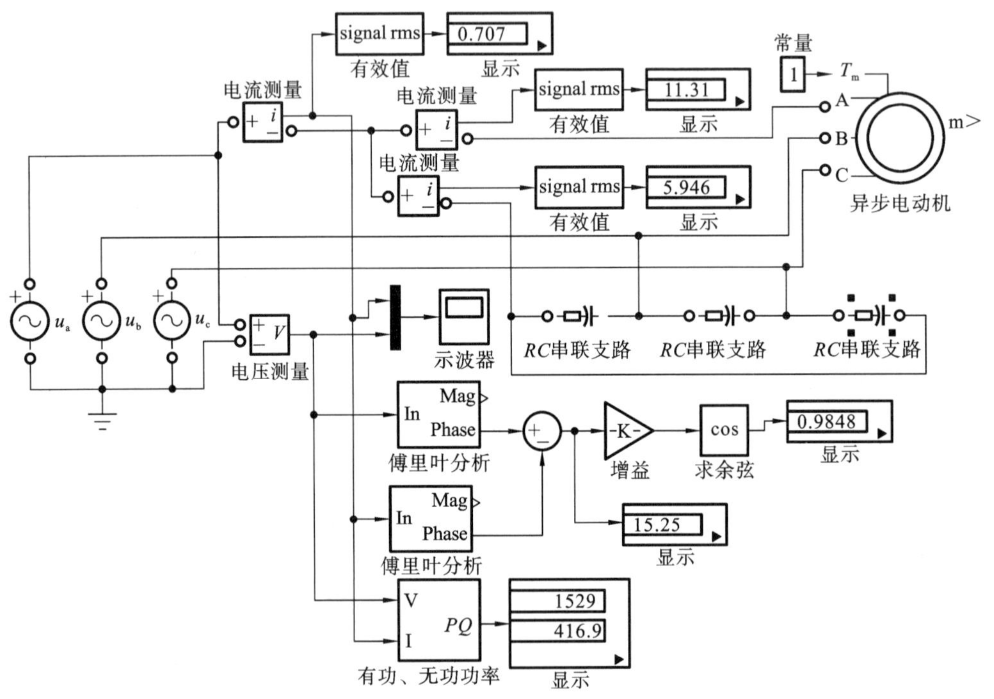

图 6-82 含有补偿电容的独立电源供电系统电路

2. 日光灯电路

图 6-83(a)所示的光灯电路由灯管、启辉器和镇流器三部分组成。灯管两端有灯丝,内管壁上涂有荧光粉,灯管内还充有稀薄的水银蒸汽。启辉器由充有惰性气体的小玻璃泡及内部的静金属片和动金属片组成。镇流器可以看成一个大的电感线圈。接通交流电后,220 V 的电压首先使启动器里气体放电放出辉光,从而使动金属片弯曲变形并与静金属片接通,接通后惰性气体停止放电不再发出辉光,动金属片复位。此时镇流器产生一高压与 220 V 交流电压同时加在灯管两端使水银蒸汽导电,发出紫外线,涂在管壁上的荧光粉发出柔和的光。

日光灯电路为电感性负载,因此常用加装电容器的方式来提升功率因数。并联电容器后,负载两端的电压$\dot{U}$与总电流$\dot{I}$的相位差为 φ',电路图、相量图如图 6-83(b)所示。

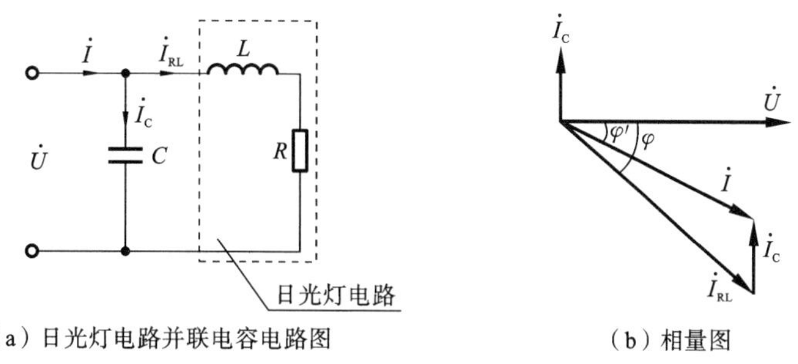

(a) 日光灯电路并联电容电路图　　(b) 相量图

图 6-83　感性负载并联电容电路图

由图 6-83 可知，并联电容器以后，电感性负载的电流和功率因数均未变化，但电压 $\dot{U}$ 和线电流 $\dot{I}$ 之间的相位差 φ 变小了，即功率因数变大了。

7

电路频率特性

工程上经常遇到由许多不同次谐波组成的非单一频率信号源激励，由于感抗和容抗分别与频率成正比和反比关系，且阻抗角分别为90°和−90°，因此，电路中的感抗和容抗随频率变化而变化，导致电路工作状态也发生变化，电路可能偏离正常工作范围，导致电路失效，甚至遭到破坏。因此，电路和系统的频率特性分析研究非常重要。

本章研究电路的频率特性及电路的谐振工作状态，主要内容包括网络函数、RC 低通滤波器、RC 高通滤波器、RLC 串联谐振电路和并联谐振电路。

7.1 网络函数

对于正弦电路的相量模型，在单一激励的情况下，网络函数的定义为响应相量与激励相量的比值，即

$$H(\mathrm{j}\omega)=\frac{\dot{Y}(\mathrm{j}\omega)}{\dot{X}(\mathrm{j}\omega)}=|H(\mathrm{j}\omega)|\angle\varphi(\omega) \tag{7-1}$$

式中：$\dot{Y}(\mathrm{j}\omega)$为电路的响应相量；$\dot{X}(\mathrm{j}\omega)$为电路的激励相量。

显然，网络函数是一个复数，它与频率的关系即频率特性，可以分为两个部分。其中，网络函数的模为$|H(\mathrm{j}\omega)|$，称为该电路的幅频特性。网络函数的幅角 $\varphi(\omega)$是响应相量与激励相量的相位差，称为该电路的相频特性。幅频特性和相频特性都可以在图上用曲线表示，称为网络的频率响应曲线，即幅频响应曲线和相频响应曲线。

网络函数的频率特性不仅与电路的结构、参数值有关，还与输入、输出变量的类型以及端口对的相互位置有关。网络函数可以由正弦电路的相量法分析求解得到，也可以通过实验测得。

典型的频率特性主要有低通、高通、带通和带阻特性。下面以 RC 电路为例讨论电路的低通和高通频率特性。

7.2 RC 低通滤波器

低通滤波器，是指激励的频率越高，响应的衰减就越大，电路具有阻止高频激励通过和保证低频畅通的性能。RC 低通滤波器电路如图 7-1 所示。

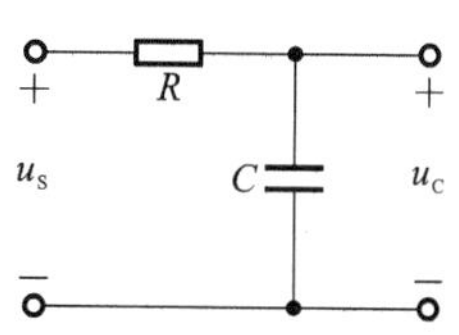

图 7-1 RC 低通滤波器

设$\dot{U}_S$为电路的激励相量，电容电压为 RC 电路的响应相量，则网络函数为

$$H(j\omega)=\frac{\dot{U}_C}{\dot{U}_S}=\frac{1/(j\omega C)}{R+1/(j\omega C)}=\frac{1}{1+j\omega CR}=|H(j\omega)|\angle\varphi(\omega) \tag{7-2}$$

显然，电路的网络函数随激励频率变化而变化。

为方便画出 RC 电路的幅频特性和相频特性，可以令 $\omega_0=\frac{1}{RC}$，代入式(7-2)，可得

$$H(j\omega)=\frac{1}{1+j\omega/\omega_0}=\frac{1}{\sqrt{1+(\omega/\omega_0)^2}}-\angle\arctan\frac{\omega}{\omega_0}$$

即

$$|H(j\omega)|=\frac{1}{\sqrt{1+(\omega/\omega_0)^2}}(\text{幅频特性}) \tag{7-3}$$

$$\varphi(\omega)=-\angle\arctan\frac{\omega}{\omega_0}(\text{相频特性}) \tag{7-4}$$

绘制 $H(j\omega)$的幅频特性曲线和相频特性曲线，如图 7-2 所示。

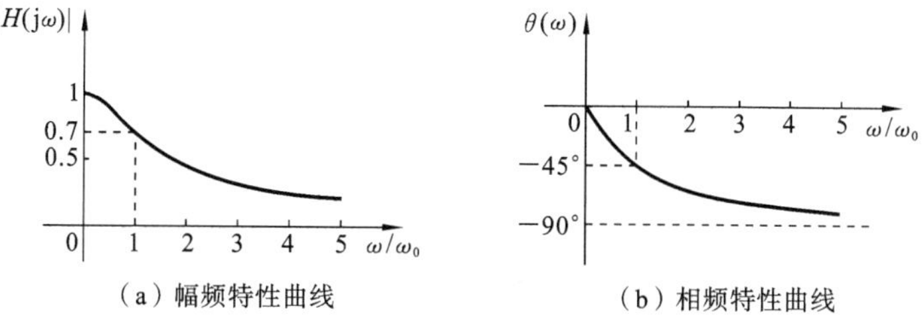

图 7-2 RC 低通滤波器的频率特性

观察图 7-2(a)中 RC 电路的幅频特性曲线，可以发现，当 $\omega<\omega_0$ 时，$|H(j\omega)|$的衰减不大；当 $\omega>\omega_0$ 时，$|H(j\omega)|$衰减明显。从输出信号和输入信号的关系来看，可以认为该 RC 电路具有允许低频信号通过而阻止高频信号通过的作用，因此称为低通滤波器。

此外，当$\frac{\omega}{\omega_0}=1$，即激励频率 $\omega=\omega_0$ 时，$|H(j\omega)|$衰减到最大值的$\frac{1}{\sqrt{2}}\approx0.7$。工程上常把这个频率 ω_0 称为截止频率 ω_C，也称为半功率点频率或 3 dB 频率，即

$$\omega_C=\omega_0=\frac{1}{RC} \tag{7-5}$$

对于低通滤波器，对于 $\omega<\omega_C$ 的频率范围称为通带，而 $\omega>\omega_C$ 的频率范围称为阻带。

观察图 7-2(b)中 RC 电路的相频特性曲线，还可以发现，RC 电路中 $\varphi(\omega)$总是小于零的，即电路的响应相量是滞后于激励相量的。当激励源频率等于截止频率，即 $\omega=\omega_C$ 时，响应相量与激励相量的相位差为 45°。

7.3 RC 高通滤波器

高通滤波器，是指激励的频率越低，响应的衰减就越大，电路具有阻止低频激励通

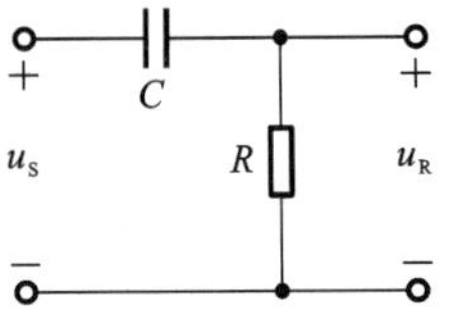

过和保证高频畅通的性能。高通滤波器和低通滤波器的特性相反。RC 高通滤波器电路如图 7-3 所示。

图 7-3 RC 高通滤波器

设 $\dot{U}_S$ 为电路的激励相量，电容电压为 RC 电路的响应相量，则网络函数为

$$H(\mathrm{j}\omega)=\frac{\dot{U}_R}{\dot{U}_S}=\frac{R}{R+1/(\mathrm{j}\omega C)}=\frac{1}{1+1/(\mathrm{j}\omega CR)}$$

$$=|H(\mathrm{j}\omega)|\angle\varphi(\omega) \tag{7-6}$$

显然，电路的网络函数随激励频率变化而变化。

同理，令 $\omega_0=\dfrac{1}{RC}$，代入式(7-6)，可得

$$H(\mathrm{j}\omega)=\frac{1}{1-\mathrm{j}\omega_0/\omega}=\frac{1}{\sqrt{1+(\omega_0/\omega)^2}}\angle\arctan\frac{\omega_0}{\omega}$$

即

$$|H(\mathrm{j}\omega)|=\frac{1}{\sqrt{1+(\omega_0/\omega)^2}}\text{(幅频特性)} \tag{7-7}$$

$$\varphi(\omega)=\arctan\frac{\omega_0}{\omega}\text{(相频特性)} \tag{7-8}$$

绘制 $H(\mathrm{j}\omega)$ 的幅频特性曲线和相频特性曲线，如图 7-4 所示。

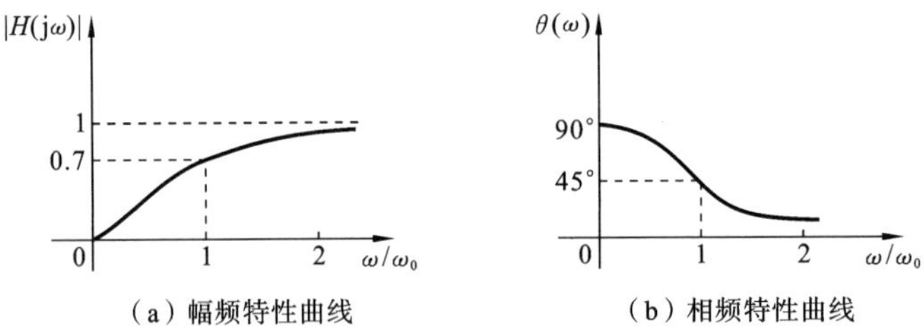

(a) 幅频特性曲线　　(b) 相频特性曲线

图 7-4 RC 高通滤波器频率特性

观察图 7-4(a)中 RC 电路的幅频特性，可以发现，当 $\omega>\omega_0$ 时，$|H(\mathrm{j}\omega)|$ 的衰减不大；当 $\omega<\omega_0$ 时，$|H(\mathrm{j}\omega)|$ 衰减明显。从输出信号和输入信号的关系来看，可以认为该 RC 电路具有允许高频信号通过而阻止低频信号通过的作用，因此称为高通滤波器。

$|H(\mathrm{j}\omega)|$ 衰减到最大值的 $\dfrac{1}{\sqrt{2}}\approx0.7$ 对应的频率称为截止频率 ω_C，即

$$\omega_C=\omega_0=\frac{1}{RC} \tag{7-9}$$

对于高通滤波器，$\omega>\omega_C$ 的频率范围称为通带，而 $\omega<\omega_C$ 的频率范围称为阻带。学会了使用网络函数来分析 RC 电路的频率特性，就可以处理更复杂的电路了。

【例 7.1】 求图 7-5 所示电路的网络函数 $H(\mathrm{j}\omega)=\dfrac{\dot{U}_2}{\dot{U}_1}$，绘制频率特性波形，并判断该电路属于高通滤波器还是低通滤波器。

解 R_2L 并联支路的阻抗为

$$Z=\frac{\mathrm{j}\omega R_2L}{R_2+\mathrm{j}\omega L}=\frac{\mathrm{j}\omega L}{1+\mathrm{j}\omega L/R_2}$$

由阻抗串联分压公式得

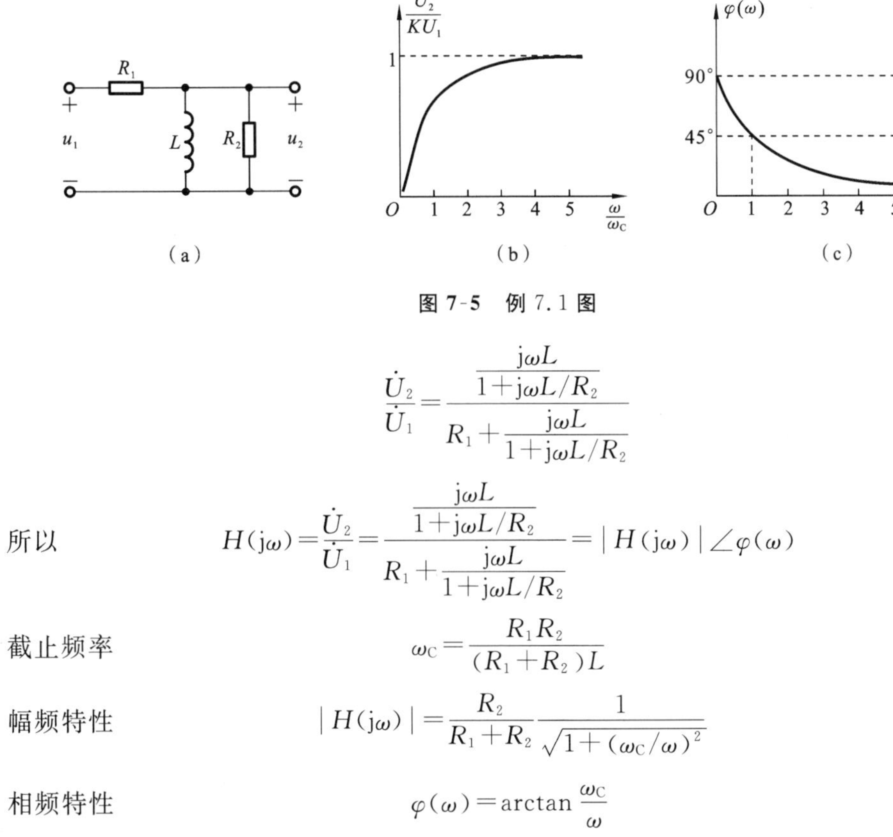

图 7-5 例 7.1 图

$$\frac{\dot{U}_2}{\dot{U}_1}=\frac{\dfrac{\mathrm{j}\omega L}{1+\mathrm{j}\omega L/R_2}}{R_1+\dfrac{\mathrm{j}\omega L}{1+\mathrm{j}\omega L/R_2}}$$

所以
$$H(\mathrm{j}\omega)=\frac{\dot{U}_2}{\dot{U}_1}=\frac{\dfrac{\mathrm{j}\omega L}{1+\mathrm{j}\omega L/R_2}}{R_1+\dfrac{\mathrm{j}\omega L}{1+\mathrm{j}\omega L/R_2}}=|H(\mathrm{j}\omega)|\angle\varphi(\omega)$$

截止频率
$$\omega_C=\frac{R_1R_2}{(R_1+R_2)L}$$

幅频特性
$$|H(\mathrm{j}\omega)|=\frac{R_2}{R_1+R_2}\frac{1}{\sqrt{1+(\omega_C/\omega)^2}}$$

相频特性
$$\varphi(\omega)=\arctan\frac{\omega_C}{\omega}$$

画出该电路的幅频特性曲线和相频特性曲线，如图 7-5(b)、图 7-5(c)所示。可知该电路具有高通滤波器的特性。

7.4 RLC 串联谐振电路

在含有动态储能元件(L 和 C)的无源一端口网络中，由于感抗 X_L 和容抗 X_C 都是角频率 ω 的函数，那么在某些特定的电源频率下，感抗和容抗的作用互相抵消，使其电路输入端的阻抗或导纳呈纯电阻特性，功率因数 $\cos\varphi=1$，电路的端口电压与电流同相，由于 $\varphi=0°$，无功功率 $Q=0$，说明此时该电路与电源之间没有进行无功功率的交换，这种现象称为谐振。依据电路的连接方式，有串联谐振和并联谐振两种。谐振对谐振电路的研究有重要的实际意义。

7.4.1 串联谐振条件

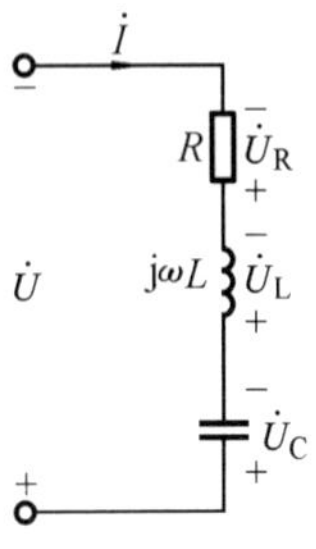

图 7-6 RLC 串联谐振

如图 7-6 所示 RLC 串联电路在正弦输入电压相量$\dot{U}$作用下，其电流响应式为

$$\dot{I}=\frac{\dot{U}}{Z}=\frac{\dot{U}}{R+\mathrm{j}\left(\omega L-\dfrac{1}{\omega C}\right)}=\frac{U\angle\left(-\arctan\dfrac{\omega L-\dfrac{1}{\omega C}}{R}\right)}{\sqrt{R^2+\left(\omega L-\dfrac{1}{\omega C}\right)^2}}$$

若改变正弦输入电压信号的角频率 ω,或在某一确定输入频率下,改变电路参数 L 或 C,使得复阻抗 $Z=R+\mathrm{j}\left(\omega L-\frac{1}{\omega C}\right)$ 中的虚部满足发生串联谐振的条件,即 $\omega L=\frac{1}{\omega C}$ 成立时,电路就发生了串联谐振。

7.4.2 谐振频率

由谐振条件 $\omega_0 L=\frac{1}{\omega_0 C}$ 可求得发生谐振时的频率,该频率称为谐振频率(谐振时下标用 0 表示),也称固有频率。

$$\omega_0=\frac{1}{\sqrt{LC}}\text{(谐振角频率)} \tag{7-10}$$

$$f_0=\frac{1}{2\pi\sqrt{LC}}\text{(谐振频率)} \tag{7-11}$$

7.4.3 串联谐振的现象

电路发生谐振时,会出现一些特殊现象。

(1) 复阻抗 Z 为最小值 $Z_{\min}$ 时,用 Z_0 表示。

$$|Z_{\min}|=|Z_0|=R$$

(2) 电流达到最大值 $I_{\max}$ 时,用 I_0 表示。

$$I_{\max}=I_0=\frac{U}{R}$$

(3) 由阻抗角的公式 $\varphi=\arctan\left(\frac{X_L-X_C}{R}\right)$,当 $\varphi=0$ 时,电压和电流同相位。

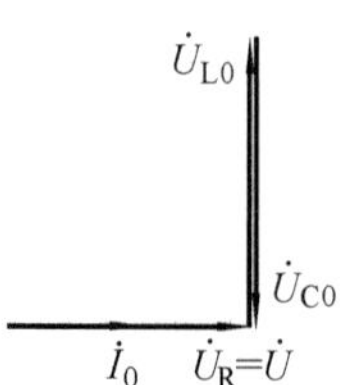

图 7-7 谐振时相量图

(4) 由于 $X_L=X_C$,表明了谐振时电感上的电压(用 U_{L0} 表示)与电容上的电压(用 U_{C0} 表示)大小相等,但它们的相位相反,如图 7-7 所示。

谐振时,L 和 C 两端的电压相量 $\dot{U}_{L0}+\dot{U}_{C0}=0$,相当于短路。

(5) 输入端的电源电压 U 等于电阻值为 R 的两端的电压 U_R,即 $U=U_R$。

(6) $Q_{L0}=IU_{L0}$(无功功率负载),$Q_{C0}=-IU_{C0}$(无功功率源),说明电感与电容之间此时是存在着能量互换的,$|Q_{L0}|=|Q_{C0}|$。

电感与电容能达到完全的能量补偿,因此,也进一步说明了电源与电路之间不存在能量的交换,$Q=0$。

(7) 发生串联谐振时,$X_L=X_C\gg R$,则有 $U_{L0}=U_{C0}\gg U_R=U$,即电感和电容两端电压的有效值大于外加电压的有效值(串联电路中分电压大于总电压),因此把串联谐振又称电压谐振。

7.4.4 品质因数 Q

发生串联谐振时,在电感和电容两端的分电压的有效值可能大于外加的总电压的有效值,为了更确切地描述这种过电压现象,引入了品质因数 Q,其定义式为

$$Q \triangleq \frac{U_{L0}}{U_i} = \frac{U_{C0}}{U_i} = \frac{\omega_0 L I_0}{R I_0} = \frac{\omega_0 L}{R} = \frac{1}{R\omega_0 C} \tag{7-12}$$

上式说明，品质因数 Q 与电路中元件的参数 R、L 和 C 有关，当电阻 R 减小时，Q 值增大，但电阻值的最小数值受到线圈 L 本身所具有的电阻的限制。

在工程上有时要利用谐振，有时也要避免谐振。例如，在电子电路中，希望采用 Q 值高的电感元件，使电路能在谐振点附近工作，以获得良好的收音机(电视机)选台性，后面将采用谐振曲线进一步介绍电子电路的选台性问题。但在电力系统中，往往不希望产生谐振电压，因为发生谐振时出现局部过电压可能对电气设备造成很大危害，导致电气设备的损坏。为此，通过增大电阻 R 可以降低 Q 值，限制谐振电压或是适当选择 L、C 参数，使电路不工作在谐振点附近。

7.4.5 频率特性曲线

电路在已知正弦交流电压相量的 U 激励下，求得电路的电流响应是频率的函数。

$$I(\omega) = \frac{U_i}{\sqrt{R^2 + \left(\omega L - \frac{1}{\omega C}\right)^2}} \tag{7-13}$$

$$\varphi(\omega) = -\arctan\left[\frac{\omega L - \frac{1}{\omega C}}{R}\right] \tag{7-14}$$

式(7-13)是电流幅(值)频(率)响应特性，式(7-14)是电流相(位)频(率)响应特性。

如图 7-8(a)、(b)所示的是电流的幅频特性曲线和相频特性曲线。

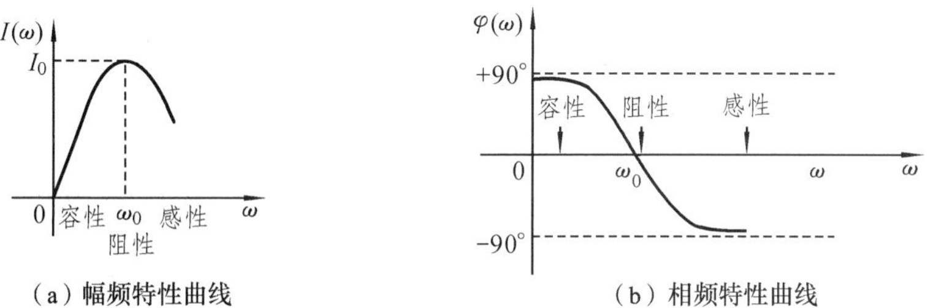

(a) 幅频特性曲线　　(b) 相频特性曲线

图 7-8　幅频特性曲线和相频特性曲线

分析特性曲线，可知：

(1) 当 $\omega=\omega_0$ 时，$X=0$，$\varphi=0$，电路发生串联谐振，呈电阻性。

(2) 当 $\omega<\omega_0$ 时，$X<0$，$\varphi>0$，电路呈容性。

(3) 当 $\omega>\omega_0$ 时，$X>0$，$\varphi<0$，电路呈感性。

7.4.6 电路的频率响应与 Q 值的关系

电路发生串联谐振时，电流 $\dot{I}_0(\omega)$ 达到最大值，下面将电路中电流的频率响应 $\dot{I}(\omega)$ 与谐振时的最大电流 $\dot{I}_0(\omega)$ 相比较，推导出频率响应 $\dot{I}(\omega)$ 与 Q 值之间的关系式，有

$$\dot{I} = \frac{\dot{U}}{Z} = \frac{\dot{U}}{R + j\left(\omega L - \frac{1}{\omega C}\right)} = \frac{\dot{U}}{R} \frac{1}{1 + j\left(\frac{\omega L}{R} - \frac{1}{R\omega C}\right)}$$

$$=\frac{\dot{I}_0}{1+\mathrm{j}\,\frac{\omega_0 L}{R}\left(\frac{\omega}{\omega_0}-\frac{1}{\omega_0\omega LC}\right)}=\frac{\dot{I}_0}{1+\mathrm{j}Q\left(\frac{\omega}{\omega_0}-\frac{\omega_0}{\omega}\right)}$$

可得

$$\frac{\dot{I}(\omega)}{\dot{I}_0(\omega)}=\frac{1}{1+\mathrm{j}Q\left(\frac{\omega}{\omega_0}-\frac{\omega_0}{\omega}\right)}\tag{7-15}$$

式中，$\dot{I}_0=\frac{\dot{U}}{R}$为谐振电流相量。

下面分析式中电流响应的幅值响应，有

$$\frac{I}{I_0}=\frac{1}{\sqrt{1+Q^2\left(\frac{\omega}{\omega_0}-\frac{\omega_0}{\omega}\right)^2}}\tag{7-16}$$

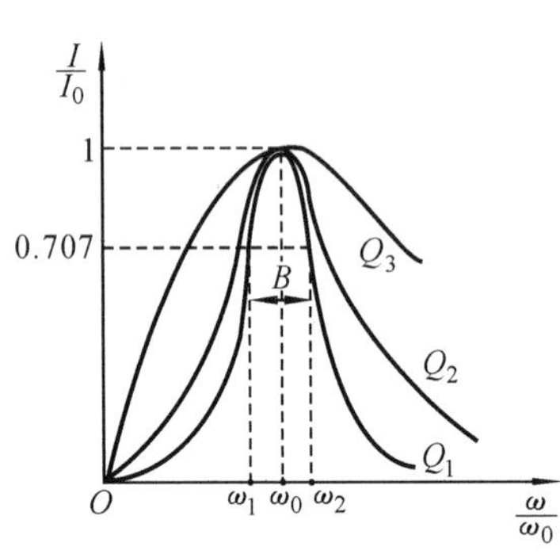

图 7-9　Q 值对谐振频率特性的影响

式(7-16)描述了电流响应的幅-频响应，其特性曲线如图 7-9 所示，以 ω/ω_0 为横坐标，I/I_0 为纵坐标，Q 值决定该曲线的参变量。图 7-9 所示的是三种不同 Q 值($Q_1>Q_2>Q_3$)作为参变量的谐振曲线，该谐振曲线也称为通用谐振曲线。

由图 7-9 中绘出的特性曲线可知，Q 值越大，特性曲线顶部越尖锐，在谐振点两侧的曲线越陡，这种曲线对非谐振频率的输入信号具有很强的抑制性，即 Q_1 曲线相对 Q_2 曲线来看，Q_1 曲线具有良好的选择(台)性。在电子线路的实际应用中，正是利用串联谐振来选择谐振频率的输入信号，使得在谐振频率处的电流响应 I_0 最大，而对非谐振频率信号具有强的抑制性，所以 Q 值在调谐电路中是一个十分重要的参数。

7.4.7　带通滤波器

如图 7-9 所示的 Q_1 曲线，在谐振 ω_0 两侧，对应电流输出幅值 I 下降为峰值 I_0 的 70.7%的两个频率 ω_1、ω_2，称为临界频率(截止频率)，ω_1 称为下限频率，ω_2 为上限频率。通带是 ω_1 与 ω_2 之间的频率范围，通带的宽度用 BW 表示，即

$$\mathrm{BW}=\omega_2-\omega_1$$

下面证明通带宽度 BW 与 Q 的关系为

$$\mathrm{BW}=\omega_2-\omega_1=\frac{\omega_0}{Q}$$

证明过程如下。当$\frac{I}{I_0}=\frac{1}{\sqrt{2}}=0.707$ 时，对应的频率为 ω_1 和 ω_2，有

$$\frac{1}{\sqrt{2}}=\frac{1}{\sqrt{1+Q^2\left(\frac{\omega}{\omega_0}-\frac{\omega_0}{\omega}\right)^2}}\quad 或\ Q^2\left(\frac{\omega}{\omega_0}-\frac{\omega_0}{\omega}\right)^2=1$$

$$\pm\left(\frac{\omega}{\omega_0}-\frac{\omega_0}{\omega}\right)=\frac{1}{Q}$$

因为 $\omega_2>\omega_1$，则有

$$\frac{\omega_2}{\omega_0}-\frac{\omega_0}{\omega_2}=-\left(\frac{\omega_1}{\omega_0}-\frac{\omega_0}{\omega_1}\right)=\frac{1}{Q}$$

有$\frac{\omega_2}{\omega_0}-\frac{\omega_0}{\omega_2}+\frac{\omega_1}{\omega_0}-\frac{\omega_0}{\omega_1}=0$，解此方程得

$$\omega_1\omega_2(\omega_1+\omega_2)=\omega_0^2(\omega_1+\omega_2)$$

有 $\omega_1\omega_2=\omega_0^2$。由上分析可得

$$Q=\frac{1}{\frac{\omega_2}{\omega_0}-\frac{\omega_0}{\omega_2}}=\frac{\omega_0\omega_2}{\omega_2^2-\omega_0^2}=\frac{\omega_0\omega_2}{\omega_2(\omega_2-\omega_1)}=\frac{\omega_0}{\omega_2-\omega_1}$$

所以 $\omega_2-\omega_1=\frac{\omega_0}{Q}$，得证。

如果近似认为在谐振频率两侧的特性曲线是对称的，于是有

$$\omega_2=\omega_0+\frac{BW}{2}=\omega_0\left(1+\frac{1}{2Q}\right) \tag{7-17}$$

$$\omega_1=\omega_0+\left(-\frac{BW}{2}\right)=\omega_0\left(1-\frac{1}{2Q}\right) \tag{7-18}$$

以上各式表明了通带 BW 与 Q、ω_0之间的关系式，这些关系对分析电路的频率特性是非常有用的。

通过以上分析可认为，RLC 串联电路对某一通带 BW 范围内的信号响应幅值大，而对 BW 之外的信号响应幅值很小，因此 RLC 串联电路被称为是一种带通滤波器。这种滤波器的作用只允许某一频带 BW 内的信号通过，而比通频带下限频率低和比上限频率高的信号都被阻断。它常用于从含有很宽频率成分的信号中选取出所需要的频率信号。

【例 7.2】 某 RLC 串联电路，在外施电压作用下处于谐振状态，已知 $L=25$ mH，$C=0.1$ μF，试求电阻为 100 Ω 和 10 Ω 两种情况下的 Q(品质因数)、BW 及截止频率 ω_1、ω_2。

解 电路的谐振频率为

$$\omega_0=\frac{1}{\sqrt{LC}}=2\times10^4\ \text{rad/s}$$

$R=100$ Ω 时，有

$$Q=\frac{\omega_0 L}{R}=5,\quad BW=\frac{\omega_0}{Q}=\frac{2\times10^4}{5}\ \text{Hz}=4\times10^3\ \text{Hz}$$

$$\omega_2=2\times10^4\times\left(1+\frac{1}{2Q}\right)=22000\ \text{Hz}\quad(\text{上限})$$

$$\omega_1=2\times10^4\times\left(1-\frac{1}{2Q}\right)=18000\ \text{Hz}\quad(\text{下限})$$

$R=10$ Ω 时，$Q=\frac{\omega_0 L}{R}=50$，有

$$\omega_2=2\times10^4\times\left(1+\frac{1}{2Q}\right)=20200\ \text{Hz}\quad(\text{上限})$$

$$\omega_1=2\times10^4\times\left(1-\frac{1}{2Q}\right)=19800\ \text{Hz}\quad(\text{下限})$$

计算结果表明：电阻越小，则品质因数越大，频带 BW 越窄，电路对信号频率的选择性越强。

【例 7.3】 如图 7-10(a)所示电路，已知 $I_C=6$ A，$I_R=8$ A，$X_L=6$ Ω，$\dot{U}$和$\dot{I}$同相，求 R 和 X_C。

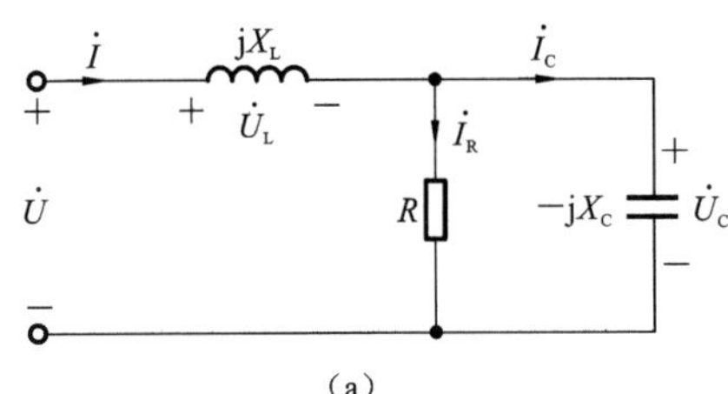

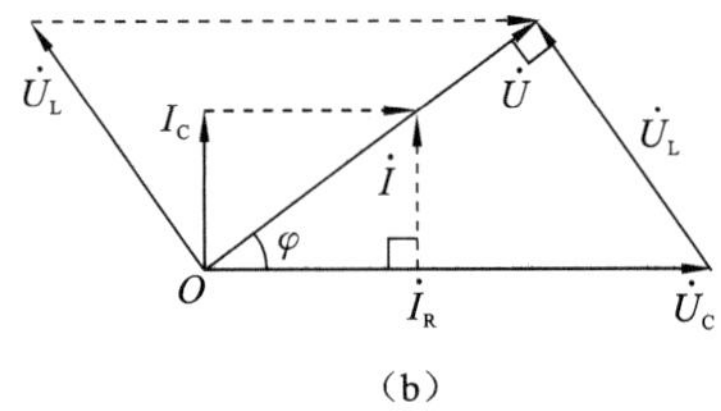

图 7-10　例 7.3 图

解　结合相量分析，设电压$\dot{U}_C=U_C\angle 0°$ V 为参考相量，相量图如图 7-10(b)所示。

$$I=\sqrt{I_C^2+I_R^2}=\sqrt{6^2+8^2}\ \text{A}=10\ \text{A},\quad \varphi=\arctan\frac{I_C}{I_R}=36.9°$$

$$U_L=X_L I=6\times 10\ \text{V}=60\ \text{V},\quad U_C=\frac{U_L}{\sin\varphi}=\frac{60}{\sin 36.9°}\ \text{V}=100\ \text{V}$$

$$R=\frac{U_C}{I_R}=\frac{100}{8}\ \Omega=12.5\ \Omega,\quad X_C=\frac{U_C}{I_C}=\frac{100}{6}\ \Omega=16.67\ \Omega$$

7.5　并联谐振电路

7.5.1　RLC 并联谐振电路

如图 7-11 所示 RLC 并联电路，在正弦交流电流的输入下，其电路图、分析方法和响应等都是与 RLC 串联谐振电路具有对偶性。

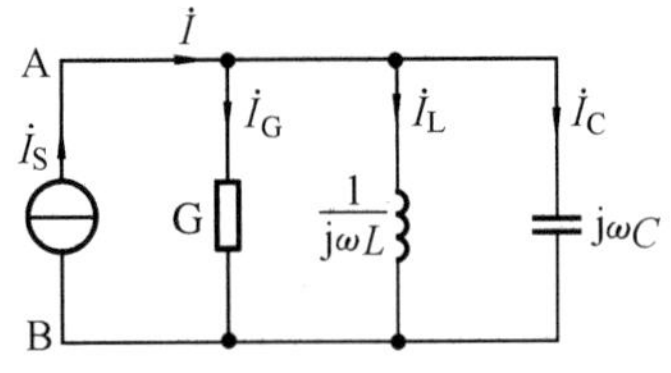

图 7-11　RLC 并联电路

并联谐振条件是 $B_L=B_C$，即当 $\omega_0 C=1/\omega_0 L$ 时，可求得并联谐振的角频率为 ω_0，频率为 f_0。

$$\omega_0=\frac{1}{\sqrt{LC}}\ (\text{角频率}),\quad f_0=\frac{1}{2\pi\sqrt{LC}}\ (\text{频率})$$

并联谐振的现象如下：

(1) 复导纳 Y 为最小值 $Y_{\min}$，用 Y_0 表示。

$$|Y_{\min}|=|Y_0|=G$$

(2) 给定输入电流$\dot{I}=I\angle 0°$，则电压达到最大值 $U_{\max}$，用 U_0 表示。

(3) 此时 $\phi=0$，电压和电流同相位。

(4) 由于 $B_L=B_C$，表明谐振时 L 和 C 的电流相量$\dot{I}_{L0}+I_{C0}=0$，相当于开路。

(5) 输入端的电流 I 等于通过电导的电流 I_G，即 $I=I_G$。

(6) 由于$|Q_{L0}|=|Q_{C0}|$，说明电感与电容之间此时存在着能量互换，电感与电容达到完全的能量补偿，因此，也进一步说明了电源与电路之间不存在能量的交换，$Q=0$。

(7) 如发生并联谐振时，$\omega L_0\gg R$，则有 $IL_0\approx U/\omega_0 L$，$I_{C0}=\omega_0 CU$，即通过电感和电容的电流有效值大大超过了总电流，因此把并联谐振又称电流谐振。

(8) $Q=\dfrac{I_{L0}}{I_0}=\dfrac{I_{C0}}{I_0}$，并联谐振时支路电流是总电流的 Q 倍。

7.5.2　LC 并联电路

在实际工程中，常用的是电感 L 和电容 C 组成的并联电路，如图 7-12(a)所示。

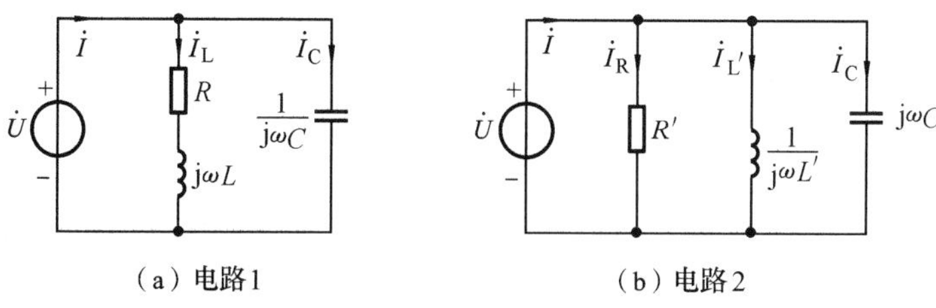

图 7-12 LC 并联谐振电路

$$Y=\frac{1}{R+\mathrm{j}\omega L}+\mathrm{j}\omega C=\frac{R}{R^2+(\omega L)^2}+\mathrm{j}\left[\omega C-\frac{\omega L}{R^2+(\omega L)^2}\right]$$

$$=R'+\mathrm{j}\left[\omega C-\frac{1}{\omega L'}\right]=R'+\mathrm{j}B$$

通过以上变换后，根据复导纳 Y 的等效变换式，画出图 7-12(a)所示电路的并联等效电路，如图 7-12(b)所示。图 7-12(b)中用等效电感 L'表示。

发生并联谐振时，$B=\omega_0 C-\dfrac{\omega_0 L}{R^2+(\omega_0 L)^2}=0$，得谐振频率

$$\omega_0=\frac{1}{\sqrt{\left(\frac{R}{\omega_0 L}\right)^2+1}}\frac{1}{\sqrt{LC}}=\frac{1}{\sqrt{\left(\frac{1}{Q}\right)^2+1}}\frac{1}{\sqrt{LC}} \tag{7-19}$$

式(7-19)说明，ω_0 与 L、C 有关，还与 R 有关，但通常电感线圈的 R 一般都很小，而由 $Q=\omega_0 L/R\gg 1$，即 $\omega_0 L\gg R$ 得出

$$\omega_0\approx\frac{1}{\sqrt{LC}}\quad 或\ f_0\approx\frac{1}{2\pi\sqrt{LC}} \tag{7-20}$$

式(7-20)说明，如果 LC 并联谐振电路略去电阻 R 影响后，其 $w_0(f_0)$计算公式与串联谐振电路的频率公式一样。

LC 并联谐振现象如下：

(1) 此时 $\phi=0$，电路呈纯电阻性。

(2) 电路在谐振时，则阻抗达到最大值 $Z_{\max}$，用 R_0 表示。

$$Y_{\min}=G'=\frac{R}{R^2+(\omega_0 L)^2}R_0=\frac{R^2+(\omega_0 L)^2}{R}\approx\frac{(\omega_0 L)^2}{R}=\frac{L}{RC}$$

$$R_0=\frac{L}{RC}=\frac{\omega_0 L}{R}\frac{1}{\omega_0 C}=\frac{Q}{\omega_0 C}=Q\omega_0 L$$

(3) 给定输入电压 U，则谐振电流最小时，用 I_0 表示。

$$I_0=\frac{U}{R_0}=\frac{U}{\frac{L}{RC}}=\frac{RC}{L}UI_{C0}=\omega_0 CU=\omega_0 CI_0 R_0=\omega_0 CI_0\frac{Q}{\omega_0 C}=QI_0$$

$$I_{L0'}=\frac{\omega_0 L}{R^2+(\omega_0 L)^2}U\approx\frac{1}{\omega_0 L}I_0 R_0=\frac{1}{\omega_0 L}I_0 Q\omega_0 L=QI_0$$

电路在发生并联谐振时相当于一个 R_0 的高电阻，它是谐振感抗或谐振容抗的 Q 倍。这种特性在电子技术中得到广泛应用，如电子振荡器的选频环节和电力系统中的高频阻波器，它们都是采用一个并联谐振电路来完成的。

7.6 Matlab 计算

Matlab 的频率响应示例。

【例 7.4】 用 Matlab 重新求解例题 7-2。

解 本例的分析参见例题 7-2,下面直接给出 Matlab 程序:

```
L=0.025;C=0.0000001;w0=l/sqrt(L*C)
R1=100;Ql=(wO*L)/R1
Bl=wO/Ql
wl2=wO*(1+1/(2*QI))
wll=wO*(1— 1/(2*QD)
R2=10;Q2=(wO*L)R2
B2=w0/Q2
w22=wO*(1+1/(2*Q2>)
w21=wO*(1— 1/(2*Q2))
w=E(w0-3000):10:(w0+3000)];
XL=w*Lj
E=linspaced,1,601);       % 生成 601 点的向量,求 XC
XC=(w*C)./E;
X=XL-XC;
Zl=j*X+Rl;
Z2=j*X+R2;
I1=Z1.\E;                 % 设此时外加为恒定电压 1 V,求 R1=100 时电流
I2=Z2.\E;                 % 设此时外加为恒定电压 1 V,求 R1=10 时电流
Plot(w,abs(I1),' — b', w,abs(I2),'r')*grid
Axis([min(w),max(w),0.8*min(abs(I2)),1.2*max(abs(I2))])Title('幅-频特性')
Xlabel('频率')
ylabel('电流(A)')
```

运行结果:

w0=	w12 =	B2 =
20000	22000	400
Q1 =	w11 =	w22 =
5	18000	20200
B1 =	Q2 =	w21 =
4000	50	19800

图 7-13 中,实线表示 $R_1=100\ \Omega$ 时的情形,虚线表示 $R_2=10\ \Omega$ 时的情形,可以看出后者选频特性比前者好得多。

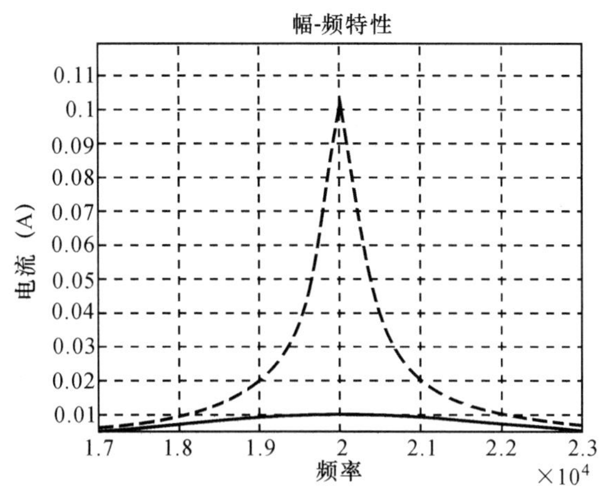

图 7-13　例 7-4 图

本章小结

对正弦电路的相量模型，在单一激励的情况下，网络函数的定义为响应相量与激励相量的比值。网络函数是一个复数，它与频率的关系即频率特性，可以分为幅频特性和相频特性两个部分。幅频特性和相频特性都可以在图上用曲线表示，称为网络的频率响应曲线，即幅频响应曲线和相频响应曲线。

网络函数的频率特性不仅与电路的结构、参数值有关，还与输入/输出变量的类型以及端口对的相互位置有关。

典型的频率特性主要有低通、高通、带通和带阻特性。低通滤波器是指激励的频率越高，响应的衰减就越大。电阻具有阻止高频激励通过和保证低频畅通的性能；高通滤波器则相反。

在含有动态储能元件（L 和 C）的无源一端口网络中，在某些特定的电源频率下，感抗和容抗的作用互相抵消，使其电路输入端的阻抗或导纳呈纯电阻特性，功率因数 $\cos\varphi=1$，电路的端口电压与电流同相，这种现象称为谐振。

谐振电路基本模型有串联谐振电路模型和并联谐振电路模型两种。串联谐振条件是 $X_L= X_C$，而并联谐振条件是 $B_L= B_C$。发生谐振现象的物理实质是电路中电感和电容的无功能量相互补偿，整个电路的无功功率 $Q=0$。谐振的共同特征是电路输入端的电压和电流同相位。

串联谐振中由于阻抗值最小，可能产生过电压，故称为电压谐振。

并联谐振中由于阻抗值最大，可能产生过电流，故称为电流谐振。

谐振时电路的品质因数 Q 值是一个十分重要的参数：串联谐振时为电感和电容两端的分电压有效值与外加总电压有效值的比；并联谐振时为电感和电容上的分电流有效值与外加总电流有效值的比。此外，谐振电路中，Q 值越大，电路的选频性能越好。

自测练习题

1. 思考题

(1) 网络函数是如何定义的？电路的网络函数由哪些因素决定？

(2) 什么是幅频特性？什么是相频特性？

(3) 低通滤波器和高通滤波器的频率特性各有什么特点？

(4) 电路发生谐振的条件是什么？

(5) RLC 串联电路发生谐振时有哪些现象？为什么 RLC 串联谐振电路也被称为电压谐振？

(6) RLC 并联电路发生谐振时有哪些现象？为什么 RLC 并联谐振电路也被称为电流谐振？

(7) 品质因数是如何定义的？它与电路的选频性有什么关系？

(8) 什么是通频带？RLC 串联电路的通频带受哪些因素影响？

2. 填空题

(1) 网络函数的频率特性包括(　　)和(　　)。(　　)反映响应和激励有效值之比与频率的关系。(　　)反映响应相量与激励相量相位差和与频率的关系。

(2) 如图 7-14 所示,RLC 串联电路的谐振频率和品质因数分别是(　　)和(　　)。

(3) RLC 串联谐振电路中,$R=4$,$L=4$ H,$C=1$ F,则该电路的通带 BW=(　　)。

(4) RLC 串联电路的通带宽度与品质因数 Q 成(　　),品质因数 Q 越高,通带宽度就越(　　)。

(5) 如图 7-15 所示电路,当电路发生谐振时,电容 C 中电流的振幅应为(　　)A。

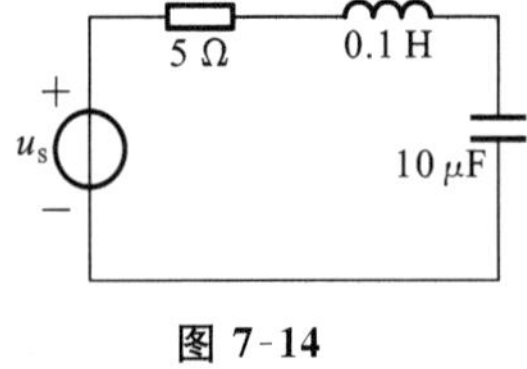

图 7-14

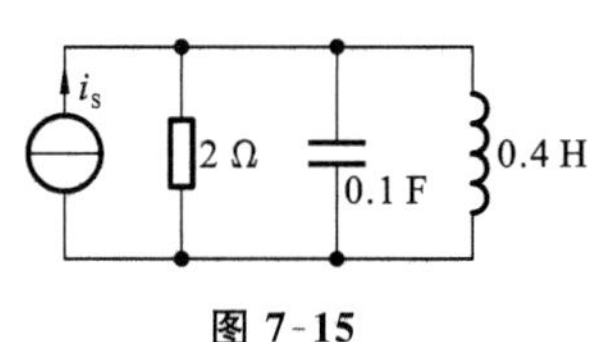

图 7-15

习　　题

7-1　求图 7-16 所示电路的网络函数 $H(j\omega)=\frac{\dot{U}_2}{\dot{U}_1}$,并判断其滤波类型。

7-2　电路如图 7-17 所示,A、B 端加角频率为 ω 的电压源 U,要使通过 R_0 的电流 $\dot{I}$ 与 $\dot{U}$ 同相,则 R 应为多少？

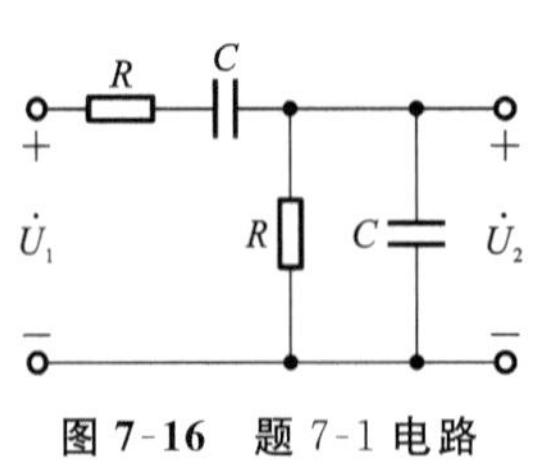

图 7-16　题 7-1 电路

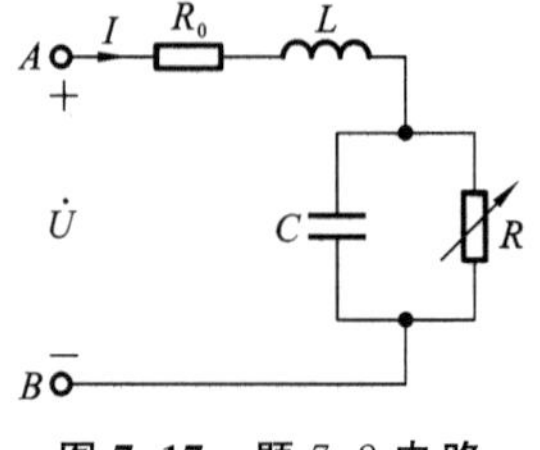

图 7-17　题 7-2 电路

7-3 确定图 7-18 所示电路的谐振条件和谐振角频率。

7-4 如图 7-19 所示电路，已知 $U_S=1$ mV，$L=50$ μH，$C=200$ μF，$Q=50$，求电路谐振频率 f_0，谐振回路电流 I_0，电容电压 U_{C0} 及通带 BW。

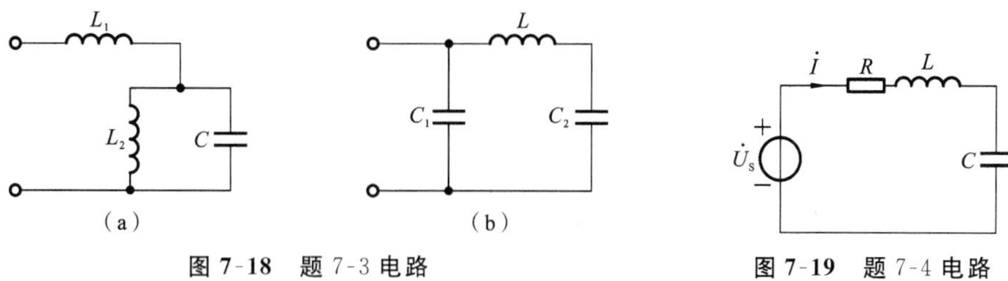

图 7-18 题 7-3 电路

图 7-19 题 7-4 电路

7-5 RLC 串联电路的谐振频率为$\frac{1000}{2\pi}$ Hz，通带为$\frac{100}{2\pi}$ Hz。谐振时阻抗为 100 Ω，求 R、L、C。

7-6 RLC 串联电路的谐振频率为 875 Hz，通带为 750 Hz 到 1 kHz，$L=0.32$ H，求 R、L、Q。

7-7 RLC 并联电路的谐振频率为$\frac{1000}{2\pi}$ Hz，通带为$\frac{100}{2\pi}$ Hz。谐振时阻抗为 10^5 Ω，求 R、L、C。

7-8 如图 7-20 所示电路为收音机等效回路，已知 $R=6$ Ω，$L=300$ μH，现欲接收中央人民广播电台一套节目(中国之声)，其中波发射频率为 639～1161 kHz，试计算可变电容的调谐范围。

7-9 如图 7-21 所示电路处于谐振状态，其中 $I_S=1$ A，$R_1=30$ Ω，$R_2=60$ Ω，$X_C=150$ Ω。求端口电压 U_1 和电感电压 U_L。

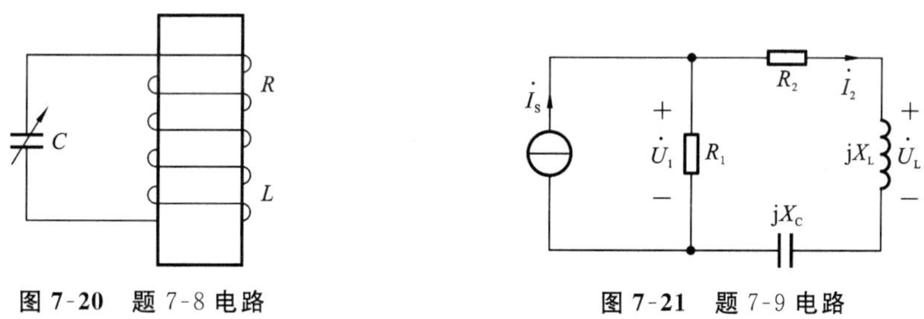

图 7-20 题 7-8 电路

图 7-21 题 7-9 电路

7-10 如图 7-22 所示电路，$U=220$ V，$C=1$ μF，当电源频率 $\omega_1=100\pi$ rad/s 时，$U_R=0$，当电源频率 $\omega_2=2000$ rad/s 时，$U_R=U=220$ V，求电路参数 L_1 和 L_2 的值。

7-11 如图 7-23 所示电路，$u=10\sqrt{2}\sin1000t$ V，调节电容 C 使电路达到谐振，并测得谐振电流 $I_0=50$ mA，谐振时电容电压为 100 V，求 R、X_L、X_C 及品质因数 Q 值。

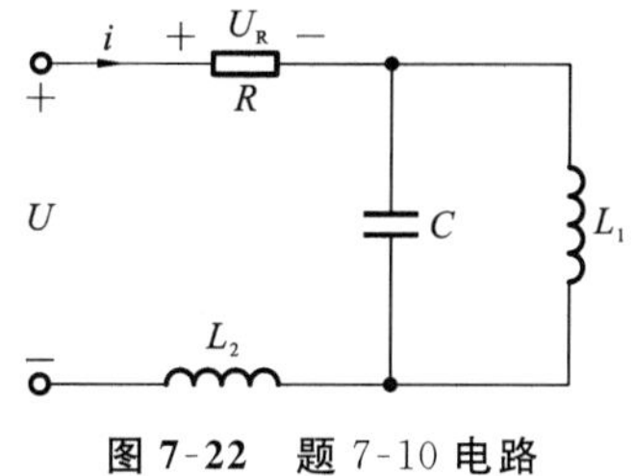

图 7-22 题 7-10 电路

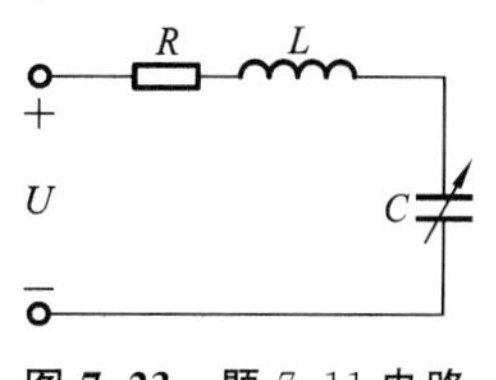

图 7-23 题 7-11 电路

7-12 如图 7-24 所示电路，已知 $R=40\ \Omega$，$X_C=20\ \Omega$，$f=50$ Hz，求谐振时的电感 L，且计算 L 为何值时，总阻抗为最小？

7-13 正弦交流电路如图 7-25 所示，已知 $X_L=9\ \Omega$，$U_1=90$ V，$P=1200$ W，电路发生谐振。求(1) 电路电流 I；(2) 电路参数 R、X_C；(3) 电压 U_2、U。

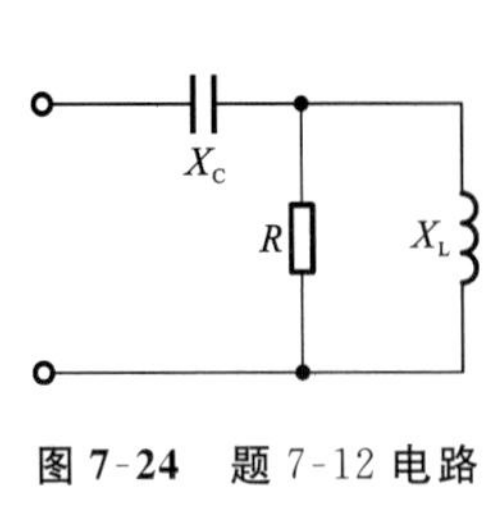

图 7-24　题 7-12 电路

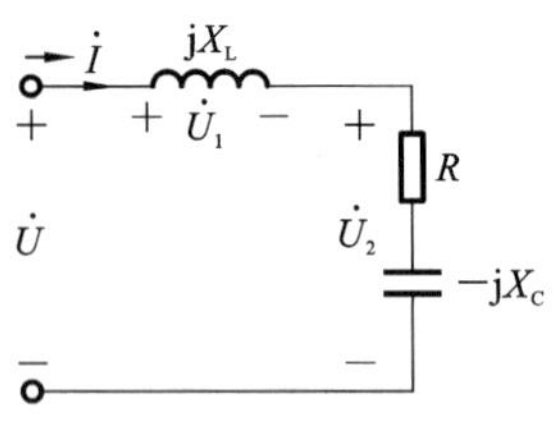

图 7-25　题 7-13 电路

应用分析案例

磁谐振式无线供电系统

电动汽车因其产生较少碳排放，符合当前减排的大环境，而受到全球的重视，也逐渐进入百姓生活。2017 年特斯拉还是一个连年亏损接近破产的公司，而 2019 年中国工厂建成后迅速扭亏并成为全球市值第一的汽车生产商，国内外其他电动汽车生产商也迅速壮大，市场上的电动汽车越来越多。

电动汽车具有一些优点，但目前也存在一些不足之处，主要问题是充电时间长、充电设备不安全、需要带一个又贵又重且容易起火甚至爆炸的大电池。解决上述问题的方案有很多种，但各有优缺点，其中最激进的一种是在公路下面布设无线充电发送线圈，在电动汽车上安装接收线圈，这样，汽车在公路上跑的时候可以一边跑一边充电，车上只需要一个容量很小的电池即可，可以一次性解决上述 3 个问题。

电动汽车无线充电概念如图 7-26 所示。由于汽车底盘离地面最少 11 cm，而且发射线圈需要埋设在地面以下，接收线圈在汽车内部，两个线圈之间的距离则需要超过 11 cm，在这个距离上使用电磁感应的方法难以实现大功率、高效的能量传输。

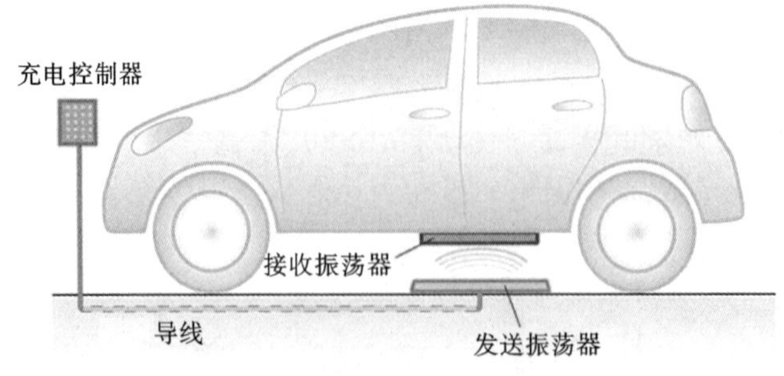

图 7-26　电动汽车无线充电系统概念图

磁谐振式无线供电较电磁感应式能够跨越更远的距离，其构成大致如图 7-27 所示，发送和接收线圈均连接有电容，线圈的电感与电容构成谐振电路。当发送端和接收端的谐振频率相等时，只需要一小部分磁力线交链发送线圈和接收线圈，能量即可高效地从发送端传输到接收端，如同一只振动的音叉可以远距离地让另一只同频率音叉振动起来一样。因此，磁谐振式无线电能传输不需要发送、接收线圈的磁场紧密耦合，两个线圈之间的距离可以在一定条件下达到数米之远，两个线圈之间的位置也不要求正对，非常适用于上述电动汽车边跑边充的情况。

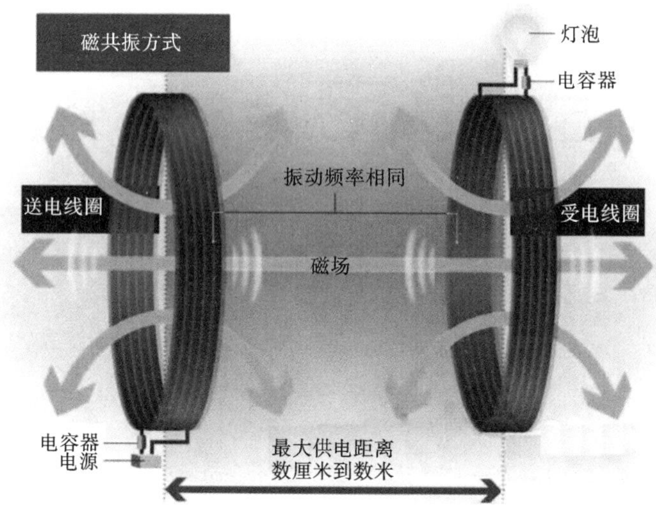

图 7-27 磁谐振式无线供电系统基本原理

8

含耦合电感电路

工程实际中互感现象是一种常见的现象，互感耦合电路在工程实际中有着极为广泛的应用。本章重点讨论含有耦合电感电路的重要特性及其分析方法。主要内容有：磁耦合现象、互感和耦合系数、同名端、磁通链、耦合电路中的电压电流关系；互感耦合电路及其分析计算；空心变压器、理想变压器的特性。

8.1 耦合电感的伏安关系与同名端

8.1.1 耦合电感的概念

空间位置邻近的两个电感线圈，当一个线圈有电流通过时，该电流产生的磁通不仅通过本线圈，还部分或全部通过相邻线圈。一个线圈电流产生的磁通与另一线圈交链的现象，称为两个线圈的磁耦合，这两个线圈之间存在互感。具有磁耦合的线圈称为耦合线圈或互感线圈。忽略线圈的损耗电阻和匝间分布电容的耦合线圈，称为耦合电感元件，它是耦合线圈的理想化模型。

两个耦合线圈如图 8-1 所示，设线圈 1 和线圈 2 的匝数分别为 N_1 和 N_2。当线圈 1 有电流 i_1 流过时，由 i_1 产生的通过线圈 1 的磁通为 Φ_{11}，通过线圈 2 的磁通为 Φ_{21}，显然有 $\Phi_{21} \leqslant \Phi_{11}$。两个线圈的磁通链分别为 $\Psi_{11}=N_1\Phi_{11}$ 和 $\Psi_{21}=N_2\Phi_{21}$。Ψ_{11} 称为自感磁通链，简称自磁链；Ψ_{21} 称为互感(耦合)磁通链，简称互磁链。

同理，若线圈 2 有电流 i_2 流过，则该电流在其自身线圈产生自磁链 Ψ_{22}，在相邻的线圈 1 中产生互感磁通链 Ψ_{12}。

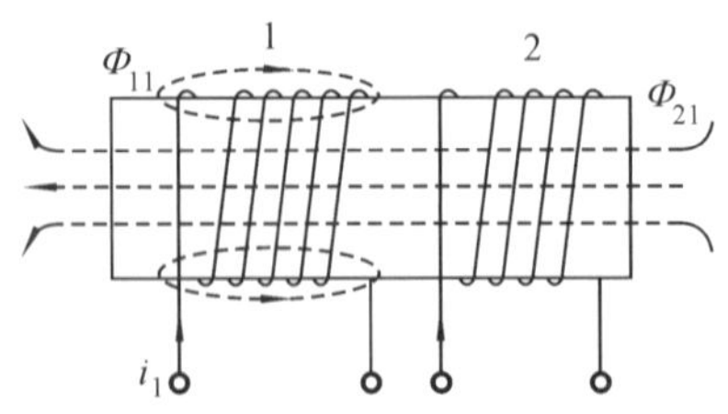

图 8-1 两个线圈的磁耦合

如图 8-1 所示，电流的方向与它产生的磁通链的方向满足右手螺旋关系，参考方向按这一关系设定。若线圈周围没有铁磁性物质，则各磁通链与产生该磁通链的电流成正比，即

$$\Psi_{11}=L_1 i_1 \quad \Psi_{21}=M_{21} i_1 \tag{8-1a}$$

$$\Psi_{22}=L_2 i_2 \quad \Psi_{12}=M_{12} i_2 \tag{8-1b}$$

式中：L_1、L_2、M_{12}、M_{21} 均为正常数，单位为亨利

(H)；L_1、L_2 分别为线圈 1 和线圈 2 的自感系数，简称为自感；M_{12}、M_{21} 分别为两个线圈的互感系数，简称为互感。可证明 $M_{12}=M_{21}$，因此当只有两个线圈耦合时，可略去下标，表示为 $M=M_{12}=M_{21}$。

8.1.2　耦合电感的伏安关系

考虑如图 8-2(a)所示的具有磁耦合的两个线圈 1 和线圈 2，由于两个线圈之间存在磁耦合，因此每个线圈电流产生的磁通不仅与本线圈交链，还部分或全部与另一线圈交链，所以每个线圈中的磁链将由本线圈的电流产生的磁链和另一线圈的电流产生的磁链两部分组成。若选定线圈中各部分磁链的参考方向与产生该磁链的线圈电流的参考方向符合右手螺旋法则，每个线圈的总磁链的参考方向与它所在线圈电流的参考方向也符合右手螺旋法则，则各线圈的总磁链在如图 8-2(a)所示电流参考方向下可表示为

$$\Psi_1=\Psi_{11}+\Psi_{12}$$

$$\Psi_2=\Psi_{22}+\Psi_{21}$$

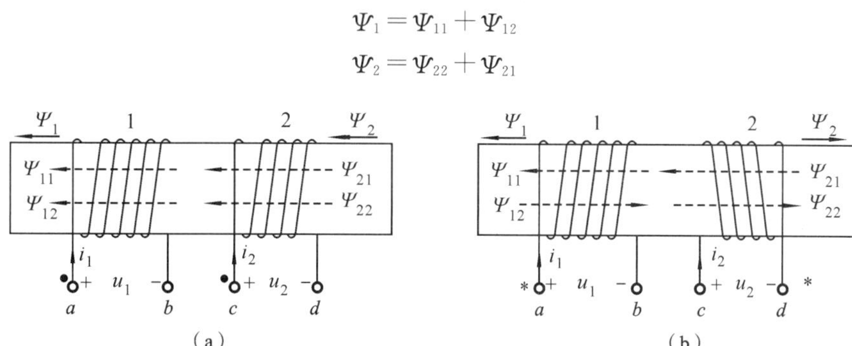

图 8-2　说明耦合线圈的伏安关系用图

随着线圈电流的参考方向和线圈绕向及相对位置的不同，自磁链与互磁链的参考方向可能一致，也可能相反。当线圈绕向和电流的参考方向如图 8-2(a)所示时，每个线圈中的自磁链和互磁链的参考方向均一致；而当线圈绕向和电流的参考方向如图8-2(b)所示时，每个线圈中的自磁链和互磁链的参考方向均不一致。因此，耦合线圈中的总磁链可表示为

$$\Psi_1=\Psi_{11}\pm\Psi_{12} \tag{8-2a}$$

$$\Psi_2=\Psi_{22}\pm\Psi_{21} \tag{8-2b}$$

如果线圈周围无铁磁性物质，则各磁链是产生该磁链电流的线性函数，故有

$$\Psi_1=L_1 i_1\pm M_{12} i_2 \tag{8-3a}$$

$$\Psi_2=L_2 i_2\pm M_{21} i_1 \tag{8-3b}$$

当耦合线圈的线圈电流变化时，线圈中的自磁链和互磁链将随之变化。由电磁感应定律可知，各线圈的两端将会产生感应电压。若设各线圈的电流与电压取关联参考方向，则有

$$u_1=\frac{\mathrm{d}\psi_1}{\mathrm{d}t}=\frac{\mathrm{d}\psi_{11}}{\mathrm{d}t}\pm\frac{\mathrm{d}\psi_{12}}{\mathrm{d}t}=u_{11}+u_{12}=L_1\frac{\mathrm{d}i_1}{\mathrm{d}t}\pm M\frac{\mathrm{d}i_2}{\mathrm{d}t} \tag{8-4a}$$

$$u_2=\frac{\mathrm{d}\psi_2}{\mathrm{d}t}=\frac{\mathrm{d}\psi_{22}}{\mathrm{d}t}\pm\frac{\mathrm{d}\psi_{21}}{\mathrm{d}t}=u_{22}+u_{21}=L_2\frac{\mathrm{d}i_2}{\mathrm{d}t}\pm M\frac{\mathrm{d}i_1}{\mathrm{d}t} \tag{8-4b}$$

上式即为耦合电感的伏安关系式。可见，耦合电感中每一线圈的感应电压由自磁链产

生的自感电压(u_{11}和u_{22})和互磁链产生的互感电压(u_{12}和u_{21})两部分组成，自感电压和互感电压的本质是相同的，都是由于线圈中的磁链变化而产生的感应电压。根据电磁感应定律，若自感电压和互感电压的参考方向与产生感应电压的磁链的参考方向符合右手螺旋法则，当线圈的电流与电压取关联参考方向时，自感电压前的符号总为正；而互感电压前的符号可正可负，当互磁链与自磁链的参考方向一致时，取正号；反之，取负号。

由此可见，互感系数前的正负既取决于线圈中电流的参考方向，又取决于线圈的绕向及线圈的相互位置。

从耦合电感的伏安关系式可知，由两个线圈组成的耦合电感是一个由L_1、L_2和M三个参数表征的四端元件，并且由于它的自感电压和互感电压分别与两线圈中的电流的变化率成正比，因此是一种动态元件和记忆元件。

8.1.3　耦合线圈的同名端

要确定耦合电感线圈中的互感电压的正负，必须知道线圈电流的参考方向和线圈的绕向及线圈的相互位置。但在电路中不便画出线圈的实际结构，且实际的耦合电感大都采用封装式，一般不能从外观看出线圈实际结构，为了解决这一问题，引入同名端的概念。同名端是指耦合线圈中的这样一对端钮：当线圈电流同时流入(或流出)该对端钮时，各线圈中的自磁链与互磁链的参考方向一致，自磁链、互磁链是相互加强的，这样一对端钮就称为同名端。从感应电压的角度看，如果电流与其产生的磁链及磁链与其产生的感应电压的参考方向符合右手螺旋法则，则同名端可定义为任一线圈电流在各线圈中产生的自感电压或互感电压的同极性端(正极性端或负极性端)，也即互感电压的正极性端与产生该互感电压的线圈电流的流入端为同名端。同名端通常用标志“·”(或“*”)表示。这样，实际耦合的电感便可用带有同名端标记的电感L_1和L_2来表示。如图8-2(a)、(b)所示的耦合电感线圈的电路模型便可用如图8-3(a)、(b)所示的电路表示。图中耦合电感标有“·”的两个端钮为同名端，余下的一对无标识符的端钮也是一对同名端。必须指出，耦合线圈的同名端只取决于线圈的绕向和线圈间的相对位置，而与线圈中电流的方向无关。一旦确定了耦合线圈的同名端后，确定互感电压前的符号就无须画出两个线圈的相互位置和实际绕向了。

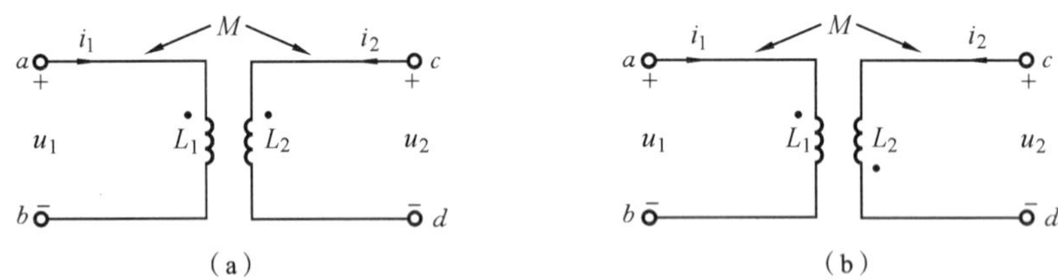

图8-3　用同名端表示的耦合线圈的电路模型

对于未标出同名端的一对耦合线圈，可用图8-4所示的电路来确定其同名端。在该电路中，当开关S闭合时，i_1将从线圈1的a端流入，且$\frac{\mathrm{d}i_1}{\mathrm{d}t}>0$。如果电压表正向偏转，表示线圈2中的互感电压$u_{21}=M\frac{\mathrm{d}i_1}{\mathrm{d}t}>0$，则可判定电压表的正极所接端钮$c$与$i_1$

的流入端钮 a 为同名端；反之，如果电压表反向偏转，表示线圈 2 中的互感电压 $u_{21}=-M\dfrac{\mathrm{d}i_1}{\mathrm{d}t}<0$，则可判定电压表端钮 c 与 a 为异名端，而端钮 d 与 a 为同名端。

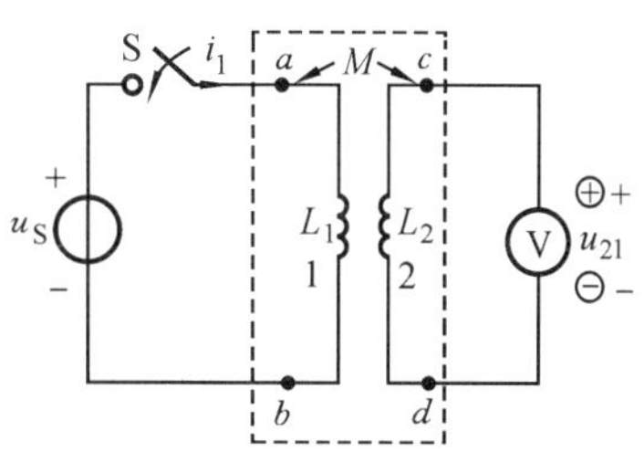

图 8-4　同名端的测定

有了同名端的概念，根据各线圈电压和电流的参考方向，就能很方便地从耦合电感直接写出其伏安关系式。具体规则是：若耦合电感的线圈电压与电流的参考方向为关联参考方向时，该线圈的自感电压前取“＋”号，否则取“－”号；若耦合电感线圈的线圈电压的正极性端与在该线圈中产生互感电压的另一线圈的电流的流入端为同名端时，该线圈的互感电压前取“＋”号，否则取“－”号。

【例 8.1】 试写出图 8-5 所示耦合电感的伏安关系。

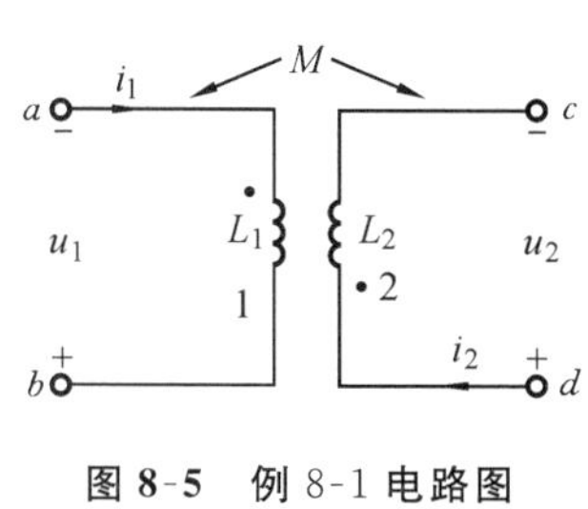

图 8-5　例 8-1 电路图

解　耦合电感各线圈的电压可表示为

$$u_1=u_{11}+u_{12}\quad u_2=u_{22}+u_{21}$$

对于图 8-5 所示的耦合电路，由于线圈 1 的电流 i_1 与电压 u_1 为非关联参考方向，故 $u_{11}=-L_1\dfrac{\mathrm{d}i_1}{\mathrm{d}t}$；线圈 1 电压 u_1 的正极性端和线圈 2 电流 i_2 的流入端为非同名端，故 $u_{12}=-M\dfrac{\mathrm{d}i_2}{\mathrm{d}t}$。线圈 2 的电流 i_2 与电压 u_2 为关联参考方向，故 $u_{22}=L_2\dfrac{\mathrm{d}i_2}{\mathrm{d}t}$；线圈 2 电压 u_2 的正极性端和线圈 1 电流 i_1 的流入端为同名端，故 $u_{21}=M\dfrac{\mathrm{d}i_1}{\mathrm{d}t}$。

因此，可得该耦合电感的伏安关系为

$$u_1=u_{11}+u_{12}=-L_1\frac{\mathrm{d}i_1}{\mathrm{d}t}-M\frac{\mathrm{d}i_2}{\mathrm{d}t}$$

$$u_2=u_{22}+u_{21}=+L_2\frac{\mathrm{d}i_2}{\mathrm{d}t}+M\frac{\mathrm{d}i_1}{\mathrm{d}t}$$

由于耦合电感中的互感电压反映了耦合电感线圈间的耦合关系，为了在电路模型中以较明显的方式将这种耦合关系表示出来，各线圈中的互感电压可用 CCVS 表示。若用受控源表示互感电压，则图 8-3(a)、(b)所示耦合电感可分别用图 8-6(a)、(b)所示的电路模型表示。

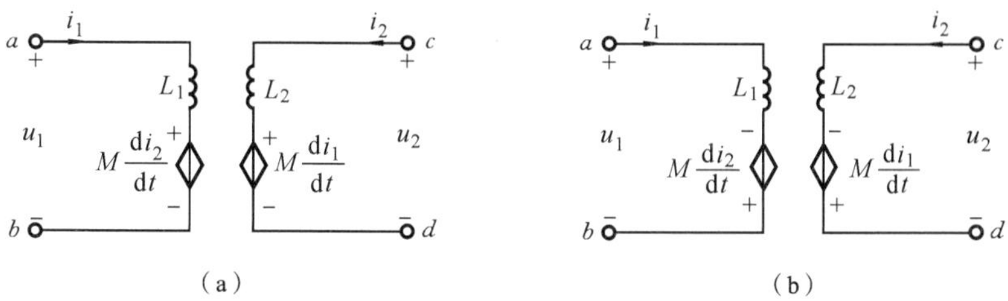

图 8-6　用受控源表示互感电压时耦合电感的电路模型

在正弦稳态电路中,式(8-4)所述的耦合电感伏安关系的相量形式为

$$\dot{U}_1=\mathrm{j}\omega L_1\dot{I}_1\pm\mathrm{j}\omega M\dot{I}_2 \tag{8-5a}$$

$$\dot{U}_2=\mathrm{j}\omega L_2\dot{I}_2\pm\mathrm{j}\omega M\dot{I}_1 \tag{8-5b}$$

式中:$\mathrm{j}\omega L_1$、$\mathrm{j}\omega L_2$ 称为自感阻抗;$\mathrm{j}\omega M$ 称为互感阻抗。若用受控源表示互感电压,图 8-3(a)、(b)去耦等效电路可分别用图 8-7(a)、(b)所示电路模型表示。

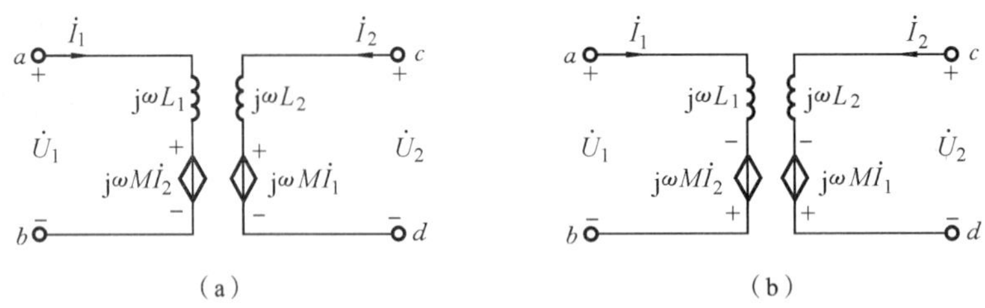

图 8-7 用受控源表示互感电压时耦合电感的相量模型

8.1.4 耦合系数 K

互感线圈之间存在的磁耦合,在一般情况下,一个线圈中的电流所产生的磁通只有一部分与邻近的线圈相交链,还有一部分则没有和邻近的线圈相交链,这一部分磁通称为漏磁通。不难想象,漏磁通越少,互感线圈之间的耦合程度就越紧密,通常用耦合系数 K 来表示互感线圈之间耦合的紧密程度。耦合系数定义为两个互磁链的乘积与两个自磁链的乘积之比的几何平均值,即

$$K=\sqrt{\frac{\psi_{21}}{\psi_{11}}\cdot\frac{\psi_{12}}{\psi_{22}}}$$

进一步推导,则

$$K=\sqrt{\frac{\psi_{21}/i_1\cdot\psi_{12}/i_2}{\psi_{11}/i_1\cdot\psi_{22}/i_2}}=\sqrt{\frac{M\cdot M}{L_1\cdot L_2}}=\frac{M}{\sqrt{L_1L_2}}$$

因此,耦合系数 K 又可定义为互感系数 M 与 $\sqrt{L_1L_2}$ 之比。

由于 $\psi_{11}\geqslant\psi_{21}$,$\psi_{22}\geqslant\psi_{12}$,所以耦合系数为 $0\leqslant K\leqslant 1$。当 $K=1$ 时,是无漏磁通的理想情况,称为全耦合。当 K 接近 1 时,称为紧耦合;当 K 较小时,称为松耦合。当两个线圈互相垂直放置时,因两线圈间没有磁耦合,互感磁链为零,所以 $K=0$。

【例 8.2】 如图 8-8 所示电路,已知 $i_S(t)=2\mathrm{e}^{-4t}$ A,$L_1=3$ H,$L_2=6$ H,$M=2$ H。试求,$u_{ac}(t)$、$u_{ab}(t)$、$u_{bc}(t)$。

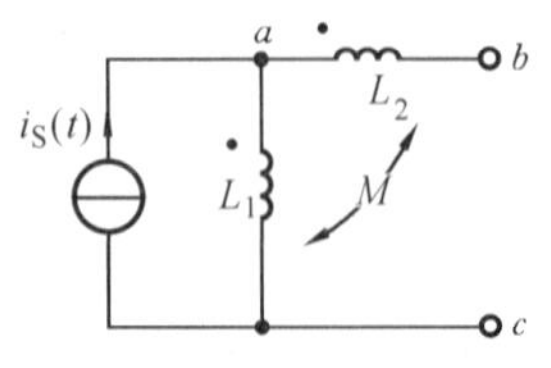

图 8-8 例 8.2 电路图

解 由于 bc 处开路,所以电感 L_2 所在支路无电流,故有

$$u_{ac}(t)=L_1\frac{\mathrm{d}i_S(t)}{\mathrm{d}t}=-24\mathrm{e}^{-4t}\ \mathrm{V}$$

$$u_{ab}(t)=M\frac{\mathrm{d}i_S(t)}{\mathrm{d}t}=-16\mathrm{e}^{-4t}\ \mathrm{V}$$

$$u_{bc}(t)=-u_{ab}+u_{ac}=-8\mathrm{e}^{-4t}\ \mathrm{V}$$

此题的电路不是正弦稳态电路,故不能用相量法。自感电压应与本支路电流同方向,而互感电压应与产生它的电流的同名端一致,即当电流从同名端流入时,它所产生

的互感电压也应从同名端指向异名端(如 U_{ab})。

【例 8.3】 如图 8-9 所示正弦稳态电路，$\dot{U}_S=20\angle 30^\circ$ V，$R_1=30\ \Omega$，$\omega L_1=4\ \Omega$，$\omega L_2=17.32\ \Omega$，$\omega M=2\ \Omega$，$R_2=10\ \Omega$。求电流 $\dot{I}$。

解 此题应先解出 $\dot{I}_1$、$\dot{I}_2$ 和 $\dot{U}_2$，然后求 $\dot{I}$。电路方程为

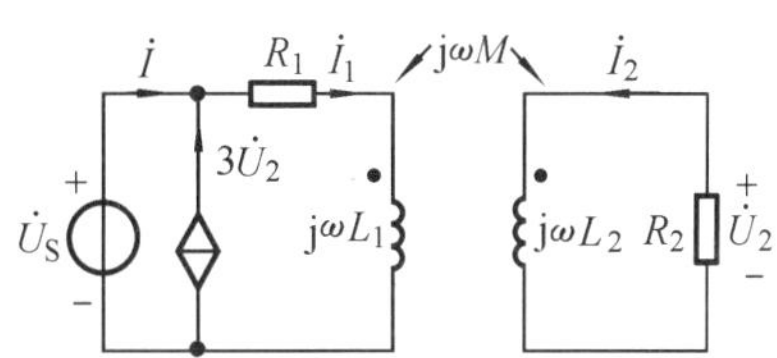

图 8-9 例 8.3 电路图

$$\begin{cases}(R_1+j\omega L_1)\dot{I}_1+j\omega M\dot{I}_2=\dot{U}_S\\ j\omega M\dot{I}_1+(R_2+j\omega L_2)\dot{I}_2=0\end{cases}$$

代入数据，则

$$\begin{cases}(3+j4)\dot{I}_1+j2\dot{I}_2=20\angle 30^\circ\\ j2\dot{I}_1+(10+j17.32)\dot{I}_2=0\end{cases}$$

电流 $\dot{I}_1$ 为

$$\dot{I}_1=\frac{20\angle 30^\circ}{3+j4+\dfrac{2}{10+j17.32}}\ \text{A}=\frac{20\angle 30^\circ}{3+j4+0.1-j0.1732}\ \text{A}$$

$$=\frac{20\angle 30^\circ}{3.1+j3.83}\ \text{A}=4.06\angle(-21^\circ)\ \text{A}$$

电流 $\dot{I}_2$ 为

$$\dot{I}_2=\frac{-j2\times 4.06\angle(-21^\circ)}{10+j17.32}\ \text{A}=0.406\angle(-171^\circ)\ \text{A}$$

电压 $\dot{U}_2$ 为

$$\dot{U}_2=-R_2\dot{I}_2=-10\times 0.406\angle(-171^\circ)\ \text{V}=4.06\angle 9^\circ\ \text{V}$$

电流 $\dot{I}$ 为

$$\dot{I}=\dot{I}_1-3\dot{U}_2=[4.06\angle(-21^\circ)-3\times 4.06\angle 9^\circ]\ \text{A}=8.87\angle(-157.82^\circ)\ \text{A}$$

8.2 耦合电感的连接及去耦等效电路

耦合电感的两个线圈在实际电路中，常以某种方式相互连接，基本的连接方式有串联、并联、三端连接。

8.2.1 耦合电感器的串联

1. 顺接时的去耦等效

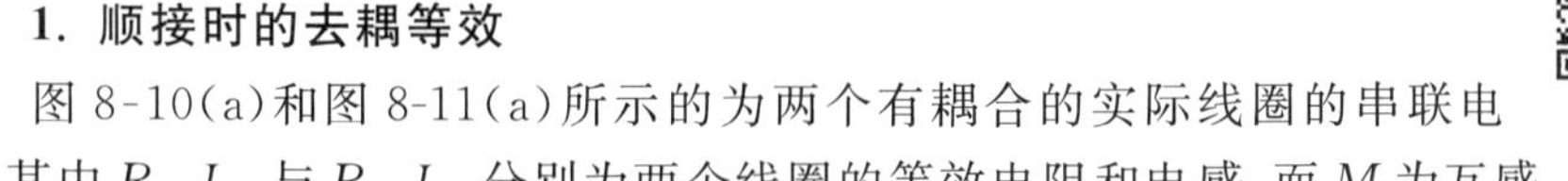

图 8-10(a)和图 8-11(a)所示的为两个有耦合的实际线圈的串联电路，其中 R_1、L_1 与 R_2、L_2 分别为两个线圈的等效电阻和电感，而 M 为互感。

对于图 8-10(a)所示电路，电流均从两个线圈的同名端流出(流进)，也就是把两个耦合线圈的异名端接在一起，这种接法称为顺接。图 8-10(b)所示为其受控源等效电路。顺接时，电压电流关系为

$$u_1=R_1 i+L_1\frac{di}{dt}+u_{12}=R_1 i+L_1\frac{di}{dt}+M\frac{di}{dt}$$

$$u_2=R_2 i+L_2\frac{di}{dt}+u_{21}=R_2 i+L_2\frac{di}{dt}+M\frac{di}{dt}$$

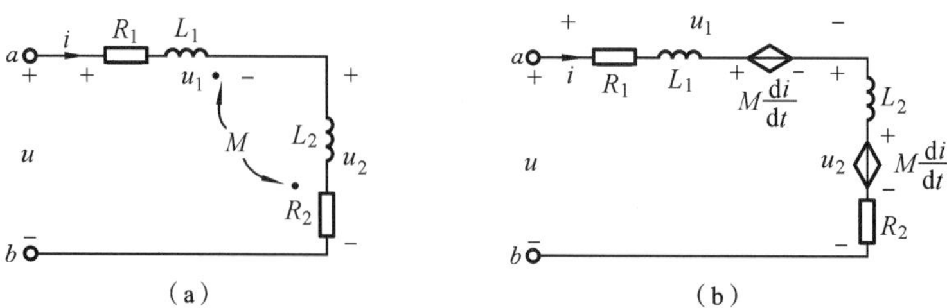

图 8-10 耦合电感顺接及其受控源等效电路

$$u=u_1+u_2=R_1 i+L_1\frac{di}{dt}+R_2 i+L_2\frac{di}{dt}+2M\frac{di}{dt}$$
$$=(R_1+R_2)i+(L_1+L_2+2M)\frac{di}{dt}$$

在正弦稳态的情况下,应用相量法可得

$$\dot{U}_1=R_1\dot{I}+j\omega L_1\dot{I}+j\omega M\dot{I}=R_1\dot{I}+j\omega(L_1+M)\dot{I}$$
$$\dot{U}_2=R_2\dot{I}+j\omega L_2\dot{I}+j\omega M\dot{I}=R_2\dot{I}+j\omega(L_2+M)\dot{I}$$
$$\dot{U}=\dot{U}_1+\dot{U}_2=(R_2+R_2)\dot{I}+j\omega(L_1+L_2+2M)\dot{I}$$

令
$$L=L_1+L_2+2M$$

称为顺接时从端口看入的等效电感。由于电流都是从两个互感耦合线圈的同名端流入(或流出)的,磁通链是相互增强的,因此得到的等效电感大于两个线圈的自感之和,这说明顺接时互感有增强电感的作用。

2. 反接时的去耦等效

对于图 8-11(a)所示电路,电流从一个线圈的同名端流入,而从另一个线圈的同名端流出,也就是把两个耦合线圈的同名端接在一起,这种接法称为反接。图 8-11(b)为其受控源等效电路。反接时,电流电压关系为

$$u_1=R_1 i+L_1\frac{di}{dt}-u_{12}=R_1 i+L_1\frac{di}{dt}-M\frac{di}{dt}$$
$$u_2=R_2 i+L_2\frac{di}{dt}-u_{21}=R_2 i+L_2\frac{di}{dt}-M\frac{di}{dt}$$
$$u=u_1+u_2=R_1 i+L_1\frac{di}{dt}+R_2 i+L_2\frac{di}{dt}-2M\frac{di}{dt}$$
$$=(R_1+R_2)i+(L_1+L_2-2M)\frac{di}{dt}$$

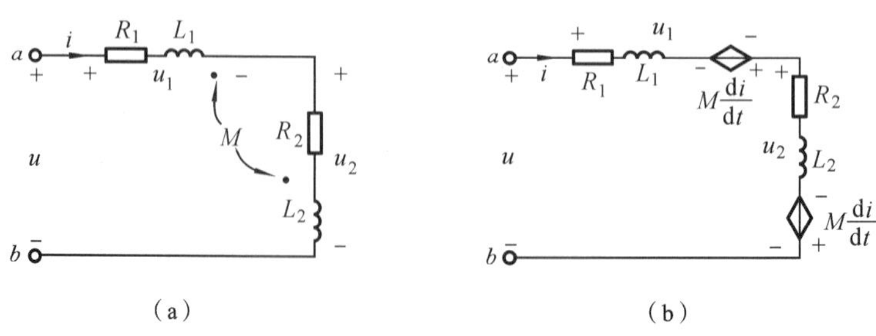

图 8-11 耦合电感反接及其受控源等效电路

在正弦稳态的情况下,应用相量法可得

$$\dot{U}_1=R_1\dot{I}+j\omega L_1\dot{I}-j\omega M\dot{I}=R_1\dot{I}+j\omega(L_1-M)\dot{I}$$

$$\dot{U}_2=R_2\dot{I}+j\omega L_2\dot{I}-j\omega M\dot{I}=R_2\dot{I}+j\omega(L_2-M)\dot{I}$$

$$\dot{U}=\dot{U}_1+\dot{U}_2=(R_1+R_2)\dot{I}+j\omega(L_1+L_2-2M)\dot{I}$$

因此从端口看入的等效电感为

$$L=L_1+L_2-2M$$

等效电感小于两线圈的自感之和，这说明反接时互感有削弱电感的作用，把互感的这种作用称为“容性”效应。

8.2.2 耦合电感器的并联

1. 同侧并联的去耦等效

同理，耦合电感的并联电路，也有两种接法，分别对应于图 8-12(a)和图 8-13(a)所示的电路。在图 8-12(a)中，两个线圈的同名端在同一侧，把这种并联方法称为同侧并联；图 8-13(a)中，两个线圈的同名端不在同一侧，把这种并联方法称为异侧并联。

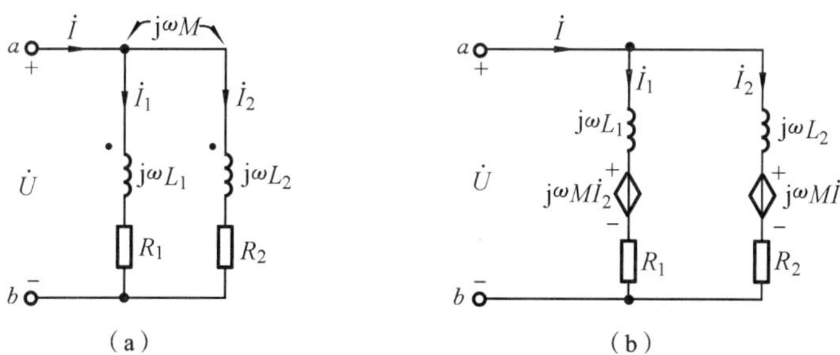

图 8-12 耦合电感的同侧并联及其受控源等效电路

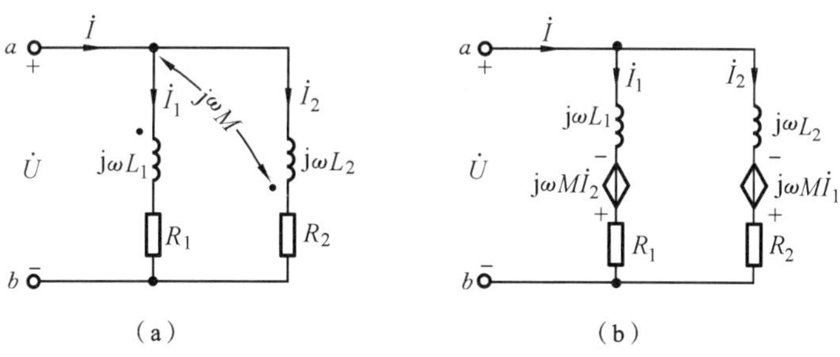

图 8-13 耦合电感的异侧并联及其受控源等效电路

在正弦稳态的情况下，按照图 8-12(a)所示的参考方向和极性，可画出同侧并联的受控源等效电路，如图 8-12(b)所示。其对应的相量方程为

$$\dot{U}=(R_1+j\omega L_1)\dot{I}_1+j\omega M\dot{I}_2=(R_2+j\omega L_2)\dot{I}_2+j\omega M\dot{I}_1$$

亦可以写成

$$\begin{aligned}\dot{U}&=(R_1+j\omega L_1)\dot{I}_1+j\omega M\dot{I}_2=Z_1\dot{I}_1+Z_M\dot{I}_2\\&=(R_2+j\omega L_2)\dot{I}_2+j\omega M\dot{I}_1=Z_2\dot{I}_2+Z_M\dot{I}_1\end{aligned}$$

求解上述两个方程构成的方程组得

$$\dot{I}_1=\frac{\dot{U}(Z_2-Z_M)}{Z_1Z_2-Z_M^2},\quad \dot{I}_2=\frac{\dot{U}(Z_1-Z_M)}{Z_1Z_2-Z_M^2}$$

根据 KCL，有

$$\dot{I}=\dot{I}_1+\dot{I}_2=\frac{\dot{U}(Z_1+Z_2-2Z_M)}{Z_1Z_2-Z_M^2}$$

那么,两个耦合电感并联后的等效阻抗为

$$Z=\frac{\dot{U}}{\dot{I}}=\frac{Z_1Z_2-Z_M^2}{Z_1+Z_2-2Z_M}$$

在特殊情况(纯电感时,也即 $R_1=R_2=0$)时,有

$$Z=\mathrm{j}\omega\frac{L_1L_2-M^2}{L_1+L_2-2M},\quad L=\frac{L_1L_2-M^2}{L_1+L_2-2M}$$

L 表示耦合电感同侧并联时从端口看入的等效电感,这表明耦合电感同侧并联时的等效电路可用一自感系数为 $L=\dfrac{L_1L_2-M^2}{L_1+L_2-2M}$的独立电感元件替代。

2. 异侧并联的去耦等效

在正弦稳态的情况下,按照图 8-13(a)所示的参考方向和极性,可画出异侧并联的受控源等效电路,如图 8-13(b)所示。其对应的相量方程为

$$\dot{U}=(R_1+\mathrm{j}\omega L_1)\dot{I}_1-\mathrm{j}\omega M\dot{I}_2$$

$$\dot{U}=(R_2+\mathrm{j}\omega L_2)\dot{I}_2-\mathrm{j}\omega M\dot{I}_1$$

$$\begin{aligned}\dot{U}&=(R_1+\mathrm{j}\omega L_1)\dot{I}_1-\mathrm{j}\omega M\dot{I}_2=Z_1\dot{I}_1-Z_M\dot{I}_2\\&=(R_2+\mathrm{j}\omega L_2)\dot{I}_2-\mathrm{j}\omega M\dot{I}_1=Z_2\dot{I}_2-Z_M\dot{I}_1\end{aligned}$$

求解上述两个方程构成的方程组得

$$\dot{I}_1=\frac{\dot{U}(Z_2+Z_M)}{Z_1Z_2-Z_M^2},\quad \dot{I}_2=\frac{\dot{U}(Z_1+Z_M)}{Z_1Z_2-Z_M^2}$$

根据 KCL,有

$$\dot{I}=\dot{I}_1+\dot{I}_2=\frac{\dot{U}(Z_1+Z_2+2Z_M)}{Z_1Z_2-Z_M^2}$$

根据上式可得两个耦合电感并联后的等效阻抗为

$$Z=\frac{\dot{U}}{\dot{I}}=\frac{Z_1Z_2-Z_M^2}{Z_1+Z_2+2Z_M}$$

在特殊情况(纯电感时,也即 $R_1=R_2=0$)时,有

$$Z=\mathrm{j}\omega\frac{L_1L_2-M^2}{L_1+L_2+2M},\quad L=\frac{L_1L_2-M^2}{L_1+L_2+2M}$$

L 表示耦合电感异侧并联时从端口看入的等效电感,这表明耦合电感异侧并联时等效电路可用一自感系数为 $L=\dfrac{L_1L_2-M^2}{L_1+L_2+2M}$的独立电感元件替代。

显然,异侧并联的等效电感小于同侧并联的等效电感。

8.2.3 耦合电感器的三端连接

将耦合电感器的两个线圈各取一端连接起来构成耦合电感器的三端连接电路。三端连接也称为 T 形连接,如图 8-14 所示。注意:不要错误地认为是两个耦合电感的串联,因为公共端上的电流不为零。

图 8-14(a)中,公共端子 3 为两耦合线圈同名端的连接点,称为同名端共端的 T 形连接。图 8-14(b)中,公共端子 3 为两耦合线圈异名端的连接点,称为异名端共端的 T

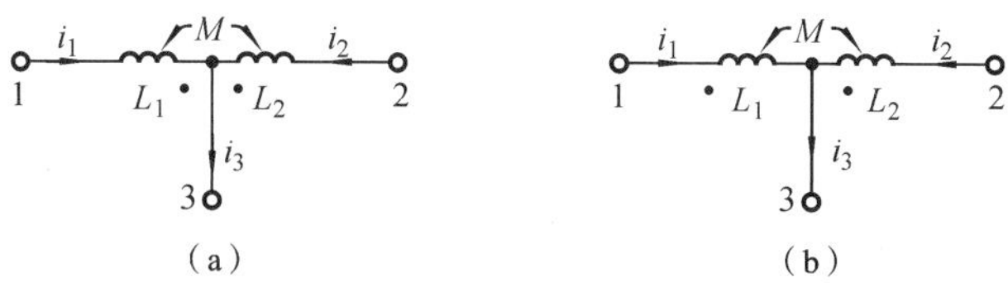

图 8-14 耦合电感器的三端连接电路

形连接。下面分两种情况导出其对应的等效电路。

1. 同名端共端的 T 形去耦等效电路

按图 8-14(a)所示支路电流的参考方向,左、右两个回路的电压相量方程为

$$\begin{cases}\dot{U}_{13}=\mathrm{j}\omega L_1\ \dot{I}_1+\mathrm{j}\omega M\ \dot{I}_2\\ \dot{U}_{23}=\mathrm{j}\omega L_2\ \dot{I}_2+\mathrm{j}\omega M\ \dot{I}_1\end{cases}$$

将$\dot{I}_3=\dot{I}_1+\dot{I}_2$ 代入上式,可得

$$\dot{U}_{13}=\mathrm{j}\omega L_1\ \dot{I}_1+\mathrm{j}\omega M(\dot{I}_3-\dot{I}_1)=\mathrm{j}\omega(L_1-M)\dot{I}_1+\mathrm{j}\omega M\ \dot{I}_3$$

$$\dot{U}_{23}=\mathrm{j}\omega L_2\ \dot{I}_2+\mathrm{j}\omega M(\dot{I}_3-\dot{I}_2)=\mathrm{j}\omega(L_2-M)\dot{I}_2+\mathrm{j}\omega M\ \dot{I}_3$$

在上式中,如果将 M 看成是$\dot{I}_1$、$\dot{I}_2$ 同时流过的公共支路的电感,并把 L_1 和 L_2 分别以电感(L_1-M)和(L_2-M)代替,则根据上式可做出图 8-15(a)所示的等效电路。而图 8-15(a)已经是一个没有互感的电路了,可以按一般正弦电路的分析方法求解 1、2、3 端以外部分各支路的电压、电流。

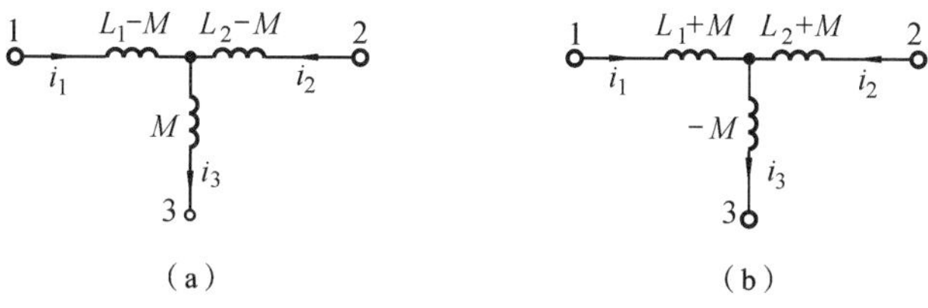

图 8-15 去耦后的 T 形等效电路

2. 异名端共端的 T 形去耦等效电路

图 8-14(b)所示的为异名端共端的 T 形连接电路。按照上面类似的方法可得到其去耦等效电路,如图 8-15(b)所示。公共支路出现的负电感是去掉互感后等效的结果,这一结果给网络综合理论中需要负电感值的情况提供了一种实现的手段。显然,图8-15(a)、(b)所示的两种等效电路的区别在于元件参数中互感系数的符号正好相反。

最后要说明的是:① 去耦后等效电路的参数与电流的参考方向无关,只与互感线圈是同名端相接还是异名端相接有关;② T 形去耦法虽然是通过三端电路导出的,但也适合二端电路和四端电路,如图 8-16、图 8-17 所示。

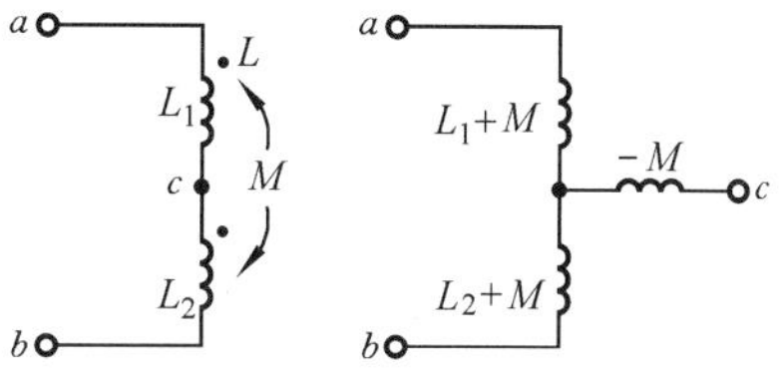

图 8-16 二端电路及其去耦等效电路

【例 8.4】 如图 8-18(a)所示正弦稳态电路,$R_1=3\ \Omega$,$L_1=3$ H,$L_2=2$ H,$M=1$ H,$R_2=4\ \Omega$,$C_1=C_2=0.5$ F,电压源电压 $u_S=10\sqrt{2}\sin 2t$ V,求各支路电流相量。

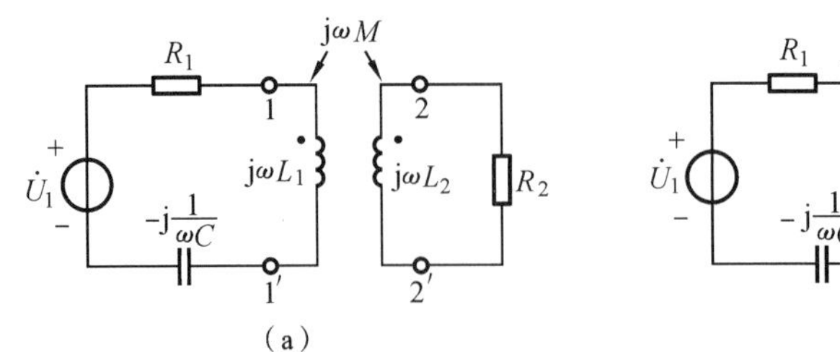

图 8-17 四端电路及其去耦等效电路

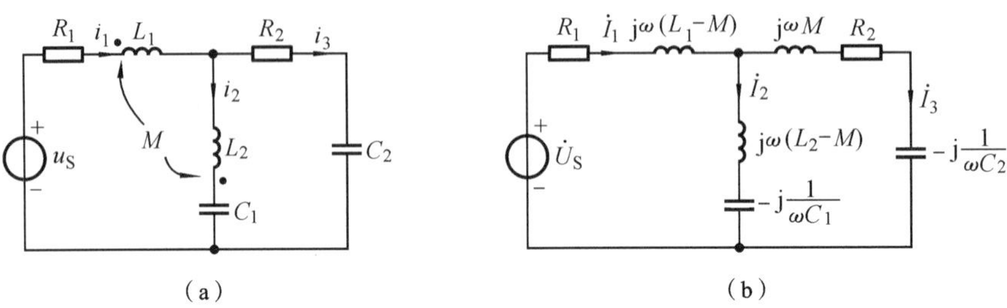

图 8-18 例 8.4 电路图

解 先消去互感，做出原电路的相量模型，如图 8-18(b)所示，其中$\dot{U}_S=10\angle 0^\circ$ V。各支路阻抗分别为

$$Z_1=R_1+\mathrm{j}\omega(L_1-M)=[3+\mathrm{j}2(3-1)]\ \Omega=(3+\mathrm{j}4)\ \Omega$$

$$Z_2=\mathrm{j}\omega(L_2-M)-\mathrm{j}\frac{1}{\omega C_1}=\left[\mathrm{j}2(2-1)-\mathrm{j}\frac{1}{2\times 0.5}\right]\ \Omega=\mathrm{j}1\ \Omega$$

$$Z_3=R_2+\mathrm{j}\omega M-\mathrm{j}\frac{1}{\omega C_2}=\left[4+\mathrm{j}2\times 1-\mathrm{j}\frac{1}{2\times 0.5}\right]\ \Omega=(4+\mathrm{j}1)\ \Omega$$

电路的等效阻抗 Z_i 为

$$Z_i=Z_1+\frac{Z_2Z_3}{Z_2+Z_3}=\left[3+\mathrm{j}4+\frac{\mathrm{j}1(4+\mathrm{j}1)}{4+\mathrm{j}2}\right]\ \Omega=(3+\mathrm{j}4+0.2+\mathrm{j}0.9)\ \Omega$$
$$=(3.2+\mathrm{j}4.9)\ \Omega=5.85\angle 56.85^\circ\ \Omega$$

支路电流$\dot{I}_1$ 为

$$\dot{I}_1=\frac{\dot{U}_S}{Z_i}=\frac{10\angle 0^\circ}{5.85\angle 56.85^\circ}\ \mathrm{A}=1.71\angle(-56.85^\circ)\ \mathrm{A}$$

支路电流$\dot{I}_2$ 和$\dot{I}_3$ 分别为

$$\dot{I}_2=\frac{Z_3}{Z_2+Z_3}\dot{I}_1=\frac{4+\mathrm{j}1}{4+\mathrm{j}2}\times 1.71\angle(-56.85^\circ)\ \mathrm{A}=1.577\angle(-69.41^\circ)\ \mathrm{A}$$

$$\dot{I}_3=\frac{Z_2}{Z_2+Z_3}\dot{I}_1=\frac{\mathrm{j}1}{4+\mathrm{j}2}\times 1.71\angle(-56.85^\circ)\ \mathrm{A}=0.383\angle 6.59^\circ\ \mathrm{A}$$

8.3 含耦合电感器复杂电路的分析

上文给出了两个耦合电感器在串联、并联和三端连接方式下去耦等效的方法，除此之外，两个耦合电感器不能简便地实现去耦。此时含有耦合电感电路的分析常用支路电流法和回路电流法直接列写方程求解，含耦合电感的正弦稳态电路的分析仍应用相

量法。需要特别注意的是:耦合电感器上的电压除自感电压外,还应包含互感电压,一定不能遗漏互感电压。本节重点介绍受控源等效法和去耦等效法分析含耦合电感的电路。

【例 8.5】 具有耦合电感的一端口网络如图 8-19(a)所示,若正弦激励角频率为 ω 时,$\omega L_1=6\ \Omega$,$\omega L_2=3\ \Omega$,$\omega M=3\ \Omega$,$R_1=3\ \Omega$,$R_2=6\ \Omega$,试求此一端口的输入阻抗。

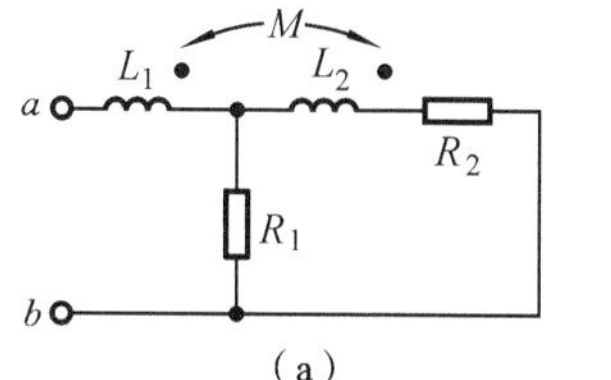

(a)

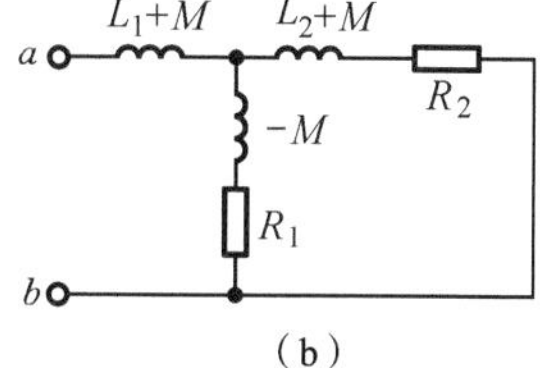

(b)

图 8-19　例 8.5 电路图

解　由电路图可以看出,此电路是异名端共端的三端电路,其等效电路如图 8-19(b)所示。由已知条件 $\omega(L_1+M)=9\ \Omega$,$\omega(L_2+M)=6\ \Omega$,由电感的串、并联等效关系可得

$$Z_{ab}=\left[\mathrm{j}9+\frac{(6+\mathrm{j}6)(3-\mathrm{j}3)}{6+\mathrm{j}6+3-\mathrm{j}3}\right]\Omega=\left[\mathrm{j}9+\frac{12}{3+\mathrm{j}1}\right]\Omega=(3.6+\mathrm{j}7.8)\ \Omega$$

【例 8.6】 如图 8-20(a)所示正弦稳态电路,已 $i_S=\sqrt{2}\sin 1000t$ A,$R=10\ \Omega$,$C=100\ \mu\mathrm{F}$,$L_1=5$ mH,$L_2=4$ mH,$M=4$ mH,计算各支路电流。

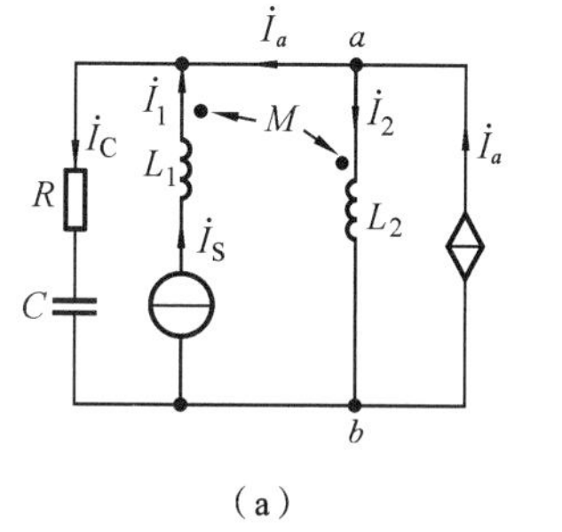

(a)

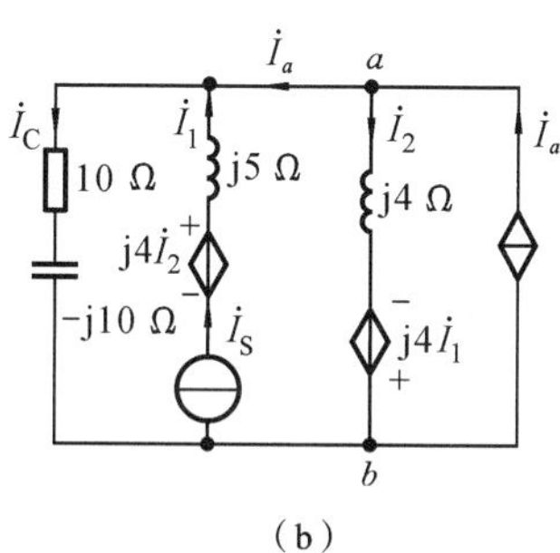

(b)

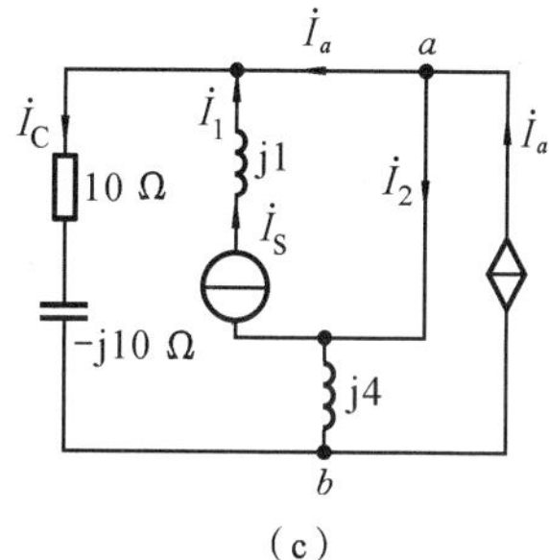

(c)

图 8-20　例 8.6 电路图

解　方法一,用受控源等效法求解。如图 8-20(b)所示受控源等效电路,其中 $\dot{I}_S=\dot{I}_1=1\angle 0^\circ$ A,$\mathrm{j}\omega L_1=\mathrm{j}5\ \Omega$,$\mathrm{j}\omega L_2=\mathrm{j}4\ \Omega$,$\mathrm{j}\omega M=\mathrm{j}4\ \Omega$,$-\mathrm{j}\dfrac{1}{\omega C}=-\mathrm{j}10\ \Omega$。对 a 节点用 KCL,

$$\dot{I}_2=\dot{I}_a-\dot{I}_a=0$$

$$\dot{U}_{ab}=-\mathrm{j}\omega M\dot{I}_1=-\mathrm{j}4\times 1\angle 0^\circ\ \mathrm{V}=4\angle(-90^\circ)\ \mathrm{V}$$

$$\dot{I}_c=\frac{\dot{U}_{ab}}{R-\mathrm{j}\dfrac{1}{\omega C}}=\frac{4\angle(-90^\circ)}{10-\mathrm{j}10}\ \mathrm{A}=0.2\sqrt{2}\angle(-45^\circ)\ \mathrm{A}$$

$$\dot{I}_a=\dot{I}_c-\dot{I}_1=[0.2\sqrt{2}\angle(-45^\circ)-1\angle 0^\circ]\ \mathrm{A}=0.824\angle(-165.96^\circ)\ \mathrm{A}$$

相量对应的正弦量分别为

$$i_1=\sqrt{2}\sin 1000t\ \mathrm{A},\quad i_2=0$$

$$i_c=0.4\sin(1000t-45^\circ)\ \mathrm{A},\quad i_a=0.824\sqrt{2}\sin(1000t-165.96^\circ)\ \mathrm{A}$$

方法二,用T形去耦等效法求解。如图8-20(c)所示去耦电路,$j\omega(L_1-M)=j1\ \Omega$,$j\omega(L_2-M)=0$,故用短路线替代。

$$j\omega M=j4\ \Omega$$

由电路图可知

$$\dot{I}_1=\dot{I}_S=1\angle 0^\circ\ \text{A}$$

$$\dot{I}_2=\dot{I}_a-\dot{I}_a=0$$

$$\dot{U}_{ab}=-j\omega M\dot{I}_1=-j4\times 1\angle 0^\circ\ \text{V}=4\angle(-90^\circ)\ \text{V}$$

$$\dot{I}_c=0.2\sqrt{2}\angle(-45^\circ)\ \text{A},\quad \dot{I}_a=0.824\angle(-165.96^\circ)\ \text{A}$$

相量对应的正弦量与前面解法结果一致。

【例8.7】 按图8-21(a)所示电路中的回路,列写回路电流方程。

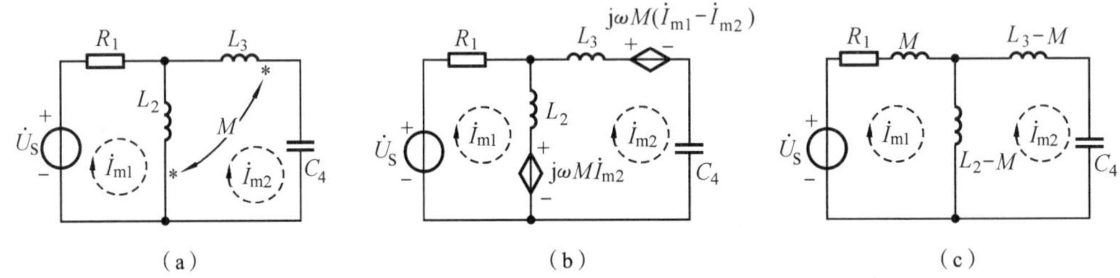

图8-21　例8.7电路图

解　方法一,图8-21(a)所示的受控源等效电路如图8-21(b)所示,设正弦激励角频率为ω,以网孔为独立回路,依图8-21(b)列写回路电流方程为

$$(R_1+j\omega L_2)\dot{I}_{m1}-j\omega L_2\dot{I}_{m2}+j\omega M\dot{I}_{m2}=\dot{U}_S$$

$$-j\omega L_2\dot{I}_{m1}+j\left(\omega L_2+\omega L_3-\frac{1}{\omega C_4}\right)\dot{I}_{m2}+j\omega M\dot{I}_{m1}-2j\omega M\dot{I}_{m2}=0$$

方法二,用T形等效去耦法,如图8-21(c)所示。应用回路电流法列写方程为

$$[R_1+j\omega M+j\omega(L_2-M)]\dot{I}_{m1}-j\omega(L_2-M)\dot{I}_{m2}=\dot{U}_S$$

$$-j\omega(L_2-M)\dot{I}_{m1}+j\left[\omega(L_3-M)+\omega(L_2-M)-\frac{1}{\omega C_4}\right]\dot{I}_{m2}=0$$

整理后的方程为

$$(R_1+j\omega L_2)\dot{I}_{m1}-j\omega L_2\dot{I}_{m2}+j\omega M\dot{I}_{m2}=\dot{U}_S$$

$$-j\omega L_2\dot{I}_{m1}+j\left(\omega L_2+\omega L_3-\frac{1}{\omega C_4}\right)\dot{I}_{m2}+j\omega M\dot{I}_{m1}-2j\omega M\dot{I}_{m2}=0$$

结果与上面列写的方程完全一样。

【例8.8】 如图8-22(a)所示有耦合电感电路,已知$\omega=1$ rad/s,$R=1\ \Omega$,$M=1$ H,$L_1=2$ H,$L_2=3$ H,$C=1$ F,$\dot{I}_S=1\angle 0^\circ$ A,$\dot{U}_S=1\angle 90^\circ$ V,求$\dot{I}_1$和$\dot{I}_2$。

解　方法一,L_1,L_2有耦合,但无公共端,不能用去耦等效法。其受控源等效电路如图8-22(c)所示。采用回路电流法,选择有电感、电流源支路为连支,得到的电路有向图如图8-22(b)所示。其中虚线为连支,实线为树支。连支电流分别设为$\dot{I}_1$,$\dot{I}_2$,$\dot{I}_3$,回路电流方程为

$$\left(R+j\omega L_1-j\frac{1}{\omega C}\right)\dot{I}_1-\left(-j\frac{1}{\omega C}\right)\dot{I}_2+j\omega M\dot{I}_2-\left(R-j\frac{1}{\omega C}\right)\dot{I}_3=0$$

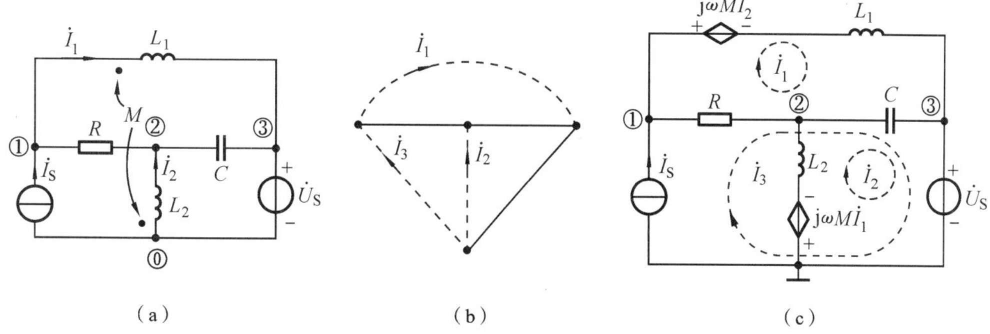

图 8-22 例 8.8 电路图

$$-\left(-\mathrm{j}\frac{1}{\omega C}\right)\dot{I}_1+\mathrm{j}\omega M\dot{I}_1+\left(\mathrm{j}\omega L_2-\mathrm{j}\frac{1}{\omega C}\right)\dot{I}_2+\left(-\mathrm{j}\frac{1}{\omega C}\right)\dot{I}_3=-\dot{U}_S$$

$$\dot{I}_3=\dot{I}_S$$

代入数字并整理得

$$(1+\mathrm{j})\dot{I}_1+\mathrm{j}2\dot{I}_2-(1-\mathrm{j})\dot{I}_3=0$$

$$\mathrm{j}2\dot{I}_1+\mathrm{j}2\dot{I}_2-\mathrm{j}\dot{I}_3=-1\angle 90^\circ$$

$$\dot{I}_3=1\angle 0^\circ\ \mathrm{A}$$

该方程的解为

$$\dot{I}_1=1\angle 0^\circ\ \mathrm{A},\quad \dot{I}_2=1\angle 180^\circ\ \mathrm{A}$$

方法二,此题亦可用节点电压法求解。以⓪节点为参考节点,依图 8-22(a)列写①,②,③节点的方程。

$$\frac{1}{R}\dot{U}_{n1}-\frac{1}{R}\dot{U}_{n2}=\dot{I}_S-\dot{I}_1$$

$$-\frac{1}{R}\dot{U}_{n1}+\left(\frac{1}{R}+\mathrm{j}\omega C\right)\dot{U}_{n2}-\mathrm{j}\omega C\dot{U}_{n3}=\dot{I}_2$$

$$\dot{U}_{n3}=\dot{U}_S$$

由于将电感上的电流$\dot{I}_1$,$\dot{I}_2$视为变量,故还需附加两个用节点电压表示电流的方程

$$\dot{U}_{n1}-\dot{U}_{n3}=\mathrm{j}\omega L_1\dot{I}_1+\mathrm{j}\omega M\dot{I}_2$$

$$\dot{U}_{n2}=-\mathrm{j}\omega L_2\dot{I}_2-\mathrm{j}\omega M\dot{I}_1$$

代入数字并整理可得

$$(1+\mathrm{j}3)\dot{I}_1+\mathrm{j}4\dot{I}_2=1-\mathrm{j}$$

$$(1-\mathrm{j}3)\dot{I}_1+(2-\mathrm{j}4)\dot{I}_2=-1+\mathrm{j}$$

解此方程可得

$$\dot{I}_1=1\angle 0^\circ\ \mathrm{A},\quad \dot{I}_2=1\angle 180^\circ\ \mathrm{A}$$

【例 8.9】 如图 8-23(a)所示电路,已知$\dot{U}_S=120\angle 0^\circ$ V,$\omega=2$ rad/s,$L_1=8$ H,$L_2=6$ H,$L_3=10$ H,$M_{12}=4$ H,$M_{23}=5$ H,求端口 ab 的等效戴维宁电路。

解 分别对 L_1,L_2 耦合电感 M_{12},及 L_2,L_3 耦合电感 M_{23} 去耦等效,其电路如图 8-23(c)所示。等效后电感分别为 $L_1-M_{12}+M_{23}=9$ H,$L_2-M_{23}-M_{12}=-3$ H,$L_3+M_{12}-M_{23}=9$ H。ab 端开路时,流过回路电流

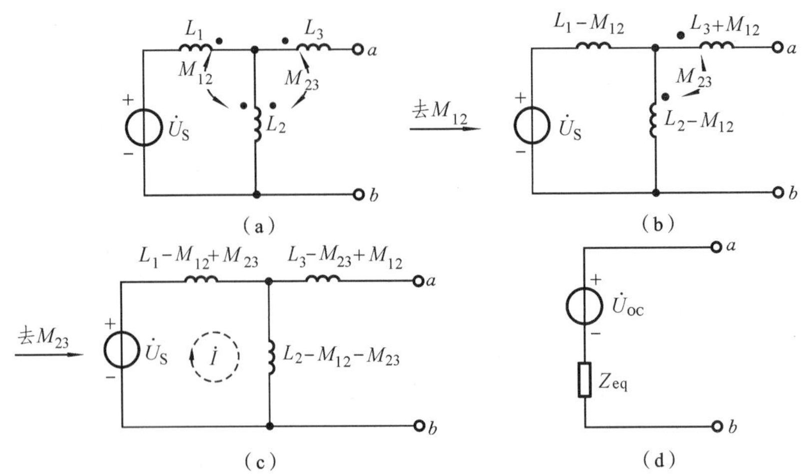

图 8-23 例 8.9 电路图

$$\dot{I}=\frac{\dot{U}_S}{j\omega 9+j\omega(-3)}=\frac{120\angle 0^\circ}{j12}\ A=10\angle(-90^\circ)\ A$$

开路电压

$$\dot{U}_{OC}=j\omega(-3)\dot{I}=[-j6\times 10\angle(-90^\circ)]\ V=-60\ V$$

将电压源置零,利用电感串、并联等效,等效阻抗为

$$Z_{eq}=j\omega\times 9+\frac{j\omega\times 9\times j\omega(-3)}{j\omega\times 9+j\omega(-3)}=(j18-j9)\ \Omega=j9\ \Omega$$

其戴维宁等效电路如图 8-23(d)所示。

8.4 空心变压器

变压器是电工、电子技术常用的电气设备,它是由两个耦合线圈绕在一个共同的芯子上制成,其中,一个线圈作为输入,接入电源后形成一个回路,称为原边回路(或初级回路);另一线圈作为输出,接入负载后形成另一个回路,称为副边回路(或次级回路)。空心变压器的芯子是非铁磁材料制成的,其电路模型如图 8-24(a)所示,图中的负载设为电阻和电感串联。变压器通过耦合作用,将原边的输入传递到副边输出。图 8-24(b)所示的为其受控源等效电路。正弦稳态下,有

$$(R_1+j\omega L_1)\dot{I}_1+j\omega M\dot{I}_2=\dot{U}_1 \tag{8-6a}$$

$$j\omega M\dot{I}_1+(R_2+j\omega L_2+R_L+jX_L)\dot{I}_2=0 \tag{8-6b}$$

令 $Z_{11}=R_1+j\omega L_1$,称为原边回路阻抗,$Z_{22}=R_2+j\omega L_2+R_L+jX_L$,称为副边回路阻抗,$Z_M=j\omega M$,称为互感抗,由上列方程可求得

$$\dot{I}_1=\frac{\dot{U}_1}{Z_{11}-Z_M^2Y_{22}}=\frac{\dot{U}_1}{Z_{11}+(\omega M)^2Y_{22}} \tag{8-7}$$

$$\dot{I}_2=\frac{-Z_MY_{11}\dot{U}_1}{Z_{22}-Z_M^2Y_{11}}=\frac{-j\omega MY_{11}\dot{U}_1}{R_2+j\omega L_2+R_L+jX_L+(\omega M)^2Y_{11}} \tag{8-8}$$

其中 $Y_{11}=\frac{1}{Z_{11}}$,$Y_{22}=\frac{1}{Z_{22}}$。式(8-7)中的分母 $Z_{11}+(\omega M)^2Y_{22}$ 是原边的输入阻抗,其中

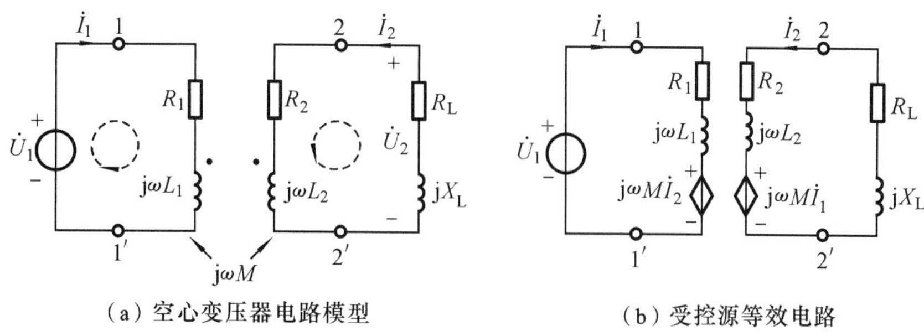

（a）空心变压器电路模型　（b）受控源等效电路

图 8-24　变压器电路

$(\omega M)^2Y_{22}$称为引入阻抗，或反映阻抗，它是副边的回路阻抗通过互感反映到原边的等效阻抗。引入阻抗体现了副边回路对原边回路的影响，原边、副边虽然没有电的直接连接，但互感的作用使副边产生电流，这个电流又影响原边电流、电压，实质上反映的是互感线圈的耦合作用。引入阻抗的性质与Z_{22}相反，即感性（容性）变为容性（感性）。由式(8-7)可以得到图 8-25(a)所示的原边回路的等效电路。可以证明，副边负载吸收的功率等于原边引入阻抗上消耗的功率。

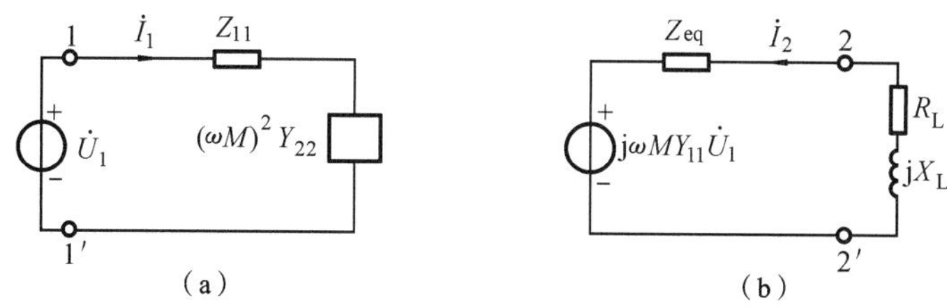

（a）　（b）

图 8-25　空心变压器的等效电路

同样，由式(8-8)，可以得出图 8-25(b)所示等效电路，它是从副边看进去的含源一端口的一种等效电路。令$\dot{I}_2=0$，可以得到此含源一端口在端子 2-2′处的开路电压$j\omega MY_{11}\dot{U}_1$，戴维宁等效阻抗

$$Z_{eq}=R_2+j\omega L_2+(\omega M)^2Y_{11}$$

应注意到，这一等效电路中的阻抗和引入阻抗只与原边、副边元件的参数、电源的频率有关，而与电压、电流的参考方向及同名端无关。给出空心变压器的等效电路后，空心变压器电路的计算可转化为对原边回路和副边回路的计算，而不必再列方程组求解。

【例 8.10】　图 8-26(a)所示电路中，已知$\dot{U}=20\angle 0°$ V，$R_1=10\ \Omega$，$L_1=L_2=10$ H，$M=2$ H，$Z_L=(0.2-j9.8)\ \Omega$，$\omega=1$ rad/s。试求负载吸收的功率。

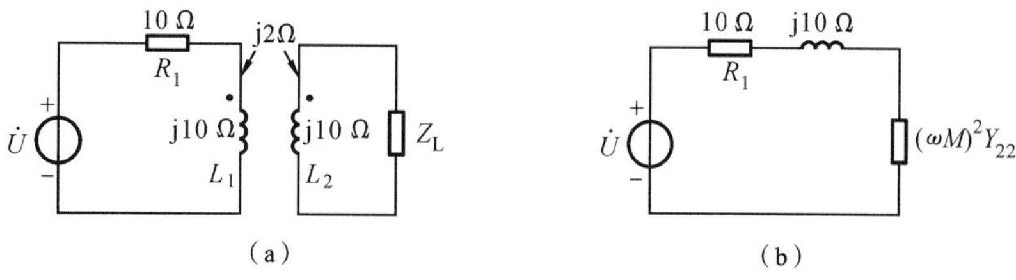

（a）　（b）

图 8-26　例 8.10 电路图

解 先判别变压器的类型,根据耦合系数 k 的计算式,即

$$k=\frac{M}{\sqrt{L_1L_2}}=\frac{2}{\sqrt{10\times 10}}=\frac{1}{5}$$

由于耦合系数 $k<1$,可知该变压器属空心变压器(耦合系数 $k=1$ 为全耦合变压器),其原边等效电路如图 8-26(b)所示。其中 $(\omega M)^2Y_{22}$ 为次级反映到初级的反映阻抗,其值为

$$(\omega M)^2Y_{22}=\frac{2^2}{0.2-\text{j}9.8+\text{j}10}=\frac{4}{0.2+\text{j}0.2}=10-\text{j}10$$

在图 8-26(b)中,由欧姆定律得

$$\dot{I}_1=\frac{\dot{U}}{Z_{11}+(\omega M)^2Y_{22}}=\frac{20\angle 0^\circ}{10+\text{j}10+(10-\text{j}10)}\ \text{A}=\frac{20\angle 0^\circ}{20}\ \text{A}=1\angle 0^\circ\ \text{A}$$

由于负载吸收的功率等于反映电阻乘以初级电流有效值的平方,所以

$$P_{\text{L}}=10\times 1^2\ \text{W}=10\ \text{W}$$

8.5 理想变压器

理想变压器是在实际变压器的基础上抽象出来的一种理想电路元件,它可利用电磁感应原理来近似实现,也就是说,理想变压器可视为满足一定条件的耦合电感,这些条件主要包括以下三个方面:

(1) 无损耗——线圈和磁芯均无损耗;

(2) 全耦合——无漏磁,耦合系数 $k=1$;

(3) L_1,L_2 和 M 均为无限大——磁芯的磁导率为无限大,但仍保持 $\sqrt{\frac{L_1}{L_2}}=n$,$n=\frac{N_1}{N_2}$称为匝数比,亦称为理想变压器的变比。

理想变压器电路符号如图 8-27(a)所示。在图示同名端和电流、电压参考方向下,其原边、副边电压、电流分别满足以下关系

$$u_1=nu_2 \tag{8-9a}$$

$$i_1=-\frac{1}{n}i_2 \tag{8-9b}$$

这就是理想变压器的 VCR。式(8-9)表明理想变压器具有变换电压和电流的作用。

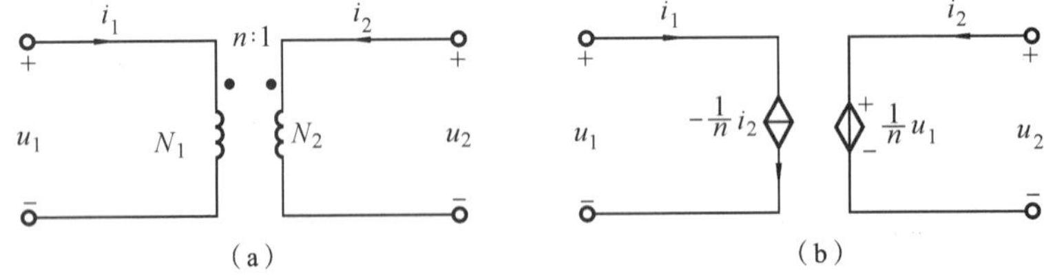

图 8-27 理想变压器电路及其受控源模型

在正弦电流电路下,式(8-9)对应的相量形式为

$$\dot{U}_1=n\dot{U}_2 \tag{8-10a}$$

$$\dot{I}_1=-\frac{1}{n}\dot{I}_2 \tag{8-10b}$$

特别提醒，当改变了同名端的位置或电压、电流的参考方向时，理想变压器的 VCR 表达式中的符号应做相应的改变。具体是：① 不论端口电流参考方向，当两个端口电压参考方向正极性位于同名端时，联系两个电压的方程中变比前取正号，否则取负号；② 不论端口电压参考方向，当两个端口电流参考方向都是从同名端流入时，联系两个电流的方程中变比前取负号，否则取正号。式(8-9)是纯代数关系式，反映的是电流、电压的即时关系，与以前的电流、电压无关，因此理想变压器是无记忆元件。

根据理想变压器的 VCR，任一瞬时，理想变压器吸收的功率为

$$p=u_1i_1+u_2i_2=nu_2\left(-\frac{1}{n}\right)i_2+u_2i_2=0$$

这表明，理想变压器既不耗能也不储能，它只是即时的将原边输入的能量通过磁耦合传递到了副边。在此传递过程中，电压、电流按变比作了数值上的变换。因此，理想变压器不能视作动态元件。

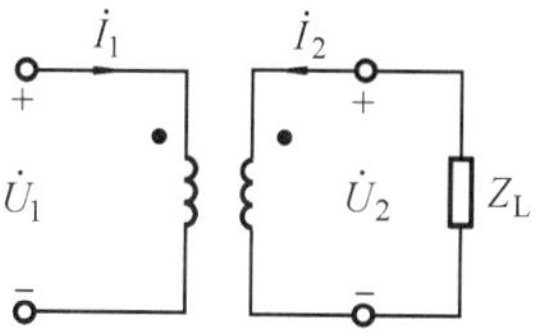

理想变压器不仅能变电压和变电流，而且能够变换阻抗，这一特性称为理想变压器的变换阻抗特性。若在理想变压器的副边接负载阻抗 Z_L，如图 8-28 所示，则理想变压器原边端口的等效阻抗为

$$Z_i=\frac{\dot{U}_1}{\dot{I}_1}=\frac{n\dot{U}_2}{\frac{-\dot{I}_2}{n}}=n^2\ \frac{\dot{U}_2}{-\dot{I}_2}=n^2Z_L$$

图 8-28　理想变压器阻抗变换性质

即原边端口的输入阻抗是负载阻抗的 n^2 倍，阻抗的性质不变。由此可知，如果在副边分别接入 R、L、C，则在原边分别等效为 n^2R、n^2L、C/n^2。同理，若将理想变压器原边阻抗 Z_1 折算的副边，其量值变化为 Z_1/n^2。这一特性在电子电路设计中常用来实现阻抗匹配，以达到最大功率传输的目的。

根据理想变压器的 VCR，可以将理想变压器用含受控源的电路模型来等效，如图 8-27(b)所示。

含理想变压器电路的分析计算，最宜使用回路电流法。一般做法是在列写方程时，先把理想变压器的原边、副边绕组的电压看成未知电压变量，再把理想变压器的伏安关系的方程结合进去，以消除这些未知量。在原边与副边之间无支路联系时(即无电气上的直接联系)，也可采用阻抗变换性质，将理想变压器化为不含理想变压器的原边等效电路或副边等效电路求解。

【例 8.11】　图 8-29(a)所示电路中，已知$\dot{U}_1=120\angle 0^\circ$ V，$R_1=4\ \Omega$，$R_2=1\ \Omega$，$X_C=8\ \Omega$，$X_L=2\ \Omega$，$n=2$，试求$\dot{I}'_1$，$\dot{I}_1$，$\dot{I}_2$。

解　方法一，其相应等效电路如图 8-29(b)所示。图 8-29(b)中折算过来的阻抗为

$$Z'=n^2Z_2=4\times(1+\mathrm{j}2)\ \Omega=(4+\mathrm{j}8)\ \Omega$$

所以得

$$\dot{I}'_1=\frac{\dot{U}}{R_1+Z'}=\frac{120\angle 0^\circ}{4+4+\mathrm{j}8}\ \mathrm{A}=(7.5-7.5\mathrm{j})\ \mathrm{A}=10.6\angle(-45^\circ)\ \mathrm{A}$$

$$\dot{I}_C=\frac{\dot{U}}{-\mathrm{j}X_C}=\frac{120\angle 0^\circ}{-\mathrm{j}8}\ \mathrm{A}=\mathrm{j}15\ \mathrm{A}$$

则

$$\dot{I}_1=\dot{I}_C+\dot{I}'_1=(7.5-\mathrm{j}7.5+\mathrm{j}15)\ \mathrm{A}=(7.5+\mathrm{j}7.5)\ \mathrm{A}=10.6\angle 45^\circ\ \mathrm{A}$$

根据理想变压器的变流关系

$$\dot{I}_2=-n\ \dot{I}'_1=-21.2\angle(-45^\circ)\ \mathrm{A}=21.2\angle 135^\circ\ \mathrm{A}$$

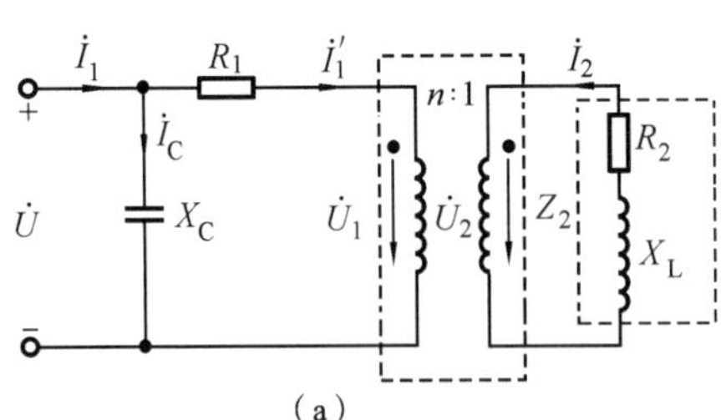

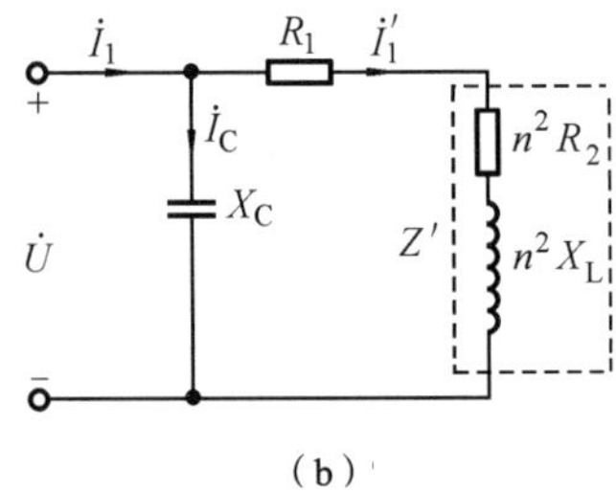

图 8-29　例 8.11 电路图

方法二，用回路法，原边回路绕行方向取顺时针，副边回路取逆时针方向，把两绕组上的电压看成未知变量，则回路方程为

$$\dot{I}'_1(R_1-\mathrm{j}X_C)+\dot{U}_1=\dot{U}$$

$$\dot{I}_2(R_2+\mathrm{j}X_L)+\dot{U}_2=0$$

代入参数得

$$\dot{I}'_1(4-8\mathrm{j})+\dot{U}_1=120\angle 0^\circ$$

$$\dot{I}_2(1+2\mathrm{j})+\dot{U}_2=0$$

再增补理想变压器 VCR 方程

$$\dot{U}_1=2\dot{U}_2$$

$$\dot{I}_2=-2\dot{I}'_1$$

联立求解上述 4 个方程得

$$\dot{I}'_1=(7.5-7.5\mathrm{j})\ \mathrm{A}=10.6\angle(-45^\circ)\ \mathrm{A}$$

再求电容电流

$$\dot{I}_C=\frac{\dot{U}}{-\mathrm{j}\,x_C}=\frac{120\angle 0^\circ}{-\mathrm{j}8}\ \mathrm{A}=\mathrm{j}15\ \mathrm{A}$$

那么同方法一，端口电流为

$$\dot{I}_1=\dot{I}_C+\dot{I}'_1=(7.5-\mathrm{j}7.5+\mathrm{j}15)\ \mathrm{A}=(7.5+\mathrm{j}7.5)\ \mathrm{A}=10.6\angle 45^\circ\ \mathrm{A}$$

由理想变压器的变流关系得

$$\dot{I}_2=-n\,\dot{I}'_1=-21.2\angle(-45^\circ)\ \mathrm{A}=21.2\angle 135^\circ\ \mathrm{A}$$

【例 8.12】 如图 8-30(a)所示的含理想变压器电路，$R=5\ \mathrm{k\Omega}$，求欲使得负载 R 获得最大功率时理想变压器的则变比 n。

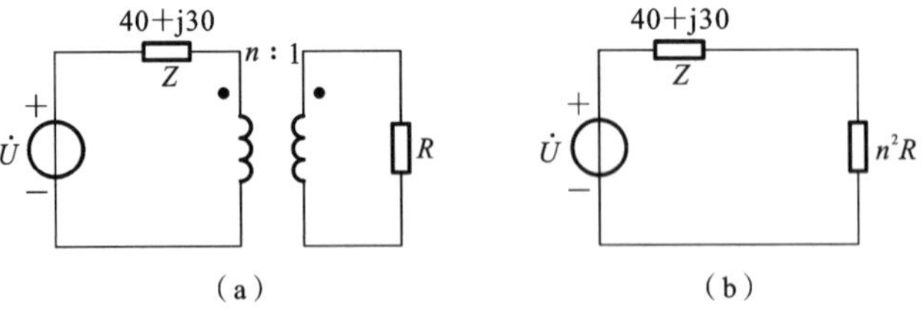

图 8-30　例 8.12 电路图

解　根据理想变压器的变阻抗关系，因变比为 n，把负载 R 折算的原边的折算阻抗为 n^2R，那么原边等效电路如图 8-30(b)所示。根据最大功率传输定理，当 $n^2R=|Z|=\sqrt{30^2+40^2}=50\ \Omega$ 时阻抗匹配，即

$$n^2\times 5000=50$$

$$n^2=\frac{1}{100},\quad n=0.1$$

即 $n=0.1$ 时负载 R 获得最大功率。

本章小结

(1) 两个互感线圈的互感系数为

$$M=\Psi_{21}/i_1=\Psi_{12}/i_2$$

(2) 互感电压与产生它的电流之间的关系为

$$u_{21}=M\mathrm{d}i_1/\mathrm{d}t,\quad u_{12}=M\mathrm{d}i_2/\mathrm{d}t$$

或用相量表示为

$$\dot{U}_{21}=\mathrm{j}\omega M\dot{I}_1,\quad \dot{U}_{12}=\mathrm{j}\omega M\dot{I}_2$$

(3) 同名端是一个重要概念。利用它可以不必知晓互感线圈的绕向即可确定互感电压的极性；当电流从一个线圈的同名端流入，在另一个线圈中产生的互感电压的正极性端必定在同名端上。

(4) 分析含有耦合电感器电路的关键是处理互感电压。常用的处理方法是：

① 用受控电压源表示互感电压，即用受控电压源等效法化简电路；

② T 形去耦。

当耦合电感器有一个公共连接点时，互感可以去除。去耦等效电路中的元件参数，只与耦合电感器是同名端相接还是异名端相接有关，与电流、电压参考方向是无关的。

电路去耦后，以前各章介绍的各种分析方法均可使用。

(5) 两个具有耦合电感的线圈串联时，其等效电感为

$$L=L_1+L_2\pm 2M$$

式中，顺接串联时取“+”号，反接串联时取“−”号。

两个具有互感的线圈并联时，其等效电感为

$$L=\frac{L_1L_2-M^2}{L_1+L_2\mp 2M}$$

式中，$2M$ 前的“−”号对应于同名端在同侧相连接，“+”对于应于同名端在异侧相连接。

(6) 分析空心变压器时，可以把互感电压作为受控源看待，然后利用回路法列出方程进行求解，也可以利用反映阻抗的概念画出原边、副边等效电路进行分析。

(7) 理想变压器是从实际铁芯变压器中抽象出的一种理想模型，它有三种变换关系，即电压变换、电流变换和阻抗变换。它的参数只有一个，那就是变比 n。理想变压器既不耗能也不储能，它只传输电能和变换信号。

自测练习题

1. 思考题

(1) 什么是互感？

(2) 同名端是如何规定的？

(3) 如果误把顺接串联的两互感线圈反接串联，会发生什么现象？为什么？

(4) 如何设计测量两个互感线圈的电感的实验?

(5) 如何进行耦合电感电路的去耦等效?

(6) 什么是空心变压器? 空心变压器有哪些分析方法?

(7) 理想变压器有哪些变换关系?

2. 填空题

(1) 如图 8-31 所示电路,直流电压表的正极性端与 L_2 的同名端相连,当开关闭合瞬间,电压表的指针变化为(　　　　)。(正偏转、反偏转、不动、不能确定)

(2) 正弦稳态电路如图 8-32 所示,已知 $i_S(t)=10\sin 100t$ A,电路参数 $L_1=5$ mH 和 $L_2=3$ mH,$M=1$ mH,则 $u_2(t)=$(　　)。

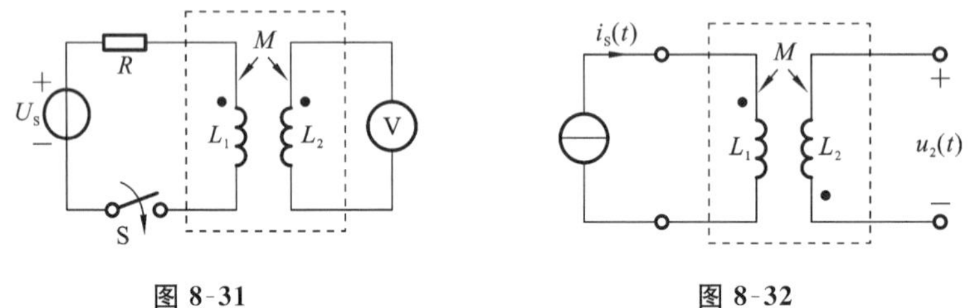

图 8-31　　　　图 8-32

(3) 耦合电感 $L_1=6$ H,$L_2=4$ H,$M=3$ H,作顺接串联时的等效电感为(　　　　) H,作同侧并联时的等效电感为(　　　　)H。

(4) 耦合线圈的自感 L_1 和 L_2 分别为 2 H 和 8 H,则互感 M 至多只能为(　　　　) H;若互感为 $M=3$ H,反向串联时流过的电流为 2 A,则其等效电感 $L_{eq}=$(　　　　)H,耦合系数 $k=$(　　　　)。

(5) 理想变压器的耦合系数为(　　　　),理想变压器吸收的瞬时功率为(　　　　),损耗为(　　　　)。

(6) 理想变压器变换电阻时,只改变阻抗的(　　　　),不改变阻抗的(　　　　),并且与同名端(　　　　)(有关、无关)。

习　　题

8-1　为保证一互感线圈的极性端如图 8-33 所示,则 L_2 线圈如何绕制? 画出线圈的绕向。

8-2　已知图 8-34 所示电路中,$i_1(t)=3e^{-20t}$ A,$i_2(t)=-1.8e^{-20t}$ A。求 $u_1(t)$、$u_2(t)$和$u_S(t)$。

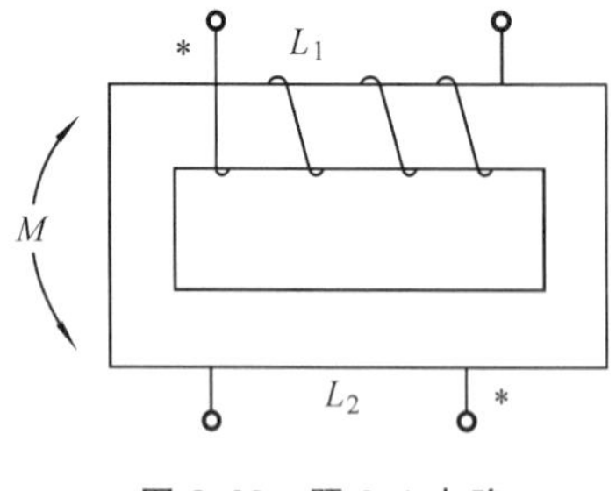

图 8-33　题 8-1 电路

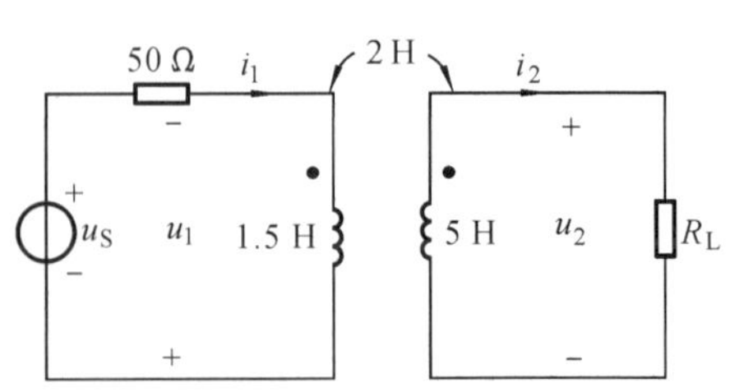

图 8-34　题 8-2 电路

8-3　电路如图 8-35 所示，试求$\dot{I}_1$ 和$\dot{I}_2$。

8-4　在图 8-36 所示电路中，试求输入电流$\dot{I}_1$ 和输出电压$\dot{U}_2$。

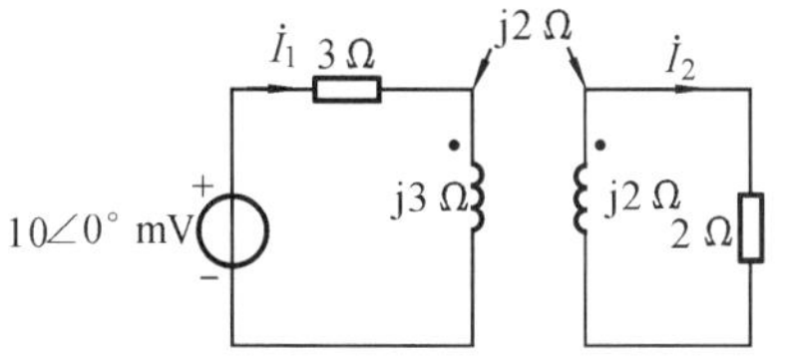

图 8-35　题 8-3 电路

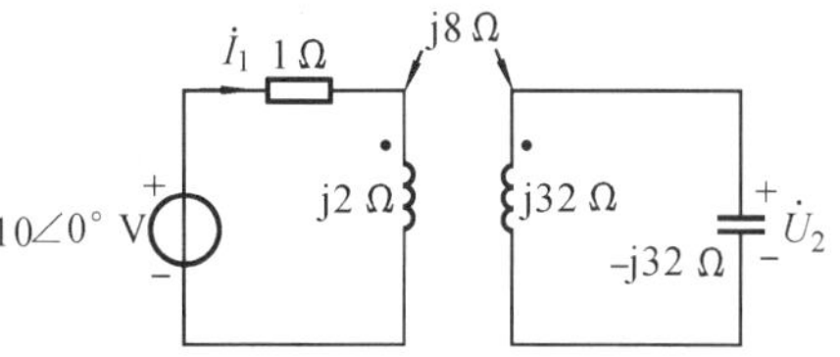

图 8-36　题 8-4 电路

8-5　求图 8-37 所示电路中，当 $\omega=10^4$ rad/s 而耦合系数 K 分别为 0 和 1 时的 Z_{ab}。

8-6　电路如图 8-38 所示，试求电路消耗的功率。已知 $u_S=10\sqrt{2}\sin(2t+30°)$ V。

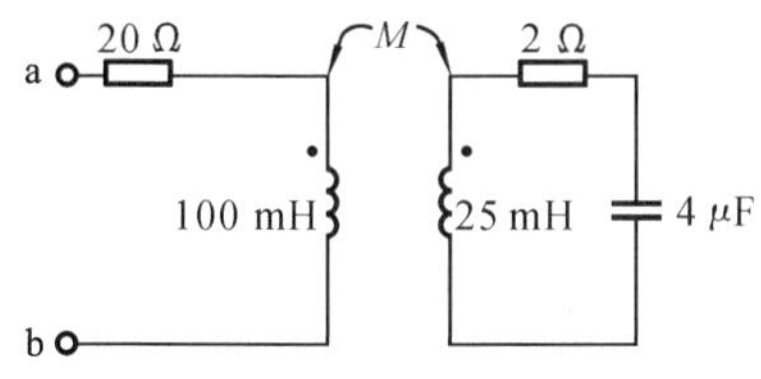

图 8-37　题 8-5 电路

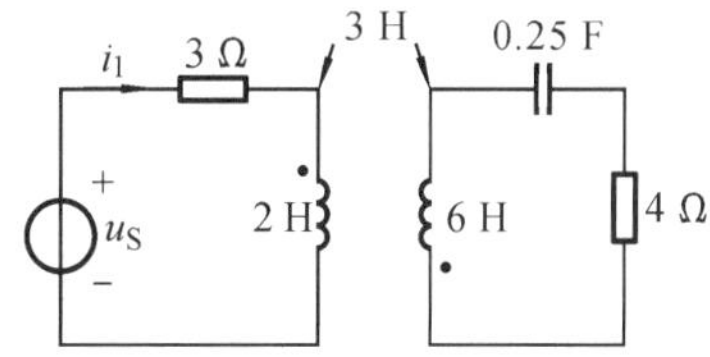

图 8-38　题 8-6 电路

8-7　试写出图 8-39 所示电路的网孔方程相量形式。

8-8　图 8-40 所示电路中，求$\dot{I}_2$，$\dot{I}_3$。

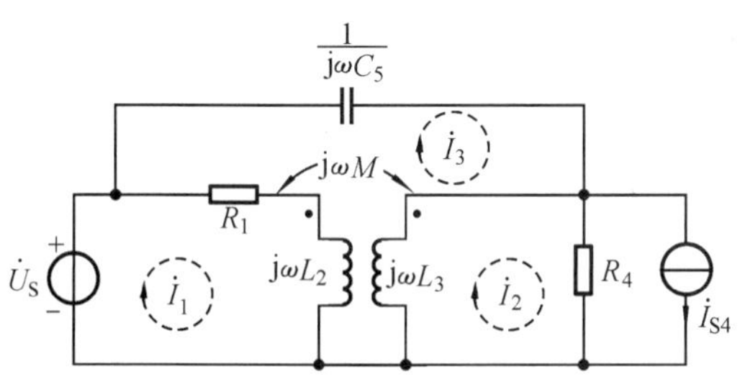

图 8-39　题 8-7 电路

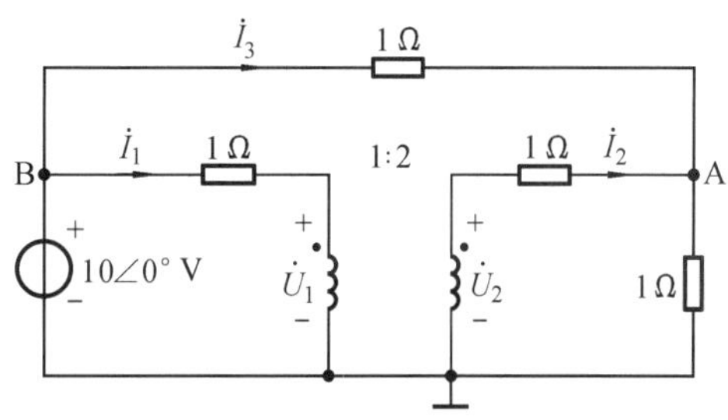

图 8-40　题 8-8 电路

8-9　正弦稳态电路的相量模型如图 8-41 所示。试计算 Z_L 为何值时获得最大功率，并求此最大功率。已知电源$\dot{U}_S=200\angle 0°$ V。

8-10　图 8-42 所示电路中，线圈 1 和线圈 2 的自感抗 $X_{L1}=100\ \Omega$，$X_{L2}=25\ \Omega$，耦合系数 $k=0.8$，$U_S=100$ V，求电压表 ⓥ 的读数。

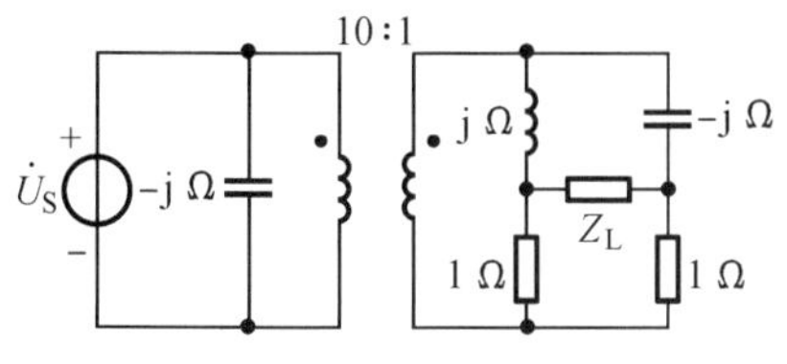

图 8-41　题 8-9 电路

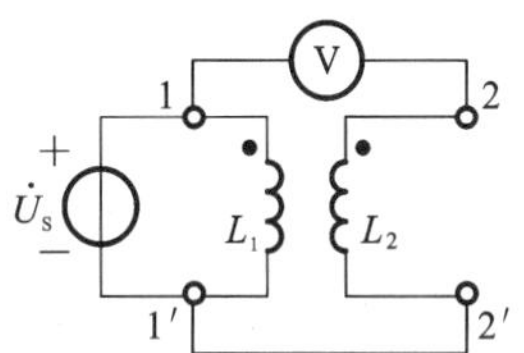

图 8-42　题 8-10 电路

8-11 图 8-43 所示电路中,已知$\dot{U}_1=10\angle 0°$ V,$Z=(3-\mathrm{j}4)$ Ω。求$\dot{U}_2$。

8-12 图 8-44 所示电路中 $u_S=100\sqrt{2}\cos 10^3 t$ V,问 L_1 为多少时副边开路电压 u_2 比 u_S 滞后 135°? 并求出 u_2。

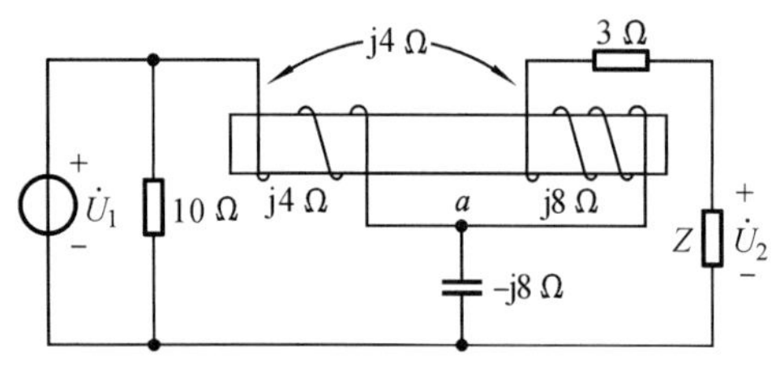

图 8-43 题 8-11 电路

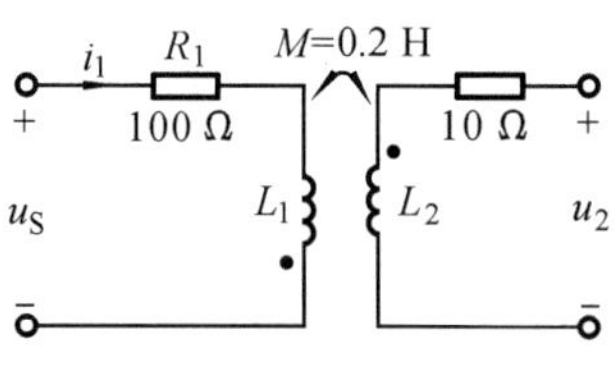

图 8-44 题 8-12 电路

8-13 图 8-45(a)所示的耦合线圈,若 i_1 的波形为图 8-45(b),(1) 试绘出 u_2 的波形;(2) 电压表的读数为多少(有效值)?

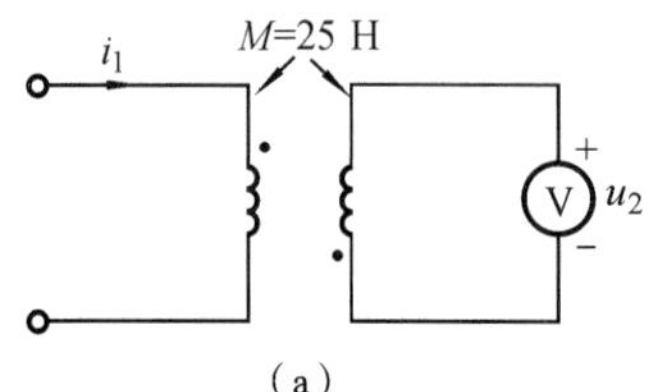

(a)

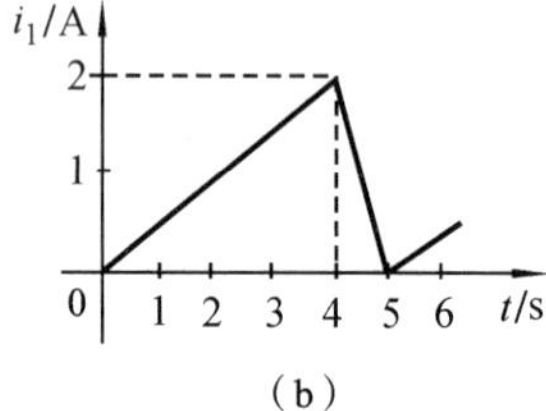

(b)

图 8-45 题 8-13 电路

8-14 具有耦合电感的一端口网络如图 8-46 所示,若正弦激励角频率为 ω 时,$\omega L_1=6$ Ω, $\omega L_2=3$ Ω,$\omega M=3$ Ω,$R_1=3$ Ω,$R_2=6$ Ω,试求此一端口的输入阻抗。

8-15 图 8-47 为含有耦合电感的正弦稳态电路,电源角频率为 ω,试写出网孔电流方程和节点电压方程。

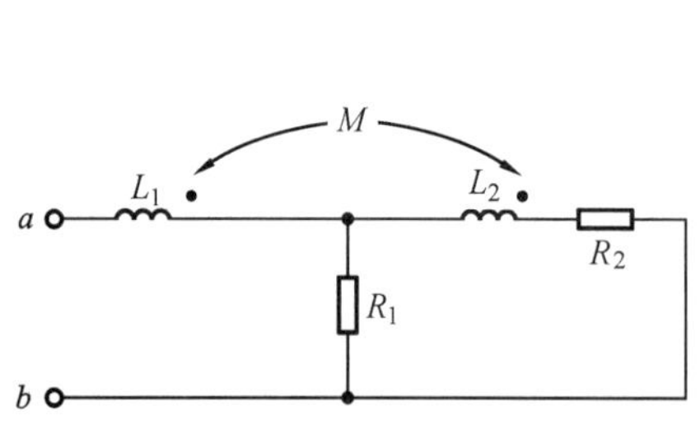

图 8-46 题 8-14 电路

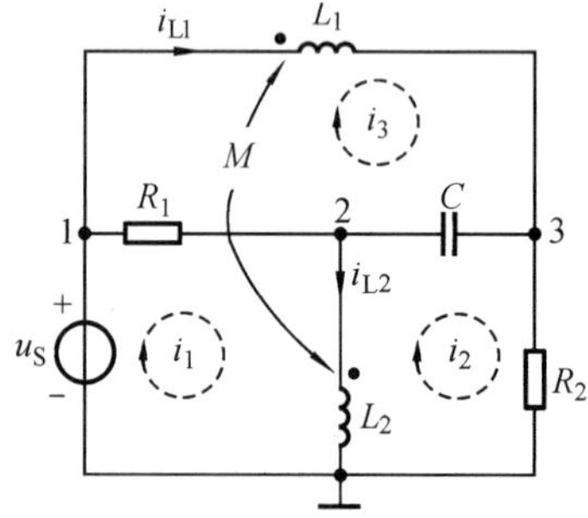

图 8-47 题 8-15 电路

8-16 电路如图 8-48 所示,求$\dot{I}_1$,$\dot{I}_2$ 和负载 Z_L 的平均功率。

8-17 电路如图 8-49 所示,$U_{in}(t)=5\sqrt{2}\sin(\omega t)$ V,$\omega=2000\pi$ rad/s。

(a) 求副边等效阻抗 Z_1;(b) 求$\dot{U}_{out}$和 $u_{out}(t)$;(c) 如果 R_L 改为 24 kΩ,为使负载电阻获得最大功率,求变压器的线圈匝数比 $n_1 : n_2$。

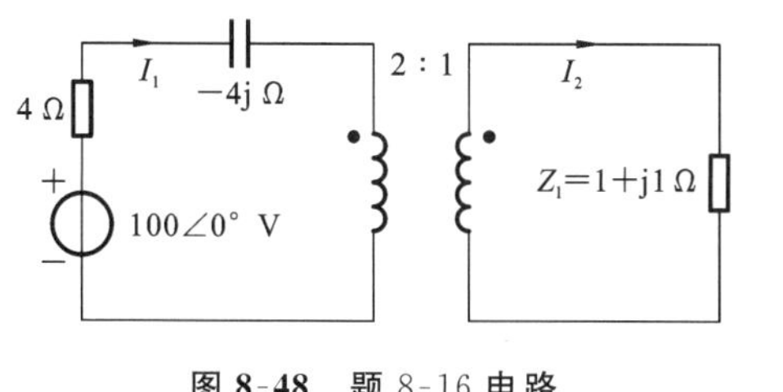

图 8-48 题 8-16 电路

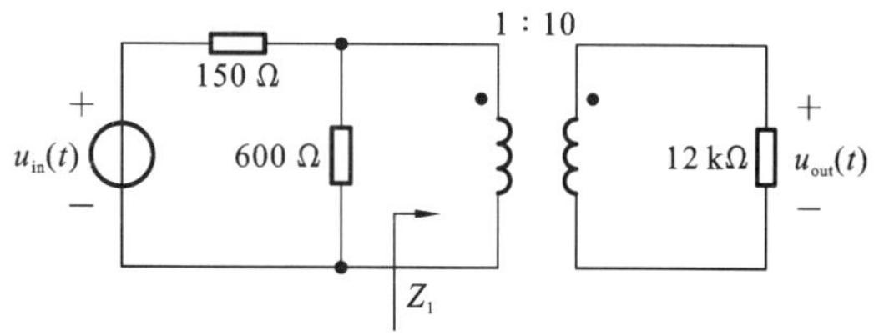

图 8-49 题 8-17 电路

应用分析案例

电磁感应式无线充电系统

第 7 章曾以电动汽车无线充电为例介绍了磁谐振式无线充电，由于技术上还存在一定难题尚未解决，该无线充电方式尚未在工程中大面积使用。目前技术较成熟，比较广泛应用的无线充电方式是使用了变压器原理的电磁感应式无线充电，市场上现在可以买到无线充电的手机、牙刷、剃须刀等大多是电磁感应的。

如图 8-50 是电磁感应式无线充电的充电器和手机，两者内部均有一个线圈，充电的时候将手机放在充电器上，两者内部的线圈正对，两个线圈之间的距离很近，形成一个变压器。

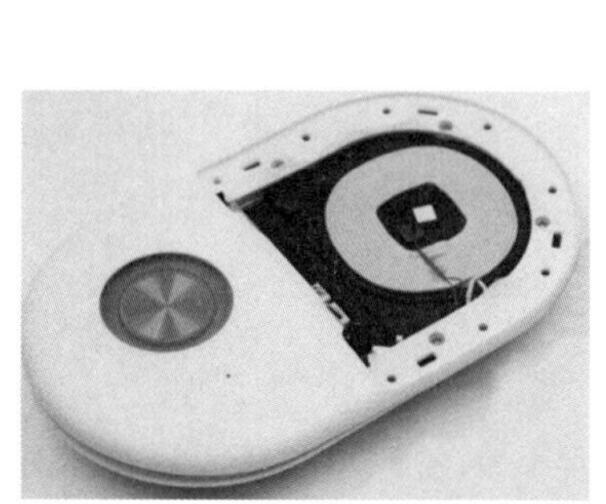

图 8-50 手机无线充电系统

根据变压器的原理，原、副边绕组没有直接连接，通过磁场为中介将能量从原边传输到副边，这种无线充电模式的基本原理大致如图 8-51 所示。

电磁感应式无线充电在应用中无须发送和接收端处于谐振状态，更谈不上谐振频率相同，设计和分析使用的是传统的变压器理论，原理简单、技术实现容易，因此得到了广泛的使用。但变压器工作的时候要求发送和接收线圈之间有强磁场耦合，如图8-51，要求尽可能多的磁力线同时交链两个线圈，如果两个线圈之间距离太远会导致大量磁力线外泄，从而使系统传输功率和效率大大下降，因此电磁感应式无线充电只适合于近距离传输的场合。

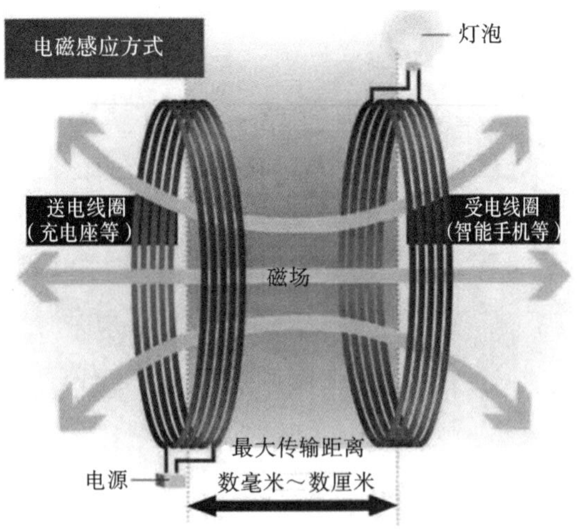

图 8-51　电磁感应式无线充电系统基本原理

9

三相电路

本章主要介绍三相电源及三相电路的组成，对称三相电路转化为一相电路的计算方法以及线电压、线电流与相电压、相电流之间的关系，不对称三相电路的计算方法、三相电路功率及其测量。

9.1 三相电路的基本概念

在当今农业生产及通信等领域，广泛使用的是三相电源。三相电源是指具有三个频率相同、幅值相等而相位不同的电压源。用三相电源供电的电路称为三相电路，而日常生活中所用的单相电源，也多数取自三相电源中的一相。

9.1.1 三相电源的产生及表示

三相电路中的电源通常是由三相发电机或用户变压器提供的，由它可以获得三个频率相同、幅值相等、相位不同的电动势。图 9-1 所示的是三相同步发电机的原理图。

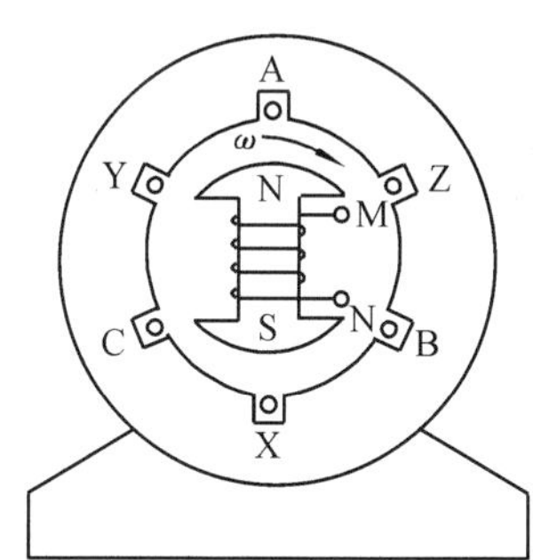

图 9-1 三相同步发电机原理图

三相发电机中转子的励磁线圈 M、N 内通有直流电流，使转子成为一个电磁铁。在定子内侧面、空间相隔 120°的槽内装有三个完全相同的线圈 A-X、B-Y、C-Z。转子与定子间的磁场被设计成正弦分布。当转子以角速度 ω 转动时，三个线圈中便感应出频率相同、幅值相等、相位相差 120°的三个电动势。由此构成一对称三相电源。

三相发电机中三个线圈的首端分别用 A、B、C 表示；尾端分别用 X、Y、Z 表示。三相电压的参考方向均设为由首端指向尾端。对称三相电源的电路符号如图 9-2 所示。

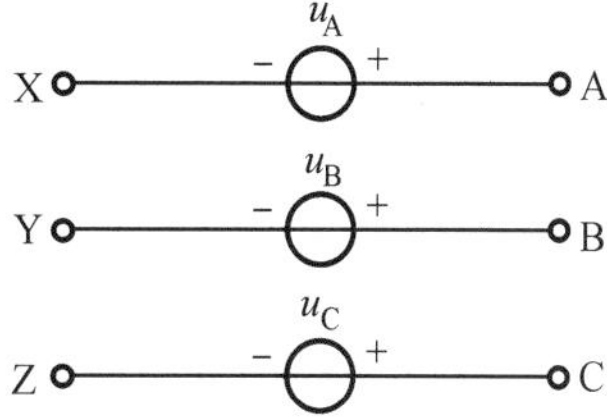

图 9-2 对称三相电源

对称三相电压的瞬时值表达式为

$$u_A = \sqrt{2}U\sin\omega t \tag{9-1a}$$

$$u_B = \sqrt{2}U\sin(\omega t - 120^\circ) \tag{9-1b}$$

$$u_C = \sqrt{2}U\sin(\omega t - 240^\circ) = \sqrt{2}U\sin(\omega t + 120^\circ) \tag{9-1c}$$

对称三相电压的相量为

$$\dot{U}_A = U\angle 0^\circ \tag{9-2a}$$

$$\dot{U}_B = U\angle(-120^\circ) = a^2\dot{U}_A \tag{9-2b}$$

$$\dot{U}_C = U\angle(-240^\circ) = U\angle 120^\circ = a\dot{U}_A \tag{9-2c}$$

式中，$a=1\angle 120^\circ$，它是为了方便计算而在工程上引入的单位相量算子。对称三相电压的波形图和相量图分别如图9-3、图9-4所示。

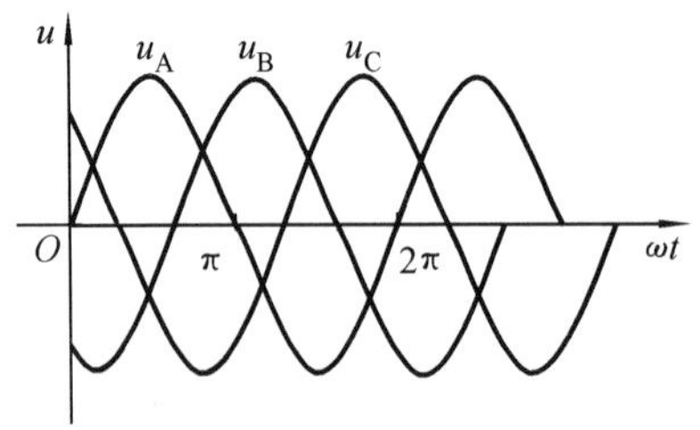

图9-3　对称三相电压波形图

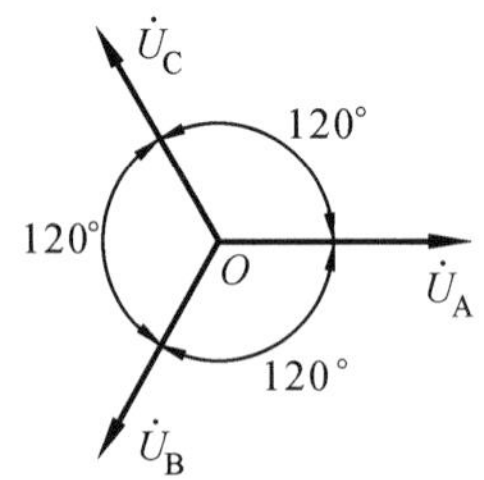

图9-4　对称三相电压相量图

对称三相电压的瞬时值之和为零，即

$$u_A + u_B + u_C = 0$$

三个电压相量之和亦为零，即

$$\dot{U}_A + \dot{U}_B + \dot{U}_C = 0$$

这是对称三相电源的重要特点。

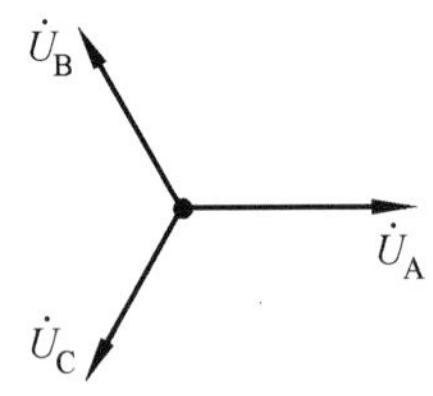

图9-5　逆序相量图

对称三相电源中的每一相电压经过同一值(如正的最大值)的先后次序为相序。如图9-1所示，当发电机的转子以ω的角速度顺时针方向旋转时，三个电压的相序为A—B—C，称它为正序或顺序；当发电机的转子以ω的角速度逆时针方向旋转时，三个电压的相序为A—C—B，称它为反序或逆序。图9-3中绘出的电压波形与图9-4中绘出的相量图为顺序波形图和顺序相量图，图9-5中绘出的相量图为逆序相量图。本书中若无特别说明，相序均为正序。

对称三相电源以一定方式连接起来形成三相电路的电源。通常的连接方式是星形连接(也称Y形连接)和三角形连接(也称△形连接)。

9.1.2　三相电源的星形连接

如图9-6所示，将对称三相电源的尾端X、Y、Z连在一起，就形成对称三相电源的星形连接(下文称Y形连接)。连接在一起的X、Y、Z点称为对称三相电源的中点或中性点，用N表示。

三个电源的首端引出的导线称为端线或相线，俗称火线。由中点N引出的导线称为中线或零线。

图9-6中每相电源的电压称为电源的相电压，其参考方向规定为从首端指向末端，用u_A、u_B、u_C表示。两条端线之间的电压称为电源的线电压，通常按相序规定其参考方向，用u_{AB}、u_{BC}、u_{CA}表示。下面

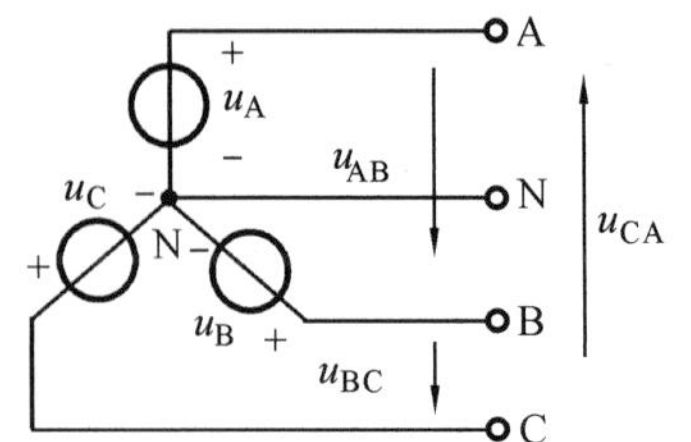

图9-6　Y形连接的对称三相电源

分析 Y 形连接的对称三相电源的线电压与相电压的关系。

如图 9-6 所示电路，三相电源的线电压与相电压有以下关系：

$$u_{AB}=u_A-u_B$$

$$u_{BC}=u_B-u_C$$

$$u_{CA}=u_C-u_A$$

采用相量表示，可得

$$\dot{U}_{AB}=\dot{U}_A-\dot{U}_B=\sqrt{3}\dot{U}\angle 30^\circ=\sqrt{3}\dot{U}_A\angle 30^\circ \tag{9-3a}$$

$$\dot{U}_{BC}=\dot{U}_B-\dot{U}_C=\sqrt{3}\dot{U}\angle(-90^\circ)=\sqrt{3}\dot{U}_B\angle 30^\circ \tag{9-3b}$$

$$\dot{U}_{CA}=\dot{U}_C-\dot{U}_A=\sqrt{3}\dot{U}\angle 150^\circ=\sqrt{3}\dot{U}_C\angle 30^\circ \tag{9-3c}$$

由式(9-3)可以知道，Y 形连接的对称三相电源的线电压也是对称的。线电压的有效值（用 U_1 表示）是相电压有效值（用 U_p 表示）的$\sqrt{3}$倍，即

$$U_1=\sqrt{3}U_p$$

式中，各线电压的相位领先于相应的相电压 30°，它们的相量关系如图 9-7 所示。

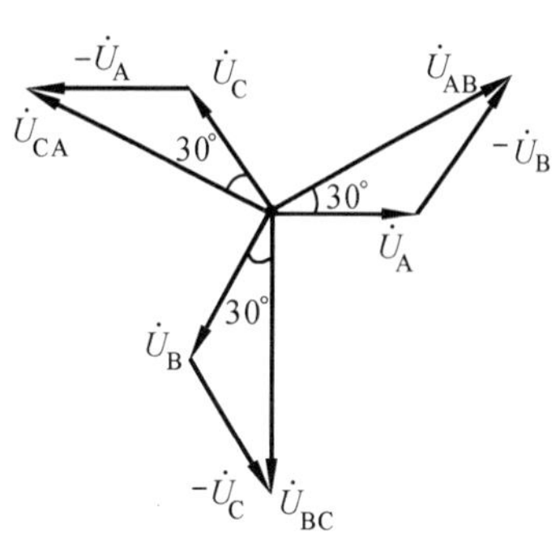

图 9-7　Y 形连接对称三相电源的电压相量图

图 9-6 所示的供电方式称为三相四线制（三条端线和一条中线），如果没有中线，就称为三相三线制。

9.1.3　三相电源的三角形连接

如图 9-8 所示，将对称三相电源中的三个单相电源首尾相接，由三个连接点引出三条端线形成三角形连接（下文称△形连接）的对称三相电源。

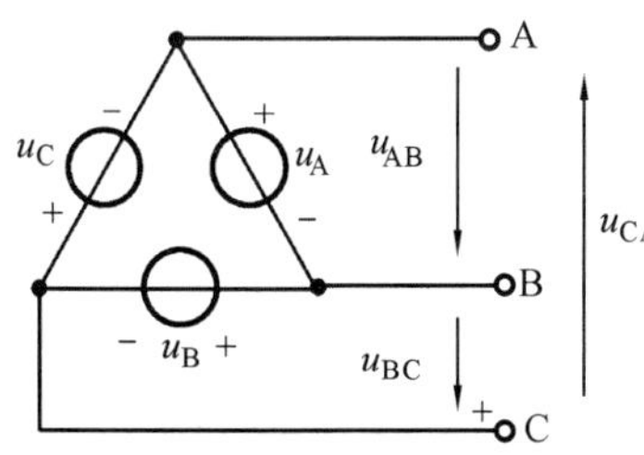

图 9-8　△形连接的对称三相电源

对称三相电源接成三角形时，只有三条端线，没有中线，那么它就称为三相三线制。设 u_A，u_B，u_C 为相电压，u_{AB}，u_{BC}，u_{CA} 为线电压，显然

$$\begin{cases}u_{AB}=u_A\\u_{BC}=u_B\\u_{CA}=u_C\end{cases}\quad 或 \quad \begin{cases}\dot{U}_{AB}=\dot{U}_A\\\dot{U}_{BC}=\dot{U}_B\\\dot{U}_{CA}=\dot{U}_C\end{cases} \tag{9-4}$$

式(9-4)说明△形连接的对称三相电源中线电压等于相应的电压。

△形连接的三相电源形成一个回路，如图 9-8 所示。由于对称三相电源电压 $u_A+u_B+u_C=0$，所以回路中不会有电流。但若有一相电源极性被反接，造成三相电源电压之和不为零，将会在回路中产生足以对电源造成严重损害的短路电流，所以将对称三相电源接成△形时应特别注意这一点。

【例 9.1】　三相对称电源如图 9-9(a)所示，其中 $\dot{U}_{A1}=380\angle 0^\circ$ V，试做出 Y 形等效电路。

解　设等效电路如图 9-9(b)所示，要使图 9-9(a)、(b)所示电路等效，必须保证两电路中的线电压$\dot{U}_{AB}$不变。对图 9-9(a)，有

$$\dot{U}_{AB}=\dot{U}_{A1}$$

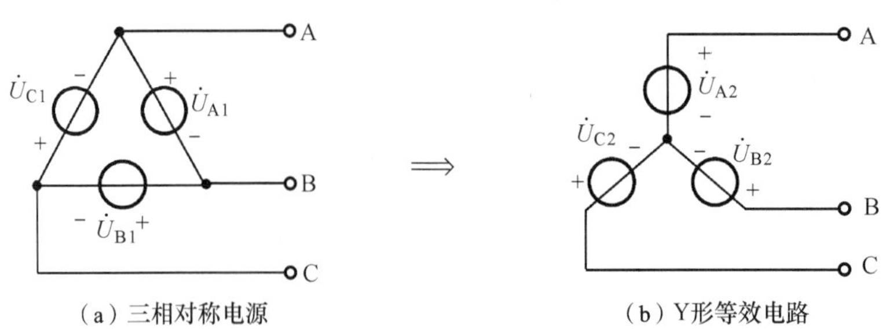

图 9-9 例 9.1 图

对图 9-9(b),有

$$\dot{U}_{AB}=\sqrt{3}\dot{U}_{A2}\angle 30^\circ \text{ V}$$

所以

$$\dot{U}_{A1}=\sqrt{3}\dot{U}_{A2}\angle 30^\circ \text{ V}$$

即

$$\dot{U}_{A2}=\frac{1}{\sqrt{3}}\dot{U}_{A1}\angle(-30^\circ)=220\angle(-30^\circ) \text{ V}$$

根据对称性可得

$$\dot{U}_{B2}=\dot{U}_{A2}\angle(-120^\circ)=220\angle(-150^\circ) \text{ V}$$

$$\dot{U}_{C2}=\dot{U}_{A2}\angle 120^\circ=220\angle 90^\circ \text{ V}$$

【例 9.2】 Y 形逆序三相电源的相电压为$\dot{U}_A=220\angle 0^\circ$ V,$\dot{U}_B=220\angle 120^\circ$ V,$\dot{U}_C=220\angle(-120^\circ)$ V,求线电压$\dot{U}_{AB}$,$\dot{U}_{BC}$,$\dot{U}_{CA}$,并画出相量图。

解 $\dot{U}_{AB}=\dot{U}_A-\dot{U}_B=\sqrt{3}\dot{U}_A\angle(-30^\circ)$ V

$$\dot{U}_{BC}=\sqrt{3}\dot{U}_B\angle(-30^\circ) \text{ V}$$

$$\dot{U}_{CA}=\sqrt{3}\dot{U}_C\angle(-30^\circ) \text{ V}$$

画出相量图如图 9-10 所示。

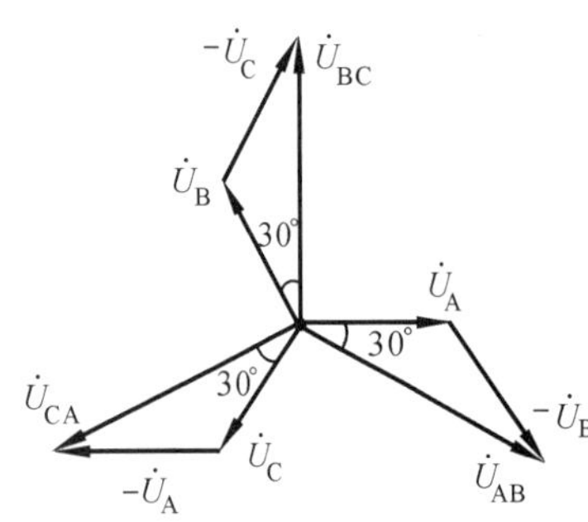

图 9-10 例 9.2 相量图

9.2 三相负载

交流电气设备种类繁多,其中有些设备只有接到三相电源时才能正常工作,如三相交流电动机、大功率的三相电炉等,这些设备称为三相负载。这种三相负载的各相阻抗是相等的,所以称为对称的三相负载。另外,有一些电气设备只需要单相电源就能正常工作,称为单相负载,如各种照明灯具、家用电器、单相电动机等。它们根据额定电压可以接在三相电源的相线与中线之间,或两相线之间。大量的单相负载总是均匀地分成三组接到三相电源上,以便各相电源的输出功率大致均衡,这两种负载的连接原理如图 9-11 所示。

三相负载的连接方式有 Y 形连接和△形连接两种接法,下面分别进行讨论。

9.2.1 三相负载的 Y 形连接

三相负载的 Y 形连接如图 9-12 所示,三相负载 Z_A、Z_B、Z_C 的一端连在一起并接至电源的中线上,另一端分别与三根端线 A、B、C 相接。如果忽略导线电阻,这时加在各

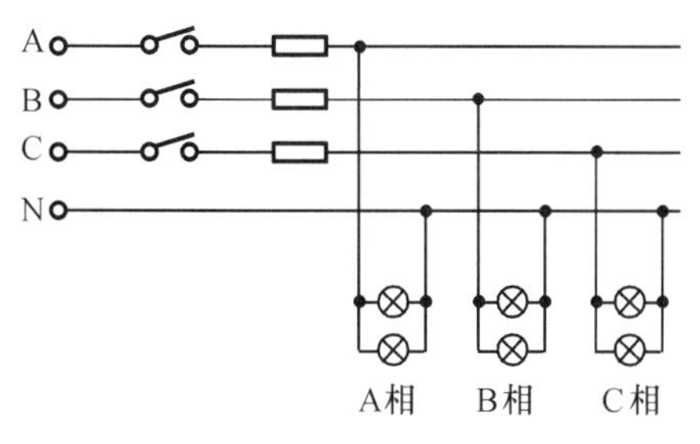

(a) 单相负载的连接

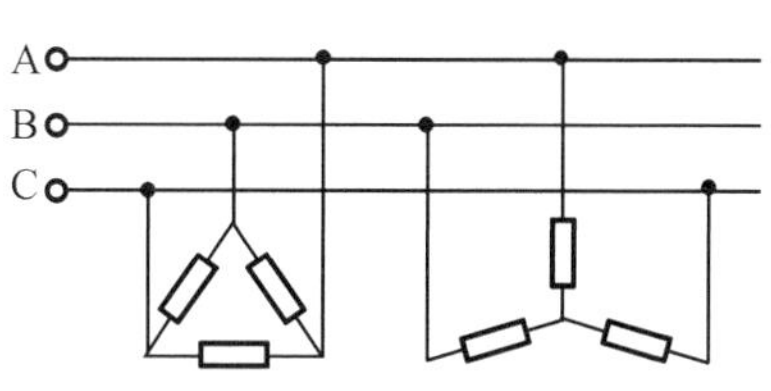

(b) 三相负载的连接

图 9-11 两种负载的连接

相负载上的电压就等于电源的相电压，即

$$\dot{U}_A = U_p\angle 0° \qquad (9\text{-}5a)$$

$$\dot{U}_B = U_p\angle(-120°) \qquad (9\text{-}5b)$$

$$\dot{U}_C = U_p\angle 120° \qquad (9\text{-}5c)$$

在三相电路中，流过每相负载的电流称为相电流，用$\dot{I}_a$、$\dot{I}_b$、$\dot{I}_c$ 表示；流过端线的电流称为线电流，用$\dot{I}_A$、$\dot{I}_B$、$\dot{I}_C$ 表示。当负载作 Y 形连接时，各相线电流等于响应的相电流，即有

$$\dot{I}_A = \dot{I}_a, \quad \dot{I}_B = \dot{I}_b, \quad \dot{I}_C = \dot{I}_c \qquad (9\text{-}6)$$

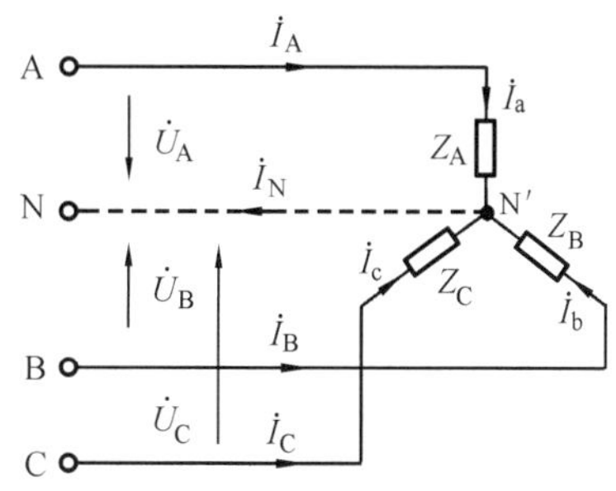

图 9-12 负载的 Y 形连接

设各相负载的阻抗分别为$|Z_A|\angle\varphi_A$、$|Z_B|\angle\varphi_B$、$|Z_C|\angle\varphi_C$，则可根据欧姆定律求得每相负载中流过的电流

$$\dot{I}_a = \frac{\dot{U}_A}{Z_A}, \quad \dot{I}_b = \frac{\dot{U}_B}{Z_B}, \quad \dot{I}_c = \frac{\dot{U}_C}{Z_C} \qquad (9\text{-}7)$$

对负载的中性点 N′，应用 KCL 可得中性线上电流为

$$\dot{I}_N = \dot{I}_a + \dot{I}_b + \dot{I}_c$$

负载 Y 形连接时，以$\dot{U}_A$ 为参考相量的各电压、电流相量图，如图 9-13 所示。

如果三相负载对称，即阻抗 $Z_A = Z_B = Z_C = |Z|\angle\varphi$，则由式(9-7)可知，三个电流$\dot{I}_a$、$\dot{I}_b$、$\dot{I}_c$ 相位互差 120°，而有效值相等，用 I_p 表示，即

$$I_a = I_b = I_c = I_p = \frac{U_p}{|Z|}$$

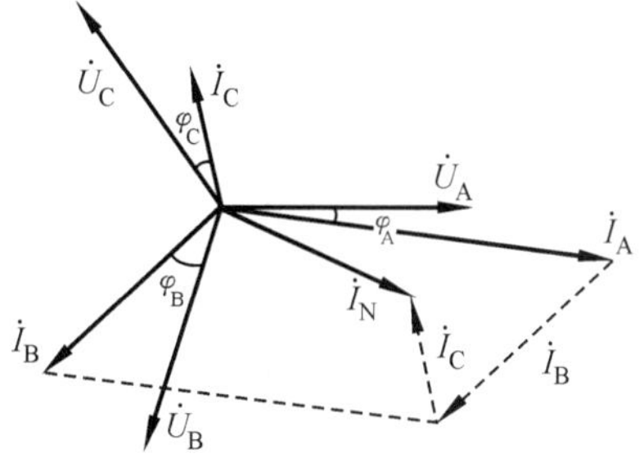

图 9-13 负载 Y 形连接的相量图

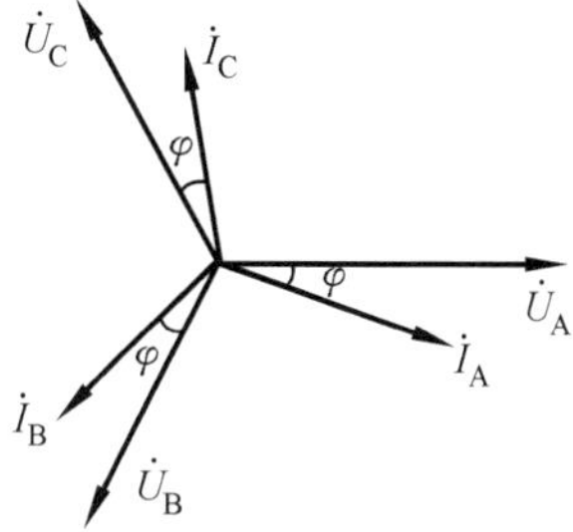

图 9-14 对称负载 Y 形连接的相量图

对称负载 Y 形连接时的相量图如图 9-14 所示。由于三相负载对称时三个相电流

$\dot{I}_a$、$\dot{I}_b$、$\dot{I}_c$ 是对称的,因此只需计算一相电流,即可推知另外两相的电流。负载对称时的中性线电流为

$$\dot{I}_N=\dot{I}_a+\dot{I}_b+\dot{I}_c=0$$

对称负载用 Y 形连接时,中性线的电流为零,因此可以省去中性线,构成三相三线制电路。工业生产中常用的三相负载(比如三相电动机)一般都是对称的,在使用时可以不接中性线,而每相电流的有效值仍可用上式计算。

9.2.2 三相负载的△形连接

三相负载作△形连接如图 9-15 所示。从图 9-15 可以看出,各相负载实际上是接在三相电源的两相线之间,所以负载上所加的电压等于线电压。由于三相电源的线电压是对称的,所以无论负载是否对称,各相负载上的电压总是对称的。分析三相负载的△形连接的电路时,常以电压 $\dot{U}_{AB}$ 为参考相量,即

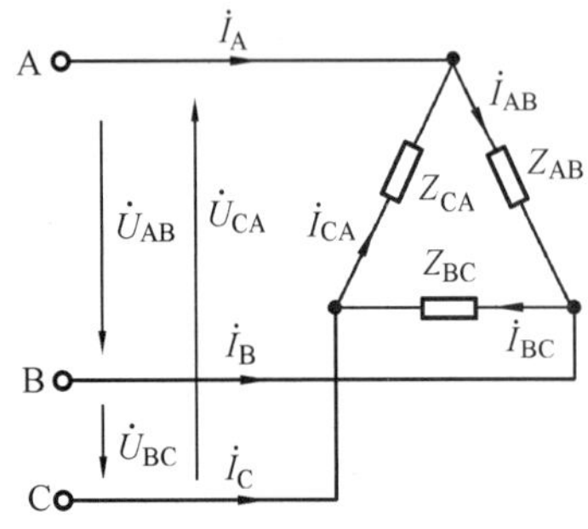

图 9-15 负载的△形连接

$$\dot{U}_{AB}=U_l\angle 0^\circ \tag{9-8a}$$

$$\dot{U}_{BC}=U_l\angle(-120^\circ) \tag{9-8b}$$

$$\dot{U}_{CA}=U_l\angle 120^\circ \tag{9-8c}$$

流过每相负载的电流 $\dot{I}_{AB}$、$\dot{I}_{BC}$、$\dot{I}_{CA}$ 称为负载相电流,它们取决于各相负载的阻抗,即

$$\dot{I}_{AB}=\frac{\dot{U}_{AB}}{Z_{AB}}=\frac{\dot{U}_{AB}}{|Z_{AB}|\angle\varphi_{AB}} \tag{9-9a}$$

$$\dot{I}_{BC}=\frac{\dot{U}_{BC}}{Z_{BC}}=\frac{\dot{U}_{BC}}{|Z_{BC}|\angle\varphi_{BC}} \tag{9-9b}$$

$$\dot{I}_{CA}=\frac{\dot{U}_{CA}}{Z_{CA}}=\frac{\dot{U}_{CA}}{|Z_{CA}|\angle\varphi_{CA}} \tag{9-9c}$$

流过负载的电流 $\dot{I}_A$、$\dot{I}_B$、$\dot{I}_C$ 称为负载的线电流,可由 KCL 定律求得,即

$$\dot{I}_A=\dot{I}_{AB}-\dot{I}_{CA} \tag{9-10a}$$

$$\dot{I}_B=\dot{I}_{BC}-\dot{I}_{AB} \tag{9-10b}$$

$$\dot{I}_C=\dot{I}_{CA}-\dot{I}_{BC} \tag{9-10c}$$

如果三相负载对称,$Z_{AB}=Z_{BC}=Z_{CA}=Z=|Z|\angle\varphi$,则由式(9-9)可知,三个相电流是对称的,它们的相位互差 120°,且有效值相等,可由 I_p 表示,即

$$I_{AB}=I_{BC}=I_{CA}=I_p=\frac{U_p}{|Z|}$$

式中,U_p 为每相负载的电压有效值,当负载△形连接时,各相负载的相电压等于电源的线电压,即 $U_p=U_l$。如果以电压 $\dot{U}_{AB}$ 为参考相量,则负载对称时的电压、电流相量如图 9-16 所示。

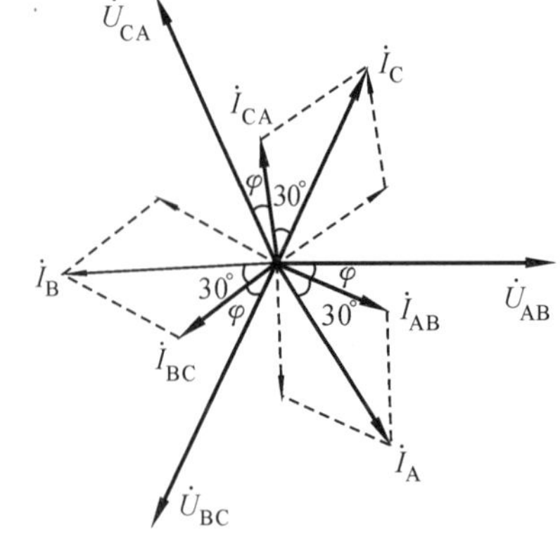

图 9-16 对称负载△形连接的相量图

相电流 $\dot{I}_{AB}$、$\dot{I}_{BC}$、$\dot{I}_{CA}$ 分别滞后于相应相电压 φ 角,根据式(9-10)可在相量图中作图求出线电流 $\dot{I}_A$、$\dot{I}_B$、$\dot{I}_C$ 相量。由图 9-16 可知,线电流 I_A、I_B、

I_C 也是对称的，它们在相位上分别滞后于相应的相电流 30°，三个线电流的有效值相等，可用 I_l 表示，即

$$I_A = I_B = I_C = I_l$$

如图 9-16 所示，可以证明线电流 I_l 的有效值与电流 I_p 的有效值有确定的关系，即

$$I_l = \sqrt{3} I_p$$

9.3　对称三相电路的计算

9.3.1　Y-Y 形对称三相电路的计算

如图 9-17 所示的为一对称的三相四线制 Y-Y 形连接电路。设 Z_l 为线路阻抗，Z 为负载阻抗，Z_N 为中线阻抗。假设电路各参数均已知，要求各支路电流、负载的相电压和线电压。因为电路结构具有节点少的特点，所以采用节点分析法。

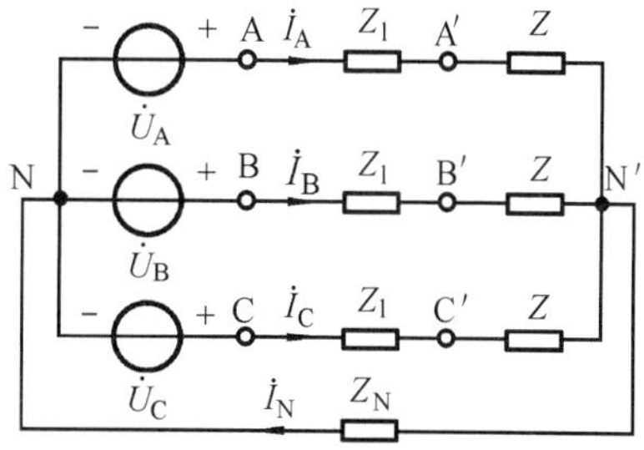

设电源的中性点 N 为参考节点，可得

$$\left(\frac{1}{Z_N} + \frac{1}{Z+Z_l} + \frac{1}{Z+Z_l} + \frac{1}{Z+Z_l}\right)\dot{U}_{N'N} = \frac{\dot{U}_A}{Z+Z_l} + \frac{\dot{U}_B}{Z+Z_l} + \frac{\dot{U}_C}{Z+Z_l}$$

故

$$\dot{U}_{N'N} = \frac{\frac{1}{Z+Z_l}(\dot{U}_A + \dot{U}_B + \dot{U}_C)}{\frac{1}{Z_N} + \frac{3}{Z+Z_l}} \tag{9-11}$$

图 9-17　对称三相四线制 Y-Y 形连接

由于三相电源电压对称，即

$$\dot{U}_A + \dot{U}_B + \dot{U}_C = 0$$

故有 $\dot{U}_{N'N} = 0$，即 N′与 N 是等电位点，而对称的三相电流为

$$\dot{I}_A = \frac{\dot{U}_A - \dot{U}_{N'N}}{Z_l + Z} = \frac{\dot{U}_A}{Z_l + Z},\quad \dot{I}_B = \frac{U_B}{Z_l + Z} = a^2 I_A,\quad \dot{I}_C = \frac{\dot{U}_C}{Z_l + Z} = a\,\dot{I}_A$$

中线电流为

$$\dot{I}_N = \dot{I}_A + \dot{I}_B + \dot{I}_C = \dot{I}_A + a^2\,\dot{I}_A + a\,\dot{I}_A = (1 + a^2 + a)\dot{I}_A = 0$$

负载各相电压为

$$\dot{U}_{A'N'} = Z\,\dot{I}_A$$

$$\dot{U}_{B'N'} = Z\,\dot{I}_B = Za^2\,\dot{I}_A = a^2\,\dot{U}_{A'N'}$$

$$\dot{U}_{C'N'} = Z\,\dot{I}_C = Za\,\dot{I}_A = a\,\dot{U}_{A'N'}$$

负载各线电压为

$$\dot{U}_{A'B'} = \dot{U}_{A'N'} - \dot{U}_{B'N'} = \sqrt{3}\dot{U}_{A'N'}\angle 30°$$

$$\dot{U}_{B'C'} = \dot{U}_{B'N'} - \dot{U}_{C'N'} = \sqrt{3}\dot{U}_{B'N'}\angle 30°$$

$$\dot{U}_{C'A'} = \dot{U}'_{C'N'} - \dot{U}_{A'N'} = \sqrt{3}\dot{U}_{C'N'}\angle 30°$$

从以上分析计算可知，在对称 Y-Y 连接电路中，负载中性点 N′和电源中性点 N 是等电位点，即 $U_{N'N} = 0$，中性线没有电流。因此，不论中性线阻抗为多少或有无中性线，

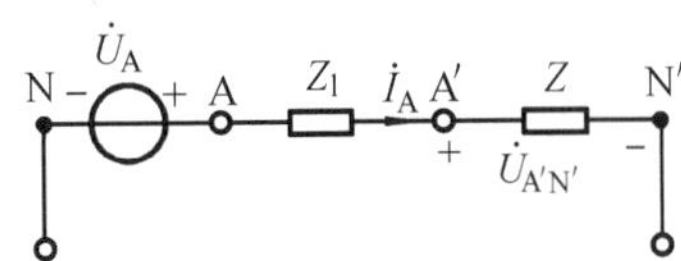

图 9-18 一相计算电路(A 相)

中性点 N 和 N′之间可以用一条没有阻抗的理想导线连接起来而不影响电路的工作状况,各相电流仅由本相电压和阻抗所决定。由于对称三相线电流、相电流以及三相线电压、相电压均构成了对称组,可以任意选取其中的一相(如 A 相)来分析计算,而其他两相的电压、电流就能按对称性原则写出,图 9-17 所示电路的一相计算电路图如图 9-18 所示。

上述将三相归结为一相的计算方法,原则上可以推广到其他形式的对称电路中去,如 Y-△形、△-Y 形和△-△形连接方式电路。根据△形和 Y 形的等效变换,最终化为对称的 Y-Y 连接电路来处理。

【例 9.3】 在图 9-17 所示的对称三相电路中,已知三相电源线电压为 380 V,Y 形负载阻抗 $Z=(10+\mathrm{j}12)\ \Omega$,线路阻抗 $Z_1=(2+\mathrm{j})4\ \Omega$,试计算$\dot{I}_A$,$\dot{I}_B$,$\dot{I}_C$。

解 根据 $U_1=\sqrt{3}U_p$,有

$$U_p=\frac{U_1}{\sqrt{3}}=\frac{380}{\sqrt{3}}\ \mathrm{V}=220\ \mathrm{V}$$

设$\dot{U}_A=220\angle 0^\circ$ V,取 A 相电路计算,如图 9-18 所示。

$$\dot{I}_A=\frac{\dot{U}_A}{Z_1+Z}=\frac{220\angle 0^\circ}{12+\mathrm{j}16}\ \mathrm{A}=11\angle(-53.1^\circ)\ \mathrm{A}$$

根据对称性有

$$\dot{I}_B=11\angle(-173.1^\circ)\ \mathrm{A},\quad \dot{I}_C=11\angle 66.9^\circ\ \mathrm{A}$$

9.3.2 Y-△形对称三相电路的计算

对于 Y-△形连接电路,我们介绍两种方法。电路如图 9-19 所示,已知三相电源中,$\dot{U}_A=U\angle\theta$,$\dot{U}_B=U\angle(\theta-120^\circ)$,$\dot{U}_C=U\angle(\theta+120^\circ)$,$Z=|Z|\angle\varphi$,求解负载的线电流、相电流。

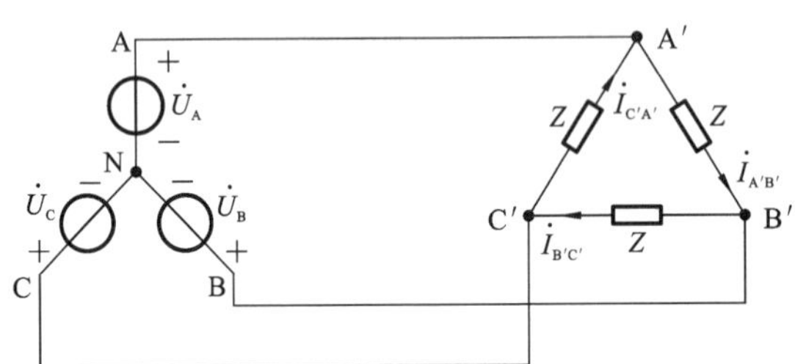

图 9-19 对称 Y-△形连接三相电路

解法一:把对称的 Y-△形连接电路转换成对称的 Y-Y 形连接电路。

根据电阻 Y-△等效变换,我们把△形连接的负载转换成 Y 形连接的负载,它的阻抗就变成原来阻抗的 1/3,如图 9-20 所示,所以把原来的对称 Y-△形连接电路转换成 Y-Y 形连接电路后,就可以采用前面介绍的 Y-Y 形连接电路的分析方法,即划归成单项来进行计算。

我们用 A 相电路来计算,如图 9-21 所示电路,可以求出线电流,有

$$\dot{I}_A=\frac{\dot{U}_A}{\frac{Z}{3}}=\frac{3U}{|Z|}\angle(\theta-\phi)$$

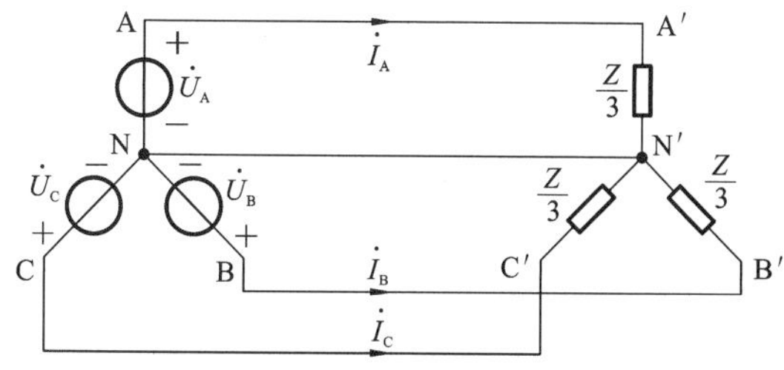

图 9-20 等效变换后的 Y-Y 形三相电路

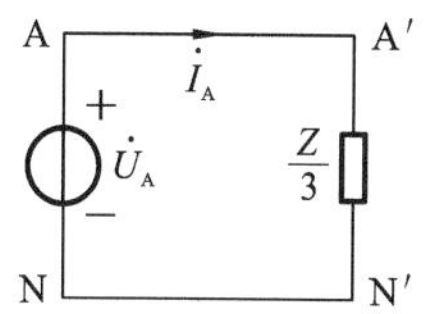

图 9-21 一相计算电路(A 相)

根据△形负载的相电流与线电流的关系,可求出相电流:

$$\dot{I}_{A'B'}=\frac{1}{\sqrt{3}}\dot{I}_A\angle 30^\circ=\frac{\sqrt{3}U}{|Z|}\angle(\theta-\phi+30^\circ)$$

最后求出负载的相电压,注意:△形连接的负载线相电压相等,即

$$\dot{U}_{A'B'}=Z\,\dot{I}_{A'B'}=\sqrt{3}U\angle(\theta+30^\circ)$$

根据对称性,可以求出其他两相的电流、电压值。

解法二:电路如图 9-19 所示,已知三相电源的三个相电压,有

$$\dot{U}_A=U\angle\theta$$

$$\dot{U}_B=U\angle(\theta-120^\circ)$$

$$\dot{U}_C=U\angle(\theta+120^\circ)$$

观察电路图,负载两端的相电压与电源端的线电压正好相等,又根据△形连接的负载的相、线电压相等关系,也可以得到负载的线电压,即同时求出负载的相、线电压

$$\dot{U}_{A'B'}=\dot{U}_{AB}=\sqrt{3}U_A\angle 30^\circ$$

$$\dot{U}_{B'C'}=\dot{U}_{BC}=\sqrt{3}U_B\angle 30^\circ$$

$$\dot{U}_{C'A'}=\dot{U}_{CA}=\sqrt{3}U_C\angle 30^\circ$$

随后,就可以计算出负载的相电流,有

$$\dot{I}_{A'B'}=\frac{\dot{U}_{A'B'}}{Z},\quad \dot{I}_{B'C'}=\frac{\dot{U}_{B'C'}}{Z},\quad \dot{I}_{C'A'}=\frac{\dot{U}_{C'A'}}{Z}$$

求出了负载的相电流,我们就可以根据△形连接的相、线电流的关系,求出负载的线电流,有

$$\dot{I}_A=\sqrt{3}\dot{I}_{A'B'}\angle(-30^\circ)$$

$$\dot{I}_B=\sqrt{3}\dot{I}_{B'C'}\angle(-30^\circ)$$

$$\dot{I}_C=\sqrt{3}\dot{I}_{C'A'}\angle(-30^\circ)$$

在计算的过程中,也可以只用计算出一相,然后根据对称性得到其余两相的结果。

9.3.3 电源为△形对称三相电路的计算

将△形连接电源用 Y 形连接电源替代,保证其线电压相等,再根据上述 Y-Y 形、Y-△形连接方法计算。

如图 9-22(a)所示的为△形连接的电源,已知相线电压均为

$$\dot{U}_A=U\angle\theta$$

$$\dot{U}_B=U\angle(\theta-120^\circ)$$

$$\dot{U}_{\mathrm{C}}=U\angle(\theta+120^{\circ})$$

在保证其线电压相等的前提下,通过△-Y 变换,把它等效变换为 Y 形连接的电源,如图 9-22(b)所示,其相电压分别为

$$\frac{1}{\sqrt{3}}\dot{U}_{\mathrm{A}}\angle(-30^{\circ}),\quad \frac{1}{\sqrt{3}}\dot{U}_{\mathrm{B}}\angle(-30^{\circ}),\quad \frac{1}{\sqrt{3}}\dot{U}_{\mathrm{C}}\angle(-30^{\circ})$$

由此,后续的计算可以根据前面所学内容依次展开,这里不再重复。

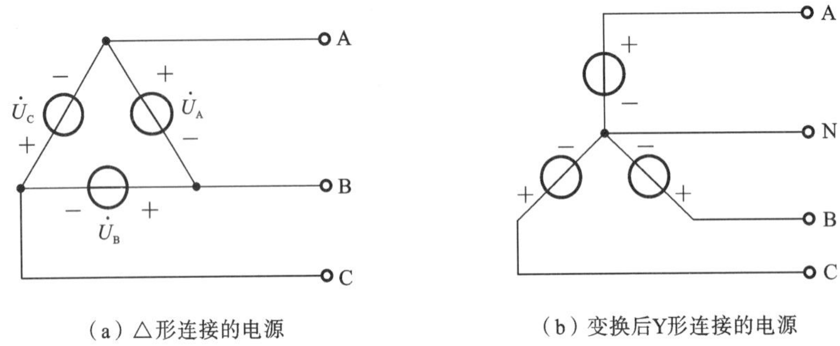

(a)△形连接的电源　　(b)变换后Y形连接的电源

图 9-22　△形连接电路计算

综上所述,任意对称的三相电路,是指负载和电源有很多组,而且有的还是△形连接,且输电线路的阻抗不为零,如图 9-23 所示。

分析任意对称三相电路的思路是将电源及负载均变化为 Y-Y 形连接的对称三相电路,然后将电源的中性点及负载的中性点短接起来,抽出一相进行分析和计算,举例如下。

【例 9.4】 在图 9-23(a)所示的对称三相电路中,对称三相电源的线电压 $U_1=380$ V,端线阻抗 $Z_1=(1+\mathrm{j}2)\ \Omega$,Y 形负载阻抗 $Z_1=(40+\mathrm{j}30)\ \Omega$,△形负载阻抗 $Z_2=(90+\mathrm{j}120)\ \Omega$,求负载端的线电压和两负载的相电流。

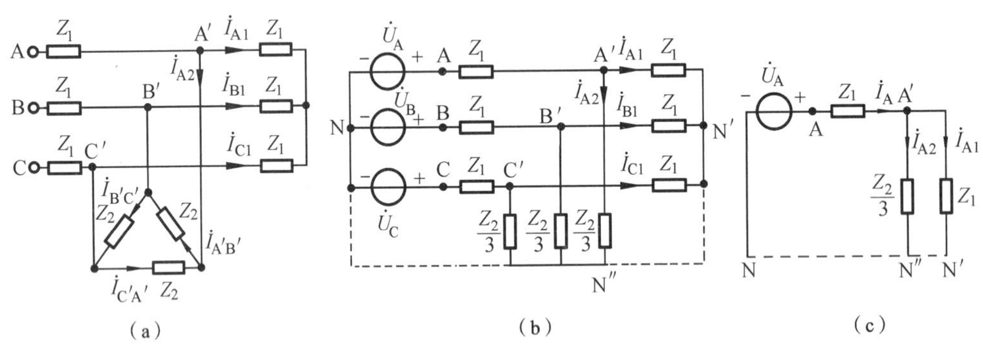

(a)　　(b)　　(c)

图 9-23　例 9.4 电路图

解　(1) 首先将电源看成 Y 形连接,$\dot{U}_{\mathrm{A}}=220\angle0^{\circ}$ V;将△形负载化成 Y 形连接,并把电源中性点 N 和负载中性点 N′、N″用一无阻抗导线连接起来,如图 9-23(b)所示。

取出 A 相计算,如图 9-23(c)所示,则等效阻抗为

$$Z=Z_1+Z'=Z_1+\frac{Z_1\times Z_2/3}{Z_1+Z_2/3}=\left[1+\mathrm{j}2+\frac{(40+\mathrm{j}30)(30+\mathrm{j}40)}{40+\mathrm{j}30+30+\mathrm{j}40}\right]\ \Omega$$

$$=(1+\mathrm{j}2+25.25\angle45^{\circ})\ \Omega=(18.85+\mathrm{j}19.85)\ \Omega=27.37\angle46.48^{\circ}\ \Omega$$

电流 $\dot{I}_{\mathrm{A}}$ 为

$$\dot{I}_A=\frac{\dot{U}_A}{Z}=\frac{220\angle 0^\circ}{27.37\angle 46.48^\circ}\ \text{A}=8.04\angle(-46.68^\circ)\ \text{A}$$

负载端的相电压为

$$\dot{U}_{A'N'}=Z'\dot{I}_A=(25.25\angle 45^\circ)\times[8.04\angle(-46.48^\circ)]\ \text{V}=203\angle(-1.48^\circ)\ \text{V}$$

$$\dot{U}_{B'N'}=203\angle(-121.48^\circ)\ \text{V},\quad \dot{U}_{C'N'}=203\angle 118.52^\circ\ \text{V}$$

负载端的线电压为

$$\dot{U}_{A'B'}=\sqrt{3}\dot{U}_{A'N'}\angle 30^\circ=351.6\angle 28.52^\circ\ \text{V}$$

$$\dot{U}_{B'C'}=351.6\angle(-91.48^\circ)\ \text{V},\quad \dot{U}_{C'A'}=351.6\angle 148.52^\circ\ \text{V}$$

Y 形负载中的相电流为

$$I_{A1}=\frac{U_{A'N'}}{Z_1}=\frac{203\angle(-1.48^\circ)}{40+\text{j}30}\ \text{A}=4.06\angle(-38.35^\circ)\ \text{A}$$

$$\dot{I}_{B1}=4.06\angle(-158.35^\circ)\ \text{A},\quad \dot{I}_{C1}=4.06\angle 81.56^\circ\ \text{A}$$

△形负载中的相电流为

$$\dot{I}_{A'B'}=\frac{\dot{U}_{A'B'}}{Z_2}=\frac{351.6\angle 28.52^\circ}{90+\text{j}120}\ \text{A}=2.344\angle(-24.61^\circ)\ \text{A}$$

$$\dot{I}_{B'C'}=2.344\angle(-144.61^\circ)\ \text{A},\quad \dot{I}_{C'A'}=2.344\angle 95.39^\circ\ \text{A}$$

【例 9.5】 如图 9-24 所示，三相对称电路中$\dot{U}_A=220\angle 30^\circ$ V，线路阻抗 $Z_1=(1+\text{j}2)\ \Omega$，负载阻抗 $Z=(6+\text{j}6)\ \Omega$，试求线电流$\dot{I}_A$。

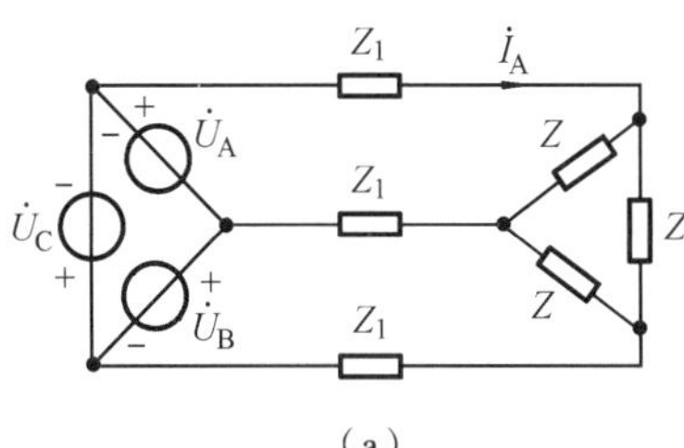

(a)

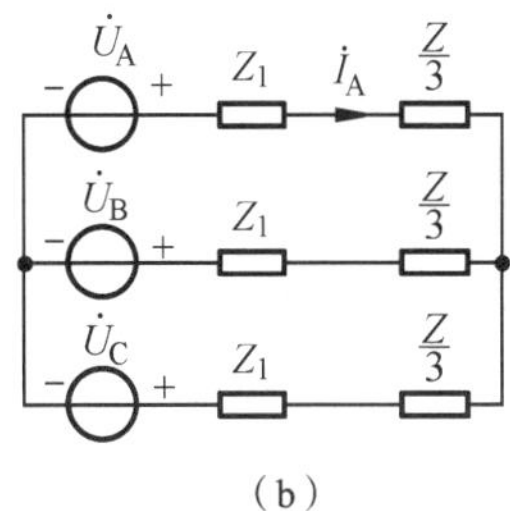

(b)

图 9-24　例 9.5 电路图

解　将三相电源及三相负载都变成 Y 形连接，等效成图 9-24(b)所示的电路。其中，$\dot{U}_A$、$\dot{U}_B$、$\dot{U}_C$ 组成对称三相电源。

$$\dot{U}_A=\frac{\dot{U}_A}{\sqrt{3}}\angle(-30^\circ)=\frac{220\angle 30^\circ}{\sqrt{3}}\angle(-30^\circ)\ \text{V}=127\angle 0^\circ\ \text{V}$$

三相负载每相阻抗为

$$Z/3=(2+\text{j}2)\ \Omega$$

$$\dot{I}_A=\frac{\dot{U}_A}{Z_1+Z/3}=\frac{127\angle 0^\circ}{1+\text{j}2+2+\text{j}2}\ \text{A}=25.4\angle(-53.1^\circ)\ \text{A}$$

9.4　非对称三相电路的计算

三相电路中，只要电源、负载阻抗或线路阻抗中某一个不满足对称条件，就是非对称三相电路。在低压配电线路中，一般三相电源是对称的，而三相负载一般不对称，如各种单相负载(照明灯、单相电动机、单相电焊机等)就很不容易均匀地分

配到三相电路的各相上。因此,除电源电压外,各相电流及负载各相电压不再具有对称性。Y 形连接电路中,如果存在中线阻抗($Z_N \neq 0$),各中性点之间的电压也不再为零。一般情况下,不对称三相电路无法抽取一相电路来计算,而只能按复杂的正弦稳态电路来处理,根据具体情况选择合适的方法来求解,如节点分析法、回路法、戴维宁定理等。典型的非对称三相电路通常有两种情况:一是电源对称、负载不对称的 Y-Y 形连接电路;二是电源对称、部分负载对称、部分负载不对称的三相电路。

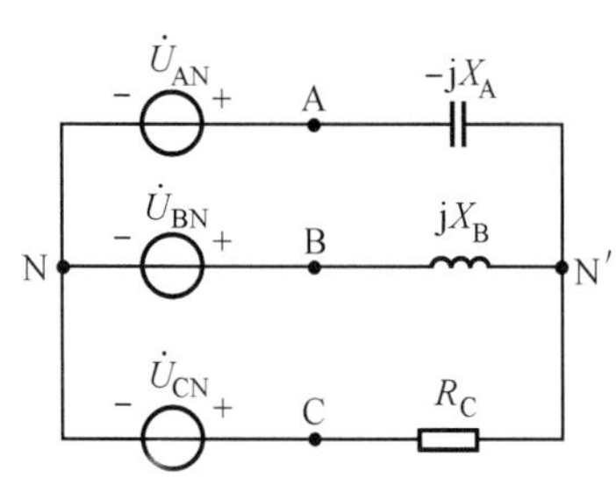

图 9-25 例 9.6 电路图

【例 9.6】 在图 9-25 所示电路中,已知电源为相电压 $U_p = 220$ V 的对称三相电源,负载阻抗 $X_A = X_B = R_C = 10\ \Omega$,求中性点 N 与 N′之间的电压和负载各相电压。

解 尽管三相负载的阻抗值相等,但由于性质不同,因此,仍为不对称三相电路。

令 $\dot{U}_{AN} = 220\angle 0°$ V,$\dot{U}_{BN} = 220\angle(-120°)$ V,$\dot{U}_{CN} = 220\angle 120°$ V,且采用节点分析法,有

$$\left(\frac{1}{-jX_A}+\frac{1}{jX_B}+\frac{1}{R_C}\right)U_{N'N}=\frac{\dot{U}_{AN}}{-jX_A}+\frac{\dot{U}_{BN}}{jX_B}+\frac{\dot{U}_{CN}}{R_C}$$

代入各参数得

$$\dot{U}_{N'N}=\frac{\dfrac{\dot{U}_{AN}}{-jX_A}+\dfrac{\dot{U}_{BN}}{jX_B}+\dfrac{\dot{U}_{CN}}{R_C}}{\dfrac{1}{-jX_A}+\dfrac{1}{jX_B}+\dfrac{1}{R_C}}=\frac{\dfrac{220}{-j10}+\dfrac{220\angle(-120°)}{j10}+\dfrac{220\angle 120°}{10}}{\dfrac{1}{-j10}+\dfrac{1}{j10}+\dfrac{1}{10}}\ \text{V}$$

$$=220[j-j\angle(-120°)+1\angle 120°]\ \text{V}=600\angle 120°\ \text{V}$$

负载各相的相电压分别为

$$\dot{U}_{AN'}=\dot{U}_{AN}-\dot{U}_{N'N}=(220\angle 0°-600\angle 120°)\ \text{V}=735\angle(-45°)\ \text{V}$$

$$\dot{U}_{BN'}=\dot{U}_{BN}-\dot{U}_{N'N}=[220\angle(-120°)-600\angle 120°]\ \text{V}=735\angle(-75°)\ \text{V}$$

$$\dot{U}_{CN'}=\dot{U}_{CN}-\dot{U}_{N'N}=(220\angle 120°-600\angle 120°)\ \text{V}=380\angle(-60°)\ \text{V}$$

从本例可以看出,在不对称的三相三线制 Y-Y 形连接电路中,尽管三相电源电压是对称的,但由于负载不对称,负载的中性点 N′与电源中性点 N 的电位不相等(即中性点之间的电压$\dot{U}_{N'N}$不等于零),称为中性点位移。显然,中性点的位移,使得负载各相的电压大小不相同,某些相的电压升高,某些相的电压降低,都将影响负载的正常工作。相电压升高,有可能使该相用电设备因超过额定工作电压而损坏(如白炽灯过热烧毁等);而相电压降低,使得用电设备不能正常工作(如白炽灯不亮等)。本例中各相的相电压都比额定工作电压 220 V 大许多,出现严重不对称的情况。为了使负载在不对称情况下中性点不发生位移或减少位移,以便保持负载各相尽可能正常工作,通常在低压供电配电系统中采用加接中线的方法,即采用三相四线制。即使出现了严重的不对称负载情况,只要有中线,供电线路上的各线电压、相电压也不会过大地偏离额定工作电压范围,从而保证各种单相负载和三相负载可靠地运行。

【例 9.7】 图 9-26(a)所示电路接至角频率为 ω 的对称三相正弦交流电源。已知 $R=\omega L=\dfrac{1}{\omega C}=100\ \Omega$,$R_0=200\ \Omega$,$R_A=R_B=R_C=300\ \Omega$,电源线电压 $U_L=380$ V,求电阻 R_0 两端电压。

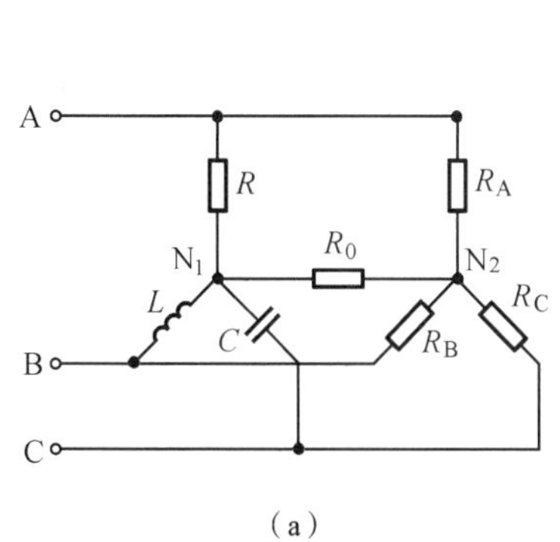

(a)

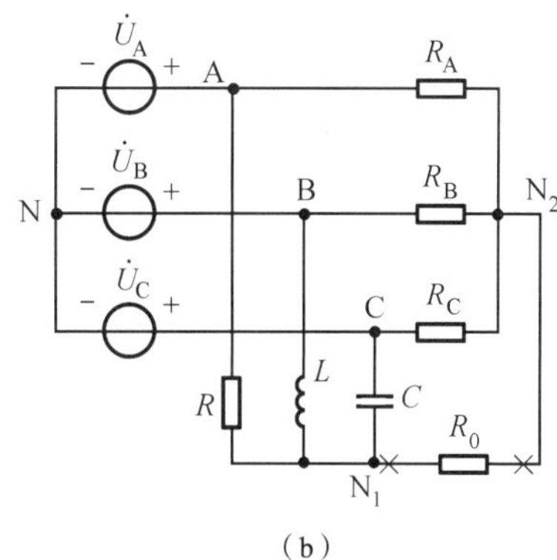

(b)

图 9-26 例 9.7 电路图

解 将图 9-26(a)所示电路改画为图 9-26(b)所示电路，其中的三相电源作 Y 形连接，中性点为 N，已知线电压为 380 V，故相电压 220 V。选 A 相电压为参考相量，即有

$$\dot{U}_A=220\angle 0^\circ\ \text{V},\quad \dot{U}_B=220\angle(-120^\circ)\ \text{V},\quad \dot{U}_C=220\angle 120^\circ\ \text{V}$$

本电路可采用戴维宁定理求解，把 R_0 以外的电路用等效电源代替。

(1) 求开路电压，将 R_0 支路断开后，对 N_1 点列节点方程

$$\left(\frac{1}{R}+\frac{1}{j\omega L}+j\omega C\right)\dot{U}_{N_1N}=\frac{\dot{U}_A}{R}+\frac{\dot{U}_B}{j\omega L}+j\omega C\dot{U}_C$$

$$\dot{U}_{N_1N}=\left(\frac{\dfrac{220}{100}+\dfrac{220\angle(-120^\circ)}{100\angle 90^\circ}+\dfrac{220\angle 120^\circ}{100\angle(-90^\circ)}}{\dfrac{1}{100}-j\dfrac{1}{100}+j\dfrac{1}{100}}\right)\ \text{V}=-161.05\ \text{V}$$

因为 $R_A=R_B=R_C$，所以 $\dot{U}_{N_2N}=0$，开路电压为

$$\dot{U}_{N_2N_1}=\dot{U}_{N_2N}-\dot{U}_{N_1N}=161.05\ \text{V}$$

(2) 求等效内阻抗。

$$Z_i=\frac{1}{\dfrac{1}{R}-j\dfrac{1}{\omega L}+j\omega C}+\frac{1}{\dfrac{1}{R_A}+\dfrac{1}{R_B}+\dfrac{1}{R_C}}=R+\frac{R_A}{3}=(100+100)\ \Omega=200\ \Omega$$

(3) 求 R_0 两端电压 $\dot{U}_{N_1N_2}$。

$$\dot{U}_{N_1N_2}=\frac{-161.05R_0}{R_0+Z_i}=\frac{-161.05\times 200}{200+200}\ \text{V}=-80.5\ \text{V}$$

所以，R_0 两端电压为 -80.5 V。

9.5 三相电路的功率计算

由功率守恒关系可知，三相负载的总平均功率应为各单相平均功率之和，即

$$P=P_a+P_b+P_c=U_{ap}I_{ap}\cos\varphi_a+U_{bp}I_{bp}\cos\varphi_b+U_{cp}I_{cp}\cos\varphi_c \tag{9-12}$$

式中：U_{ap}、U_{bp}、U_{cp} 及 I_{ap}、I_{bp}、I_{cp} 分别为各相的相电压和相电流；φ_a、φ_b、φ_c 为各相负载的阻抗角，即各相电压与电流的相位差角。同理，三相无功功率为

$$Q=Q_a+Q_b+Q_c=U_{ap}I_{ap}\sin\varphi_a+U_{bp}I_{bp}\sin\varphi_b+U_{cp}I_{cp}\sin\varphi_c \tag{9-13}$$

三相视在功率为

$$S=\sqrt{P^2+Q^2} \tag{9-14}$$

式(9-12)、式(9-13)、式(9-14)可适应任何三相电路功率的计算,即无论负载如何连接、是否对称均可使用。当三相负载对称时,则有

$$P=3P_a=3U_p I_p\cos\varphi \tag{9-15}$$

式中:U_p、I_p 为某相的相电压和相电流;φ 为某一相的阻抗角。当对称负载为 Y 形连接时,有 $U_1=\sqrt{3}U_p$,$I_1=I_p$,所以式(9-15)可写为

$$P=\sqrt{3}\sqrt{3}U_p I_p\cos\varphi=\sqrt{3}U_1 I_1\cos\varphi$$

当对称负载为△形连接时,有 $I_1=\sqrt{3}I_p$,$U_1=U_p$,所以式(9-15)也可写为

$$P=\sqrt{3}U_p\sqrt{3}I_p\cos\varphi=\sqrt{3}U_1 I_1\cos\varphi$$

所以,无论对称负载作 Y 形连接还是作△形连接,三相总平均功率都为

$$P=\sqrt{3}U_1 I_1\cos\varphi \tag{9-16}$$

同理,可以得到对称负载的总无功率为

$$Q=\sqrt{3}U_1 I_1\sin\varphi \tag{9-17}$$

对称负载时的视在功率为

$$S=\sqrt{3}U_1 I_1 \tag{9-18}$$

式中:U_1、I_1 分别为线电压和线电流;φ 为某一相的功率因数角或阻抗角。这里要特别强调,式(9-16)、式(9-17)和式(9-18)可用于任何连接方式的对称负载三相电路的功率计算,但不能用于不对称三相电路功率计算。

下面讨论三相瞬时功率。

设三相负载对称,A 相的电压、电流分别为

$$u_A=\sqrt{2}U\sin\omega t,\quad i_A=\sqrt{2}I\sin(\omega t-\varphi)$$

则其他各相电压、电流均由对称性所确定。因此,各相瞬时功率为

$$\begin{aligned}P_A&=u_N i_A=\sqrt{2}U\sin\omega t\sqrt{2}I\sin(\omega t-\varphi)\\&=UI[\cos\varphi-\cos(2\omega t-\varphi)]\end{aligned}$$

$$\begin{aligned}P_B&=u_B i_B=\sqrt{2}U\sin\omega t(-120^\circ)\sqrt{2}I\sin(\omega t(-120^\circ)-\varphi)\\&=UI[\cos\varphi-\cos(2\omega t(-240^\circ)-\varphi)]\end{aligned}$$

$$\begin{aligned}P_C&=u_C i_C=\sqrt{2}U\sin(\omega t+120^\circ)\sqrt{2}I\sin(\omega t+120^\circ-\varphi)\\&=UI[\cos\varphi-\cos(2\omega t+240^\circ-\varphi)]\end{aligned}$$

三相瞬时功率的和为

$$P=P_A+P_B+P_C=3UI\cos\varphi=\sqrt{3}U_1 I_1\cos\varphi$$

上式表明,对称三相负载所取得的瞬时功率为一个常量,其值等于三相平均功率。这是三相电路的一个重要特点。

由于电动机转轴上输出的转矩与电动机的瞬时功率成正比,所以三相电动机在任意时刻转轴上所输出的转矩恒定,这使得交流电动机可以稳定地转动。

9.6 三相电路的功率测量

三相功率的测量指的是三相平均功率 P 的测量。一般使用的测量工具是电动式

瓦特计，即功率表。它有两个线圈：一个是电压线圈；另一个是电流线圈。电压线圈的匝数较多，电流线圈的匝数较少。测量功率时，电压线圈与被测负载并联，电流线圈与被测负载串联。功率表在电路中的符号及接线方法如图 9-27 所示。

三相功率的测量可分为两种情况。在三相四线制系统中，三相功率的测量方法是：按照图 9-28 所示的方法连接功率表，测出每一相的功率 P_A、P_B、P_C，则三相总功率为

$$P=P_A+P_B+P_C$$

显然，三相四线制系统功率的测量，实际是按单相电路的原理进行分析的。

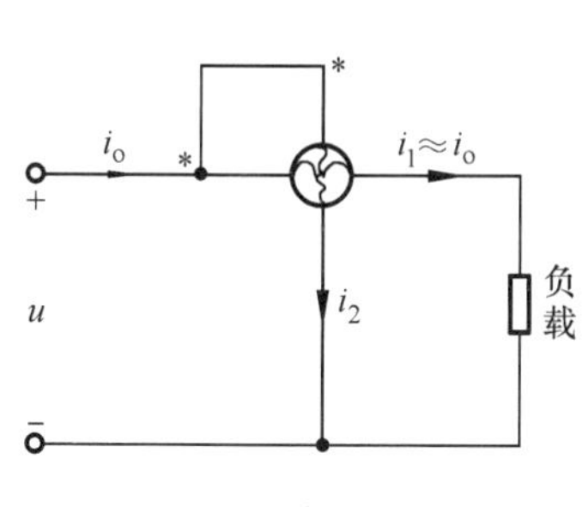

图 9-27 功率表接法

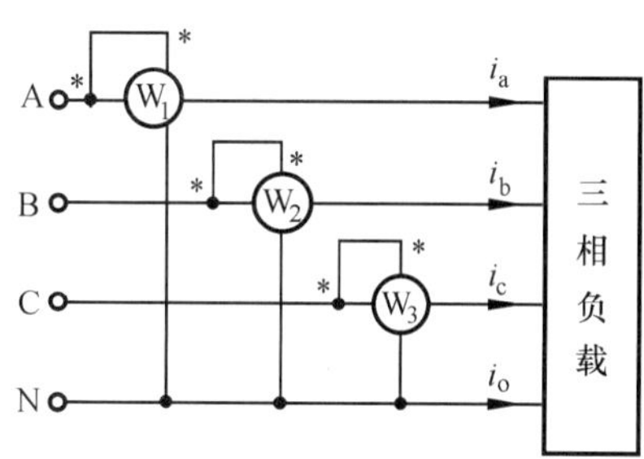

图 9-28 三表法测三相功率

下面讨论三相三线制电路功率的测量问题。

在电力系统中，经常要测量三相电路的功率。对于三相三线制的电路，不管其对称与否，均可用两只瓦特表测量出该三相电路的功率。两表法测量三相电路的总功率，接法是将两块功率表的电流线圈串到任意两相中间，而电压线圈的同名端接到电流线圈所串的线上，电压线圈的非同名端，接到另一相没有串功率表的线上，由此可以引申出三种形式的接线方法，如图 9-29 所示。

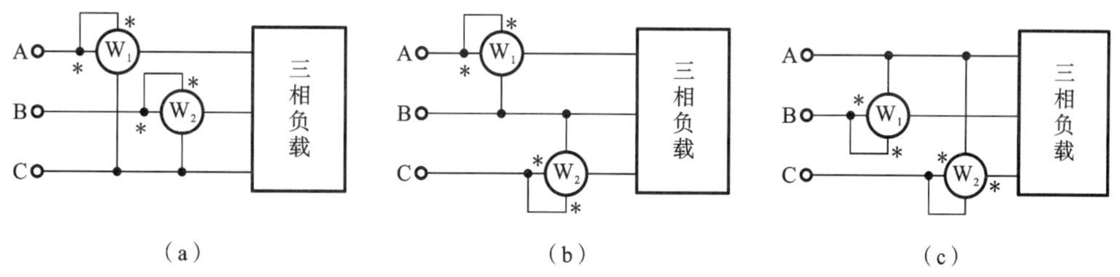

图 9-29 两表法测三相功率的三种接线方法

图 9-29(a)所示即为两瓦特表的一种连接方式。两瓦特表的电流线圈分别串入两端线(A,B)中，它们的电压线圈则分别跨接在这两条端线(A,B)与第三条端线(C)之间。可以看出，这种功率测量方法与负载及电源的连接方式无关，习惯上称为二瓦法。

可以证明，图 9-29 所示的是两个瓦特表读数的代数和，即为三相负载吸收的平均功率，设其读数分别为 W_1、W_2，按照瓦特表读数的原理有

$$P_1=\mathrm{Re}[\dot{U}_{AC}\dot{I}_A^*],\quad P_2=\mathrm{Re}[\dot{U}_{BC}\dot{I}_B^*]$$

$$P_1+P_2=\mathrm{Re}[\dot{U}_{AC}\dot{I}_A^*+\dot{U}_{BC}\dot{I}_B^*]$$

因为 $\dot{U}_{AC}=\dot{U}_A-\dot{U}_C,\quad \dot{U}_{BC}=\dot{U}_B-\dot{U}_C,\quad \dot{I}_A+\dot{I}_B=-\dot{I}_C$

代入上式得

$$P_1+P_2=\mathrm{Re}[\dot{U}_A\dot{I}_A^*+\dot{U}_B\dot{I}_B^*-\dot{U}_C(\dot{I}_A^*+\dot{I}_B^*)]$$

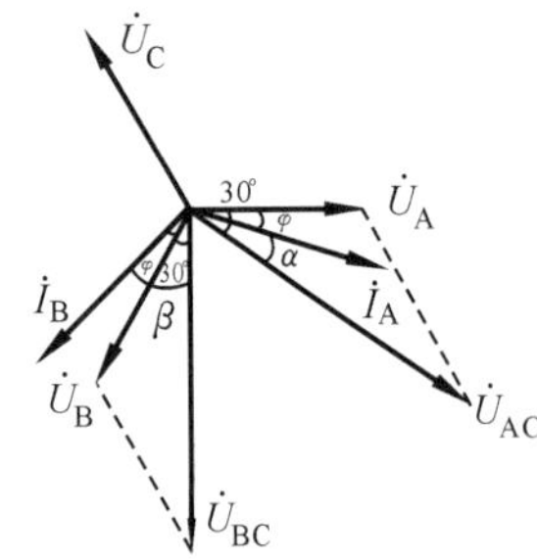

图 9-30 对称负载 Y 形连接时的相量图

$$\mathrm{Re}[\dot{U}_A\dot{I}_A^*+\dot{U}_B\dot{I}_B^*+\dot{U}_C\dot{I}_C^*]=\mathrm{Re}[\bar{S}_A+\bar{S}_B+\bar{S}_C]=\mathrm{Re}[\bar{S}]$$

上述结论可在对称三相电路中由图 9-30 所示相量图得到证明。

$$P_1=\mathrm{Re}[\dot{U}_{AC}\dot{I}_A^*]=U_{AC}I_A\cos(30°-\varphi) \quad (9\text{-}19\text{a})$$

$$P_2=\mathrm{Re}[\dot{U}_{BC}\dot{I}_B^*]=U_{BC}I_B\cos(30°+\varphi) \quad (9\text{-}19\text{b})$$

若将连接方式改为图 9-29(b)所示时，同理可以证明两个瓦特表读数的代数和即为三相负载吸收的平均功率。若三相负载为对称负载时，有

$$P_1=U_{AB}I_A\cos(\varphi+30°) \quad (9\text{-}20\text{a})$$

$$P_2=U_{CB}I_C\cos(\varphi-30°) \quad (9\text{-}20\text{b})$$

式中：φ 为负载阻抗角。根据式(9-19)、式(9-20)可知，当$|\varphi|=60°$时，其中的一个瓦特表读数为零；当$|\varphi|>60°$时，则其中一个瓦特表读数为负。求代数和时读数应取负值。

三相四线制电路不能用二瓦法测量三相电路的功率，其原因是一般情况下

$$\dot{I}_A+\dot{I}_B+\dot{I}_C\neq 0$$

【例 9.8】 已知△形连接的对称三相负载，每相阻抗 $Z=(10+\mathrm{j}15)\ \Omega$，接到 380 V 对称三相电源上。试求负载的有功功率、无功功率、视在功率及功率因数。

解 负载为△形连接时，每相负载上的相电压就是电源的线电压(因为无端线阻抗)，由 $Z=(10+\mathrm{j}15)\ \Omega$，可知其阻抗角为 56.3°。

$$I_P=\frac{380}{|Z|}=\frac{380}{\sqrt{10^2+15^2}}\ \mathrm{A}=21.1\ \mathrm{A}$$

所以得出三相负载的总功率为 $P_总$、$Q_总$、$S_总$ 分别为

$$P_总=3U_PI_P\cos\varphi=3\times380\times21.1\cos 56.3°\ \mathrm{W}=13346.2\ \mathrm{W}$$

$$Q_总=3U_PI_P\sin\varphi=3\times380\times21.1\sin 56.3°\ \mathrm{Var}=20011.8\ \mathrm{Var}$$

$$S_总=\sqrt{P_总^2+Q_总^2}=\sqrt{13344.2^2+20011.8^2}\ \mathrm{V\cdot A}=24054\ \mathrm{V\cdot A}$$

三相负载的功率因数为

$$\lambda=\cos\varphi=\cos 56.3°=0.555$$

【例 9.9】 图 9-31(a)所示电路中，已知负载吸收的有功功率 $P=2.4$ kW，功率因数 $\lambda=0.4$(感性负载)。试求：(1) 两个瓦特表的读数；(2) 功率因数提高到 0.8 时的瓦特表的读数。

解 (1) 用二瓦法测量功率时，两表读数分别为

$$P_1=U_LI_L\cos(\varphi-30°),\quad P_2=U_LI_L\cos(\varphi+30°)$$

又知 $P=P_1+P_2=2.4$ kW，$\varphi=\arccos 0.4=66.42°$，由

$$\frac{P_1}{P_2}=\frac{\cos(\varphi-30°)}{\cos(\varphi+30°)}=\frac{\cos 36.42°}{\cos 96.42°}=-8.887$$

即 $P_1=-8.887P_2$，将 P_1 值代入上式，有

$$P_1+P_2=-8.887P_2+P_2=2.4\times10^3\ \mathrm{W}$$

$$P_2=\frac{2.4\times10^3}{1-8.887}\ \mathrm{W}=-0.304\times10^3\ \mathrm{W}$$

$$P_1=P-P_2=[2.4\times10^3-(-0.304\times10^3)]\ \mathrm{W}=2.704\times10^3\ \mathrm{W}$$

(2) 功率因数提高到 0.8 时，应并联一组对称的三相电容，如图 9-31(b)所示，并联

电容之前 $\varphi=\varphi_1$，$Q_{前}=P\tan\varphi_1=2.4\times10^3\tan66.42°=5.5\times10^3$ Var；并入电容后有功功率不变，即 P 不变，由 $\cos\varphi_2=0.8$，所以 $\varphi_2=36.87°$，则有

$$Q_{后}=P\tan\varphi_2=2.4\times10^3\tan36.87°\ \text{Var}=1.8\times10^3\ \text{Var}$$

即并入三相电容必须产生3.7×10^3 Var 的无功功率。

$$\frac{P_1}{P_2}=\frac{\cos(\varphi_2-30°)}{\cos(\varphi_2+30°)}=\frac{\cos6.87°}{\cos66.87°}=2.53$$

所以 $P_1=2.53P_2$，则 $P=P_1+P_2=2.53P_2+P_2=(1+2.53)P_2$，所以

$$P_2=\frac{P}{1+2.53}=2.4\times10^3\div3.53\ \text{W}=0.68\times10^3\ \text{W}$$

$$P_1=P-P_2=(2.4\times10^3-0.68\times10^3)\ \text{W}=1.72\times10^3\ \text{W}$$

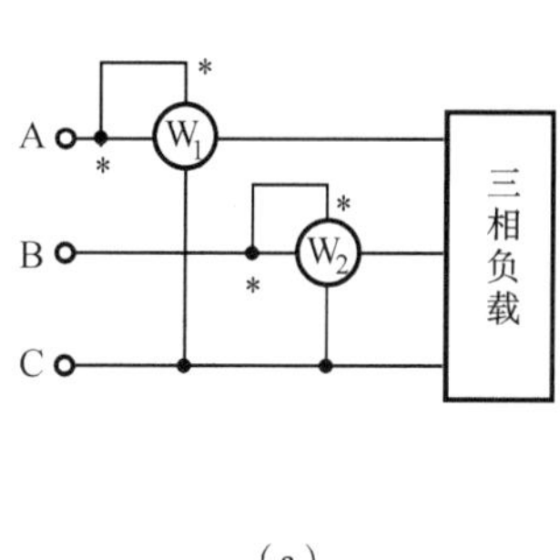

(a)

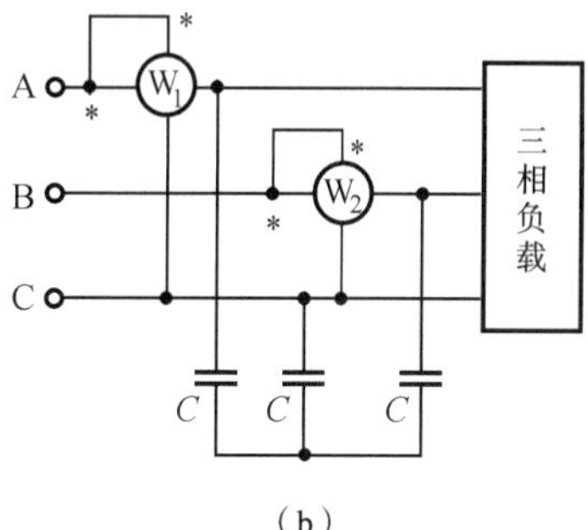

(b)

图 9-31 例 9.9 电路图

本章小结

(1) 三相电路在 Y 形连接时，无论有无中线，其线电流都等于相电流，即 $I_1=I_p$，但线电压等于其相应的两个相电压之差，即

$$\dot{U}_{AB}=\dot{U}_A-\dot{U}_B,\quad \dot{U}_{BC}=\dot{U}_B-\dot{U}_C,\quad \dot{U}_{CA}=\dot{U}_C-\dot{U}_A$$

当电源对称时，则线电压有效值等于相电压有效值的$\sqrt{3}$倍，即 $U_1=\sqrt{3}U_p$。在△形连接时，线电压等于相电压，即 $U_1=U_p$，但线电流等于相应的两个相电流之差，即

$$\dot{I}_A=\dot{I}_{AB}-\dot{I}_{CA},\quad \dot{I}_B=\dot{I}_{BC}-\dot{I}_{AB},\quad \dot{I}_C=\dot{I}_{CA}-\dot{I}_{BC}$$

当电流对称时，线电流的有效值等于相电流有效值的$\sqrt{3}$倍，即 $I_1=\sqrt{3}I_p$。

(2) 在 Y 形连接的对称三相电路中，由于电源中性点电位和负载中性点电位相等，故各相的电流仅由该相的电压和该相的阻抗所决定，与其他两相无关。因此各相的计算具有独立性，即可画出一相来计算其电流和电压，其他两相的电流和电压可根据电路的对称性直接写出。对于其他连接方式的对称三相电路，可通过 Y-△变换先转化成 Y 形连接后再计算。

(3) 对于电源对称负载不对称的三相电路，当负载作 Y 形连接时，其上电流和电压可先用节点分析法计算出中性点位移，然后依 KVL 来计算；当负载作△形连接时，可用 Y-△变换先化成 Y 形连接后再计算。

(4) 对称三相电路平均功率、无功功率与视在功率，是一相功率的 3 倍。它们可用相电压与相电流计算，也可用线电压与线电流计算，即

$$P=3U_pI_p\cos\varphi=\sqrt{3}U_1I_1\cos\varphi,\quad Q=3U_pI_p\sin\varphi=\sqrt{3}U_1I_1\sin\varphi,\quad S=3U_pI_p=\sqrt{3}U_1I_1$$

式中:φ 是某一相的阻抗角。

对称三相电路的功率因数,也就是一相的功率因数。

(5) 三相三线制电路不管是否对称,用两只功率表可以测量三相总的平均功率。

自测练习题

1. 思考题

(1) 什么是对称的三相交流电?什么是三相电路?什么是三相三线制供电?什么是三相四线制供电?

(2) 什么叫相序?说明对称三相电路中的相电压、线电压及相电流、线电流之间的关系。

(3) 电源和负载都是Y形连接的对称三相电路,有中线和无中线有何差别?三相四线制供电系统中,中线的作用是什么?

(4) 三相Y形连接电源的相电压相量为$\dot{U}_A=220\angle 30°$ V,$\dot{U}_B=220\angle 150°$ V,$\dot{U}_C=220\angle(-90°)$ V,问相序是怎样的?

(5) 一台三相电动机接在380 V的线路上使用,若功率为10 kW,功率因数为0.8,电流是多少?

(6) Y形连接对称负载每相阻抗$Z=(8+j6)$ Ω,线电压为220 V,试求各相电流,并计算三相总功率。设相序为A—B—C。

(7) 正相序三相对称电源向对称△形负载供电,已知线电流$\dot{I}_A=12\angle 40°$ A,试求负载的相电流$\dot{I}_{AB}$、$\dot{I}_{BC}$、$\dot{I}_{CA}$。

(8) 已知Y-Y形连接的对称三相电路,各相电流$I_A=I_B=I_C=1$ A,试求下列情况下各相电流及中线电流。

① 有中线,且其阻抗为零时:(a) A相断线;(b) A、B相断线。

② 无中线:(a) A相断线;(b) A相负载短路。

(9) 有一台三相发电机,其绕组接成Y形,每相额定电压为220 V。在一次试验时,用电压表量得相电压均为220 V,而线电压$U_{AB}=U_{CA}=220$ V,$U_{BC}=380$ V。试问这种现象是如何造成的?

2. 填空题

(1) 若对称三相电源Y形连接,每相电压有效值均为220 V,但B相的电压接反。则其线电压$U_{BC}=$______ V。

(2) 我国三相系统电源频率$f=$______ Hz,入户电压为______ V。

(3) 三相对称电路,其相序为A—B—C—A,已知电源A相电压为$u_A=220\cos(314t+30°)$ V,则$u_B=$______ V。

(4) 上一题中,线电压$u_{AB}=$______ V。

(5) 三相四线制中对称三相负载Y形连接,各相电流为3 A,则中线电流为______ A。

(6) 三相电路电源线电压为380 V,对称三相负载作△形连接,则各相负载上电压为______ V。

习　题

9-1 已知对称三相电路的△形负载每相阻抗为 $Z=8+j4\ \Omega$，电源为Y形连接，相电压为 $\dot{U}_A=100\angle 10°\ V$，求负载的线电流和相电流。

9-2 Y-Y形连接三相四线电路，电源对称、正序，线电压有效值为240 V，A相负载阻抗 $Z_A=3\angle 0°\ \Omega$，其他两相阻抗为 $Z_B=4\angle 60°\ \Omega$，$Z_C=5\angle 90°\ \Omega$，求每相电流及中线电流。

9-3 如图9-32所示对称三相电路，负载阻抗 $Z_L=(150+j150)\ \Omega$，传输线电阻和感抗分别为 $R_1=2\ \Omega$，$X_1=2\ \Omega$，负载线电压为380 V。求电源端的线电压。

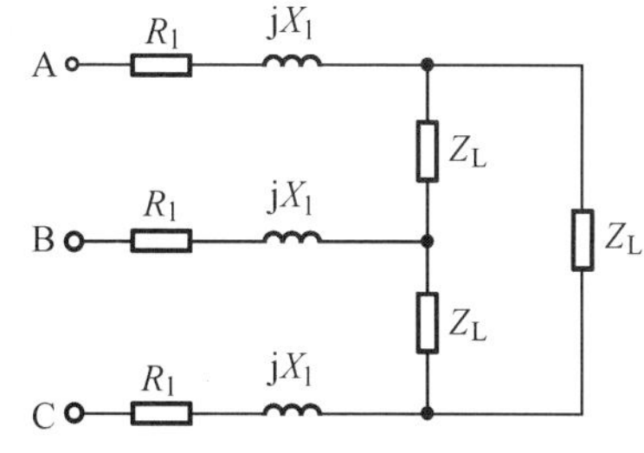

图9-32　题9-3电路

9-4 某三相对称负载，其每相阻抗 $Z=(8+j6)\ \Omega$，将负载连成Y形，接于线电压 $U_1=380\ V$ 的三相电源上。求相电压、线电流和三相有功功率。

9-5 一台三相电动机接在380 V的线路上使用，若功率为10 kW，功率因数为0.8，求电流。

9-6 对称Y-Y形连接的三相电路，线电压为208 V，负载吸收的平均功率为12 kW，$\lambda=0.8$(感性)，求负载每相的阻抗。

9-7 如图9-33所示电路，$U_{S1}=220\angle 0°\ V$，$\dot{U}_{S2}=220\angle(-120°)\ V$，$Z_1=j2\ \Omega$，$Z_2=(8-j6)\ \Omega$。求 $\dot{U}_{S1}$ 和 $\dot{U}_{S2}$ 各自提供的平均功率。

9-8 电路如图9-34所示，对称三相电源的线电压为380 V，负载 $Z_1=(50+j80)\ \Omega$。电动机D的有功功率 $P=1600\ W$，功率因数 $\cos\varphi=0.8$(滞后)。求：

(1) 三相电源发出的有功功率、无功功率和视在功率；

(2) 画出两瓦法测三相电源有功功率的接线图。

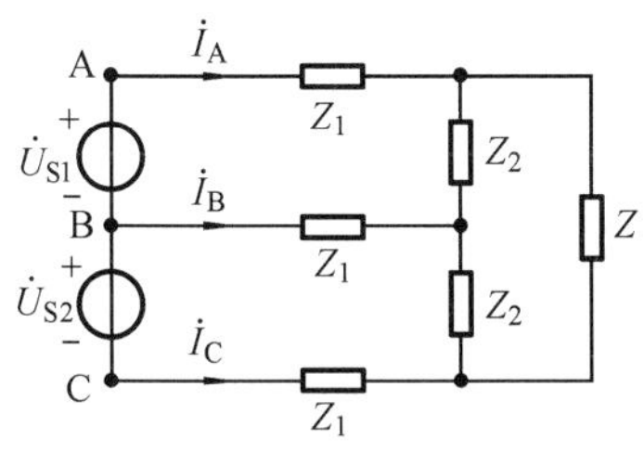

图9-33　题9-7电路

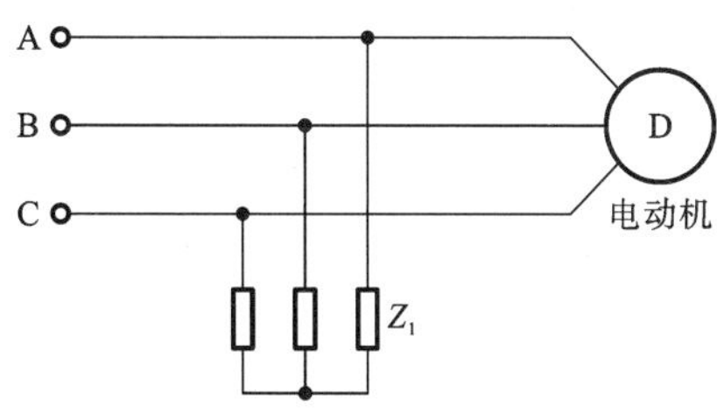

图9-34　题9-8电路

9-9 如图9-35所示对称三相电路，已知线路(复)阻抗 $Z_1=(1+j3)\ \Omega$，△形连接负载(复)阻抗 $Z=(15+j15)\ \Omega$，负载的三相功率 $P_Z=4500\ W$，求三相电源提供的功率 P。

9-10 如图9-36所示对称三相电路，已知电源线电压 $\dot{U}_{AB}=380\angle 0°\ V$，线电流 $\dot{I}_A=17.32\angle(-30°)\ A$，第一组负载的三相功率 $P_1=5.7\ kW$，$\cos\varphi_1=0.866$(滞后)，求第二组Y形连接负载的三相功率 P。

9-11 图 9-37 所示三相电路中,已知三相电源为对称电源,欲使中线电流 $I_N=0$,求 Y 形连接负载参数之间的关系。

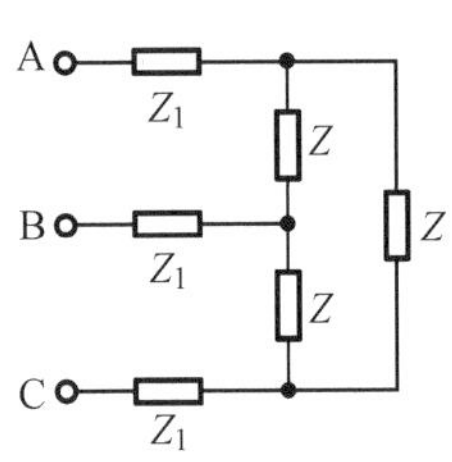

图 9-35 题 9-9 电路

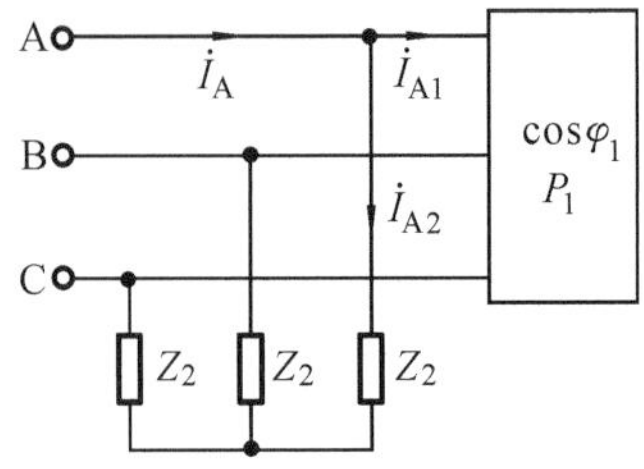

图 9-36 题 9-10 电路

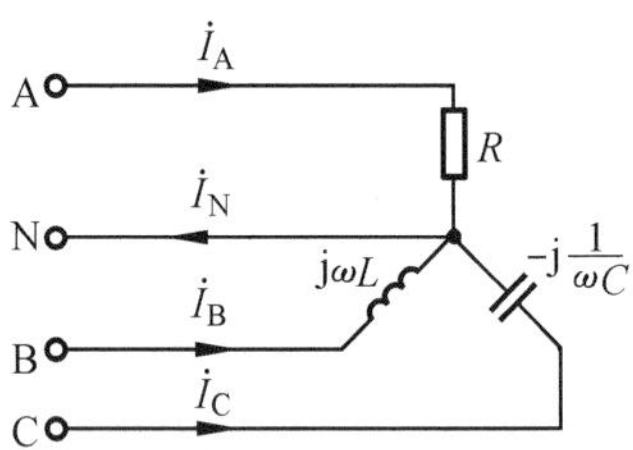

图 9-37 题 9-11 电路

9-12 如图 9-38 所示对称三相电路,已知电源端线电压 $U_1=300$ V,线路(复)阻抗 $Z_1=(1+j3)$ Ω,三相电源供出功率 $P=5400$ W,三相负载 Z 获得功率 $P_Z=4500$ W。求△形连接负载(复)阻抗 Z。

9-13 如图 9-39 所示三相电路,已知电源线电压 $U_1=380$ V。对称△形连接负载 $Z_1=(8+j6)$ Ω,Y 形连接对称负载 $Z_2=(9+j12)$ Ω,单相电阻负载 $R=1$ Ω。求图中两电流表的读数。

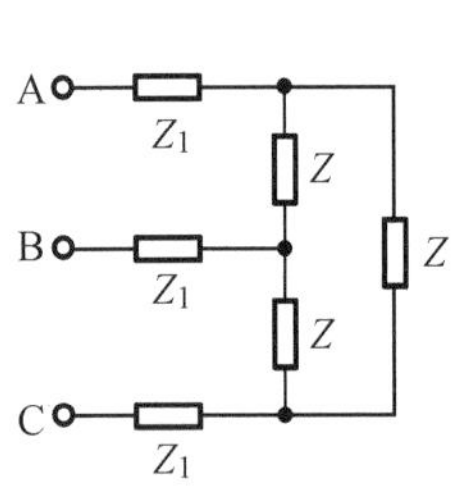

图 9-38 题 9-12 电路

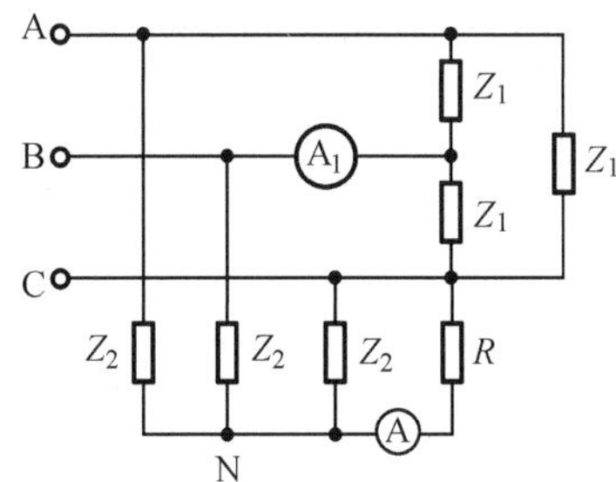

图 9-39 题 9-13 电路

9-14 如图 9-40 所示对称三相电路,已知电源线电压 $U_1=380$ V,Y 形负载复阻抗 $Z_1=(30+j40)$ Ω,△形负载复阻抗 $Z_2=(90+j20)$ Ω,线路复阻抗 $Z_3=5$ Ω,求:(1) △形连接负载复阻抗中相电流;(2) 图中功率表读数。

9-15 如图 9-41 所示三相电路,已知对称三相电源线电压 $U_1=380$ V,Y 形连接负载复阻抗 $Z=(15+j15)$ Ω,A′与 N′之间另接有单相负载,$R=1$ Ω,$\omega L=3$ Ω,试求:(1) 图中电流 $\dot{I}$;(2) 各线电流 $\dot{I}_A$、$\dot{I}_B$、$\dot{I}_C$。

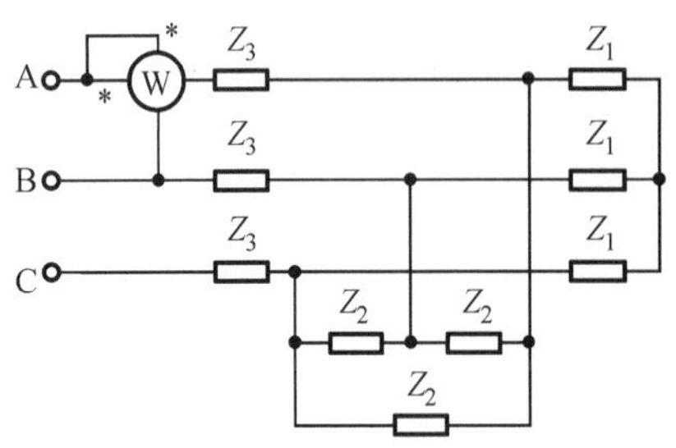

图 9-40 题 9-14 电路

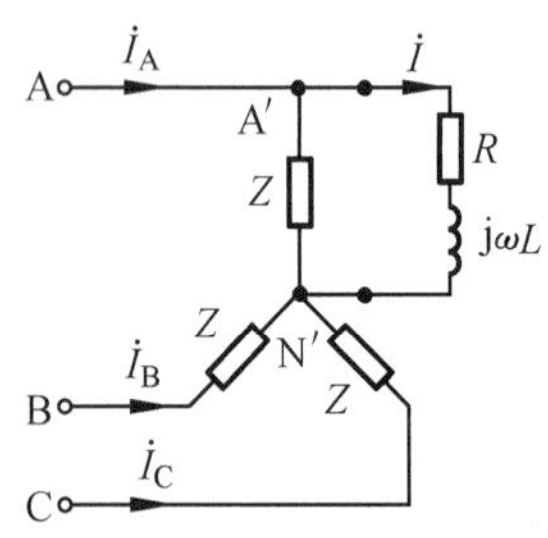

图 9-41 题 9-15 电路

9-16 如图 9-42 所示电路,A、B、C 接线电压为 380 V 的三相对称电源,$Z_1=(1+$

j2) Ω，$Z_2=(3+\mathrm{j}4)$ Ω，求 Z_L 为何值时其消耗的平均功率最大，并求此最大功率。

9-17 如图 9-43 所示三相对称电路，相序为 A→B→C，线电压 $U_l=380$ V，测得两瓦特表的读数分别为 $P_1=0$ W，$P_2=1.65$ kW。求负载阻抗的参数 R 和 X。

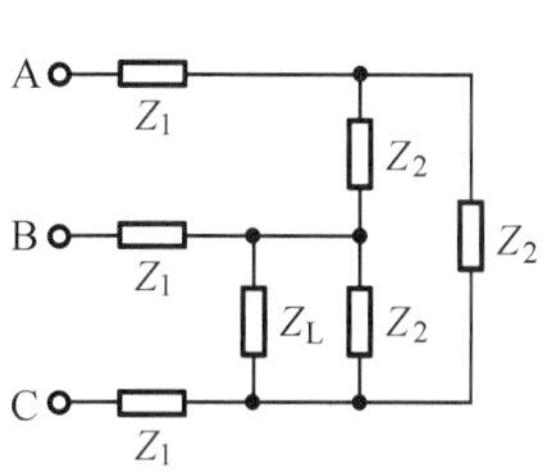

图 9-42 题 9-16 电路

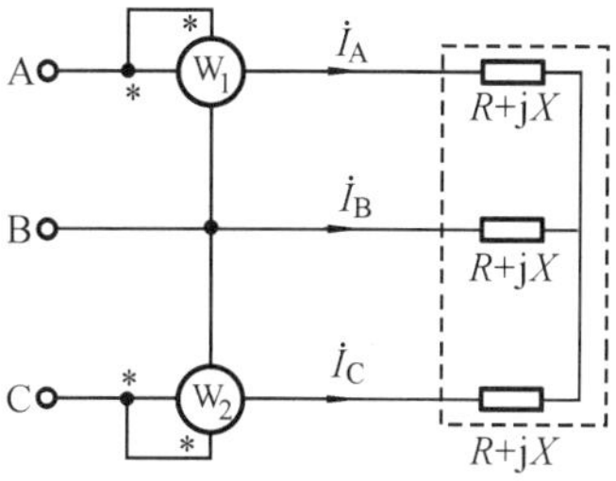

图 9-43 题 9-17 电路

9-18 若三相对称电路中△形连接负载每相电流为 1 A，求：

(1) 当 CA 相负载开路时，线电流 I_A 和 I_B；

(2) 当 B 端线断开时，线电流 I_A 和 I_B。

9-19 已知不对称△形连接负载其中一相的相电流 $\dot{I}_{ab}=10\angle(-120°)$ A 和线电流 $\dot{I}_b=15\angle 30°$ A，$\dot{I}_c=15\angle 120°$ A，求其余的两个相电流和线电流。

9-20 用二瓦法测量对称三相电路的功率，功率表Ⓐ读数为 800 W，功率表Ⓑ在把电流线圈反接后读数为 400 W，求三相总功率和功率因数。

9-21 如图 9-44 所示电路，对称三相电源供给不对称三相负载，用三只电流表测得线电流均为 20 A。试求中性线中电流表的读数。

9-22 如图 9-45 所示电路，已知线电压为 380 V，Y 形负载的功率为 10 kW，功率因数 $\lambda_1=0.85$（感性负载），△形负载的功率为 20 kW，功率因数 $\lambda_2=0.8$（感性负载），求：(1) 电源的线电流；(2) 电源的视在功率、有功功率、无功功率和功率因数。

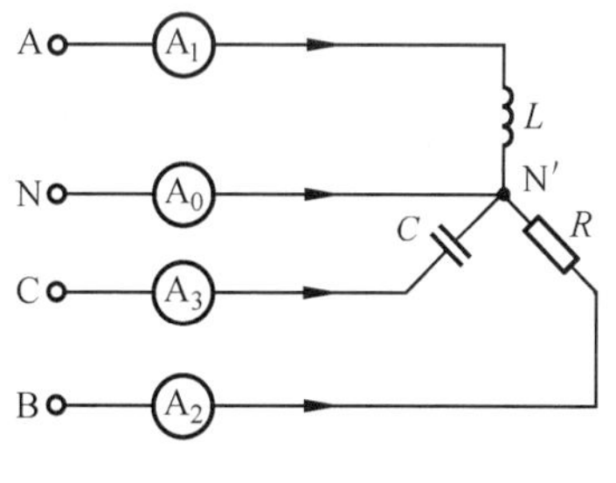

图 9-44 题 9-21 电路

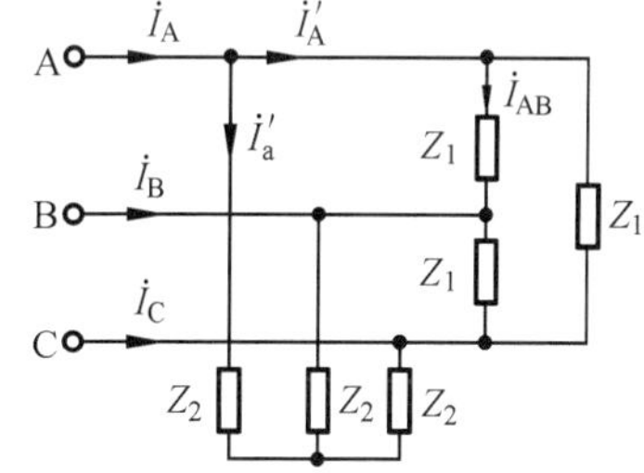

图 9-45 题 9-22 电路

9-23 如图 9-46 所示对称三相电路，线电压 $U_l=380$ V，频率 $f=50$ Hz，$Z=(16+\mathrm{j}12)$ Ω。试求：

(1) 电流表Ⓐ的读数；(2) 三相电路的总功率；(3) 接入一组 Y 形电容负载（图中虚线所示），使线路功率因数 $\lambda=0.95$，则电容 C 为何值？(4) 若将此电容改为与负载直接并联的△形连接，则此时 λ 为何值？

9-24 如图 9-47 所示，用二瓦法测量对称三相电路的功率，试证：

$$Q=\sqrt{3}(P_1-P_2),\quad \tan\varphi=\sqrt{3}\frac{P_1-P_2}{P_1+P_2}$$

其中 φ 为阻抗角。

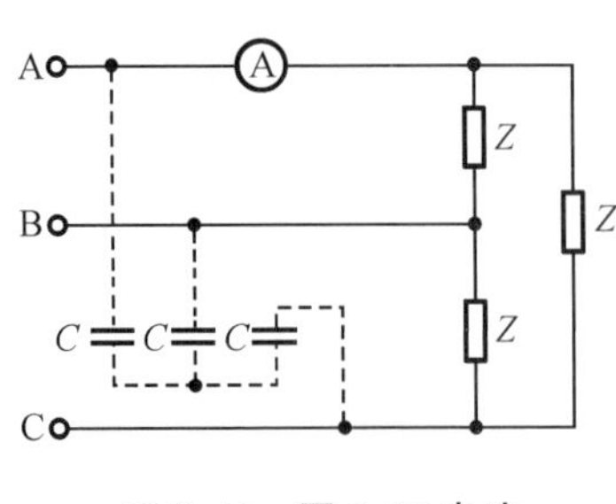

图 9-46　题 9-23 电路

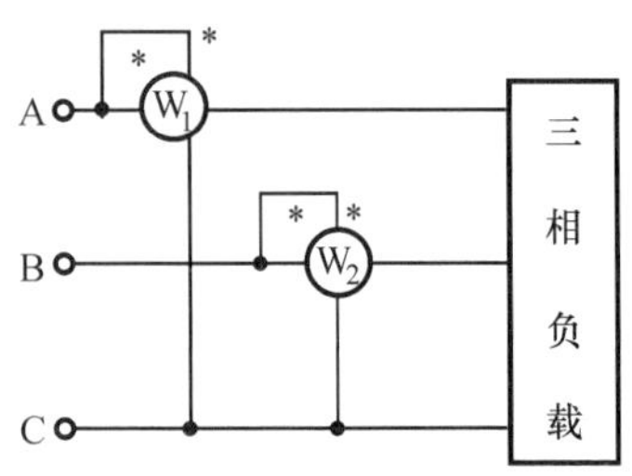

图 9-47　题 9-24 电路

应用分析案例

三相异步电动机 Y-△换接启动

三相异步电动机在工农业生产中应用极其广泛，直接起动电动机工作这种方法虽然简单，但由于电动机启动时电流较大，将使得线路电压下降，影响负载的正常工作，必须采取降压启动，也就是在启动时降低加在电动机定子绕组上的电压，以减少启动电流。通常工地用的电动机会采用 Y-△形降压启动。在电动机启动时将电动机接成 Y 形接线，当电动机启动成功后再将电动机改接成△形接线。如图 9-48 所示。通过开关迅速切换，即在启动时断开 Q_2，闭合 Q_3，此时绕组 Y 形连接，等到转速接近额定值时断开 Q_3，闭合 Q_2，绕组就换成△形连接，这样就降低了绕组上的电压，从而降低了启动电流。

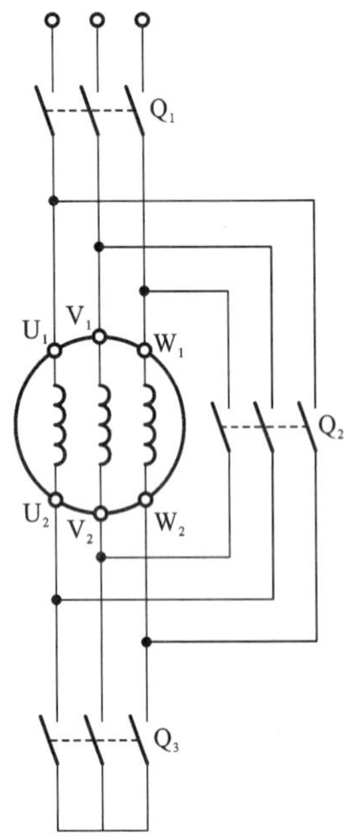

图 9-48　电路

假设图 9-48 中每相绕组的等效阻抗为 Z，如图9-49 所示，Y 形连接启动时每相绕组上的电压是正常运行时的$\frac{1}{\sqrt{3}}$。

当定子绕组 Y 形连接降压启动时，其线电流为

$$\dot{I}_{AY}=\frac{\dot{U}_{AN}}{Z}$$

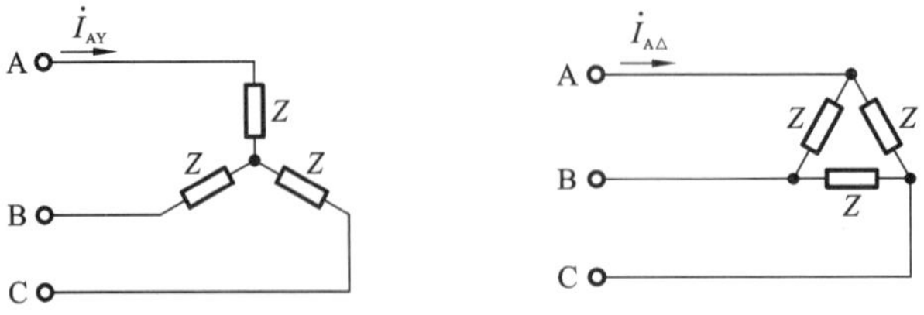

(a) 启动时绕组Y形连接　　(b) 正常运行时△形连接

图 9-49　电路

当定子绕组△形连接直接启动时，其线电流为

$$\dot{I}_{A\triangle}=\frac{\dot{U}_{AN}}{Z/3}=3\frac{\dot{U}_{AN}}{Z}$$

可得

$$I_{\triangle}=3I_{Y}$$

可见 Y 形连接降压启动时的线电流是直接启动时的$\frac{1}{3}$。由于电动机的转矩与电压平方成正比，所以电动机的转矩也减少到启动时的$\frac{1}{3}$。

可见绕组 Y 形连接很好地降低了启动电流，但由于转矩也减少到△形连接启动时的$\frac{1}{3}$，所以这种方法适合于轻载和空载启动。

总之，对电动机启动力矩无严格要求又要限制电动机启动电流且电动机满足 380 V/△形接线条件就可以采用 Y-△形连接启动方法。此时电网提供的启动电流只有全电压启动电流的 1/3，同时启动力矩也只有全电压启动力矩的 1/3。

Y-△降压启动是常见的降压启动方式，在实际工作中，电动机绕组 Y 形接法时电流小，每个绕组承受 220 V。呈△形接法时电流大，每个绕组承受 380 V。所以先 Y 形连接再△形换接的启动方式成本低，应用广泛。

Y-△启动属降压启动，它是以牺牲功率为代价换取降低启动电流来实现的，所以不能一概而论。以电动机功率的大小来确定是否需采用 Y-△启动，还要看是什么样的负载。

10

非正弦周期电流电路

本章介绍非正弦周期电流电路的分析方法，主要内容包括：非正弦周期电流电路的基本概念，非正弦周期函数的傅立叶级数；非正弦周期信号的有效值、平均值和功率；非正弦周期电流电路的一般分析方法；非正弦周期信号的频谱。

正弦信号是最简单、最基本的信号形式。将正弦信号作用到一个线性电路，电路中各部分的稳态响应(电流、电压)都是与信号同频率的正弦量。因此，能用"相量法"对单一频率正弦信号作用下的电路的稳态响应进行分析。如果是非正弦信号作用于电路，电路的分析就会变得相对复杂。工程实际中所涉及的信号，许多都是周期性非正弦的电压和电流信号。根据数学理论，非正弦周期信号在满足狄理赫利条件下，可以展开为恒定量和一系列与信号频率成整数倍的正弦量的叠加，即傅立叶级数。利用这一数学知识，再根据线性电路的叠加定理，按"相量法"可分别计算出恒定量以及每一频率的正弦量单独作用下电路产生的电压、电流分量，再把所得分量按时域形式进行叠加，就可得到电路在非正弦周期激励下的稳态电流和电压。这种分析方法亦称谐波分析法。

10.1 非正弦周期电流电路的基本概念

当稳态电路中的支路电流、电压为周期性的非正弦波时，称该电路为非正弦周期电流电路。按激励是否按正弦规律变化，电路又可分为激励为非正弦周期信号的非正弦周期电流电路和激励为正弦周期信号的非正弦周期电流电路。本书仅讨论激励为非正弦周期信号的线性时不变电路的稳态分析。在工程实际中，非正弦周期电流电路是一种常见电路。例如，在计算机电路、自动控制电路中，激励一般是方波信号，而电路中各元器件的电流和端电压是非正弦的周期性波形。又如，在通信系统中传输的各种信号，如收音机、电视机接收到的信号的电压和电流都是非正弦波。再如，在电力和电子技术中常用的整流电路中，虽然激励是正弦电源，但因电路中含有二极管这种非线性器件，因此电路输出的是非正弦的周期性波形。由此可见，非正弦周期电流电路的相关概念及其分析方法在工程应用中有着十分重要的意义。

10.1.1 非正弦周期信号

由于在工程实际中所遇到的大多是非正弦周期信号，即使是交流电源，也或多或少与正弦波形有些差别。图 10-1 所示的是几种常见的非正弦周期信号的波形。

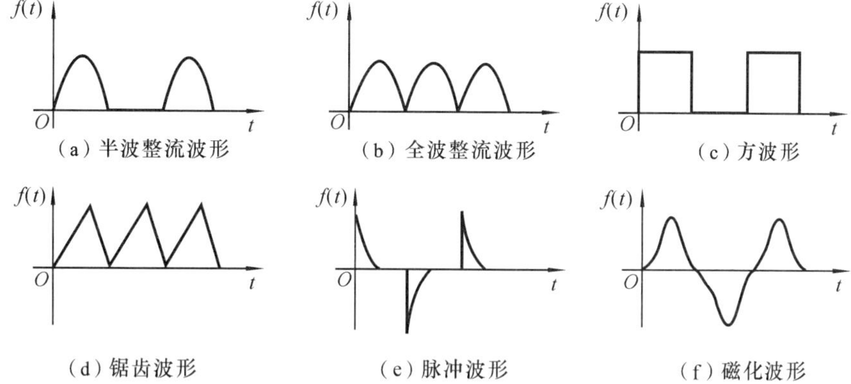

图 10-1 非正弦周期信号波形

非正弦信号的函数 $f(t)$不能简单地用一个正弦或余弦函数来表示。信号的周期性，是指每隔一个周期时间，信号的函数便重复一次，即函数 $f(t)$满足下式

$$f(t+kT)=f(t) \tag{10-1}$$

式中:k 是整数,T 是函数的周期。下一节中将要对这样的信号进行变换处理。

10.1.2 信号的对称性

有一些周期信号，存在特殊的性质。下面介绍几种具有对称性的周期信号，如图 10-2 所示信号的函数。利用对称性有时可以简化一些计算，因此了解函数的对称性将对后续的分析计算有帮助。

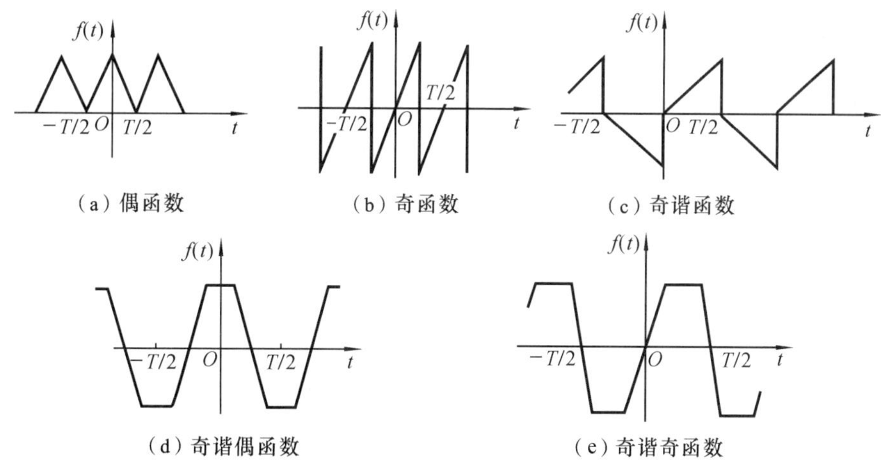

图 10-2 函数的对称性

1. 偶函数(纵轴对称)

若信号波形相对于纵轴对称，即满足如下函数关系

$$f(-t)=f(t) \tag{10-2}$$

则 $f(t)$是偶函数。例如，函数 $f_1(t)=t^2$、$f_2(t)=\cos t$ 以及图 10-2(a)所示的波形的函数就是偶函数。偶函数有如下性质:

$$\int_{-T/2}^{T/2} f(t)\,\mathrm{d}t = 2\int_{0}^{T/2} f(t)\,\mathrm{d}t \tag{10-3a}$$

$$\int_{-T/2}^{T/2} f(t)\cos k\omega t\,\mathrm{d}t = 2\int_{0}^{T/2} f(t)\cos k\omega t\,\mathrm{d}t \tag{10-3b}$$

$$\int_{-T/2}^{T/2} f(t)\sin k\omega t\,\mathrm{d}t = 0 \tag{10-3c}$$

式中:k 为整数,$\omega=2\pi/T$。

式(10-3a)比较容易理解。对于式(10-3b),由于 $f(t)$和 $\cos k\omega t$ 都是偶函数,则它们的乘积 $f(t)\cos k\omega t$ 也是偶函数,再利用式(10-3a)可以得证。对于式(10-3c),由于 $\sin k\omega t$ 是奇函数,则乘积 $f(t)\sin k\omega t$ 也是奇函数,利用式(10-5a)可以得证。

式(10-3b)和式(10-3c)也可以用图来解释。如图 10-3 所示,实线表示偶函数$f(t)$的波形,虚线分别表示 $\cos\omega t$ 和 $\sin\omega t$ 的波形。观察图 10-3(a),由于 $f(t)$和 $\cos\omega t$ 两个函数都相对于纵轴对称,相乘后 $f(t)\cos\omega t$ 的前半周与后半周仍以纵轴对称,相对应的值的大小和符号完全相同,也就是它们在一个周期内的积分等于半个周期内积分的 2 倍。再观察图 10-3(b),$f(t)$和 $\sin\omega t$ 相乘后 $f(t)\sin\omega t$ 的前半周与后半周相对应的值大小相同,符号相反,也就是它们在一个周期内的积分等于 0。

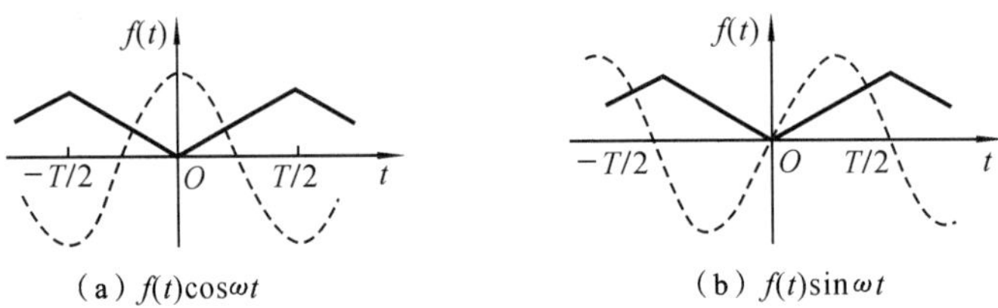

图 10-3 偶函数性质说明

2. 奇函数(原点对称)

若信号波形相对于纵轴反对称,即满足如下函数关系

$$f(-t) = -f(t) \tag{10-4}$$

则 $f(t)$是奇函数。例如,函数 $f_1(t)=t^3$、$f_2(t)=\sin t$ 以及图 10-2(b)所示的波形函数就是奇函数,奇函数右半平面的波形绕原点旋转 180°后与左半平面的波形重合。奇函数有如下性质

$$\int_{-T/2}^{T/2} f(t)\,\mathrm{d}t = 0 \tag{10-5a}$$

$$\int_{-T/2}^{T/2} f(t)\cos k\omega t\,\mathrm{d}t = 0 \tag{10-5b}$$

$$\int_{-T/2}^{T/2} f(t)\sin k\omega t\,\mathrm{d}t = 2\int_{0}^{T/2} f(t)\sin k\omega t\,\mathrm{d}t \tag{10-5c}$$

关于奇函数和偶函数,还有其他一些性质,列举如下:

(1) 两个偶函数的乘积仍是偶函数;

(2) 两个奇函数的乘积是偶函数;

(3) 一个奇函数与一个偶函数的乘积是奇函数;

(4) 两个偶函数的和、差仍是偶函数;

(5) 两个奇函数的和、差仍是奇函数;

(6) 一个奇函数与一个偶函数的和、差既不是奇函数又不是偶函数。

3. 奇谐函数

若信号波形的后半周是前半周的上下反转，即满足如下函数关系

$$f\left(t+\frac{T}{2}\right)=-f(t) \tag{10-6}$$

则 $f(t)$是奇谐函数。例如，函数 $f_1(t)=\sin t$、$f_2(t)=\cos t$ 以及图 10-2(c)所示的波形函数是奇谐函数。奇谐函数有如下性质

$$\int_{-T/2}^{T/2} f(t)\mathrm{d}t=0 \tag{10-7a}$$

$$\int_{-T/2}^{T/2} f(t)\cos k\omega t\,\mathrm{d}t=\begin{cases}2\int_0^{T/2} f(t)\cos k\omega t\,\mathrm{d}t & (k\text{ 为奇数})\\ 0 & (k\text{ 为偶数})\end{cases} \tag{10-7b}$$

$$\int_{-T/2}^{T/2} f(t)\sin k\omega t\,\mathrm{d}t=\begin{cases}2\int_0^{T/2} f(t)\sin k\omega t\,\mathrm{d}t & (k\text{ 为奇数})\\ 0 & (k\text{ 为偶数})\end{cases} \tag{10-7c}$$

读者可以仿照图 10-3 绘制 $f(t)\cos\omega t$、$f(t)\sin\omega t$、$f(t)\cos 2\omega t$ 及 $f(t)\sin 2\omega t$ 的图形来解释式(10-7b)和式(10-7c)。

以上介绍的三种波形对称性称为基本对称性，下面再介绍两种组合对称性。

观察图 10-2 所示波形，应注意到：

(1) 奇谐函数与波形起点位置的选择无关，即将波形平移一段距离，它的性质不变；

(2) 奇函数或偶函数与波形起点位置有关，如将波形平移一段距离后，它的性质会发生变化。

4. 奇谐偶函数

若信号既是偶函数又是奇谐函数，即同时满足下面两个函数关系

$$f(-t)=f(t),\quad f\left(t+\frac{T}{2}\right)=-f(t) \tag{10-8}$$

则 $f(t)$是奇谐偶函数。例如，函数 $f(t)=\cos t$ 以及图 10-2(d)所示的波形函数是奇谐偶函数。奇谐偶函数具备偶函数和奇谐函数的综合性质，有

$$\int_{-T/2}^{T/2} f(t)\mathrm{d}t=0 \tag{10-9a}$$

$$\int_{-T/2}^{T/2} f(t)\cos k\omega t\,\mathrm{d}t=\begin{cases}2\int_0^{T/2} f(t)\cos k\omega t\,\mathrm{d}t & (k\text{ 为奇数})\\ 0 & (k\text{ 为偶数})\end{cases} \tag{10-9b}$$

$$\int_{-T/2}^{T/2} f(t)\sin k\omega t\,\mathrm{d}t=0 \tag{10-9c}$$

5. 奇谐奇函数

若信号既是奇函数又是奇谐函数，即同时满足下面两个函数关系

$$f(-t)=-f(t),\quad f\left(t+\frac{T}{2}\right)=-f(t) \tag{10-10}$$

则 $f(t)$是奇谐奇函数。例如，函数 $f(t)=\sin t$ 以及图 10-2(e)所示的波形函数是奇谐奇函数。奇谐奇函数具备奇函数和奇谐函数的综合性质，有

$$\int_{-T/2}^{T/2} f(t)\,\mathrm{d}t = 0 \tag{10-11a}$$

$$\int_{-T/2}^{T/2} f(t)\cos k\omega t\,\mathrm{d}t = 0 \tag{10-11b}$$

$$\int_{-T/2}^{T/2} f(t)\sin k\omega t\,\mathrm{d}t = \begin{cases} 2\int_{0}^{T/2} f(t)\sin k\omega t\,\mathrm{d}t & (k\text{ 为奇数}) \\ 0 & (k\text{ 为偶数}) \end{cases} \tag{10-11c}$$

10.2 周期信号的傅立叶级数展开

10.2.1 傅立叶分析

1. 傅立叶级数及分析

由高等数学已知,任意一个周期为 T 的周期函数 $f(t)$,若满足如下的三个充分条件(称为“狄理赫利”条件),则它可以展开成一个收敛的傅立叶级数。

(1) 在一个周期内,连续或只存在有限个间断点。

(2) 在一个周期内,只有有限个极大值或极小值。

(3) 在一个周期内,函数绝对可积,即积分 $\int_{-T/2}^{T/2} |f(t)|\,\mathrm{d}t$ 为有限值。

该傅立叶级数为

$$\begin{aligned} f(t) &= a_0 + (a_1\cos\omega t + b_1\sin\omega t) + (a_2\cos 2\omega t + b_2\sin 2\omega t) \\ &\quad + \cdots + (a_k\cos k\omega t + b_k\sin k\omega t) + \cdots \\ &= a_0 + \sum_{k=1}^{\infty}(a_k\cos k\omega t + b_k\sin k\omega t) \end{aligned} \tag{10-12}$$

式中:$\omega = 2\pi/T$;傅立叶系数 a_0、a_k 和 b_k 按下列公式计算。

$$a_0 = \frac{1}{T}\int_0^T f(t)\,\mathrm{d}t = \frac{1}{T}\int_{-T/2}^{T/2} f(t)\,\mathrm{d}t \tag{10-13a}$$

$$a_k = \frac{2}{T}\int_0^T f(t)\cos k\omega t\,\mathrm{d}t = \frac{2}{T}\int_{-T/2}^{T/2} f(t)\cos k\omega t\,\mathrm{d}t \tag{10-13b}$$

$$b_k = \frac{2}{T}\int_0^T f(t)\sin k\omega t\,\mathrm{d}t = \frac{2}{T}\int_{-T/2}^{T/2} f(t)\sin k\omega t\,\mathrm{d}t \tag{10-13c}$$

根据三角函数公式,式(10-12)中的同频率正弦项和余弦项(括号内的两项)可以合并,合并后的傅立叶级数的另一种形式为

$$\begin{aligned} f(t) &= A_0 + A_1\sin(\omega t + \theta_1) + A_2\sin(2\omega t + \theta_2) + \cdots \\ &\quad + A_k\sin(k\omega t + \theta_k) + \cdots \\ &= A_0 + \sum_{k=1}^{\infty} A_k\sin(k\omega t + \theta_k) \end{aligned} \tag{10-14}$$

式(10-14)中的系数与式(10-12)的系数关系如下:

$$A_0 = a_0 \tag{10-15a}$$

$$A_k = \sqrt{a_k^2 + b_k^2} \tag{10-15b}$$

$$a_k = A_k\sin\theta_k \tag{10-15c}$$

$$b_k = A_k\cos\theta_k \tag{10-15d}$$

$$\theta_k=\arctan(a_k/b_k) \tag{10-15e}$$

对式(10-14)中的各项做如下的说明：

(1) 常数项 A_0 是 $f(t)$ 的直流分量(或恒定分量)，又称为零次谐波，它的大小是 $f(t)$ 在一个周期内的平均值；

(2) $A_1\sin(\omega t+\theta_1)$ 项是 $f(t)$ 的 1 次谐波分量，又称为基波分量，与 $f(t)$ 有同样的频率；

(3) $A_2\sin(2\omega t+\theta_2)$ 项是 $f(t)$ 的 2 次谐波分量，频率是 $f(t)$ 的 2 倍；

(4) 依此类推，其他项分别是 3 次，4 次，…，k 次谐波分量；

(5) 2 次及 2 次以上的分量通称为高次谐波；

(6) k 为奇数的分量称为奇次谐波，k 为偶数的分量称为偶次谐波。

式(10-14)所列傅立叶级数采用正弦三角函数形式，傅立叶级数也可以用余弦三角函数形式表示

$$f(t)=A_0+\sum_{k=1}^{\infty}A_k\cos(k\omega t+\varphi_k) \tag{10-16}$$

式(10-16)中的系数与式(10-12)、式(10-14)的系数关系如下：

$$A_0=a_0 \tag{10-17a}$$

$$A_k=\sqrt{a_k^2+b_k^2} \tag{10-17b}$$

$$a_k=A_k\cos\varphi_k \tag{10-17c}$$

$$b_k=-A_k\sin\varphi_k \tag{10-17d}$$

$$\varphi_k=\arctan(-b_k/a_k)=\theta_k-\frac{\pi}{2} \tag{10-17e}$$

将周期函数展开为一系列谐波之和的傅立叶级数称为谐波分析或傅立叶分析。

【例 10.1】 试将图 10-4 所示周期性矩形波信号展开为傅立叶级数。

解 观察图 10-4 所示波形，$f(t)$ 在一个周期内的表达式为

$$f(t)=\begin{cases}1, & 0\leqslant t<T/2\\ 0, & T/2\leqslant t\leqslant T\end{cases}$$

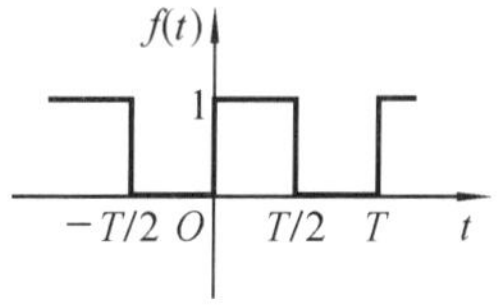

图 10-4 矩形波

下面按照式(10-13)计算傅立叶系数

$$a_0=\frac{1}{T}\int_0^T f(t)\mathrm{d}t=\frac{1}{T}\int_0^{T/2}\mathrm{d}t=\frac{1}{2}$$

$$a_k=\frac{2}{T}\int_0^T f(t)\cos k\omega t\,\mathrm{d}t=\frac{2}{T}\int_0^{T/2}\cos k\omega t\,\mathrm{d}t=\frac{1}{k\pi}(\sin k\omega t)_0^{T/2}=\frac{1}{k\pi}\sin k\pi=0$$

$$b_k=\frac{2}{T}\int_0^T f(t)\sin k\omega t\,\mathrm{d}t=\frac{2}{T}\int_0^{T/2} f(t)\sin k\omega t\,\mathrm{d}t=-\frac{1}{k\pi}(\cos k\omega t)_0^{T/2}$$

$$=-\frac{1}{k\pi}(\cos k\pi-1)=\begin{cases}\dfrac{2}{k\pi} & (k\text{ 为奇数})\\ 0 & (k\text{ 为偶数})\end{cases}$$

于是，按照式(10-12)求得傅立叶级数为

$$f(t)=\frac{1}{2}+\frac{2}{\pi}\sin\omega t+\frac{2}{3\pi}\sin 3\omega t+\frac{2}{5\pi}\sin 5\omega t+\cdots$$

式中：$\omega=2\pi/T$。上式说明该矩形波只含有直流分量和奇次谐波正弦分量。

2. 简化计算

上一节介绍了函数对称性的性质，利用函数波形的对称性质，在计算傅立叶系数

a_0、a_k、b_k 时,可以简化积分的计算。

函数的对称性与傅立叶系数的关系如表 10-1 所示。

表 10-1 函数的对称性与傅立叶系数的关系

函数 $f(t)$	波形举例	直流分量 a_0	余弦分量 a_k	正弦分量 b_k
偶函数 $f(-t)=f(t)$		$\frac{2}{T}\int_0^{T/2} f(t)\mathrm{d}t$	$\frac{4}{T}\int_0^{T/2} f(t)\cos k\omega t\,\mathrm{d}t$ $(k=1,2,3,\cdots)$	0
奇函数 $f(-t)=-f(t)$		0	0	$\frac{4}{T}\int_0^{T/2} f(t)\sin k\omega t\,\mathrm{d}t$ $(k=1,2,3,\cdots)$
奇谐函数 $f\left(t+\frac{T}{2}\right)=-f(t)$		0	$\frac{4}{T}\int_0^{T/2} f(t)\cos k\omega t\,\mathrm{d}t$ $(k=1,3,5,\cdots)$	$\frac{4}{T}\int_0^{T/2} f(t)\sin k\omega t\,\mathrm{d}t$ $(k=1,3,5,\cdots)$
奇谐偶函数 $f(-t)=f(t)$ $f\left(t+\frac{T}{2}\right)=-f(t)$		0	$\frac{4}{T}\int_0^{T/2} f(t)\cos k\omega t\,\mathrm{d}t$ $(k=1,3,5,\cdots)$	0
奇谐奇函数 $f(-t)=-f(t)$ $f\left(t+\frac{T}{2}\right)=-f(t)$		0	0	$\frac{4}{T}\int_0^{T/2} f(t)\sin k\omega t\,\mathrm{d}t$ $(k=1,3,5,\cdots)$

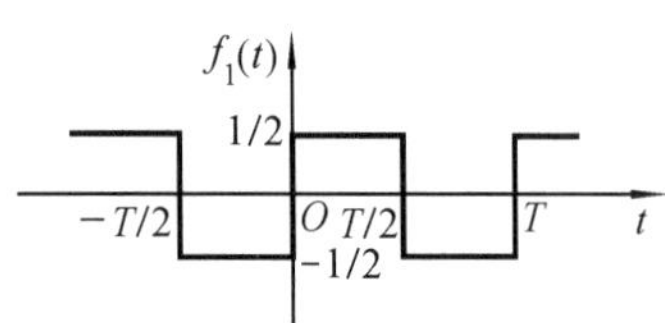

图 10-5 图 10-4 波形下移后的矩形波

将图 10-4 所示的波形下移 1/2,可以得到图10-5所示的波形,于是 $f(t)=f_1(t)+1/2$。可以看出,$f_1(t)$是奇谐奇函数,对照表 10-1,$f_1(t)$只含有奇次正弦分量,而其他分量都为零。

$$a_0=a_k=0$$

$$b_k=\frac{4}{T}\int_0^{T/2} f(t)\sin k\omega t\,\mathrm{d}t=\frac{4}{T}\int_0^{T/2}\frac{1}{2}\sin k\omega t\,\mathrm{d}t$$

$$=\frac{2}{k\pi},\quad k=1,3,5,\cdots$$

所以

$$f_1(t)=\frac{2}{\pi}\sin\omega t+\frac{2}{3\pi}\sin 3\omega t+\frac{2}{5\pi}\sin 5\omega t+\cdots$$

与上例比较，得到的结果是一样的。

将波形适当地进行变换，使它具有对称性，可以令傅立叶分析变得简单些。

【例 10.2】 试将图 10-6 所示半波整流波形展开成傅立叶级数。

解　很明显 $f(t)$ 是偶函数，周期 $T=2\pi$，频率 $\omega=2\pi/T=1$ rad/s。波形在一个周期内的表达式为

$$f(t)=\begin{cases}\cos t, & -0.5\pi\leqslant t\leqslant 0.5\pi\\ 0, & \text{其他}\end{cases}$$

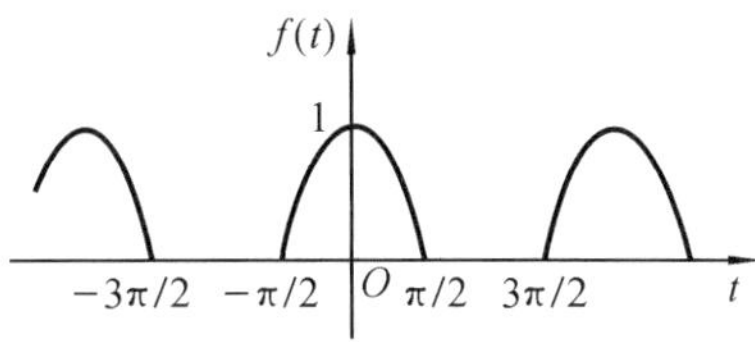

图 10-6　半波整流波形

根据对称性，有

$$b_k=0$$

$$a_0=\frac{2}{T}\int_0^{T/2}f(t)\mathrm{d}t=\frac{2}{2\pi}\int_0^{T/2}\cos t\mathrm{d}t=\frac{1}{\pi}\left[\sin t\right]_0^{0.5\pi}=\frac{1}{\pi}$$

$$a_k=\frac{4}{T}\int_0^{T/2}f(t)\cos k\omega t\mathrm{d}t=\frac{4}{2\pi}\int_0^{T/2}\cos t\cos kt\mathrm{d}t$$

$$=\frac{2}{\pi}\int_0^{T/2}\frac{1}{2}\left[\cos(k+1)t+\cos(k-1)t\right]\mathrm{d}t$$

式中，当 $k=1$ 时，有

$$a_1=\frac{1}{\pi}\int_0^{T/2}\frac{1}{2}\left[\cos(2t+1)t\right]\mathrm{d}t=\frac{1}{\pi}\left(\frac{\sin 2t}{2}+t\right)_0^{0.5\pi}=\frac{1}{2}$$

当 $k>1$ 时，有

$$a_k=\frac{1}{\pi}\int_0^{T/2}\left[\cos(k+1)t+\cos(k-1)t\right]\mathrm{d}t$$

$$=\frac{\sin(k+1)\pi/2}{(k+1)\pi}+\frac{\sin(k-1)\pi/2}{(k-1)\pi}$$

k 为奇数时，有

$$a_k=0$$

k 为偶数时，有

$$a_k=\frac{(-1)^{k/2}}{(k+1)\pi}+\frac{-(-1)^{k/2}}{(k-1)\pi}=\frac{-2\,(-1)^{k/2}}{(k^2-1)\pi}$$

求得傅立叶级数为

$$f(t)=\frac{1}{\pi}+\frac{1}{2}\cos t-\frac{2}{\pi}\sum_{k=\text{偶}}^{\infty}\frac{(-1)^{k/2}}{k^2-1}\cos kt$$

$$=\frac{1}{\pi}+\frac{1}{2}\cos t+\frac{2}{3\pi}\cos 2t-\frac{2}{15\pi}\cos 4t+\frac{2}{35\pi}\cos 6t-\frac{2}{63\pi}\cos 8t+\cdots$$

偶对称的半波整流波形含有直流分量基波及偶次谐波余弦分量。

为了应用方便，表 10-2 列出了常见周期信号的傅立叶级数，以便用查表法求得某些周期信号的傅立叶级数。

表 10-2　常见周期信号傅立叶级数

$f(t)$ 的波形图	$f(t)$ 分解为傅立叶级数	有效值	平均值
f(t), A_m, O, T/2, T, t	$f(t)=A_m\cos\omega t$	$\frac{A_m}{\sqrt{2}}$	$\frac{2A_m}{\pi}$

续表

$f(t)$的波形图	$f(t)$分解为傅立叶级数	有效值	平均值
	$f(t)=\frac{4A_{\max}}{a\pi}(\sin a\sin\omega t+\frac{1}{9}\sin 3a\sin 3\omega t+\frac{1}{25}\sin 5a\sin 5\omega t+\cdots+\frac{1}{k^2}\sin ka\sin k\omega t+\cdots)$ (式中 $a=2\pi d/T$,k 为奇数)	$A_{\max}\sqrt{1-\frac{4a}{3\pi}}$	$A_{\max}\left(1-\frac{a}{\pi}\right)$
	$f(t)=A_{\max}\left[\frac{1}{2}-\frac{1}{\pi}(\sin\omega t+\frac{1}{2}\sin 2\omega t+\frac{1}{3}\sin 3\omega t+\cdots)\right]$	$\frac{A_{\max}}{\sqrt{3}}$	$\frac{A_{\max}}{2}$
	$f(t)=A_{\max}\left[a+\frac{2}{\pi}(\sin a\pi\cos\omega t+\frac{1}{2}\sin 2a\pi\cos 2\omega t+\frac{1}{2}\sin 3a\pi\cos 3\omega t+\cdots)\right]$	$A_{\max}\sqrt{a}$	$A_{\max}a$
	$f(t)=\frac{8A_{\max}}{\pi^2}\left[\sin\omega t-\frac{1}{9}\sin 3\omega t+\frac{1}{25}\sin 5\omega t-\cdots+\frac{(-1)^{\frac{k-1}{2}}}{k^2}\sin k\omega t+\cdots\right]$($k$ 为奇数)	$\frac{A_{\max}}{\sqrt{3}}$	$\frac{A_{\max}}{2}$
	$f(t)=\frac{4A_{\max}}{\pi}\left(\sin\omega t+\frac{1}{3}\sin 3\omega t+\frac{1}{5}\sin 5\omega t-\cdots+\frac{1}{k}\sin k\omega t+\cdots)\right)$ (k 为奇数)	$A_{\max}$	$A_{\max}$
	$f(t)=\frac{4A_{\max}}{\pi}\left(\frac{1}{2}+\frac{1}{1\times 3}\cos 2\omega t-\frac{1}{3\times 5}\cos 4\omega t+\frac{1}{5\times 7}\cos 6\omega t-\cdots\right)$	$\frac{A_{\max}}{\sqrt{2}}$	$\frac{2A_{\max}}{\pi}$

10.2.2 周期信号的合成

周期信号的傅立叶级数呈衰减性(收敛性),谐波次数越高,它的幅值就越小。谐波幅值衰减的快慢取决于信号波形的形态,信号波形越接近于正弦波,谐波幅值衰减越快。读者可以对比例 10.1 和例 10.2 的傅立叶级数进行分析。正弦波或余弦波没有谐波，它们收敛于原函数。

由于具有衰减性，在工程计算上，只取级数的前几项便可以近似地表达原周期函数，截取的项数依据谐波衰减的快慢来确定。一般来说，只要级数收敛较快，可以略去5次以上的谐波分量，而不致产生过大的误差。

下面分别计算取不同谐波项数时例10.1和例10.2的求和结果，如表10-3所示。对于例10.1，设 $T=2\pi$，$\omega=1$ rad/s，计算 $t=T/4=\pi/2$ 时的求和结果；对于例10.2，计算 $t=0$ 时的求和结果。

表 10-3 取不同谐波次数傅立叶级数求和结果与误差

级数	$f(t)$	求和结果、误差值				
		取5次	取7次	取9次	取11次	取13次
$f(t)=\frac{1}{2}+\frac{2}{\pi}\sin t+\frac{2}{3\pi}\sin 3t+\frac{2}{5\pi}\sin 5t+\cdots$	$f\left(\frac{\pi}{2}\right)=1$	1.0517 5.17%	0.9608 3.92%	1.0315 3.15%	0.9737 2.63%	1.0226 2.26%
$f(t)=\frac{1}{\pi}+\frac{1}{2}\cos t+\frac{2}{3\pi}\cos 2t-\frac{2}{15\pi}\cos 4t+\frac{2}{35\pi}\cos 6t-\frac{2}{63\pi}\cos 8t+\cdots$	$f(0)=1$	0.9881 1.19%	1.0063 0.63%	0.9962 0.38%	1.0026 0.26%	0.9981 0.19%

矩形波展开为傅立叶级数后，收敛较慢，取到13次谐波时求和仍有2.26%的误差。而半波整流波形由于接近正弦波形，收敛很快，取到5次谐波时求和精确度已达98%以上。

如图10-7(a)所示的是一个矩形波周期信号，图10-7(b)、(c)、(d)所示的是将矩形波展开为傅立叶级数后分别取5次、7次、9次谐波合成的结果示意图。取的谐波项数越多，合成的波形越接近原矩形波。理论上，如果取无穷项谐波合成，可以准确得到原来的波形。

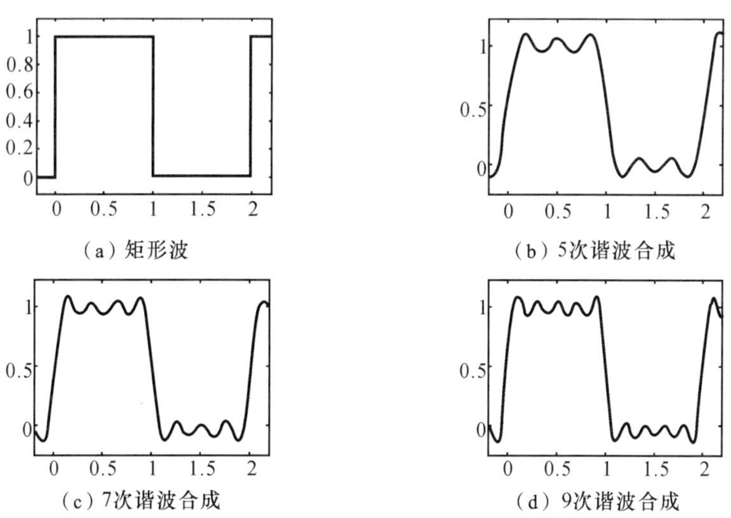

图 10-7 谐波合成示意图

10.3 非正弦周期电压、电流信号的有效值、平均值

10.3.1 有效值

在正弦电流电路分析中已指出,与一个周期电压或电流做功本领相当的直流电压或电流的数值,是该周期电压或电流的有效值。据此定义了正弦周期信号的有效值为该信号的均方根值。对于非正弦周期信号,它的有效值仍采用这个定义。以电流为例,任意一周期电流 i 的有效值 I 定义为

$$I=\sqrt{\frac{1}{T}\int_0^T i^2\,\mathrm{d}t} \tag{10-18}$$

可以用式(10-18)直接计算周期电流 i 的有效值。下面用谐波分析的方法,推导非正弦周期电流 i 的有效值与 i 的各次谐波有效值的关系。

将非正弦周期电流 i 展开成傅立叶级数形式

$$i=I_0+\sum_{k=1}^{\infty}I_{k\mathrm{m}}\sin(k\omega t+\theta_k)$$

式中:I_0 是直流分量;$I_{k\mathrm{m}}$是 k 次谐波的幅值。将上式代入式(10-18)中计算有效值。电流 i 的平方项为

$$\begin{aligned}i^2&=\left[I_0+\sum_{k=1}^{\infty}I_{k\mathrm{m}}\sin(k\omega t+\theta_k)\right]^2\\&=I_0^2+\sum_{k=1}^{\infty}I_{k\mathrm{m}}^2\sin^2(k\omega t+\theta_k)+\sum_{k=1}^{\infty}2I_0I_{k\mathrm{m}}\sin(k\omega t+\theta_k)\\&\quad+\sum_{k=1,n=1,k\neq n}^{\infty}2I_{k\mathrm{m}}I_{n\mathrm{m}}\sin(k\omega t+\theta_k)\sin(n\omega t+\theta_n)\end{aligned}$$

对上式各项取平均值,第一项为

$$\frac{1}{T}\int_0^T I_0^2\,\mathrm{d}t=I_0^2$$

第二项为

$$\frac{1}{T}\int_0^T I_{k\mathrm{m}}^2\sin^2(k\omega t+\theta_k)\,\mathrm{d}t=\frac{I_{k\mathrm{m}}^2}{T}\int_0^T\frac{1}{2}[1-\cos^2(k\omega t+\theta_k)]\mathrm{d}t=\frac{I_{k\mathrm{m}}^2}{2}=I_k^2$$

第三项为

$$\frac{1}{T}\int_0^T 2I_0I_{k\mathrm{m}}\sin(k\omega t+\theta_k)\,\mathrm{d}t=0$$

第四项为

$$\frac{1}{T}\int_0^T I_{k\mathrm{m}}I_{n\mathrm{m}}\sin(k\omega t+\theta_k)\sin(n\omega t+\theta_n)\,\mathrm{d}t=0,\quad 其中\ k\neq n$$

式中:$I_{k\mathrm{m}}$为 k 次谐波的有效值。于是非正弦周期电流 i 的有效值为

$$I=\sqrt{I_0^2+I_1^2+I_2^2+I_3^2+\cdots}=\sqrt{I_0^2+\sum_{k=1}^{\infty}I_k^2} \tag{10-19a}$$

非正弦周期电流的有效值等于直流分量的平方与各次谐波有效值的平方之和的平方根。同理,任意非正弦周期电压的有效值为

$$U = \sqrt{U_0^2 + U_1^2 + U_2^2 + U_3^2 + \cdots} = \sqrt{U_0^2 + \sum_{k=1}^{\infty} U_k^2} \tag{10-19b}$$

10.3.2 平均值

仍以电流为例，任意周期电流 i 的平均值 I_{av} 定义为

$$I_{av} = \frac{1}{T}\int_0^T |i|\,dt \tag{10-20}$$

即周期电流的平均值等于该电流绝对值的平均值，有时称为绝对平均值。

注意，取绝对值后计算平均值与直接计算平均值，一般情况下两者的结果是不一样的。例如，正弦电流的直接平均值为零，有

$$\frac{1}{T}\int_0^T I_m \sin\omega t\,dt = 0$$

而它的绝对平均值

$$\begin{aligned} I_{av} &= \frac{1}{T}\int_0^T |I_m \sin\omega t|\,dt = \frac{4}{T}\int_0^{T/4} I_m \sin\omega t\,dt = \frac{4I_m}{\omega T}\left[-\cos\omega t\right]_0^{T/4} \\ &= \frac{2I_m}{\pi} = 0.6366I_m = 0.9I \end{aligned}$$

正弦电流取绝对值，相当于电流全波整流，全波整流的平均值等于正弦电流有效值的 0.9 倍。

10.4 非正弦周期电流电路的平均功率(有功功率)

在一个非正弦周期电流电路中，任意一个端口(或一条支路)的平均功率(即有功功率)P，定义为在一个周期内它的瞬时功率的平均值

$$P = \frac{1}{T}\int_0^T p\,dt \tag{10-21}$$

瞬时功率 p 仍然是电压 u 与电流 i 的乘积。

设 u、i 取关联参考方向，将 u、i 展开成傅立叶级数，瞬时功率为

$$\begin{aligned} p = ui &= \left[U_0 + \sum_{k=1}^{\infty} U_{km}\sin(k\omega t + \theta_{uk})\right] \times \left[I_0 + \sum_{k=1}^{\infty} I_{km}\sin(k\omega t + \theta_{ik})\right] \\ &= U_0 I_0 + \sum_{k=1}^{\infty} U_{km} I_{km} \sin(k\omega t + \theta_{uk})\sin(k\omega t + \theta_{ik}) + U_0 \sum_{k=1}^{\infty} I_{km}\sin(k\omega t + \theta_{ik}) \\ &\quad + I_0 \sum_{k=1}^{\infty} U_{km}\sin(k\omega t + \theta_{uk}) + \sum_{k=1,n=1,k\neq n}^{\infty} U_{km} I_{nm}\sin(k\omega t + \theta_{uk})\sin(n\omega t + \theta_{in}) \end{aligned}$$

对上式取平均值，第一项直流功率

$$\frac{1}{T}\int_0^T U_0 I_0\,dt = U_0 I_0$$

第二项 k 次谐波交流功率

$$\begin{aligned} &\frac{1}{T}\int_0^T U_{km} I_{km}\sin(k\omega t + \theta_{uk})\sin(k\omega t + \theta_{ik})\,dt \\ &= \frac{1}{T}\int_0^T \frac{U_{km} I_{km}}{2}\left[\cos(\theta_{uk} - \theta_{ik}) - \cos(2k\omega t + \theta_{uk} + \theta_{ik})\right]dt \end{aligned}$$

$$= U_k I_k \cos(\theta_{uk} - \theta_{ik}) = U_k I_k \cos(\theta_{uik})$$

其他三项的平均值都为零。因为第三、四项是正弦函数,一周期的平均值为零。第五项是不同频率正弦函数的乘积,由于正交性,它的平均值也为零。

于是,总平均功率为

$$P = U_0 I_0 + U_1 I_1 \cos\theta_{ui1} + U_2 I_2 \cos\theta_{ui2} + U_3 I_3 \cos\theta_{ui3} + \cdots$$
$$= U_0 I_0 + \sum_{k=1}^{\infty} U_k I_k \cos\theta_{uik} \tag{10-22}$$

式中:U_k、I_k 分别是电压、电流 k 次谐波的有效值;$\theta_{uik} = \theta_{uk} - \theta_{ik}$ 是电压、电流 k 次谐波的相位差; $\cos\theta_{uik}$称为 k 次谐波的功率因数。

如果 u、i 用式(10-16)的余弦三角函数的傅立叶级数展开,注意到式(10-17),有

$$\theta_{uik} = \varphi_{uik} = \varphi_{uk} - \varphi_{ik}, \quad \cos\theta_{uik} = \cos\varphi_{uik}$$

非正弦周期电流电路的平均功率等于直流分量的功率和各次谐波平均功率的代数和,有

$$P = P_0 + P_1 + P_2 + P_3 + \cdots = P_0 + \sum_{k=1}^{\infty} P_k \tag{10-23}$$

同时,式(10-22)也表明:在非正弦周期电流电路中,只有同频率的电压、电流才产生有功功率;不同频率的电压、电流不产生有功功率。

【例 10.3】 设电路中某一支路的电流 $i = [10 - 8\cos(10t + 150^\circ) + 4\sin(50t + 50^\circ)]$ A,电压 $u = [100 + 80\cos(10t + 30^\circ) + 60\cos(30t + 60^\circ) + 40\cos(50t - 160^\circ)]$ V,计算电流、电压的有效值,以及支路的平均功率和视在功率。

解 先将电流和电压改写成如式(10-14)的标准形式

$$i = [10 + 8\sin(10t + 60^\circ) + 4\sin(50t + 50^\circ)] \text{ A}$$
$$u = [100 + 80\sin(10t + 120^\circ) + 60\sin(30t + 150^\circ) + 40\sin(50t - 70^\circ)] \text{ V}$$

计算电流有效值

$$I = \left(\sqrt{10^2 + \left(\frac{8}{\sqrt{2}}\right)^2 + \left(\frac{4}{\sqrt{2}}\right)^2}\right) \text{ A} = \sqrt{140} \text{ A} = 11.83 \text{ A}$$

计算电压有效值

$$U = \left(\sqrt{100^2 + \left(\frac{80}{\sqrt{2}}\right)^2 + \left(\frac{60}{\sqrt{2}}\right)^2 + \left(\frac{40}{\sqrt{2}}\right)^2}\right) \text{ V} = \sqrt{15800} \text{ V} = 125.7 \text{ V}$$

计算平均功率

$$P = \left[100 \times 10 + \frac{80}{\sqrt{2}}\frac{8}{\sqrt{2}}\cos(120^\circ - 60^\circ) + 0 + \frac{40}{\sqrt{2}}\frac{4}{\sqrt{2}}\cos(-70^\circ - 50^\circ)\right] \text{ W}$$
$$= (1000 + 160 - 40) \text{ W} = 1120 \text{ W}$$

与正弦交流电路一样,非正弦周期电流电路的视在功率定义为电压与电流有效值的乘积,有

$$S = UI = \sqrt{U_0^2 + U_1^2 + U_2^2 + U_3^2 + \cdots}\sqrt{I_0^2 + I_1^2 + I_2^2 + I_3^2 + \cdots} \tag{10-24}$$

所以,例中电路支路的视在功率为

$$S = UI = (\sqrt{140} \times \sqrt{15800}) \text{ W} = 1487.3 \text{ W}$$

对于非正弦周期电流电路的无功功率及功率因数这里不做讨论。

在这里要特别指出的是,在计算非正弦周期信号的有效值时,由于有效值与各次谐

波的符号与初相无关，因此无需将各次谐波化成同符号、同名的函数。但是，由于只有同频率的电压、电流才能产生有功功率，有功功率又与相差有关，因此在计算有功功率时，一定要将同次谐波化为同符号、同名的函数。

10.5 非正弦周期电流电路的分析

10.5.1 计算非正弦周期电流电路的基本思想

当把非正弦周期电流电路中的激励展开成傅立叶级数之后，根据叠加定理，电路的稳态响应便是直流电源和一系列不同频率的正弦电源所引起的稳态响应之和。因此，非正弦周期电流电路的计算，可归结为计算直流电路和一系列不同频率的正弦稳态电路。对直流电源，用直流电路分析方法；对交流电源，用相量法分析正弦稳态响应。

值得注意的是：根据上一节的介绍，非正弦周期电流电路中的平均功率也可以采用叠加定理来计算。

10.5.2 计算非正弦周期电流电路的步骤

按照前面的叙述，非正弦周期电流电路分析的具体步骤如下。

(1) 将非正弦周期信号(或电源)展开为傅立叶级数，根据精度需要，截取合适的谐波项数，如保留到 5 次谐波，并将傅立叶级数转换为标准形式。

(2) 如果存在直流分量，做直流分析。将电路改画为直流电路，对原电路中的电容开路、电感短路，然后计算所求支路的直流电压、电流和功率。

(3) 对各次谐波用相量法做正弦稳态分析。首先将每次谐波分量表示成相量形式，根据谐波频率，计算各电容、电感的电抗，画出各次谐波分量作用下子电路的相量模型，然后计算在各次谐波分量作用下所求支路的电压、电流相量和功率，并分别写出电压、电流相量所对应的瞬时值表达式。

(4) 应用叠加定理，将步骤(2)和(3)的计算结果对应相加，即得到所求支路电压、电流和功率的最后结果。注意：电压、电流的叠加应是瞬时值表达式的叠加。

【例 10.4】 如图 10-8(a)所示电路，$R_1=5\ \Omega$，$R_2=2\ \Omega$，$L=1\ \text{mH}$。设输入电压源信号的傅立叶级数(截留后)为 $u_S=\left[10+100\sqrt{2}\sin\omega t+50\sqrt{2}\sin(3\omega t+30°)\right]\ \text{V}$，其中 $\omega=1000\ \text{rad/s}$。求：电路中电感所在支路电流 i 的稳态响应，计算电流有效值及该支路的平均功率 P。

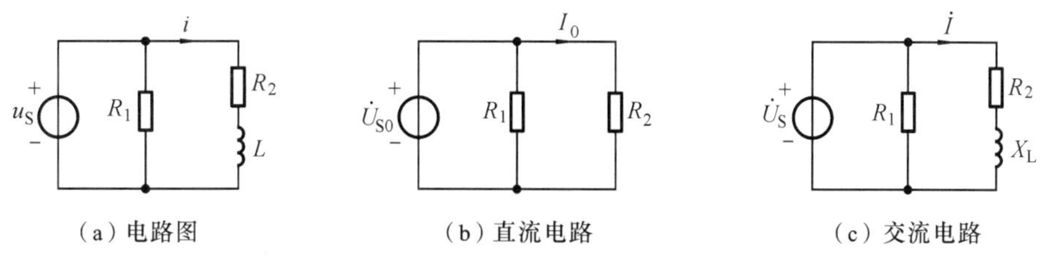

图 10-8 例 10.4 图

解 非正弦周期电压已分解为傅立叶级数，直接进行后续步骤的计算。

直流分析:将电路改画为图 10-8(b)所示的形式,其中原电路的电感被短路,电路中直流电源为 $U_{S0}=10\ \text{V}$。支路直流电流和功率分别为

$$I_0=\frac{U_{S0}}{R_2}=5\ \text{A},\quad P=U_{S0}I_0=50\ \text{W}$$

1 次谐波分析:将电路改画为图 10-8(c)所示的形式,电源相量为$\dot{U}_{S1}=100\angle 0°$,电感的感抗为 $X_{L1}=\omega L=(1000\times 1\times 10^{-3})\ \Omega=1\ \Omega$。支路电流相量、平均功率分别计算如下

$$\dot{I}_1=\frac{\dot{U}_{S1}}{R_2+\text{j}X_{L1}}=\frac{100\angle 0°}{2+\text{j}}\ \text{A}=44.72\angle(-26.57°)\ \text{A}$$

$$P_1=U_{S1}I_1\cos\theta_{ui1}=(100\times 44.72\times\cos 26.57°)\ \text{W}=4000\ \text{W}$$

3 次谐波分析:电路如图 10-8(c)所示,此时电源相量为$\dot{U}_{S3}=50\angle 30°\ \text{V}$,电感的感抗为 $X_{L3}=3\omega L=(3\times 1000\times 1\times 10^{-3})\ \Omega=3\ \Omega$。支路电流相量、平均功率计算如下

$$\dot{I}_3=\frac{\dot{U}_{S3}}{R_2+\text{j}X_{L3}}=\frac{50\angle 30°}{2+\text{j}3}\ \text{A}=13.87\angle(-26.31°)\ \text{A}$$

$$P_3=U_{S3}I_3\cos\theta_{ui3}=50\times 13.87\times\cos[30°-(-26.31°)]\ \text{W}=384.68\ \text{W}$$

叠加:将电流相量改写成瞬时值形式后叠加。支路电流、电流有效值和平均功率分别计算如下

$$i=I_0+i_1+i_3=\left[5+44.72\sqrt{2}\sin(\omega t-26.57°)+13.87\sqrt{2}\sin(3\omega t-26.31°)\right]\ \text{A}$$

$$I=\sqrt{I_0^2+I_1^2+I_3^2}=\sqrt{5^2+44.72^2+13.87^2}\ \text{A}=47.09\ \text{A}$$

$$P=P_0+P_1+P_3=(50+4000+384.68)\ \text{W}=4434.68\ \text{W}$$

【例 10.5】 电路如图 10-9(a)所示,$R=1\ \Omega$,$C=1\ \text{F}$,电流源信号波形如图 10-9(b)所示。试计算电容电压 u_C 的稳态响应和电流源发出的平均功率 P_S。

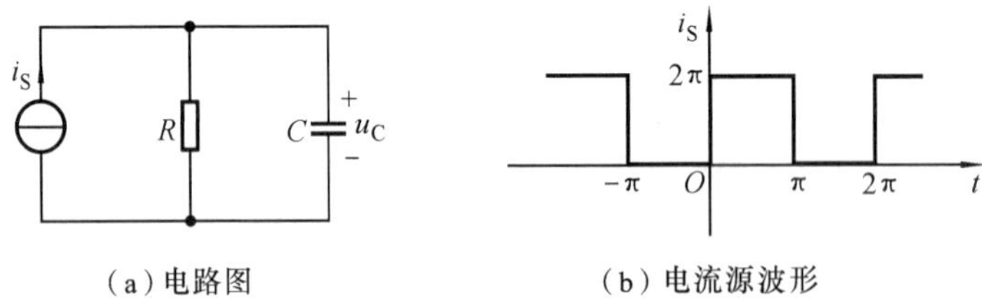

(a) 电路图 (b) 电流源波形

图 10-9 例 10.5 图

解 首先将非正弦周期性电流源 i_S 分解为傅立叶级数。从图 10-9(b)可知周期 $T=2\pi\ \text{s}$,$\omega=2\pi/T=1\ \text{rad/s}$。参见例 10.1(注意例 10.1 中的波形高度为 1,此处波形高度为 2π),可知(为简化计算,只取前 4 项,略去其他高次谐波)

$$i_S=\left(\pi+4\sin t+\frac{4}{3}\sin 3t+\frac{4}{5}\sin 5t\right)\ \text{A}$$

直流分析:直流分析时电容相当于开路,电容支路没有电流流过。直流电流源为 $I_{S0}=\pi=3.14\ \text{A}$,电容电压和电流源功率分别为

$$U_{C0}=I_{S0}R=3.14\ \text{V},\quad P_{S0}=U_{S0}I_{S0}=9.86\ \text{W}$$

谐波分析:先写出电容电压的幅值相量表达式

$$\dot{U}_{Ckm}=\frac{-\text{j}\dfrac{R}{k\omega C}}{R-\text{j}\dfrac{1}{k\omega C}}\dot{I}_{Skm}=\frac{-\text{j}}{k-\text{j}}\dot{I}_{Skm}=\frac{\dot{I}_{Skm}}{1+k\text{j}}$$

式中：k 是谐波次数；$\dot{I}_{Skm}$是电流源 k 次谐波电流幅值相量。根据傅立叶级数，电流源1、3、5 次谐波幅值相量分别为

$$\dot{I}_{S1m}=4\angle 0^\circ\ \mathrm{A}\quad \dot{I}_{S3m}=\frac{4}{3}\angle 0^\circ\ \mathrm{A}\quad \dot{I}_{S5m}=\frac{4}{5}\angle 0^\circ\ \mathrm{A}$$

所以，电容电压的 1、3、5 次谐波幅值相量分别为

$$U_{C1m}=\frac{\dot{I}_{S1m}}{1+\mathrm{j}}=\frac{4\angle 0^\circ}{1+\mathrm{j}}\ \mathrm{V}=2\sqrt{2}\angle(-45^\circ)\ \mathrm{V}$$

$$U_{C3m}=\frac{\dot{I}_{S3m}}{1+\mathrm{j}3}=\frac{(4/3)\angle 0^\circ}{1+\mathrm{j}3}\ \mathrm{V}=0.42\angle(-71.6^\circ)\ \mathrm{V}$$

$$U_{C5m}=\frac{\dot{I}_{S5m}}{1+\mathrm{j}5}=\frac{(4/5)\angle 0^\circ}{1+\mathrm{j}5}\ \mathrm{V}=0.16\angle(-78.7^\circ)\ \mathrm{V}$$

将瞬时值叠加，电容电压瞬时值表达式为

$$\begin{aligned}u_C&=u_{C0}+u_{C1}+u_{C3}+u_{C5}\\&=\left[3.14+2\sqrt{2}\sin(t-45^\circ)+0.42\sin(3t-71.6^\circ)+0.16\sin(5t-78.7^\circ)\right]\ \mathrm{V}\end{aligned}$$

电流源发出的功率为

$$\begin{aligned}P_S&=P_{S0}+P_{S1}+P_{S3}+P_{S5}=P_{S0}+U_{C1}I_{S1}\cos\theta_{ui1}+U_{C3}I_{S3}\cos\theta_{ui3}+U_{C5}I_{S5}\cos\theta_{ui5}\\&=\left[9.86+2\times\frac{4}{\sqrt{2}}\cos(-45^\circ)+\frac{0.42}{\sqrt{2}}\times\frac{4/3}{\sqrt{2}}\cos(-71.6^\circ)\right.\\&\quad\left.+\frac{0.16}{\sqrt{2}}\times\frac{4/5}{\sqrt{2}}\cos(-78.7^\circ)\right]\ \mathrm{W}\approx 14\ \mathrm{W}\end{aligned}$$

电流源发出的功率也是电阻 R 上消耗的平均功率，可以通过计算电阻的电压有效值来求得，即

$$\begin{aligned}U_R&=U_C=\sqrt{U_{C0}^2+U_{C1}^2+U_{C3}^2+U_{C5}^2}=\sqrt{U_{C0}^2+\left(\frac{U_{C1m}}{\sqrt{2}}\right)^2+\frac{1}{2}U_{C3m}^2+\frac{1}{2}U_{C5m}^2}\\&=\sqrt{3.14^2+2^2+0.5\times0.42^2+0.5\times0.16^2}\ \mathrm{V}\approx\sqrt{14}\ \mathrm{V}\end{aligned}$$

$$P_S=\frac{U_R^2}{R}\approx 14\ \mathrm{W}$$

注意：在用谐波分析法计算非正弦电流电路时，应避免出现电路的频率变化而动态元件的阻抗保持不变的错误。具体来讲，对直流而言，电感等效于短路，电容等效于开路；对于 n 次谐波而言，电感的阻抗为基波阻抗的 n 倍，电容阻抗为基波阻抗的$\frac{1}{n}$倍。

10.6 周期信号的频谱

10.6.1 三角形式傅立叶级数与频谱

从第 10.2 节知道，周期信号有三种三角形式的傅立叶展开式。再分析式(10-13)、式(10-15)和式(10-17)，可以看出：直流分量、正弦、余弦各分量的幅度值 a_k、b_k、A_k 及各初相位 θ_k、φ_k，它们都是离散频率 $k\omega$ 的函数。这样，对周期信号，除了用数学表达式来描述傅立叶分解的结果外，还可以用图形的形式更清楚、更直观地加以描述。

将幅度 A_k 对 $k\omega$ 的关系，初相位 φ_k 对 $k\omega$ 的关系分别绘制成图形(这里采用的是式

(10-16)的余弦三角函数傅立叶级数形式，而不是式(10-14)的正弦三角函数傅立叶级数形式)，如图 10-10 所示。这两个图形都是由离散的线段(称为谱线)组成，谱线分布在基频 ω 的整数倍频率点上。

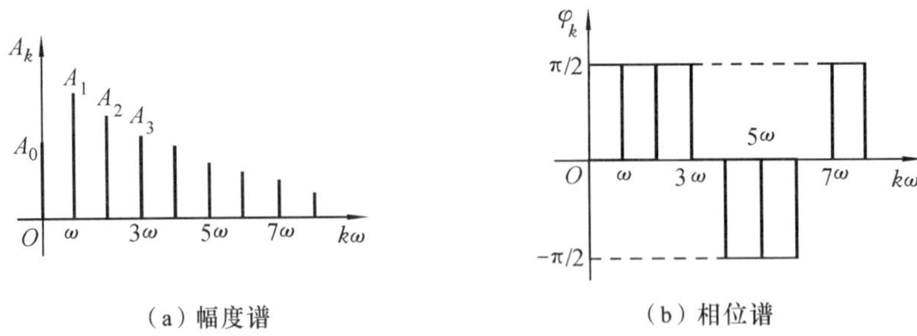

(a) 幅度谱　　(b) 相位谱

图 10-10　周期信号频谱

A_k 对 $k\omega$ 的关系图形称为周期信号的幅度频谱，简称幅度谱。

φ_k 对 $k\omega$ 的关系图形称为周期信号的相位频谱，简称相位谱。

由于更关心各分量的大小，而不太注重它们的初相位，可以说，一个信号的频谱一般是指它的幅度谱。

【例 10.6】 已知矩形波展开的傅立叶级数为(见例 10.1)

$$f(t)=\frac{1}{2}+\frac{2}{\pi}\sin\omega t+\frac{2}{3\pi}\sin3\omega t+\frac{2}{5\pi}\sin5\omega t+\cdots$$

试画出它的频谱图。

解　将傅立叶级数展开式表示为余弦三角函数形式

$$f(t)=\frac{1}{2}+\frac{2}{\pi}\cos(\omega t-90^\circ)+\frac{2}{3\pi}\cos(3\omega t-90^\circ)+\frac{2}{5\pi}\cos(5\omega t-90^\circ)+\cdots$$

观察级数，1/2 是直流分量的幅度，余弦函数的系数是基波和各奇次谐波的幅度，所有分量的初相位值均为 -90°。画出的频谱图如图 10-11 所示。

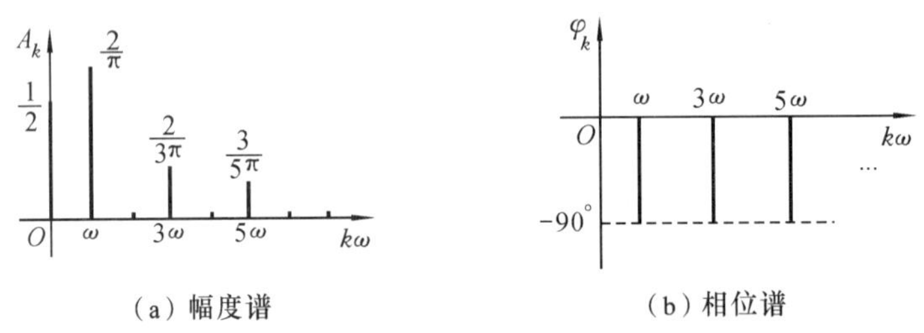

(a) 幅度谱　　(b) 相位谱

图 10-11　矩形波的频谱

【例 10.7】 已知例 10.2 中的半波整流波形为偶函数，试画出它的频谱图。

解　从例 10.2 已经知道半波整流波形的傅立叶展开式为

$$\begin{aligned}f(t)&=\frac{1}{\pi}+\frac{1}{2}\cos t+\frac{2}{3\pi}\cos2t-\frac{2}{15\pi}\cos4t+\frac{2}{35\pi}\cos6t-\frac{2}{63\pi}\cos8t+\cdots\\&=\frac{1}{\pi}+\frac{1}{2}\cos t+\frac{2}{3\pi}\cos2t+\frac{2}{15\pi}\cos(4t+180^\circ)+\frac{2}{35\pi}\cos6t\\&\quad+\frac{2}{63\pi}\cos(8t+180^\circ)+\cdots\end{aligned}$$

画出幅度谱、相位谱分别如图 10-12(a)、(b)所示。

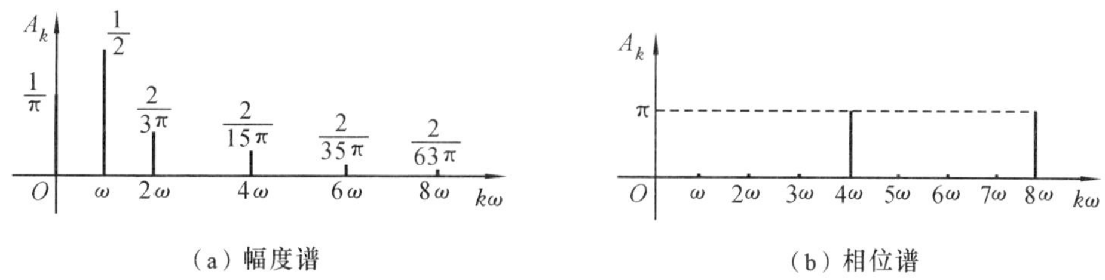

(a) 幅度谱　　　　(b) 相位谱

图 10-12　半波整流形的频谱

10.6.2　指数形式傅立叶级数与频谱

欧拉公式是三角函数与指数函数之间的关系，有

$$e^{ja}=\cos a+j\sin a$$

根据欧拉公式，三角形傅立叶级数式(10-12)中的正弦、余弦都可以转换为指数形式

$$\cos k\omega t=\frac{1}{2j}(e^{jk\omega t}+e^{-jk\omega t})$$

$$\sin k\omega t=\frac{1}{2}(e^{jk\omega t}-e^{jk\omega t})$$

这样，式(10-12)可表示为

$$\begin{aligned}f(t)&=a_0+\sum_{k=1}^{\infty}\left(a_k\frac{e^{jk\omega t}+e^{-jk\omega t}}{2}-jb_k\frac{e^{jk\omega t}-e^{-jk\omega t}}{2}\right)\\&=a_0+\sum_{k=1}^{\infty}\frac{1}{2}(a_k-jb_k)e^{jk\omega t}+\sum_{k=1}^{\infty}\frac{1}{2}(a_k+jb_k)e^{-jk\omega t}\end{aligned}\tag{10-25}$$

如果令
$$\dot{F}_k=\frac{1}{2}(a_k-jb_k),\quad k=1,2,3,\cdots$$

又由
$$a_k=\frac{2}{T}\int_{-T/2}^{T/2}f(t)\cos k\omega t\,dt,\quad b_k=\frac{2}{T}\int_{-T/2}^{T/2}f(t)\sin k\omega t\,dt$$

可知
$$\dot{F}_{-k}=\frac{1}{2}(a_k+jb_k)$$

再将$\dot{F}_k$和$\dot{F}_{-k}$代入式(10-25)，得到

$$f(t)=a_0+\sum_{k=1}^{\infty}\dot{F}_k e^{jk\omega t}+\sum_{k=1}^{\infty}\dot{F}_{-k}e^{-jk\omega t}$$

再令
$$\dot{F}_0=a_0$$

考虑到
$$\sum_{k=1}^{\infty}\dot{F}_{-k}e^{-jk\omega t}=\sum_{k=-1}^{-\infty}\dot{F}_k e^{jk\omega t}$$

于是
$$f(t)=\sum_{k\to-\infty}^{\infty}\dot{F}_k e^{jk\omega t}\tag{10-26}$$

其中
$$\dot{F}_k=\frac{1}{2}(a_k-jb_k)=\frac{1}{T}\int_{-T/2}^{T/2}f(t)(\cos k\omega t-j\sin k\omega t)dt$$

也即
$$\dot{F}_k=\frac{1}{T}\int_{-T/2}^{T/2}f(t)e^{-jk\omega t}dt,\quad k=\cdots,-2,-1,0,1,2,\cdots\tag{10-27}$$

式中：$\omega=2\pi/T$。

式(10-26)为 $f(t)$的指数形式傅立叶级数，式(10-27)为指数形式傅立叶级数的复数系数。

与三角形式傅立叶系数式(10-17)比较,三角形式与指数形式级数的系数间存在如下关系

$$\dot{F}_0=A_0=a_0 \tag{10-28a}$$

$$\dot{F}_k=\frac{1}{2}(a_k-\mathrm{j}b_k)=|\dot{F}_k|\mathrm{e}^{\mathrm{j}\varphi_k} \tag{10-28b}$$

$$\dot{F}_{-k}=\frac{1}{2}(a_k+\mathrm{j}b_k)=|\dot{F}_{-k}|\mathrm{e}^{-\mathrm{j}\varphi_k} \tag{10-28c}$$

$$|\dot{F}_k|=|\dot{F}_{-k}|=\frac{1}{2}\sqrt{a_k^2+b_k^2}=\frac{1}{2}A_k \tag{10-28d}$$

$$|\dot{F}_k|+|\dot{F}_{-k}|=A_k \tag{10-28e}$$

$$\dot{F}_{-k}+\dot{F}_k=a_k \tag{10-28f}$$

$$\mathrm{j}(\dot{F}_k-\dot{F}_{-k})=b_k \tag{10-28g}$$

式中:$k=1,2,3,\cdots$。

指数形式傅立叶级数与三角形式傅立叶级数在本质上是一致的,指数形式更为简洁。但需要注意的是:

(1) $f(t)$是t的实函数,它的傅立叶级数也应是实函数。除了$\dot{F}_0$项外,任何单独的一项$\dot{F}_k\mathrm{e}^{\mathrm{j}k\omega t}$都不是$f(t)$的谐波项(因为它是复数形式),它只是数学推导的结果。

(2) 指数形式傅立叶级数中出现了负频率项,显然负频率是不合理的。只有一个正频率项和同频率的负频率项共同组成一个谐波项

$$\dot{F}_k\mathrm{e}^{\mathrm{j}k\omega t}+\dot{F}_{-k}\mathrm{e}^{-\mathrm{j}k\omega t}=|\dot{F}_k|[\mathrm{e}^{\mathrm{j}(k\omega t+\varphi_k)}+\mathrm{e}^{-\mathrm{j}(k\omega t+\varphi_k)}]=A_k\cos(k\omega t+\varphi_k)$$

复系数$\dot{F}_k$也是离散频率$k\omega$的函数,与三角形式傅立叶级数的频谱一样,同样也可以用图形的形式来表示指数形式傅立叶级数所表示的信号的频谱。

由于$\dot{F}_k$一般是复函数,这样,画出来的频谱称为复数频谱。由于

$$\dot{F}_k=|\dot{F}_k|\mathrm{e}^{\mathrm{j}\varphi_k}$$

幅值$|\dot{F}_k|$对$k\omega$的关系称为复数幅度谱,初相对$k\omega$的关系称为复数相位谱。如图10-13(a)、(b)所示。因为幅值都是正值,幅度谱线应该都在横轴的上方,而相位谱线在横轴的上下都可能存在。

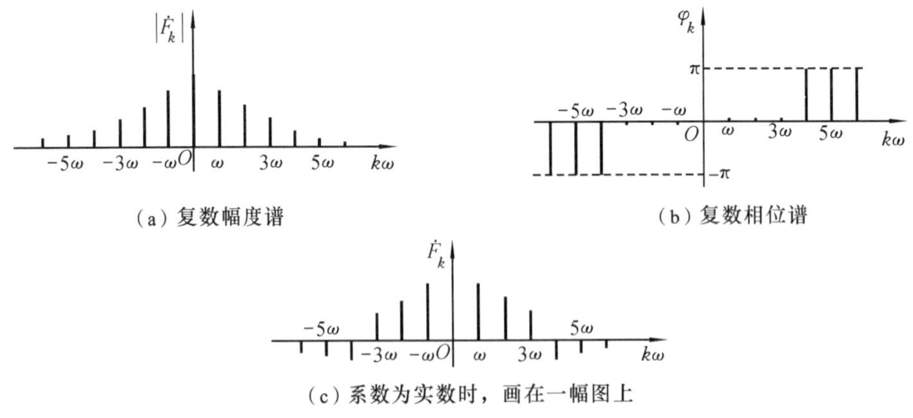

(a) 复数幅度谱

(b) 复数相位谱

(c) 系数为实数时,画在一幅图上

图 10-13 周期信号的复数频谱

当复系数$\dot{F}_k$为实函数时,$\dot{F}_k$的结果可以是正实数,也可以是负实数。由于幅值始终是正值,说明当$\dot{F}_k$为正时初相位是0,当$\dot{F}_k$为负时初相位是π(或$-\pi$)。这样可以把

幅度谱和相位谱合在一张图上，如图 10-13(c)所示。谱线在横轴上方表示初相为 0，谱线在横轴下方表示初相为 π(或 −π)。

在三角形式 $A_k:k\omega$ 的幅度谱中，谱线是一条高度为 A_k 的线段。

在指数形式 $|\dot{F}_k|:k\omega$ 的幅度谱中，谱线是两条对称于纵轴、高度为 $\frac{1}{2}A_k$ 的线段，分别在 $-k\omega$ 和 $k\omega$ 频率处。可见复数频谱是双边频谱，对应地把三角形式的频谱称为单边频谱。

在两种幅度谱中，A_0 的谱线都是一样的。

从式(10-28b)、式(10-28c)知，复数相位频谱中正频率部分与单边谱的相位频谱一样，负频率部分与正频率部分以坐标原点对称。

由于复数频谱的对称性，实际应用中，常常只画出正频率部分的频谱。

通过上面的分析可以知道，如果已知其中一种形式的频谱，则可以画出另一种形式的频谱图。

【例 10.8】 已知某信号表达式为

$$f(t)=1+2\cos t+\sin 2t-\cos 2t+\cos(4t-270^\circ)-(1/3)\cos(6t-45^\circ)$$

试画出它的三角形式和指数形式两种频谱图。

解 将信号 $f(t)$ 改写成标准形式

$$\begin{aligned}f(t)&=1+2\cos t+(\sin 2t-\cos 2t)+\cos(4t-270^\circ)-(1/3)\cos(6t-45^\circ)\\&=1+\cos 2t+\sqrt{2}\cos(2t-135^\circ)+\cos(4t+90^\circ)+(1/3)\cos(6t+135^\circ)\end{aligned}$$

根据上式画出 $f(t)$ 的单边幅度谱和相位谱，如图 10-14(a)、(b)所示。

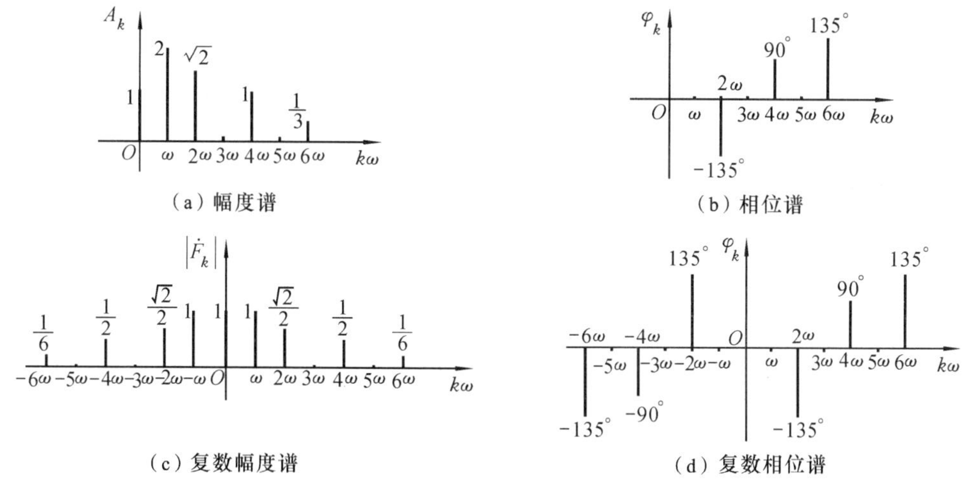

图 10-14 例 10.8 的频谱图

再由单边频谱画出复数频谱如图 10-14(c)、(d)所示。图 10-14(c)中，$k\omega=0$ 处谱线与单边频谱一样，其他谱线的高度则是单边频谱的一半，但有左、右对称的两条。图 10-14(d)中，右半平面的相位谱与单边频谱一样，左半平面的相位谱是右半平面相位谱旋转 180°的结果。

总之，周期信号的频谱具有以下特性。

(1) 离散性：谱线是离散的而不是连续的，谱线间隔为 ω 的整数倍，也就是周期信号的频谱是离散频谱。

(2) 谐波性:谱线在频率轴上的位置,总是在基频 ω 的整数倍处。

(3) 收敛性:随着频率的增长,各谱线高度的总趋势是逐渐衰减的。尽管谱线高度的变化可能有起有伏,但谱线包络线的最大值总是随频率增长而减小的。

频谱图可方便且直观地表示一个非正弦周期信号含有哪些谐波以及各谐波振幅的大小和初相位。频谱图是谐波分析的一个重要的手段。

本章小结

(1) 非正弦周期函数信号是常见的信号形式。在满足狄理赫利条件下,非正弦周期函数可以展开为傅立叶级数,级数中包括直流分量和各次谐波分量,各分量的系数称为傅立叶系数。直流分量是函数一个周期的平均值,各分量系数用积分式来计算。

(2) 如果周期函数的波形具有对称性,傅里叶系数的计算可以简化,当周期函数为偶函数,波形对称于纵轴时,级数中只含有直流和余弦分量。当周期函数为奇函数,波形对称于原点时,级数中只含正弦分量。当周期函数为奇谐函数时,波形移动半周期后与原波形对称于横轴时,级数中只含奇次谐波分量。

(3) 非正弦周期信号的傅立叶级数具有离散性、收敛性、谐波性。由于信号的收敛性,工程上常取级数中前面少量的几项来近似表示周期信号。反过来,用有限的项数代替无穷的级数项,可以近似地合成周期信号。项数的多少,根据傅立叶级数收敛的快慢程度和精度要求来决定。

(4) 非正弦周期信号的有效值等于直流分量的平方与各次谐波有效值的平方之和的平方根。非正弦周期信号的平均功率等于直流分量作用的功率与各次谐波作用的平均功率之和。各谐波平均功率的计算仍是该谐波电压的有效值、电流的有效值以及电路功率因数三者的乘积。

(5) 非正弦周期电流电路中电压、电流及功率的计算,可以应用叠加定理来进行。首先将非正弦周期电信号展开成傅立叶级数形式,然后计算直流、各次谐波电信号单独作用下的电压、电流和平均功率,最后将各值对应相加。注意电压、电流的叠加是瞬时值相加,同时各次谐波单独作用时各次谐波对应的感抗和容抗是不一样的。

(6) 三角形式的傅立叶级数用欧拉公式可转换成指数形式的傅立叶级数,两者之间的系数可以互相转换。

(7) 非正弦周期信号的频谱有单边频谱和双边频谱两种形式。用三角形式的傅立叶级数画出的是单边频谱,用指数形式的傅立叶级数画出的是双边频谱。双边频谱是复数频谱,复数频谱也可以根据单边频谱画出。

频谱包括幅度频谱和相位频谱。谱线分布在基波频率整数倍的离散频率点上。幅度频谱表示的是直流分量和各次谐波分量的幅值大小与频率的关系。相位频谱表示的是各次谐波分量的初相位与频率的关系。

自测练习题

1. 思考题

(1) 什么是非正弦周期信号?非正弦周期信号有哪些特点?

(2) 非正弦周期信号分解是利用哪种数学方法？分解成的信号具有哪些特点？

(3) 什么是谐波？基波的频率和原非正弦周期信号的频率关系是什么？

(4) 什么是非正弦周期信号的有效值、平均值？

(5) 计算非正弦周期电流电路的步骤以及注意的问题是什么？

(6) 不同次谐波作用下的电路感抗和容抗有何不同？

(7) 电路中含有多个非正弦周期激励时该如何处理？

2. 填空题

(1) 某方波信号的周期是 4 μs，则此方波的三次谐波频率为(　　)。

(2) 已知 $u=10+10\sqrt{2}\sin 2t$ V，其平均值 $U_0=$(　　)。

(3) 已知 $i=3+4\sqrt{2}\sin 2t$ A，其有效值 $I=$(　　)。

(4) 已知某电路端口 $u=1+2\sqrt{2}\sin 2t$ V，$i=3+4\sqrt{2}\sin(4t-30°)$ A，其平均功率 $P=$(　　)。

(5) 已知某一电阻 $R=10\ \Omega$ 上的电流 $i=6+8\sqrt{2}\sin 2t$ A，电阻上平均功率 $P=$(　　)。

(6) 电路如图 10-15 所示，$u(t)=10+5\sqrt{2}\sin 3\omega t$ V，已知 $R=\omega L=5\ \Omega$，$\frac{1}{\omega C}=45\ \Omega$，电压表和电流表均测有效值，则其读数为______ V 和______ A。

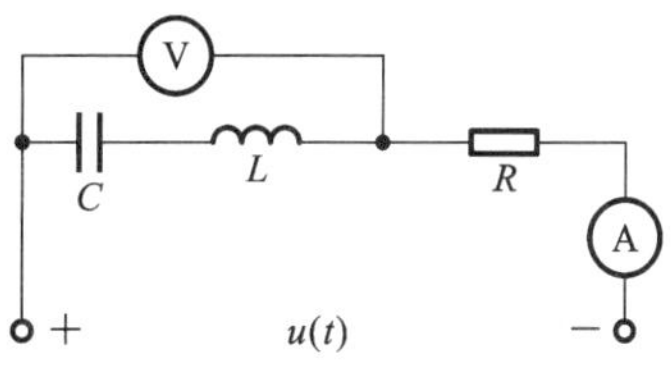

图 10-15

习　题

10-1　试证明下列函数具有周期性，求其周期 T。

(1) $f(t)=\cos 3t+\sin 4t$　　(2) $f(t)=\cos 2\pi t\sin 3\pi t$

(3) $f(t)=\cos^2 t$　　(4) $f(t)=e^{j10t}$

10-2　将例 10.1 的矩形波信号左移 $T/4$、将例 10.2 的半波整流信号右移 $T/4$，分别得到如图 10-16(a)、(b)所示波形。求它们的傅立叶级数表达式，与原波形的傅立叶级数表达式比较，由此得到什么结论？

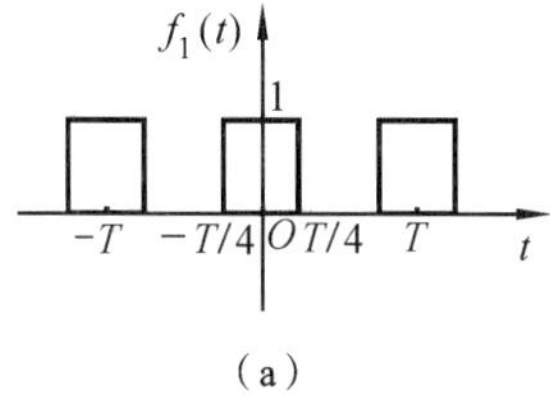

(a)

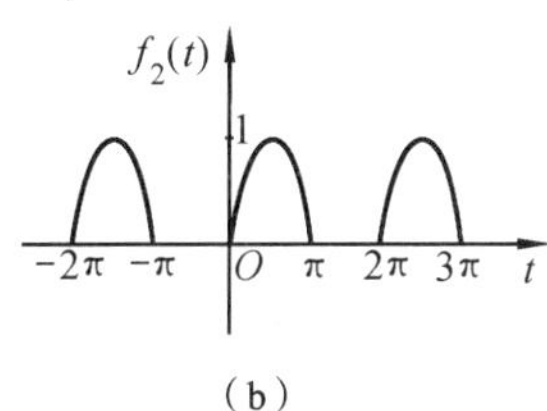

(b)

图 10-16　题 10-2 波形图

10-3　先求图 10-17(a)所示周期信号的傅立叶级数，再由图 10-17(a)的结果求图 10-17(b)所示周期信号的傅立叶级数，分别画出它们的频谱图。

10-4　求图 10-18 所示周期信号的指数形式傅立叶级数表达式，画出频谱图。

10-5　如图 10-19 所示各周期信号，请利用周期信号的对称性，并仿照图 10-3 的方法，判断它们的傅立叶级数中所含有的频率分量。

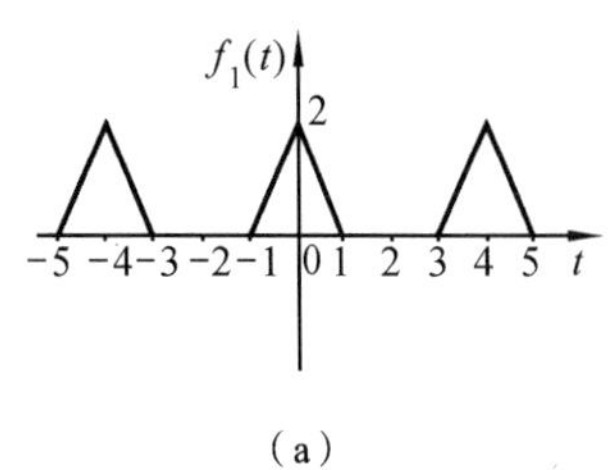

(a)

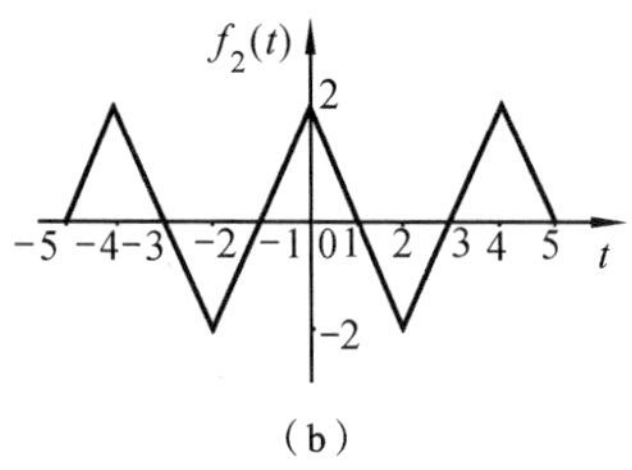

(b)

图 10-17 题 10-3 波形图

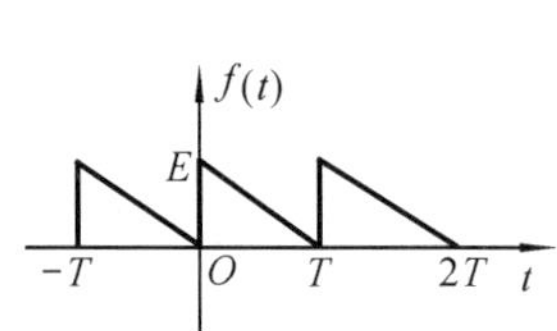

图 10-18 题 10-4 波形图

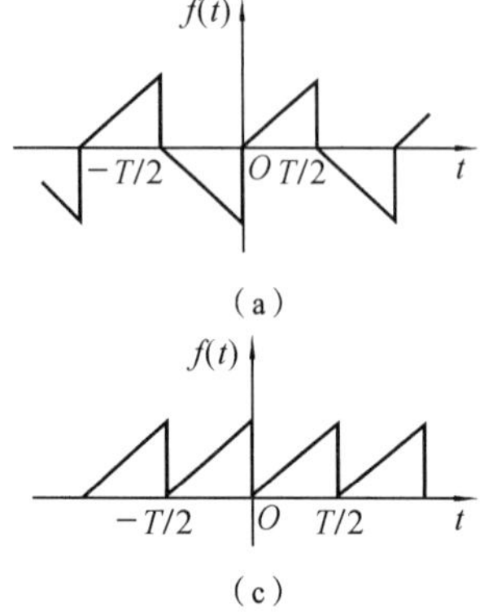

(a)
(c)

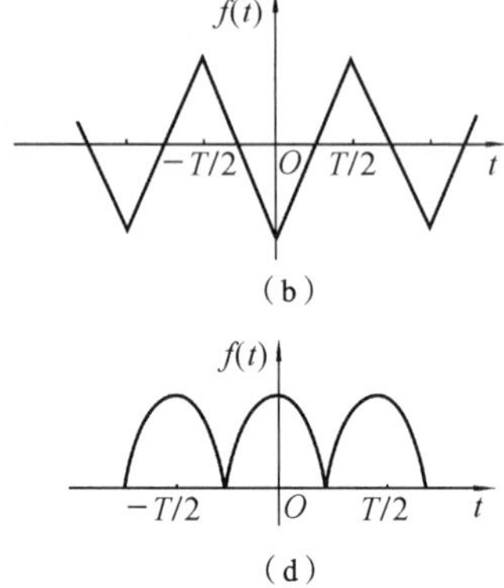

(b)
(d)

图 10-19 题 10-5 波形图

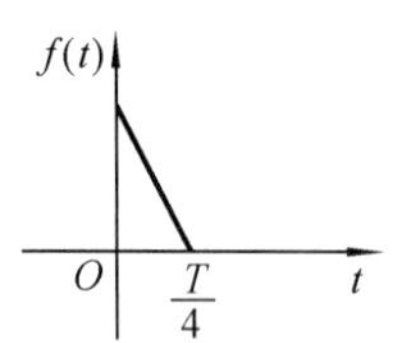

图 10-20 题 10-6 波形图

10-6 已知周期信号 $f(t)$ 的 1/4 周期波形如图 10-20 所示,按下列要求画出 $f(t)$ 在整个周期的波形(不考虑直流分量)。

(1) $f(t)$ 是偶函数,只含有奇次谐波分量。

(2) $f(t)$ 是偶函数,只含有偶次谐波分量。

(3) $f(t)$ 是奇函数,只含有奇次谐波分量。

(4) $f(t)$ 是奇函数,只含有偶次谐波分量。

10-7 试根据图 10-21 所示的双边幅度频谱。单边相位频谱,分别画出单边幅度频谱、双边相位频谱,并写出周期信号 $f(t)$ 的傅立叶级数。

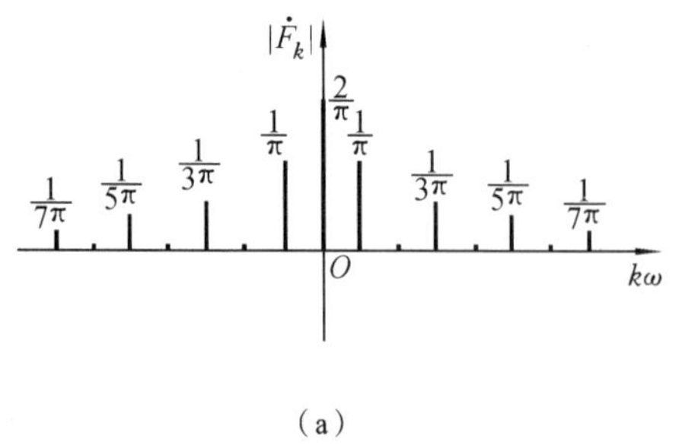

(a)

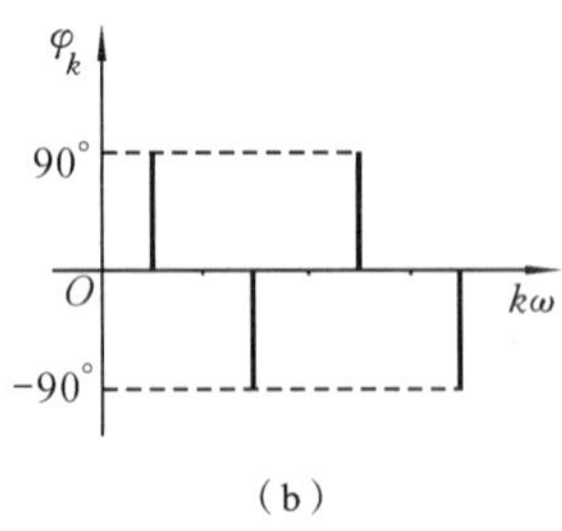

(b)

图 10-21 题 10-7 波形图

10-8 求图 10-22 所示周期电流 $i(t)$ 的直接平均值、绝对平均值、有效值。

10-9 如图 10-23 所示电路,变压器原边电流源为 $i_S=[2\sin(t+36.9°)+3\sin(2t-53.1°)]$ A,副边电压源为 $u_S=[10\sin t+8\sin 2t+2\sin 3t]$ V。求两个电源的电流、电

压有效值、平均功率值。

10-10 某单口网络的输入电压为 $u=[100+100\sin(\omega t+15°)+40\sin(3\omega t+30°)]$ V，输入电流为 $i=[10+20\sin(\omega t-30°)+10\sin(3\omega t-90°)+20\sin(5\omega t-60°)]$ A。求 u、i 的有效值、单口网络消耗的平均功率。

10-11 RLC 串联电路，输入电压 $u=[100+100\sin1000t+20\sin(3000t+60°)]$ V，$R=6\ \Omega$，$L=2$ mH，$C=100\ \mu$F。求电流 i、有效值 I、有功功率 P。

10-12 如图 10-24 所示电路，$u=(10+10\sin1000t)$ V，$i=\left[5+\dfrac{\sqrt{50}}{2}\sin(1000t-8.13°)\right]$ A，求 R_1、R_2、L。

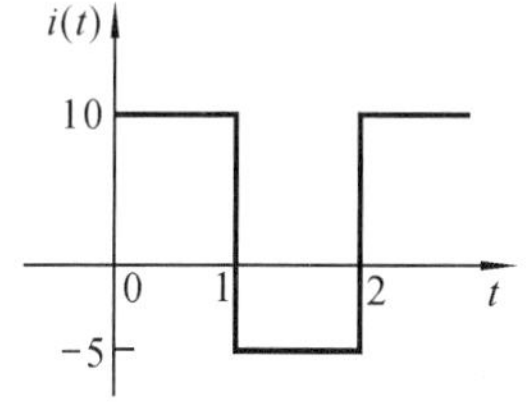

图 10-22 题 10-8 波形图

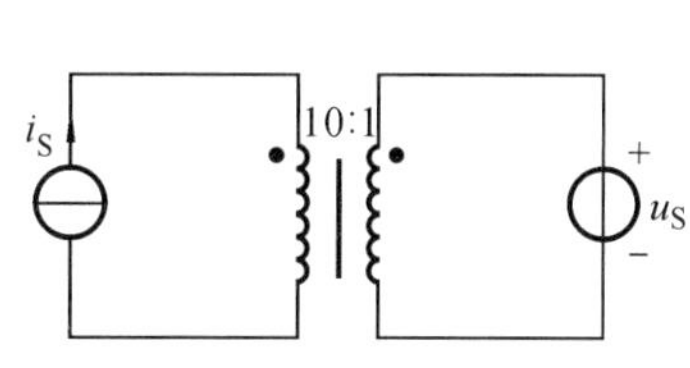

图 10-23 题 10-9 电路

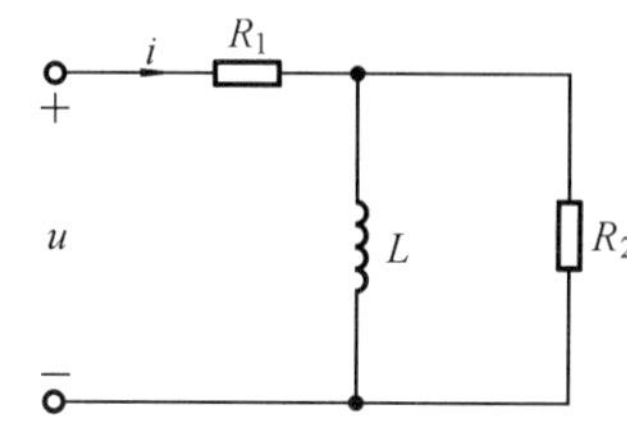

图 10-24 题 10-12 电路

10-13 已知如图 10-25 所示稳态电路中直流电源 $u_{S1}=200$ V，正弦交流电源 $u_{S2}(t)=20\sqrt{2}\sin t$ V，$i_{S3}(t)=4\sqrt{2}\sin(4t-60°)$ A，求电流 $i(t)$。

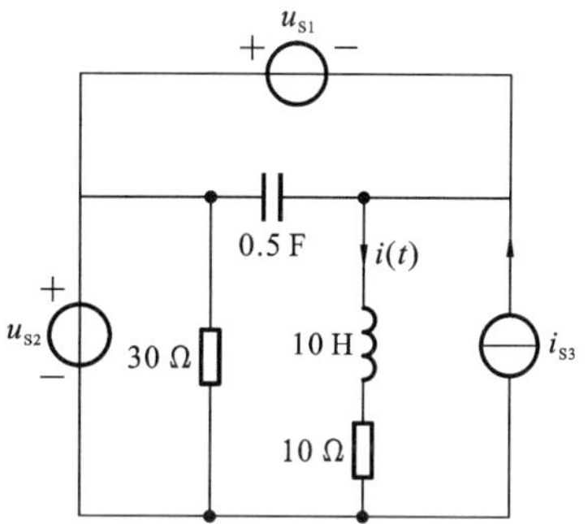

图 10-25 题 10-13 电路

10-14 如图 10-26 所示的非正弦稳态电路中，已知 $u_S=(9+10\sqrt{2}\cos\omega t+20\sqrt{2}\cos2\omega t)$ V，$\omega L_1=\omega M=4\ \Omega$，$\omega L_2=8\ \Omega$，$\dfrac{1}{\omega C}=8\ \Omega$，求 u_o。

10-15 如图 10-27 所示电路中，已知 $u_S=(10+\sqrt{2}\sin 10^4 t)$ V，$R=10\ \Omega$。试求电阻 R 消耗的功率。

10-16 如图 10-28 所示电路，已知 $L_1=0.1$ H，$L_2<L_1$，基波频率 $f=1$ kHz。(1) 试问参数 C_1、C_2 及 L_2 为何值时，将对一次和五次谐波产生电流谐振，对三次谐波产生电压谐振？(2) 在所求出的参数情况下，若电源电压为 $u=100\sin\omega t+50\sin3\omega t+30\sin5\omega t$ V，求电阻 $R=200\ \Omega$ 中的电流 i。

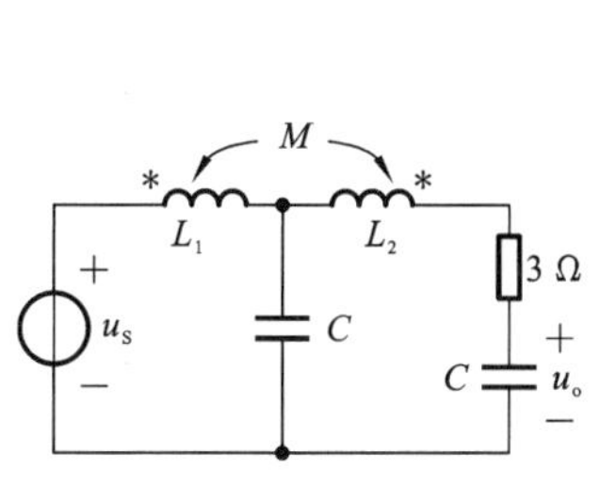

图 10-26 题 10-14 电路

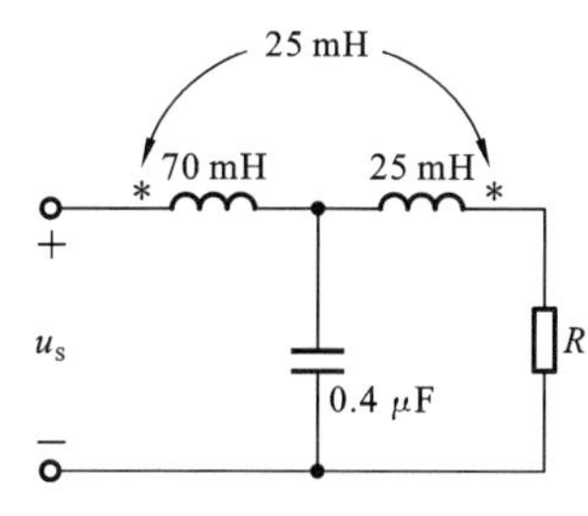

图 10-27 题 10-15 电路

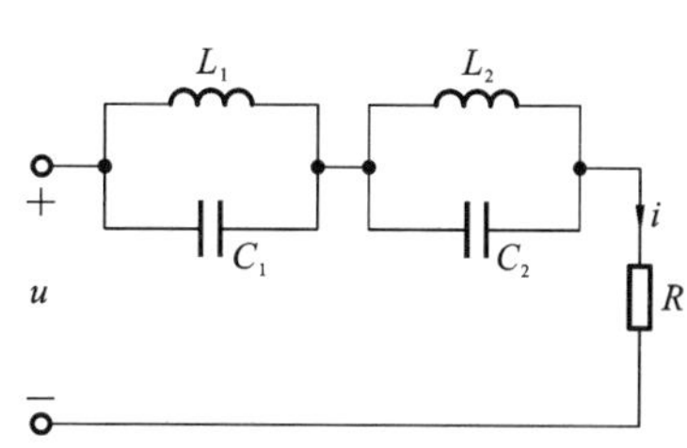

图 10-28 题 10-16 电路

应用分析案例

傅立叶变换及其应用

在通信与控制系统的理论研究和实际应用之中,傅立叶分析法已经成为信号分析与系统不可缺少的重要工具。傅立叶分析法广泛应用于图像变换、图像编码域压缩、图像分割、图像重建。傅立叶变换是数字图像处理技术的基础,其通过在时空域和频率域来回切换图像,对图像的信息进行提取和分析,简化了分析及计算。

我们习惯看到的大千世界都是以时间为自变量描述物理量的变化,这种以时间作为参照来观察动态世界的方法称其为时域分析,如图 10-29 所示的是心电原始信号,它是时间函数的最直观的表达形式(图中心电原始信号来源于 MIT-BIH 心律失常数据库中的 103,信号通道为 MLII,长度为 5 s,采样频率为 360 Hz)。

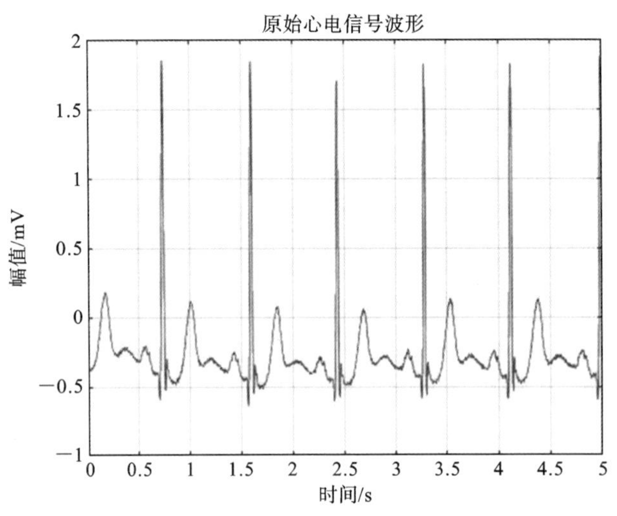

图 10-29　心电原始信号

为了进一步分析信号,对其做快速傅立叶变换后得到功率谱,如图 10-30 所示。这种从时域到频域的方法提供了我们从另一个角度看奇妙世界,能更加容易分析事物本质。

傅立叶分析法在实际中得到很好应用,如图 10-31 所示的是荷兰皇家飞利浦公司(PHILIPS)的心电监护仪(型号:IntelliVue MX800)。

该产品用于在卫生机构中对成人、小儿和新生儿的心电、脉搏血氧饱和度、有创血压、无创血压、温度、二氧化碳、心排量、肺活量、脑电及脑电双频指数进行监护、记录和生成报警。并配备有 iPC 云平台,提供便捷远程监护。

图 10-32 所示的是瑞士席勒(SCHILLER)心电图机(型号:CARDIOVIT MS-2015)。

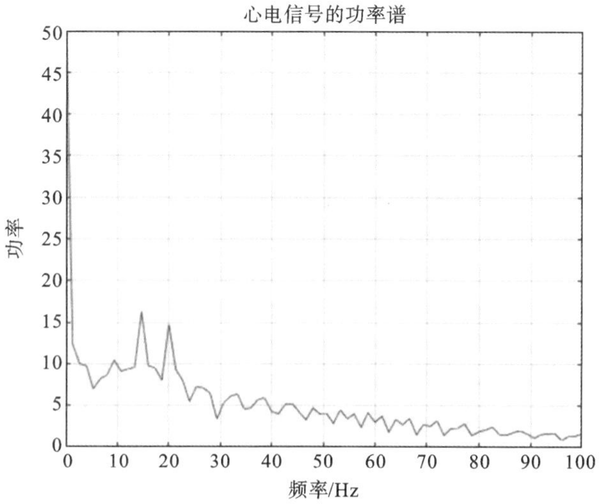

图 10-30　心电信号功率谱图

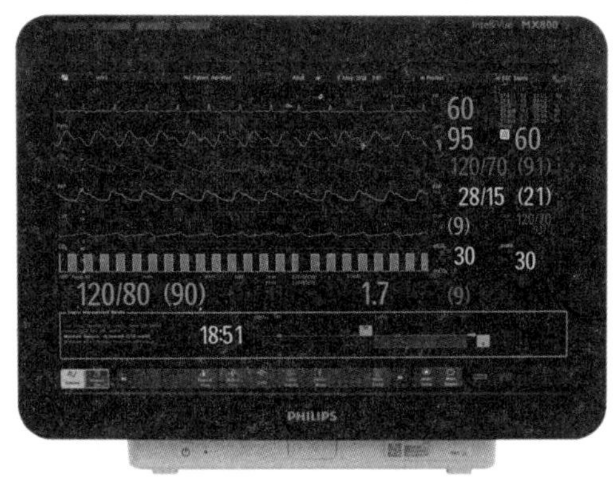

图 10-31　心电监护仪

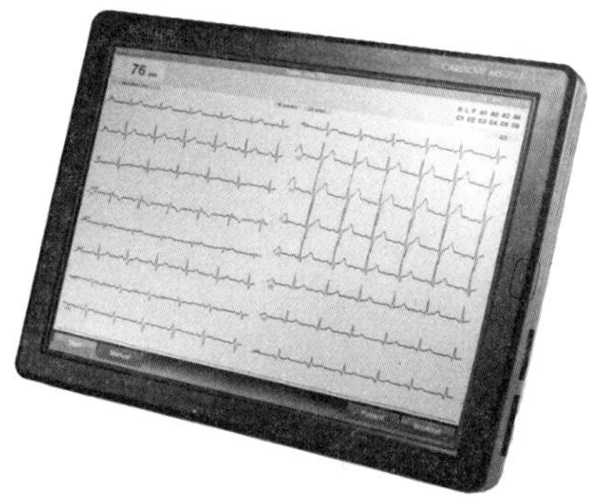

图 10-32　心电图机

该产品的主要功能有：高端触摸屏技术，有 15 英寸高分辨率彩色屏幕；心电测量软件，可精确测量记录下心脏信号；可以记录、选择和打印高质量的基于真实数据测量的 12 或 16 通道心电图；可一键操作；可选的溶栓算法解译心电图、肺功能测量等功能。

11

线性动态电路复频域分析

本章在动态时域电路分析的基础上，用拉普拉斯变换法分析动态电路。首先介绍拉普拉斯变换的基本原理及相关性质，求解单边拉普拉斯变换及反变换方法；然后讨论用拉普拉斯变换分析动态线性电路的方法和步骤，包括 KCL、KVL 的复频域运算形式；R、L、C 复频域模型；运算阻抗及运算导纳概念；并通过实例对复杂动态电路在复频域中进行分析计算，最后介绍网络函数及频率特性。

11.1 拉普拉斯变换

在第 5 章中，我们用经典的时域法分析了动态一阶电路和二阶电路，这种方法概念清楚，尤其对于直流电源激励的动态一阶、二阶电路，建立的方程是线性的常系数微分方程，求解常系数微分方程可得到电路的时域解。但多个动态元件的复杂电路，列写二阶及二阶以上微分方程及求解就比较困难了。存在以下问题：

(1) 微分方程中所需的 $t=0_+$ 初始条件和方程的积分常数不好求。

(2) 动态电路的分析方法，无法与电阻性电路及正弦稳态电路的相量分析统一起来。

(3) 当激励不是直流电源时，解时域方程的特解麻烦。

拉普拉斯变换(以下简称拉氏变换)是一种重要的积分变换，用它来分析动态电路可以完全解决上述问题，因此复频域分析法是求解高阶复杂动态电路的最有效方法之一。

11.1.1 拉氏变换的定义

一个定义在$(0,\infty)$区间的时间函数 $f(t)$，它的拉氏变换 $F(s)$为

$$F(s)=\int_{0_-}^{\infty} f(t)\mathrm{e}^{-st}\,\mathrm{d}t=\mathscr{L}[f(t)] \tag{11-1}$$

式中：$s=\sigma+\mathrm{j}\omega$ 为复数；$F(s)$为 $f(t)$的拉氏变换，或称为 $f(t)$的象函数；$f(t)$为 $F(s)$的原函数。拉氏变换或拉氏反变换可简记为 $f(t)\Leftrightarrow F(s)$。

为使积分 $\int_{0_-}^{\infty} f(t)\mathrm{e}^{-st}\,\mathrm{d}t$ 存在，函数 $f(t)$ 和 s 都应满足一定条件，在工程中我们遇到

的函数一般都存在拉氏变换。

拉氏反变换定义表达式为

$$f(t)=\frac{1}{2\pi j}\int_{\sigma-j\infty}^{\sigma+j\infty}F(s)e^{st}ds=\mathscr{L}^{-1}[F(s)] \tag{11-2}$$

【例 11.1】 求下列三个基本函数的拉氏变换：(1) 单位冲击函数；(2) 单位阶跃函数；(3) 单边指数函数。

解　(1) 单位冲激函数 $f(t)=\delta(t)$，由拉氏变换定义有

$$F(s)=\int_{0_-}^{\infty}\delta(t)e^{-st}dt=1$$

即

$$\delta(t)\Leftrightarrow 1$$

可以看出拉氏的定义记为 $t=0$ 时 $f(t)$ 所包含的冲击函数。

(2) 单位阶跃函数 $f(t)=\varepsilon(t)$，由拉氏变换定义有

$$F(s)=\int_{0}^{\infty}\varepsilon(t)e^{-st}dt=\int_{0}^{\infty}e^{-st}dt=\frac{1}{s}$$

则有

$$\varepsilon(t)\Leftrightarrow\frac{1}{s}$$

(3) 单边指数函数 $f(t)=e^{s_0t}\varepsilon(t)$，$s_0$ 为复常数。由拉氏变换定义有

$$F(s)=\int_{0}^{\infty}e^{s_0t}e^{-st}dt=\int_{0}^{\infty}e^{-(s-s_0)t}dt=\frac{1}{s-s_0}$$

即

$$e^{s_0t}\varepsilon(t)\Leftrightarrow\frac{1}{s-s_0}$$

令 s_0 为 $\pm\alpha$ 的实数，则

$$e^{\pm\alpha t}\varepsilon(t)\Leftrightarrow\frac{1}{s\mp\alpha}$$

令 s_0 为 $\pm j\beta$ 的虚数，则

$$e^{\pm j\beta t}\varepsilon(t)\Leftrightarrow\frac{1}{s\mp j\beta}$$

11.1.2　拉氏变换的性质

拉氏变换也有许多重要性质，掌握好这些性质可方便地求一些复杂的拉氏变换和拉氏反变换，有助于电路分析，本章重点介绍与电路有关的基本性质。

1. 线性性质

若 $f_1(t)\Leftrightarrow F_1(s)$，$f_2(t)\Leftrightarrow F_2(s)$则

$$[af_1(t)+bf_2(t)]\Leftrightarrow[aF_1(s)+bF_2(s)] \tag{11-3}$$

式中：a、b 为常数。由拉氏变换的定义式很容易证明线性性质。显然，拉氏变换是一种线性运算，该性质反映了拉氏变换的齐次性和叠加性。

【例 11.2】　试求下列函数的拉氏变换。

(1) $f(t)=\sin\omega_0t\varepsilon(t)$；　(2) $f(t)=\cos\omega_0t\varepsilon(t)$；　(3) $f(t)=2(1-e^{-2t})\varepsilon(t)$。

解　(1) 利用线性性质，有

$$F(s)=\mathscr{L}[\sin\omega_0t\varepsilon(t)]=\mathscr{L}\left[\frac{1}{2j}(e^{j\omega_0t}-e^{-j\omega_0t})\right]$$

$$=\frac{1}{2\mathrm{j}}\left(\frac{1}{s-\mathrm{j}\omega_0}-\frac{1}{s+\mathrm{j}\omega_0}\right)=\frac{\omega_0}{s^2+\omega_0^2}$$

即
$$\sin\omega_0 t\varepsilon(t)\Leftrightarrow\frac{\omega_0}{s^2+\omega_0^2}$$

(2) 利用线性性质,有

$$F(s)=\mathscr{L}[\cos\omega_0 t\varepsilon(t)]=\mathscr{L}\left[\frac{1}{2}(\mathrm{e}^{\mathrm{j}\omega_0 t}+\mathrm{e}^{-\mathrm{j}\omega_0 t})\right]$$

$$=\frac{1}{2}\left(\frac{1}{s-\mathrm{j}\omega_0}+\frac{1}{s+\mathrm{j}\omega_0}\right)=\frac{s}{s^2+\omega_0^2}$$

即
$$\cos\omega_0 t\varepsilon(t)\Leftrightarrow\frac{s}{s^2+\omega_0^2}$$

(3) $f(t)=2\varepsilon(t)-2\mathrm{e}^{-2t}\varepsilon(t)$,由线性性质知

$$F(s)=\frac{2}{s}-\frac{2}{s+2}=\frac{4}{s(s+2)}$$

2. 延迟性质

若 $f(t)\Leftrightarrow F(s)$,则 $f(t-t_0)\varepsilon(t-t_0)$ 的拉氏变换为

$$f(t-t_0)\varepsilon(t-t_0)\Leftrightarrow\int_{0_-}^{\infty}f(t-t_0)\varepsilon(t-t_0)\mathrm{e}^{-st}\mathrm{d}t$$

$$\Leftrightarrow\int_{t_0}^{\infty}f(t-t_0)\mathrm{e}^{-st}\mathrm{d}t$$

令 $\tau=t-t_0$,上式可表示为

$$f(t-t_0)\varepsilon(t-t_0)\Leftrightarrow\int_0^{\infty}f(\tau)\mathrm{e}^{-s(\tau+t_0)}\mathrm{d}\tau=\mathrm{e}^{-st_0}\int_0^{\infty}f(\tau)\mathrm{e}^{-\tau s}\mathrm{d}\tau$$

即
$$f(t-t_0)\varepsilon(t-t_0)\Leftrightarrow\mathrm{e}^{-st_0}F(s)\tag{11-4}$$

式中:$t_0>0$,反映信号右移 t_0 的拉氏变换,等于原信号的拉氏变换乘以 e^{-st_0}。要注意的是,延时信号指的是 $f(t-t_0)\varepsilon(t-t_0)$,而非 $f(t-t_0)\varepsilon(t)$,对于后者,不能应用延迟性质。

【例 11.3】 试求图 11-1 所示波形的象函数。

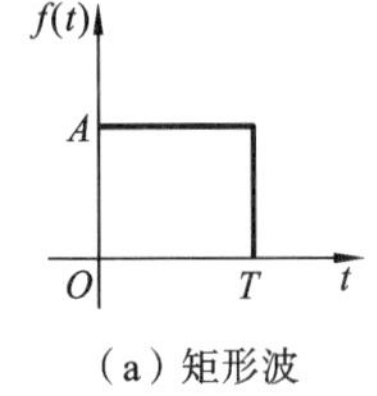

(a) 矩形波

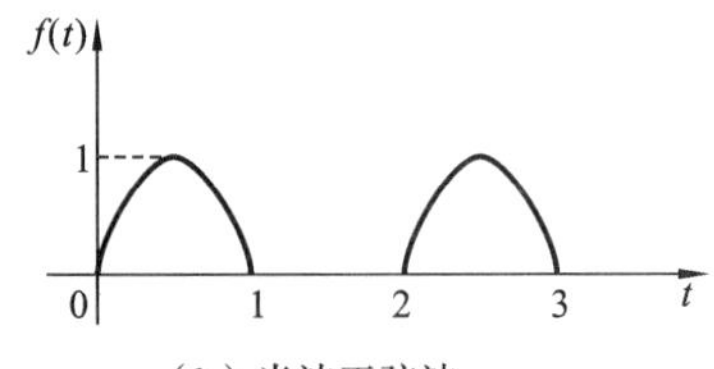

(b) 半波正弦波

图 11-1 例 11.3 的波形

(1) 图 11-1(a)所示矩形波(门函数); (2) 图 11-1(b)所示两个正弦半波。

解 (1) 已知

$$f(t)=A[\varepsilon(t)-\varepsilon(t-T)]$$

由时移性知
$$\varepsilon(t-T)\Leftrightarrow\frac{1}{s}\mathrm{e}^{-sT}$$

所以
$$F(s)=\frac{A}{s}-\frac{A}{s}\mathrm{e}^{-sT}=\frac{A}{s}(1-\mathrm{e}^{-sT})$$

(2) $f(t)$可看成两个半波 $f_1(t)$,$f_2(t)$组成,$f(t)=f_1(t)+f_2(t)$,其中

$$f_1(t)=\sin(\pi t)\varepsilon(t)+\sin[\pi(t-1)]\varepsilon(t-1)$$

拉氏变换为
$$F_1(s)=\frac{\pi}{s^2+\pi^2}+\frac{\pi}{s^2+\pi^2}\mathrm{e}^{-s}=\frac{\pi}{s^2+\pi^2}(1+\mathrm{e}^{-s})$$

因为 $f_2(t)=f_1(t-2)$，由时移性知

$$F_2(s)=F_1(s)\mathrm{e}^{-2s}$$

根据线性性质有

$$F(s)=F_1(s)+F_2(s)=F_1(s)(1+\mathrm{e}^{-2s})=\frac{\pi}{s^2+\pi^2}(1+\mathrm{e}^{-s})(1+\mathrm{e}^{-2s})$$

3. 频移性质

若 $f(t)\Leftrightarrow F(s)$，则 $f(t)\mathrm{e}^{\pm s_0 t}$ 的拉氏变换为

$$f(t)\mathrm{e}^{\pm s_0 t}\Leftrightarrow\int_{-\infty}^{\infty}f(t)\mathrm{e}^{\pm s_0 t}\mathrm{e}^{-st}\mathrm{d}t$$

$$\Leftrightarrow\int_{-\infty}^{\infty}f(t)\mathrm{e}^{-(s\mp s_0)t}\mathrm{d}t$$

即
$$f(t)\mathrm{e}^{\pm s_0 t}\Leftrightarrow F(s\mp s_0) \tag{11-5}$$

该性质表明，时间信号乘以 $\mathrm{e}^{\pm s_0 t}$，等于原信号的拉氏变换在 s 域里平移了 $\mp s_0$。

【例 11.4】 试求 $\mathrm{e}^{\alpha t}\cos\beta t\cdot\varepsilon(t)$ 和 $\mathrm{e}^{\alpha t}\sin\beta t\cdot\varepsilon(t)$ 的象函数。

解 因为
$$\cos\beta t\cdot\varepsilon(t)\Leftrightarrow\frac{s}{s^2+\beta^2}$$

应用频移性质

$$\mathrm{e}^{\alpha t}\cos\beta t\cdot\varepsilon(t)\Leftrightarrow\frac{s-\alpha}{(s-\alpha)^2+\beta^2}$$

同理有
$$\mathrm{e}^{\alpha t}\sin\beta t\cdot\varepsilon(t)\Leftrightarrow\frac{\beta}{(s-\alpha)^2+\beta^2}$$

即
$$f(at-b)\varepsilon(at-b)\Leftrightarrow\frac{1}{a}F\left(\frac{s}{a}\right)\mathrm{e}^{-\frac{bs}{a}}$$

4. 微分性质

若 $f(t)\Leftrightarrow F(s)$，则有

$$\frac{\mathrm{d}f(t)}{\mathrm{d}t}\Leftrightarrow\int_{0_-}^{\infty}\frac{\mathrm{d}f(t)}{\mathrm{d}t}\mathrm{e}^{-st}\mathrm{d}t$$

应用分部积分，$u=\mathrm{e}^{-st}$，$\mathrm{d}v=[\mathrm{d}f(t)/\mathrm{d}t]\mathrm{d}t$，可得

$$\frac{\mathrm{d}f(t)}{\mathrm{d}t}\Leftrightarrow f(t)\mathrm{e}^{-st}\Big|_{0_-}^{\infty}+s\int_{0_-}^{\infty}f(t)\mathrm{e}^{-st}\mathrm{d}t$$

如果 s 的实部 σ 取得足够大，当 $t\to\infty$ 时，$\mathrm{e}^{-st}f(t)\to0$，得

$$f'(t)\Leftrightarrow sF(s)-f(0_-) \tag{11-6}$$

上式就是拉氏变换的微分性质。

在分析电路问题时，能自动引入初始状态值，该性质非常有用。

【例 11.5】 已知 $f(t)=\begin{cases}1, & t<0\\ \mathrm{e}^{-2t}, & t>0\end{cases}$，试求 $f'(t)$ 的拉氏变换。

解 此函数在 $t=0$ 处连续 $f(0_-)=f(0_+)=1$，如果直接对函数求导后再求拉氏变换，则有

$$f'(t)=-2\mathrm{e}^{-2t}\varepsilon(t)$$

所以
$$f'(t)\Leftrightarrow-\frac{2}{s+2}$$

还可以用微分性质求,由于单边拉氏变换只考虑 $f(t)$ 在 $0_-\to\infty$ 时间区间的函数值,$f(t)$ 的拉氏变换表达式与 $e^{-2t}\varepsilon(t)$ 的拉氏变换相同,即
$$F(s)=\frac{1}{s+2}$$
应用微分性质有
$$f'(t)\Leftrightarrow sF(s)-f(0_-)=\frac{s}{s+2}-1=-\frac{2}{s+2}$$

5. 时域积分性质

若 $f(t)\Leftrightarrow F(s)$,则有
$$\int_{0_-}^{t}f(\tau)\mathrm{d}\tau\Leftrightarrow\frac{F(s)}{s}$$

证明如下:根据拉氏变换定义有
$$\mathscr{L}\left[\int_{0_-}^{t}f(\tau)\mathrm{d}\tau\right]=\int_{0_-}^{\infty}\left[\int_{0_-}^{t}f(\tau)\mathrm{d}\tau\right]e^{-st}\mathrm{d}t$$
利用分部积分得
$$\int_{0_-}^{t}f(\tau)\mathrm{d}\tau\Leftrightarrow\left[\frac{-e^{-st}}{s}\int_{0_-}^{t}f(\tau)\mathrm{d}\tau\right]_{0_-}^{\infty}+\frac{1}{s}\int_{0_-}^{\infty}f(t)e^{-st}\mathrm{d}t$$
上式右边第一项为0,所以
$$\int_{0_-}^{t}f(\tau)\mathrm{d}\tau\Leftrightarrow\frac{1}{s}\int_{0_-}^{\infty}f(t)e^{-st}\mathrm{d}t=\frac{F(s)}{s}$$
即
$$\int_{0_-}^{t}f(\tau)\mathrm{d}\tau\Leftrightarrow\frac{F(s)}{s}\tag{11-7}$$
上式就是拉氏变换的积分性质。

【例 11.6】 利用积分性质求 $f(t)=t\varepsilon(t)$ 的拉氏变换。

解 如果用拉氏变换定义求比较麻烦,则不妨用时域积分性质求。已知 $t\varepsilon(t)=\int_{0}^{t}\varepsilon(\tau)\mathrm{d}\tau$,因为 $\varepsilon(t)\Leftrightarrow\frac{1}{s}$,所以
$$t\varepsilon(t)\Leftrightarrow\frac{1}{s}\times\frac{1}{s}=\frac{1}{s^2}$$
如果重复用这个性质可得
$$t^n\varepsilon(t)\Leftrightarrow\frac{n!}{s^{n+1}}$$

为方便读者学习,将常用函数的拉氏变换对列于表 11-1 中。

表 11-1 常用信号的拉氏变换对

编号	拉氏变换对 $f(t)\Leftrightarrow F(s)$	推导说明
1	$\delta(t)\Leftrightarrow1$, $A\delta(t)\Leftrightarrow A$	直接计算
2	$\varepsilon(t)\Leftrightarrow\frac{1}{s}$, $A\varepsilon(t)\Leftrightarrow\frac{A}{s}$	直接计算
3	$\varepsilon(t)-\varepsilon(t-T)\Leftrightarrow\frac{1}{s}(1-e^{-sT})$	利用延迟性质

续表

编号	拉氏变换对 $f(t)\Leftrightarrow F(s)$	推导说明
4	$t\varepsilon(t)\Leftrightarrow\frac{1}{s^2}$	积分性质
5	$t^n\varepsilon(t)\Leftrightarrow\frac{n!}{s^{n+1}}$	积分性质
6	$e^{\pm s_0 t}\varepsilon(t)\Leftrightarrow\frac{1}{s\mp s_0}$	直接计算
7	$te^{-at}\varepsilon(t)\Leftrightarrow\frac{1}{(s+a)^2}$	利用积分性质和频移特性
8	$\sin\omega_0 t\varepsilon(t)\Leftrightarrow\frac{\omega_0}{s^2+\omega_0^2}$	利用线性、频移性质
9	$\cos\omega_0 t\varepsilon(t)\Leftrightarrow\frac{s}{s^2+\omega_0^2}$	利用线性、频移性质
10	$e^{-\alpha t}\sin\beta t\varepsilon(t)\Leftrightarrow\frac{\beta}{(s+\alpha)^2+\beta^2}$	利用频移性质
11	$e^{-\alpha t}\cos\beta t\varepsilon(t)\Leftrightarrow\frac{s+\alpha}{(s+\alpha)^2+\beta^2}$	利用频移性质

11.2 拉氏反变换

拉氏反变换的最简单方法是从拉氏变换表中查出原函数。但是一般表中给出的是有限的、常用的拉氏变换对。拉氏反变换可以用反变换公式求得，但这是一个复变函数的积分，计算通常是困难的。不过，好在线性非时变电路中的响应拉氏变换一般是 s 的有理分式。当象函数为 s 的有理分式时，求拉氏反变换可以用部分分式法或留数法进行(此法此处不介绍)；一些特殊的象函数，也可以应用拉氏变换的性质进行反变换。

11.2.1 部分分式展开法

设有理分式

$$F(s)=\frac{N(s)}{D(s)}=\frac{b_m s^m+b_{m-1}s^{m-1}+\cdots+b_1 s+b_0}{a_n s^n+a_{n-1}s^{n-1}+\cdots+a_1 s+a_0} \tag{11-8}$$

其中，a_n、b_m 均为实数。若 $m\geqslant n$，则 $F(s)$可通过长除法分解为有理多项式 $P(s)$与有理真分式之和，即

$$F(s)=P(s)+\frac{N_0(s)}{D(s)} \tag{11-9}$$

对于多项式 $P(s)$，其拉氏反变换是冲激函数及其各阶导数；对于有理真分式，可以用部分分式展开法(或称展开定理)将其表示为许多简单分式之和的形式，而这些简单项的反变换容易得到。部分分式法简单易行，避免了应用拉氏反变换计算复变函数的积分问题。现分几种情况讨论。

1. 单实根情况

若分母多项式 $D(s)=0$ 的 n 个单实根分别为 $p_1, p_2, \cdots, p_n$，按照代数学的知识，则 $F(s)$ 可以展开成下列简单的部分分式之和

$$F(s) = \frac{K_1}{s-p_1} + \frac{K_2}{s-p_2} + \cdots + \frac{K_n}{s-p_n} = \sum_{i=1}^{n} \frac{K_i}{s-p_i} \tag{11-10}$$

式中：$K_1, K_2, \cdots, K_n$ 为待定系数。这些系数可按下述方法确定。

$$K_i = (s-p_i)F(s)\big|_{s=p_i} \tag{11-11}$$

由于

$$\frac{K_i}{s-p_i} \Leftrightarrow K_i e^{p_i t} \tag{11-12}$$

故原函数为

$$f(t) = K_1 e^{p_1 t} + K_2 e^{p_2 t} + \cdots + K_n e^{p_{n1} t} = \sum_{i=1}^{n} K_i e^{p_i t} \quad (t \geqslant 0) \tag{11-13}$$

【例 11.7】 已知象函数 $F(s)=\dfrac{2s^2+16}{(s^2+5s+6)(s+12)}$，求原函数 $f(t)$。

解 将分母因式分解，可知分母多项式有三个单实根：$p_1=-2$，$p_2=-3$，$p_3=-12$。因此，$F(s)$ 可展开为

$$F(s)=\frac{2s^2+16}{(s+2)(s+3)(s+12)}=\frac{K_1}{s+2}+\frac{K_2}{s+3}+\frac{K_3}{s+12}$$

其中各系数为

$$K_1=(s+2)F(s)\big|_{s=-2}=\frac{2s^2+16}{(s+3)(s+12)}\bigg|_{s=-2}=\frac{24}{10}=2.4$$

$$K_2=(s+3)F(s)\big|_{s=-3}=\frac{2s^2+16}{(s+2)(s+12)}\bigg|_{s=-3}=-\frac{34}{9}$$

$$K_3=(s+12)F(s)\big|_{s=-12}=\frac{2s^2+16}{(s+2)(s+3)}\bigg|_{s=-12}=\frac{304}{90}=\frac{152}{45}$$

所以，原函数为

$$f(t)=2.4e^{-2t}-\frac{34}{9}e^{-3t}+\frac{152}{45}e^{-12t} \quad (t\geqslant 0)$$

2. 多重根情况

设 $D(s)=0$，在 $s=p_1$ 时有三重根，例如，

$$F(s)=\frac{N(s)}{(s-p_1)^3} \tag{11-14}$$

则 $F(s)$ 进行分解时，与 p_1 有关的分式要有三项，即

$$F(s)=\frac{K_1}{(s-p_1)^3}+\frac{K_2}{(s-p_1)^2}+\frac{K_3}{s-p_1} \tag{11-15}$$

式中：$K_1, K_2, \cdots, K_n$ 为待定系数。这些系数可按下述方法确定。将上式两边乘以 $(s-p_1)^3$，得

$$(s-p_1)^3F(s)=K_1+K_2(s-p_1)+K_3(s-p_1)^2 \tag{11-16}$$

令 $s=p_1$，代入上式，则 K_1 就分离出来，即

$$K_1=(s-p_1)^3F(s)\big|_{s=p_1} \tag{11-17}$$

再对式(11-17)两边对 s 求导一次，得

$$\frac{d}{dt}[(s-p_1)^3F(s)]=K_2+2K_3(s-p_1) \tag{11-18}$$

再令 $s=p_1$，代入上式，则 K_2 就分离出来，即

$$K_2=\frac{\mathrm{d}}{\mathrm{d}t}[(s-p_1)^3F(s)]|_{s=p_1} \tag{11-19}$$

用同样的方法可以确定 K_3 为

$$K_3=\frac{1}{2}\cdot\frac{\mathrm{d}^2}{\mathrm{d}t^2}[(s-p_1)^3F(s)]|_{s=p_1} \tag{11-20}$$

原函数为

$$f(t)=\left(\frac{K_1}{2}t^2\mathrm{e}^{p_1t}+K_2t\mathrm{e}^{p_1t}+K_3\mathrm{e}^{p_1t}\right)\varepsilon(t) \tag{11-21}$$

由以上对三重根讨论的结果，可以推导出具有 n 重根的情况。当分母多项式为 $D(s)=(s-p_1)^n$ 时，$F(s)$可展开成

$$F(s)=\frac{K_1}{(s-p_1)^n}+\frac{K_2}{(s-p_1)^{n-1}}+\cdots+\frac{K_n}{s-p_1} \tag{11-22}$$

其系数为

$$\begin{aligned}
K_1&=(s-p_1)^nF(s)|_{s=p_1}\\
K_2&=\frac{\mathrm{d}}{\mathrm{d}t}[(s-p_1)^nF(s)]|_{s=p_1}\\
K_3&=\frac{1}{2}\cdot\frac{\mathrm{d}^2}{\mathrm{d}t^2}[(s-p_1)^nF(s)]|_{s=p_1}\\
&\vdots\\
K_n&=\frac{1}{(n-1)!}\cdot\frac{\mathrm{d}^{n-1}}{\mathrm{d}t^{n-1}}[(s-p_1)^nF(s)]|_{s=p_1}
\end{aligned} \tag{11-23}$$

【例 11.8】 已知 $F(s)=\dfrac{1}{s^3(s^2-1)}$，求 $f(t)$。

解 令 $D(s)=s^3(s^2-1)=0$，共有五个根，其中 $p_1=0$ 为三重根，$p_2=-1$、$p_3=1$ 为单根。所以

$$F(s)=\frac{1}{s^3(s+1)(s-1)}=\frac{K_1}{s^3}+\frac{K_2}{s^2}+\frac{K_3}{s}+\frac{K_4}{s+1}+\frac{K_5}{s-1}$$

其中

$$K_1=s^3F(s)|_{s=0}=\left.\frac{1}{s^2-1}\right|_{s=0}=-1$$

$$K_2=\frac{\mathrm{d}}{\mathrm{d}t}[s^3F(s)]|_{s=0}=\left.\frac{-2s}{(s^2-1)^2}\right|_{s=0}=0$$

$$K_3=\frac{1}{2}\frac{\mathrm{d}^2}{\mathrm{d}t^2}[s^3F(s)]|_{s=0}=\frac{1}{2}\times\left.\frac{-2(s^2-1)^2+4s(s^2-1)2s}{(s^2-1)^4}\right|_{s=0}=-1$$

$$K_4=(s+1)F(s)|_{s=-1}=\left.\frac{1}{s^3(s-1)}\right|_{s=-1}=\frac{1}{2}$$

$$K_5=(s-1)F(s)|_{s=1}=\left.\frac{1}{s^3(s+1)}\right|_{s=1}=\frac{1}{2}$$

所以，原函数为

$$f(t)=-\frac{1}{2}t^2-1+\frac{1}{2}\mathrm{e}^{-t}+\frac{1}{2}\mathrm{e}^t\quad(t\geqslant0)$$

3. 共轭复根情况

由于 $D(s)$是 s 的实系数多项式，若 $D(s)=0$ 出现复根，则必然是共轭成对的。设 $D(s)=0$ 中含有一对共轭复根，$p_{1,2}=\alpha\pm\mathrm{j}\beta$，则 $F(s)$可展开为

$$F(s)=\frac{N(s)}{(s-\alpha-j\beta)(s-\alpha+j\beta)}=\frac{K_1}{s-\alpha-j\beta}+\frac{K_2}{s-\alpha+j\beta} \tag{11-24}$$

其中,系数为

$$K_1=(s-\alpha-j\beta)F(s)|_{s=\alpha+j\beta}=|K_1|\angle\theta_1=A+jB \tag{11-25}$$

由于 $F(s)$是 s 的实系数有理函数,应有

$$K_2=K_1^*=|K_1|\angle(-\theta_1)=A-jB \tag{11-26}$$

(1) 原函数用 K_1 的模和角表示。

$$\begin{aligned}f(t)&=K_1e^{(\alpha+j\beta)t}+K_2e^{(\alpha-j\beta)t}=|K_1|e^{j\theta_1}e^{(\alpha+j\beta)t}+|K_1|e^{-j\theta_1}e^{(\alpha-j\beta)t}\\&=|K_1|e^{\alpha t}[e^{j(\beta t+\theta_2)}+e^{-j(\beta t+\theta_2)}]=2|K_1|e^{\alpha t}\cos(\beta t+\theta_1)\varepsilon(t)\end{aligned} \tag{11-27}$$

(2) 原函数用 K_1 的实部和虚部表示。

$$\begin{aligned}f(t)&=K_1e^{(\alpha+j\beta)t}+K_2e^{(\alpha-j\beta)t}=(A+jB)e^{(\alpha+j\beta)t}+(A-jB)e^{(\alpha-j\beta)t}\\&=e^{\alpha t}[A(e^{j\beta t}+e^{-j\beta t})+jB(e^{j\beta t}-e^{-j\beta t})]=2e^{\alpha t}[A\cos\beta-B\sin\beta t]\varepsilon(t)\end{aligned} \tag{11-28}$$

(3) 原函数用拉氏变换公式表示。

$F(s)$也可以按下式进行拉氏反变换,象函数可变为

$$\begin{aligned}F(s)&=\frac{N(s)}{(s-\alpha-j\beta)(s-\alpha+j\beta)}=\frac{Ms+N}{(s-\alpha)^2+\beta^2}\\&=\frac{M(s-\alpha)}{(s-\alpha)^2+\beta^2}+\frac{M\alpha+N}{\beta}\frac{\beta}{(s-\alpha)^2+\beta^2}\end{aligned} \tag{11-29}$$

式中,系数 M、N 可用待定系数法求出,原函数可用下面的公式求出。

$$\frac{s-\alpha}{(s-\alpha)^2+\beta^2}\Leftrightarrow e^{\alpha t}\cos\beta t\varepsilon(t) \tag{11-30}$$

$$\frac{\beta}{(s-\alpha)^2+\beta^2}\Leftrightarrow e^{\alpha t}\sin\beta t\varepsilon(t) \tag{11-31}$$

所以,原函数为

$$f(t)=(Me^{\alpha t}\cos\beta t+\frac{M\alpha+N}{\beta}e^{\alpha t}\sin\omega t)\varepsilon(t)$$

下面用实例来说明以上三种方法的应用。

【例 11.9】 已知 $F(s)=\frac{1}{s(s^2-2s+5)}$,求 $f(t)$。

解 方法一,求 $s^2-2s+5=0$ 的根为 $s_{1,2}=1\pm j2$,是一对共轭复根,所以

$$F(s)=\frac{K_1}{s}+\frac{K_2}{s-1-j2}+\frac{K_2^*}{s-1+j2}$$

其中各系数为

$$K_1=sF(s)|_{s=0}=\left.\frac{1}{s^2-2s+5}\right|_{s=0}=\frac{1}{5}$$

$$\begin{aligned}K_2&=(s-1-j2)F(s)|_{s=1+j2}=\left.\frac{1}{s(s-1+j2)}\right|_{s=1+j2}\\&=\frac{1}{(1+j2)\cdot j4}=\frac{1}{4\sqrt{5}}\angle(-90^\circ)-\arctan2\\&=\frac{\sqrt{5}}{20}\angle(-153.4^\circ)\end{aligned}$$

原函数为
$$f(t)=\frac{1}{5}+\frac{\sqrt{5}}{10}e^{t}\cos(2t-153.4°),\quad t\geqslant 0$$

方法二，在解一中，将 K_2 写成代数式，有
$$K_2=\frac{1}{s(s-1+j2)}\bigg|_{s=1+j2}=\frac{1}{(1+j2)\cdot j4}=\frac{1}{-8+j4}=-\frac{1}{10}-j\frac{1}{20}$$
所以，原函数为
$$f(t)=\frac{1}{5}-\frac{1}{5}e^{t}\cos 2t+\frac{1}{10}e^{t}\sin 2t,\quad t\geqslant 0$$

方法三，把复根不分开，$F(s)$ 按下式展开
$$F(s)=\frac{K_1}{s}+\frac{Ms+N}{(s-1)^2+2^2}$$
其中，K_1 可求得
$$K_1=sF(s)|_{s=0}=\frac{1}{s^2-2s+5}\bigg|_{s=0}=\frac{1}{5}$$
系数 M、N 用待定系数法求得
$$F(s)=\frac{1}{s(s^2-2s+5)}=\frac{\frac{1}{5}(s^2-2s+5)+Ms^2+Ns}{s(s^2-2s+5)}$$
用待定系数法可解得
$$M=-\frac{1}{5},\quad N=\frac{2}{5}$$
即有
$$F(s)=\frac{\frac{1}{5}}{s}+\frac{-\frac{1}{5}(s-1)}{(s-1)^2+2^2}+\frac{\frac{1}{10}\times 2}{(s-1)^2+2^2}$$
所以，原函数为
$$f(t)=\frac{1}{5}-\frac{1}{5}e^{t}\cos 2t+\frac{1}{10}e^{t}\sin 2t,\quad t\geqslant 0$$

11.2.2　应用拉氏变换的性质

除了用部分分式法求拉氏反变换外，对于有些函数，特别是一些无理函数，可以结合拉氏变换性质求解。

【例 11.10】　已知　$F(s)=\dfrac{se^{-s}}{s^2+5s+6}$，求 $f(t)$。

解　先将 e^{-s} 除去，按部分分式展开，有
$$F(s)=\left(\frac{K_1}{s+2}+\frac{K_2}{s+3}\right)e^{-s}$$
部分分式各项系数为
$$K_1=\frac{s}{s+3}\bigg|_{s=-2}=-2,\quad K_2=\frac{s}{s+2}\bigg|_{s=-3}=3$$
应用时移性质
$$f(t)=-2e^{-2(t-1)}\varepsilon(t-1)+3e^{-3(t-1)}\varepsilon(t-1)$$

【例 11.11】　已知　$F(s)=\left(\dfrac{1-e^{-s}}{s}\right)^2$，求 $f(t)$。

解 象函数可展开为

$$F(s)=\frac{1-2e^{-s}+e^{-2s}}{s^2}=\frac{1}{s^2}-\frac{2}{s^2}e^{-s}+\frac{1}{s^2}e^{-2s}$$

应用时移性质,原函数为

$$f(t)=t\varepsilon(t)-2(t-1)\varepsilon(t-1)+(t-2)\varepsilon(t-2)$$

11.2.3 Matlab 的应用

Matlab 不仅具有强大的计算功能和画图功能,还提供了具有推理功能的符号运算,即符号数学工具箱。它提供了拉氏变换与拉氏反变换的方法,其调用形式为

```
F=laplace(f)
f=ilaplace(F)
```

式中,f 表示时域函数,F 表示拉氏变换(象函数)。它们均为符号变量,可以应用函数 sym 实现,调用形式为

```
f=sym(A)
```

式中,A 表示待输入的字符串,输出 f 为符号变量。对函数可化简,调用形式为

```
F=simple(F)或 simplify(F)
```

式中,F 为待化简的符号变量。为改善公式的可读性,可用 pretty(F)函数。

【例 11.12】 求下列时间函数的拉氏变换。

(1) $f(t)=e^{-at}(1-at)$; (2) $f(t)=\sin(at+b)$。

解 (1) 在命令窗口下执行下列命令

```
>>F=laplace(sym('exp(-a*t)*(1-a*t)'))
  F=
  1/(s+a)-a/(s+a)^2
  >>F=simple(F)
  F=
  s/(s+a)^2
```

即
$$F(s)=\frac{s}{(s+a)^2}$$

(2) 在命令窗口下执行下列命令

```
>>F=laplace(sym('sin(a*t+b)'))
  F=
  cos(b)*a/(s^2+a^2)+sin(b)*s/(s^2+a^2)
  >>F=simple(F)
  F=
  (cos(b)*a+sin(b)*s)/(s^2+a^2)
  >>pretty(F)
```

$$\frac{\cos(b)a+\sin(b)s}{s^2+a^2}$$

即
$$F(s)=\frac{a\cos b+s\sin b}{s^2+a^2}$$

【例 11.13】 求下列象函数的拉氏反变换。

(1) $F(s)=\dfrac{2s+1}{s^2+5s+6}$；

(2) $F(s)=\dfrac{1}{(s+1)(s^2+s+1)}$。

解 (1) 在命令窗口下执行下列命令

```
>>f=ilaplace(sym('(2*s+1)/(s^2+5*s+6)'))
f=
5*exp(-3*t)-3*exp(-2*t)
```

即
$$f(t)=5\mathrm{e}^{-3t}-3\mathrm{e}^{-2t}$$

(2) 在命令窗口下执行下列命令

```
>>f=ilaplace(sym('1/(s+1)/(s^2+s+1)'))
f=
    exp(-t)+1/3*exp(-1/2*t)*3^(1/2)*sin(1/2*3^(1/2)*t)-exp(-1/2*t)*cos(1/
2*3^(1/2)*t)
>>pretty(f)
exp(-t)+1/3 exp(- 1/2 t) 3^(1/2)      sin(1/2 3^(1/2) t)
- exp(- 1/2 t) cos(1/2 3^(1/2) t)
```

即
$$f(t)=\mathrm{e}^{-t}+\frac{1}{3}\sqrt{3}\mathrm{e}^{-0.5t}\sin\left(\frac{\sqrt{3}}{2}t\right)-\mathrm{e}^{-0.5t}\cos\left(\frac{\sqrt{3}}{2}t\right)$$

11.3 运算电路与运算法

对于一般动态电路的时域分析，存在以下问题：

(1) 对一般的二阶或二阶以上的电路，建立微分方程比较困难。

(2) 确定微分方程所需要的 0_+ 初始条件，以及确定微分方程解中的积分常数也很烦琐。

(3) 动态电路的分析方法无法与电阻性电路和正弦稳态电路的分析统一起来。

用拉氏变换分析动态电路，完全可以解决上述问题。

与正弦稳态电路中的相量法相似。在相量法中，先找出 R、L、C 在频域的模型，称为相量模型，同时推导出电路定律的相量形式，引出阻抗和导纳的概念。这样电阻性电路的分析方法可全部用于正弦稳态电路。在用拉氏变换分析动态电路时，也先找出动态元件 R、L、C 的复频域模型，称为运算模型；同时推导电路定律的拉氏变换形式，引出运算阻抗和导纳的概念。这种分析方法称为运算法，与正弦稳态电路的相量法完全类似。

11.3.1 电路元件的运算模型

1. 电阻元件

如图 11-2(a)所示，电阻元件的伏安关系及拉氏变换为

$$u(t)=Ri(t)\Leftrightarrow U(s)=RI(s) \tag{11-32}$$

上式就是电阻元件伏安关系的运算形式。图 11-2(b)所示的为电阻元件的运算模型。

(a) 时域模型　　(b) s 域模型

图 11-2　电阻元件

2. 电感元件

如图 11-3(a)所示,电感元件的伏安关系为 $u(t)=L\dfrac{\mathrm{d}i(t)}{\mathrm{d}t}$,两边取拉氏变换,并根据拉氏变换的微分性质,得

$$u(t)=L\frac{\mathrm{d}i(t)}{\mathrm{d}t}\Leftrightarrow U(s)=sLI(s)-Li(0_-) \tag{11-33}$$

式中:sL 为电感的运算阻抗;$i(0_-)$表示电感中的初始电流。这样就得到图 11-3(b)所示的运算模型。$Li(0_-)$表示电压源,由电感元件的初始电流演变而来,它体现了电感元件的初始储能对电路的作用,称为初值电源或附加电源。初值电压源从负极到正极的方向与电流的方向相同。式(11-33)还可以写成

$$I(s)=\frac{1}{sL}U(s)+\frac{i(0_-)}{s} \tag{11-34}$$

就得到图 11-3(c)所示的运算模型。$\dfrac{1}{sL}$为电感的运算导纳,$\dfrac{i(0_-)}{s}$表示电流源。实际上也可对图 11-3(b)用电源等效变换得到图 11-3(c)所示的运算模型。

(a) 时域模型　　(b) 含电压源的运算模型　　(c) 含电流源的运算模型

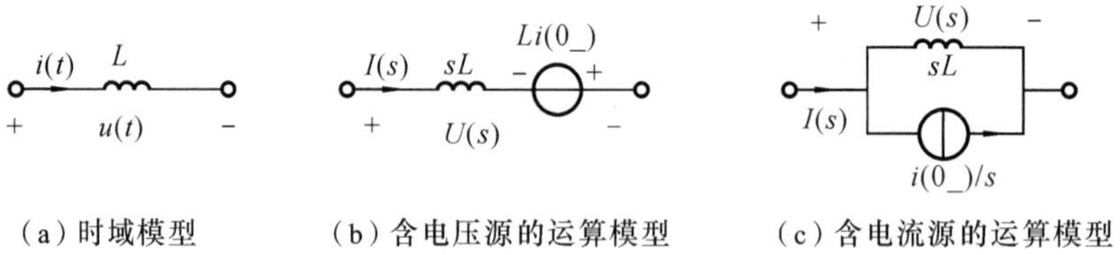

图 11-3　电感元件

3. 电容元件

如图 11-4(a)所示,电容元件的伏安关系为 $i(t)=C\dfrac{\mathrm{d}u(t)}{\mathrm{d}t}$,两边取拉氏变换,并根据拉氏变换的微分性质,得

$$i(t)=C\frac{\mathrm{d}u(t)}{\mathrm{d}t}\Leftrightarrow I(s)=CsU(s)-Cu(0_-) \tag{11-35}$$

或写成

$$U(s)=\frac{1}{sC}I(s)+\frac{u(0_-)}{s} \tag{11-36}$$

这样就得到图 11-4(b)、(c)所示的运算模型。$Cu(0_-)$和$\dfrac{u(0_-)}{s}$分别表示初值电流源和电压源,它体现了电容元件的初始储能对电路的作用。注意初值电源的方向。$\dfrac{1}{sC}$和 Cs 分别为电容的运算阻抗和运算导纳。实际上,也可对图 11-4(b)用电源等效变换得图 11-4(c)所示的运算模型。

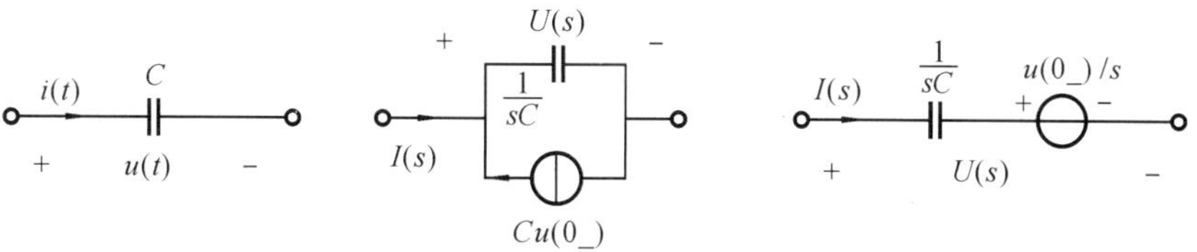

（a）时域模型　（b）含电流源的运算模型　（c）含电压源的运算模型

图 11-4　电容元件

11.3.2　电路定律的运算形式

1. KCL 与 KVL 的运算形式

基尔霍夫定律的时域形式为：对任一节点，有

$$\sum i_k(t)=0$$

对任一回路，有

$$\sum u_k(t)=0$$

对上述方程两边取拉氏变换，并根据拉氏变换的线性性质，可知对任一节点，KCL 的运算形式为

$$\sum I_k(s)=0 \tag{11-37}$$

对任一回路，KVL 的运算形式为

$$\sum U_k(s)=0 \tag{11-38}$$

由上可见，复频域中的 KCL 和 KVL 与时域中的 KCL 和 KVL 在形式上是相同的。

2. 运算阻抗、运算导纳和欧姆定律的运算形式

在零状态情况下，R、L、C 的伏安关系的运算形式分别为

$$U(s)=RI(s)\quad 或\quad I(s)=GU(s)\quad （电阻元件）$$

$$U(s)=sLI(s)\quad 或\quad I(s)=\frac{1}{sL}U(s)\quad （电感元件）$$

$$U(s)=\frac{1}{sC}I(s)\quad 或\quad I(s)=sCU(s)\quad （电容元件）$$

对于 RLC 串联电路，如图 11-5(a)所示，各元件都有对应的运算模型表示，可画出对应的运算电路，如图 11-5(b)所示。在没有初始储能的零状态条件下，根据 KVL 和电路元件的伏安关系，可得

$$U(s)=\left(R+sL+\frac{1}{sC}\right)I(s) \tag{11-39}$$

即有

$$Z(s)=\frac{U(s)}{I(s)}=R+sL+\frac{1}{sC} \tag{11-40}$$

式中：$Z(s)$称为 RLC 串联电路的运算阻抗，与正弦稳态电路的阻抗

$$Z=R+\mathrm{j}\omega L+\frac{1}{\mathrm{j}\omega C} \tag{11-41}$$

在形式上是相同的，只不过用 s 代替 $\mathrm{j}\omega$ 而已。

运算阻抗的倒数称为运算导纳，即

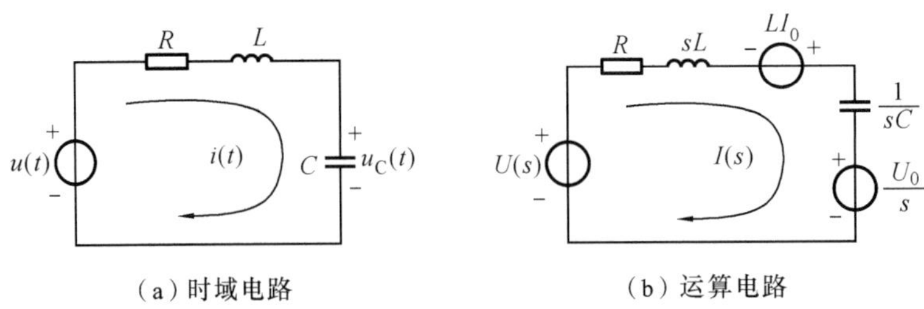

图 11-5 RLC 串联电路

$$Y(s)=\frac{1}{Z(s)}=\frac{I(s)}{U(s)} \tag{11-42}$$

所以,欧姆定律的运算形式为

$$U(s)=Z(s)I(s) \tag{11-43}$$

或

$$I(s)=Y(s)U(s) \tag{11-44}$$

3. 运算法与相量法的比较

现将电路分析中的三大类电路的电路变量、电路定律、电路元件的伏安关系归纳成表,如表 11-2 所示。由表可知,表中的各项形式完全相同。

表 11-2 三类电路分析方法的比较

直流电路	正弦稳态电路(相量法)	动态电路(运算法)
I	$\dot{I}$	$I(s)$
U	$\dot{U}$	$U(s)$
R	$Z=R+\mathrm{j}\omega L+\frac{1}{\mathrm{j}\omega C}$	$Z(s)=R+sL+\frac{1}{sC}$
$G=\frac{1}{R}$	$Y=\frac{1}{Z}$	$Y(s)=\frac{1}{Z(s)}$
$U=RI$	$\dot{U}=Z\dot{I}$	$U(s)=Z(s)I(s)$
$\sum U=0,\sum I=0$	$\sum \dot{U}=0,\sum \dot{I}=0$	$\sum U(s)=0,\sum I(s)=0$

结论:引入运算阻抗后,运算法与相量法或直流电路分析法完全一样,即直流电路应用的所有计算方法、定理、等效变换等可以完全用运算法来求解动态电路。

在动态电路,每一个电路元件都可以用与其相应的运算模型代替,例如,如图 11-5(a)所示的 RLC 串联电路,设电感元件中的初值电流为 $i(0_-)=I_0$,电容元件中的初始电压为 $u_C(0_-)=U_0$。根据 R、L、C 的运算模型可以画出如图 11-5(b)所示的运算电路。

注意:(1) 将电感、电容元件分别用它们的运算模型替代,要特别注意初值电源的方向;

(2) 将电源用其拉氏变换式替代;

(3) 电路中的变量用其象函数表示。

对如图 11-5(b)所示的运算电路,可以用列 KVL 方程求得电流为

$$I(s)=\frac{U(s)+LI_0-U_0/s}{R+sL+1/sC}=\frac{U(s)}{R+sL+1/sC}+\frac{LI_0-U_0/s}{R+sL+1/sC}$$

显然，电流响应 $I(s)$ 可以分解为零状态响应与零输入响应之和。其中，零状态响应为

$$I_{zs}(s)=\frac{U(s)}{R+sL+1/sC}$$

它只与激励电源有关。零输入响应为

$$I_{zi}(s)=\frac{LI_0-U_0/s}{R+sL+1/sC}$$

它是由初始状态引起的。

11.4 拉氏变换法分析动态电路

11.4.1 运算法的基本思路

用拉氏变换分析动态电路，与时域分析法比较，它的基本思路是怎么样的呢？图11-6给出了这种分析方法的示意图。

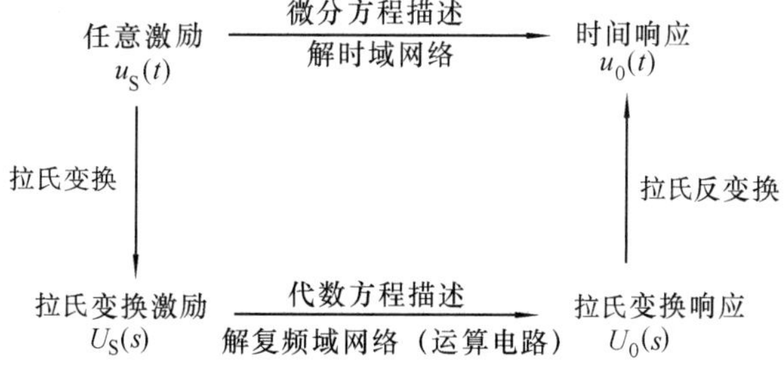

图 11-6 运算法的基本思路

在时域分析中，要对动态网络列微分方程，电路变量是时间的函数。列微分方程和求解十分困难。在复频域分析中，电路变量是象函数，对运算电路运用以前所学的各种分析方法列网络方程。这时的网络方程是代数方程，通过代数运算求得响应的象函数，再进行拉氏反变换求得时间函数。

11.4.2 运算法分析动态电路的步骤

（1）求动态电路中初始值：$u_C(0_-)$、$i_L(0_-)$。

（2）将电路中电源的时间函数进行拉氏变换，常用的拉氏变换有：

常数 $$A\Leftrightarrow\frac{A}{s}$$

单边指数衰减函数

$$e^{-at}\varepsilon(t)\Leftrightarrow\frac{1}{s+a}$$

$$\varepsilon(t)-\varepsilon(t-t_0)\Leftrightarrow\frac{1-e^{-s}}{s}$$

（3）画出运算电路图（特别注意初值电源），需要注意的是：

① 电感、电容和互感分别用它们的运算模型替代；

② 检查初值电源的方向和数值；

③ 电源函数用其象函数(拉氏变换式)表示;

④ 电路变量用其象函数表示:$i(t) \Leftrightarrow I(s)$,$u(t) \Leftrightarrow U(s)$。

(4) 运用直流电路的方法求解电路变量的象函数。

可用以前学过的电路分析方法计算,如网孔法、节点法、叠加定理、戴维宁定理、分压分流公式、电源等效变换等。

(5) 反变换求原函数。

根据上述思路,以下将通过一些实例说明拉氏变换在线性动态电路中的应用。

【例 11.14】 电路如图 11-7(a)所示,开关打开前电路处于稳态,$t=0$ 时开关 K 闭合,试用运算法求电路中的电压 $u_{L1}(t)$。

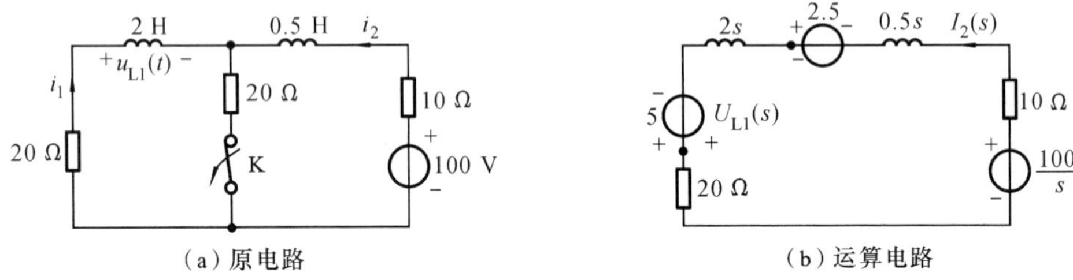

图 11-7 例 11.14 的电路

解 先求出初始值:

$$i_1(0_-)=-2.5\ \text{A},\quad i_2(0_-)=5\ \text{A}$$

对电压源求拉氏变换为 100/s,该电路的运算电路如图 11-7(b)所示。列 KVL 方程

$$(30+2.5s)I_2(s)=\frac{100}{s}+7.5$$

解得电流 $$I_2(s)=\frac{100/s+7.5}{30+2.5s}=\frac{40/s+3}{s+12}=\frac{3s+40}{s(s+12)}=\frac{10/3}{s}+\frac{-1/3}{s+12}$$

电压为 $$U_{L1}(s)=5-2sI_2=5-2\,\frac{3s+40}{s+12}=-1-\frac{8}{s+12}$$

求其拉氏反变换,故有

$$i_2(t)=\left(\frac{10}{3}-\frac{1}{3}\mathrm{e}^{-12t}\right)\varepsilon(t)\ \text{A}$$

$$u_{L1}(t)=-\delta(t)-8\mathrm{e}^{-12t}\varepsilon(t)\ \text{V}$$

【例 11.15】 电路如图 11-8(a)所示,开关 K 打开前电路已稳定,$t=0$ 时开关 K 打开,试用运算法求电容电压 $u_C(t)$。

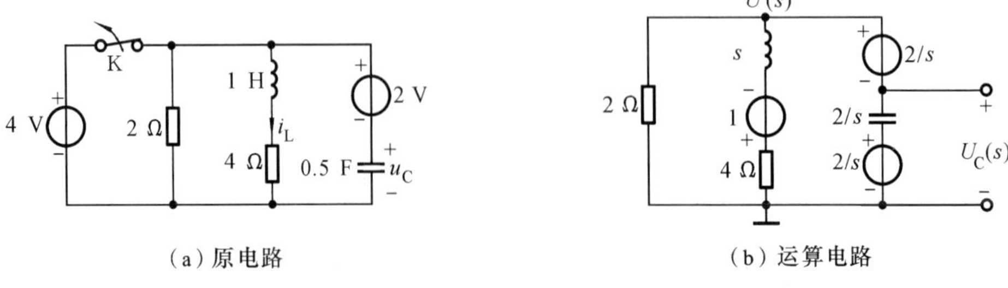

图 11-8 例 11.15 的电路

解 先求出电路的初始值:

$$i_L(0_-)=1\ \text{A},\quad u_C(0_-)=2\ \text{V}$$

对电压源求拉氏变换，该电路的运算电路如图 11-8(b)所示。用节点分析法列节点方程为

$$U(s)=\frac{-\dfrac{1}{4+s}+\dfrac{4}{s}\cdot\dfrac{s}{2}}{\dfrac{1}{2}+\dfrac{1}{s+4}+\dfrac{1}{2}s}=\frac{4s+14}{s^2+5s+6}=\frac{6}{s+2}-\frac{2}{s+3}$$

电容电压为 $$U_C(s)=U(s)-\frac{2}{s}=\frac{6}{s+2}-\frac{2}{s+3}-\frac{2}{s}$$

求其拉氏反变换，故有

$$u_C(t)=(-2+6e^{-2t}-2e^{-3t})\varepsilon(t)\ \text{V}$$

【例 11.16】 如图 11-9(a)所示电路，$M=1$ H，开关 K 打开前电路已稳定，$t=0$ 时开关 K 打开，试用运算法求电流 $i(t)$ 和 $u_L(t)$。

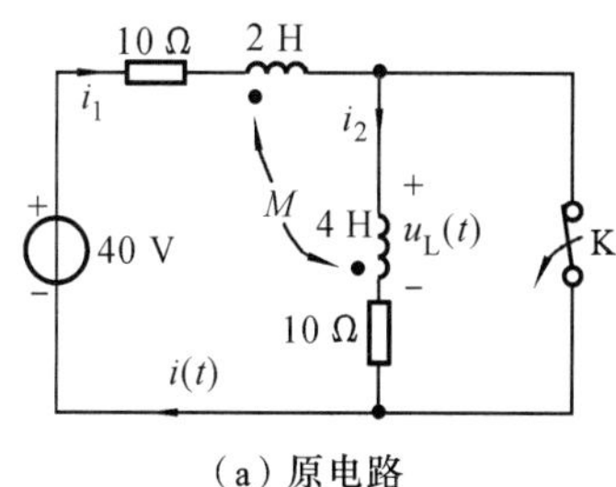

(a) 原电路

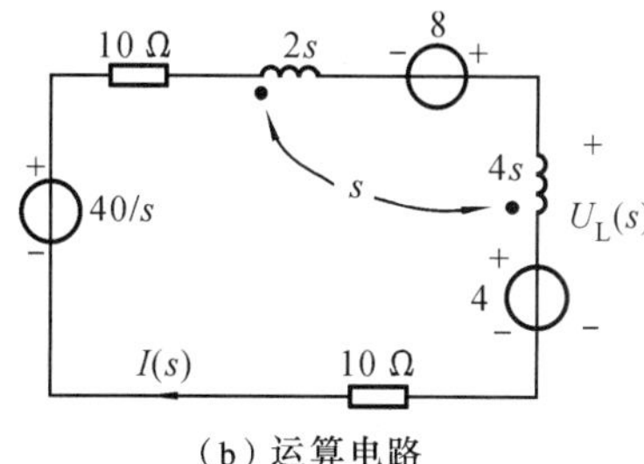

(b) 运算电路

图 11-9　例 11.16 的电路

解　先求出初始值

$$i_1(0_-)=4\ \text{A},\quad i_2(0_-)=0$$

对电压源求拉氏变换，该电路的运算电路如图 11-9(b)所示。列回路方程为

$$(20+6s)I(s)-2sI(s)=\frac{40}{s}+8-4$$

解得电流 $$I(s)=\frac{40/s+4}{20+4s}=\frac{s+10}{s(s+5)}=\frac{2}{s}+\frac{-1}{s+5}$$

电压为 $$U_L(s)=4sI(s)+4-sI(s)=4+3sI(s)=7+\frac{15}{s+5}$$

求其拉氏反变换，故有

$$i(t)=(2-e^{-5t})\varepsilon(t)\ \text{A}$$

$$u_L(t)=7\delta(t)+15e^{-5t}\varepsilon(t)\ \text{V}$$

【例 11.17】 电路如图 11-10(a)所示，已知：$e_1(t)=\varepsilon(t)$ V，$e_2(t)=e^{-t}\varepsilon(t)$ V，$u_C(0)=1$ V，$i_L(0)=1$ A。试求电路的网孔电路 $i_1(t)$ 和 $i_2(t)$。

解　对电压源求拉氏变换后，画出该电路的运算电路如图 11-10(b)所示。网孔方程为

$$\begin{bmatrix}\dfrac{1}{5}+\dfrac{1}{s} & -\dfrac{1}{5}\\ -\dfrac{1}{5} & \dfrac{6}{5}+\dfrac{s}{2}\end{bmatrix}\begin{bmatrix}I_1(s)\\ I_2(s)\end{bmatrix}=\begin{bmatrix}\dfrac{1}{s}+\dfrac{1}{s}\\ \dfrac{1}{2}+\dfrac{1}{s+1}\end{bmatrix}$$

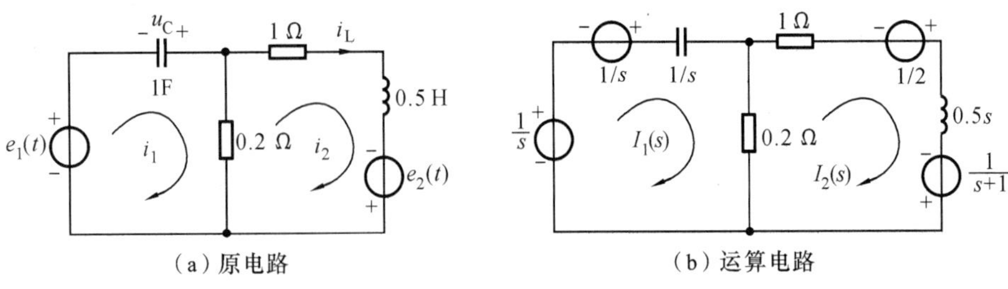

(a) 原电路　　(b) 运算电路

图 11-10　例 11.17 的电路

可解得

$$I_1(s)=\frac{11s^2+37s+24}{(s+3)(s+4)(s+1)}=\frac{-6}{s+3}+\frac{\frac{52}{3}}{s+4}+\frac{-\frac{1}{3}}{s+1}$$

$$I_2(s)=\frac{(s+5)(s+3)+4(s+1)}{(s+3)(s+4)(s+1)}=\frac{4}{s+3}+\frac{-\frac{13}{3}}{s+4}+\frac{\frac{4}{3}}{s+1}$$

求其拉氏反变换，故有

$$i_1(t)=\left(-6\mathrm{e}^{-3t}+\frac{52}{3}\mathrm{e}^{-4t}-\frac{1}{3}\mathrm{e}^{-t}\right)\varepsilon(t)$$

$$i_2(t)=\left(4\mathrm{e}^{-3t}-\frac{13}{3}\mathrm{e}^{-4t}+\frac{4}{3}\mathrm{e}^{-t}\right)\varepsilon(t)$$

11.5　网络函数

网络函数是电路分析的非常重要的概念，在复频域分析中利用网络函数可以求解任一激励下的电路零状态响应，利用零极点分布还可以方便确定电路响应特征。

11.5.1　网络函数的定义

网络函数是描述线性非时变电路，单输入、单输出下所有初始条件均为零时，输出信号的拉氏变换与系统输入信号的拉氏变换之比。对于任意输入信号，借助于网络函数可以求解电路的零状态响应。设输出信号为 $y_{zs}(t)$，输入信号为 $f(t)$，则网络函数可表示为

$$H(s)=\frac{\text{零状态响应的拉氏变换}}{\text{激励信号的拉氏变换}}=\frac{Y_{zs}(s)}{F(s)} \tag{11-45}$$

该式对于任意信号均成立。这里需要注意以下几点：

(1) 网络函数是系统本身的特性，与具体的输入信号无关；

(2) 网络函数是在所有初始状态均为零的情况下得出的；

(3) 线性非时变网络系统函数是 s 的有理函数；

(4) 当 $s=\mathrm{j}\omega$ 时，可以由 $H(s)$ 得到系统的频率响应 $H(\mathrm{j}\omega)$。

11.5.2　网络函数与冲击响应

由网络函数定义得到

$$Y_{zs}(s)=H(s)F(s) \tag{11-46}$$

如果 $f(t)=\delta(t)$，则 $F(s)=1$，则 $Y_{zs}(s)=H(s)$，显然 $H(s)$ 为系统单位冲激响应的拉氏变换，即有

$$h(t)\Leftrightarrow H(s) \tag{11-47}$$

在时域中，冲激响应 $h(t)$ 表征了系统的特性；在复频域中，网络函数 $H(s)$ 表征了系统的特性。

对于电路而言，网络函数中的激励与响应既可以是电压，也可以是电流，当激励和响应在同一端口时称为策动点函数，如输入阻抗、输入导纳，当激励和响应不在同一端口时称为转移函数，如转移阻抗、转移导纳，电压放大倍数或电流放大倍数。

【例 11.18】 求如图 11-11(a)所示电路的系统函数 $H(s)=\dfrac{U_0(s)}{U_S(s)}$。

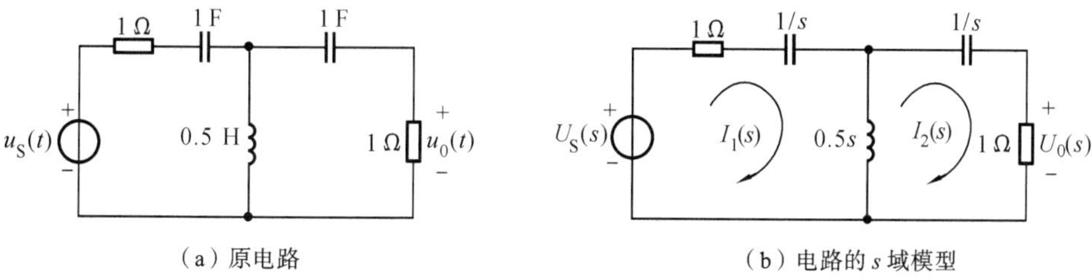

图 11-11 例 11.18 的电路

解 用网孔法，设网孔电流为 $I_1(s)$、$I_2(s)$。列网孔方程为

$$(1+1/s+0.5s)I_1(s)-0.5sI_2(s)=U_S(s) \tag{1}$$

$$-0.5sI_1(s)+(1+1/s+0.5s)I_2(s)=0 \tag{2}$$

由式(2)解得

$$I_1(s)=\frac{1+1/s+0.5s}{0.5s}I_2(s)=\left(\frac{2}{s}+\frac{2}{s^2}+1\right)I_2(s) \tag{3}$$

将式(3)代入式(1)整理，得

$$\left(1+\frac{1}{s}+0.5s\right)\left(\frac{2}{s}+\frac{2}{s^2}+1\right)I_2(s)-0.5sI_2(s)=U_S(s)$$

因为 $U_0(s)=1\times I_2(s)$，经整理，系统函数为

$$H(s)=\frac{U_0(s)}{U_S(s)}=\frac{s^3}{2s^3+4s^2+4s+2}$$

用 Matlab 计算可用如下命令：令 $U_S(s)=1$

```
syms s Z U
>>Z=[1+1/s+0.5*s -0.5*s;-0.5*s 1+1/s+0.5*s]
Z =
[1+1/s+1/2*s,     -1/2*s]
[     -1/2*s, 1+1/s+1/2*s]
>>U=[1 0]'
U =
    1
    0
>>I=Z\U
I =
```

```
    [1/2*s*(2*s+2+s^2)/(2*s^2+2*s+s^3+1)]
   [          1/2* s^3/(2* s^2+ 2* s+ s^3+1)]
>>pretty(I(2))

                  s^3
        1/2 -----------------------
            2s^2+2s+s^3+1
```

11.5.3 网络函数零极点分布

描述线性非时变电路的方程,可表示为

$$a_n\frac{\mathrm{d}^n y(t)}{\mathrm{d}t^n}+a_{n-1}\frac{\mathrm{d}^{n-1}y(t)}{\mathrm{d}t^{n-1}}+\cdots+a_0 y(t)=b_m\frac{\mathrm{d}^m y(t)}{\mathrm{d}t^m}+b_{m-1}\frac{\mathrm{d}^{m-1}y(t)}{\mathrm{d}t^{m-1}}+\cdots+b_0 y(t) \tag{11-48}$$

式中:a_n、b_m 均为实数。所以,线性非时变电路网络函数一般是一个实系数的 s 的有理分式,即

$$H(s)=\frac{N(s)}{D(s)}=\frac{b_m s^m+b_{m-1}s^{m-1}+\cdots+b_1 s+b_0}{a_n s^n+a_{n-1}s^{n-1}+\cdots+a_1 s+a_0} \tag{11-49}$$

其中,$N(s)$和 $D(s)$都是 s 的有理多项式。令 $N(s)=0$ 的根 $z_1,z_2,\cdots,z_m$ 称为 $H(s)$的零点,$D(s)=0$ 的根 $p_1,p_2,\cdots,p_n$ 称为 $H(s)$的极点。由于分子多项式 $N(s)$和分母多项式 $D(s)$均为实系数,这表明它们的根为实数或者共轭复数。上式还可表示为

$$H(s)=H_0\frac{(s-z_1)(s-z_2)\cdots(s-z_m)}{(s-p_1)(s-p_2)\cdots(s-p_n)}=H_0\frac{\prod_{i=1}^{m}(s-z_i)}{\prod_{j=1}^{n}(s-p_j)} \tag{11-50}$$

式中,H_0 为一实系数。将 $H(s)$的零点和极点画于 s 平面上,用“o”表示零点,用“×”表示极点,这就是系统函数 $H(s)$的零极点分布图。

【例 11.19】 已知系统函数为

$$H(s)=\frac{s+1}{(s+1)^2+4}$$

求系统的冲激响应 $h(t)$,并画出零点、极点分布图。

解 根据系统函数与冲激响应的关系

$$h(t)\Leftrightarrow H(s)$$

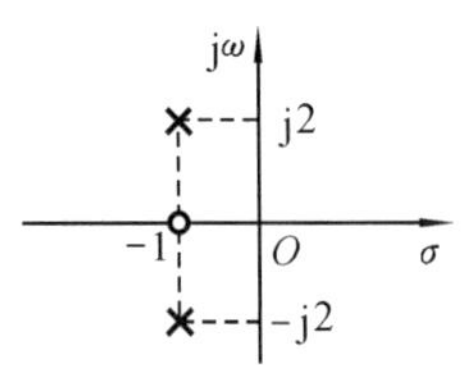

图 11-12 $H(s)$**的零极点分布图**

已知
$$\cos 2t\varepsilon(t)\Leftrightarrow\frac{s}{s^2+4}$$

应用频移性质,有

$$e^{-t}\cos 2t\varepsilon(t)\Leftrightarrow\frac{s+1}{(s+1)^2+4}$$

系统冲激响应为

$$h(t)=e^{-t}\cos 2t\varepsilon(t)$$

$H(s)$的零极点分布如图 11-12 所示。

【例 11.20】 图 11-13(a)所示电路的输入阻抗 $Z(s)$的零极点分布图如图 11-13(b)所示,已知 $Z(0)=3\ \Omega$。求 R,L,C 的值。

解 由图 11-13(b)可写出系统函数为

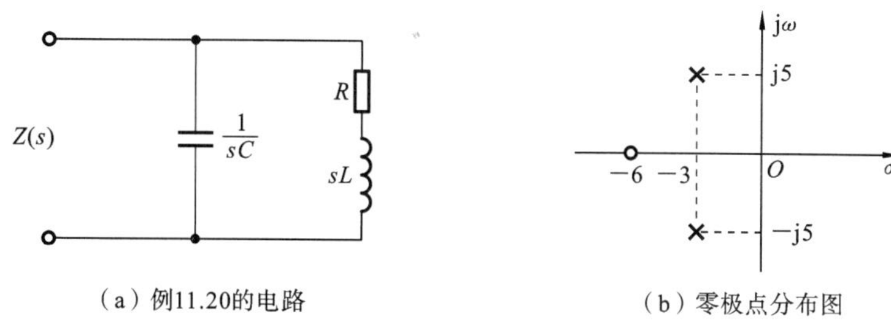

图 11-13 例 11.20 的电路和零极点分布图

$$Z(s)=K\frac{s+6}{(s+3-\mathrm{j}5)(s+3+\mathrm{j}5)}=K\frac{s+6}{s^2+6s+34}$$

因 $Z(0)=3$，故有 $Z(0)=Z(s)|_{s=0}=K\dfrac{6}{34}=3$，即 $K=17$。

由图 11-13(a)所示电路得

$$H(s)=\frac{U(s)}{I(s)}=Z(s)=\frac{\frac{1}{sC}(sL+R)}{R+sL+\frac{1}{sC}}=\frac{sL+R}{LCs^2+RCs+1}=\frac{1}{C}\frac{\left(s+\frac{R}{L}\right)}{\left(s^2+\frac{R}{L}s+\frac{1}{LC}\right)}$$

比较以上两式的系数得

$$\frac{1}{C}=K=17,\quad \frac{R}{L}=6,\quad \frac{1}{LC}=34$$

解得

$$C=\frac{1}{17}\ \mathrm{F},\quad L=\frac{1}{2}\ \mathrm{H},\quad R=3\ \Omega$$

【例 11.21】 已知网络函数 $H(s)$ 的零极点分布图如图 11-14 所示。$h(0_+)=1$。若激励 $f(t)=\varepsilon(t)$，求零状态响应 $y_{zs}(t)$。

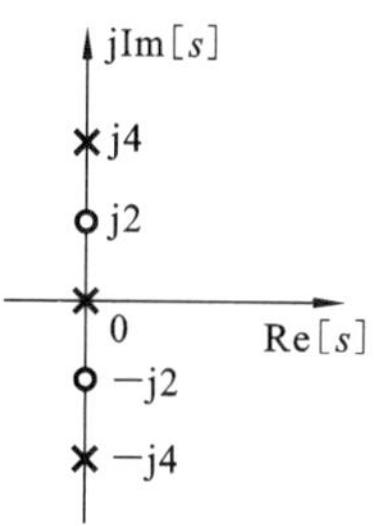

图 11-14 例 11.21 的零极点分布图

解 系统函数为

$$H(s)=H_0\frac{(s+\mathrm{j}2)(s-\mathrm{j}2)}{s(s+\mathrm{j}4)(s-\mathrm{j}4)}=H_0\frac{s^2+4}{s(s^2+16)}$$

又 $$h(0_+)=\lim_{t\to 0}h(t)=\lim_{s\to\infty}sH(s)=1$$

可得 $$H_0=1$$

故有 $$H(s)=\frac{s^2+4}{s(s^2+16)}$$

所以

$$Y_{zs}(s)=H(s)F(s)=\frac{s^2+4}{s^2(s^2+16)}=\frac{\frac{1}{4}}{s^2}+\frac{3}{16}\frac{4}{s^2+16}$$

零状态响应为

$$y_{zs}(t)=\left(\frac{1}{4}t+\frac{3}{16}\sin 4t\right)\varepsilon(t)$$

用 Matlab 画系统函数的零极点分布图是非常方便的，下面给出一个实例。

【例 11.22】 已知系统函数为

$$H(s)=\frac{s^2-4}{s^4+2s^3-3s^2+2s+1}$$

试用 Matlab 画出系统的零极点分布图。

解 先写出系统函数 $H(s)$的分子、分母的系数行向量。然后求零点和极点，在 s 平面上对零点画出"o"，对极点画"×"。为了使零极点分布图中的零点、极点处在适当的位置，加了坐标刻度自动定位，并在零点和极点旁标出它的数值。实现的 Matlab 程序如下。

```
                                          % 例 11.22 画零极点分布图
b=[1 0 -4];                               % 分子系数行向量
a=[1 2 -3 2 1];                           % 分母系数行向量
N_a=length(a)-1;
N_b=length(b)-1;
zs=roots(b);                              % 求零点
ps=roots(a);                              % 求极点
rzs=real(zs);                             % 求零点的实部
izs=imag(zs);                             % 求零点的虚部
rps=real(ps);                             % 求极点的实部
ips=imag(ps);                             % 求极点的虚部
R_max=max(abs([rzs',rps']))+0.5;          % 求实部的绝对值最大值
I_max=max(abs([izs',ips']))+0.5;          % 求虚部的绝对值最大值
plot(rzs,izs,'o',rps,ips,'kx','markersize',12,'linewidth',2);
line([-R_max R_max],[0 0],'color','r');
line([0 0],[-I_max I_max],'color','r');
axis([-R_max R_max -I_max I_max]);
legend('零点','极点');                    % 在图中标出图例
title('系统函数的零极点分布图')
for i=1:N_b                               % 在零点旁标出数值
    text(rzs(i),izs(i)+0.15,num2str(zs(i),'% 5.3g'));
end
for i=1:N_a                               % 在极点旁标出数值
    text(rps(i),ips(i)+0.15,num2str(ps(i),'% 5.3g'));
end
```

运行结果如图 11-15 所示。

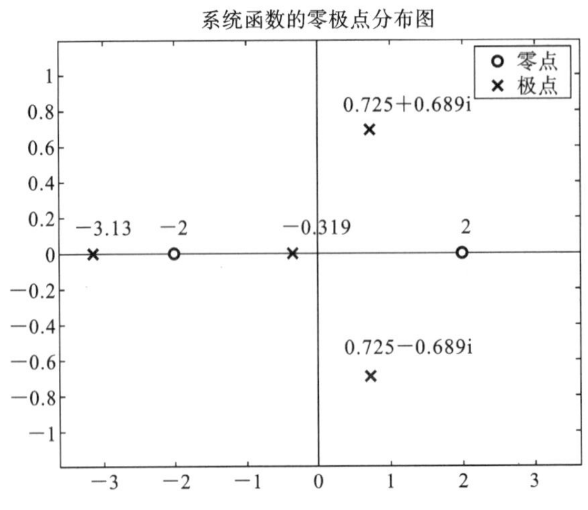

图 11-15 例 11.22 的零极点分布图

【例 11.23】 已知系统函数为

$$H(s)=\frac{s^2-2s+0.8}{s^3+2s^2+2s+1}$$

试用 Matlab 画出系统的零极点分布图、冲激响应波形、阶跃响应波形。

解　Matlab 的程序如下

```
                                    % 例 11.23 零极点分布图,冲激响应,阶跃响应
num=[1 -2 0.8];
den=[1 2 2 1];
subplot(1,3,1);
pzmap(num,den);                     % 计算零极点并画其分布图
t=0:0.02:15;
subplot(1,3,2);
impulse(num,den,t);                 % 计算冲激响应并画其波形
subplot(1,3,3);
step(num,den,t);                    % 计算阶跃响应并画其波形
```

运行程序后图形如图 11-16 所示。

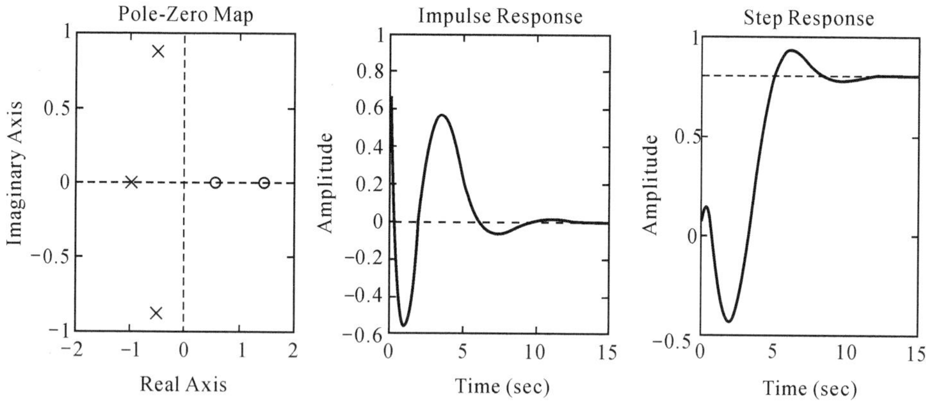

图 11-16　例 11.23 的零极点分布图、冲激响应和阶跃响应

11.5.4　网络函数与频率响应

网络函数 $H(s)=\dfrac{Y_{zs}(s)}{F(s)}$ 建立了电路输入和输出关系，当 $s=\mathrm{j}\omega$ 时，可以得到正弦稳态下的网络函数 $H(\mathrm{j}\omega)=H(s)\Big|_{s=\mathrm{j}\omega}$。$H(\mathrm{j}\omega)=|H(\mathrm{j}\omega)|\angle\varphi(\omega)$，其模为幅频特性，其相角表示相频特性。

【例 11.24】 画出如图 11-17 所示的 RC 低通网络的频率响应。

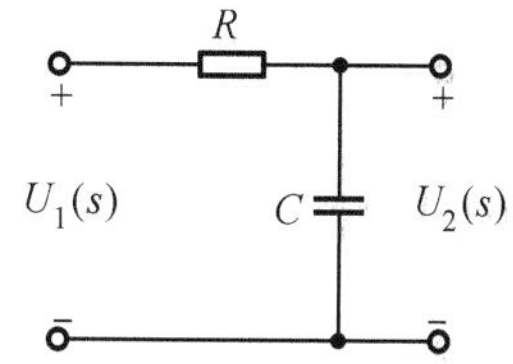

图 11-17　例 11.24RC 低通网络

解　求出该网络函数为

$$H(s)=\frac{\dfrac{1}{sC}}{R+\dfrac{1}{sC}}=\frac{\dfrac{1}{RC}}{s+\dfrac{1}{RC}}$$

令 $s=\mathrm{j}\omega$，其频率响应为

$$H(\mathrm{j}\omega)=\frac{\frac{1}{RC}}{\mathrm{j}\omega+\frac{1}{RC}}$$

令 $\tau=RC$,有
$$H(\mathrm{j}\omega)=\frac{1}{1+\mathrm{j}\omega\tau}$$

其幅频特性和相频率特性为

$$|H(\mathrm{j}\omega)|=\frac{1}{\sqrt{1+\omega^2\tau^2}},\quad \varphi(\omega)=-\arctan(\omega\tau)$$

幅频特性如图 11-18(a)所示,相频特性如图 11-18(b)所示。

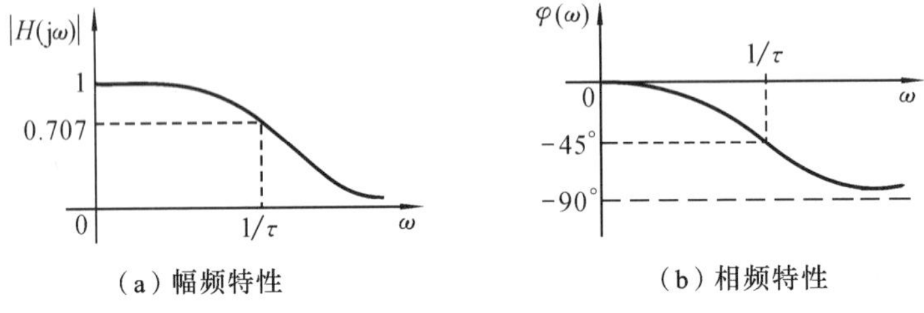

(a) 幅频特性　　(b) 相频特性

图 11-18　例 11.24 RC 低通网络的频率响应

【例 11.25】 画出如图 11-19 所示的 RC 高通网络的频率响应。

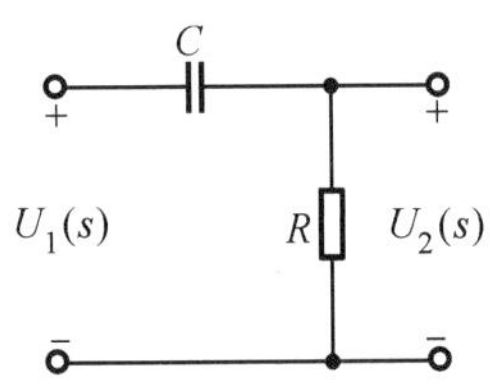

图 11-19　例 11.24 RC 高通网络

解　求出该网络函数为

$$H(s)=\frac{R}{R+\frac{1}{sC}}=\frac{s}{s+\frac{1}{RC}}$$

令 $s=\mathrm{j}\omega$,其频率响应为

$$H(\mathrm{j}\omega)=\frac{\mathrm{j}\omega}{\mathrm{j}\omega+\frac{1}{RC}}$$

令 $\tau=RC$,则频率响应为

$$H(\mathrm{j}\omega)=\frac{\mathrm{j}\omega\tau}{1+\mathrm{j}\omega\tau}$$

其幅频特性和相频率特性为

$$|H(\mathrm{j}\omega)|=\frac{\omega\tau}{\sqrt{1+\omega^2\tau^2}},\quad \varphi(\omega)=\frac{\pi}{2}-\arctan(\omega\tau)$$

幅频特性如图 11-20(a)所示,相频特性如图 11-20(b)所示。

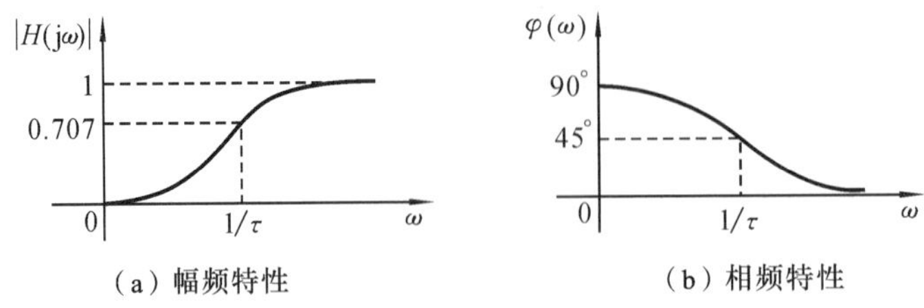

(a) 幅频特性　　(b) 相频特性

图 11-20　例 11.24 RC 高通网络的频率响应

本章小结

本章主要介绍了线性动态电路的基本数学分析工具拉氏变换，应用拉氏变换的优点在于它将描述动态电路的繁杂微分方程变成代数方程。同时拉氏变换在求解动态电路时，由于引入了运算阻抗和运算模型，其电路定律的复频域形式将与其相量形式相似。因此，与相量法或直流电路分析法完全一样，即相量法分析正弦稳态的那些方法，如支路法、节点法、回路法、等效变换、戴维宁定理、叠加定理等都可以完全用于复频域中来求解动态电路，从而形成动态电路的复频域的分析法即运算法，其优越性是显而易见的。

所谓动态电路的运算模型，就是拉氏变换的等效电路。电容元件和电感元件的运算模型都有两种形式，即串联模型和并联模型。一般串联模型用得多些。在这些模型中，初始条件都化成了初值电源。初值电源的值和方向对运算模型来说特别重要。由时域电路模型能正确画出运算电路模型，这是运算法分析电路的基础。

网络函数指的是电路的零状态响应的象函数与单一电源激励的象函数的比值 $H(s)=\dfrac{Y_{zs}(s)}{F(s)}$。它将电路输入和输出建立了联系。网络函数取决于电路参数和结构，它的极点反映了电路的冲击响应性质。同时它的零极点的分布对系统的频率响应有影响，可以用来分析其时域响应特性。频域网络函数 $H(\mathrm{j}\omega)=H(s)|_{s=\mathrm{j}\omega}$。

自测练习题

1. 思考题

(1) 电路的拉氏变换分析方法的基本思想是什么？与时域分析方法相比有什么优点？

(2) 求拉氏反变换有几种方法？每种方法有什么特点？

(3) 求解拉氏变换时，其积分下限的“0_-”指的是什么？

(4) 部分分式法求解拉氏反变换的步骤是什么？

(5) 运用电容元件的运算模型时需要注意什么？什么是初值电源？

(6) 运用电感元件的运算模型时需要注意什么？什么是初值电源？

(7) 动态电路采用运算模型后，其分析方法有什么特点？

(8) 如何用运算模型求零输入响应、零状态响应、全响应？

(9) 什么是网络函数 $H(s)$？试述单位冲激响应 $h(t)$ 和网络函数 $H(s)$ 和频率特性 $H(\mathrm{j}\omega)$ 之间的关系。

2. 填空题

(1) 已知原函数 $f(t)=t\varepsilon(t)$，其象函数 $F(s)=(\quad)$。

(2) 已知象函数 $F(s)=\dfrac{2}{s^2+2}$，其原函数 $f(t)=(\quad)$。

(3) 已知电感上 $u(t)=L\dfrac{\mathrm{d}i}{\mathrm{d}t}$，电感上有初始电流 $i(0_-)$，则对应含附加电源的运算模型的表达式 $U(s)=(\quad)$。

(4) RLC 串联回路的运算阻抗为(　　)。

(5) 已知网络函数 $H(s)=\frac{1-e^{-s}}{s}$,其电路冲击相应 $h(t)=($　　$)$。

(6) 已知 $H(s)=\frac{2(s+3)}{(s+1)(s+4)}$,极点为(　　)。

习　　题

11-1　求下列函数的拉氏变换。

(1) $f(t)=2t^2$;　　(2) $f(t)=\delta(t)+e^{-4t}$;

(3) $f(t)=\delta(t)-\delta(t-2)$;　　(4) $f(t)=\cos t+\sin 2t$。

11-2　求下列象函数的拉氏反变换 $f(t)$。

(1) $F(s)=\frac{4}{(s+1)(s+2)}$;　　(2) $F(s)=\frac{2s+10}{s^2+4s+4}$;

(3) $F(s)=\frac{2s^2+1}{s^3+3s^2+2s}$;　　(4) $F(s)=\frac{4}{s^2+2s+5}$。

11-3　利用性质求下列象函数的原函数 $f(t)$。

(1) $F(s)=\frac{1}{s+2}e^{-s}$;　　(2) $F(s)=\frac{e^{-2s}}{(s+1)(s+2)}$;

(3) $F(s)=\frac{e^{-s}}{(s+a)^2}$;　　(4) $F(s)=\frac{2s+10}{s^2+4s+13}$。

11-4　试求图 11-21 所示波形的象函数。

(1) 图 11-21(a)所示矩形波(门函数);　(2) 图 11-21(b)所示两个正弦半波。

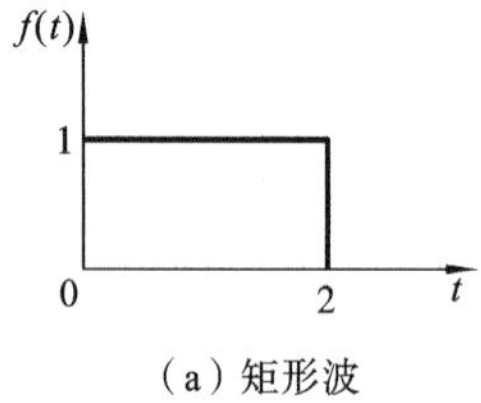

(a) 矩形波

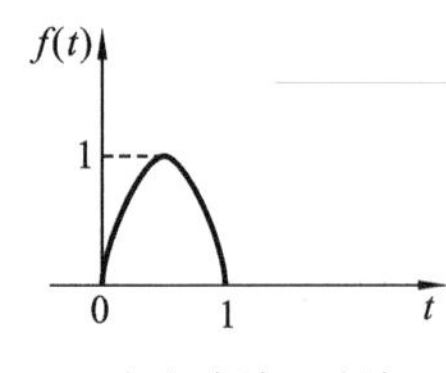

(b) 半波正弦波

图 11-21　题 11-4 波形

11-5　如图 11-22 所示电路,已知 $u_S(t)=\varepsilon(t)$ V,求:(1) 画出运算电路;(2) 求电压 $u(t)$的零状态响应。

11-6　如图 11-23 所示电路,已知初始电流 $i(0_-)=0$ A,电压源为 $u_S(t)=2\varepsilon(t)$ V,求电感电压 $u_L(t)$。

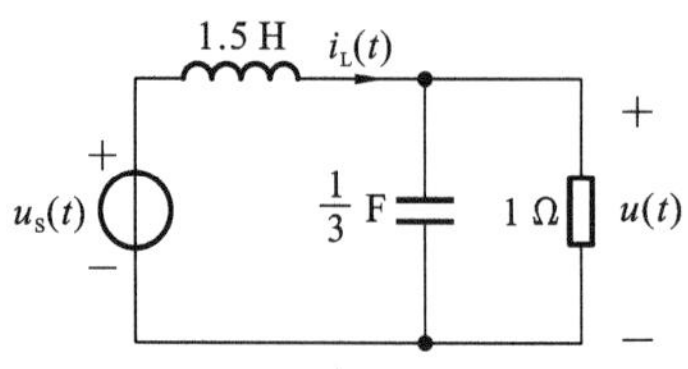

图 11-22　题 11-5 电路

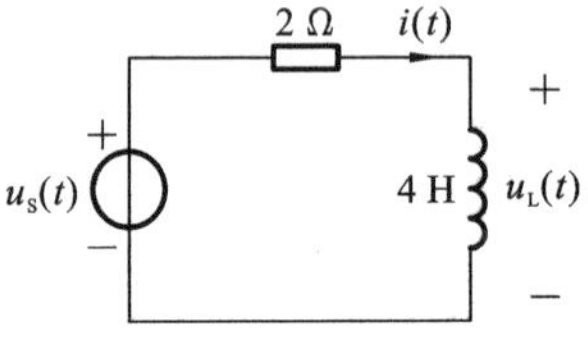

图 11-23　题 11-6 电路

11-7　如图 11-24 所示电路,$t=0$ 前电路处于稳定状态,开关 K 在 $t=0$ 时由 a

打到 b，电压源为 $u_S(t)=e^{-t}\varepsilon(t)$ V，画出电路的 s 域模型并求电流 $i(t)$ 及电感电压 $u_L(t)$。

11-8 如图 11-25 所示电路，开关动作前电路已稳定，$t=0$ 时，断开开关 K，当 $t\geqslant 0$ 时，试求电路中的电流 $i(t)$。

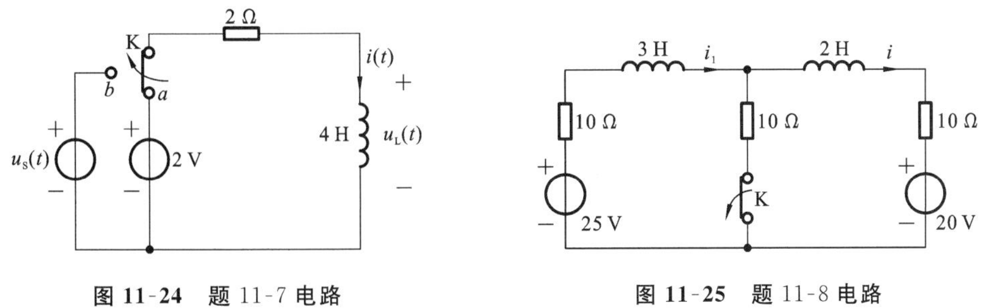

图 11-24 题 11-7 电路 **图 11-25** 题 11-8 电路

11-9 如图 11-26 所示电路，开关动作前电路已稳定。$t=0$ 时，合上开关 K，用拉氏变换方法求 $t\geqslant 0$ 时的电压 $u_L(t)$。

11-10 如图 11-27 电路原是稳定的，在 $t=0$ 时刻将开关 K 由 a 打到 b 处，试用拉氏变换法求 $t>0$ 时的输出电压 $u(t)$。

11-11 如图 11-28 所示电路中，开关 K 闭合已久，在 $t=0$ 时 K 断开，试用拉氏变换分析法，求输出电压 $u_C(t)$。

11-12 如图 11-29 所示电路，求：

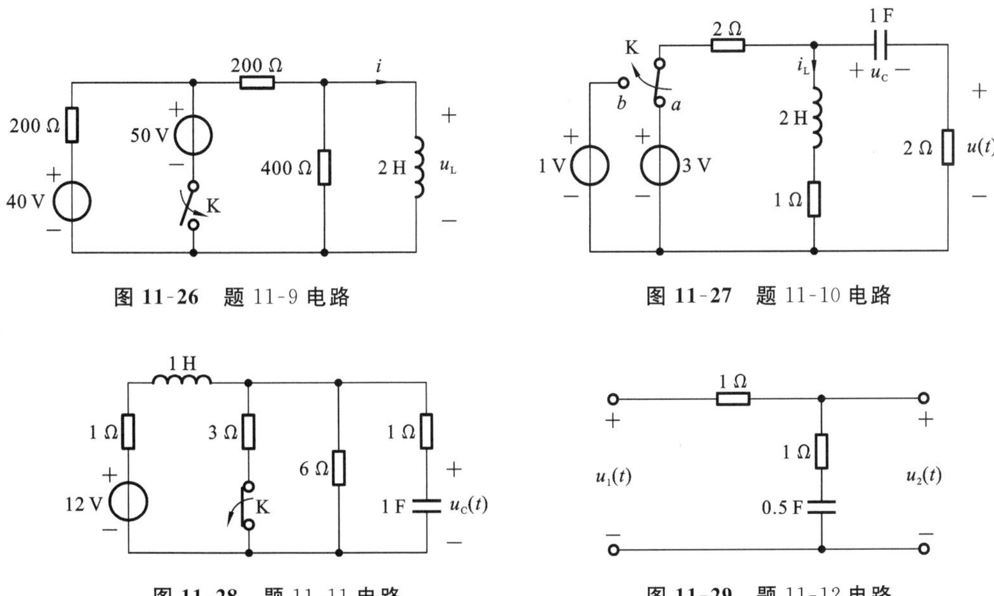

图 11-26 题 11-9 电路 **图 11-27** 题 11-10 电路

图 11-28 题 11-11 电路 **图 11-29** 题 11-12 电路

(1) 电压转移比 $H(s)=\dfrac{U_2(s)}{U_1(s)}$；

(2) 当 $u_1(t)=\varepsilon(t)$时，求单位阶跃响应 $u_2(t)$。

11-13 有一线性时不变系统的网络函数 $H(s)=\dfrac{s+2}{s^2+4s+3}$，(1) 画出零极点分布图；(2) 求系统的单位冲激响应 $h(t)$。

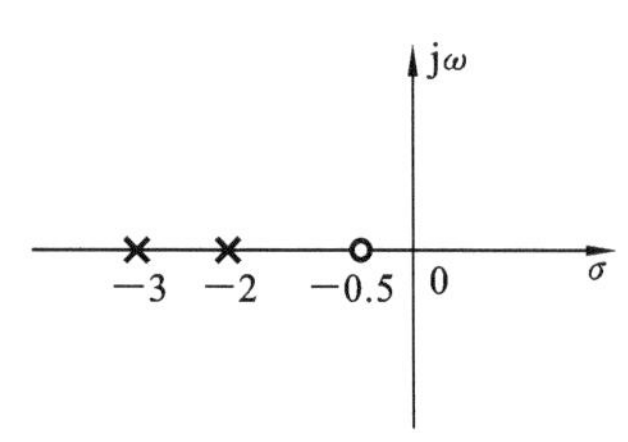

图 11-30 题 11-14 电路

11-14 已知某网络函数 $H(s)$的零极点分布如图 11-30 所示,且 $H(0)=\frac{1}{3}$。试写出网络函数,并求冲激响应。

11-15 如图 11-31 所示电路,试写出网络函数,并求冲激响应。

11-16 如图 11-32 所示电路,若输入信号 $u_1(t)=(3e^{-2t}+2e^{-3t})\varepsilon(t)$,求电路的零状态响应 $u_2(t)$。

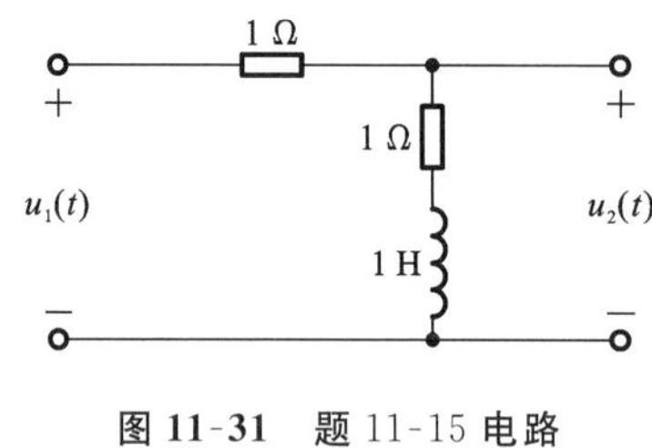

图 11-31 题 11-15 电路

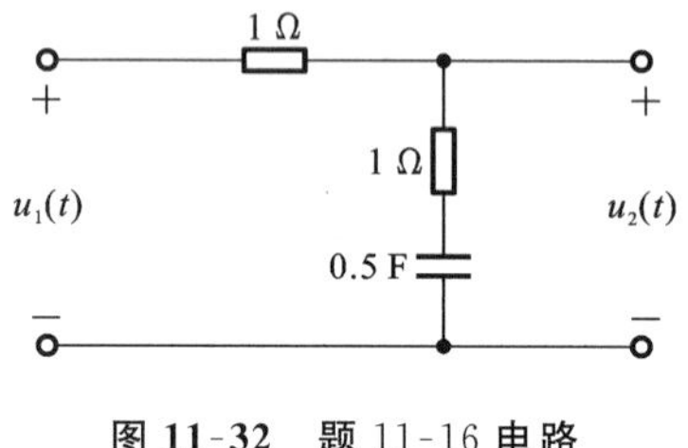

图 11-32 题 11-16 电路

应用分析案例

拉普拉斯变换在自动控制领域中的应用

拉普拉斯变换是一种数学工具,可以将时间函数转化为复变量的函数的积分,从而将物理过程和电路的复杂差分方程模型转换为简单的规则。应用拉普拉斯变换求解常系数齐次微分方程,可以将微分方程化为代数方程,使问题得以解决。

在工程学上,拉普拉斯变换的重大意义在于:将一个信号从时域上转换为复频域(s 域)上来表示;在线性系统、控制自动化上都有广泛的应用。以反馈控制系统为例,图 11-33 是锅炉一般控制系统图,其反馈目标为温度和压力,将反馈的数据与控制器中的设定数据做对比,输出控制为控制燃烧(大型锅炉控制参考更多如压力、水量等)。

建立锅炉温度控制系统框图,如图 11-34 所示,炉内的温度由汽包测量,将得到的反馈锅炉内实际温度送入控制器,并将反馈信号与设计者期望的温度值进行比较后产生误差信号,控制器依据此信号并按预定的控制算法计算出相应的控制量,从而达到控制炉温的目的。分析得到锅炉的传递函数为$\frac{1}{(s+1)(5s+1)}$,这使得电气工程师能够快速、高效地分析系统和计算响应。

目前国内生产锅炉著名企业东方锅炉厂,其典型产品应用在多家企业,如华电国际山东邹县发电厂四期,型号为 DG3033/26.25-Ⅱ1,单级容量为 1000 MW;国电山西大同二电厂二期,型号为 DG2060/17.6Ⅱ1,单级容量为 600 MW。其他锅炉厂如上海锅炉厂、哈尔滨锅炉厂也有很多 600~1000 MW 超临界锅炉。

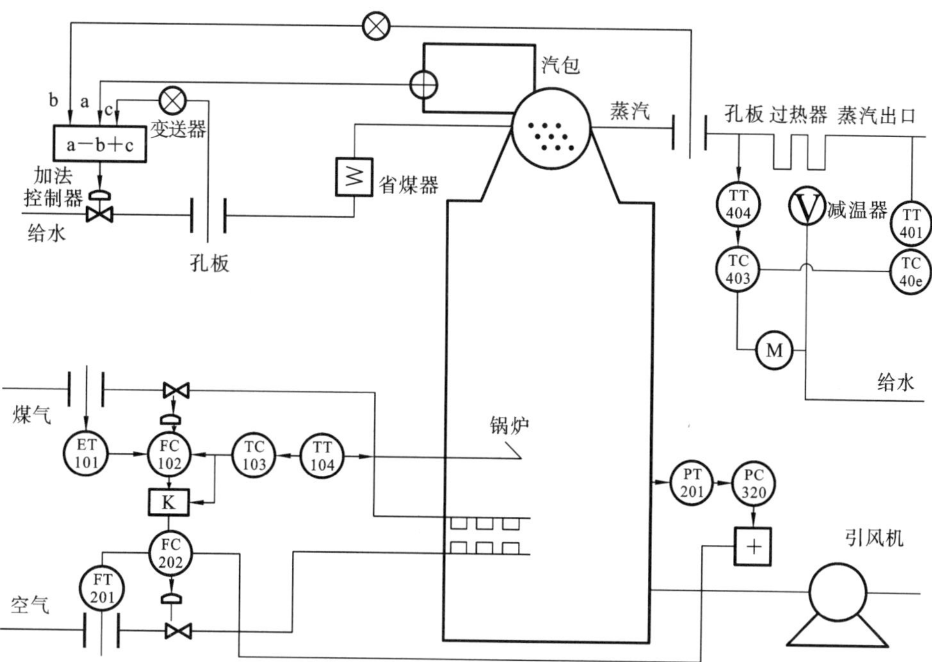

图 11-33　锅炉一般控制系统图

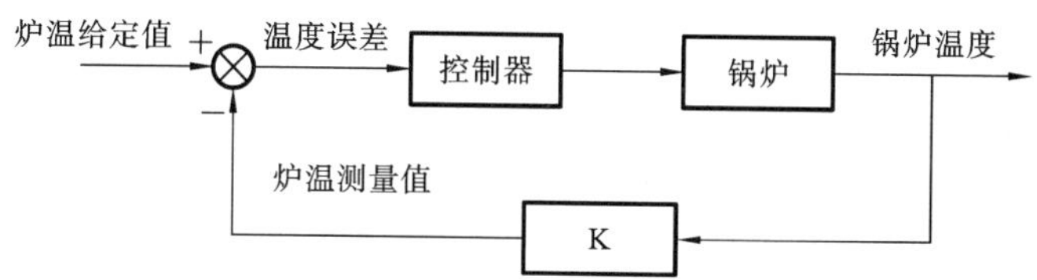

图 11-34　锅炉温度控制系统框图

12

二端口网络

网络按照与外部连接的端口数目可分为单口网络、双口网络、三口及多口网络，本章重点介绍双口网络，也称为二端口网络。对于二端口网络，主要分析端口的电压和电流，并通过端口的电压和电流关系来表征网络的电特性，但不涉及网络内部电路的工作状况。本章首先介绍二端口网络方程及参数，包括 **Y** 参数及方程、**Z** 参数及方程、**T** 参数及方程、**H** 参数及方程，以及对称互易概念；然后介绍二端口网络的等效电路，包括 T 形、Π 形以及二端口网络的连接。

12.1 二端口网络概述

前面已述，对于线性一端口网络就其外部性能来说可以用戴维宁或诺顿等效电路代替。但是在工程实际中，研究信号及能量的传输和信号变换时，经常碰到下面形式的电路，如变压器、滤波器、放大器、传输线电路等，这些已不再是一端口网络，而是二端口(或双口)网络，如图 12-1 所示。

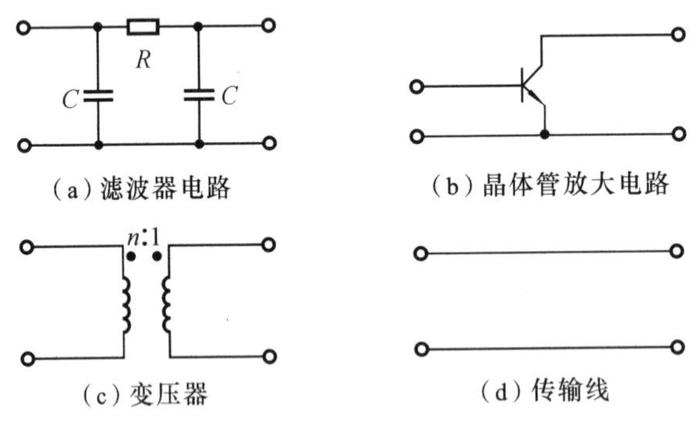

(a) 滤波器电路　(b) 晶体管放大电路　(c) 变压器　(d) 传输线

图 12-1　各种实际电路

1. 一端口网络定义

如图 12-2 所示，端口由一对端钮构成，且满足从一个端钮流入的电流等于从另一个端钮流出的电流时，称此电路为一端口网络。

2. 二端口网络定义

如图 12-3 所示，当一个电路与外部电路通过两个端口连接，且满足端口条件 $i_{入}=$

$i_{出}$ 时，称此电路为二端口网络。

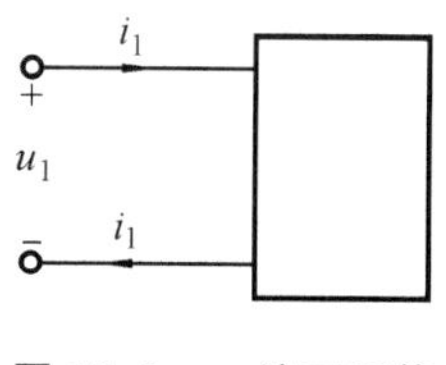

图 12-2　一端口网络

图 12-3　二端口网络

要注意的是：二端口网络的两个端口间若有外部连接，则会破坏原二端口的端口条件。

由图 12-4 所示，具有外部连接的电路可知，根据二端口网络的定义：1-1′、2-2′是二端口；但 3-3′、4-4′不是二端口，而是四端子网络；因为

$$\begin{cases} i'_1 = i_1 - i \neq i_1 \\ i'_2 = i_2 + i \neq i_2 \end{cases}$$

端口条件破坏。

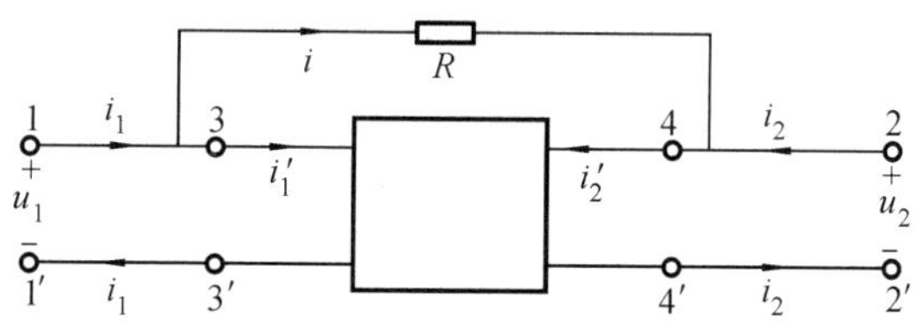

图 12-4　具有外部连接的电路

3. 分析方法

（1）分析前提包括如下内容：

A. 二端口网络指的是含线性 R、L、C、M 与线性受控源但不含独立源的网络；

B. 应用运算法分析电路时，规定独立初始条件均为零，即不存在附加电源；

C. 约定端口处电压、电流为关联参考方向，参考方向如图 12-3 所示。

（2）确定二端口处电压、电流之间的关系，写出参数矩阵。

（3）利用端口参数比较不同的二端口网络的性能和作用。

（4）对于给定的一种二端口网络参数矩阵，会求其他参数矩阵。

（5）对于复杂的二端口网络，可以看作由若干简单的二端口网络组成。由各简单的二端口网络参数推导出复杂的二端口网络参数。

注意：分析中按正弦稳态情况考虑，应用相量法或运算法讨论。

4. 研究二端口网络的意义

（1）二端口网络应用很广，其分析方法易推广应用于 n 端口网络；

（2）可以将任意复杂的二端口网络分割成许多子网络（二端口）进行分析，使分析简化；

（3）当仅研究端口的电压、电流特性时，可以用二端口网络的电路模型进行研究。

12.2　二端口网络方程及参数

用二端口网络概念分析电路时，仅对二端口处的电流、电压之间的关系感兴趣，这

种相互关系可以通过一些参数表示,而这些参数只取决于构成二端口本身的元件及它们的连接方式。一旦确定表征这个二端口网络的参数后,当一个端口的电流、电压发生变化,要求另外一个端口的电流、电压就比较容易了。

一个任意复杂的二端口网络,还可以看作由若干简单的二端口网络组成,如果已知这些简单二端口参数,根据它们与复杂二端口网络的关系就可以直接求出后者的参数,从而找出后者在两个端口处的电流、电压的关系,而不再涉及原来复杂电路内部的任何计算。

12.2.1 二端口网络的参数

线性无独立源的二端口网络,在端口上有 4 个物理量 i_1、i_2、u_1、u_2,如图 12-3 所示。在外电路限定的情况下,这 4 个物理量间存在着通过二端口网络来表征的约束方程,若任取其中的两个为自变量,可得到端口电压、电流的六种不同的方程表示,即可用六套参数描述二端口网络。其对应关系为

$$\begin{matrix} i_1 \\ i_2 \end{matrix} \Leftrightarrow \begin{matrix} u_1 \\ u_2 \end{matrix}, \quad \begin{matrix} u_1 \\ i_1 \end{matrix} \Leftrightarrow \begin{matrix} u_2 \\ i_2 \end{matrix}, \quad \begin{matrix} u_1 \\ i_2 \end{matrix} \Leftrightarrow \begin{matrix} i_1 \\ u_2 \end{matrix}$$

由于每组方程有两个独立方程式,每个方程有两个自变量,因而二端口网络的每种参数有 4 个独立的参数。本章主要讨论其中四套参数,即 **Y**、**Z**、**A**、**H** 参数。

我们采用相量形式(正弦稳态)来讨论。

$$\begin{matrix} \dot{I}_1 \\ \dot{I}_2 \end{matrix} \Leftrightarrow \begin{matrix} \dot{U}_1 \\ \dot{U}_2 \end{matrix} \quad \begin{matrix} \dot{U}_1 \\ \dot{I}_1 \end{matrix} \Leftrightarrow \begin{matrix} \dot{U}_2 \\ \dot{I}_2 \end{matrix} \quad \begin{matrix} \dot{U}_1 \\ \dot{I}_2 \end{matrix} \Leftrightarrow \begin{matrix} \dot{I}_1 \\ \dot{U}_2 \end{matrix}$$

12.2.2 *Y* 参数和方程

1. *Y* 参数方程

采用相量形式(正弦稳态),将二端口网络的两个端口各施加一电压源,如图 12-5 所示,则端口电流可视为由这些电压源的叠加作用产生,即

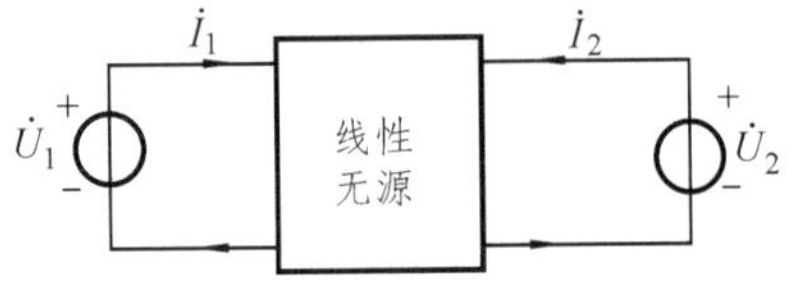

$$\begin{cases} \dot{I}_1 = Y_{11}\dot{U}_1 + Y_{12}\dot{U}_2 \\ \dot{I}_2 = Y_{21}\dot{U}_1 + Y_{22}\dot{U}_2 \end{cases}$$

图 12-5 线性二端口的电流电压关系

上式称为 **Y** 参数方程,写成矩阵形式为

$$\begin{bmatrix} \dot{I}_1 \\ \dot{I}_2 \end{bmatrix} = \begin{bmatrix} Y_{11} & Y_{12} \\ Y_{21} & Y_{22} \end{bmatrix} \begin{bmatrix} \dot{U}_1 \\ \dot{U}_2 \end{bmatrix} = \boldsymbol{Y} \begin{bmatrix} \dot{U}_1 \\ \dot{U}_2 \end{bmatrix}$$

其中 $\boldsymbol{Y} = \begin{bmatrix} Y_{11} & Y_{12} \\ Y_{21} & Y_{22} \end{bmatrix}$ 称为二端口网络的 **Y** 参数矩阵,矩阵中的元素称为 **Y** 参数。显然 **Y** 参数属于导纳性质。

注意:**Y** 参数值仅由内部参数及连接关系决定。

2. *Y* 参数的物理意义及计算、测定

如图 12-6 所示,在端口 1 上外施电压 $\dot{U}_1$,把端口 2 短路,由 **Y** 参数方程得

$$Y_{11} = \left. \frac{\dot{I}_1}{\dot{U}_1} \right|_{\dot{U}_2 = 0}, \quad Y_{21} = \left. \frac{\dot{I}_2}{\dot{U}_1} \right|_{\dot{U}_2 = 0}$$

如图 12-7 所示，在端口 2 上外施电压$\dot{U}_2$，把端口 1 短路，同理，由 **Y** 参数方程得

$$Y_{12}=\left.\frac{\dot{I}_1}{\dot{U}_2}\right|_{\dot{U}_1=0},\quad Y_{22}=\left.\frac{\dot{I}_2}{\dot{U}_2}\right|_{\dot{U}_1=0}$$

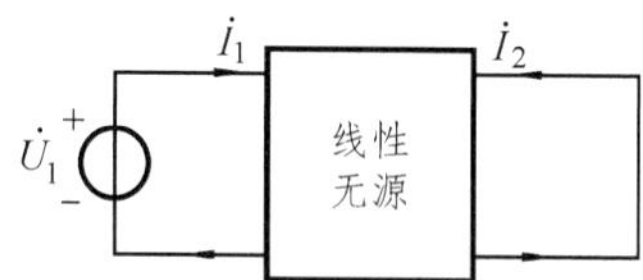

图 12-6　短路导纳参数的测定

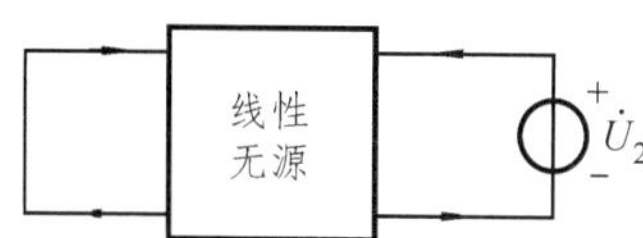

图 12-7　短路导纳参数的测定

由以上各式得 **Y** 参数的物理意义：

Y_{11}表示端口 2 短路时，端口 1 处的输入导纳或驱动点导纳；

Y_{22}表示端口 1 短路时，端口 2 处的输入导纳或驱动点导纳；

Y_{12}表示端口 1 短路时，端口 1 与端口 2 之间的转移导纳；

Y_{21}表示端口 2 短路时，端口 2 与端口 1 之间的转移导纳。

因 Y_{12}和 Y_{21}表示一个端口的电流与另一个端口的电压之间的关系，故 **Y** 参数也称短路导纳参数。

3. 互易性二端口网络

若二端口网络是互易网络，则当$\dot{U}_1=\dot{U}_2$ 时，有$\dot{I}_1=\dot{I}_2$，因此满足

$$Y_{12}=Y_{21}$$

即互易二端口网络的 **Y** 参数中只有三个是独立的。

4. 对称二端口网络

若二端口网络为对称网络，除满足 $Y_{12}=Y_{21}$外，还满足 $Y_{11}=Y_{22}$，即对称二端口网络的 **Y** 参数中只有两个是独立的。

要注意的是，对称二端口网络是指两个端口电气特性上对称，电路结构左右对称的一般为对称二端口网络；结构不对称的二端口网络，其电气特性可能是对称的，这样的二端口网络也是对称二端口网络。

【例 12.1】　电路如图 12-8(a)所示，求$\begin{cases}\dot{I}_1=Y_{11}\dot{U}_1+Y_{12}\dot{U}_2\\ \dot{I}_2=Y_{21}\dot{U}_1+Y_{22}\dot{U}_2\end{cases}$中 **Y** 参数。

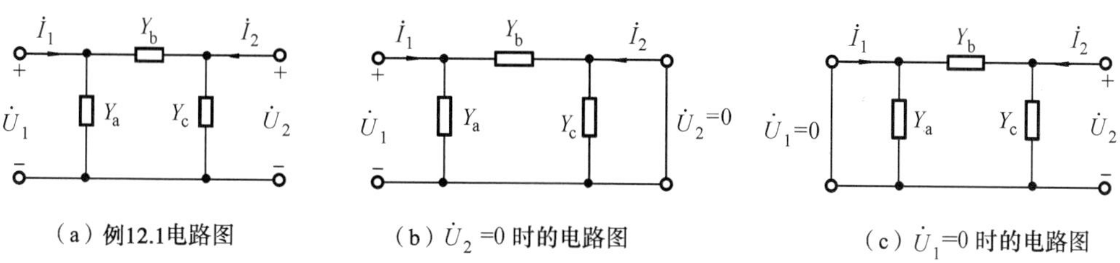

(a) 例12.1电路图　(b) $\dot{U}_2$ =0 时的电路图　(c) $\dot{U}_1$=0 时的电路图

图 12-8　例 12.1 电路

解　当$\dot{U}_2=0$ 时，工作状态如图 12-8(b)所示，根据定义求得参数

$$Y_{11}=\left.\frac{\dot{I}_1}{\dot{U}_1}\right|_{\dot{U}_2=0}=Y_a+Y_b$$

$$Y_{21}=\left.\frac{\dot{I}_2}{\dot{U}_1}\right|_{\dot{U}_2=0}=-Y_b$$

当$\dot{U}_1=0$时,工作状态如图 12-8(c)所示,根据定义求得参数

$$Y_{12}=\left.\frac{\dot{I}_1}{\dot{U}_2}\right|_{\dot{U}_1=0}=-Y_b,\quad Y_{22}=\left.\frac{\dot{I}_2}{\dot{U}_2}\right|_{\dot{U}_2=0}=Y_b+Y_c$$

由上可知:此二端口电路为互易二端口网络,$Y_{12}=Y_{21}=-Y_b$,互易二端口只有三个参数是独立。

由参数矩阵$\boldsymbol{Y}=\begin{bmatrix}Y_a+Y_b & -Y_b\\ -Y_b & Y_b+Y_c\end{bmatrix}$知:若$Y_a=Y_c$,既有$Y_{12}=Y_{21}$,又有$Y_{11}=Y_{22}$(电气对称),则此二端口网络电路为对称二端口网络,对称二端口网络只有两个参数是独立的。

【例 12.2】 电路如图 12-9 所示,求 **Y** 参数。

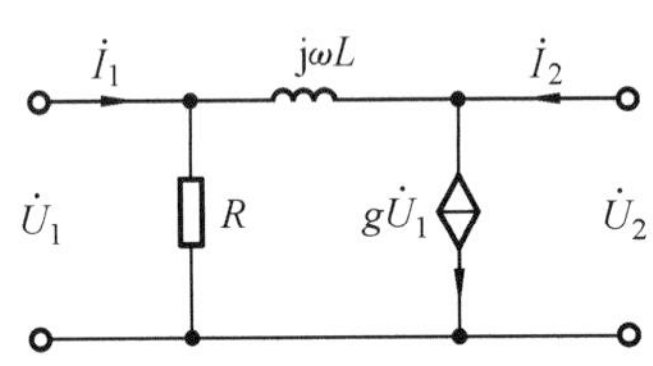

图 12-9 例 12.2 的电路图

解 直接列方程求解

$$\dot{I}_1=\frac{\dot{U}_1}{R}+\frac{\dot{U}_1-\dot{U}_2}{j\omega L}=\left(\frac{1}{R}+\frac{1}{j\omega L}\right)\dot{U}_1-\frac{1}{j\omega L}\dot{U}_2$$

$$\dot{I}_2=g\dot{U}_1+\frac{\dot{U}_2-\dot{U}_1}{j\omega L}=\left(g-\frac{1}{j\omega L}\right)\dot{U}_1+\frac{1}{j\omega L}\dot{U}_2$$

得到参数矩阵

$$\boldsymbol{Y}=\begin{bmatrix}\frac{1}{R}+\frac{1}{j\omega L} & -\frac{1}{j\omega L}\\ g-\frac{1}{j\omega L} & \frac{1}{j\omega L}\end{bmatrix}$$

若$g=0\Rightarrow Y_{12}=Y_{21}=-\dfrac{1}{j\omega L}$,则为互易二端口网络。

【例 12.3】 电路如图 12-10 所示,求 **Y** 参数。

解 $Y_{11}=\left.\dfrac{\dot{I}_1}{\dot{U}_1}\right|_{\dot{U}_2=0}=\dfrac{1}{5/\!/10+2}\ \text{s}=\dfrac{3}{16}\ \text{s}$

$$Y_{22}=\left.\frac{\dot{I}_2}{\dot{U}_2}\right|_{\dot{U}_1=0}=\frac{1}{10/\!/[10+(5/\!/2)]}\ \text{s}=\frac{3}{16}\ \text{s}$$

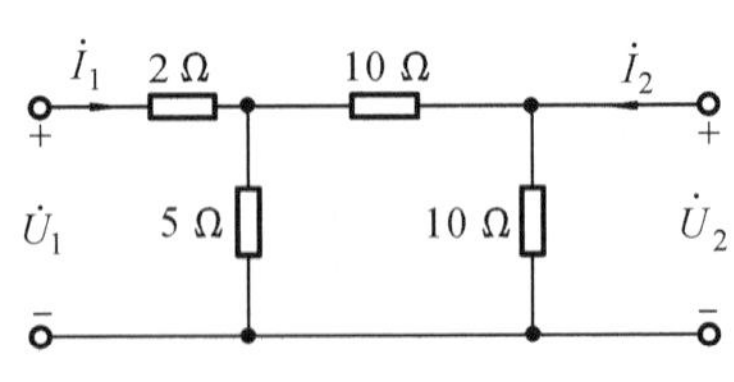

图 12-10 例 12.3 的电路图

直接列方程求解:

$$\begin{cases}\dot{U}_1=2\dot{I}_1+5(\dot{I}_1+\dot{I}_2)\\ 5(\dot{I}_1+\dot{I}_2)=-10\dot{I}_2\end{cases}$$

可得
$$Y_{21}=\left.\frac{\dot{I}_2}{\dot{U}_1}\right|_{\dot{U}_2=0}=-\frac{1}{16}\ \text{s}$$

同理
$$\begin{cases}\dot{U}_2-10\left(\dot{I}_2-\dfrac{\dot{U}_2}{10}\right)=-2\dot{I}_1\\ 5\left(\dot{I}_2-\dfrac{\dot{U}_2}{10}+\dot{I}_1\right)=-2\dot{I}_1\end{cases}$$

可得
$$Y_{12}=\left.\frac{\dot{I}_1}{\dot{U}_2}\right|_{\dot{U}_2=0}=-\frac{1}{16}\ \text{s}$$

由上可知:既有$Y_{12}=Y_{21}$,又有$Y_{11}=Y_{22}$,此电路为对称二端口电路。

12.2.3 $\boldsymbol{Z}$ 参数和方程

1. $\boldsymbol{Z}$ 参数方程

将二端口网络的两个端口各施加一电流源，如图 12-11 所示，则端口电压可视为这些电流源的叠加作用产生，即

$$\begin{cases}\dot{U}_1=Z_{11}\dot{I}_1+Z_{12}\dot{I}_2\\ \dot{U}_2=Z_{21}\dot{I}_1+Z_{22}\dot{I}_2\end{cases}$$

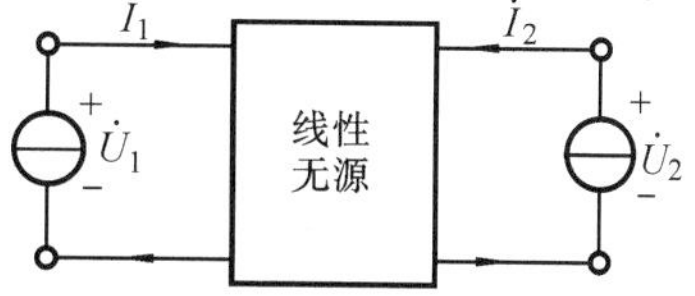

图 12-11 线性二端口网络的电流电压关系

上式称为 $\boldsymbol{Z}$ 参数方程，写成矩阵形式为

$$\begin{bmatrix}\dot{U}_1\\ \dot{U}_2\end{bmatrix}=\begin{bmatrix}Z_{11} & Z_{12}\\ Z_{21} & Z_{22}\end{bmatrix}\begin{bmatrix}\dot{I}_1\\ \dot{I}_2\end{bmatrix}=\boldsymbol{Z}\begin{bmatrix}\dot{I}_1\\ \dot{I}_2\end{bmatrix}$$

其中，$\boldsymbol{Z}=\begin{bmatrix}Z_{11} & Z_{12}\\ Z_{21} & Z_{22}\end{bmatrix}$称为二端口网络的 $\boldsymbol{Z}$ 参数矩阵，矩阵中的元素称为 $\boldsymbol{Z}$ 参数。显然 $\boldsymbol{Z}$ 参数具有阻抗性质。

注意：$\boldsymbol{Z}$ 参数值仅由内部参数及连接关系决定。

$\boldsymbol{Z}$ 参数方程也可由 $\boldsymbol{Y}$ 参数方程解出$\dot{U}_1$、$\dot{U}_2$ 得到，即

$$\begin{cases}\dot{U}_1=\dfrac{Y_{22}}{\Delta}\dot{I}_1+\dfrac{-Y_{12}}{\Delta}\dot{I}_2=Z_{11}\dot{I}_1+Z_{12}\dot{I}_2\\ \dot{U}_2=\dfrac{-Y_{21}}{\Delta}\dot{I}_1+\dfrac{Y_{11}}{\Delta}\dot{I}_2=Z_{21}\dot{I}_1+Z_{22}\dot{I}_2\end{cases}$$

其中，$\Delta=Y_{11}Y_{22}-Y_{12}Y_{21}$。

若矩阵 $\boldsymbol{Z}$ 与 $\boldsymbol{Y}$ 非奇异，则 $\boldsymbol{Y}=\boldsymbol{Z}^{-1}$，$\boldsymbol{Z}=\boldsymbol{Y}^{-1}$。

2. $\boldsymbol{Z}$ 参数的物理意义及计算、测定

如图 12-12 所示，在端口 1 上外施电流$\dot{I}_1$，把端口 2 开路，由 $\boldsymbol{Z}$ 参数方程得

$$Z_{11}=\left.\frac{\dot{U}_1}{\dot{I}_1}\right|_{\dot{I}_2=0},\quad Z_{21}=\left.\frac{\dot{U}_2}{\dot{I}_1}\right|_{\dot{I}_2=0}$$

如图 12-13 所示，在端口 2 上外施电流$\dot{I}_2$，把端口 1 开路，由 $\boldsymbol{Z}$ 参数方程得

$$Z_{12}=\left.\frac{\dot{U}_1}{\dot{I}_2}\right|_{\dot{I}_1=0},\quad Z_{22}=\left.\frac{\dot{U}_2}{\dot{I}_2}\right|_{\dot{I}_1=0}$$

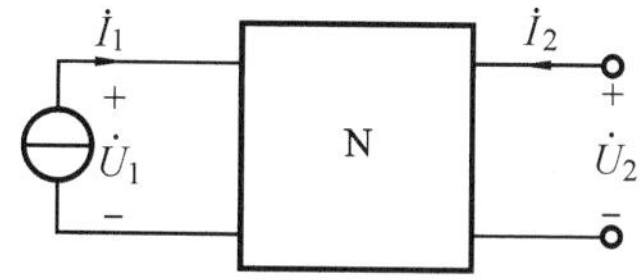

图 12-12 开路阻抗参数的计算

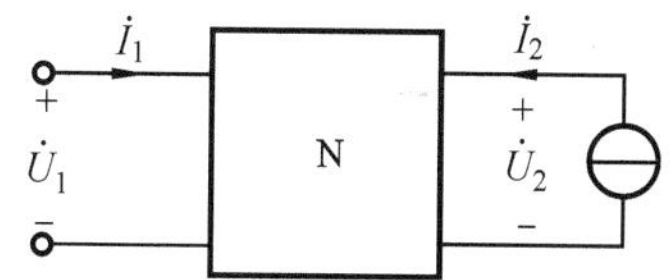

图 12-13 开路阻抗参数的计算

由以上各式得 $\boldsymbol{Z}$ 参数的物理意义：

(1) Z_{11}表示端口 2 开路时，端口 1 处的输入阻抗或驱动点阻抗；

(2) Z_{22}表示端口 1 开路时，端口 2 处的输入阻抗或驱动点阻抗；

(3) Z_{12}表示端口 1 开路时，端口 1 与端口 2 之间的转移阻抗；

(4) Z_{21}表示端口 2 开路时，端口 2 与端口 1 之间的转移阻抗。

因 Z_{12}和 Z_{21}表示一个端口的电压与另一个端口的电流之间的关系，故 $\boldsymbol{Z}$ 参数也称

开路阻抗参数。

3. 互易性和对称性

对于互易二端口网络，满足

$$Z_{12}=Z_{21}$$

对于对称二端口网络，满足

$$Z_{11}=Z_{22}$$

因此互易二端口网络 **Z** 参数中只有 3 个是独立的，而对称二端口网络的 **Z** 参数中只有 2 个是独立的。

要注意的是：并非所有的二端口网络均有 **Z**, **Y** 参数。

(1) 如图 12-14 所示的二端口网络，端口电压和电流满足方程

$$\dot{I}_1=-\dot{I}_2=\frac{\dot{U}_1-\dot{U}_2}{Z}$$

即

$$\boldsymbol{Y}=\begin{bmatrix}\frac{1}{Z} & -\frac{1}{Z}\\ -\frac{1}{Z} & \frac{1}{Z}\end{bmatrix}$$

由 $\boldsymbol{Z}=\boldsymbol{Y}^{-1}$ 知，该二端口网络的 **Z** 参数不存在。

(2) 图 12-15 所示的二端口网络，端口电压和电流满足方程

$$\dot{U}_1=\dot{U}_2=\boldsymbol{Z}(\dot{I}_1+\dot{I}_2)$$

即

$$\boldsymbol{Z}=\begin{bmatrix}Z & Z\\ Z & Z\end{bmatrix}$$

由 $\boldsymbol{Y}=\boldsymbol{Z}^{-1}$ 知，该二端口网络的 **Y** 参数不存在。

(3) 如图 12-16 所示的理想变压器电路，端口电压和电流满足方程

$$\dot{U}_1=n\dot{U}_2,\quad \dot{I}_1=-\dot{I}_2/n$$

显然，其 **Z**、**Y** 参数均不存在。

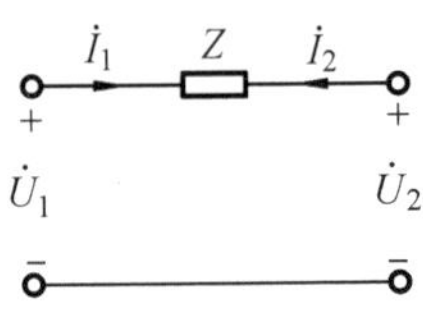

图 12-14 不存在 Z 参数的电路

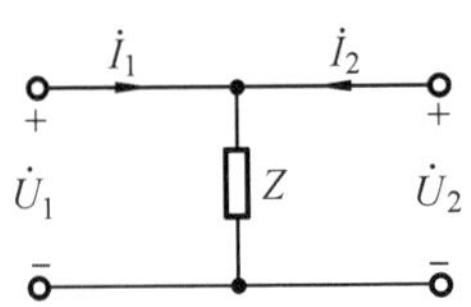

图 12-15 不存在 Y 参数的电路

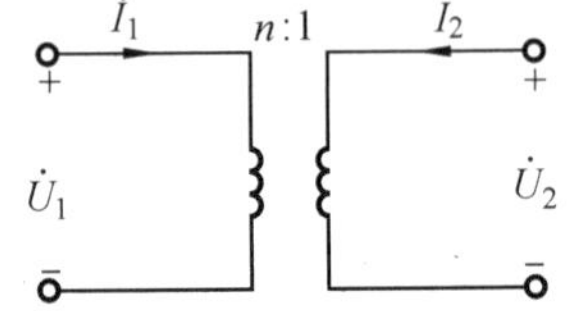

图 12-16 Z、Y 参数均不存在的电路

【例 12.4】 求如图 12-17 所示电路的 **Z** 参数。

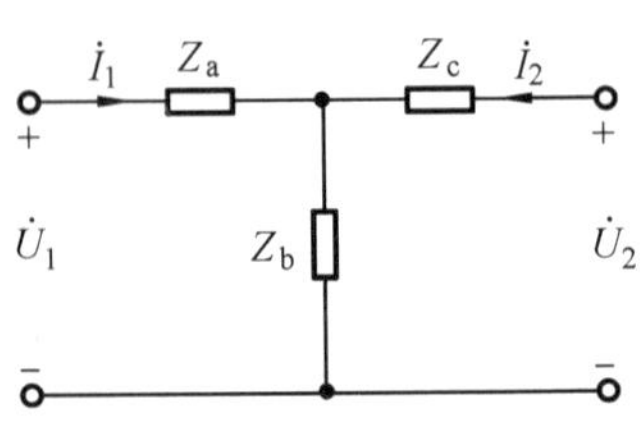

图 12-17 例 12.4 的电路

解 方法一

$$\dot{U}_1=Z_{11}\dot{I}_1+Z_{12}\dot{I}_2,\quad \dot{U}_2=Z_{21}\dot{I}_1+Z_{22}\dot{I}_2$$

$$Z_{11}=\left.\frac{\dot{U}_1}{\dot{I}_1}\right|_{\dot{I}_2=0}=Z_a+Z_b,\quad Z_{12}=\left.\frac{\dot{U}_1}{\dot{I}_2}\right|_{\dot{I}_1=0}=Z_b$$

$$Z_{21}=\left.\frac{\dot{U}_2}{\dot{I}_1}\right|_{\dot{I}_2=0}=Z_b,\quad Z_{22}=\left.\frac{\dot{U}_2}{\dot{I}_2}\right|_{\dot{I}_1=0}=Z_b+Z_c$$

方法二 列 KVL 方程

$$\dot{U}_1 = Z_a \dot{I}_1 + Z_b(\dot{I}_1 + \dot{I}_2) = (Z_a + Z_b)\dot{I}_1 + Z_b \dot{I}_2$$
$$\dot{U}_2 = Z_c \dot{I}_2 + Z_b(\dot{I}_1 + \dot{I}_2) = Z_b \dot{I}_1 + (Z_b + Z_c)\dot{I}_2$$

【例 12.5】 电路如图 12-18 所示，求 $\boldsymbol{Z}$ 参数。

解 列 KVL 方程

$$\dot{U}_1 = Z_a \dot{I}_1 + Z_b(\dot{I}_1 + \dot{I}_2)$$
$$\dot{U}_2 = r \dot{I}_1 + Z_c \dot{I}_2 + Z_b(\dot{I}_1 + \dot{I}_2)$$

得到参数矩阵：

$$\boldsymbol{Z} = \begin{bmatrix} Z_a + Z_b & Z_b \\ r + Z_b & Z_b + Z_c \end{bmatrix}$$

【例 12.6】 电路如图 12-19 所示，求 $\boldsymbol{Z}$、$\boldsymbol{Y}$ 参数。

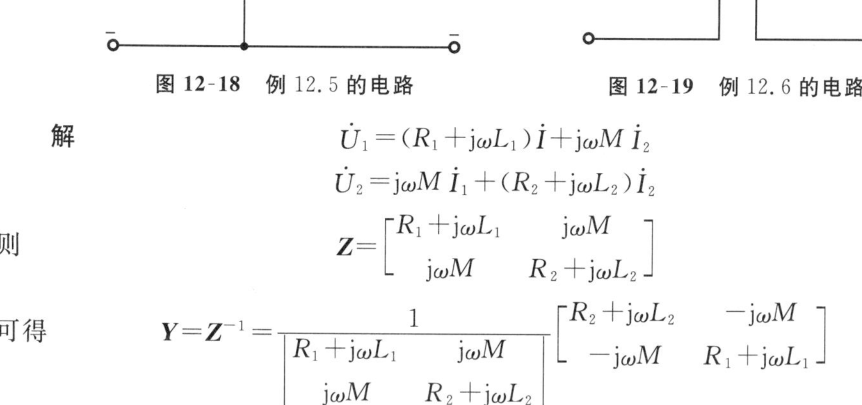

图 12-18 例 12.5 的电路　　**图 12-19 例 12.6 的电路**

解

$$\dot{U}_1 = (R_1 + j\omega L_1)\dot{I} + j\omega M \dot{I}_2$$
$$\dot{U}_2 = j\omega M \dot{I}_1 + (R_2 + j\omega L_2)\dot{I}_2$$

则

$$\boldsymbol{Z} = \begin{bmatrix} R_1 + j\omega L_1 & j\omega M \\ j\omega M & R_2 + j\omega L_2 \end{bmatrix}$$

可得

$$\boldsymbol{Y} = \boldsymbol{Z}^{-1} = \frac{1}{\begin{vmatrix} R_1 + j\omega L_1 & j\omega M \\ j\omega M & R_2 + j\omega L_2 \end{vmatrix}} \begin{bmatrix} R_2 + j\omega L_2 & -j\omega M \\ -j\omega M & R_1 + j\omega L_1 \end{bmatrix}$$

12.2.4 *T* 参数和方程

1. *T* 参数方程

在许多工程实际问题中，往往希望找到一个端口的电压、电流与另一个端口的电压、电流之间的直接关系。例如放大器，滤波器输入输出之间的关系，传输线的始端和终端之间的关系。另外，有些二端口并不同时存在阻抗矩阵或导纳矩阵表达式。因此采用 $\boldsymbol{T}$ 参数用来描绘二端口网络的输入和输出或始端和终端的关系。

定义图 12-20 的二端口网络输入、输出关系为

$$\begin{cases} \dot{U}_1 = A\dot{U}_2 - B\dot{I}_2 \\ \dot{I}_1 = C\dot{U}_2 - D\dot{I}_2 \end{cases}$$

上式称为 $\boldsymbol{T}$ 参数方程，写成矩阵形式为

$$\begin{bmatrix} \dot{U}_1 \\ \dot{I}_1 \end{bmatrix} = \begin{bmatrix} A & B \\ C & D \end{bmatrix} \begin{bmatrix} \dot{U}_2 \\ -\dot{I}_2 \end{bmatrix} = \boldsymbol{T} \begin{bmatrix} \dot{U}_2 \\ -\dot{I}_2 \end{bmatrix}$$

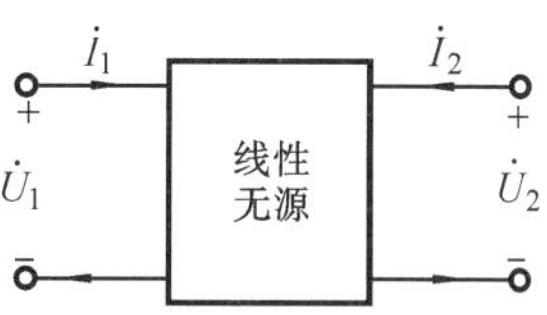

图 12-20 线性二端口网络的电流电压关系

其中，$\boldsymbol{T} = \begin{bmatrix} A & B \\ C & D \end{bmatrix}$ 称为两端口的 $\boldsymbol{T}$ 参数矩阵，矩阵中的元

素称为 **T** 参数,**T** 参数也称为传输参数或 **A** 参数。

要注意的是:(1) **T** 参数值仅由内部参数及连接关系决定。

(2) 应用 **T** 参数方程时,要注意电流前面的负号。

2. T 参数的物理意义及计算和测定

T 参数的具体含义可分别用以下各式说明:

(1) $A=\left.\dfrac{\dot{U}_1}{\dot{U}_2}\right|_{\dot{I}_2=0}$ 为端口 2 开路时端口 1 与端口 2 的电压比,称转移电压比;

(2) $B=\left.\dfrac{\dot{U}_1}{-\dot{I}_2}\right|_{\dot{U}_2=0}$ 为端口 2 短路时端口 1 的电压与端口 2 的电流比,称短路转移阻抗;

(3) $C=\left.\dfrac{\dot{I}_1}{\dot{U}_2}\right|_{\dot{I}_2=0}$ 为端口 2 开路时端口 1 的电流与端口 2 的电压比,称开路转移导纳;

(4) $D=\left.\dfrac{\dot{I}_1}{-\dot{I}_2}\right|_{\dot{U}_2=0}$ 为端口 2 短路时端口 1 的电流与端口 2 的电流比,称转移电流比。

3. 互易性和对称性

Y 参数方程

$$\dot{I}_1=Y_{11}\dot{U}_1+Y_{12}\dot{U}_2 \tag{12-1}$$

$$\dot{I}_2=Y_{21}\dot{U}_1+Y_{22}\dot{U}_2 \tag{12-2}$$

由式(12-2)得

$$\dot{U}_1=-\frac{Y_{22}}{Y_{21}}\dot{U}_2+\frac{1}{Y_{21}}\dot{I}_2 \tag{12-3}$$

将式(12-3)代入式(12-1)得

$$\dot{I}_1=\left(Y_{12}-\frac{Y_{11}Y_{22}}{Y_{21}}\right)\dot{U}_2+\frac{Y_{11}}{Y_{21}}\dot{I}_2$$

由此得出 **T** 参数与 **Y** 参数的关系为

$$A=-\frac{Y_{22}}{Y_{21}},\quad B=\frac{-1}{Y_{21}},\quad C=\frac{Y_{12}Y_{21}-Y_{11}Y_{22}}{Y_{21}},\quad D=-\frac{Y_{11}}{Y_{21}}$$

对于互易二端口网络:由于 $Y_{12}=Y_{21}$,因此有 $AD-BC=1$,即 **T** 参数中只有 3 个是独立的。

对于对称二端口网络:由于 $Y_{11}=Y_{22}$,因此有 $A=D$,即 **T** 参数中只有 2 个是独立的。

【例 12.7】 电路如图 12-21 所示,求 **T** 参数。

解 根据 **T** 参数矩阵

$$\begin{bmatrix}\dot{U}_1\\ \dot{I}_1\end{bmatrix}=\begin{bmatrix}A & B\\ C & D\end{bmatrix}\begin{bmatrix}\dot{U}_2\\ -\dot{I}_2\end{bmatrix}$$

列出方程

$$\begin{cases}u_1=nu_2\\ i_1=-\dfrac{1}{n}i_2\end{cases}$$

即

$$\begin{bmatrix}u_1\\ i_1\end{bmatrix}=\begin{bmatrix}n & 0\\ 0 & \dfrac{1}{n}\end{bmatrix}\begin{bmatrix}u_2\\ -i_2\end{bmatrix}$$

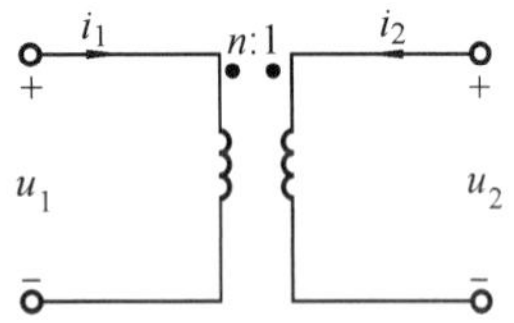

图 12-21 例 12.7 的电路

则有
$$T=\begin{bmatrix} n & 0 \\ 0 & \dfrac{1}{n} \end{bmatrix}$$

【例 12.8】 电路如图 12-22(a)所示，求 **T** 参数。

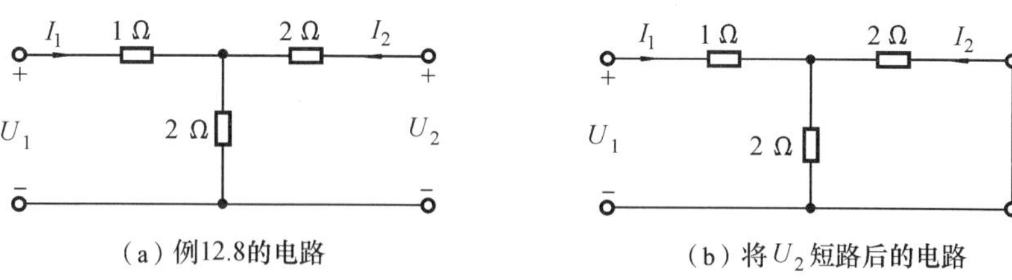

(a) 例12.8的电路　　(b) 将 U_2 短路后的电路

图 12-22　例 12.8 电路

解　根据 **T** 参数矩阵

$$\begin{bmatrix} \dot{U}_1 \\ \dot{I}_1 \end{bmatrix}=\begin{bmatrix} A & B \\ C & D \end{bmatrix}\begin{bmatrix} \dot{U}_2 \\ -\dot{I}_2 \end{bmatrix}$$

得
$$A=\left.\frac{U_1}{U_2}\right|_{I_2=0}=\frac{1+2}{2}=1.5,\quad C=\left.\frac{I_1}{U_2}\right|_{I_2=0}=0.5\ \text{s}$$

另外两个参数根据图 12-22(b)求得

$$B=\left.\frac{U_1}{-I_2}\right|_{U_2=0}=\frac{I_1[1+(2/\!/2)]}{0.5I_1}=4\ \Omega,\quad D=\left.\frac{I_1}{-I_2}\right|_{U_2=0}=\frac{I_1}{0.5I_1}=2$$

12.2.5 H 参数和方程

1. H 参数方程

H 参数在晶体管放大电路中得到广泛应用，其具体意义可用下列各式说明，端口输入、输出关系为

$$\begin{cases} \dot{U}_1=H_{11}\dot{I}_1+H_{12}\dot{U}_2 \\ \dot{I}_2=H_{21}\dot{I}_1+H_{22}\dot{U}_2 \end{cases}$$

上式称为 **H** 参数方程，写成矩阵形式为

$$\begin{bmatrix} \dot{U}_1 \\ \dot{I}_2 \end{bmatrix}=\begin{bmatrix} H_{11} & H_{12} \\ H_{21} & H_{22} \end{bmatrix}\begin{bmatrix} \dot{I}_1 \\ \dot{U}_2 \end{bmatrix}=\boldsymbol{H}\begin{bmatrix} \dot{I}_1 \\ \dot{U}_2 \end{bmatrix}$$

其中，$\boldsymbol{H}=\begin{bmatrix} H_{11} & H_{12} \\ H_{21} & H_{22} \end{bmatrix}$称为 **H** 参数矩阵。矩阵中的元素称为 **H** 参数，**H** 参数也称为混合参数。

2. H 参数的物理意义及计算、测定

(1) $H_{11}=\left.\dfrac{\dot{U}_1}{\dot{I}_1}\right|_{\dot{U}_2=0}$ 称为短路输入阻抗；

(2) $H_{12}=\left.\dfrac{\dot{U}_1}{\dot{U}_2}\right|_{\dot{I}_1=0}$ 称为开路电压转移比；

(3) $H_{21}=\left.\dfrac{\dot{I}_1}{\dot{I}_1}\right|_{\dot{U}_2=0}$ 称为短路电流转移比；

(4) $H_{22}=\left.\dfrac{\dot{I}_2}{\dot{U}_2}\right|_{\dot{I}_1=0}$ 称为开路输入端导纳。

3. 互易性和对称性

对于互易二端口网络:**H** 参数满足 $H_{12}=-H_{21}$,即 **H** 参数中只有 3 个是独立的;

对于对称二端口网络:**H** 参数满足 $H_{11}H_{22}-H_{12}H_{21}=1$,即 **H** 参数中只有 2 个是独立的。

【例 12.9】 电路如图例 12-23 所示,求 **H** 参数。

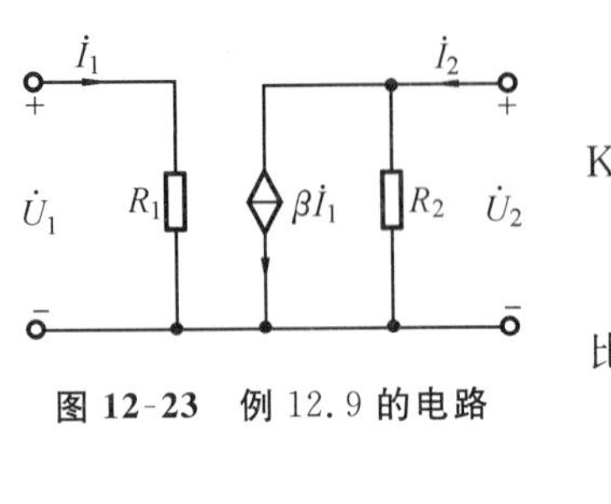

图 12-23 例 12.9 的电路

解 直接列方程求解,KVL 方程为

$$\dot{U}_1=R_1\dot{I}_1$$

KCL 方程为

$$\dot{I}_2=\beta\dot{I}_1+\frac{1}{R_2}\dot{U}_2$$

比较 **H** 参数方程,有

$$\begin{cases}\dot{U}_1=H_{11}\dot{I}_1+H_{12}\dot{U}_2\\ \dot{I}_2=H_{21}\dot{I}_1+H_{22}\dot{U}_2\end{cases}$$

得

$$\boldsymbol{H}=\begin{bmatrix}R_1 & 0\\ \beta & 1/R_2\end{bmatrix}$$

12.3 二端口网络的等效电路

一个无源二端口网络可以用一个简单的二端口等效模型来代替,需要注意的是:

(1) 等效模型的方程与原二端口网络的方程相同,即等效条件;

(2) 根据不同的网络参数和方程可以得到结构完全不同的等效电路;

(3) 等效目的是为了分析方便。

两个二端口网络等效:是指对外电路而言,端口的电压、电流关系相同。

12.3.1 互易二端口网络的等效电路

二端口网络可用某个等效电路来替代时,等效电路必须和原网络具有相同的外部特性。对于无独立源和受控源的任意给定由 R、$L(M)$、C 元件构成的二端口网络的外部特性都可用 3 个独立参数来表征,其中最简单的是有 3 个阻抗或导纳元件组成的等效电路,如图 12-24 所示的 Π 形和 T 形电路即为最简二端口网络等效电路。

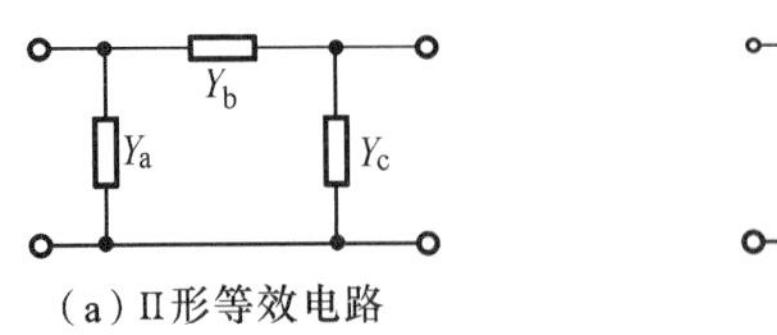

图 12-24 二端口网络等效电路

1. Π 形等效电路求法

【例 12.10】 已知一个二端口网络如图 12-24(a)所示,其 **Y** 参数为 $\begin{bmatrix}Y_{11} & Y_{12}\\ Y_{21} & Y_{22}\end{bmatrix}$,求

Π 形等效电路。

解　Π 形等效电路的 **Y** 参数应与上述给定的 **Y** 参数相同，有

$$Y_{11}=\frac{\dot{I}_1}{\dot{U}_1}\bigg|_{\dot{U}_2=0}=Y_a+Y_b$$

$$Y_{21}=\frac{\dot{I}_2}{\dot{U}_1}\bigg|_{\dot{U}_2=0}=-Y_b=Y_{12}$$

$$Y_{22}=\frac{\dot{I}_2}{\dot{U}_2}\bigg|_{\dot{U}_1=0}=Y_b+Y_c$$

解得

$$\begin{cases}Y_a=Y_{11}+Y_{21}\\Y_b=-Y_{12}\\Y_c=Y_{22}+Y_{21}\end{cases}$$

2. T 形等效电路求法

【例 12.11】　已知一个二端口网络如图 12-24(b)所示，其 **Z** 参数为$\begin{bmatrix}Z_{11} & Z_{12}\\Z_{21} & Z_{22}\end{bmatrix}$，求 T 形等效电路。

解　T 形等效电路的 **Z** 参数应与给定的 **Z** 参数相同，有

$$\begin{cases}Z_{11}=Z_a+Z_c\\Z_{12}=Z_{21}=Z_c\\Z_{22}=Z_b+Z_c\end{cases}$$

解得

$$\begin{cases}Z_a=Z_{11}-Z_{12}\\Z_b=Z_{22}-Z_{12}\\Z_c=Z_{12}\end{cases}$$

当已知 **T** 参数、**H** 参数时，可用同样方法求出等效电路。

【例 12.12】　电路如图 12-25(a)所示，已知 $\boldsymbol{T}=\begin{bmatrix}1.5 & 2.5\\0.5 & 1.5\end{bmatrix}$，$t=0$ 时闭合 K，求 i_c 的零状态响应。

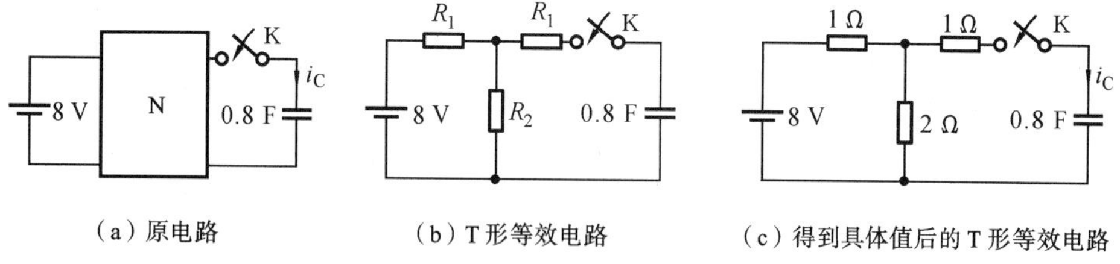

(a) 原电路　　(b) T 形等效电路　　(c) 得到具体值后的 T 形等效电路

图 12-25　例 12.12 的电路

解　因为此电路为互易二端口网络，则

$$1.5\times1.5-0.5\times2.5=1$$

转换为 T 形等效电路，如图 12-25(b)所示，根据 **T** 参数矩阵，有

$$\begin{bmatrix}\dot{U}_1\\\dot{I}_1\end{bmatrix}=\begin{bmatrix}A & B\\C & D\end{bmatrix}\begin{bmatrix}\dot{U}_2\\-\dot{I}_2\end{bmatrix}$$

可得
$$A=\left.\frac{\dot{U}_1}{\dot{U}_2}\right|_{\dot{I}_2=0}=\frac{R_1+R_2}{R_2},\quad C=\left.\frac{\dot{I}_1}{\dot{U}_2}\right|_{\dot{I}_2=0}=\frac{1}{R_2}$$
$$B=\left.\frac{\dot{U}_1}{-\dot{I}_2}\right|_{\dot{U}_2=0}=\frac{R_1(R_1+R_2)+R_2R_1}{R_2}$$
故
$$\boldsymbol{T}=\begin{bmatrix}\dfrac{R_1+R_2}{R_2} & \dfrac{R_1(R_2+R_1)+R_2R_1}{R_2}\\ \dfrac{1}{R_2} & \dfrac{R_1+R_2}{R_2}\end{bmatrix}=\begin{bmatrix}1.5 & 2.5\\ 0.5 & 1.5\end{bmatrix}$$

比较系数得 $R_1=1\ \Omega$, $R_2=2\ \Omega$,得到如图 12-25(c)所示电路,其三要素为
$$i_c(0_+)=\frac{8}{1+2/3}\frac{2}{3}=\frac{16}{5}$$
$$i_c(\infty)=0$$
$$\tau=\left(\frac{2}{3}+1\right)\times 0.8=\frac{4}{3}$$
得到
$$i_c=\frac{16}{5}e^{-\frac{3}{4}t}\ \text{A}$$

12.3.2 一般二端口网络等效电路(含受控源的二端口网络)

1. *Z* 参数表示的等效电路

Z 参数方程为
$$\begin{cases}\dot{U}_1=Z_{11}\dot{I}_1+Z_{12}\dot{I}_2\\ \dot{U}_2=Z_{21}\dot{I}_1+Z_{22}\dot{I}_2\end{cases}$$
方法 1:直接由 ***Z*** 参数方程得到图 12-26 所示的等效电路。

方法 2:把方程改写为
$$\dot{U}_1=Z_{11}\dot{I}_1+Z_{12}\dot{I}_2=(Z_{11}-Z_{12})\dot{I}_1+Z_{12}(\dot{I}_1+\dot{I}_2)$$
$$\dot{U}_2=Z_{21}\dot{I}_1+Z_{22}\dot{I}_2=Z_{12}(\dot{I}_1+\dot{I}_2)+(Z_{22}-Z_{12})\dot{I}_2+(Z_{21}-Z_{12})\dot{I}_1$$
由上述方程得到图 12-27 所示的等效电路,如果网络是互易的,图中的受控电压源为零,变为 T 形等效电路。

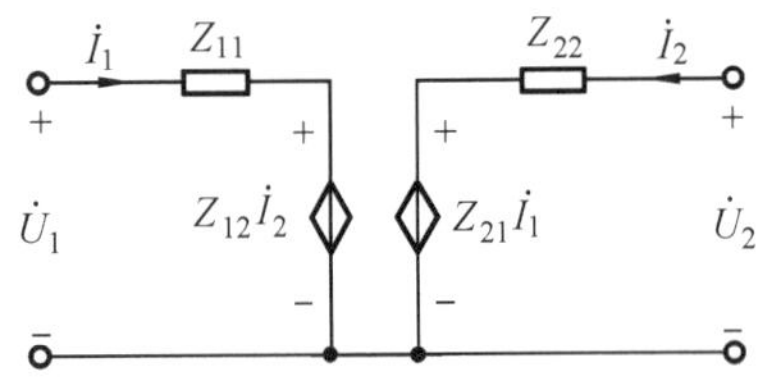

图 12-26 含受控源的 *Z* 参数等效电路

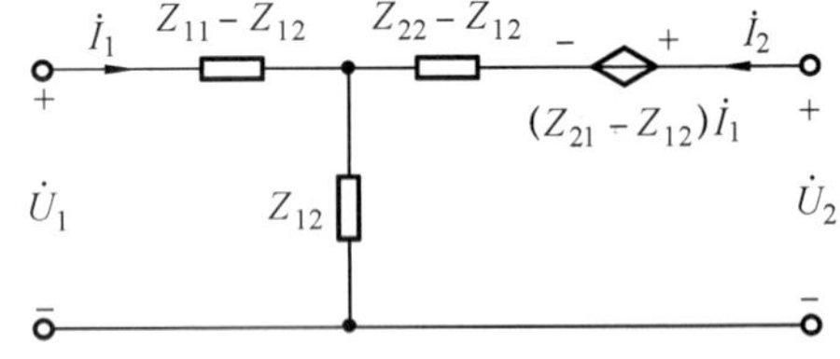

图 12-27 含受控源的 T 形等效电路

要注意的是:等效电路中的元件与 ***Z*** 参数的关系。

2. *Y* 参数表示的等效电路

Y 参数方程为
$$\begin{cases}\dot{I}_1=Y_{11}\dot{U}_1+Y_{12}\dot{U}_2\\ \dot{I}_2=Y_{21}\dot{U}_1+Y_{22}\dot{U}_2\end{cases}$$
方法 1:直接由 ***Y*** 参数方程得到图 12-28 所示的等效电路。

方法 2:把方程改写为

$$\dot{I}_1=Y_{11}\dot{U}_1+Y_{12}\dot{U}_2=(Y_{11}+Y_{12})\dot{U}_1-Y_{12}(\dot{U}_1-\dot{U}_2)$$

$$\dot{I}_2=Y_{21}\dot{U}_1+Y_{22}\dot{U}_2=-Y_{12}(\dot{U}_2-\dot{U}_1)+(Y_{22}+Y_{12})\dot{U}_2+(Y_{21}-Y_{12})\dot{U}_1$$

由上述方程得到图 12-29 所示的等效电路,如果网络是互易的,图中的受控电流源为零,变为 Π 形等效电路。

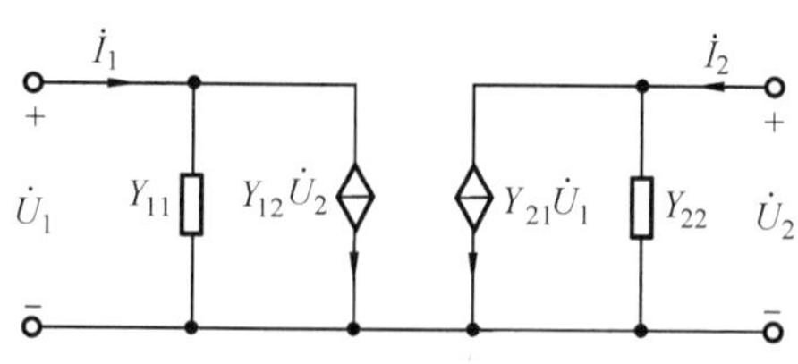

图 12-28 含受控源的 Y 参数等效电路

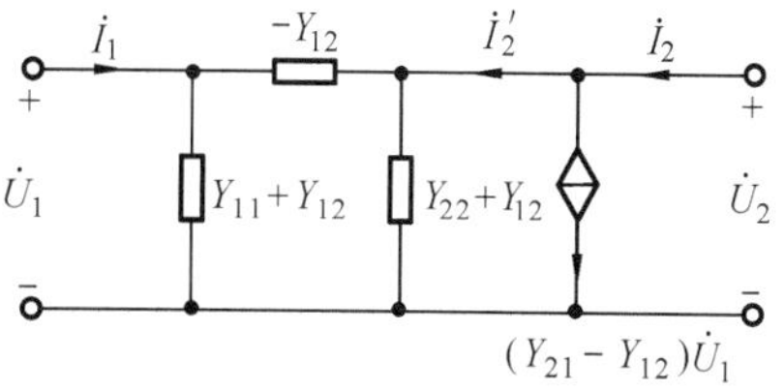

图 12-29 含受控源的 Π 形等效电路

要注意的是:等效电路中的元件与 Y 参数的关系。

注意:

(1) 等效只对两个端口的电压、电流关系成立,对端口间电压则不一定成立;

(2) 一个二端口网络在满足相同网络方程的条件下,其等效电路模型不是唯一的;

(3) 若网络对称,则等效电路也对称;

(4) Π 形和 T 形等效电路可以互换,根据其他参数与 Y、Z 参数的关系,可以得到用其他参数表示的 Π 形和 T 形等效电路。

【例 12.13】 已知 Y 参数为

$$\boldsymbol{Y}=\begin{bmatrix}5 & -2\\ -2 & 3\end{bmatrix}$$

绘出给定的 Y 参数的任意一种二端口网络等效电路。

解 由 Y 矩阵可知 $Y_{21}=Y_{12}$,二端口网络是互易的,故可用无源 Π 形二端口网络作为等效电路,等效电路如图 12-30 所示。

Π 形二端口网络参数为

$$Y_a=Y_{11}+Y_{12}=5-2=3$$

$$Y_c=Y_{22}+Y_{12}=3-2=1$$

$$Y_b=-Y_{12}=2$$

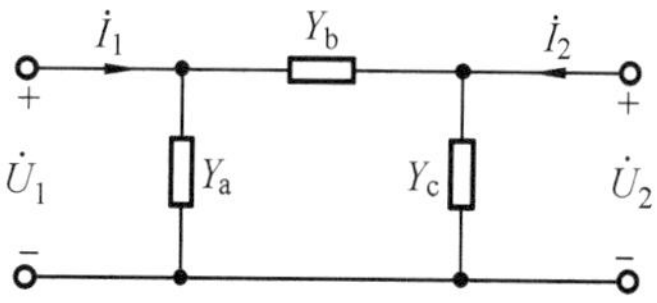

图 12-30 例 12.13 的电路

通过 Π 形→T 形变换也可得 T 形等效电路。

【例 12.14】 一个二端口网络如图 12-31 所示,求其等效的 T 形和 Π 形电路。

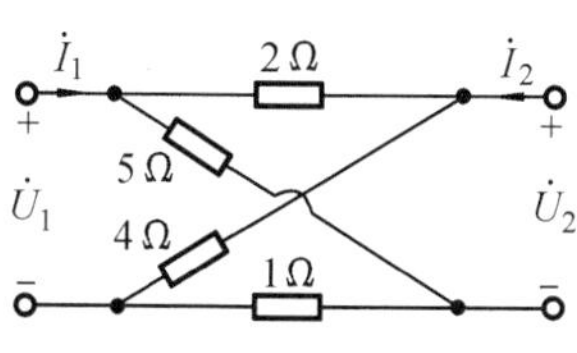

图 12-31 例 12.14 的电路

解 (1) T 形电路。令 $\dot{I}_2=0$,则有 $\dot{U}_1=3\dot{I}_1$,所以

$$Z_{11}=3\ \Omega$$

由于 $\dot{U}_2=\dot{U}_4-\dot{U}_2=\dfrac{1}{2}\dot{U}_1=\dfrac{3}{2}\dot{I}_1$,因此有

$$Z_{21}=1.5\ \Omega$$

令 $\dot{I}_1=0$,则有 $\dot{U}_2=\dfrac{35}{12}\dot{I}_2$,所以

$$Z_{22}=\frac{35}{12}\ \Omega=2.92\ \Omega,\quad Z_{12}=Z_{21}=1.5\ \Omega$$

故
$$Z=\begin{bmatrix}3 & 1.5\\ 1.5 & 2.92\end{bmatrix}$$

T 形电路参数

$$Z_a=Z_{11}-Z_{21}=1.5\ \Omega$$
$$Z_b=Z_{21}=1.5\ \Omega$$
$$Z_c=Z_{22}-Z_{21}=1.42\ \Omega$$

(2) Π 形电路。先求 **Y** 参数,在现有条件下,可查表求 **Y** 或从原二端口直接求 **Y** 参数矩阵。由

$$Y=\begin{bmatrix}\dfrac{Z_{22}}{\Delta_z} & -\dfrac{Z_{12}}{\Delta_z}\\ -\dfrac{Z_{21}}{\Delta_z} & \dfrac{Z_{11}}{\Delta_z}\end{bmatrix}=\begin{bmatrix}\dfrac{35}{78} & -\dfrac{18}{78}\\ -\dfrac{18}{78} & \dfrac{36}{78}\end{bmatrix}$$

可得 Π 形电路参数

$$Y_a=Y_{11}+Y_{21}=0.218\ \text{s}$$
$$Y_b=-Y_{21}=0.231\ \text{s}$$
$$Y_c=Y_{22}+Y_{21}=0.231\ \text{s}$$

12.4 二端口网络的连接

把一个复杂的二端口网络看作若干简单的二端口网络按某种方式连接而成,这将使电路分析得到简化。另一方面,在设计和实现一个复杂的二端口网络时,也可以用简单的二端口网络作为“积木块”,把它们按一定方式连接成具有所需特性的二端口网络。

二端口网络的连接方式有五种:级联、串联、并联、串并联、并串联。研究二端口网络的连接,主要是研究复合二端口网络与各个简单二端口网络参数之间的关系,并根据这种关系从简单网络的参数求出复合网络的参数。

12.4.1 两端口的级联(链联)

图 12-32 所示的为两个二端口网络的级联,设两个二端口网络的 **T** 参数分别为

$$T'=\begin{bmatrix}A' & B'\\ C' & D'\end{bmatrix},\quad T''=\begin{bmatrix}A'' & B''\\ C'' & D''\end{bmatrix}$$

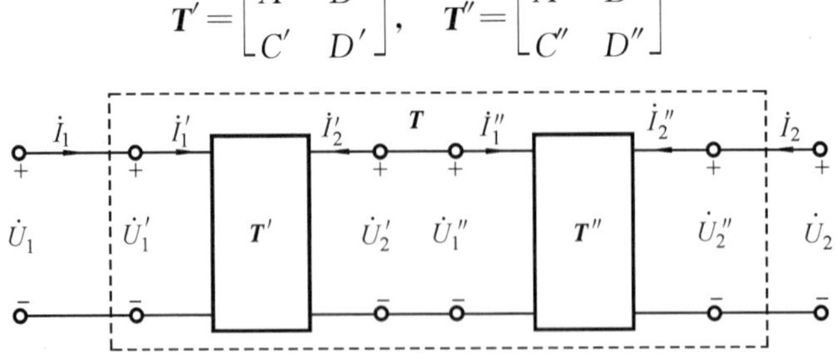

图 12-32 两个二端口网络的级联

则应有
$$\begin{bmatrix}\dot U'_1\\ \dot I'_1\end{bmatrix}=\begin{bmatrix}A' & B'\\ C' & D'\end{bmatrix}\begin{bmatrix}\dot U'_2\\ -\dot I'_2\end{bmatrix},\quad \begin{bmatrix}\dot U''_1\\ \dot I''_1\end{bmatrix}=\begin{bmatrix}A'' & B''\\ C'' & D''\end{bmatrix}\begin{bmatrix}\dot U''_2\\ -\dot I''_2\end{bmatrix}$$

级联后满足

$$\begin{bmatrix}\dot{U}_1\\ \dot{I}_1\end{bmatrix}=\begin{bmatrix}\dot{U}'_1\\ \dot{I}'_1\end{bmatrix},\quad \begin{bmatrix}\dot{U}'_2\\ -\dot{I}'_2\end{bmatrix}=\begin{bmatrix}\dot{U}''_1\\ \dot{I}''_1\end{bmatrix},\quad \begin{bmatrix}\dot{U}''_2\\ -\dot{I}''_2\end{bmatrix}=\begin{bmatrix}\dot{U}_2\\ -\dot{I}_2\end{bmatrix}$$

化简图 12-32 可得图 12-33 所示电路。

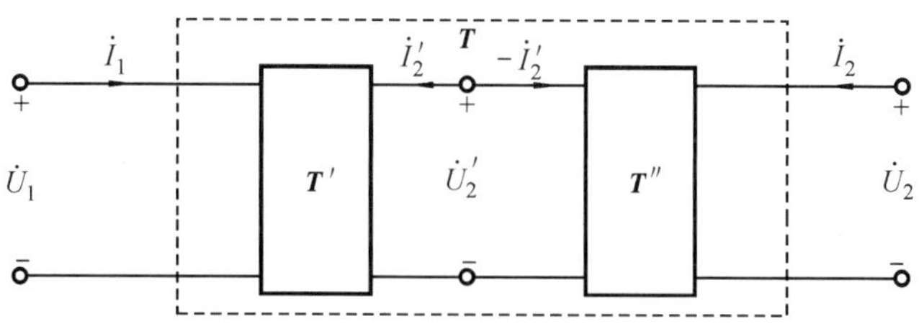

图 12-33 两个二端口网络的级联后化简

综合以上各式得

$$\begin{bmatrix}\dot{U}_1\\ \dot{I}_1\end{bmatrix}=\begin{bmatrix}\dot{U}'_1\\ \dot{I}'_1\end{bmatrix}=\begin{bmatrix}A' & B'\\ C' & D'\end{bmatrix}\begin{bmatrix}\dot{U}'_2\\ -\dot{I}'_2\end{bmatrix}=\begin{bmatrix}A' & B'\\ C' & D'\end{bmatrix}\begin{bmatrix}A'' & B''\\ C'' & D''\end{bmatrix}\begin{bmatrix}\dot{U}_2\\ -\dot{I}_2\end{bmatrix}$$
$$=\begin{bmatrix}A & B\\ C & D\end{bmatrix}\begin{bmatrix}\dot{U}_2\\ -\dot{I}_2\end{bmatrix}$$

其中

$$\begin{bmatrix}A & B\\ C & D\end{bmatrix}=\begin{bmatrix}A' & B'\\ C' & D'\end{bmatrix}\begin{bmatrix}A'' & B''\\ C'' & D''\end{bmatrix}=\begin{bmatrix}A'A''+B'C'' & A'B''+B'D''\\ C'A''+D'C'' & C'B''+D'D''\end{bmatrix}$$

即
$$\boldsymbol{T}=\boldsymbol{T}'\boldsymbol{T}''$$

由此得出结论：级联后所得复合二端口网络 $\boldsymbol{T}$ 参数矩阵等于级联的二端口网络 $\boldsymbol{T}$ 参数矩阵相乘。上述结论可推广到 n 个二端口网络级联的关系：$\boldsymbol{T}=\boldsymbol{T}_1\boldsymbol{T}_2\cdots\boldsymbol{T}_n$，如图 12-34 所示。

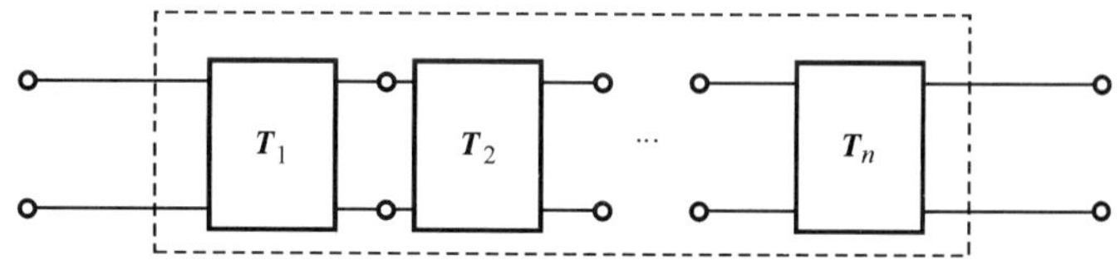

图 12-34 n 个二端口网络级联

要注意的是：

(1) 级联时，$\boldsymbol{T}$ 参数是矩阵相乘的关系，不是对应元素相乘，如

$$A=A'A''+B'C''\neq A'A''$$

(2) 级联时，各二端口网络的端口条件不会被破坏。

【例 12.15】 求图 12-35(a)所示二端口网络的 $\boldsymbol{T}$ 参数。

解 图 12-35(a)所示的二端口网络可以看成图 12-35(b)所示的三个二端口网络的级联，易求出

$$\boldsymbol{T}_1=\begin{bmatrix}1 & 4\\ 0 & 1\end{bmatrix},\quad \boldsymbol{T}_2=\begin{bmatrix}1 & 0\\ 0.25 & 1\end{bmatrix},\quad \boldsymbol{T}_3=\begin{bmatrix}1 & 6\\ 0 & 1\end{bmatrix}$$

则图 12-35(a)所示的二端口网络的 $\boldsymbol{T}$ 参数矩阵等于级联的三个二端口网络的 $\boldsymbol{T}$ 参数矩阵相乘

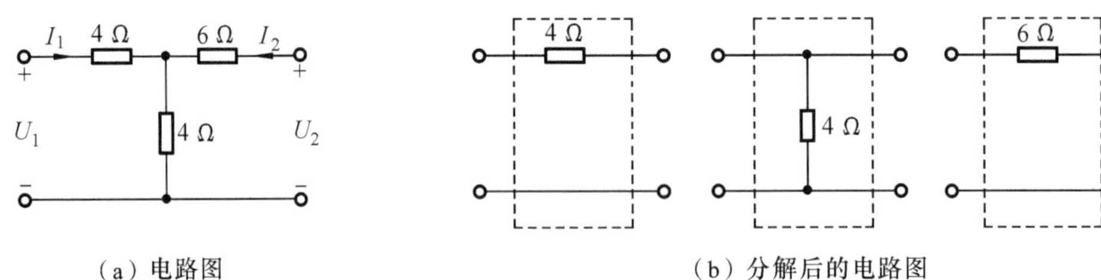

图 12-35 例 12.15 的电路

$$\boldsymbol{T}=\boldsymbol{T}_1\boldsymbol{T}_2\boldsymbol{T}_3=\begin{bmatrix}1 & 4\\0 & 1\end{bmatrix}\begin{bmatrix}1 & 0\\0.25 & 1\end{bmatrix}\begin{bmatrix}1 & 6\\0 & 1\end{bmatrix}=\begin{bmatrix}2 & 16\\0.25 & 2.5\end{bmatrix}$$

【例 12-16】 电路如图 12-36 所示,求$\dot{U}_2/\dot{U}_1$。

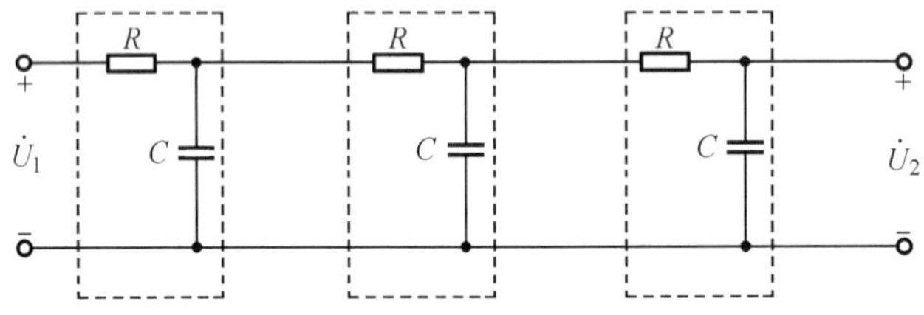

图 12-36 例 12.16 的电路

解 可将上述电路看成三个二端口网络的级联,有

$$\begin{bmatrix}\dot{U}_1\\\dot{I}_1\end{bmatrix}=\begin{bmatrix}T_{11} & T_{12}\\T_{21} & T_{22}\end{bmatrix}\begin{bmatrix}\dot{U}_2\\-\dot{I}_2\end{bmatrix}$$

则 $T_{11}=\left.\dfrac{\dot{U}_1}{\dot{U}_2}\right|_{\dot{I}_2=0}$,得到 $\left.\dfrac{\dot{U}_2}{\dot{U}_1}\right|_{\dot{I}_2=0}=\dfrac{1}{T_{11}}$,其中

$$T'_{11}=\begin{bmatrix}\mathrm{j}\omega RC+1 & R\\\mathrm{j}\omega C & 1\end{bmatrix}$$

$$T_{11}=T'_{11}T'_{11}T'_{11}$$

12.4.2 二端口网络的并联

图 12-37 所示的为两个二端口网络的并联,并联采用 $\boldsymbol{Y}$ 参数比较方便。设两个二端口网络的 $\boldsymbol{Y}$ 参数分别为

$$\begin{bmatrix}\dot{I}'_1\\\dot{I}'_2\end{bmatrix}=\begin{bmatrix}Y'_{11} & Y'_{12}\\Y'_{21} & Y'_{22}\end{bmatrix}\begin{bmatrix}\dot{U}'_1\\\dot{U}'_2\end{bmatrix},\quad\begin{bmatrix}\dot{I}''_1\\\dot{I}''_2\end{bmatrix}=\begin{bmatrix}Y''_{11} & Y''_{12}\\Y''_{21} & Y''_{22}\end{bmatrix}\begin{bmatrix}\dot{U}''_1\\\dot{U}''_2\end{bmatrix}$$

并联后满足

$$\begin{bmatrix}\dot{U}_1\\\dot{U}_2\end{bmatrix}=\begin{bmatrix}\dot{U}'_1\\\dot{U}'_2\end{bmatrix}=\begin{bmatrix}\dot{U}''_1\\\dot{U}''_2\end{bmatrix},\quad\begin{bmatrix}\dot{I}_1\\\dot{I}_2\end{bmatrix}=\begin{bmatrix}\dot{I}'_1\\\dot{I}'_2\end{bmatrix}+\begin{bmatrix}\dot{I}''_1\\\dot{I}''_2\end{bmatrix}$$

综合以上各式得

$$\begin{aligned}\begin{bmatrix}\dot{I}_1\\\dot{I}_2\end{bmatrix}&=\begin{bmatrix}\dot{I}'_1\\\dot{I}'_2\end{bmatrix}+\begin{bmatrix}\dot{I}''_1\\\dot{I}''_2\end{bmatrix}=\begin{bmatrix}Y'_{11} & Y'_{12}\\Y'_{21} & Y'_{22}\end{bmatrix}\begin{bmatrix}\dot{U}'_1\\\dot{U}'_2\end{bmatrix}+\begin{bmatrix}Y''_{11} & Y''_{12}\\Y''_{21} & Y''_{22}\end{bmatrix}\begin{bmatrix}\dot{U}''_1\\\dot{U}''_2\end{bmatrix}\\&=\left\{\begin{bmatrix}Y'_{11} & Y'_{12}\\Y'_{21} & Y'_{22}\end{bmatrix}+\begin{bmatrix}Y''_{11} & Y''_{12}\\Y''_{21} & Y''_{22}\end{bmatrix}\right\}\begin{bmatrix}\dot{U}_1\\\dot{U}_2\end{bmatrix}\end{aligned}$$

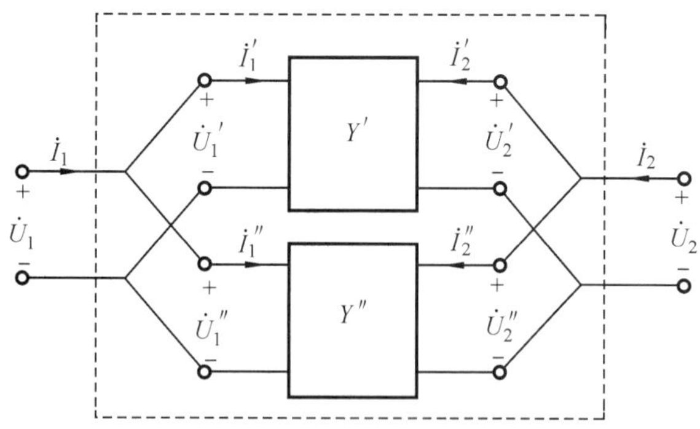

图 12-37 二端口网络的并联

$$=\begin{bmatrix} Y'_{11}+Y''_{11} & Y'_{12}+Y''_{12} \\ Y'_{21}+Y''_{21} & Y'_{22}+Y''_{22} \end{bmatrix}\begin{bmatrix} \dot{U}_1 \\ \dot{U}_2 \end{bmatrix}=\boldsymbol{Y}\begin{bmatrix} \dot{U}_1 \\ \dot{U}_2 \end{bmatrix}$$

即

$$\boldsymbol{Y}=\boldsymbol{Y}'+\boldsymbol{Y}''$$

由此得出结论:二端口网络并联后所得的复合二端口网络的 $\boldsymbol{Y}$ 参数矩阵等于两个二端口网络 $\boldsymbol{Y}$ 参数矩阵相加。

要注意的是:

(1) 两个二端口网络并联时,其端口条件可能被破坏,此时上述关系式就不成立。例如图 12-38(a)、图 12-38(b)所示电路中,两个端口并联后端口条件破坏,有

$$\boldsymbol{Y}\neq\boldsymbol{Y}'+\boldsymbol{Y}''$$

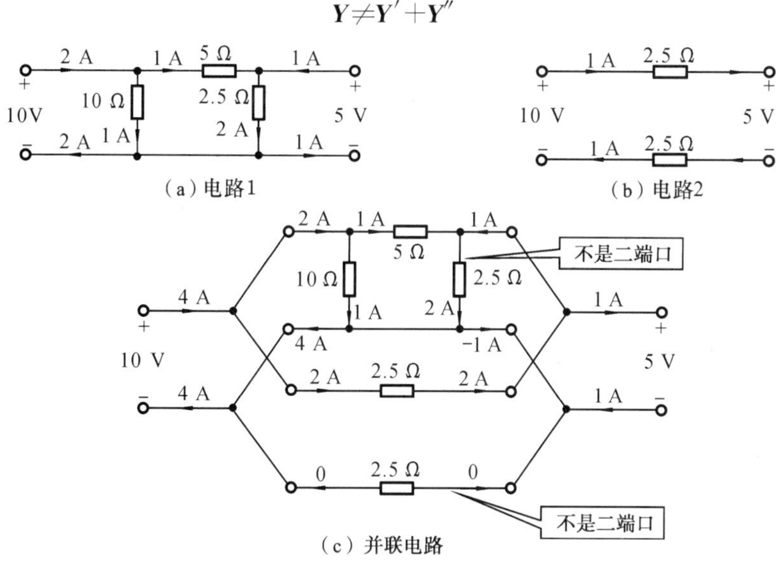

图 12-38 两个二端口网络并联电路

(2) 具有公共端的二端口网络(三端网络形成的二端口网络)如图 12-39 所示,将公共端并在一起将不会破坏端口条件。

如图 12-40 所示的就是具有公共端的二端口网络并联形式的电路。

(3) 检查是否满足并联端口条件的方法如图 12-41 所示,即在输入并联端与电压源相连接,$\boldsymbol{Y}'$、$\boldsymbol{Y}''$的输出端各自短接,如两短接点之间的电压为零,则输出端并联后,输入端仍能满足端口条件。用类似的方法可以检查输出端是否满足端口条件。

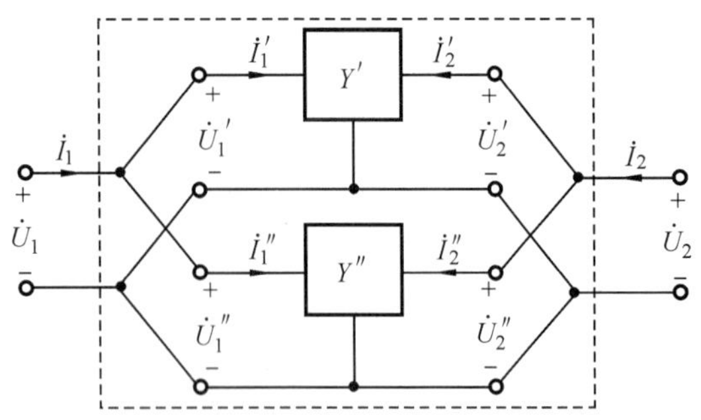

图 12-39　具有公共端的二端口电路

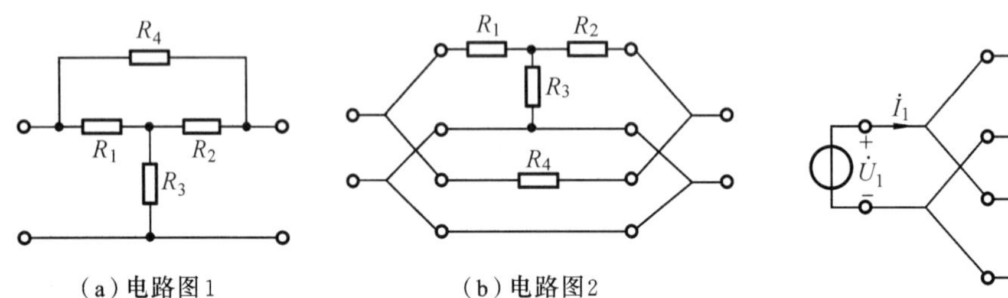

(a) 电路图1　　(b) 电路图2

图 12-40　具有公共端的二端口网络实际电路

图 12-41　检查是否满足并联端口条件的方法

12.4.3　二端口的串联

图 12-42 所示的为两个二端口网络的串联，串联采用 **Z** 参数比较方便。设两个二端口网络的 **Z** 参数分别为

$$\begin{bmatrix}\dot U'_1\\\dot U'_2\end{bmatrix}=\begin{bmatrix}Z'_{11} & Z'_{12}\\Z'_{21} & Z'_{22}\end{bmatrix}\begin{bmatrix}\dot I'_1\\\dot I'_2\end{bmatrix}$$

$$\begin{bmatrix}\dot U''_1\\\dot U''_2\end{bmatrix}=\begin{bmatrix}Z''_{11} & Z''_{12}\\Z''_{21} & Z''_{22}\end{bmatrix}\begin{bmatrix}\dot I''_1\\\dot I''_2\end{bmatrix}$$

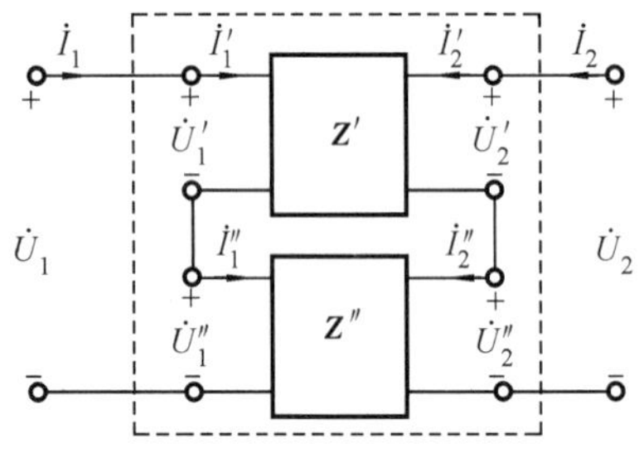

图 12-42　二端口网络的串联

串联后满足：

$$\begin{bmatrix}\dot I_1\\\dot I_2\end{bmatrix}=\begin{bmatrix}\dot I'_1\\\dot I'_2\end{bmatrix}=\begin{bmatrix}\dot I''_1\\\dot I''_2\end{bmatrix},\quad \begin{bmatrix}\dot U_1\\\dot U_2\end{bmatrix}=\begin{bmatrix}\dot U'_1\\\dot U'_2\end{bmatrix}+\begin{bmatrix}\dot U''_1\\\dot U''_2\end{bmatrix}$$

综合以上各式得

$$\begin{bmatrix}\dot U_1\\\dot U_2\end{bmatrix}=\begin{bmatrix}\dot U'_1\\\dot U'_2\end{bmatrix}+\begin{bmatrix}\dot U''_1\\\dot U''_2\end{bmatrix}=\mathbf{Z}'\begin{bmatrix}\dot I'_1\\\dot I'_2\end{bmatrix}+\mathbf{Z}''\begin{bmatrix}\dot I''_1\\\dot I''_2\end{bmatrix}=\{\mathbf{Z}'+\mathbf{Z}''\}\begin{bmatrix}\dot I_1\\\dot I_2\end{bmatrix}=\mathbf{Z}\begin{bmatrix}\dot I_1\\\dot I_2\end{bmatrix}$$

即

$$\mathbf{Z}=\mathbf{Z}'+\mathbf{Z}''$$

由此得出结论：串联后复合二端口网络 **Z** 参数矩阵等于原二端口网络 **Z** 参数矩阵相加。此式可推广到 n 端口网络串联。

注意：串联后端口条件可能被破坏，需要检查端口条件。

以图 12-43(a)所示电路为例，如图 12-43(c)、(d)所示的为上下两个二端口网络，由图 12-43(c)得

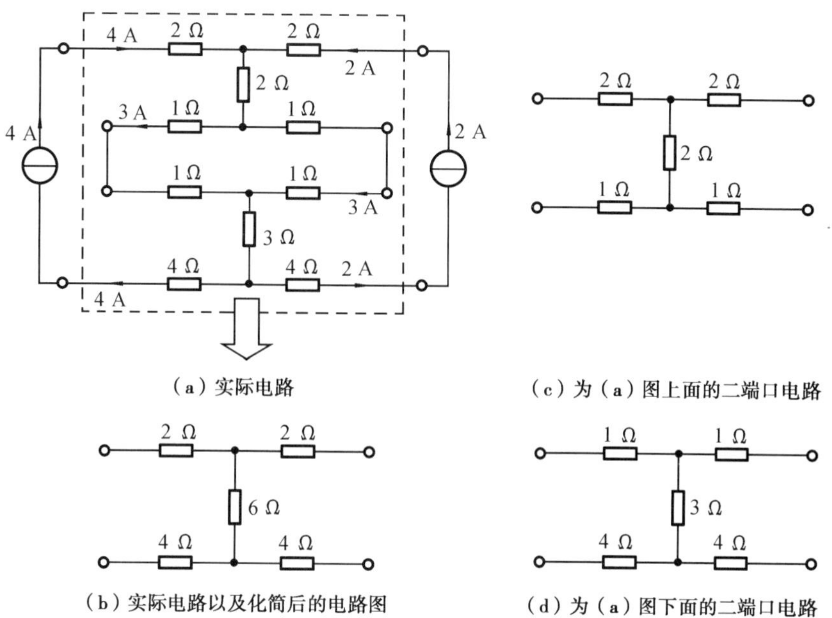

（a）实际电路

（c）为（a）图上面的二端口电路

（b）实际电路以及化简后的电路图

（d）为（a）图下面的二端口电路

图 12-43　串联后端口条件被破坏的举例

$$\boldsymbol{Z}'=\begin{bmatrix}5 & 2\\2 & 5\end{bmatrix}$$

由图 12-43(d)得

$$\boldsymbol{Z}''=\begin{bmatrix}8 & 3\\3 & 8\end{bmatrix}$$

而实际电路化简后如图 12-43(b)所示的

$$\boldsymbol{Z}=\begin{bmatrix}12 & 6\\6 & 12\end{bmatrix}$$

显然

$$\boldsymbol{Z}\neq\boldsymbol{Z}'+\boldsymbol{Z}''$$

因此，该电路的端口条件破坏，为不正规连接！

提供一些基本二端口网络参数矩阵如表 12-1 所示。

表 12-1　基本二端口网络参数矩阵

基 本 电 路	参 数 矩 阵
① L C	$\boldsymbol{Y}=\begin{bmatrix}-\mathrm{j}\dfrac{1}{\omega L} & \mathrm{j}\dfrac{1}{\omega L}\\ \mathrm{j}\dfrac{1}{\omega L} & \mathrm{j}\left(\omega C-\dfrac{1}{\omega L}\right)\end{bmatrix}$
② L C	$\boldsymbol{Y}=\begin{bmatrix}1 & \mathrm{j}\omega L\\ \mathrm{j}\omega C & 1-\omega^2 LC\end{bmatrix}$

续表

基本电路	参数矩阵
③	$T=\begin{bmatrix}1 & 0\\0 & 1\end{bmatrix}$
④ Z_1 Z_2	$T=\begin{bmatrix}-1 & -(Z_1+Z_2)\\0 & -1\end{bmatrix}$
⑤	$T=\begin{bmatrix}-1 & 0\\0 & -1\end{bmatrix}$
⑥	$T=\begin{bmatrix}1 & \mathrm{j}\omega L\\0 & 1\end{bmatrix}$
⑦ M L_1 L_2	$T=\begin{bmatrix}\dfrac{L_1}{M} & \mathrm{j}\omega\left(\dfrac{L_1L_2-M^2}{M}\right)\\-\mathrm{j}\dfrac{1}{\omega M} & \dfrac{L_2}{M}\end{bmatrix}$
⑧	$T=\begin{bmatrix}1 & 0\\\mathrm{j}\omega C & 1\end{bmatrix}$

本章小结

从介绍端口网络的概念入手，以正弦稳态下的二端口网络为例，分别列写 ***Y***、***Z***、***T***、***H*** 参数方程，确立两个端口电压、电流变量之间的关系，包括列参数方程法和参数矩阵。了解互易网络和对称网络的特点。要注意的是，含受控源的网络一般不是互易网络，其等效电路有可能含有负电阻。

以正弦稳态下的二端口网络为例，分别列写 T 形和 Π 形等效电路的 ***Z*** 参数、***Y*** 参数以及 ***T*** 参数表达式，确立两种等效电路的元件参数与二端口网络的参数之间的关系。明确二端口网络等效电路的等效关系是针对外部特性而言。

对于由若干个部分二端口网络以级联、并联和串联形式组成的复合二端口网络，分别推导出以 ***T*** 参数、***Y*** 参数和 ***Z*** 参数表示的复合二端口网络的参数与部分二端口网络的参数之间的关系。

自测练习题

1. 思考题

(1) 什么是一端口网络？有什么特点？

(2) 什么是二端口网络？本章研究的二端口网络要满足什么条件？

(3) 二端口网络和四端网络的关系及区别是什么？

(4) 互易二端口网络对于 $\boldsymbol{Z}$ 参数方程而言，需要满足条件？

(5) 互易二端口网络对于 $\boldsymbol{Y}$ 参数方程而言，需要满足条件？

(6) 互易对称二端口网络对于 $\boldsymbol{Z}$ 参数方程而言，需要满足条件？

2. 填空题

(1) 已知 $\boldsymbol{Y}$ 参数矩阵为 $\boldsymbol{Y}=\begin{bmatrix}1 & -2\\ -2 & 3\end{bmatrix}$ s，则对应 $\boldsymbol{Y}$ 参数方程为(　　)。

(2) 已知 $\boldsymbol{Z}$ 参数方程中 $Z_{12}=Z_{21}$，则该二端口网络为(　　)。

(3) 已知 $\boldsymbol{Y}$ 参数方程中 $Y_{11}=Y_{22}$，则该二端口网络为(　　)。

(4) 已知图 12-44 所示二端口电路，$Z_{11}=$(　　)。

(5) 已知图 12-45 所示二端口电路，其 $\boldsymbol{Z}$ 参数方程为(　　)。

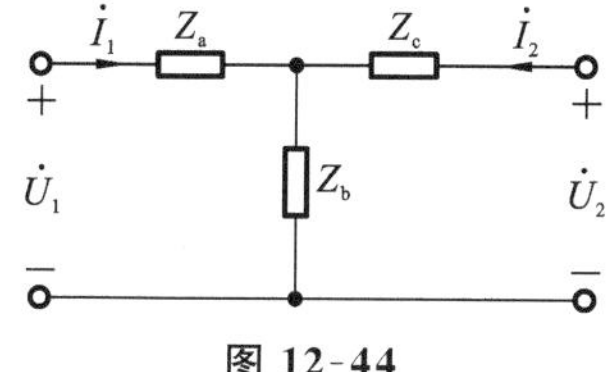

图 12-44

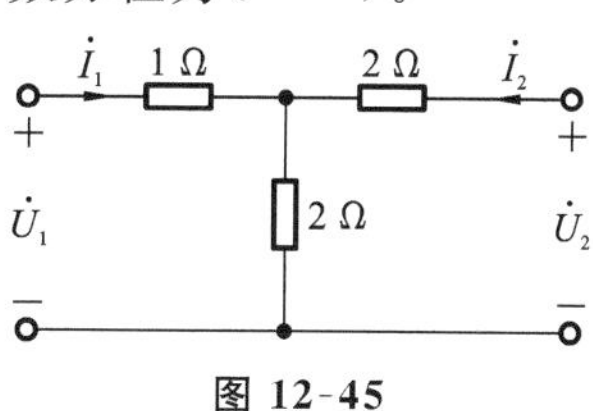

图 12-45

习　　题

12-1　分别求出如图 12-46(a)、图 12-46(b)所示二端口网络的 $\boldsymbol{T}$ 参数矩阵。

12-2　求如图 12-47 所示二端口网络的 $\boldsymbol{Y}$ 参数矩阵。

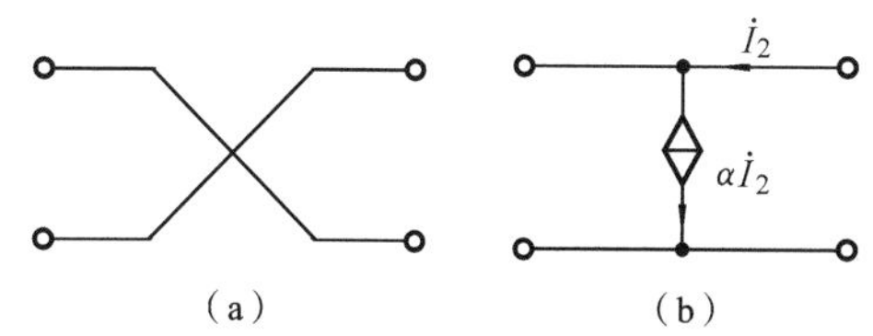

图 12-46　题 12-1 二端口网络

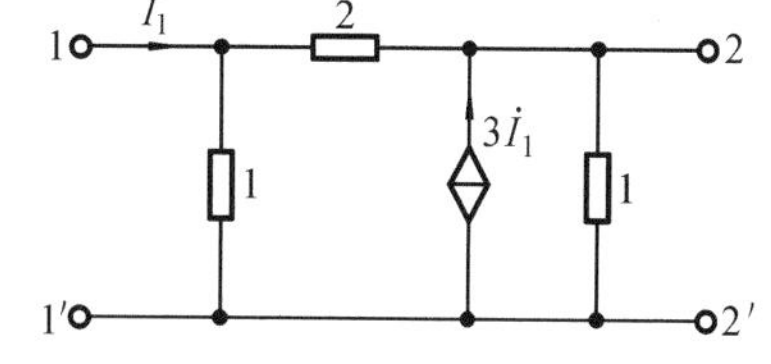

图 12-47　题 12-2 电路

12-3　求如图 12-48 所示网络的 $\boldsymbol{Z}$ 参数。

12-4　试判断如图 12-49 所示二端口网络具有互易性还是对称性？

12-5　求如图 12-50 所示网络的 $\boldsymbol{H}$ 参数。

12-6　如图 12-51 所示网络，已知网络 P_1 的 $\boldsymbol{A}$ 参数矩阵为 $\boldsymbol{A}_1=\begin{bmatrix}\alpha_{11} & \alpha_{12}\\ \alpha_{21} & \alpha_{22}\end{bmatrix}$。求总网络的矩阵 $\boldsymbol{A}$。

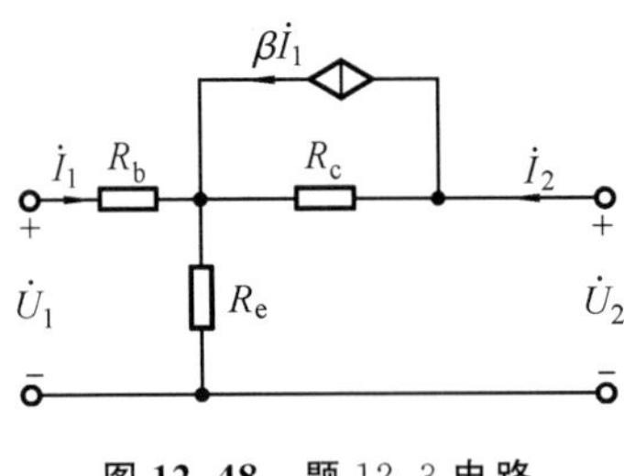

图 12-48 题 12-3 电路

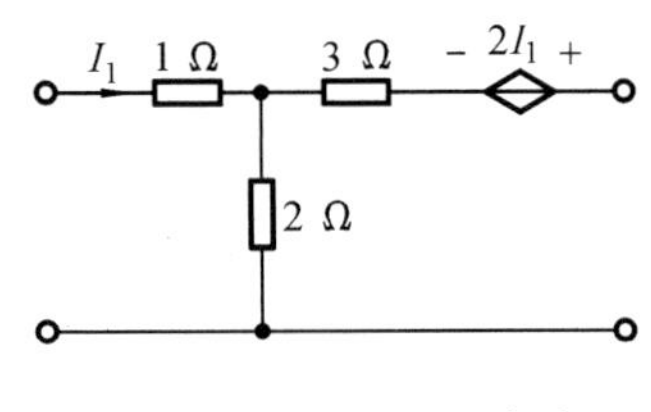

图 12-49 题 12-4 电路

12-7 如图 12-52 所示网络，已知网络 P_1 的 **A** 矩阵为 $\boldsymbol{A}_1=\begin{bmatrix}\alpha_{11} & \alpha_{12}\\ \alpha_{21} & \alpha_{22}\end{bmatrix}$。求总网络的 **A** 矩阵。

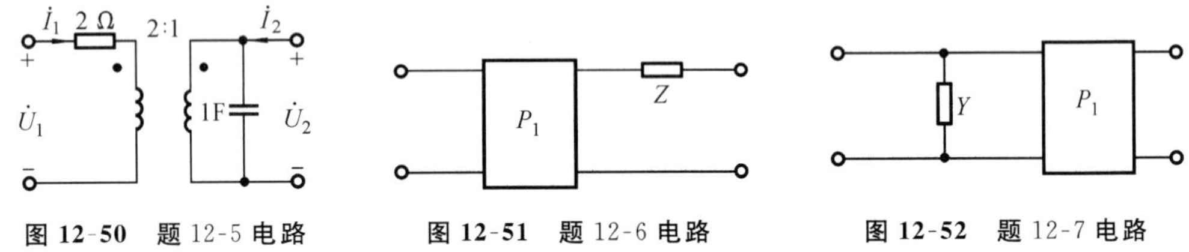

图 12-50 题 12-5 电路　　图 12-51 题 12-6 电路　　图 12-52 题 12-7 电路

12-8 如图 12-53 所示网络，已知网络 P_1 的 **Y** 矩阵为 $\boldsymbol{Y}=\begin{bmatrix}y_{11} & y_{12}\\ y_{21} & y_{22}\end{bmatrix}$。求总网络的矩阵 **Y**。

12-9 求如图 12-54 所示网络的 **Y** 参数矩阵。

12-10 求如图 12-55 所示网络的 **H** 参数。

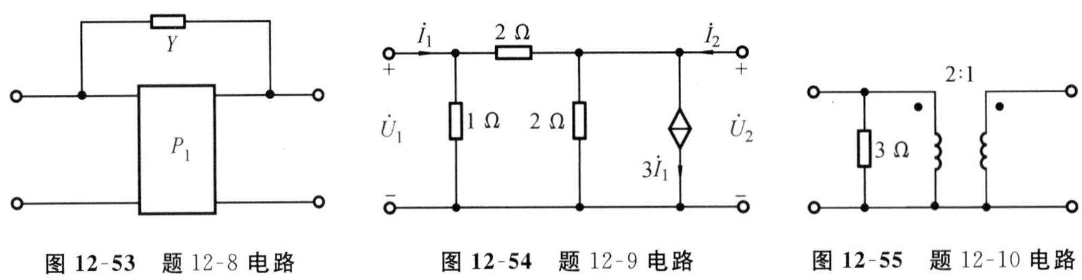

图 12-53 题 12-8 电路　　图 12-54 题 12-9 电路　　图 12-55 题 12-10 电路

12-11 设如图 12-56 所示二端口电阻的 **Z** 参数矩阵为

$$\boldsymbol{Z}=\begin{bmatrix}4 & 3\\ 3 & 5\end{bmatrix}\ \Omega$$

(1) 求它的 **H** 参数矩阵；

(2) 若给定 $i_1=10$ A，$u_2=20$ V，求它消耗的功率。

12-12 求如图 12-57 所示电路的 **Z** 参数矩阵和如图 12-57 所示电路的 **H** 参数矩阵。

12-13 如图 12-58 所示电路中，二端口电阻的 **Z** 参数矩阵为 $\boldsymbol{Z}=\begin{bmatrix}9 & 3\\ 3 & 9\end{bmatrix}\ \Omega$，$u_1=24\sqrt{2}\sin\omega t$ V，变比 $n=2$。求电流 i。

12-14 如图 12-59(a)所示为全耦合电感，即 $M=\sqrt{L_1L_2}$，试证明它与图 12-59(b)所示电路等效，其中变比 $n=\sqrt{L_1/L_2}$。

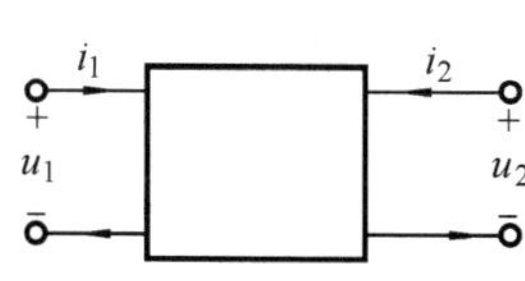

图 12-56 题 12-11 电路

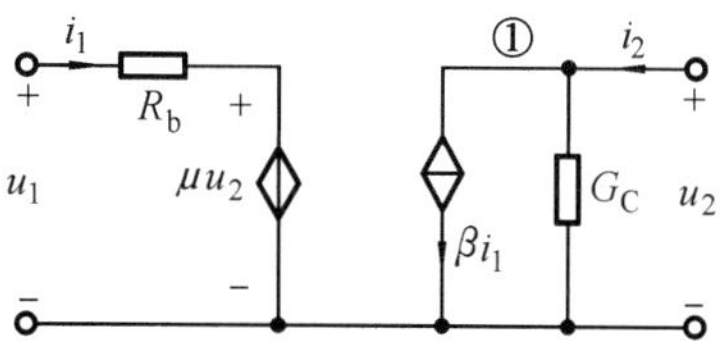

图 12-57 题 12-12 电路

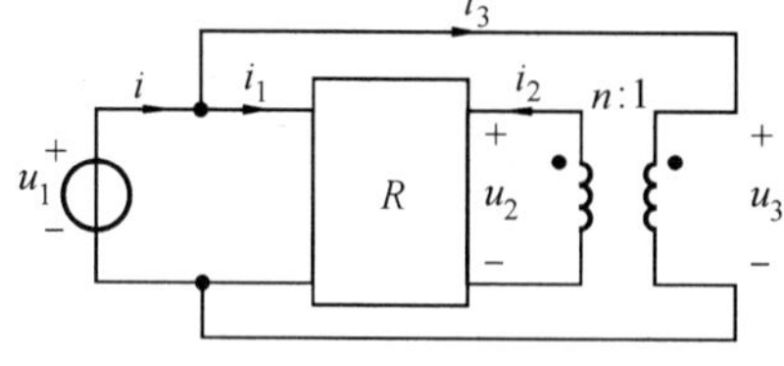

图 12-58 题 12-13 电路

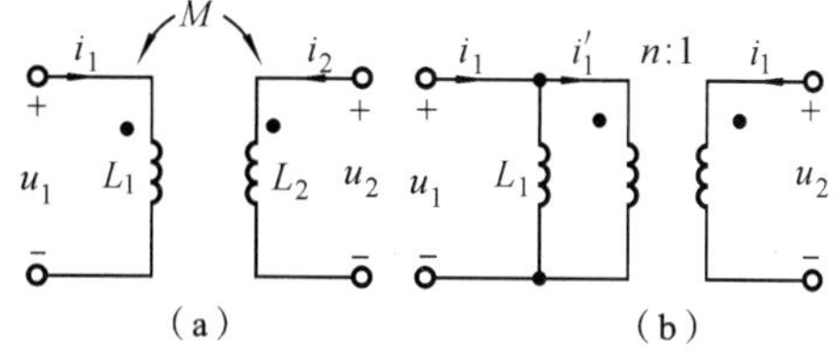

图 12-59 题 12-14 电路

12-15 如图 12-60 所示电路中，A 为线性含源电阻网络，$R=100\ \Omega$，已知当 $I_S=0$ 时，$I=1.2$ mA；$I_S=10$ mA 时，$I=1.4$ mA，2-2′的输出电阻为 $R_o=50\ \Omega$。

(1) 求当 $I_S=15$ mA 时，I 为多少？

(2) 在 $I_S=15$ mA 时，将 R 改为 200 Ω，再求电流 I。

12-16 如图 12-61 所示电路中，N 为线性无源电阻网络，当 $I_{S1}=2$ A、$I_{S2}=0$ 时，I_{S1} 的输出功率为 28 W，且 $U_2=8$ V；当 $I_{S1}=0$、$I_{S2}=3$ A 时，I_{S2} 的输出功率为 54 W，且 $U_1=12$ V。求当 $I_{S1}=2$ A、$I_{S2}=3$ A 共同作用时每个电流源的输出功率。

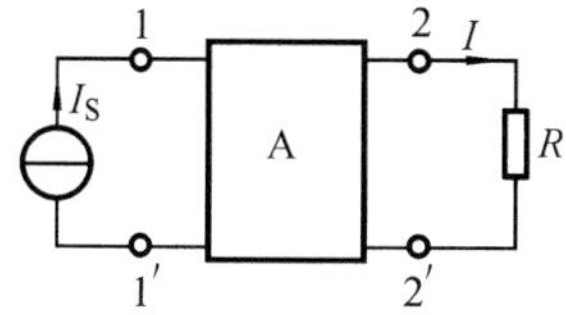

图 12-60 题 12-15 电路

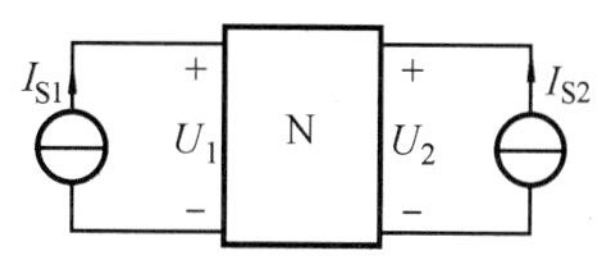

图 12-61 题 12-16 电路

12-17 证明图 12-62(a)中含有耦合的电感可以等效成图 12-62(b)中不含耦合的电感(即消去互感)，或反之，并求出等效条件。

12-18 求如图 12-63 所示二端口网络的 **Y** 参数矩阵。

12-19 双口网络 N 输入端口接正弦电流源 $\dot{I}_S=24\angle 0°$ mA，并联的电源内阻 $R_S=3\ \Omega$，网络 N 的 **A** 参数为 $a_{11}=0.4$，$a_{12}=\mathrm{j}3.6$，$a_{21}=\mathrm{j}0.1$，$a_{22}=1.6$，为使负载获得最大功率，试问负载电阻应为多大？计算此时负载的吸收功率。

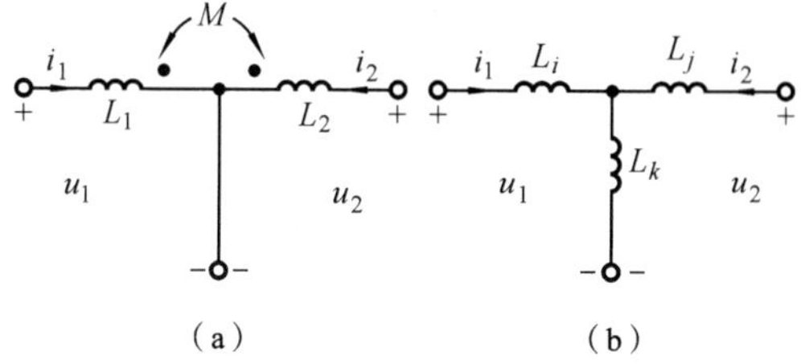

图 12-62 题 12-17 电路

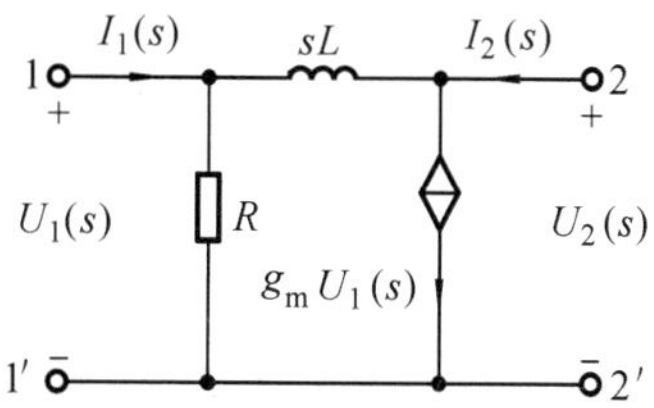

图 12-63 题 12-18 电路

应用分析案例

晶体管电路的 *H* 参数

在大型电路分析中,对于复杂的线性网络,根据需要将其拆分为两个一端口网络和一个二端口网络。对二端口网络而言,我们所关心的往往只是输入端口和输出端口的电压和电流之间的相互关系,一个二端口网络两端口的电压和电流四个变量之间的关系,可以用多种形式的参数方程来表示。在电路参数未知的情况下,我们可以通过实验测定方法,从而可以求取一个极其简单的等值二端口电路来替代原二端口网络,此即“墨盒理论”的基本内容。

二端口网络的理论在电子技术领域分析电子线路时得到应用,电子电路中经常会遇到二端口网络的相互连接,如串联、并联、串并联及级联,这样连成的网络还是二端口网络。例如,电力系统中用于模拟远程输电线的链型电力就是由一些二端口网络级联而成的。在分析晶体管放大电路时,在小信号模型的前提下,二端口混合参数(***H*** 参数)模型得到广泛应用。

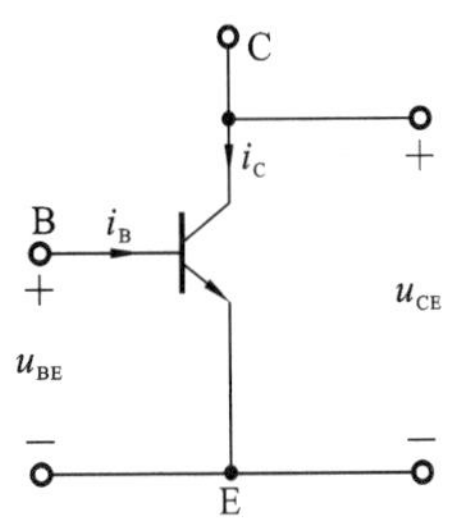

图 12-64 晶体管的电压和电流

从晶体管的输入/输出特性来看,晶体管是非线性器件,在输入较大幅度的交流信号时,会出现由于器件的非线性特性引起的非线性失真,而二端口网络应用必须是线性电路,因此我们需要在小信号的前提下将晶体管组成的非线性放大电路进行线性化,在小信号的范围内晶体管上的电压电流基本上是线性的,晶体管可用线性电路替代,即在小信号电路模型下建立二端口混合参数(***H*** 参数)模型,也就是晶体管的微变等效电路。晶体管小信号模型用来描述叠加在直流分量上的交流分量之间的依存关系,以共射极放大电路如图 12-64 为例,有

$$u_{BE}=U_{BEQ}+u_{be},\quad u_{CE}=U_{CEQ}+u_{ce}$$
$$i_B=I_{BQ}+i_b,\quad i_C=I_{CQ}+i_c$$

其中,I_{BQ}、I_{CQ}、U_{BEQ}、U_{CEQ}为直流分量,是直流静态工作点。晶体管组成的放大电路用二端口网络可等效成图 12-65 所示的等效电路。输入端可写成:

$$u_{BE}=f_1(i_B,u_{CE})$$

输出端可写成:

$$i_C=f_2(i_B,u_{CE})$$

全微分后并用微量可表示为

$$\mathrm{d}u_{BE}=\left.\frac{\partial u_{BE}}{\partial i_B}\right|_{u_{CE}}\mathrm{d}i_B+\left.\frac{\partial u_{BE}}{\partial u_{CE}}\right|_{i_B}\mathrm{d}u_{CE}$$
$$\mathrm{d}i_C=\left.\frac{\partial i_C}{\partial i_B}\right|_{u_{CE}}\mathrm{d}i_B+\left.\frac{\partial i_C}{\partial u_{CE}}\right|_{i_B}\mathrm{d}u_{CE}$$
$$\Delta u_{BE}=\left.\frac{\Delta u_{BE}}{\Delta i_B}\right|_{u_{CE}}\Delta i_B+\left.\frac{\Delta u_{BE}}{\Delta u_{CE}}\right|_{i_B}\Delta u_{CE}$$

$$\Delta i_{\mathrm{C}}=\frac{\Delta i_{\mathrm{C}}}{\Delta i_{\mathrm{B}}}\bigg|_{u_{\mathrm{CE}}}\Delta i_{\mathrm{B}}+\frac{\Delta i_{\mathrm{C}}}{\Delta u_{\mathrm{CE}}}\bigg|_{i_{\mathrm{B}}}\Delta u_{\mathrm{CE}}$$

各变量在小信号的作用下可写成：

$$u_{\mathrm{be}}=r_{\mathrm{be}}i_{\mathrm{b}}+\mu_{\mathrm{r}}u_{\mathrm{ce}},\quad i_{\mathrm{c}}=\beta i_{\mathrm{b}}+\frac{1}{r_{\mathrm{ce}}}u_{\mathrm{ce}}$$

这就用 ***H*** 参数表示了晶体管电路，其 ***H*** 参数等效电路如图 12-66 所示。

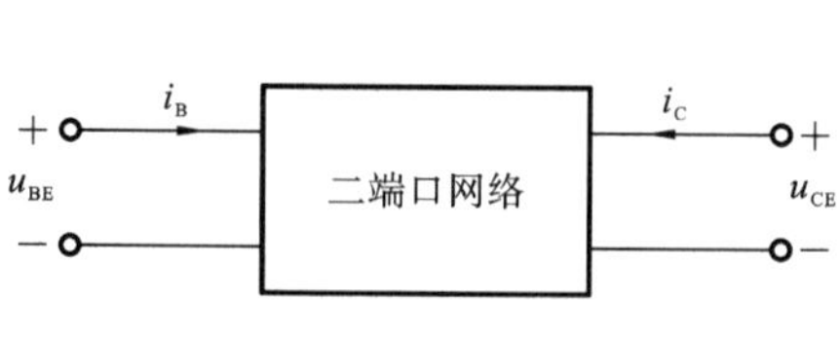

图 12-65　二端口网络

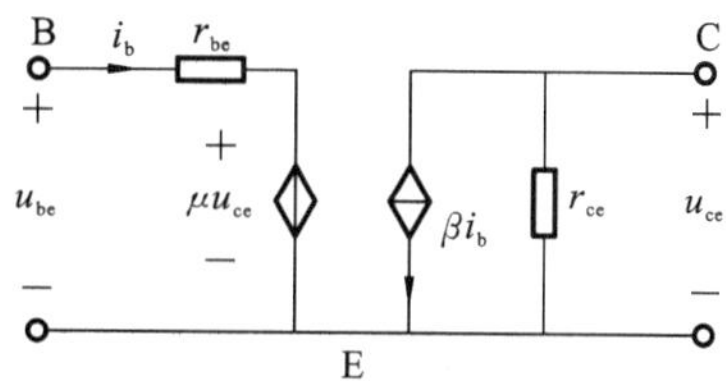

图 12-66　*H* 参数等效电路

全书习题解答

参考文献

[1] (美)Charles K. Alexander. 电路基础[M]. 6 版. 北京:机械工业出版社,2017.

[2] 邱关源. 电路[M]. 5 版. 北京:高等教育出版社,2006.

[3] 邹玲,罗明. 电路理论[M]. 2 版. 武汉:华中科技大学出版社,2009.

[4] 陈洪亮,张峰,田社平. 电路基础[M]. 2 版. 北京:高等教育出版社,2015.

[6] 朱桂萍,于歆杰,陆文娟. 电路原理[M]. 北京:高等教育出版社,2016.

[7] (美) Fawwaz T · Ulaby, Michel M. Maharbiz. 电路[M]. 于歆杰,译. 北京:高等教育出版社,2014.

[8] 汪建,王欢. 电路原理(上、下册)[M]. 2 版. 北京:清华大学出版社,2016.

[9] 刘景夏,胡冰新,张兆东,等. 电路分析基础[M]. 北京:清华大学出版社,2012.

[10] 劳五一,劳佳. 电路分析[M]. 北京:清华大学出版社,2017.

[11] 黄锦安. 电路[M]. 北京:高等教育出版社,2019.

[12] 金波. 电路分析实验教程[M]. 西安:西安电子科技大学出版社,2008.

[13] 李瀚荪. 电路分析基础[M]. 4 版. 北京:高等教育出版社,2010.

[14] 秦曾煌,姜三勇. 电工学[M]. 7 版. 北京:高等教育出版社,2016.

[15] 王槐斌,吴建国,周国平. 电路与电子简明教程[M]. 2 版. 武汉:华中科技大学出版社,2010.

[16] 金波,张正柄. 信号与系统基础[M]. 2 版. 武汉:华中科技大学出版社,2013.

[17] 陈洪亮,田社平,吴雪. 电路分析基础教学指导书[M]. 北京:清华大学出版社,2010.

[18] 胡建萍,马金龙,王宛苹,等. 电路分析[M]. 北京:科学出版社,2016.

[19] 张纪成,李燕荣,李冰. 电路与电子技术[M]. 2 版. 北京:电子工业出版社,2007.

[20] 聂典,李北雁,聂梦晨,等. Multisim 12 仿真设计 [M]. 北京:电子工业出版社, 2014.

[21] 张永瑞. 电路分析基础[M]. 4 版. 西安:西安电子科技大学出版社,2019.

[22] 李晓滨,卢元元. 电路理论基础(第二版)学习指导[M]. 西安:西安电子科技大学出版社,2014.

[23] 王松林,王辉. 电路基础(第三版)教学指导书[M]. 西安:西安电子科技大学出版社,2009.

[24] 姚仲兴,姚维. 电路分析原理[M]. 北京:机械工业出版社,2005.

[25] 汤琳宝,何平,丁晓青. 电子技术实验教程[M]. 北京:清华大学出版社,2008.

[26] (美)詹姆斯 · W · 尼尔森,等. 电路[M]. 7 版. 北京:电子工业出版社,2005.

[27] 张洪让. 电工原理[M]. 北京:中国电力出版社,2000.

[28] 江缉夫,刘秀成. 电路原理[M]. 2 版. 北京:清华大学出版社,2016.

[29](美)Matthew N. O. Sadiku U, Sarhan M. Musa, Charles K. Alexander. 应用电路分析[M]. 苏育挺,王建,张承乾,等译. 北京:机械工业出版社,2014.

[30] 包伯成,乔晓华. 工程电路分析基础[M]. 2 版. 北京:高等教育出版社,2019.

[31] 齐超,刘洪臣,王竹萍. 工程电路分析基础[M]. 北京:高等教育出版社,2016.